U0946668

中国国家标准汇编

404

GB 22738～22791

（2008 年制定）

中国标准出版社　编

中国标准出版社

北　京

图书在版编目（CIP）数据

中国国家标准汇编：2008年制定.404：GB 22738～22791/中国标准出版社编.—北京：中国标准出版社，2009

ISBN 978-7-5066-5370-1

Ⅰ.中…　Ⅱ.中…　Ⅲ.国家标准-汇编-中国-2008　Ⅳ.T-652.1

中国版本图书馆CIP数据核字（2009）第107700号

中国标准出版社出版发行
北京复兴门外三里河北街16号
邮政编码:100045
网址 www.spc.net.cn
电话:68523946　68517548
中国标准出版社秦皇岛印刷厂印刷
各地新华书店经销

*

开本 880×1230　1/16　印张 38.25　字数 1 123 千字
2009年8月第一版　2009年8月第一次印刷

*

定价 200.00 元

出 版 说 明

1.《中国国家标准汇编》是一部大型综合性国家标准全集。自1983年起，按国家标准顺序号以精装本、平装本两种装帧形式陆续分册汇编出版。它在一定程度上反映了我国建国以来标准化事业发展的基本情况和主要成就，是各级标准化管理机构，工矿企事业单位，农林牧副渔系统，科研、设计、教学等部门必不可少的工具书。

2.《中国国家标准汇编》收入我国每年正式发布的全部国家标准，分为"制定"卷和"修订"卷两种编辑版本。

"制定"卷收入上一年度我国发布的、新制定的国家标准，顺延前年度标准编号分成若干分册，封面和书脊上注明"20××年制定"字样及分册号，分册号一直连续。各分册中的标准是按照标准编号顺序连续排列的，如有标准顺序号缺号的，除特殊情况注明外，暂为空号。

"修订"卷收入上一年度我国发布的、被修订的国家标准，视篇幅分设若干分册，但与"制定"卷分册号无关联，仅在封面和书脊上注明"20××年修订-1，-2，-3，……"字样。"修订"卷各分册中的标准，仍按标准编号顺序排列(但不连续)；如有遗漏的，均在当年最后一分册中补齐。需提请读者注意的是，个别非顺延前年度标准编号的新制定的国家标准没有收入在"制定"卷中，而是收入在"修订"卷中。

读者配套购买《中国国家标准汇编》"制定"卷和"修订"卷则可收齐上一年度我国制定和修订的全部国家标准。

3.由于读者需求的变化，自1996年起，《中国国家标准汇编》仅出版精装本。

4.2008年我国制修订国家标准共5946项。本分册为"2008年制定"卷第404分册，收入国家标准GB 22738～22791的最新版本。其中GB/T 22781—2008，GB/T 22784—2008，GB/T 22785—2008因故延迟出版，未收入。

中国标准出版社

2009年5月

目　　录

ICS 67.080.10
B 31

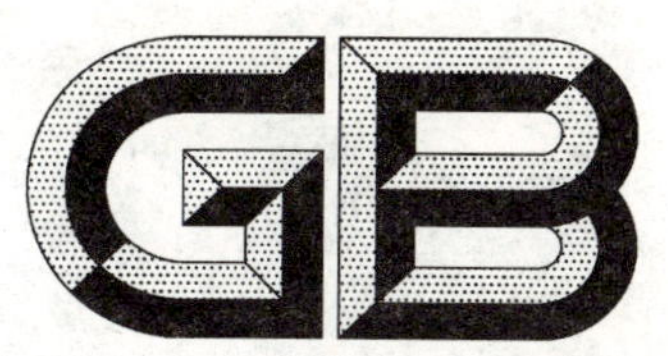

中华人民共和国国家标准

GB/T 22738—2008

地理标志产品　尤溪金柑

Product of geographical indications—Youxi kumquat

2008-12-28 发布　　2009-06-01 实施

中华人民共和国国家质量监督检验检疫总局
中国国家标准化管理委员会　发布

前　言

本标准根据《地理标志产品保护规定》和 GB/T 17924—2008《地理标志产品标准通用要求》以及中华人民共和国质量监督检验检疫总局 2007 年第 60 号公告制定。

本标准的附录 A 为规范性附录，附录 B 为资料性附录。

本标准由全国原产地域产品标准化工作组提出并归口。

本标准起草单位：福建省尤溪县质量技术监督局、福建省尤溪县农业局、尤溪县富山金柑有限公司。

本标准主要起草人：吴长生、林盛洪、肖永广、詹有青。

地理标志产品　尤溪金柑

1　范围

本标准规定了尤溪金柑的术语和定义、地理标志产品保护范围、种植环境和生产技术、要求、试验方法、检验规则、包装、标志与标识、运输及贮藏。

本标准适用于国家质量监督检验检疫行政主管部门根据《地理标志产品保护规定》批准保护的地理标志产品尤溪金柑。

2　规范性引用文件

下列文件中的条款通过本标准的引用而成为本标准的条款。凡是注日期的引用文件，其随后所有的修改单(不包括勘误的内容)或修订版均不适用于本标准，然而，鼓励根据本标准达成协议的各方研究是否可使用这些文件的最新版本。凡是不注日期的引用文件，其最新版本适用于本标准。

GB 2762　食品中污染物限量

GB 2763　食品中农药最大残留限量

GB/T 8210　出口柑桔鲜果检验方法

GB/T 8855　新鲜水果和蔬菜　取样方法

JJF 1070　定量包装商品净含量计量检验规则

NY 5014—2005　无公害食品　柑果类果品

定量包装商品计量监督管理办法(国家质量监督检验检疫总局令〔2005〕第75号)

农产品包装和标识管理办法(中华人民共和国农业部〔2006〕第70号令)

3　术语和定义

下列术语和定义适用于本标准。

3.1

尤溪金柑　Youxi kumquat

在本标准第4章规定的范围内，按本标准生产技术生产，果实质量符合本标准要求的金弹。

4　地理标志产品保护范围

尤溪金柑地理标志产品保护范围限于国家质量监督检验检疫行政主管部门根据《地理标志产品保护规定》批准的范围，即福建省尤溪县现辖的行政区域内，见附录A。

5　种植环境和生产技术

5.1　种植环境

5.1.1　气候

年平均气温16 ℃～19 ℃，极端低温≥－7 ℃，≥10 ℃的年积温4 800 ℃以上，年平均降水量1 400 mm～1 800 mm。

5.1.2　立地条件

地域保护范围内海拔700 m以下的低山、丘陵地或平地；土层厚度≥70 cm，有机质含量≥1.0%，pH值5.0～6.5的红黄壤土、紫色土等，均适宜种植尤溪金柑。

5.2 生产技术

生产技术参见附录B。

6 要求

6.1 分等分级

6.1.1 分等

尤溪金柑果实按感官要求分为一等、二等,见表1。

表1 果实分等

项目		分等指标	
		一等	二等
感官要求	果形	椭圆形或倒卵形,果形端正,较均匀	椭圆形或倒卵形,果形较端正,基本均匀
	色泽	橙黄色,着色均匀,具该品种成熟果实特征色泽	黄色至橙黄色,着色较均匀,具该品种成熟果实特征色泽
	果面	光洁,无萎蔫、裂果,果面无明显斑点	较光洁,无萎蔫、裂果,果面明显斑点面积不超过果面总面积的3%
	风味	果皮厚脆,略带金柑固有的辛辣味;酸甜可口,有香气,无异味	

6.1.2 分级

尤溪金柑按果实的单果重分为特级、一级、二级,见表2。

表2 果实分级

项目	分级指标		
	特级	一级	二级
单果重/g	≥22	≥18～<22	≥14～<18

6.2 理化指标

理化指标应符合表3规定。

表3 理化指标

项目	指标
可溶性固形物/% ≥	11
总酸/% ≤	1.0
固酸比 ≥	11

6.3 卫生指标

6.3.1 污染物限量指标

应符合GB 2762的有关规定。

6.3.2 农药最大残留限量指标

应符合GB 2763的有关规定。

6.4 净含量

应符合《定量包装商品计量监督管理办法》的规定。

7 试验方法

7.1 分等

取20个样果,对其感官要求采用目测、品尝进行评定。

7.2 分级

取 20 个样果，用感量为 0.1 g 的衡器称量测定单果重。

7.3 理化指标

按照 GB/T 8210 规定的相关方法检测。

7.4 卫生指标

污染物限量按 GB 2762 中规定的相关方法检测，农药最大残留限量按 GB 2763 中规定的相关方法检测。

7.5 净含量

按 JJF 1070 的规定检验。

8 检验规则

8.1 组批

同一产地、同一等级、同一包装方式、同一批交货的金柑作为一个检验批次。

8.2 取样方法

按 GB/T 8855 规定执行。

8.3 检验分类

8.3.1 出场(交收)检验

每批产品出场(交收)时应进行交收检验，出场(交收)检验内容包括包装、标志与标识、分等和分级。经检验合格并附有合格证方可出场(交收)。

8.3.2 型式检验

型式检验是对本标准第 6 章所规定的所有项目进行检验。有下列情况之一者应进行型式检验：

a) 前后两次产品检验结果差异较大；

b) 因人为或自然因素使生产环境发生较大变化；

c) 国家质量监督机构或主管部门提出型式检验要求。

8.4 判定规则

8.4.1 分等、分级指标不合格果率(以质量分数计)小于 5%，且理化指标、卫生指标均合格时，判该批产品合格。

8.4.2 分等、分级指标不合格果率(以质量分数计)大于 5%，允许整改后复检。

8.4.3 理化指标、卫生指标出现不合格时，允许另取一份样品复检，若仍不合格，则判该批产品不合格。

9 包装、标志与标识

应按《农产品包装和标识管理办法》的规定执行。每一包装内只能装同一等级果，不得有隔级果。

10 贮藏、运输

10.1 贮藏

金柑采摘后可先入库预贮，经分级包装后，采用通风贮藏库或隔热、通风良好的仓库贮藏，仓库应清洁、无污染、无异味，不得与有毒有害物品混贮，尽可能减少库内温度变化。

10.2 运输

待运的金柑，应批次、等级分明，码堆整齐，环境清洁，堆放和装卸要轻搬轻放，运输工具应清洁卫生，码层不宜过多。不得与有毒有害物品混装、混运。

附 录 A
（规范性附录）
尤溪金柑地理标志产品保护范围图

尤溪金柑地理标志产品保护范围见图 A.1。

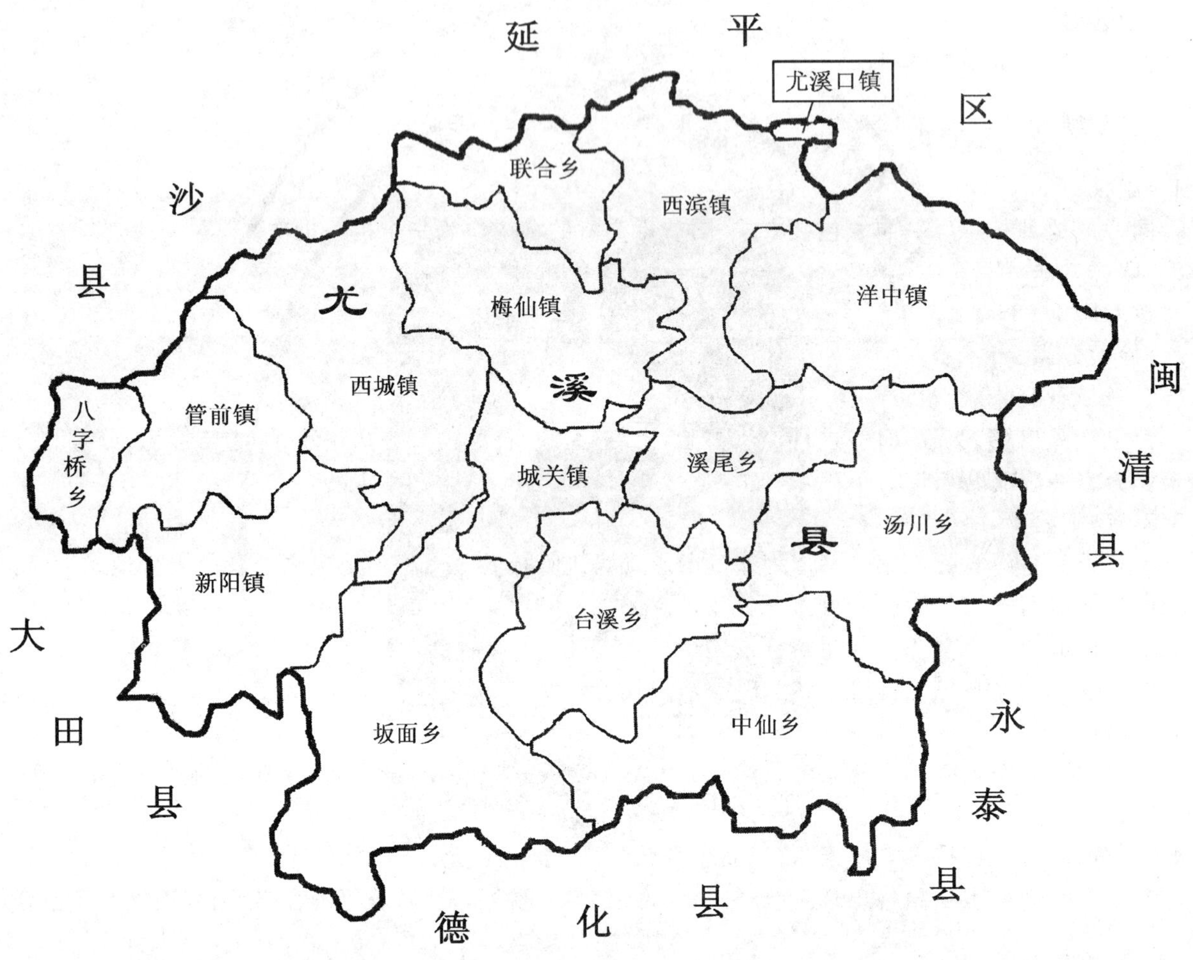

注：尤溪金柑地理标志产品保护范围限于福建省尤溪县现辖行政区域。

图 A.1 尤溪金柑地理标志产品保护范围图

附 录 B
（资料性附录）
尤溪金柑生产技术

B.1 品种

金弹，学名 *Fortunella crassifolia* Swingle。又称金柑、金桔，当地俗称绿桔。

B.2 生产技术

B.2.1 园地建设

宜选海拔 700 m 以下低山、丘陵地或平地建园。土壤质地以疏松肥沃、土层深厚的红黄壤或紫色土为好。园地应水源充足，交通方便。

修筑梯台，台面宽 2.5 m 以上，外筑梯埂，内修水沟，中间挖穴或开沟，沟穴深 80 cm 以上。沟或穴填充表土，施入绿肥、农家肥、钙镁磷、石灰等作为基肥。

园地应统筹安排道路、水利设施。应设 3 m～4 m 宽的干道及 2 m～3 m 宽的支路与乡村公路衔接。设置排灌管道或沟渠及水池，做到雨季可蓄可排，旱季能浇能灌。

B.2.2 种苗选择与栽植密度

实生苗或嫁接苗均可。种苗应种性纯正、生长健壮、根系发达，径粗 0.6 cm 以上，高 50 cm 以上。种植实生苗，通常每 667 m^2 种植 40 株～60 株，株行距(3 m～4 m)×(4 m～4.5 m)。嫁接苗通常每 667 m^2 种植 60 株～80 株，株行距(2.5 m～3 m)×(3 m～4 m)。

B.2.3 土壤管理

幼龄金柑园应通过深耕改土，增施有机肥，促进土壤熟化。即在定植穴四周或定植沟两边开挖深度 60 cm 以上的沟穴，分层施入有机肥。改土沟穴逐年向外扩展，直至全园完成。力求通过连年改土增肥，使果园土壤有机质含量达到 1.5%以上。

果园土壤每年中耕 1 次～2 次，深度 15 cm～20 cm。5 月至 6 月除草 1 次。已通过改土熟化、质地疏松的果园提倡免耕，让其自然生草，年劈草或割草 3 次～4 次，覆盖树盘。

B.2.4 施肥

施肥应各种营养元素配合施用，多施有机肥，合理施用无机化肥。幼年树宜薄肥勤施，在 4 月至 9 月每月施一次。以氮肥为主，配合施用磷、钾肥。一至三年生幼树全年施纯氮 80 g～300 g，氮∶磷∶钾以 1∶0.3∶0.4 左右为宜，施用量应从少到多逐年增加。

结果树通常施用春梢肥、花前肥、壮果肥。全年施肥量按产 100 kg 金柑果施用纯氮 1.0 kg～1.5 kg 掌握，其中有机氮应占 30%以上，氮、磷、钾比 1∶0.4∶(0.7～1)。春梢肥在 2 月至 3 月施用，施入全年用量 50%～60%的氮素肥料、50%～60%的磷肥、30%的钾肥，有机肥料全部在本次施用。花前肥在春梢自剪后的 5 月中下旬施入，施入全年用量的 20%～25%，氮、磷、钾三要素均衡配合。稳果壮果肥在 7 月至 8 月施用，施入全年用量 20%～25%的氮素肥料、20%～25%的磷肥、45%～50%的钾肥。土质良好、树势强健的果园可不施花前肥。此外，9 月至 10 月间可根据树势、结果量，结合灌水酌情补肥。

施肥方法，化肥采用浅沟施、撒施等，有机肥开沟深施；幼年树宜多采用水肥浇施。沟施位置应选在树冠滴水线附近，位置应经常轮换。

B.2.5 灌溉排水

7 月份以后，如遭遇连续 10 d 以上未雨，果园应及时灌水，保持土壤湿润。可每树灌水 30 kg～80 kg，每周 1 次，直到采果前 20 d。梅雨季节及大雨，果园要及时清沟排水，以免积水闷根。

B.2.6 整形修剪

以培养矮壮自然开心形树形为目标，干高 25 cm～40 cm，树高控制在 230 cm～280 cm 以内。嫁接树宜在幼龄期通过抹芽、疏梢，控制分枝数，使养分相对集中于选留的骨干枝，促进形成较大的冠幅。实生树应在选留作为中央主干或主枝的枝梢抽生期间，留 40 cm～60 cm 摘心或短截，控制其高度，促进分枝。

初结果树宜轻剪，适当疏除骨干枝上过密的枝芽，尽量保持有效能的枝叶。树体长至设定的高度后，抹除顶端徒长性枝芽，采果后回缩顶端强枝，控制顶端优势。对结果后的枝组，适度疏删密枝、弱枝，回缩长枝，以促发强壮春梢。

盛果期的修剪以采果后至抽春梢前的冬春修剪为主。先根据树形要求，从内到外去除多余的大枝。修剪小枝时，以去密留疏、去弱留强为原则，剪除交叉枝、重叠枝、过密枝、病虫枝、枯弱枝等，使每个枝组先端保留若干强枝，作为再次抽生新梢的基枝；适当回缩短截生长较弱的枝组与枝梢，以增强其生长势。通过修剪，达成枝组不交叉重叠、树冠通风透光的效果。

B.2.7 病虫防治

坚持“以防为主，综合防治”原则。防治策略上，首先要把健生栽培作为防治的基础，通过合理施肥、修剪等农业耕作措施改善果园生态环境，增强树势，提高抗性；其次要注重保护天敌，积极应用生物防治措施，优先应用杀虫灯捕杀害虫等物理机械防治措施。在此基础上，再根据病虫发生与测报情况，适当喷用农药。喷药防治，重点掌握冬季清园消灭越冬病虫，控制春季第一代病虫，压低病虫基数。

为保障果品卫生安全，用药防治，应多选用生物源、矿物源农药，少用化学农药；选择高效、低毒和持效期长的农药。同时注意做好农药的轮用、混用，提高药效；限制同一种农药的使用次数，严格掌握用药安全间隔期，防止果实农药残留量超标。

B.3 采收

宜在 11 月中旬至 12 月下旬果实全面转色，达到品种固有色泽、风味和香气时采收。避免雨天以及露水未干、雾天采收。采摘时小心谨慎，搬运时轻拿轻放，防止机械损伤。

ICS 67.080.10
B 31

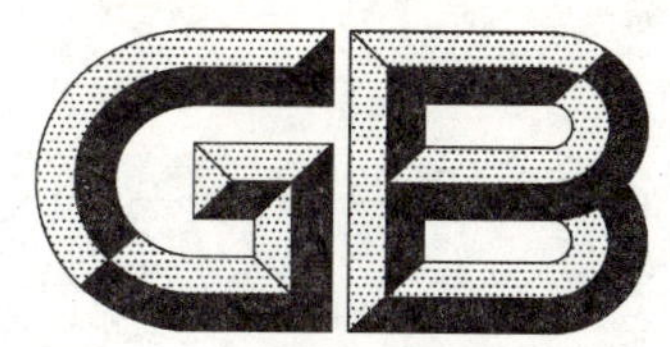

中华人民共和国国家标准

GB/T 22739—2008

地理标志产品　建莲

Product of geographical indication—Jianning lotus seeds

2008-12-28 发布　　　　2009-06-01 实施

中华人民共和国国家质量监督检验检疫总局
中国国家标准化管理委员会　发布

前　言

本标准依据《地理标志产品保护规定》和 GB/T 17924—2008《地理标志产品标准通用要求》以及中华人民共和国质量监督检验检疫总局公告 2006 年第 147 号《关于批准对建莲实施地理标志产品保护的公告》制定。

本标准的附录 A 为规范性附录，附录 B 为资料性附录。

本标准由全国原产地域产品标准化工作组提出并归口。

本标准起草单位：福建省建宁县莲子科学研究所、福建省建宁县质量技术监督局、福建省技术监督情报研究所。

本标准主要起草人：魏英辉、罗银华、谢木生、阮兆礼、代希荣、吴景栋、徐明敏、江文、帅金高。

地理标志产品　建莲

1　范围

本标准规定了建莲的地理标志产品保护范围、术语和定义、种植与加工、质量要求、试验方法、检验规则、包装、标志、标签、运输和贮存。

本标准适用于国家质量监督检验检疫行政主管部门根据《地理标志产品保护规定》批准保护的地理标志产品建莲。

2　规范性引用文件

下列文件中的条款通过本标准的引用而成为本标准的条款。凡是注日期的引用文件，其随后所有的修改单(不包括勘误的内容)或修订版均不适用于本标准，然而，鼓励根据本标准达成协议的各方研究是否可使用这些文件的最新版本。凡是不注日期的引用文件，其最新版本适用于本标准。

GB/T 191　包装储运图示标志

GB 4285　农药安全使用标准

GB/T 5009.3　食品中水分的测定

GB/T 5009.5　食品中蛋白质的测定

GB/T 5009.9　食品中淀粉的测定

GB/T 5009.11　食品中总砷及无机砷的测定

GB/T 5009.12　食品中铅的测定

GB/T 5009.15　食品中镉的测定

GB/T 5009.17　食品中总汞及有机汞的测定

GB/T 5009.34　食品中亚硫酸盐的测定

GB 7718　预包装食品标签通则

GB/T 8321(所有部分)　农药合理使用准则

GB/T 8855　新鲜水果和蔬菜　取样方法

JJF 1070　定量包装商品净含量计量检验规则

NY 5331　无公害食品　水生蔬菜产地环境条件

定量包装商品计量监督管理办法(国家质量监督检验检疫总局令[2005]第75号)

3　术语和定义

下列术语和定义适用于本标准。

3.1

建莲　Jianning lotus seeds

产于福建省三明市建宁县所辖行政区域内，按本标准规定的生产技术生产，符合本标准要求的莲子产品，俗称建宁白莲或建宁通心白莲。外形为圆形或卵圆形，淡黄白色、粒大、圆整、轻煮即熟、久煮不散、汤色清香气浓、细腻可口。

3.2

缺陷莲子　defective lotus seeds

生长发育不良未能正常成熟的瘪子，顶部变黑的莲子，以及在加工过程中对产品造成机械损伤或颜色的改变，如严重刀痕、破碎、边莲、灼伤等。

4 地理标志产品保护范围

建莲地理标志产品保护范围限于国家质量监督检验检疫行政主管部门根据《地理标志产品保护规定》批准的范围，即福建省三明市建宁县所辖行政区域，见附录 A。

5 种植与加工

5.1 种植环境

5.1.1 产地环境

产地环境应符合 NY 5331 要求。

5.1.2 气候

年平均温度 16.8 ℃，≥10 ℃的积温≥4 600 ℃，日照时数≥1 100 h，降水量≥1 700 mm，无霜期≥210 d 的地区为适宜。

5.1.3 土壤

宜选用土质疏松肥沃，土壤有机质含量≥1.5%，耕作层深度≥20 cm，pH 值 4.5～7.5 的水田。

5.2 品种

宜选择红花建莲、白花建莲、建选 17 号等。

5.3 种苗繁殖和栽培技术

参见附录 B。

5.4 采收

6 月下旬至 10 月中旬采收。当莲蓬出现褐色斑纹，莲子与莲蓬孔格稍分离，莲子果皮带浅褐色时采摘。

5.5 传统加工工艺

5.5.1 脱粒、去壳、去膜

将莲子从莲蓬孔格内剥出，剥净果皮和种皮。

5.5.2 通心

用直径 1.5 mm～2.0 mm 的竹签捅去莲子中间的莲心(胚芽)。

5.5.3 清洗

用干净的饮用水洗净残余莲膜、胚芽等沾粘物。莲子清洗后宜沥水 10 min～20 min。

5.5.4 烘烤

5.5.4.1 炭炉烘烤

将清洗沥干后的莲子置于莲筛内，单层摆放于薪柴炭火炉上烘烤。火炉距莲筛的烘烤距离为 25 cm～40 cm，初烤温度宜为 80 ℃～90 ℃；烘烤至莲子发软时，转入稳烤，稳烤温度宜为 40 ℃～50 ℃。烘烤期间应常翻动莲子，翻动次数以不烤黄莲子为准；莲子烘烤干燥至水分≤11%。不得使用硫磺等化学品熏蒸。

5.5.4.2 烤房烘烤

以木柴、可燃杂物或煤电等为热源，烤房四周密闭，底部四角设进气孔，顶部排湿气，导热管不应漏气。烘烤总时间宜为 3 h～4 h，烘烤期间应调换上下层莲筛位置 1 次～2 次。初烤温度宜为 70 ℃～80 ℃，稳烤温度宜为 50 ℃～60 ℃。莲子烘烤干燥至水分≤11%。不得使用硫磺等化学品熏蒸。

5.5.5 冷却装袋

将烘干后的莲子冷却 30 min～60 min，及时包装。

6 质量要求

6.1 感官指标

建莲根据感官指标分为特级、一级、二级，感官指标应符合表1的规定。

表1 感官指标

项目	指标		
	特级	一级	二级
形状	颗粒形状一致，均匀饱满，圆形或卵圆形	颗粒形状较一致，较均匀饱满，圆形或卵圆形	颗粒表面允许轻度皱缩，圆形或卵圆形
色泽	乳白色，微黄，光泽度好	乳白色，淡黄，光泽度较好	淡黄白色，光泽度一般
气味	清香、无异味		
缺陷	无霉变、虫蛀、焦粒等严重缺陷		
粒数/(粒/500 g) ≤	470	500	560
通心率/% ≥	99	97	95
净度/% ≥	99	98	97
完好率/% ≥	98	96	93

6.2 理化指标

应符合表2的规定。

表2 理化指标

项目	指标
水分/% ≤	12
蛋白质/% ≥	18
淀粉/% ≤	55

6.3 安全指标

应符合表3的规定。

表3 安全指标

项目	指标
无机砷(以 As 计)/(mg/kg) ≤	0.05
铅(以 Pb 计)/(mg/kg) ≤	0.1
镉(以 Cd 计)/(mg/kg) ≤	0.2
汞(以 Hg 计)/(mg/kg) ≤	0.01
二氧化硫(以 SO_2 计)/(g/kg) ≤	0.1
注：其他有毒有害物质限量指标按国家有关法律法规和强制性标准执行。	

6.4 净含量

应符合《定量包装商品计量监督管理办法》的规定。

7 试验方法

7.1 感官要求

7.1.1 形状、色泽、杂质、虫蛀和焦粒

将样品摊开在白色瓷盘或白纸上，在自然光下目测。

7.1.2 气味、霉变

用鼻嗅、目测评定。

7.1.3 粒数

从试样中随机取样称出 500 g，数其莲子粒数。

7.1.4 净度

将 7.1.3 样品用 $\phi 6$ mm 孔铁筛过筛，并捡出筛上杂质，与筛下杂质合并称量后按式(1)计算，结果保留一位小数。

$$\omega_1 = \frac{m - m_1}{m} \times 100 \qquad \cdots\cdots (1)$$

式中：

ω_1——净度，%；

m——样品总质量，单位为克(g)；

m_1——杂质总质量，单位为克(g)。

7.1.5 通心率

对 7.1.3 样品逐粒检查，检出未通心粒，按式(2)计算，结果保留一位小数。

$$\omega_2 = \frac{N - n}{N} \times 100 \qquad \cdots\cdots (2)$$

式中：

ω_2——通心率，%；

N——样品总粒数，单位为粒；

n——未通心莲子粒数，单位为粒。

7.1.6 完好率

对 7.1.3 样品逐粒检查，检出缺陷粒称量，按式(3)计算，结果保留一位小数。

$$\omega_3 = \frac{m - m_2}{m} \times 100 \qquad \cdots\cdots (3)$$

式中：

ω_3——完好率，%；

m——样品总质量，单位为克(g)；

m_2——缺陷莲的质量，单位为克(g)。

7.2 理化指标

7.2.1 水分

按 GB/T 5009.3 规定的方法测定。

7.2.2 蛋白质

按 GB/T 5009.5 规定的方法测定。

7.2.3 淀粉

按 GB/T 5009.9 规定的方法测定。

7.3 安全指标

7.3.1 无机砷

按 GB/T 5009.11 规定的方法测定。

7.3.2 铅

按 GB/T 5009.12 规定的方法测定。

7.3.3 镉

按 GB/T 5009.15 规定的方法测定。

7.3.4 汞

按 GB/T 5009.17 规定的方法测定。

7.3.5 二氧化硫

按 GB/T 5009.34 规定的方法测定。

7.4 净含量

按 JJF 1070 规定执行。

8 检验规则

8.1 组批

产地取样以同一期加工、同一等级的建莲产品为一个检验批次；批发市场和超市以同一产地、同一等级、同一销售单位的建莲产品为一个检验批次。

8.2 取样方法

按 GB/T 8855 规定执行。

8.3 检验分类

8.3.1 交收检验

每批产品交收前，生产单位应进行交收检验。交收检验项目包括感官指标、水分、净含量。

8.3.2 型式检验

型式检验的项目包括本标准规定的全部质量要求。在正常生产时每年至少进行一次型式检验。有下列情形之一者应进行型式检验：

a) 前后两次取样检验结果差异较大；

b) 因人为或自然因素使生产技术、环境发生较大变化；

c) 国家质量监督机构或主管部门提出要求时；

d) 购销合同有要求时。

8.4 判定规则

8.4.1 每批受检样品，感官指标不合格率按其所检单位的平均值计算，不得超过5%，其中任何一件包装不合格百分率不得超过10%。

8.4.2 卫生指标有一个项目不合格，即判定该批产品不合格。

8.4.3 理化指标有两个项目不达标，即判定该批产品不合格；有一个项目不达标，不能判为一级以上等级。

8.5 复检

对不合格项目可加倍取样进行复检，以复检结果为准。感官检验不合格的，允许重新整理后复检。

9 包装、标志、标签、运输、贮存和保质期

9.1 包装

9.1.1 包装材料应保持干燥、清洁、无异味、无毒，包装材料应符合国家有关标准和规定。

9.1.2 包装应牢固、防潮、整洁。

9.1.3 产品应按同一等级、同一产地、同一生产日期进行包装。

9.2 标志

9.2.1 获得批准的企业，可在其产品包装上使用建莲地理标志产品专用标志。

9.2.2 包装储运图示标志应符合 GB/T 191 的规定。

9.3 标签

按 GB 7718 执行。应标明产品名称、标准编号、净重、质量等级、厂名、厂址、生产日期、保质期。

9.4 运输

运输装具需干燥、无异味、无污物、封盖严密、不得渗入雨雪。

9.5 贮存

产品贮存时，包装应密封，存放在干燥、清洁卫生的库房中，仓库内应无异物污染，防止回潮、压碎。

9.6 保质期

在本标准 9.1、9.4、9.5 规定的条件下，产品保质期为 12 个月。

附　录　A
（规范性附录）
建莲地理标志产品保护范围图

建莲地理标志产品保护范围见图 A.1。

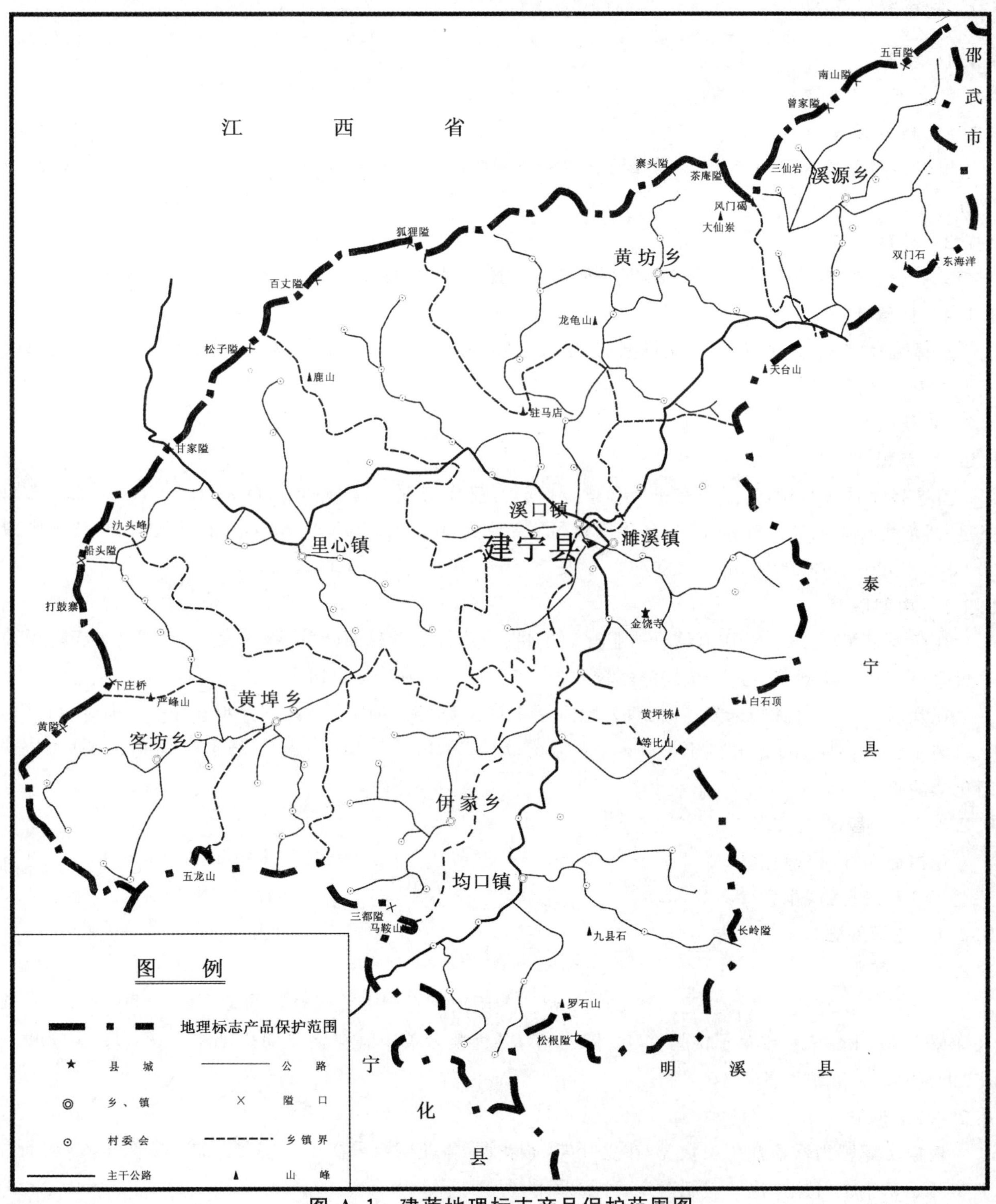

图 A.1　建莲地理标志产品保护范围图

附 录 B
（资料性附录）
建莲的种苗繁殖和栽培技术

B.1 种苗繁殖技术

B.1.1 种源

以上年的优质莲藕为种源，选择产量高、品质佳且未发生过腐败病的田块为种源田。

B.1.2 越冬管理

提倡在越冬的莲田种植紫云英等绿肥；未种植绿肥的越冬莲田，宜灌水 3 cm～5 cm。严禁牲畜等践踏。

B.1.3 种藕起挖

3 月至 4 月，日均气温稳定通过 12 ℃时即可起挖。尽量随挖随栽。

B.1.4 种藕选择

选择藕芽完整、无病斑、无严重机械伤、生长健壮，具有 2 个完整节间以上，并带有 1 个顶芽的主藕或子藕为种藕。

B.2 栽培技术

B.2.1 定植

宜选择土质疏松肥沃，土壤有机质含量≥1.5%，耕作层深度≥20 cm，pH 值 4.5～7.5。应选光照充足，排灌方便的水田。建选 17 号品种用藕量 1 800 支/hm^2～2 250 支/hm^2，红花建莲、白花建莲则为 3 000 支/hm^2～3 600 支/hm^2。2 支/穴～3 支/穴。按藕量做到全田均匀分布。

B.2.2 中耕除草

栽后或翻犁后 15 d～20 d，结合追肥开始中耕除草，拔除莲株间杂草，踩入泥中，并翻动表土。至莲子封行后停止中耕除草。莲子苗期浮萍较多的，宜尽量堆埋或清除出田。

在栽后 5 d～7 d 莲子未发苗时，每公顷宜用丁草胺 50%乳油 1 500 g～1 800 g 拌细土撒施；或莲田除草剂 1 500 g～1 800 g，拌细土 10 kg 左右撒施，用药后 3 d～5 d 保持浅水、静水。莲子生长期不应使用化学除草剂。

B.2.3 水分管理

定植后至 6 月中旬莲田灌水 5 cm～10 cm，6 月下旬至 8 月下旬，提高水位至 15 cm～20 cm。9 月至翌年 3 月，宜灌浅水 3 cm～5 cm。

B.2.4 莲田施肥

B.2.4.1 基肥

中低肥力田宜施腐熟有机肥 3 750 kg/hm^2。冬闲田宜在犁田前施腐熟的猪牛粪 22 500 kg/hm^2 或人粪尿 7 500 kg/hm^2 或菜子饼肥 1 500 kg/hm^2；冬种紫云英田宜在盛花期撒施生石灰 450 kg/hm^2～750 kg/hm^2 后翻犁压青。

B.2.4.2 追肥

根据土壤肥力和建莲生长状况，在立叶期、始花期、盛花期及采摘中后期分 6 次～7 次施入，从 5 月上旬开始每半个月施一次。追肥时期、种类及用量见表 B.1。

表 B.1 追肥时期、种类及用量推荐方案

追肥时期	追肥时间、种类、用量、用法
立叶期	结合中耕除草进行。5 月上旬，新植莲田用碳铵＋普钙各 150 kg/hm^2～225 kg/hm^2 或用莲专肥 150 kg/hm^2～225 kg/hm^2，拌匀后在抱卷叶一侧 15 cm～20 cm 处深施，深度为入土 6 cm～8 cm；5 月下旬，第二次深施莲专肥 375 kg/hm^2。老莲田均为撒施
始花期	6 月中旬，第三次撒施莲专肥 600 kg/hm^2
盛花期	7 月上旬，第四次撒施莲专肥 600 kg/hm^2；7 月下旬，第五次撒施莲专肥 525 kg/hm^2。8 月中旬视莲株长势，补施莲专肥 225 kg/hm^2～300 kg/hm^2，或尿素 90 kg/hm^2～120 kg/hm^2＋氯化钾 45 kg/hm^2～60 kg/hm^2
注 1：土壤肥力基础好、有机肥用量多、肥效高的莲田，化肥用量可减少 20%～30%。 注 2：莲专肥指建宁莲科所根据建莲需肥特点和建宁县土壤状况配制的含氮、磷、钾为 25%并添加微量元素的复混肥，不排除使用具有同等性能肥料的可能。 注 3：留种莲田应重视盛花后期施肥，并酌情增加尿素用量。	

B.2.5 病虫害防治

B.2.5.1 防治原则

预防为主，综合防治。优先使用农业防治、物理防治、生物防治，按照病虫害的发生规律和经济阈值，科学使用化学防治技术，有效控制病虫危害。农药施用应执行 GB 4285 和 GB/T 8321（所有部分）的规定。

B.2.5.2 主要病虫害及防治

建莲主要病虫害及防治措施见表 B.2。

表 B.2 主要病虫害及防治措施

病虫名称	防治措施
蚜虫	大量发生危害时，用 3%啶虫脒 1 000 倍液～1 500 倍液或 10%吡虫啉 2 000 倍液～2 500 倍液喷治
斜纹夜蛾	利用三龄前幼虫的群集性，进行人工捕杀，或用昆虫信息素、杀虫灯诱杀成虫；大量发生危害时可选用 Bt 杀虫剂（苏云金杆菌）1 000 倍液、20%除尽（虫螨腈）1 000 倍液、48%毒死蜱 1 500 倍液喷治
食根金花虫	排水后用 225 kg/hm^2～300 kg/hm^2 茶子饼毒杀，或养黄鳝、泥鳅进行防治
叶（褐）斑病	拔除病株后，健叶用 25%凯润（吡唑醚菌酯）2 000 倍液、或 10%世高（苯醚甲环唑）2 000 倍液～3 000 倍液喷治。连作莲田做好冬季清园；植藕或发苗前施生石灰 750 kg/hm^2～1 050 kg/hm^2 进行土壤消毒
莲腐败病	（1）选用抗病品种，无病种藕。 （2）水旱轮作。 （3）发病初期拔除病株，并用绿亨一号（恶霉灵）1 500 倍液等药剂防治，控制病害蔓延。 （4）连作莲田做好冬季清园；植藕或发苗前施生石灰 750 kg/hm^2～1 050 kg/hm^2 进行土壤消毒

ICS 67.080.10
B 31

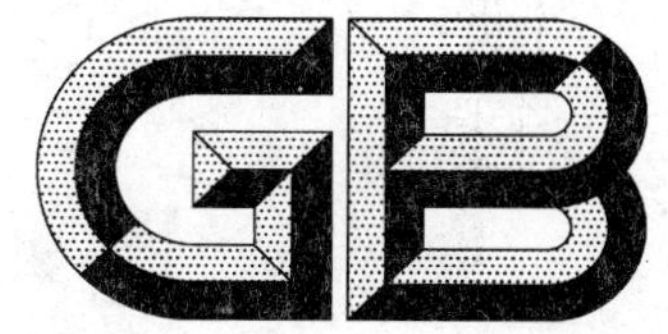

中华人民共和国国家标准

GB/T 22740—2008

地理标志产品 灵宝苹果

Product of geographical indication—Lingbao apple

2008-12-28 发布 2009-06-01 实施

中华人民共和国国家质量监督检验检疫总局
中国国家标准化管理委员会 发布

前　言

本标准根据《地理标志产品保护规定》与GB/T 17924—2008《地理标志产品标准通用要求》制定。

本标准的附录A为规范性附录,附录B为资料性附录。

本标准由全国原产地域产品标准化工作组提出并归口。

本标准起草单位:三门峡市质量技术监督局、灵宝市园艺局。

本标准主要起草人:袁文忠、索继军、张孝民、李云昭、廖权虹、孟朝军、张玉君、王松森。

地理标志产品　灵宝苹果

1　范围

本标准规定了灵宝苹果的术语和定义、地理标志产品保护范围、要求、试验方法、检验规则及标志、包装、运输和贮藏。

本标准适用于国家质量监督检验检疫行政主管部门根据《地理标志产品保护规定》批准保护的灵宝苹果。

2　规范性引用文件

下列文件中的条款通过本标准的引用而成为本标准的条款。凡是注日期的引用文件，其随后所有的修改单(不包括勘误的内容)或修订版均不适用于本标准，然而，鼓励根据本标准达成协议的各方研究是否可使用这些文件的最新版本。凡是不注日期的引用文件，其最新版本适用于本标准。

GB/T 8321(所有部分)　农药合理使用准则

GB/T 8559　苹果冷藏技术

GB/T 8855　新鲜水果和蔬菜　取样方法

GB/T 10651　鲜苹果

GB/T 13607　苹果、柑桔包装

NY 5011　无公害食品　仁果类水果

NY 5012　无公害食品　苹果生产技术规程

ISO 8682　苹果气调贮藏

3　术语和定义

GB/T 10651 确立的以及下列术语和定义适用于本标准。

3.1

灵宝苹果　Lingbao apple

在本标准第 4 章规定的范围内生产，符合本标准要求的苹果。

4　地理标志产品保护范围

灵宝苹果的地理标志产品保护范围限于国家质量监督检验检疫行政主管部门根据《地理标志产品保护规定》批准的范围，即河南省灵宝市现辖行政区域，见附录 A。

5　要求

5.1　种植环境

5.1.1　气温

区域内年平均气温 12.3 ℃～13.7 ℃，年极端最高气温 42.7 ℃，年极端最低气温 －21 ℃，6 月至 8 月昼夜温差≥9 ℃，10 月至 11 月上旬(果实成熟期)昼夜温差≥12 ℃，年平均无霜期为 190 d～210 d。

5.1.2　光照

年平均日照时数 2 270 h～2 400 h，年平均太阳辐射量 504.4 MJ/cm^2，光合有效辐射量为 247.0 MJ/cm^2。

5.1.3 降水量

年平均降水量 506 mm～719 mm。

5.1.4 土壤

棕壤土、褐土、潮土占总土地面积的 80%左右，土壤有机质含量 0.8%～1.0%，pH 值 7.0～8.5。

5.1.5 海拔

灵宝苹果主要分布在海拔 520 m～1 200 m 的丘陵山区。

5.2 品种

富士系。

5.3 果园管理

果园管理参见附录 B。

5.4 等级规格指标

等级规格指标见表 1。

表 1 等级规格

<table>
<tr><th rowspan="2">项 目</th><th colspan="3">等 级</th></tr>
<tr><th>特级</th><th>一级</th><th>二级</th></tr>
<tr><td>品质基本要求</td><td colspan="3">果实完整良好、新鲜，无病虫害；具有本品种的特有风味；果面光洁、色泽艳丽，蜡质较厚；发育充分，具有适于市场或贮藏要求的成熟度；果形端正或较端正，果个整齐；果梗完整或统一剪除；果肉脆而多汁，酸甜适度</td></tr>
<tr><td>着色面积比例/% ≥</td><td>90</td><td>80</td><td>70</td></tr>
<tr><td>果径(最大横切面直径)/mm ≥</td><td>80</td><td>75</td><td>70</td></tr>
<tr><td>果面缺陷</td><td colspan="3">应符合 GB/T 10651</td></tr>
<tr><td>容许度</td><td>容许 3%的果实不符合本等级规定的等级规格。其中磨伤、碰压伤、刺伤不合格果之和不得超过 1%</td><td colspan="2">容许 5%的果实不符合本等级规定的等级规格。其中磨伤、碰压伤、刺伤不合格果之和不得超过 1%</td></tr>
<tr><td colspan="4">注：容许度的测定以检验全部抽检包装件的平均数计算，容许度规定的百分率一般以重量或果数计算。</td></tr>
</table>

5.5 理化指标

理化指标见表 2。

表 2 理化指标

项 目	指 标
可溶性固形物/% ≥	13.5
总酸/% ≤	0.4
硬度(N/cm^2) ≥	78.4

5.6 卫生指标

按 NY 5011 执行。

6 试验方法

6.1 等级规格、理化指标

按 GB/T 10651 执行。

6.2 卫生指标

按 NY 5011 执行。

7 检验规则

7.1 检验批次

同一生产基地、同一品系、同一成熟度、同一包装日期的苹果为一个批次。

7.2 抽样方法

按 GB/T 8855 执行。

7.3 检验分类

7.3.1 型式检验

7.3.1.1 有下列情形之一者应进行型式检验：

a) 每年采摘初期；

b) 国家质量监督管理部门提出型式检验要求。

7.3.1.2 型式检验为本标准规定的全部要求。

7.3.1.3 判定规则：在整批样品中不合格果率超过 5%时，判定不合格，允许降等或重新分级。等级规格和理化指标有一项不合格时，允许加倍抽样复检，如仍有不合格即判为不合格产品。卫生指标有一项不合格时即判为不合格产品。

7.3.2 交收检验

7.3.2.1 灵宝苹果每批产品交收前，生产单位都应进行交收检验。交收检验合格并附合格证，产品方可交收。

7.3.2.2 交收检验项目为等级规格、包装、标志。

7.3.2.3 判定规则：在整批样品中不合格果率超过 5%时，判定等级规格不合格，允许降等或重新分级。包装、标志若有一项不合格，判交收检验不合格。

8 标志、包装、运输、贮藏

8.1 标志

8.1.1 灵宝苹果的销售和运输包装均应标注地理标志产品专用标志，并标明产品名称、品种、等级规格、产地、包装日期、生产单位、数量或净含量、执行标准代号等。

8.1.2 不符合本标准的产品，其产品名称不得使用含有“灵宝苹果”(包括连续或断开)的名称。

8.2 包装

按 GB/T 13607 执行。

8.3 运输

8.3.1 待运时，应批次分明、堆码整齐、环境清洁、通风良好。严禁烈日曝晒、雨淋。注意防冻、防热、缩短待运时间。

8.3.2 装卸时轻拿轻放。

8.3.3 运输工具清洁卫生，无异味。不与有毒有害物品混运。

8.4 贮藏

8.4.1 灵宝苹果的冷藏按 GB/T 8559 执行。

8.4.2 灵宝苹果的气调贮藏按 ISO 8682 执行。

8.4.3 库房无异味。不与有毒、有害物品混合存放。不得使用有损灵宝苹果质量的保鲜试剂和材料。

附 录 A
（规范性附录）
灵宝苹果地理标志产品保护范围图

灵宝苹果地理标志产品保护范围见图 A.1。

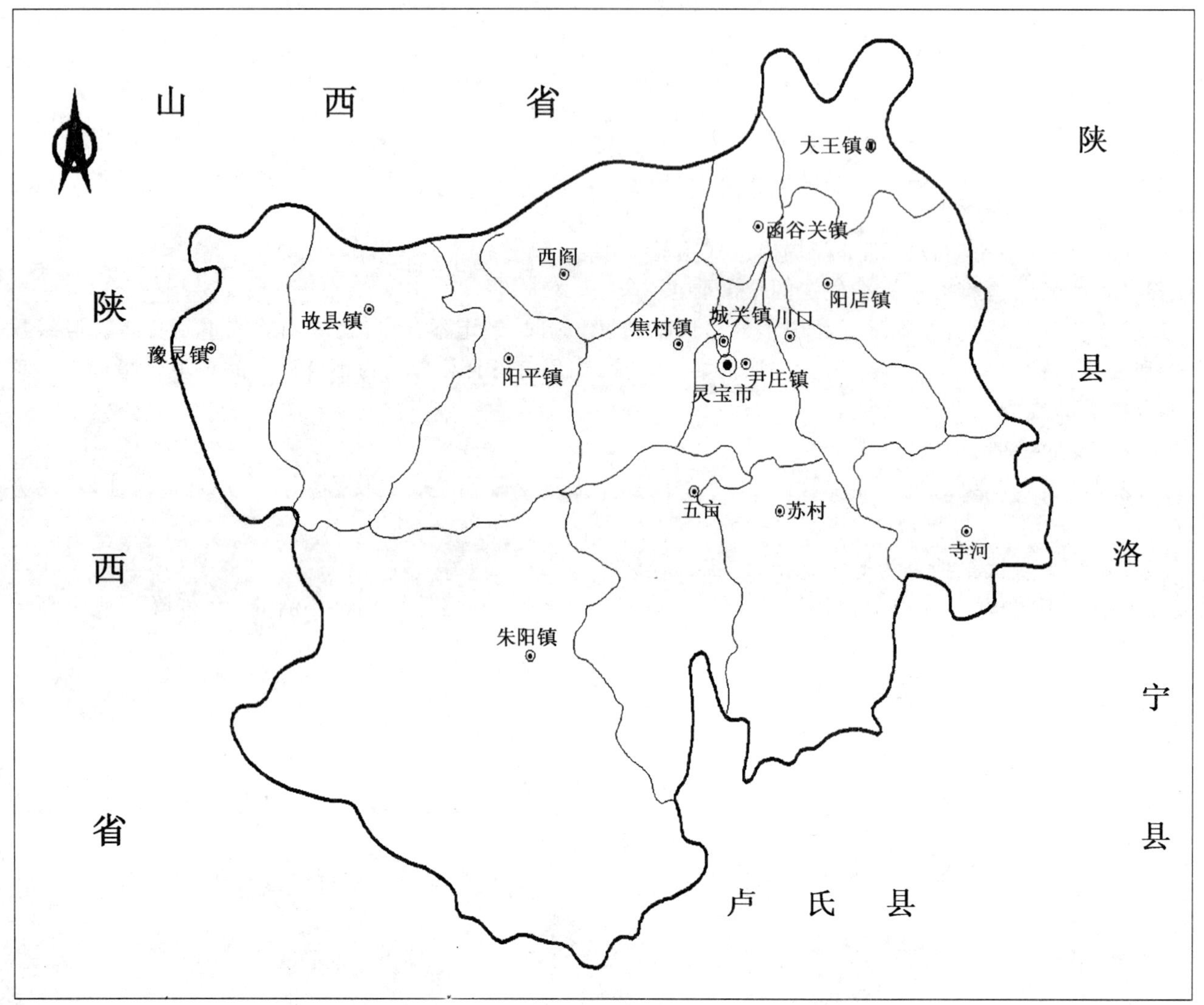

图 A.1 灵宝苹果地理标志产品保护范围图

附 录 B
（资料性附录）
果园管理

B.1 土肥水管理

B.1.1 土壤管理

按 NY 5012 执行。

B.1.2 施肥

每公顷施无害化处理的有机肥料 15 000 kg～60 000 kg，其他用有机复混肥补充。以秋施基肥为主，结合秋施基肥，花前、花后、幼果膨大期等物候期适量追肥，氮磷钾施肥比例为 1∶0.5∶1。根据树体营养诊断，适量施用微量元素。

B.1.3 水分管理

大力推广滴灌、微喷灌等灌溉技术，使果园土壤相对含水量保持在 60%～80%。禁止使用污染水。

B.2 花果管理

B.2.1 花前复剪

对花芽多的树进行花前复剪，调节花芽、叶芽的比例至（1∶3）～（1∶4）。

B.2.2 人工疏除花序

从花序分离期始，每间隔 20 cm～25 cm，选留一个健壮花序，其他多余的花序全部疏掉。

B.2.3 授粉

花期采用蜜蜂、壁蜂或人工授粉，提高果形指数。

B.2.4 疏果

谢花后 10 d 开始疏果，20 d 内结束。根据树势强弱、坐果多少确定适宜的留果间距，一般为 20 cm～25 cm，选留个大、端正的中心果，把多余的幼果全部疏除。每公顷留果量 180 000 个～225 000 个。

B.2.5 果实套袋

苹果谢花后 30 d～40 d 开始套用纸袋，6 月中旬结束。

B.2.6 摘袋

果实采收前 10 d～15 d 摘袋。

B.2.7 摘叶、转果、铺设反光膜

摘袋后立即在树冠下铺设反光膜，增加冠内下层反射光照，提高果实着色度。剪除遮光枝、叶，待果实向阳面着色后进行转果，使果实背阴面全部上色。

B.3 病虫害防治

按照“预防为主、综合防治”的原则，以农业和物理防治为基础，提倡生物防治，按照病虫害的发生规律和经济阈值，科学使用化学防治技术，有效控制病虫害危害。主要防治苹果树腐烂病、早期落叶病、苹果轮纹病和桃小食心虫、苹小卷叶蛾、苹果霉心病、红蜘蛛类、蚜虫类等病虫危害。使用的农药种类及要求按 GB/T 8321（所有部分）相关规定执行。

B.4　整形修剪

按 NY 5012 执行。

B.5　采摘

于 10 月中下旬采摘，采摘时轻拿轻放，避免碰伤、刺伤。

ICS 67.080.10
B 31

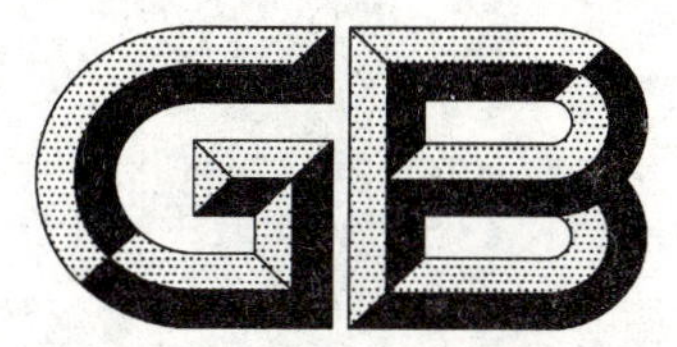

中华人民共和国国家标准

GB/T 22741—2008

地理标志产品　灵宝大枣

Product of geographical indication—Dried Lingbao jujube

2008-12-28 发布　　　　2009-06-01 实施

中华人民共和国国家质量监督检验检疫总局
中国国家标准化管理委员会　发布

前言

本标准根据《地理标志产品保护规定》和GB/T 17924《地理标志产品标准通用要求》制定。

本标准的附录A为规范性附录，附录B为资料性附录。

本标准由全国原产地域产品标准化工作组提出并归口。

本标准起草单位：三门峡市质量技术监督局、三门峡市林业局、灵宝市林业局。

本标准主要起草人：袁文忠、李凯军、索继军、彭兴龙、郭焕政、孟朝军、赵波、张改香。

地理标志产品　灵宝大枣

1　范围

本标准规定了灵宝大枣的术语和定义、地理标志产品保护范围、要求、检验方法、检验规则、标志、包装、运输和贮存。

本标准适用于国家质量监督检验检疫行政主管部门根据《地理标志产品保护规定》批准保护的干制灵宝大枣。

2　规范性引用文件

下列文件中的条款通过本标准的引用而成为本标准的条款。凡是注日期的引用文件，其随后所有的修改单(不包括勘误的内容)或修订版均不适用于本标准，然而，鼓励根据本标准达成协议的各方研究是否可使用这些文件的最新版本。凡是不注日期的引用文件，其最新版本适用于本标准。

GB/T 5009.3　食品中水分的测定

GB/T 5009.7　食品中还原糖的测定

GB/T 5835　红枣

GB/T 6195　水果、蔬菜维生素C含量测定法(2,6-二氯靛酚滴定法)

GB/T 6543　运输包装用单瓦楞纸箱和双瓦楞纸箱

GB 7718　预包装食品标签通则

GB/T 8321(所有部分)　农药合理使用准则

GB/T 12456　食品中总酸的测定

GB/T 13607　苹果、柑桔包装

GB 18406.2　农产品安全质量　无公害水果安全要求

GB/T 18407.2　农产品安全质量　无公害水果产地环境要求

定量包装商品计量监督管理办法(国家质量监督检验检疫总局令[2005]第75号)

3　术语和定义

GB/T 5835确立的以及下列术语和定义适用于本标准。

3.1

灵宝大枣　dried Lingbao jujube

在本标准第4章规定的范围内生产，符合本标准要求的干制红枣。

4　地理标志产品保护范围

灵宝大枣的地理标志产品保护范围限于国家质量监督检验检疫行政主管部门根据《地理标志产品保护规定》批准的范围，包括河南省灵宝市的大王镇、阳店镇、川口乡、寺河乡、尹庄镇、城关镇、函谷关镇、苏村乡、五亩乡、朱阳镇、焦村镇、西闫乡、阳平镇、故县镇、豫灵镇共15个乡镇现辖行政区域，即灵宝市现辖行政区域，见附录A。

5　要求

5.1　品种

圆枣、屯屯枣以及由其选育并通过审定的新品种。

5.2 产地环境

区域内年平均气温 12.3 ℃～13.7 ℃，年极端最高气温 42.7 ℃，年极端最低气温 −21 ℃，6 月至 8 月昼夜温差≥9 ℃，年无霜期为 190 d～210 d。年日照时数 2 270 h～2 400 h，年平均太阳辐射量 504.4 MJ/cm^2，光合有效辐射量为 247.0 MJ/cm^2，年降水量 506 mm～719 mm。土壤有机质含量 0.8%～1.0%，pH 值 7.0～8.5，并符合 GB/T 18407.2 要求。

5.3 栽培技术

参见附录 B。

5.4 等级规格

等级规格指标应符合表 1 规定。

表 1 等级规格

项目	等级			
	特等	一等	二等	三等
基本要求	果实呈圆屯形，底部和顶部凹陷，色泽深红，果皮薄，皱纹粗浅，味甘甜，身干，手握不粘个。无霉烂，杂质不超过 0.5%			
直径/mm	≥36	≥32	≥26	<26
果形	果形饱满，具有本品种应有的特征，个大、均匀	果形较饱满，具有本品种应有的特征，个大、均匀	果形较饱满，个头均匀	果形较饱满
品质	弹性好，有光泽，肉质肥厚	弹性好，有光泽，肉质肥厚	弹性好，肉质肥厚	肉质肥瘦不均，允许有不超过 10% 的果实色泽稍浅
损伤与缺陷	无浆头，无不熟果，无病果、虫果，破头不超过 2%	无浆头，无不熟果，无病果、虫果，破头不超过 4%	允许浆头不超过 2%，不熟果不超过 3%，病虫果、破头两项各不超过 5%	允许浆头不超过 5%，不熟果不超过 5%，病虫果、破头两项不超过 15%（其中病虫果不得超过 5%）

5.5 理化指标

理化指标应符合表 2 规定。

表 2 理化指标

项目		指标
可溶性总糖（以还原糖计）/%	≥	70
维生素 C/(mg / 100 g)	≥	13
可食率（以质量计）/%	≥	92
总酸/%	≤	1.1
水分/%	≤	25

5.6 安全要求

按 GB 18406.2 规定执行。

6 检验方法

6.1 等级规格

直径以果实肩部直径为准，用游标卡尺测量。其余项目按 GB/T 5835 执行。

6.2 感官特征

用目测检查。

6.3 理化指标

6.3.1 可溶性总糖

按 GB/T 5009.7 规定检测。

6.3.2 维生素 C

按 GB/T 6195 规定检测。

6.3.3 可食率

称取样枣 200 g～300 g，称量后逐个切开，将枣肉与核分离，再称果肉质量按式(1)计算：

$$A = \frac{m_1}{m} \times 100\% \qquad \cdots\cdots (1)$$

式中：

A——可食率，%；

m——全果质量，单位为克(g)；

m_1——果肉质量，单位为克(g)。

6.3.4 水分

按 GB/T 5009.3 规定检测。

6.3.5 总酸

按 GB/T 12456 规定检测。

6.4 安全要求

按 GB 18406.2 的规定执行。

7 检验规则

7.1 组批

同一品种、同一等级、同一批销售的灵宝大枣作为一个检验批次。

7.2 取样

按 GB/T 5835 规定执行。

7.3 检验分类

7.3.1 交收检验

每批产品交收前应进行交收检验。检验项目包括等级规格、感官特征、包装和标志。

7.3.2 型式检验

型式检验包括本标准要求中规定的全部项目，有下列情形之一时，应进行型式检验：

a) 生产环境、栽培和加工技术有重大变化，可能影响产品质量时；

b) 国家质量监督部门按规定提出型式检验要求时。

7.4 判定规则

7.4.1 检验项目全部符合本标准的，判定为合格产品。

7.4.2 在整批样品中不合格果率超过 5%时，判定等级规格和感官特征不合格，允许降等或重新分级。在检验中如有不合格项，允许复检一次，仍不合格则判该批产品为不合格产品。包装、标志若有一项不合格，判交收检验不合格。

7.4.3 净含量应与包装上明示的质量一致，允许误差按《定量包装商品计量监督管理办法》执行。

8 包装、标志、运输与贮存

8.1 包装

包装应符合 GB/T 6543 或 GB/T 13607 规定要求。

8.2 标志

按 GB 7718 和《地理标志产品保护规定》规定执行。

8.3 运输

运输工具应清洁卫生，无污染，不得与有毒有害物品混存混运，且应防雨防潮。

8.4 贮存

严禁与其他有毒有害、有异味、发霉以及其他易污染物混存混放，库房应保持通风干燥，并且有防潮、防虫、防鼠设施。

附 录 A
（规范性附录）
灵宝大枣地理标志产品保护范围图

灵宝大枣地理标志产品保护范围见图 A.1。

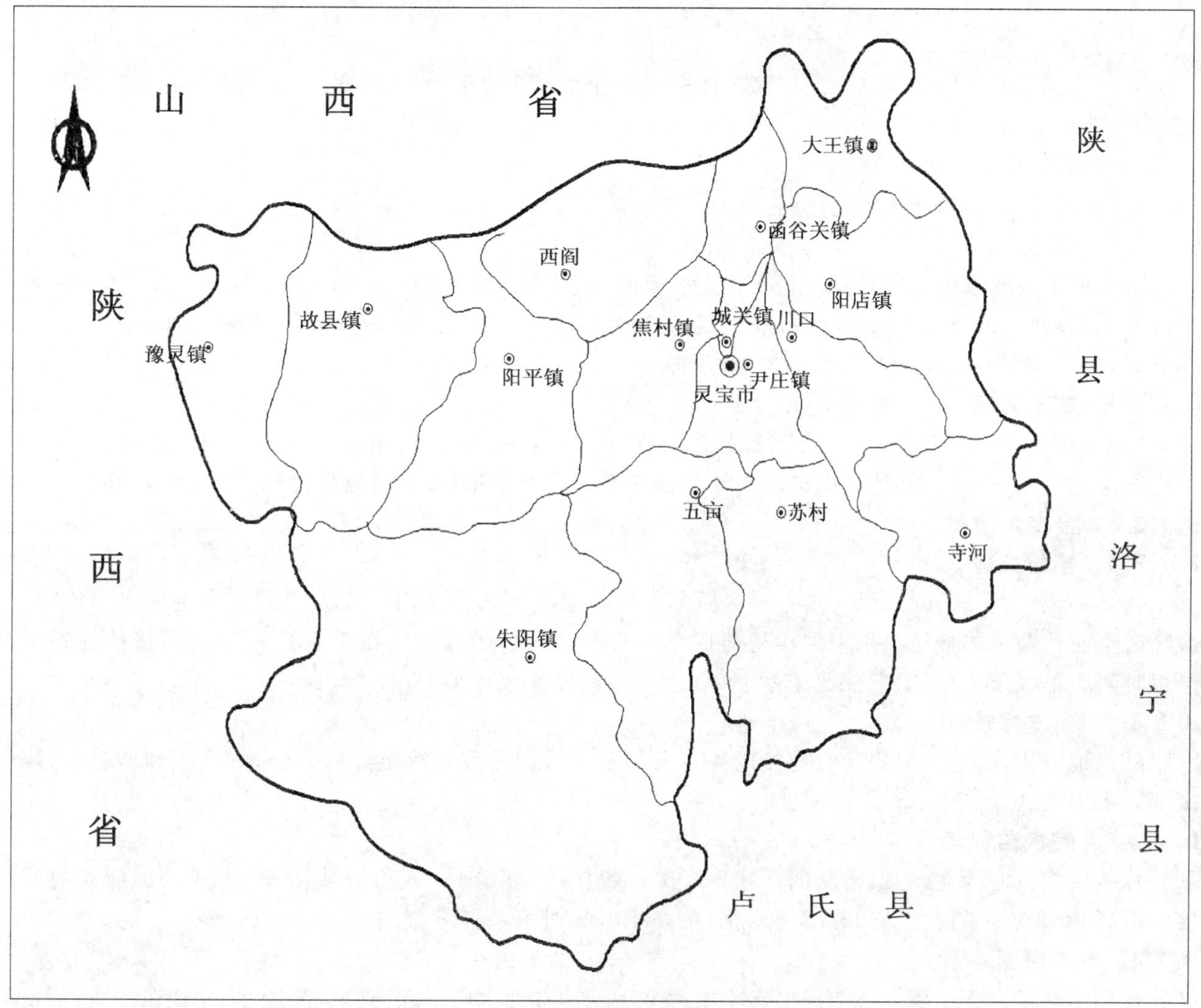

图 A.1 灵宝大枣地理标志产品保护范围图

附　录　B
（资料性附录）
灵宝大枣栽培技术

B.1　苗木繁育技术

B.1.1　育苗地选择

选背风、平坦、土层深厚、肥沃、排灌条件良好的沙壤土或壤土作为育苗地。忌重茬连作。

B.1.2　砧木苗的培育

B.1.2.1　整地

播种前进行耕翻和精细整地，每公顷施入腐熟农家肥 60 000 kg～75 000 kg，耙平做畦，灌水沉实。

B.1.2.2　播种

砧木种子用酸枣种仁，播种前用 60 ℃温水浸种，搅拌至常温浸泡 6 h～8 h。播种以 3 月下旬至4 月中旬为宜，播种量每公顷 45 kg 左右，采用双行带状沟播，宽行行距 60 cm，窄行行距 30 cm，播种沟深 2 cm～3 cm，播种后覆土、耙平，然后覆地膜。

B.1.2.3　苗木管理

幼苗长出 5 片～7 片真叶时定苗，留苗量 9 株/m^2～12 株/m^2。定苗后结合浇水第一次追肥，每公顷施尿素 120 kg～150 kg，第二次追肥在 6 月下旬至 7 月上中旬，每公顷施复合肥 250 kg～300 kg。

B.1.3　嫁接苗木培育

B.1.3.1　接穗处理

选品种纯正，生长健壮，无病虫害的优质丰产树作采穗母树。选用生长充实的一年生枣头为接穗。落叶后至萌芽前采集接穗。采来的接穗剪成单芽枝段，封蜡，蜡温控制在 105 ℃～110 ℃，接穗在蜡中停留时间应不长于 2 s。蜡封接穗保存于 0 ℃～5 ℃的冷库或地窖中。

B.1.3.2　苗木嫁接

砧木地径应在 0.4 cm 以上。嫁接以 4 月上旬至 5 月初为宜。嫁接方法有合接、舌接和劈接等，嫁接部位距地表 3 cm～5 cm。

B.1.3.3　嫁接苗管理

嫁接后应及时除萌，一般需除萌 2 次～3 次。嫁接后 20 d～30 d 检查成活率，未成活的应及时补接。苗高 20 cm 左右时立防风柱绑缚新梢，苗高 40 cm 时解除绑缚物。

B.1.4　苗木出圃

在苗木落叶后至土壤封冻前或翌春土壤解冻后至萌芽前出圃。起苗前应浇透水，保证苗木主、侧根系完好。避免大风烈日下起苗。

B.2　建园

B.2.1　园地选择

选择土层深厚，土壤肥沃，pH 值 7.0～8.0，排水良好的沙壤土或壤土建园，丘陵山地建园坡度应在 30°以下，枣园周围没有严重污染源。

B.2.2　栽植

平地建园，应进行土地平整，沙荒地应进行土壤改良，山区或丘陵地应修筑水平梯田。栽植密度：平地建园株距 4 m～5 m，行距 5 m～6 m；山地建园株距 3 m～4 m，行距 4 m～5 m；枣粮间作株距 4 m～5 m，行距 10 m～15 m。栽植行向南北向，山区沿等高线栽植。秋栽在苗木落叶后至土壤封冻前进行。春栽在土壤解冻后至苗木芽体萌动期进行。栽植时挖长宽深各 1 m 的定植穴，每穴施腐熟农家肥

8 kg～10 kg，与表土拌匀后回填，栽植深度以苗木根颈与地面相平为宜。栽后踏实并浇透水，定干70 cm～80 cm，封土并覆盖地膜。

B.3 栽培管理

B.3.1 土、肥、水管理

B.3.1.1 土壤管理

每年春季及入冬前各进行枣园土壤深翻1次，深度为20 cm～30 cm，耕翻后耙平。生长季尤其是雨季树盘应及时中耕除草，松土保墒。枣粮间作园可间作小麦等矮秆作物，间作时应留出1 m以上的营养带。

B.3.1.2 施肥

基肥以腐熟的农家肥为主，可适量加入速效肥，果实采收后尽早施入，施肥量为每公顷30 000 kg～60 000 kg，环状沟施或放射状沟施。追肥时期为萌芽前、盛花初期、果实迅速膨大期，以复合肥为主，施肥方法为多点穴施，施肥后浇水。叶面喷肥，花蕾生长期可喷0.3%～0.4%的尿素；花期喷0.3%的尿素加0.2%的硼砂。有条件的枣园可应用树体营养诊断、配方平衡施肥等新技术，提高施肥效果。

B.3.1.3 灌水

在发芽前、开花前、果实膨大期和果实成熟期各浇水一次。一般采用畦灌、沟灌。干旱缺水地区及丘陵山区采用穴灌并盖膜保墒。提倡采用滴灌、喷灌等节水灌溉方法。

B.3.2 花果管理

B.3.2.1 枣园放蜂

每3.3 hm^2（50亩）枣园放1箱～2箱蜜蜂。开花前2 d将蜂箱置于枣园中。采用放蜂授粉的果园，花期禁止喷洒对蜜蜂有害的农药。

B.3.2.2 花期喷水

喷水时间一般以下午近傍晚时为好。一般年份喷洒2次～3次，严重干旱的年份可喷洒3次～5次。一般隔1 d～3 d喷水一次。

B.3.2.3 花期喷肥

在盛花期喷15 mg/kg～30 mg/kg的赤霉素（GA_3）、0.05%～0.2%的硼砂、0.3%～0.4%的尿素混合水溶液。第一次喷后相隔5 d～7 d再喷一次。

B.3.2.4 预防裂果

在8月上旬前覆盖与树冠大小相同的地膜，在果实白熟期及时浇水。

B.3.3 整形修剪

休眠期修剪在落叶后至发芽前进行，生长期修剪在生长期进行。

B.3.3.1 常用树形

B.3.3.1.1 疏散分层形

全树有6个～8个主枝分2层～3层排布在中心主干上。第一层主枝3个，第二层主枝2个～3个，第三层主枝1个～2个；主枝与干夹角60°左右，每主枝着生2个～3个侧枝。

B.3.3.1.2 自然圆头形

全树有6个～8个主枝，错落排列在中心主干上，主枝之间的距离为50 cm～60 cm，主枝与中心主干的夹角为50°～60°；每个主枝上着生2个～3个侧枝，侧枝相互错开。

B.3.3.1.3 开心形

主干高80 cm～100 cm，树体没有中心主干；全树3个～4个主枝轮生或错落着生在主干上，每主枝着生2个～4个侧枝，侧枝在主枝上要按一定的方向和次序均匀分布。

B.3.3.2 幼树的修剪

通过定干和各种不同程度的短截促进枣头萌发而产生分枝，培养主枝和侧枝，迅速扩大树冠。将不作为骨干枝的其他枣头培养成辅养枝或健壮的结果枝组。

B.3.3.3 初果期枣树的修剪

当冠径已达要求，则对各级骨干枝的延长枝进行缓放或摘心，控制其延长生长。继续培养大、中、小各类结果枝组，结果枝组在树冠内的配置应合理。

B.3.3.4 盛果期枣树的修剪

采用疏缩结合的方法，打开光路，引光入膛，培养扶持内膛枝，防止或减少内膛枝条枯死和结果部位外移，维持树势稳定，适时进行结果枝组更新。

B.3.3.5 衰老期枣树的修剪

枣树刚进入衰老期应轻度回缩，一般剪除各主、侧枝总长的1/3左右；树体极度衰弱，应在原骨干枝上选向外生长的壮枣股处锯掉枝长的2/3或更多一些，刺激骨干枝中下部的隐芽萌发，重新培养树冠。

B.3.3.6 夏季修剪

夏季修剪主要方法是抹芽摘心。萌芽后对无生长空间的枣头进行抹芽。成龄树枣头留2个～6个二次枝进行摘心。二次枝随生长随摘心。

B.4 病虫害防治

防治应贯彻以预防为主、质量效益优先、无公害生产为目标的原则，以农业和物理防治为基础，提倡生物防治，按照病虫害的发生规律和经济阈值，科学使用化学防治技术，有效控制病虫害危害。主要防治枣锈病、枣炭疽病、枣尺蠖、枣粘虫、枣食象甲等病虫为害。使用的农药种类及要求按GB/T 8321(所有部分)相关规定执行。

B.5 果实采收

应在果实完熟期采收，严禁早采。人工采摘或用杆震枝法采收。

B.6 制干

红枣采收后应及时清洗并按大小分级。红枣干制技术可分为日晒法、烘炕法。

B.6.1 日晒法

将清洗分级后的枣放在高粱箔或其他材料制成的箔上自然晾晒。每天翻动2次～3次，夜间将箔卷起，用席或塑料薄膜盖上，第二天日出时摊开，持续10 d～15 d即可晒成。

B.6.2 烘炕法

烘炕法可分为“回笼式炕房”和“T字沟地炕”两种。一般烘炕30 h左右，出炕时枣的含水量约为30%。通过晾晒，使含水量达到25%以下即可。

ICS 11.120.10
B 38

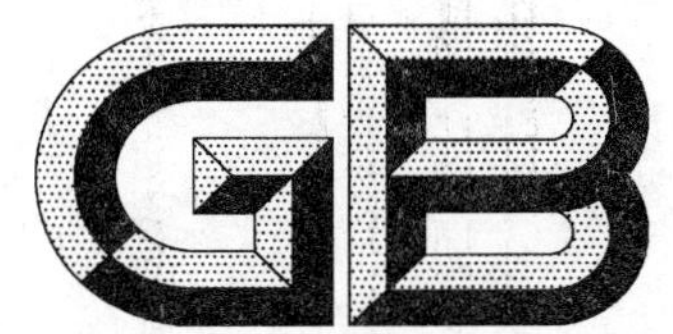

中华人民共和国国家标准

GB/T 22742—2008

地理标志产品 灵宝杜仲

Product of geographical indication—Lingbao Duzhong

2008-12-28 发布 2009-06-01 实施

中华人民共和国国家质量监督检验检疫总局
中国国家标准化管理委员会 发布

前 言

本标准根据《地理标志产品保护规定》和 GB/T 17924—2008《地理标志产品标准通用要求》制定。

本标准的附录 A 为规范性附录,附录 B 为资料性附录。

本标准由全国原产地域产品标准化工作组提出并归口。

本标准起草单位:三门峡市质量技术监督局。

本标准主要起草人:袁文忠、索继军、张康健、杨丽华、李来秀、孟朝军、王昌华、崔捷。

地理标志产品　灵宝杜仲

1　范围

本标准规定了灵宝杜仲的术语和定义、地理标志产品保护范围、自然环境、栽培和加工、要求、试验方法、检验规则、标志、标签、包装、运输和贮存。

本标准适用于国家质量监督检验检疫行政主管部门根据《地理标志产品保护规定》批准保护的灵宝杜仲。

2　规范性引用文件

下列文件中的条款通过本标准的引用而成为本标准的条款。凡是注日期的引用文件，其随后所有的修改单(不包括勘误的内容)或修订版均不适用于本标准，然而，鼓励根据本标准达成协议的各方研究是否可使用这些文件的最新版本。凡是不注日期的引用文件，其最新版本适用于本标准。

GB/T 191　包装储运图示标志

GB 3095　环境空气质量标准

GB 5084　农田灌溉水质标准

GB 15618　土壤环境质量标准

国家质量监督检验检疫总局令[2005 年]第 78 号《地理标志产品保护规定》

中华人民共和国药典　2005 年版　一部

3　术语和定义

下列术语和定义适用于本标准。

3.1

灵宝杜仲　Lingbao Duzhong(Cortex Eucommiae Lingbao)

在本标准第 4 章规定范围内的自然生态环境条件下，按本标准要求种植、采收、加工的杜仲科(Eucommiaceae)植物杜仲(*Eucommia ulmoides* Oliv.)的干燥树皮。

4　地理标志产品保护范围

灵宝杜仲地理标志产品保护范围限于国家质量监督检验检疫行政主管部门根据《地理标志产品保护规定》批准的范围，即河南省灵宝市现辖行政区域，见附录 A。

5　自然环境　栽培和加工

5.1　自然环境

5.1.1　地形地貌

应在海拔 500 m～1 200 m 的山区，向阳缓坡地种植。

5.1.2　土壤

应选择肥力中等，土质肥沃而松软，耕性良好，保水保肥的棕壤土、褐土、潮土。土壤质量应符合 GB 15618 二级要求。

5.1.3　气候

栽培区域的年平均气温 13.7 ℃，其中丘陵山地 12.3 ℃，年平均日照时数 2 270 h～2 400 h，年平均降水量 506 mm～719 mm。

5.1.4 灌溉水

灌溉水质应符合 GB 5084 的要求。

5.1.5 空气

环境空气质量应符合 GB 3095 二级要求。

5.2 栽培

5.2.1 种子

5.2.1.1 种源

应采用灵宝杜仲产地保护范围内的杜仲科(Eucommiaceae)植物杜仲(*Eucommia ulmoides* Oliv.)的优良种子。

5.2.1.2 种子采收与贮藏

5.2.1.2.1 种子采收

选择优良植株作为采种母株。一般在霜降采集种子,置于阴凉通风处,薄薄的铺成一层,让其自然阴干。果实光亮,呈黄棕色,黄褐色至栗褐色,种仁饱满。

5.2.1.2.2 种子贮藏

杜仲种子阴干后,经过净选,装入麻袋或篾篓贮藏于阴凉通风处。贮存期间要经常检查、翻动,预防种子回潮,变质;单包摆开,不能堆积太厚,防止发热。

5.2.2 栽培技术

栽培技术参见附录 B。

5.2.3 采收

5.2.3.1 采收年限与季节

植株栽植 10 a 以上可以开始剥去树干的树皮,采皮在 5 月至 7 月,间隔期 5 a。

5.2.3.2 采收方法

使用环剥法采收:选择无风雨天气(阴而不雨天气最好),以春夏之交的 5 月至 6 月为佳。在树干分叉处以下,上部环状横切一刀,下部环状横切一刀,两环间垂直切一刀,深达木质部,两环间距≥40 cm,剥去外皮,用塑料薄膜环形包被剥皮部位,1 个月后待新皮形成后去掉塑料薄膜。

5.3 加工

将剥下的树皮用开水烫润后,层层紧密重叠置于用稻草垫底的平地上,加盖木板重压,四周用稻草围紧,使其“发汗”7 d 后至内表面暗紫色取出,压平晒干,用刮刀刮去外表粗皮,刷净泥灰,即成成品。

6 要求

6.1 感官特征

感官特征应符合表 1 的规定。

表 1 感官特征

项目	指标
形状	呈板片状或两边稍向内卷,整张长≥40 cm,宽≥30 cm,厚度≥0.3 cm
色泽	外表面浅纵裂、淡棕色或灰褐色,内表面暗紫色
气味	具有杜仲特有的气味,无异味
滋味	具有杜仲固有的滋味,无异味
质地	质脆,断面有白色胶丝

6.2 理化指标

理化指标应符合表 2 的规定。

表 2 理化指标

项目		指标
水分/%	≤	13.0
总灰分/%	≤	5.0
醇溶性浸出物/%	≥	11.0
松脂醇二葡萄糖苷($C_{32}H_{42}O_{16}$)/%	≥	0.12

6.3 安全质量指标

6.3.1 重金属含量

重金属含量应符合表 3 的规定。

表 3 重金属含量

项目		指标
铅(以 Pb 计)/(mg/kg)	≤	5.0
镉(以 Cd 计)/(mg/kg)	≤	0.3
砷(以 As 计)/(mg/kg)	≤	2.0
汞(以 Hg 计)/(mg/kg)	≤	0.2
铜(以 Cu 计)/(mg/kg)	≤	20.0

6.3.2 农药残留限量

农药残留限量应符合表 4 的规定。

表 4 农药残留限量

项目		指标
六六六/(mg/kg)	≤	0.1
滴滴涕/(mg/kg)	≤	0.1

7 试验方法

7.1 感官特征

按《中华人民共和国药典 2005 年版 一部》中附录Ⅱ B 规定的“药材检定通则”方法检验。

7.2 理化指标

7.2.1 水分

按《中华人民共和国药典 2005 年版 一部》附录Ⅸ H“水分测定法”第一法的规定测定。

7.2.2 总灰分的测定

按《中华人民共和国药典 2005 年版 一部》附录Ⅸ K“灰分测定法”测定。

7.2.3 醇溶性浸出物

按《中华人民共和国药典 2005 年版 一部》附录Ⅹ A“醇溶性浸出物测定法”下的热浸法测定。乙醇溶液浓度为 75%。

7.2.4 松脂醇二葡萄糖苷($C_{32}H_{42}O_{16}$)

按《中华人民共和国药典 2005 年版 一部》杜仲项下的“含量测定”的规定测定。

7.3 重金属含量

铅、镉、砷、汞、铜按《中华人民共和国药典 2005 年版 一部》附录Ⅸ B“铅、镉、砷、汞、铜测定法”的规定测定。

7.4 农药残留量

六六六、滴滴涕按《中华人民共和国药典 2005年版 一部》附录Ⅸ Q“农药残留量测定法”的规定测定。

8 检验规则

8.1 组批

在相同或者相近自然环境区域内，同年采收，同一批加工的杜仲产品为一批。

8.2 抽样

按《中华人民共和国药典 2005年版 一部》附录Ⅱ A“药材取样法”规定执行。

8.3 交收检验

8.3.1 产品交收前应经企业质检部门逐批检验，并签发质量合格证。

8.3.2 交收检验项目包括：感官特征和水分。

8.4 型式检验

8.4.1 型式检验项目为本标准第6章规定的全部检验项目。

8.4.2 正常生产时，每年进行一次型式检验，有下列情况之一时亦应进行：

a) 企业首次批量生产前；

b) 生长环境、栽培和加工技术有重大改变，可能影响产品质量时；

c) 国家质量监督部门提出型式检验要求时。

8.5 判定规则

检验项目全部符合本标准第6章要求，判为合格产品。如有一项或一项以上不合格，可加倍取样复检。如复检结果不合格，则判为不合格。

9 标志、标签、包装、运输、贮存

9.1 标志、标签

9.1.1 地理标志产品专用标志的使用符合《地理标志产品保护规定》。

9.1.2 标签应包括品名、产地、规格、重量(总重、净重)、生产者、批号、包装日期及工号。包装袋上的储运图示应符合GB/T 191的规定。

9.1.3 标志直接印在产品包装容器上，标签贴(挂)在产品外包装醒目位置。

9.2 包装

包装材料应无污染、清洁、干燥、无破损。

9.3 运输

运输工具应清洁、干燥、无污染、无异味；运输时，应防雨、防潮、防曝晒；不得与其他有毒、有害、易污染的物品混装。

9.4 贮存

应存放在清洁、干燥、通风、无异味的仓库中。

附　录　A
（规范性附录）
灵宝杜仲地理标志产品保护范围图

灵宝杜仲地理标志产品保护范围见图 A.1。

图 A.1　灵宝杜仲地理标志产品保护范围图

附 录 B
（资料性附录）
灵宝杜仲的栽培技术

B.1 选地整地

B.1.1 育苗地

B.1.1.1 选地

育苗地选择土壤深厚肥沃，地势平坦，有排灌条件的壤质土地。

B.1.1.2 整地

耕地前每 667 m^2 地施入腐熟鸡粪或羊粪 1 000 kg～2 000 kg，深耕封冻，苗床一般做成弧形垄床，床宽 30 cm，达到上虚下实的要求。

B.1.2 种植地

B.1.2.1 选地

应选择在光照较强，排水良好，质地疏松的荒坡、平地栽植。

B.1.2.2 整地

大于 30°的坡地应挖鱼鳞坑，小于 30°的坡地和平地应去除地面杂草后翻地种植。

B.2 育苗技术

B.2.1 种子选择

种子要饱满、完整，充分成熟后晾干。

B.2.2 播种

应在 3 月上旬前后播种。种子经水浸或砂藏催芽处理后播种。条播，开沟深 3.5 cm，撒匀种子，覆盖细土。

B.2.3 覆盖地膜

播种后，当天用薄膜覆盖苗床，四周用土封压。

B.2.4 育苗管理

幼苗出土时，在地膜上抠孔引苗。出苗期间经常检查土壤湿度，如干旱，要适当浇水。当幼苗达到 5 片～6 片真叶时间苗。当苗高 8 cm～10 cm 时，开始追肥，每公顷施尿素 150 kg～225 kg，施肥后浇水。当苗高 30 cm 摘心，促使苗茎加粗，并用铁锨在苗一侧断其主根，促使侧根生长。

B.3 定植

栽植时间一般分为秋栽（11 月至 12 月）和春栽（3 月至 4 月中旬），时间以杜仲树未发芽时为最好，株行距为 3 m×4 m，要求随起随栽，挖定植穴时，心土与表土分放，穴施有机肥 40 kg～50 kg，与土掺匀回填，栽植深度 25 cm，覆土低于原地径 3 cm～5 cm。定植后灌透水一次。

B.4 杜仲园管理

B.4.1 土壤翻耕

新栽植杜仲园，冬前土壤翻耕，中耕蓄水保墒。

B.4.2 施肥

秋冬季（10 月至翌年 3 月）施肥，以施有机肥为主，每株成龄树施基肥 50 kg～70 kg。

B.4.3 灌溉

每年灌溉 1 次～2 次，可采用喷灌、畦灌、沟灌、株灌。

B.4.4 整形修剪

B.4.4.1 整形

可采用主干疏层形、多主枝自然圆头形、自然开心形。

B.4.4.2 修剪

B.4.4.2.1 幼树期：修剪要注重各级骨干枝培养，加速树冠的形成。

B.4.4.2.2 盛产期：剪除病虫枝。

B.5 病虫害防治

以农业和物理防治为基础，生物防治为核心，按照病虫害的发生规律，有效控制病虫害危害。

ICS 11.120.10
B 38

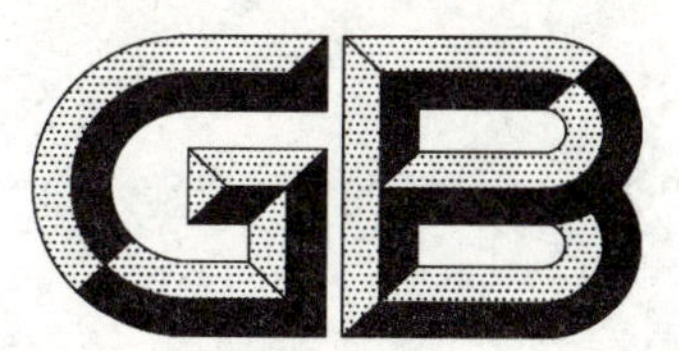

中华人民共和国国家标准

GB/T 22743—2008

地理标志产品 卢氏连翘

Product of geographical indication—Lushi Lianqiao

2008-12-28 发布 2009-06-01 实施

中华人民共和国国家质量监督检验检疫总局
中国国家标准化管理委员会 发布

前　言

本标准根据《地理标志产品保护规定》和 GB/T 17924—2008《地理标志产品标准通用要求》制定。

本标准的附录 A 为规范性附录，附录 B 为资料性附录。

本标准由全国原产地域产品标准化工作组提出并归口。

本标准起草单位：三门峡市质量技术监督局。

本标准主要起草人：袁文忠、索继军、王艺文、杨丽华、李来秀、孟朝军、张慧娟、曹联社。

地理标志产品　卢氏连翘

1　范围

本标准规定了卢氏连翘的术语和定义、地理标志产品保护范围、自然环境、抚育、采收和加工、要求、试验方法、检验规则、标志、标签、包装、运输和贮存。

本标准适用于国家质量监督检验检疫行政主管部门根据《地理标志产品保护规定》批准保护的卢氏连翘。

2　规范性引用文件

下列文件中的条款通过本标准的引用而成为本标准的条款。凡是注日期的引用文件，其随后所有的修改单(不包括勘误的内容)或修订版均不适用于本标准，然而，鼓励根据本标准达成协议的各方研究是否可使用这些文件的最新版本。凡是不注日期的引用文件，其最新版本适用于本标准。

GB/T 191　包装储运图示标志

GB 3095　环境空气质量标准

GB 15618　土壤环境质量标准

地理标志产品保护规定(国家质量监督检验检疫总局令[2005 年]第 78 号)

中华人民共和国药典　2005 年版　一部

3　术语和定义

下列术语和定义适用于本标准。

3.1

卢氏连翘　Lushi Lianqiao(Fructus Forsythiae Lushi)

在本标准第 4 章规定范围内的自然生态环境条件下，野生或按本标准要求抚育采收、加工的木樨科(Oleaceae)植物连翘[*Forsythia suspensa* (Thunb.) Vahl.]的干燥果实。

3.2

青翘　Qing qiao

秋季果实初熟尚带绿色时采收，除去杂质，蒸熟，晒干的果实。

3.3

老翘　Lao qiao

果实熟透时采收，晒干，除去杂质、种子多已脱落的果壳。

4　地理标志产品保护范围

卢氏连翘地理标志产品保护范围限于国家质量监督检验检疫行政主管部门根据《地理标志产品保护规定》批准的范围，即河南省卢氏县现辖行政区域，见附录 A。

5　自然环境、抚育和加工

5.1　自然环境

5.1.1　地形地貌

海拔 600 m～1 200 m 的山区。

5.1.2 气候

年平均气温在12.1 ℃～13.6 ℃，年降水903 mm，无霜期209 d，年有效积温1 835.7 ℃，年平均日照时数2 118 h。

5.1.3 土壤

土层深厚，有机质含量较高的黄棕土壤或砂质壤土。土壤质量符合GB 15618二级要求。

5.1.4 空气

环境空气质量应符合GB 3095二级要求。

5.2 抚育、采收与加工

5.2.1 抚育技术

抚育技术参见附录B。

5.2.2 采收季节

8月下旬采摘青翘，10月上旬采摘老翘。

5.2.3 加工工艺

青翘：取尚未成熟、尚带绿色的连翘果实用蒸笼蒸5 min～10 min，晒干。

老翘：取熟透的连翘果实晒干。

6 要求

6.1 感官特征

感官特征见表1。

表1 感官特征

项目	指标	
	青翘	老翘
形状	卵圆形，稍扁，顶端锐尖，长1.8 cm～2.5 cm，直径0.5 cm～1.3 cm。表面有不规则的纵皱纹，两面各有一条明显的纵沟，多不开裂，基部有小果梗，种子不脱落，细长，皮薄。凸起的灰白色小斑点较少	卵圆形，稍圆，顶端锐尖，长1.6 cm～2.5 cm，直径0.7 cm～1.5 cm。表面有不规则的纵皱纹及多数突起的小斑点，两面各有一条明显的纵沟，顶端开裂或裂成两瓣，种子多已脱落，壳厚，内表面平滑具一纵隔
色泽	表面黄绿色或绿褐色，内表面多为浅褐色，种子褐色	表面黄棕色或红棕色，内表面多为浅黄棕色，种子棕色
气、滋味	浓郁的清香味，味苦	微有香气，味微苦
质地	质硬	质脆

6.2 理化指标

理化指标见表2。

表2 理化指标

项目		指标	
		青翘	老翘
杂质/%	≤	3	9
水分/%	≤	10.0	
总灰分/%	≤	4.0	
酸不溶性灰分/%	≤	1.0	
醇溶性浸出物/%	≥	30	16
连翘苷($C_{29}H_{36}O_{15}$)/%	≥	0.19	0.10

6.3 安全质量指标

6.3.1 重金属含量

重金属含量应符合表3的规定。

表3 重金属含量

项目		指标
铅(以Pb计)/(mg/kg)	≤	5.0
镉(以Cd计)/(mg/kg)	≤	0.3
砷(以As计)/(mg/kg)	≤	2.0
汞(以Hg计)/(mg/kg)	≤	0.2
铜(以Cu计)/(mg/kg)	≤	20.0

6.3.2 农药残留限量

农药残留限量应符合表4的规定。

表4 农药残留限量

项目		指标
六六六/(mg/kg)	≤	0.1
滴滴涕/(mg/kg)	≤	0.1

7 试验方法

7.1 感官特征

按《中华人民共和国药典 2005年版 一部》附录Ⅱ B规定的“药材检定通则”方法检验。

7.2 理化指标

7.2.1 杂质

按《中华人民共和国药典 2005年版 一部》附录Ⅸ A“杂质检查法”测定。

7.2.2 水分的测定

按《中华人民共和国药典 2005年版 一部》附录Ⅸ H“水分测定法”第二法测定。

7.2.3 总灰分

按《中华人民共和国药典 2005年版 一部》附录Ⅸ K“灰分测定法”测定。

7.2.4 酸不溶性灰分

按《中华人民共和国药典 2005年版 一部》附录Ⅸ K“灰分测定法”测定。

7.2.5 醇溶性浸出物

按《中华人民共和国药典 2005年版 一部》附录Ⅹ A“醇溶性浸出物测定法”项下的冷浸法测定，用65%乙醇作溶液。

7.2.6 连翘苷

按《中华人民共和国药典 2005年版 一部》连翘项下的“含量测定”测定。

7.3 重金属含量

铅、镉、砷、汞、铜按《中华人民共和国药典 2005年版 一部》附录IX B“铅、镉、砷、汞、铜测定法”测定。

7.4 农药残留量

六六六、滴滴涕按《中华人民共和国药典 2005年版 一部》附录IX Q“农药残留量测定法”测定。

8 检验规则

8.1 组批

在相同或者相近自然环境区域内，同期内采收加工的连翘产品为一批。

8.2 取样

按《中华人民共和国药典 2005年版 一部》附录Ⅱ A“药材取样法”规定执行。

8.3 出厂检验

8.3.1 产品出厂时应经企业质检部门逐批检验，并签发质量合格证。

8.3.2 出厂检验项目包括：感官特征和水分。

8.4 型式检验

8.4.1 型式检验项目为本标准第6章规定的全部检验项目。

8.4.2 正常生产时，每年进行一次型式检验，有下列情况之一时亦应进行：

a) 企业首次批量生产前；

b) 生长环境、栽培和加工技术有重大改变，可能影响产品质量时；

c) 国家质量监督部门提出型式检验要求时。

8.5 判定规则

检验项目全部符合本标准第6章要求，判为合格品。如有一项或一项以上不合格，可加倍取样复检。如复检结果不合格，则判为不合格。

9 标志、标签、包装、运输、贮存

9.1 标志、标签

9.1.1 地理标志产品专用标志的使用符合《地理标志产品保护规定》的规定。

9.1.2 标签应包括品名、产地、规格、重量（总重、净重）、生产者、批号、生产日期及工号。包装袋上的储运图标应符合GB/T 191的规定。

9.2 包装

包装材料应无污染、清洁、干燥、无破损。

9.3 运输

运输工具应清洁、干燥、无污染、无异味；运输时，应防雨、防潮、防曝晒；不得与其他有毒、有害、易污染的物品混装。

9.4 贮存

应存放在清洁、干燥、通风、无异味的仓库中。

附 录 A
（规范性附录）
卢氏连翘地理标志产品保护范围图

卢氏连翘地理标志产品保护范围见图 A.1。

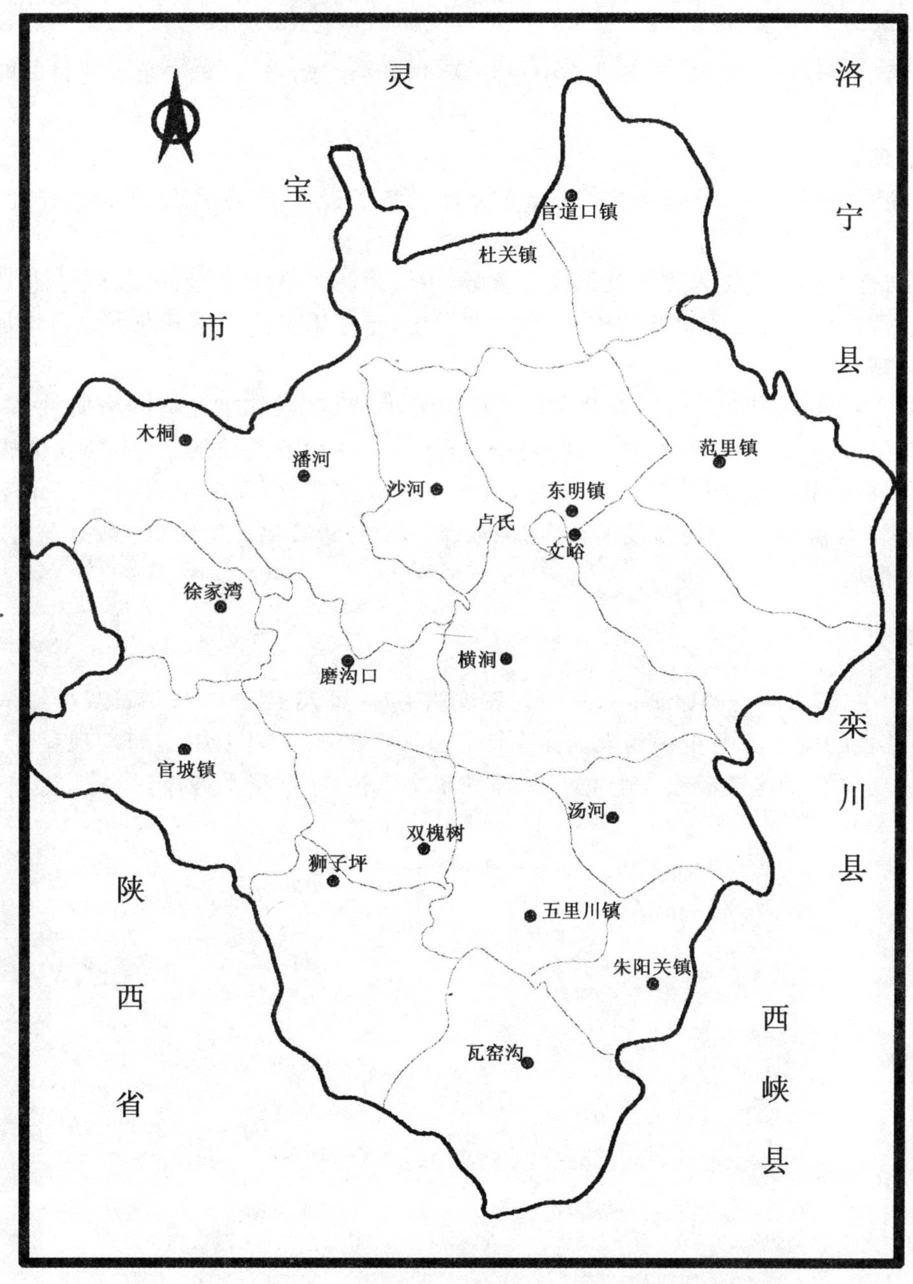

图 A.1 卢氏连翘地理标志产品保护范围图

附 录 B
（资料性附录）
卢氏连翘的抚育技术

B.1 田间管理

B.1.1 中耕除草

定植后的第一年至第二年，每年冬季要中耕除草，做到早除勤除，将林木杂草有目的的清除，防止水土流失。

B.1.2 土壤管理

对现有连翘野生群落采取修鱼鳞坑等方式的水土富集工程，要注意培土，可覆盖树叶。

B.1.3 施肥

每年冬季结合松土除草施入腐热厩肥或土杂肥，用量为幼树每株 2 kg，结果树每株 10 kg。采用距茎干 20 cm 左右，四周挖穴或顺根开沟施入，施后覆盖土，壅根培土。春季开花前也可增加施肥 1 次。

B.1.4 整形修剪

对 6a～8a 进入结果盛期的连翘，充分利用更新复壮的特点，调整主侧枝的从属关系，修剪主侧枝，清除衰老枝、病虫枝、枯枝、机械损伤植株、纤弱枝条，加速新一代萌生枝的更替，延长植株盛果期年限。要适量控制连翘树枝的高度，11 月至次年 2 月，植株高 1 m 左右时，在主干离地 70 cm～80 cm 处剪去顶梢。5 月份至 7 月份摘心，促使多发新枝，增加枝条阶段的幼龄化。每次修剪后，于树冠下开环状沟施肥盖土，培土保墒。

B.2 病虫害防治

坚持预防为主，综合防治的原则。3 月中旬发现蜗牛时，可人工捕杀，或用石灰粉触杀。5 月中旬用紫光灯诱杀钻心虫的成虫，6 月上中旬人工抹去钻心虫所产的卵，7 月上中旬如发现茎杆上有钻心虫的粪便，可用棉球蘸 50%的辛硫磷或 40%的乐果原液堵塞虫孔，亦可将受害枝剪除。

ICS 11.120.10
B 38

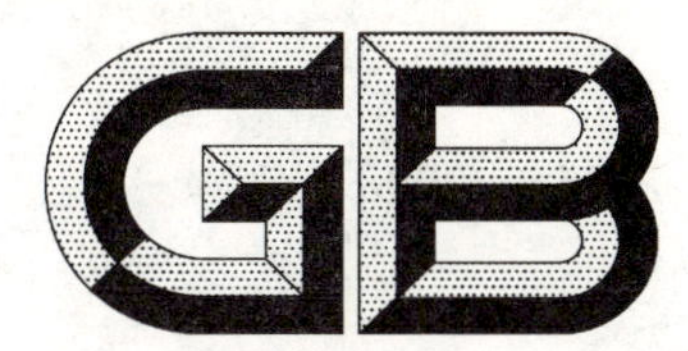

中华人民共和国国家标准

GB/T 22744—2008

地理标志产品 济源冬凌草

Product of geographical indication—Jiyuan Donglingcao

2008-12-28 发布 2009-06-01 实施

中华人民共和国国家质量监督检验检疫总局
中国国家标准化管理委员会 发布

前　言

本标准根据国家质量监督检验检疫总局2005年第78号令《地理标志产品保护规定》、GB/T 17924—2008《地理标志产品标准通用要求》的要求而制定。

本标准的附录A为规范性附录、附录B为资料性附录。

本标准由全国原产地域产品标准化工作组提出并归口。

本标准主要起草单位:河南省济源市质量技术监督局、河南省济源市济世药业有限公司。

本标准主要起草人:何增涛、张海、卫同升、李玥玫、黄敬旺、杨会云、李有福。

地理标志产品　济源冬凌草

1　范围

本标准规定了济源冬凌草的术语和定义、地理标志产品保护范围、生长环境、栽培技术、采收和初加工、要求、试验方法、检验规则及标志、标签、包装、运输和贮存。

本标准适用于国家质量监督检验检疫行政主管部门根据《地理标志产品保护规定》批准保护的济源冬凌草。

2　规范性引用文件

下列文件中的条款通过本标准的引用而成为本标准的条款。凡是注日期的引用文件，其随后所有的修改单(不包括勘误的内容)或修订版均不适用于本标准，然而，鼓励根据本标准达成协议的各方研究是否可使用这些文件的最新版本。凡是不注日期的引用文件，其最新版本适用于本标准。

GB/T 191　包装储运图示标志

GB 3095　环境空气质量标准

GB 4285　农药安全使用标准

GB/T 5009.38　蔬菜、水果卫生标准的分析方法

GB/T 5009.105　黄瓜中百菌清残留量的测定

GB 5084　农田灌溉水质标准

GB/T 8321(所有部分)　农药合理使用准则

GB 15618　土壤环境质量标准

JJF 1070　定量包装商品净含量计量检验规则

中华人民共和国药典　2005 年版　一部

定量包装商品计量监督管理办法(国家质量监督检验检疫总局令[2005]第 75 号)

地理标志产品保护规定(国家质量监督检验检疫总局令[2005]第 78 号)

3　术语和定义

下列术语和定义适用于本标准。

3.1

济源冬凌草　Jiyuan Donglingcao (herba rabdosiae rubescentis Jiyuan)

在第 4 章规定范围内的自然生态环境条件下，野生或按本标准要求种植、采收的唇形科(Labiatae)植物碎米桠 *Rabdosia rubescens* (Hemsl.)Hara 的干燥地上草质部分。

4　地理标志产品保护范围

济源冬凌草地理标志产品保护范围限于国家质量监督检验检疫行政主管部门根据《地理标志产品保护规定》批准的地域范围，即济源市行政辖区的克井镇、承留镇、五龙口镇、邵原镇、下冶镇、思礼镇、王屋镇七个镇行政区域，见附录 A。

5 生长环境、栽培、采收和初加工

5.1 生长环境

5.1.1 地形地貌

海拔 200 m～1 000 m 山地或坡地。

5.1.2 土壤

土质疏松的壤土或沙壤土，pH7～8。土壤符合 GB 15618 二级标准。

5.1.3 气候

年平均日照时数 2 300 h，年平均气温 14.3 ℃，全年无霜期 223 d，年平均降水量为 641.7 mm。

5.2 种源

唇形科（Labiatae）植物碎米桠 *Rabdosia rubescens*（Hemsl.）Hara。

5.3 栽培技术

栽培技术参见附录 B。

5.4 采收

每年 6 月中旬、8 月中旬分两次采收。

5.5 初加工

将采收后的地上部分，除去杂质，晾晒。放置厚度为 5 cm 左右，每天翻动 2 次～3 次，晾晒至水分小于 12%，包装。

6 要求

6.1 质量分级

分为一级、二级、三级，见表 1。

表 1 质量分级

等级	要求	
	叶片百分比/%	杂质含量/%
一级	100	0
二级	80～99	≤1.0
三级	60～79	≤3.0

6.2 感官要求

感官要求见表 2 规定。

表 2 感官要求

项目		要求
形状	完整叶片	长 30 cm～70 cm；叶对生，有柄；叶片皱缩，展平后呈卵圆形，先端渐尖，基部宽锲形、截形或近心形，急缩下延至柄，边缘锯齿状；茎近方柱形，叶背有白色绒毛，叶脉细小。有柔毛；质硬脆，断面黄白色
	碎片	可见碎叶片、短茎枝和叶柄，叶片皱缩，边缘锯齿状；叶背有白色绒毛，叶脉细小。有柔毛；茎方柱形
色泽		叶上表面绿棕色，下表面绿色。茎表面红褐色，断面淡绿色或黄白色
滋味		苦、甘

6.3 理化指标

理化指标见表 3 规定。

表 3 理化指标

项目		指标
总灰分/%	≤	15.0
水分/%	≤	12.0
冬凌草甲素(Oridonin)($C_{20}H_{28}O_6$)/(mg/g)	一级 ≥	8.0
	二级	6.0～7.9
	三级	5.0～5.9
醇溶性浸出物/%	≥	5.0

6.4 安全质量指标

安全质量指标见表 4 规定。

表 4 安全质量指标

项目			指标
农药残留量	六六六/(mg/kg)	≤	0.1
	滴滴涕/(mg/kg)	≤	0.1
	百菌清/(mg/kg)	≤	0.1
	多菌灵/(mg/kg)	≤	0.5
	敌百虫/(mg/kg)	≤	0.1
	拟除虫菊酯类/(mg/kg)	≤	0.5
重金属含量	铅(以 Pb 计)/(mg/kg)	≤	5.0
	镉(以 Cd 计)/(mg/kg)	≤	0.3
	砷(以 As 计)/(mg/kg)	≤	2.0
	汞(以 Hg 计)/(mg/kg)	≤	0.1

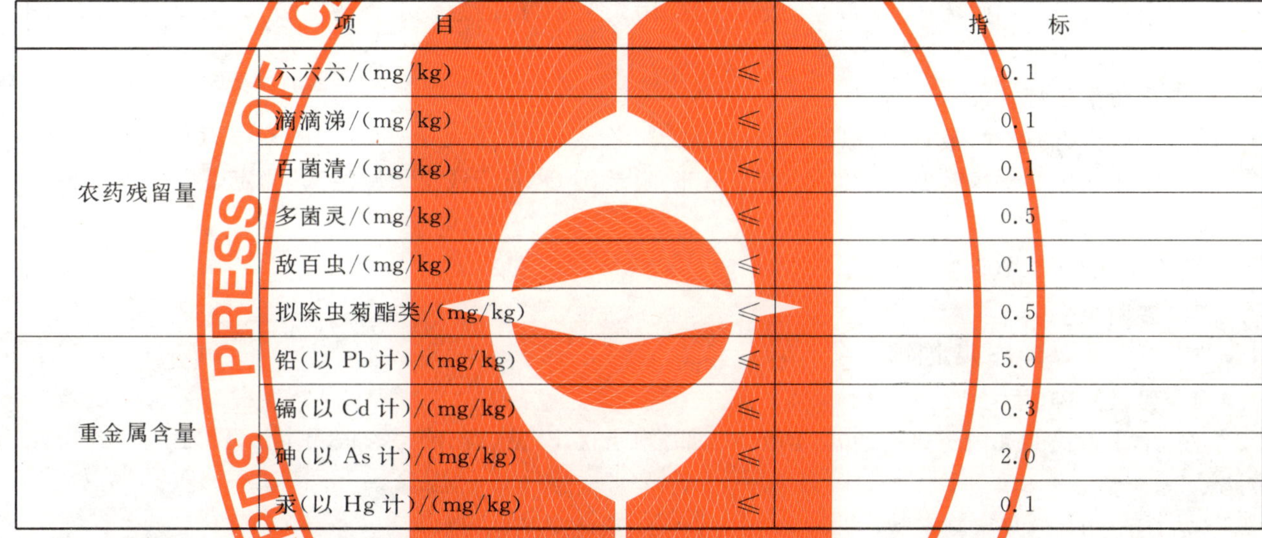

6.5 净含量

符合《定量包装商品计量监督管理办法》规定。

7 试验方法

7.1 质量分级

7.1.1 叶片百分比

称取 500 g，挑出叶片，称量；计算叶重占总重的百分比，精确到 1%，即得叶片的百分比数。

7.1.2 杂质

按《中华人民共和国药典 2005 年版 一部》附录Ⅸ A“杂质检查法”检定。

7.2 感官要求

按《中华人民共和国药典 2005 年版 一部》附录Ⅱ B 规定的“药材检定通则”方法检验。

7.3 理化指标

7.3.1 总灰分

按《中华人民共和国药典 2005 年版 一部》附录Ⅸ K“灰分测定法 1. 总灰分测定方法”测定。

7.3.2 水分

按《中华人民共和国药典 2005 年版 一部》附录Ⅸ H“水分测定法第一法(烘干法)”测定。

7.3.3 冬凌草甲素

按照《中华人民共和国药典 2005 年版 一部》附录Ⅵ D“高效液相色谱法”测定。

7.3.3.1 色谱条件与系统适用性试验

以十八烷基硅烷键合硅胶为填充剂，以甲醇-水(50∶50)为流动相，检测波长为238 nm。理论塔板数按冬凌草甲素峰计算应不低于3 000。

7.3.3.2 对照品溶液的制备

取冬凌草甲素对照品适量，精密称定，加甲醇制成0.5 mg/mL的溶液，即得。

7.3.3.3 供试品溶液的制备

取冬凌草粗粉约2 g，精密称定，置三角瓶中，精密加入丙酮50 mL，摇匀，称量，超声处理20 min，放冷，再称定重量，用丙酮补充减失的重量，滤过，精密量取续滤液5 mL，蒸干，加甲醇定容至10 mL，摇匀，即得。

7.3.3.4 测定方法

分别精密吸取对照品溶液与供试品溶液各10 μL，注入液相色谱仪，测定，即得。

7.3.4 醇溶性浸出物

按《中华人民共和国药典 2005年版 一部》附录Ⅹ A“醇溶性浸出物测定法”的热浸法测定，用甲醇作溶剂。

7.4 安全质量指标

7.4.1 六六六、滴滴涕、敌百虫、拟除虫菊酯类

按《中华人民共和国药典 2005年版 一部》附录Ⅸ Q“农药残留量测定法”测定。

7.4.2 百菌清

按GB/T 5009.105规定测定。

7.4.3 多菌灵

按GB/T 5009.38规定测定。

7.4.4 铅、镉、砷、汞

按《中华人民共和国药典 2005年版 一部》附录Ⅸ B“铅、镉、砷、汞、铜测定法”测定。

7.5 净含量

按JJF 1070的规定测定。

8 检验规则

8.1 组批

在相同自然环境区域内，同一时间内采收、初加工的产品为一批。

8.2 抽样

按《中华人民共和国药典 2005年版 一部》附录Ⅱ A“药材取样法”规定执行。其中出厂检验的样品量不少于1.5 kg，型式检验的样品量不少于2 kg，样品分成3份，一份作检验用，一份复检，一份留样。

8.3 出厂检验

8.3.1 每批产品出厂前应经生产单位质检部门进行检验，检验合格并附有合格证的产品方可出厂。

8.3.2 出厂检验项目包括：感官要求、水分、叶片百分比、杂质、冬凌草甲素。

8.4 型式检验

8.4.1 型式检验项目为第6章规定的全部检验项目。

8.4.2 正常生产时，每个采收季节进行一次型式检验，有下列情况之一时也应进行：

a) 企业首次批量生产前；

b) 生长环境、栽培或加工技术有重大改变，可能影响产品质量时；

c) 国家质量技术监督部门提出型式检验要求时。

8.5 判定规则

8.5.1 检验结果全部符合本标准要求的产品,则判该批产品为合格品。

8.5.2 安全质量指标中的重金属含量、农药残留量有一项不符合本标准要求的,均判为不合格产品。

8.5.3 理化指标中的总灰分、水分、醇溶性浸出物有一项不合格的,应在同一批次产品中加倍取样或对备样复检不合格项,复检仍不合格的,则判该批产品为不合格。

8.5.4 感官要求、水分、叶片百分比、杂质、冬凌草甲素测定不符合规定等级的,应在同批产品中重新加倍取样或对留样进行复检,复检结果不符合明示等级,但符合次一级要求的,判定该批次等级合格;按次一级仍不合格的,则判该批次产品为不合格品。

8.5.5 对检验结果有争议的,应对留存样进行复检,或在同批产品中重新按规定加倍抽样,对不合格项目进行复检,以复检结果为准。

9 标志、标签、包装、运输与贮存

9.1 标志、标签

9.1.1 地理标志产品专用标志的使用应符合《地理标志产品保护规定》。

9.1.2 获得国家批准的企业,可在其产品包装上使用地理标志产品专用标志。

9.1.3 标签应包括产品名称、质量等级、规格、产地、净含量、批号、生产日期、生产单位。包装袋上的储运图示应符合 GB/T 191 的规定。

9.2 包装

包装应选择无毒、无害、安全,符合国家卫生要求的材料。包装规格按合同要求执行。

9.3 运输

运输工具应清洁、干燥、无污染、无异味;运输时应防雨、防潮、防曝晒;严禁与有毒、有害、易污染的货物混装、混运。

9.4 贮存

应存放在干燥、清洁、防潮无异味的库房中,严禁与有毒、易污染、易挥发的物品或其他杂物混放。库房中应有排风设施,经常通风。

附 录 A
（规范性附录）
济源冬凌草地理标志产品保护范围图

济源冬凌草地理标志产品保护范围见图 A.1。

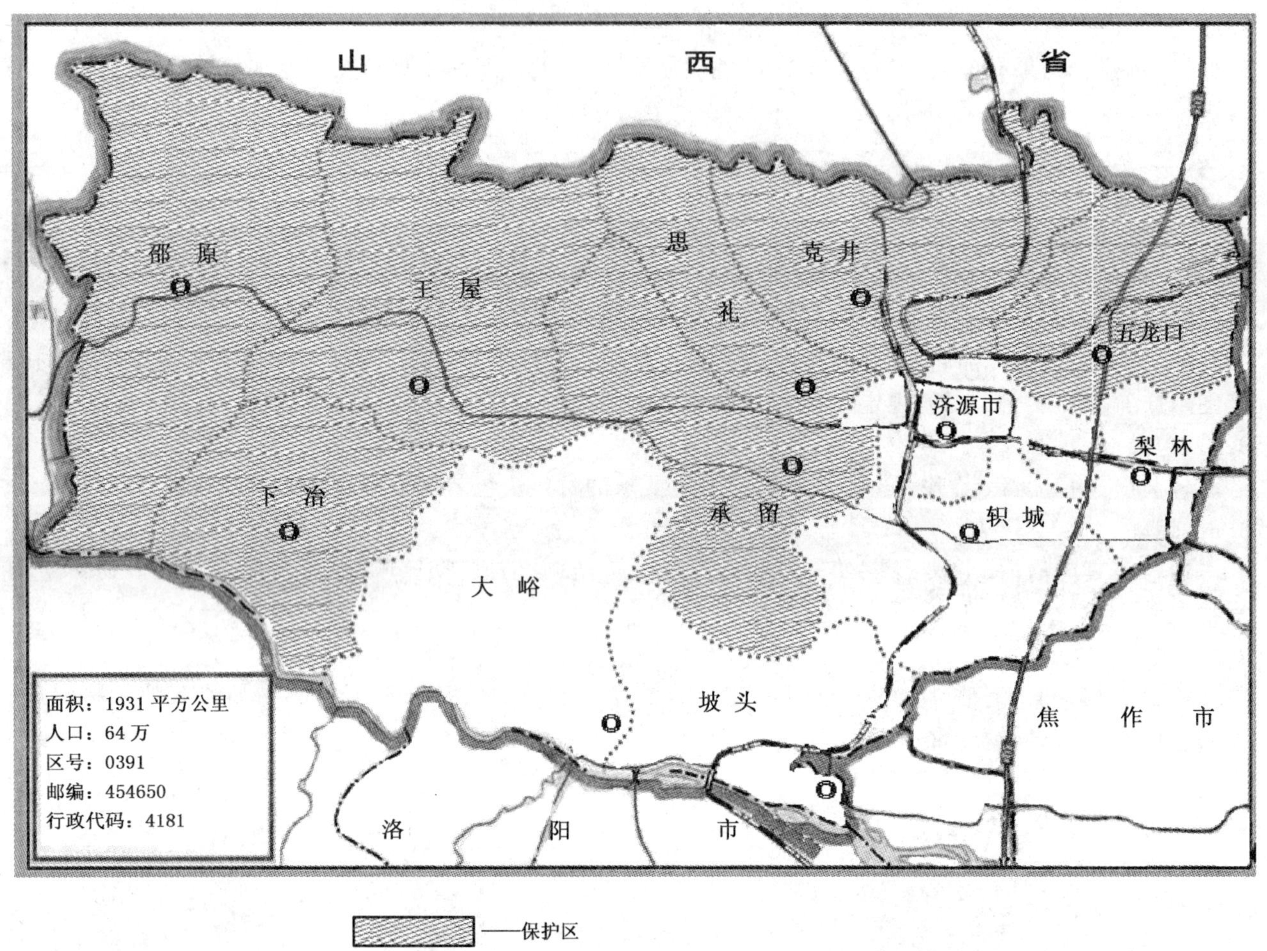

注：地理标志产品 济源冬凌草保护区域为图中标注的河南省济源市所辖 7 个镇现辖行政区域。

图 A.1 济源冬凌草地理标志产品保护范围图

附　录　B
（资料性附录）
济源冬凌草栽培技术

B.1　种植技术

B.1.1　选地

选择海拔 200 m～1 000 m，土层深厚，疏松，易排水，土壤中性，砂壤土。大气环境符合《中药材生产质量管理规范》（GAP）规定要求，应符合 GB 3095 环境空气质量标准的二级标准，土壤环境应符合 GB 15618 土壤环境质量标准的二级标准，灌溉水应符合 GB 5084 农田灌溉水质标准。

B.1.2　整地

地块选好后，于前一年 10 月份进行翻垦，每 667 m^2 施入农家肥 2 500 kg 左右作为基肥，深翻土壤 18 cm～20 cm，充分风化熟化。翌年 3 月份至 4 月份，气温稳定在 10 ℃～15 ℃以上，种植前复耕一次，进一步清除杂草、石块，整平土壤。按宽 2 m，长度依地块而定，做平畦。

B.1.3　种植密度

根据地形、土壤等条件和不同栽培目的而定。以采收叶为主要目的，株行距为 0.4 m×（0.6～0.8）m；以采收药材为主要目的，株行距可为 0.4 m×0.4 m。在立地条件较差的地方，宜适当密植。

B.1.4　移栽种植

当种苗长至 10 cm～15 cm 时，选择长势健壮，无病虫草害的进行移植。或用分蘖繁殖的种苗，在畦中挖穴，穴深 10 cm～15 cm，植入穴中。移植后，覆土压实，浇水。

B.1.5　田间管理

B.1.5.1　补栽

种植半个月后，选阴天补苗种植。

B.1.5.2　中耕除草

疏松土壤，适时除去杂草、灌木，每年 2 次～3 次。

B.1.5.3　追肥

在苗高 25 cm 时，结合中耕除草，每 667 m^2 可追施符合 GAP 药材种植要求的复合肥 25 kg～40 kg。

B.1.5.4　浇水排水

在定植后、开花前、幼种期，各浇水一次，并及时做好抗旱防涝工作。

B.1.5.5　多年生植株管理

植株连续采割 3 a～4 a 后，应进行更新复壮或轮作。

B.2　繁殖技术

B.2.1　种子繁育

B.2.1.1　种子采收

选择优良冬凌草植株作为采种母株。根据气候条件，当果皮颜色由白变褐并带白色花纹，果皮变硬（最好经一次初霜）时，可以进行采集。采收方法：一是在 9 月份至 10 月份果实成熟的高峰期，就株采收果实；二是在 10 月中下旬将整株收割，然后摊放阴干，敲打使种子脱落。将采收的种子进行揉搓，然后用 0.8 mm～3 mm 孔径的筛子多次过筛，保留中间的种子，去除杂质，置通风干燥的室内干燥 4 d～5 d，种子的千粒重在 0.4 g 以上。因种子颗粒小，质轻，不宜风选、曝晒。

B.2.1.2 种子选择

选择褐色带白色花纹、果皮硬、新鲜的当年种子，发芽率为80%以上。

B.2.1.3 种子处理

B.2.1.3.1 温水浸种处理

将净化过的种子投入35 ℃的温水中，浸泡24 h播种。

B.2.1.3.2 生根粉处理

将净化过的种子投入0.01%浓度的ABT2号生根粉溶液中，浸泡2 h播种。

B.2.1.3.3 浸种

将净化过的种子投入0.3%～0.5%高锰酸钾溶液中，浸泡24 h，取出冲洗药液，晾干后播种。

B.2.1.4 播种育苗

B.2.1.4.1 苗床选择和整地

选择土层深厚，疏松，土质中性的壤土或砂壤土作为苗床，于前一年10月份，每667 m^2 施入农家肥2 500 kg左右作为基肥，深翻土壤18 cm～20 cm，熟化，翌年3月份，气温稳定在15 ℃以上，复耕一次，进一步清除杂草、石块，整平土壤，按宽2 m，长5 m做平畦。

B.2.1.4.2 条播

播前，苗床充分整平耙细，然后，在畦面上，按行距30 cm开沟条播，沟深1.5 cm～2 cm，沟底要平整，宽10 cm左右。将种子与草木灰拌匀后，均匀地撒入沟内，以细土覆盖。每667 m^2 种子用量0.3 kg。播后浇水，覆盖草帘或地膜保温保湿。

B.2.1.4.3 撒播

用耙子将畦面搂平，将种子与细河沙按1∶5拌匀后，均匀撒入田间，用石滚镇压即可。每667 m^2 用种量为0.8 kg。

B.2.2 分蘖繁殖

在3月份至4月份，气温稳定在10 ℃以上，选择无病虫害的、植株健壮的冬凌草，整丛挖出，分根，每株带2个～3个根芽，作为分蘖繁殖的种苗。

B.3 病虫害防治

B.3.1 农业防治

B.3.1.1 选用健壮植株，培育健壮种苗，种植时进行种苗消毒。

B.3.1.2 实行轮作，合理间作，加强土、肥、水管理，实行秋冬深翻，减轻病虫害危害基数。

B.3.2 物理防治

利用虫害的趋避性，使用灯光、色板、激素等诱杀。

B.3.3 化学防治

使用药剂防治时，应执行GB 4285和GB/T 8321(所有部分)；同时，优先选用生物农药或植物源农药。合理混用，轮换交替用药。

参 考 文 献

[1] 国家食品药品监督管理局2003[251]号 《中药材生产质量管理规范》(GAP)

ICS 11.120.10
B 38

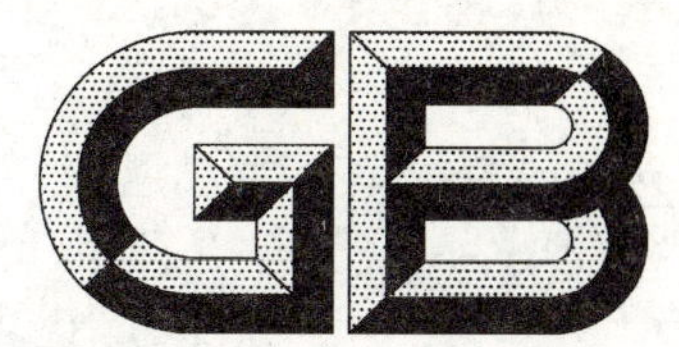

中华人民共和国国家标准

GB/T 22745—2008

地理标志产品　方城丹参(裕丹参)

Product of Geographical indication—Fangcheng *Salvia miltiorrhiza* Bge.
(Yu *Salvia miltiorrhiza* Bge.)

2008-12-28 发布　　　　2009-06-01 实施

中华人民共和国国家质量监督检验检疫总局
中国国家标准化管理委员会　发布

前　　言

本标准根据《地理标志产品保护规定》与 GB/T 17924—2008《地理标志产品标准通用要求》制定。

本标准的附录 A 为规范性附录，附录 B 为资料性附录。

本标准由全国原产地域产品标准化工作组提出并归口。

本标准起草单位：河南省方城县裕丹参开发服务中心、河南省方城县科技局、河南省方城县质量技术监督局、河南省方城县裕丹参协会、河南农业大学。

本标准主要起草人：韩玉洪、秦书君、杨青华、杨皓、王振军、李方、苏勇、李培彦、张振西、邓俊峰、李小刚、李晓鹏、郝成印、王方、狄文会、于峰、方磊。

地理标志产品　方城丹参(裕丹参)

1　范围

本标准规定了方城丹参(裕丹参)的术语和定义、地理标志产品保护范围、生长环境、栽培和加工、质量要求、试验方法、检验规则、标签、标志、包装、运输和贮存。

本标准适用于国家质量监督检验检疫行政主管部门根据《地理标志产品保护规定》批准保护的方城丹参(裕丹参)。

2　规范性引用文件

下列文件中的条款通过本标准的引用而成为本标准的条款。凡是注日期的引用文件,其随后所有的修改单(不包括勘误的内容)或修订版均不适用于本标准,然而,鼓励根据本标准达成协议的各方研究是否可使用这些文件的最新版本。凡是不注日期的引用文件,其最新版本适用于本标准。

GB 3095　环境空气质量标准

GB 5084　农田灌溉水质标准

GB 15618　土壤环境质量标准

中华人民共和国药典　2005 年版　一部

3　术语和定义

下列术语和定义适用于本标准。

3.1

方城丹参(裕丹参)　Fangcheng *Salvia miltiorrhiza* Bge. (Yu *Salvia miltiorrhiza* Bge.)

方城丹参又称裕丹参,指在本标准第 4 章规定的范围内,野生或种植的唇形科(Labitae)植物丹参(*Salvia miltiorrhiza* Bge.)的干燥根及根茎。

3.2

条丹参　order *Salvia miltiorrhiza* Bge.

直径 0.5 cm 以上,长 15.0 cm 以上的长条状干燥丹参根。

3.3

选丹参　select *Salvia miltiorrhiza* Bge.

纯净的干燥丹参根。

3.4

统丹参　all *Salvia miltiorrhiza* Bge.

干燥的丹参根及根茎。

4　地理标志产品保护范围

方城丹参(裕丹参)地理标志产品保护范围为国家质量监督检验检疫行政主管部门[2003]第 90 号公告批准的范围,见附录 A。

5　生长环境、栽培和加工

5.1　生长环境

5.1.1　地形地貌

地势较高、排水便利、地下水位较低;无污染源的浅山及丘陵地区,海拔高度 120 m～700 m。

5.1.2 土壤

土质疏松的壤土、沙壤土，符合 GB 15618 要求。

5.1.3 气候

气候温和，光照充足。年平均气温 14.5 ℃，年平均降水量 800 mm 左右。

5.1.4 灌溉水

符合 GB 5084 要求。

5.1.5 空气

环境空气符合 GB 3095 中的二级要求。

5.2 栽培

见附录 B。

5.3 采收

5.3.1 采收时间

移栽后 1 a～2 a，11 月至次年 3 月；植物地上部分枯萎后，第二年发芽前，是采收丹参的最佳时间。

5.3.2 采收方法

5.3.2.1 采挖

选择晴天，土壤水分适中时，用镰刀割去地上部分，将根部全部挖出，在田间晾晒 2 h～4 h 后，用手抖动清除泥土、杂质。

5.3.2.2 晾晒

选择无污染、无鼠害、无畜禽出入、干燥、通风、日照好的地方做晒场；把丹参均匀摊在晒场上，经常翻动。

5.4 加工

5.4.1 条丹参

晾晒至五成干时，挑选根径 0.8 cm 以上、长 15 cm 以上根条，除去芦头、侧根，整齐扎成直径 10 cm 左右的小捆，平摊晾晒。

5.4.2 选丹参

剔除杂质、腐烂霉变部分，除去芦头、须根。

5.4.3 统丹参

剔除杂质、腐烂霉变部分，除去芦头上的芽眼、茎。

5.5 收存

晾晒至水分低于 20%时，于干燥、通风、遮阳处码成宽 1.5 m、高 2 m 左右的条状垛，垛底架空，距地面 20 cm 以上收存；或收在清洁、无毒、无污染、透气的器具内，置干燥通风处离地存放；囤干。

6 质量要求

6.1 感官指标

应符合表 1 规定。

表 1 感官指标

项目	质量规格		
	条丹参	选丹参	统丹参
形状	根，长圆柱形，长度 15.0 cm 以上，直径 0.5 cm 以上	根，长圆柱形，略弯曲，长短粗细不等，外观基本完整	根，长圆柱形，略弯曲，具根茎
色泽	表面暗棕红色或红色		
断面	灰黄色或黄白色，导管束黄白色，呈放射性状排列		
气味	气微，味微苦涩		

6.2 理化指标

应符合表2的规定。

表2 理化指标

项目		条丹参	选丹参	统丹参
水分/%	≤	13.0	13.0	13.0
总灰分/%	≤	7.0	7.0	9.0
酸不溶性灰分/%	≤	2.0	2.0	2.5
水溶性浸出物/%	≥	35.0	35.0	35.0
醇溶性浸出物/%	≥	15.0	15.0	15.0
丹参酮Ⅱ$_A$($C_{19}H_{18}O_3$)/%	≥	0.35	0.35	0.3
丹酚酸B($C_{36}H_{30}O_{16}$)/%	≥	6.5	6.5	6.0

6.3 安全质量指标

6.3.1 重金属及有害元素含量指标

按《中华人民共和国药典 2005年版 一部》执行，见表3。

表3 重金属及有害元素含量指标

项目		指标
铅(Pb)/(mg/kg)	≤	5
镉(Cd)/(mg/kg)	≤	0.3
砷(As)/(mg/kg)	≤	2
汞(Hg)/(mg/kg)	≤	0.2
铜(Cu)/(mg/kg)	≤	20

6.3.2 农药残留量指标

应符合表4的规定。

表4 农药残留量指标

项目		指标
六六六(BHC)/(mg/kg)	≤	0.1
滴滴涕(DDT)/(mg/kg)	≤	0.1
乙酰甲胺磷(acephate)/(mg/kg)	≤	0.2
乐果(dimethoate)/(mg/kg)	≤	1.0
敌敌畏(dichlorvos)/(mg/kg)	≤	0.2
敌百虫(trichlorphon)/(mg/kg)	≤	0.1
辛硫磷(phoxim)/(mg/kg)	≤	0.05
溴氰菊酯(deltamethrin)/(mg/kg)	≤	0.2
氰戊菊酯(fenvalerate)/(mg/kg)	≤	0.05
抗蚜威(pirimicarb)/(mg/kg)	≤	1.0
多菌灵(carbendazim)/(mg/kg)	≤	0.5

7 试验方法

7.1 感官指标

按《中华人民共和国药典　2005 年版　一部》附录Ⅱ B“药材检定通则”执行。

7.2 理化指标

7.2.1 水分

按《中华人民共和国药典　2005 年版　一部》附录Ⅸ H“水分测定法”第一法的规定测定。

7.2.2 总灰分

按《中华人民共和国药典　2005 年版　一部》附录Ⅸ K“灰分测定法”的规定测定。

7.2.3 酸不溶性灰分

按《中华人民共和国药典　2005 年版　一部》附录Ⅸ K“灰分测定法”的规定测定。

7.2.4 水溶性浸出物

按《中华人民共和国药典　2005 年版　一部》附录Ⅹ A“水浸出物测定法”冷浸法的规定测定。

7.2.5 醇溶性浸出物

按《中华人民共和国药典　2005 年版　一部》附录Ⅹ A“醇浸出物测定法”热浸法的规定测定。

7.2.6 丹参酮 $Ⅱ_A$

按《中华人民共和国药典　2005 年版　一部》丹参项下的含量测定方法。

7.2.7 丹酚酸 B

按《中华人民共和国药典　2005 年版　一部》丹参项下的含量测定方法。

7.3 安全质量指标的检验

7.3.1 铅、镉、砷、汞、铜

按《中华人民共和国药典　2005 年版　一部》附录Ⅸ B“铅、镉、砷、汞、铜”测定法的规定测定。

7.3.2 有机氯类、有机磷类、拟除虫菊酯类农药残留量

按《中华人民共和国药典　2005 年版　一部》附录Ⅸ Q“农药残留量测定法”的规定测定。

8 检验规则

8.1 组批

以同一时间、同一产区、同一生产单位生产的产品为一批。

8.2 抽样方法

按《中华人民共和国药典　2005 年版　一部》附录Ⅱ A“药材取样法”执行。

8.3 检验分类

8.3.1 交收检验

8.3.1.1 每批产品交收前应经生产单位质检部门进行检验，检验合格并附有合格证的产品方可交收。

8.3.1.2 交收检验项目包括：感官要求、水分、总灰分、丹参酮 $Ⅱ_A$、丹酚酸 B。

8.3.2 型式检验

8.3.2.1 型式检验项目为第 6 章规定的全部检验项目。

8.3.2.2 正常生产时，每个采收季节进行一次型式检验，有下列情况之一时也应进行：

a) 企业首次批量生产前；

b) 生长环境、栽培或加工技术有重大改变，可能影响产品质量时；

c) 国家质量技术监督部门提出型式检验要求时。

8.4 判定规则

8.4.1 检验结果全部符合本标准规定质量要求的产品，则为合格产品。

8.4.2 凡霉变、有污染或所检指标中有一项不符合质量要求的产品，则判该批产品为不合格。

8.5 复检

对检验结果有争议时，应对留样进行复检，或在同批产品中重新按8.2抽样方法规定加倍抽样，对不合格项目进行复检，以复检结果为准。

9 标签、标志、包装、运输和贮存

9.1 标签、标志

包装物上应标注地理标志产品标志，注明品名、产地、规格、毛重、净重、生产者、生产日期或批号、产品标准号等。

9.2 包装

包装物应洁净、干燥、无污染，符合《中华人民共和国药典 2005年版 一部》要求。

9.3 运输

不得与农药、化肥等其他有毒有害物质混装。运载容器应具有较好的通气性，以保持干燥，应防雨、防潮。

9.4 贮存

仓库应具备透风除湿设备，货架与墙壁的距离不得少于1 m，底层货位距离地面不得小于20 cm。入库丹参水分不得超过13%，不得与有损丹参质量的物质混贮。

附 录 A
(规范性附录)
方城丹参(裕丹参)地理标志产品保护范围图

方城丹参(裕丹参)地理标志产品保护范围见图 A.1。

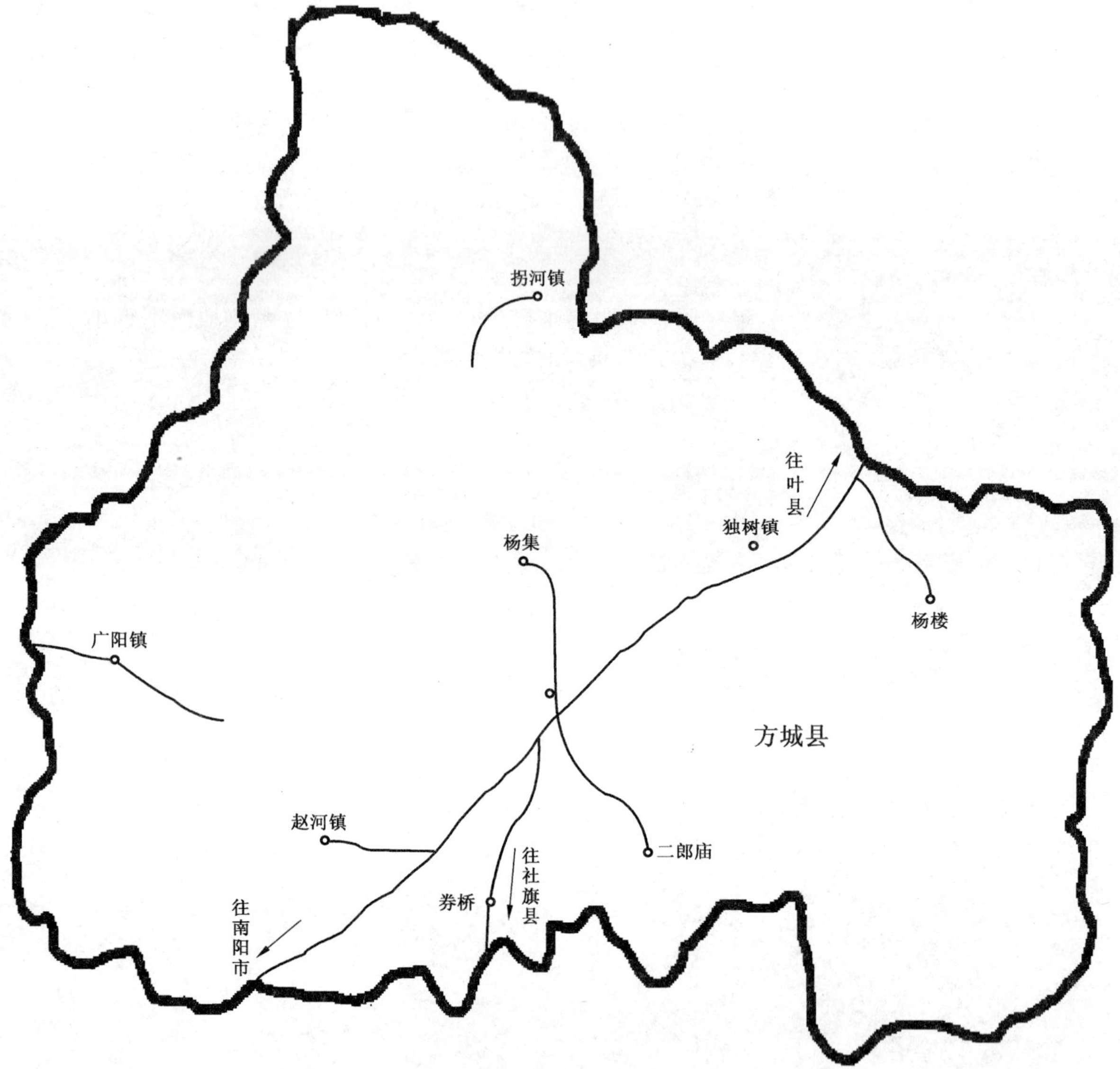

图 A.1 方城丹参(裕丹参)地理标志产品保护范围图

附　录　B
（资料性附录）
栽培和加工

B.1　种源

B.1.1　种质

在野生方城丹参(裕丹参)保护区,选择生长健壮的唇形科鼠尾草属植物丹参单株;于6月份,种子成熟2/3时采种。

B.1.2　繁育

用野生种子作株圃,剔出劣株、变异株,采用两圃制繁育种子,采集二至三年龄种株的种子为原种育苗。

B.2　育苗

B.2.1　整地

苗床地每667 m^2 施丹参有机复合肥50 kg;翻耕30 cm,耙细、起垄,垄面净宽1.2 m,垄高0.25 m,耙匀整平,垄边拍实备用。

B.2.2　播期

7月中旬至7月底。

B.2.3　播种

每667 m^2 用种子4 kg(6 g/m^2),均匀地撒播在苗床上;轻拍、压一遍;然后在苗床上覆一层秸秆,喷水使秸秆湿透,苗床透墒。

B.2.4　苗床管理

B.2.4.1　洒水

播种后,根据墒情,适时洒水,保持苗床湿润。

B.2.4.2　除遮盖物

播种后7 d～10 d出苗;待苗长出2片真叶时,移除遮盖物。

B.2.4.3　拔草

除去遮盖物后要及时拔除杂草。

B.2.4.4　起苗

起苗时如苗床过干,应浇透水,晾至苗床土壤水分适中时起苗。剔除弱苗、残苗、不完全发育苗,选壮苗每50棵捆成一束,单层平码在潮湿、阴凉处备用。种苗存放时间不得超过10 d。

B.2.4.5　运苗

短途散运;长途运输用透气编织袋包装,途中遮阳通风。

B.3　大田整地

B.3.1　耕地

秋收后,适时深耕,直接施入底肥。

B.3.2 施肥

B.3.2.1 施肥原则

有机肥、无机肥相结合,以有机肥为主,化肥为辅;以基肥为主,追肥为辅。禁用城市垃圾、污泥、工业废渣及未经无害化处理的有机肥。

B.3.2.2 施肥指标

根据土壤肥力大小确定施肥量,一般基肥的施入量:氮肥为总氮施肥量的 80%,磷肥为总磷施肥量的 60%~70%,钾肥为总钾施肥量的 70%以上。扣除基肥部分,其余作追肥施入,追肥时间 8 月底至 9 月初。土壤微量元素缺乏地区,还应针对缺素状况增加追肥的种类和数量。

B.3.2.3 推荐施肥量

按氮(N)∶磷(P_2O_5)∶钾(K_2O)1∶1.5∶1.2 的比例,每 667 m^2 施入氮 6 kg~8 kg。

B.3.3 起垄

90 cm 起一垄,垄高 25 cm,垄面宽 50 cm。

B.4 移栽

B.4.1 移栽时间

10 月下旬至 12 月上旬。

B.4.2 密度

每垄 2 行,行距 30 cm,株距 15 cm~20 cm,三角状定苗,667 m^2 植 8 000 株~10 000 株。

B.4.3 方法

移栽时应挖深穴,浇足水,高封土,覆土埋封至子叶处,芦头部分全部埋入土中,用力压实。

B.5 覆膜

移栽后要及时覆盖地膜,地膜规格宽 80 cm;地膜紧贴垄面,两边压实,每 1.5 m~2 m 横压一次,不要压苗。

B.6 掏苗

4 月上旬掏苗,苗掏出后孔口用土封严压实。

B.7 田间管理

B.7.1 查苗补栽

掏苗时查苗补栽,补栽时选用较大种苗。

B.7.2 除草

4 月初起,及时除草,禁止使用化学除草剂。

B.7.3 摘花穗

4 月份至 9 月份丹参抽穗期及时摘除花穗。

B.7.4 追肥

根据植株生长情况,8 月份至 9 月份进行追肥一次,用硫酸钾型复合肥与饼肥混合腐熟。

B.7.5 排涝

雨天,清沟排涝,防止田间积水。

B.8 病虫害防治

B.8.1 防治原则

预防为主，综合防治。

B.8.2 防治方法

对丹参生长危害较大的病虫害是根腐病和根结线虫，以预防为主；采用农业措施，与禾本科植物轮作两年以上。

ICS 67.080
B 39

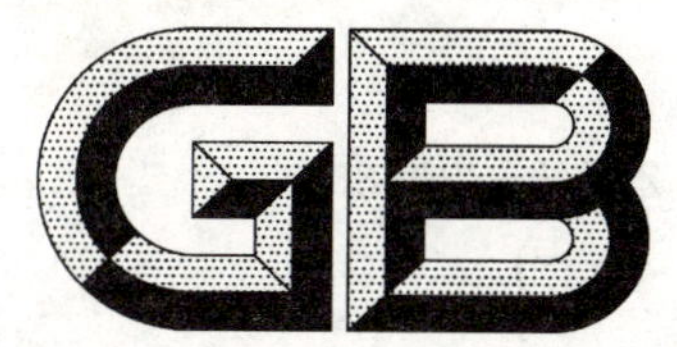

中华人民共和国国家标准

GB/T 22746—2008

地理标志产品　泌阳花菇

Product of geographical indication—Biyang Hua Gu(flower shiitake mushroom)

2008-12-28 发布　　2009-06-01 实施

中华人民共和国国家质量监督检验检疫总局
中国国家标准化管理委员会　发布

前　言

本标准根据《地理标志产品保护规定》与 GB/T 17924《地理标志产品标准通用要求》制定。

本标准的附录 A、附录 B 为规范性附录。

本标准由全国原产地域产品标准化工作组提出并归口。

本标准主要起草单位：河南省泌阳县质量技术监督局、河南省泌阳县食用菌开发办公室。

本标准主要起草人：谢凤鸣、王建华、刘业鹏、张国柱、张明星、徐平稳、齐文杰、禹宗本、吴华军、马俊峰。

地理标志产品　泌阳花菇

1　范围

本标准规定了泌阳花菇的术语和定义、地理标志产品保护范围、产品分类、生产环境和生产技术、质量要求、试验方法、检验规则、标志、标签、包装、运输、贮存。

本标准适用于国家质量监督检验检疫行政主管部门根据《地理标志产品保护规定》批准保护的泌阳花菇。

2　规范性引用文件

下列文件中的条款通过本标准的引用而成为本标准的条款。凡是注日期的引用文件，其随后所有的修改单(不包括勘误的内容)或修订版均不适用于本标准，然而，鼓励根据本标准达成协议的各方研究是否可使用这些文件的最新版本。凡是不注日期的引用文件，其最新版本适用于本标准。

GB/T 191　包装储运图示标志
GB 3095　环境空气质量标准
GB/T 5009.3　食品中水分的测定
GB/T 5009.10　植物类食品中粗纤维的测定
GB/T 5009.15　食品中镉的测定
GB/T 5009.34　食品中亚硫酸盐的测定
GB/T 5009.37　食用植物油卫生标准的分析方法
GB/T 5009.38　蔬菜、水果卫生标准的分析方法
GB 5749　生活饮用水卫生标准
GB/T 6543　运输包装用单瓦楞纸箱和双瓦楞纸箱
GB 7096　食用菌卫生标准
GB 7718　预包装食品标签通则
GB 9687　食品包装用聚乙烯成型品卫生标准
GB/T 12530　食用菌取样方法
GB/T 12532　食用菌灰分测定
GB/T 12533　食用菌杂质测定
GB/T 12728　食用菌术语
GB/T 15673　食用菌粗蛋白质含量测定方法
GB 19170　香菇菌种
JJF 1070　定量包装商品净含量计量检验规则
NY 5099　无公害食品　食用菌栽培基质安全技术要求
NY 5358　无公害食品　食用菌产地环境条件
定量包装商品计量监督管理办法(国家质量监督检验检疫总局令[2005]第75号)

3　术语和定义

GB/T 12728确立的以及下列术语和定义适用于本标准。

3.1

花菇　Hua Gu (flower shiitake mushroom)

菌盖表面有自然网状龟裂花纹的香菇。

3.2

泌阳花菇 Biyang Hua Gu（flower shiitake mushroom）

在地理标志产品保护范围内的独特自然地理环境条件下，使用特定的香菇品种、培养料、栽培与加工工艺生产的花菇。

3.3

鲜花菇 fresh flower shiitake mushroom

采收整理后，未经任何保鲜处理直接销售的花菇，要求含水量不大于86%。

3.4

开伞度 openness of the cap

菌盖相对两卷边内边缘的距离与菌盖宽度的比例，以“分”表示，平展为10分。

3.5

菌盖厚度 thickness of the pileus

剪柄菇平放后的最高处垂直高度。

3.6

菌盖直径 diameter of the pileus

菌盖最宽处的宽度。

3.7

残缺菇 incomplete fruitbody

菌盖破损面积占总面积的20%以上的菇体。

3.8

开伞菇 cap-opened fruitbody

菌盖完全展开的菇体。

3.9

霉变菇 mouldy fruitbody

已发生霉变的菇体。

3.10

有害杂质 inimical impurity

霉变菇、虫体、动物毛发、动物排泄物、金属、塑料等。

3.11

杂质 impurity

除花菇及有害杂质以外的其他物质。

4 地理标志产品保护范围

泌阳花菇地理标志产品保护范围限于国家质量监督检验检疫行政主管部门根据《地理标志产品保护规定》批准的范围，即河南省泌阳县的现辖行政区域范围，见附录A。

5 产品分类

5.1 干花菇：按照特定的烘烤工艺，经过机械干燥或烘干的花菇。

5.2 鲜花菇：采收整理后，未经任何保鲜处理的花菇。

6 生产环境和生产技术

6.1 自然环境

泌阳花菇产区位于河南省西南部，南阳盆地东缘，地处伏牛山与大别山交汇地带，江淮两大水系分水岭，县境属浅山丘陵区，南北山地环绕，中部山脉贯穿，东西平原敞开，属大陆性季风气候，春温暖季短，夏炎热多雨，秋短夜凉昼热，冬长寒冷少雪，四季光照充沛，日照时数长，雨量充足，昼夜温差大。

6.2 气候

年平均气温 14.6 ℃，无霜期平均 219 d，年平均日照时数 2 066.3 h，年平均降水量为 960 mm。

6.3 产地选择

应符合 NY 5358 的规定。

6.4 生产用水

应符合 GB 5749 的规定。

6.5 生产环境空气质量

应符合 GB 3095 的一类区要求。

6.6 生产技术规程

见附录 B。

7 质量要求

7.1 感官指标

7.1.1 干花菇感官指标

干花菇具有朵圆、肉厚、质细、色白、爆花自然、外形美观的特征，见表 1。

表 1 干花菇感官指标

项　目	特 级	一 级	二 级	三 级
菌褶	菌褶整齐，呈米黄色或浅黄色			
气味	香菇特有的香味、无异味			
菌盖厚度/cm	≥3.0	≥2.0	≥2.0	≥2.0
菌盖直径/cm	4～6	4～6	3～7	3～8
菇柄长度	与菌边取齐或略短			
菌盖表面、色泽	白色爆花，龟裂纹深	白花，龟裂均匀	棕白各半，龟裂较浅	有麻花纹或红花纹，龟裂较浅
形状	扁半球形，菇形圆整	近伞形，菇形规整	铜锣状，无破损	铜锣状，无破损
开伞度/分	5～7	6～7	7～8	5～8
残缺菇、虫蛀菇、碎菇/%	无	<1.0	<2.0	<2.0
杂质/%	≤0.2	≤0.2	≤0.2	≤0.2
不允许混入物	有害杂质			

7.1.2 鲜花菇感官指标

鲜花菇具有扁半球形、大卷边、铜锣状，不开伞、无畸形的特征，见表 2。

表 2 鲜花菇感官指标

项　目	特 级	一 级	二 级	三 级
菌褶颜色	乳白色或略带浅黄色			
气味	鲜香菇特有的香味、无异味			
菌盖厚度/cm	≥3.0	≥2.0	≥2.0	≥2.0
菌盖直径/cm	4～6	4～6	3～7	3～8

表 2（续）

项　目	特 级	一 级	二 级	三 级
菇柄长度	不大于菌盖直径			
菌盖表面、色泽	白色爆花，龟裂纹深	白花，龟裂均匀	棕白各半，龟裂较浅	有麻花纹或红花纹，龟裂较浅
形状	扁半球形，菇形圆整	近伞形，菇形规整	铜锣状，无破损	铜锣状，无破损
开伞度/分	5～7	6～7	7～8	5～8
残缺菇、虫蛀菇、碎菇/%	无	＜1.0	＜2.0	＜2.0
杂质/%	≤0.2	≤0.2	≤0.2	≤0.2
不允许混入物	有害杂质			

7.2 理化指标

见表 3。

表 3 泌阳花菇理化指标

项　目		要　求	
		干 花 菇	鲜 花 菇
水分/%	≤	12.0	86.0
粗蛋白(以干重计)/%	≥	20.0	
粗纤维(以干重计)/%	≤	8.0	
灰分(以干重计)/%	≤	7.0	

7.3 卫生指标

见表 4。

表 4 泌阳花菇卫生指标

项　目		干花菇	鲜花菇
砷(以 As 计)/(mg/kg)	≤	0.5	0.2
铅(以 Pb 计)/(mg/kg)	≤	1.0	0.3
汞(以 Hg 计)/(mg/kg)	≤	0.1	0.03
镉(以 Cd 计)/(mg/kg)	≤	1.5	0.5
六六六/(mg/kg)	≤	0.1	0.1
滴滴涕/(mg/kg)	≤	0.05	0.05
二氧化硫(以 SO_2 计)/(mg/kg)	≤	50.0	50.0
多菌灵/(mg/kg)	≤	1.0	1.0
矿物油		不得检出	不得检出
注：未列项目的农药残留限量按国家有关规定执行。产品出口按进口国和供货合同的有关规定执行。			

7.4 净含量偏差

预包装产品的净含量偏差应符合国家质量监督检验检疫总局令[2005]第 75 号的规定。

8 试验方法

8.1 感官指标

8.1.1 肉眼观察菇体颜色、形状，不得混入杂质。

8.1.2 鼻子嗅闻辨别气味。

8.1.3 残缺菇、虫蛀菇、碎菇的测定

取样品 500 g(精确至±0.1 g),分别检出残缺菇、虫蛀菇和碎菇称量,用感量为 0.1 g 的天平称其质量,并按式(1)计算所占比例,计算结果保留小数点后一位。

$$X = (m_1/m) \times 100\% \qquad \cdots\cdots(1)$$

式中:

X——残缺菇、虫蛀菇和碎菇所占百分数,%;

m_1——残缺菇、虫蛀菇和碎菇质量,单位为克(g);

m——样品质量,单位为克(g)。

8.1.4 开伞度

随机抽取 10 个花菇,菌盖相对两卷边内边缘的距离与菌盖宽度的比例,以“分”表示,平展为10 分,取平均值。

8.1.5 菌盖厚度

随机抽取 10 个花菇,剪柄平放,测量最高处的垂直高度,取所测结果平均值。

8.1.6 菌盖直径

随机抽取 10 个花菇,切去菌柄后沿菌盖中心纵向切开,量取两边间的最长距离,取平均值。

8.1.7 杂质的测定

按 GB/T 12533 规定执行。

8.2 理化指标

8.2.1 水分的测定

按 GB/T 5009.3 规定执行。

8.2.2 粗蛋白的测定

按 GB/T 15673 规定执行。

8.2.3 粗纤维的测定

按 GB/T 5009.10 规定执行。

8.2.4 灰分的测定

按 GB/T 12532 规定执行。

8.3 卫生指标

8.3.1 砷、铅、汞、六六六、滴滴涕的测定

按 GB 7096 规定执行。

8.3.2 镉的测定

按 GB/T 5009.15 规定执行。

8.3.3 二氧化硫的测定

按 GB/T 5009.34 规定执行。

8.3.4 多菌灵的测定

按 GB/T 5009.38 规定执行。

8.3.5 矿物油的测定

按 GB/T 5009.37 规定执行。

8.4 净含量偏差

按 JJF 1070 规定的办法执行。

9 检验规则

9.1 抽样方法

按GB/T 12530规定执行。

9.2 型式检验

有下列情形之一时应进行型式检验。检验项目为本标准规定的所有质量要求：

a) 国家质量监督机构提出进行型式检验要求时；

b) 其他认为有必要检验时。

9.3 交货检验

每批产品交货前进行，检验项目为感官指标和水分。

9.4 判定规则

感官指标中有不允许混入物即判为不合格，除不允许混入物外有两项指标不符合要求时即判为不合格；理化指标中有任何两项指标不符合要求时即判为不合格；卫生指标中任何一项不符合要求时即判为不合格。

10 标志、标签、包装、运输、贮存

10.1 标志、标签

10.1.1 企业获准可在其产品包装上使用地理标志产品专用标志。

10.1.2 产品外包装应符合GB/T 191的规定，并应有下列清晰正确的标识：

收货单位、供货单位、小心轻放标志、防雨淋防潮标志、防晒标志、防重压标志。

10.1.3 鲜花菇内包装标志根据需求方要求，按双方商定执行。

10.1.4 标签应符合GB 7718的规定。

10.2 包装

10.2.1 鲜花菇的包装箱(袋)的卫生指标应符合GB 9687的规定。

10.2.2 干花菇外包装应符合GB/T 6543的规定，定量包装净含量应符合《定量包装商品计量监督管理办法》规定。

10.3 运输

10.3.1 不得与有毒物品混装，不得使用被有毒、有害物质污染的运输工具运载。

10.3.2 鲜花菇应冷链运输。

10.3.3 干花菇运输时要有遮篷，防止曝晒、雨淋，避免挤压。

10.4 贮存

10.4.1 鲜花菇应贮存在温度为1 ℃～4 ℃的冷库内。

10.4.2 干花菇应密封贮存，包装用品符合卫生要求，不得直接裸露在空间。

10.4.3 三个月以内中短期保存的干花菇应避光、常温、阴凉干燥、防虫蛀、防鼠咬并有防潮设备，三个月以上长期贮存的还应控制温度在4 ℃以下，相对湿度在60%以下，箱体之间应留有一定的空隙。

10.4.4 严禁与有毒、有害、有异味物品混放。

附 录 A
（规范性附录）
泌阳花菇地理标志产品保护范围图

泌阳花菇地理标志产品保护范围见图 A.1。

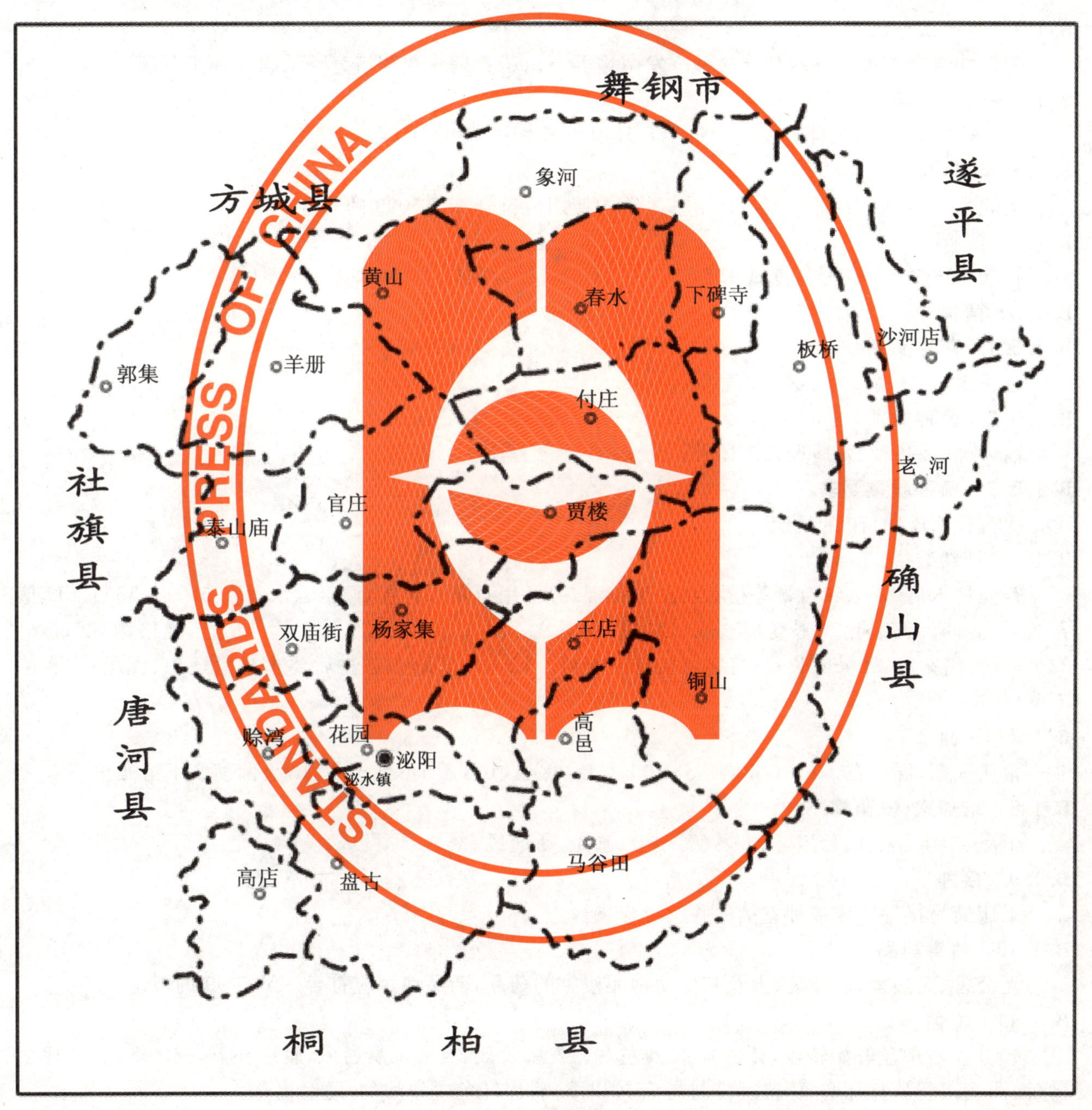

图 A.1 泌阳花菇地理标志产品保护范围图

附 录 B
（规范性附录）
泌阳花菇生产技术规程

B.1 生产技术

B.1.1 生产工艺流程

配料→装袋→灭菌→冷却→接种→发菌培养→出菇管理→花菇培育→采收→加工分级。

B.1.2 生产周期

8 月至翌年 4 月（最佳种植期为每年 8 月中旬至 9 月下旬）。

B.1.3 原辅材料

阔叶木屑、麦麸、石膏、石灰，栽培基质等的使用应符合 NY 5099 的规定。

B.1.4 配料

阔叶木屑 70%～80%、麦麸 15%～20%、石膏 1%、石灰 1%；料水比 1∶1.1。

B.1.5 菌种

B.1.5.1 菌种品系

泌香 1 号、泌香 2 号、泌香 3 号等。

B.1.5.2 菌种类别

固体种（枝条种、木屑种）、液体种。

B.1.5.3 菌种质量要求

应符合 GB 19170 的规定。

B.1.6 拌料装袋

首先将木屑、麦麸和石膏等粉状物质干拌混匀后，用石灰水再拌，调至含水量在 50%～55%，pH 值在 7～8 之间。菌袋用高密度聚乙烯塑料袋，耐温在 110 ℃～120 ℃，厚 5 丝～6 丝，规格为 22 cm～23 cm（折幅宽）×55 cm（长）。每袋可装折合干料 2 kg～2.5 kg。装料后要求松紧适中、无微孔、水测不漏气。

B.1.7 灭菌

常压灭菌，温度在 4 h～6 h 内达到 100 ℃后，保温（100 ℃）不低于 20 h，灭菌彻底不留死角。

B.1.8 培养室（发菌棚）

干净、卫生、无虫、无污染、干燥、无浮尘、遮光、易通风。

B.1.9 接种

采用简易接种罩或接种室接种并及时套袋。

B.1.10 消毒药品

无公害、无残留，对环境、人及其他动物无侵害的药品，药品使用应符合 NY 5099 的规定。

B.1.11 发菌

40 d 左右菌丝开始转色，转色需 20 d 左右。发菌阶段，灵活调温通风，脱袋补氧，翻堆散热，选优去劣（淘汰病菌袋），打孔增氧，湿度控制在 75%以下，确保转色一致均匀，适时出菇。

B.2 花菇培育及采收、加工

B.2.1 出菇要求

温度 5 ℃～18 ℃，温差 10 ℃左右，干湿差 60%～90%，全日光照，适当通风，温度和湿度刺激，充分利用秋冬的干冷气候，自然形成花菇。

B.2.2 采收

B.2.2.1 鲜花菇采收标准

开伞度5分~8分,大卷边,不开伞,偏半球状,无畸形,不破损。

B.2.2.2 干花菇采收标准

子实体开伞度5分~8分成熟即可采摘。

B.2.3 烘干

B.2.3.1 工艺流程

预选→装筛→机械干燥烘干→水分测定→分级包装。

B.2.3.2 采摘后即刻进行干制,干制后含水量不大于12%。

B.2.3.3 烘干过程条件控制要求

见表B.1。

表 B.1 烘干过程条件控制要求

烘干期	烘干时间/h	热风温度/℃	进排风控制	要　求
初 期	0~3	40~45	全　开	含水量高的鲜香菇初期温度应低、升温应慢
中 期	4~8	55	关闭1/3	每小时升温不超过5 ℃;6 h~8 h移动筛位
后 期	8后	60~65	关闭1/2	10 h后合并烘筛并移至上部
稳定期	最后	75~80	关　闭	累计烘干时间8 h~13 h

B.2.4 出菇期间和烘干、运输、贮存等过程中不允许向菇体施加任何药物或添加剂。

ICS 67.260
X 99

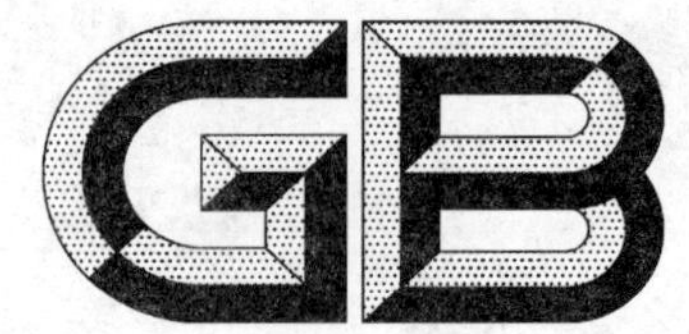

中华人民共和国国家标准

GB 22747—2008

食品加工机械　基本概念　卫生要求

Food processing machinery—Basic concepts—Hygiene requirements

2008-12-31 发布　　2009-08-01 实施

中华人民共和国国家质量监督检验检疫总局
中国国家标准化管理委员会　发布

前　言

本标准的第1章、第2章、第3章、附录A、附录B、附录C为推荐性的，其他为强制性的。

本标准修改采用欧洲标准EN 1672-2:2005《食品加工机械　基本概念　第2部分：卫生要求》（英文版），并按照我国标准的编写规则GB/T 1.1—2000做了编辑性修改。本标准与EN 1672-2:2005的主要差异如下：

——删除了EN 1672-2:2005的前言；

——删除了EN 1672-2:2005的附录ZA；

——删除了EN 1672-2:2005的参考文献；

——将引用的欧洲标准、国际标准改为相应的国家标准。

本标准的附录A、附录B和附录C为资料性附录。

本标准由中华人民共和国商务部提出。

本标准由全国饮食加工设备标准化技术委员会归口。

本标准起草单位：北京市服务机械研究所、浙江工商大学、杭州艾博机械工程有限公司。

本标准主要起草人：李继萍、傅玉颖、韩青荣、刘旭、王玉波、刘洪伟、陈广杰。

引　言

机械安全系列标准的结构为：

——A类标准（基础安全标准），给出适用于所有机械的基本概念、设计原则和特征。

——B类标准（通用安全标准），涉及机械的一种安全特征或使用范围较宽的一类安全防护装置：

a） B1类，特定的安全特征（如安全距离、表面温度、噪声）标准；

b） B2类，安全装置（如双手操纵装置、联锁装置、压敏装置、防护装置）标准。

——C类标准（机器安全标准），对一种特定的机器或一组机器规定出详细的安全要求的标准。

本标准属于C类标准。

有关机械及危害、危险事故也列入本标准范围。

本标准描述了食品加工过程中对操作人员的危害和对食品（指机械加工食品）风险的区别。

本标准强调了所有（或大多数）食品加工机械（不同技术规格的）的危险情况。这里提出的危险情况应包含在本标准所列范围之内。

在几乎所有危险情况下，至少可采用一种减小风险的设计、安全防护或其他安全措施。这些措施应满足安全和卫生的基本要求并完全控制风险。虽然卫生风险或安全风险表现的并不明显，但它也应满足安全和卫生要求，尽可能采取相应措施减小风险。

采用的第一种措施是设计措施，它是通过设计来消除卫生和安全风险的措施；如果风险不在技术工艺的设计范围内，就应采用防护措施来消除卫生和安全风险；如果采用设计措施和防护措施后还有遗留风险，就应告之或指导用户采取措施来避免或减小风险。对安全和卫生风险的评价可以说明它们各自的重要性，是选择消除或减小风险措施的主要依据。

本标准通过对安全和卫生风险的处理可以达到预防重大风险和一般风险的目的。

对于满足处理其他危险的要求，请参考专用机械C类标准或参考GB/T 15706.2以及A类和B类标准。C类标准的规定与A类和B类标准有所不同，C类标准的规定优于A类和B类标准的规定，并适用于根据C类标准设计和生产的机械设备。

食品加工机械　基本概念
卫生要求

1　范围

本标准规定了人类及人工饲养动物食品类机械的卫生要求,分析了使用该类机械时可能造成的危险,并提出了对设计措施和使用信息的要求。

本标准不涉及由于操作人员使用机械时所造成的卫生风险。

本标准适用于食品加工机械与设备,包括食品加工成套机械与设备。附录B提供了本标准适用的食品加工成套机械与设备的信息。

本标准所涉及的基本概念适用于具备相似风险的食品加工机械与设备。

本标准不适用于发布实施本标准以前生产的机械与设备。

注:卫生风险和解决方案示例在附录A中给出。

2　规范性引用文件

下列文件中的条款通过本标准的引用而成为本标准的条款。凡是注日期的引用文件,其随后所有的修改单(不包括勘误的内容)或修订版均不适用于本标准,然而,鼓励根据本标准达成协议的各方研究是否可使用这些文件的最新版本。凡是不注日期的引用文件,其最新版本适用于本标准。

GB/T 1031　表面粗糙度　参数及其数值

GB/T 10610　产品几何技术规范　表面结构　轮廓法评定表面结构的规则和方法(GB/T 10610—1998,eqv ISO 4288:1996)

GB/T 15706.1—2007　机械安全　基本概念与设计通则　第1部分:基本术语和方法(ISO 12100-1:2003,IDT)

GB/T 15706.2—2007　机械安全　基本概念与设计通则　第2部分:技术原则(ISO 12100-2:2003,IDT)

GB/T 16856.1　机械安全　风险评价　第1部分:原则

3　术语和定义

GB/T 15706.1—2007确立的以及下列术语和定义适用于本标准。

3.1

食品　food

用于人类和人工饲养动物食用的食品、配料或物料。

3.2

食品卫生　food hygiene

在制备和加工食品过程中,为确保食品适应于人类和人工饲养动物食用所采取的所有保护措施。

3.3

有害影响　adverse influence

使食品的可食用性有显著减小的作用。尤其是含有某种微生物病菌或有害微生物、毒素、寄生虫及其他污染物,都能使食品受到有害影响。

3.4

设备区　areas of equipment

按设备构造划分的区域。对某一区域的卫生要求，取决于该区的功能、所加工食品的类型及其对食品的危害程度。

注：本定义不应和其他标准(如电工、机械标准)定义的区域相混淆。

3.4.1

食品区　food area

本区由与食品接触的机械表面构成。食品或其他物料可能从这些表面以流入、滴入、渗入或吸入(自回流)的形式进入食品或食品容器(见图A.1)。

3.4.2

飞溅区　splash area

部分食品可能飞溅到由各表面组成的区域。在此区域内，部分食品沿着预定方向溅落到这些表面，且不能返回到食品中(见图A.1)。

3.4.3

非食品区　non food area

除食品区、飞溅区所定义区域以外的区域(见图A.1)。

3.5

清洗　cleaning

去除污物。

3.6

污染　contamination

存在污物。

3.7

抗腐蚀材料　corrosion resistant material

按使用手册规定进行食品加工、清洗和消毒过程中，通常能抵抗所产生的化学和电化学腐蚀作用的材料。

3.8

裂纹　crevice

影响可清洗性的、明显的表面破损，如开口。

3.9

死区　dead space

在清洗过程中，食品、配料、清洗剂或消毒剂或污物可能进入、存留或不能被完全清除的区域(见图A.15和图A.16)。

3.10

消毒　disinfection

使所有病菌和大多数微生物失去活力，而达到与该设备卫生安全相一致的等级。

3.11

耐用性　durable

机械表面能够承受预定使用条件的能力。例如，能承受食品加工过程中与食品的接触、热作用、与规定的洗涤剂或消毒剂的接触和处理所引起的破坏。

3.12

连接　joint

将两种或两种以上的材料接合起来。

3.13

非吸收性材料 non absorbent material

在其预定使用条件下，不存留其所接触的物质，不会对食品产生有害影响的材料。

3.14

无毒材料 non toxic material

在其预定使用条件下，不会产生和释放对健康有害物质的材料。

3.15

密封 seal

填塞开口，以便有效地防止无用物的进入或通过。

3.16

自排放 self draining

可防止液体滞留的形状和表面粗糙度的设计和构造，但正常表面湿度除外。

3.17

光滑 smooth

满足工作和卫生要求的一种机器表面状态。

3.18

污物 soil

任何不要的物质，包括食品残余物、微生物、残留的清洁剂或消毒剂。

3.19

害虫 vermin

任何会对食品产生有害影响的动物(包括哺乳动物、鸟类、爬行动物和昆虫)。

4 重大危险列表

重大危险源于下列原因：

——生物原因，由病菌、有害微生物、有毒物质或害虫所引起；

——化学原因，由来自洗涤剂、消毒剂和润滑物质所引起；

——物理原因，由来自原料、机器或其他来源带来的外来物体所引起。

以上每一种危险都可能引起食品污染和对消费者的健康造成危害。其中：

生物危险可能导致食物腐败、消费者食物中毒或其他相关疾病；

化学危险可能引起食品污染或残留，从而导致身体伤害(如灼伤)或导致疾病；

物理危险可以通过外来物体污染食品并引起物理性伤害(如窒息、划伤)。

当进行机械设计时，应考虑这些所有危险以及消除和减小这些危险的措施。附录C给出了相关实例。

5 卫生要求

5.1 卫生风险评价

5.1.1 总则

应通过对机械的良好设计、制造、安装、操作、清洗和维护以消除危险或减小相关风险。根据设备区的功能、加工食品的类型以及这些风险对食品的作用，应设立不同设备区的卫生要求。

机械设计和制造的主要目标，是将风险消除或减小到一个可以接受的程度(见图1)。

卫生风险评价按GB/T 16856.1的方法进行。

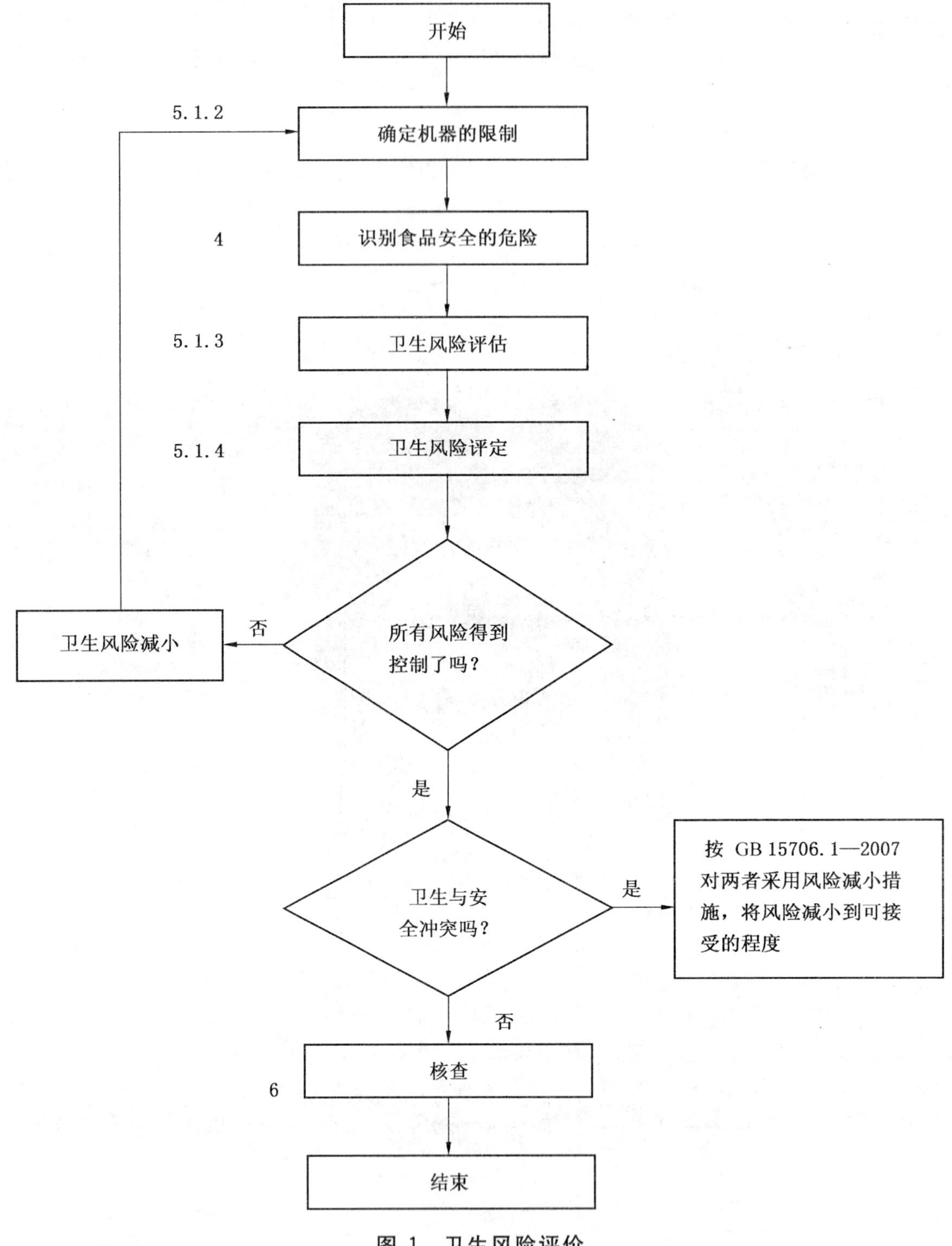

图 1 卫生风险评价

5.1.2 确定机器限制

进行风险评价：

——机器寿命状态；

——机器的限制(见 GB/T 15706.1—2007 中 5.2)包括符合 GB/T 15706.1—2007 中 3.22 的预定使用(机器的正确使用和操作以及一些由于合理的可预见的失误和故障所导致的结果)。例如,机器是否有特定的使用,对此用途的危险是容易鉴别的,或者机器可否用于生产多种食品

(如泵)；

——机器可预见的用途(如工业的、非工业的和家庭的)，通过人的性别、年龄、手的习惯使用方法或生理能力的局限来确定(如视觉或听觉的缺陷、人体尺寸、体能)；

——可预见用户的培训、经验或能力的预期水平。

5.1.3 卫生风险评估

制造商进行的卫生风险评估应参照第4章中所定义的三类重大危险，并受如GB/T 15706.1—2007中的3.22所定义的由机器预定使用所引起危险的限制。

——评价来自被考虑危险的严重程度；

——评价来自被考虑危险出现的可能性，见下述举例。

示例：

当确定所有卫生危险后，就可以通过图2逐个进行评价。

提出的问题是：

1) 若危险存在，其影响程度为高、中、低吗？

2) 危险发生的概率是高、中、低吗？

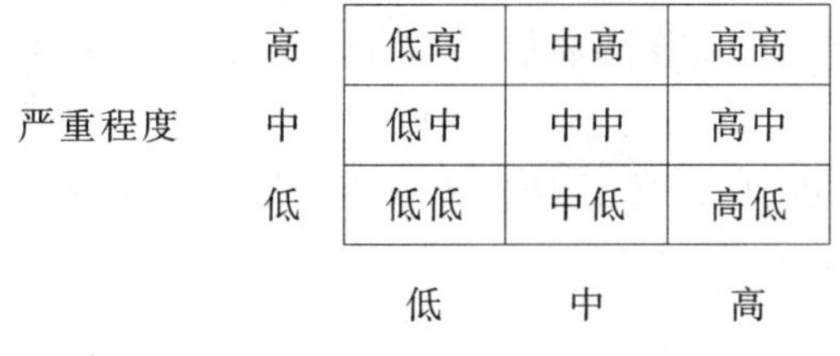

严重程度		低	中	高
	高	低高	中高	高高
	中	低中	中中	高中
	低	低低	中低	高低

出现可能性（低、中、高）

图2 风险评估工具的举例——风险等级图表

注：建议采用团队评估，而非仅由个人评估。

5.1.4 卫生风险评定

在卫生风险评估后，应进行卫生风险评定，以决定是否需要减小卫生风险，或食品安全通过减小风险是否已达到一个可以接受的程度。若需要减小风险，则要选择和应用相应的食品安全措施和重复步骤(见图1)。通过这些反复过程，对于设计者来说，重要的是检查当应用新的食品安全措施时是否有新增风险产生。若确定有新增风险，则应将其加入已验证的卫生风险列表中。

卫生风险减小目标的实现，是通过风险比较后的一个令人满意的结果来验证机器是安全的。

5.1.5 卫生风险减小

以下条件的实现应表明卫生风险减小过程是满意的：

——通过以下方法可消除危险或减小卫生风险：

a) 设计或采用危险较小的材料或物质；

b) 为卫生状况提供安全防护。

——关于机器预定使用的信息是足够清楚的(见第7章)：

a) 机器使用的操作程序与使用机器的操作人员或给食品带入危险的其他人员的能力是一致的；

b) 被推荐的有关机器使用的卫生工作实施方法和相关的培训要求已被充分说明；

c) 用户已被充分告知机器在不同使用阶段所存在的危险；

d) 推荐使用个人防护措施，且使用该措施的必要性和培训要求已被充分说明。

5.2 制造材料

5.2.1 总体要求

材料应符合使用要求。

在预定使用条件下，材料表面和涂料应耐用、可清洗，必要时可消毒，无裂纹、抗开裂、抗碎裂、抗剥落、耐磨损以及阻止污物渗入。

5.2.2 食品区

按照总体要求(见5.2.1),在预定使用条件下,材料应满足:

——防腐性;

——无毒性;

——无吸收性(除技术或功能上不可避免外)。

材料还应满足:

——不能把异味、颜色或污物带入食品;

——不能导致食品污染或有任何对食品的有害影响。

5.3 设计

5.3.1 食品区

5.3.1.1 表面

表面的粗糙度应符合使用要求。

表面应易清洗,必要时应可消毒。因而表面应光滑、连续且密封。

表面设计和粗糙度应尽可能防止食品偶然脱离食品区域并又返回到食品区域。若返回,则将对加工中的食品造成危害。

表面一般带有一定的粗糙度,应避免食品微粒进入小裂缝而难以取出而引起食品污染。

注:表面粗糙度可以查阅GB/T 10610(粗糙度规格为Rz/Ra)。表面的附加要求可查阅机械专用标准C。

5.3.1.2 连接

5.3.1.2.1 永久性连接

连接处应密封并卫生,避免凹陷、缺口、裂缝、突缘、内肩和死区(见图A.3、图A.4和图A.5)。

若在技术上不可避免时,应给出足够的解决办法(如清洗、消毒、说明等)。

5.3.1.2.2 可拆卸连接

可拆卸连接的安装应可靠和卫生(见图A.6、图A.7、图A.8和图A.9)。

5.3.1.3 紧固件

应避免使用螺栓、螺钉、铆钉等紧固件。在技术上不可避免时,应给出足够的解决办法(如清洗、消毒、说明等)(见图A.10)。

5.3.1.4 排放

应保证机器能够自排放,或者可以采用其他办法排除残余液体(见图A.11、图A.12和图A.13)。

5.3.1.5 内角和外角

内角和外角应设计为可有效清洗的构造,必要时应可消毒(见图A.14)。

内角和外角应符合机械专用标准C所给出的技术要求。

5.3.1.6 死区

应避免死区,除非在设计、制造和安装上无法做到时(见图A.15和图A.16)。

若死区不可避免,则应在结构上设计为易排放或易清洗,必要时可消毒。

5.3.1.7 轴承和轴入口处

除技术上无法避免时,轴承应设置在食品区以外,或者设计成食品级润滑油润滑,易清洗,必要时应可消毒(见图A.17和图A.18)。

食品区的轴密封和转动轴应能自(或产品)润滑或食品级润滑油润滑,易清洗,必要时应可消毒。

注:有关无菌加工设备的要求,可查阅专用标准C。

5.3.1.8 仪器和取样装置

仪器和取样装置应符合本标准第5章中相关要求(见图A.19、图A.20和图A.21)。

5.3.1.9 面板、盖、门

设计这些部件时不应对机器产生任何有害影响(如任何污物的带入或积聚),并应易清洗,必要时可易消毒。

5.3.1.10 **控制装置**

若手没有与食品接触，操作人员因实施控制需触摸机器的这些部件或区域，应认为是非食品区。如果手与食品接触，那么交叉污染就可能发生，这些区域或部件被认为是食品区(见3.4.1)。

5.3.2 **飞溅区**

飞溅区应遵照食品区规定的相同原则进行设计和制造。

由于飞溅出去的食品不再返回到食品区，技术设计标准应在下列所提供的区域中可比食品区有所降低。但这些区域不应对食品产生有害影响：

——表面粗糙度在技术要求上允许高于 Rz 或 Ra 值；

——内角和外角允许较小的半径，但它们应易清洗，必要时应可消毒；

——只要对食品没有有害影响，安装在飞溅区的轴承、密封圈和传动轴等可用非食品级润滑油进行润滑。

有关紧固件的要求，见图A.22。

5.3.3 **非食品区**

为防腐蚀，除总体要求外(见5.2.1)，非食品区的外表面应采用防腐材料或经过处理的材料(覆盖层或涂层)。这些表面应可清洗，必要时应可消毒，并且无污染，对食品无任何有害影响。

机械设计和制造应能防潮、防虫、防止污物进入并积聚，并且应便于检查、保养、维护、清洗，必要时可消毒。管状结构应完全封闭或有效密封。

5.3.4 **保养**

构成机器完整部分的维修件、管道、连接件和相关装置，根据它们所处的区域应符合本标准5.3.1、5.3.2和5.3.3的要求，且不应带入第4章中所列的任何危险。

6 卫生要求与措施的验证

卫生要求的核查应采用表1给出的一个或多个核查方法进行。

表1 卫生要求和验证

条 款	要 求	验 证
5.1	卫生风险评价	文件证明
5.2.1	耐用性	材料规格(食品、加工和清洗说明)和(或)实际或功能试验
5.2.1 5.3.1.1 5.3.1.3 5.3.1.5 5.3.1.6 5.3.1.7 5.3.1.9 5.3.2 5.3.3	可清洗和(或)可消毒	视检[技术图纸和(或)机器]及实地检验、微生物检验和功能试验
5.2.2 5.3.3	防腐	材料规格(食品、加工和清洗说明)和现场功能试验
5.2.2	无毒性	材料规格或对与食品有接触的材料和物品进行现场试验

表 1（续）

条　款	要　　求	验　　证
5.2.2	无吸收性	材料规格或对与食品有接触的材料和物品进行现场试验
5.2.2	无异味、颜色和污物传给食品	材料规格或对与食品有接触的材料和物品进行现场试验
5.2.2 5.3.3	不能对食品产生污染和有不利影响	材料规格或对与食品有接触的材料和物品进行现场试验
5.3.1.1	表面设计	视检[技术图纸和(或)机器]
5.3.1.1 5.3.2	表面粗糙度	根据 GB/T 1031 进行测量，如果需要，见机器专用机械 C 类标准
5.3.1.2.1	永久连接[a]	视检
5.3.1.2.2	可拆除连接	视检
5.3.1.3	紧固件	视检
5.3.1.4 5.3.1.6 5.3.3	排放	视检和现场试验[技术图纸和(或)机器]
5.3.1.5 5.3.2	内角和外角	测量
5.3.1.6	死区	视检
5.3.1.7	轴承和轴入口点	视检
5.3.1.9	面板、盖、门	视检
5.3.1.10	控制装置	视检
5.3.2	飞溅区	按 5.3.2 进行检查
5.3.3	非食品区	按 5.3.3 进行检查
5.3.4	保养	按 5.3.4 进行检查

7　使用信息

7.1　总则

食品机械的使用和使用范围应由制造商提供的说明书规定。

对于机械设计和防护不能消除的有关风险，应告知用户采取相应措施规避风险，包括专业培训。

说明书应符合 GB/T 15706.2—2007 中第 6 章的要求。

7.2　说明书

7.2.1　总则

制造商应提供符合 GB/T 15706.2—2007 的第 6.5 条要求和建议的说明书，且应包括与以下要点有关的特别附加信息。

7.2.2　安装信息

特别是：

——维护和使用所需的空间。如安装机器时应采取的措施，确保有足够通道来维护机器和清洗系统，以及维持相邻区域所需的卫生等级。

——允许的环境操作条件和(若需要)应采取的措施，应使食品不会受到气流、粉尘、泄漏液体、冷凝或湿雾的有害影响。

7.2.3 **机器自身信息**

包括使用机器的特殊说明(见5.1.5)。

7.2.4 **清洗和消毒信息**

说明书应提供所推荐的清洗剂和消毒剂、提供机器拆卸(如必要)、清洗、消毒、在线清洗和检查的有关说明。包括机器可拆卸部分各个表面的清洗方法,清洗次数取决于食品加工过程及其相关危险的程度。

7.2.5 **维护信息**

应有一个包含系统检验的计划,以便保证在规定的时间间隔内维护机器所需要的卫生等级。

如果需要食品级润滑剂,维护信息应说明。

7.3 **标志**

本标准不提供特殊标志。

附 录 A
（资料性附录）
图 解

A.1 图 A.1 给出了食品区、飞溅区和非食品区的图解。

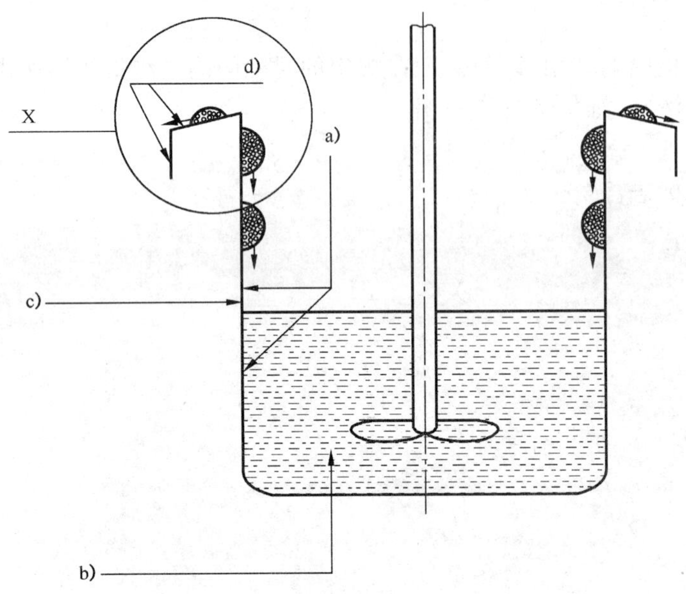

X

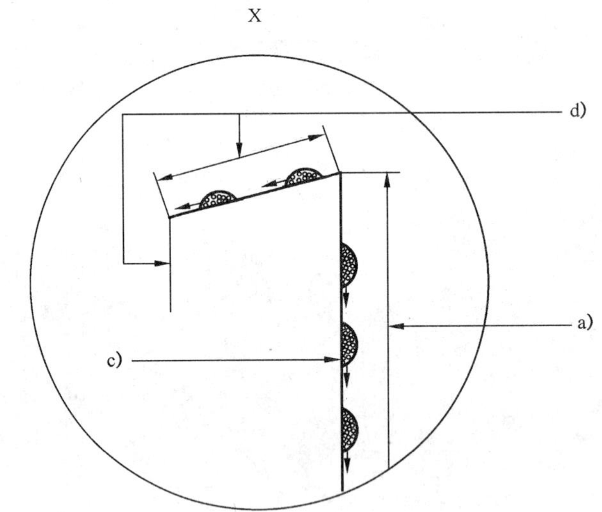

a)——食品区(产品沉积物可回到主生产流程)；

b)——食品；

c)——非食品区；

d)——飞溅区(食品沉积物不会回到主生产流程)。

图 A.1 食品区、飞溅区和非食品区

A.2 图 A.2 及以下各图，是食品加工机械设计和(或)安装中给出了一些“有卫生风险”的实例和一些“合格”的建议解决方法。

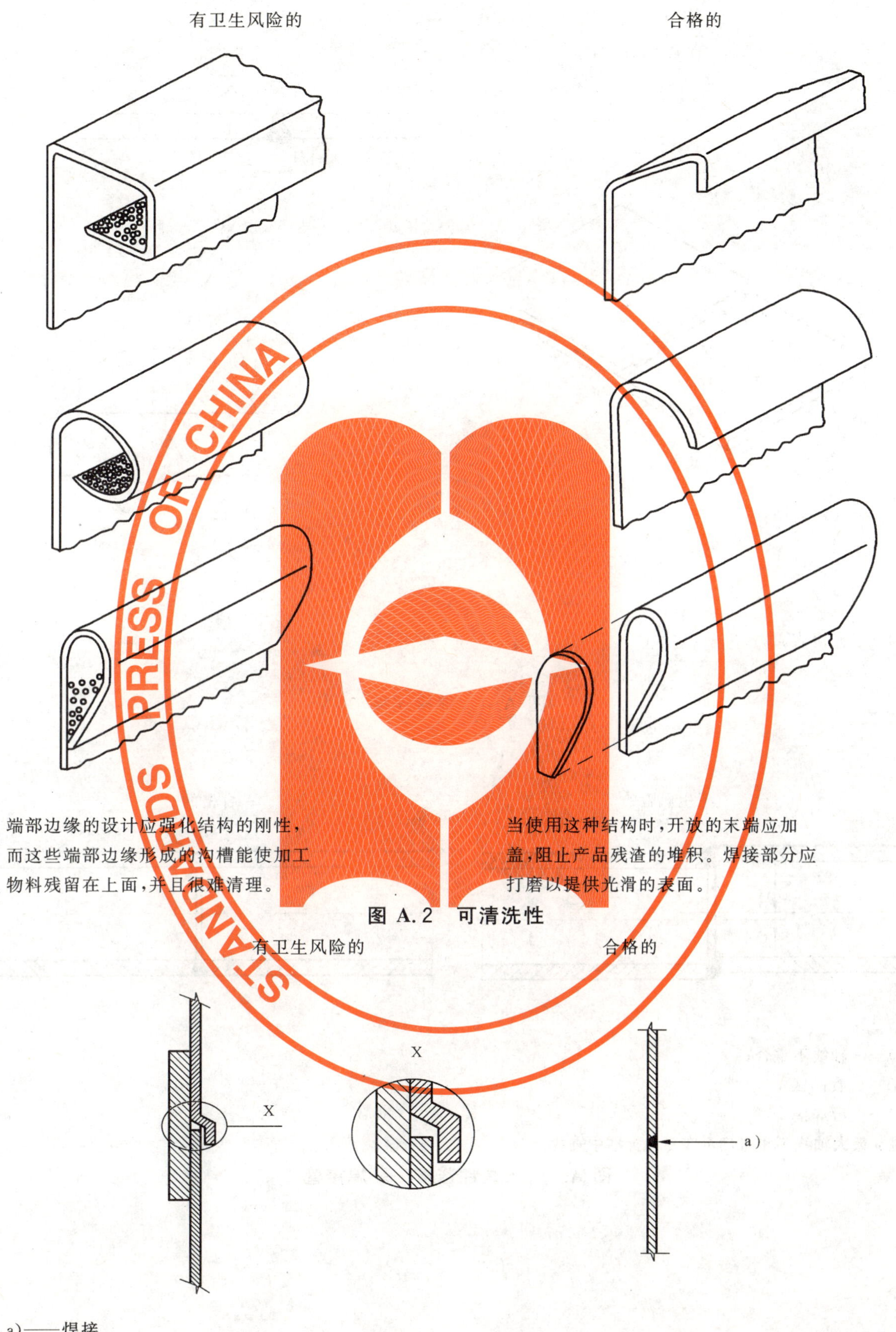

图 A.2 可清洗性

a)——焊接。

图 A.3 连接

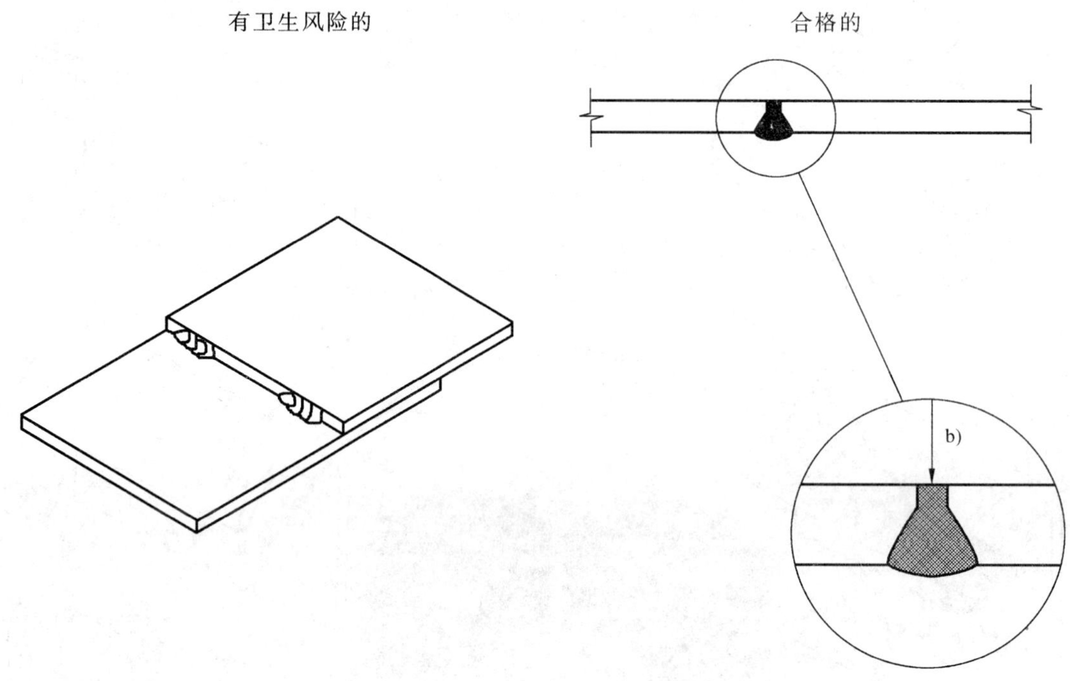

b)——光滑表面。

图 A.4 焊接连接

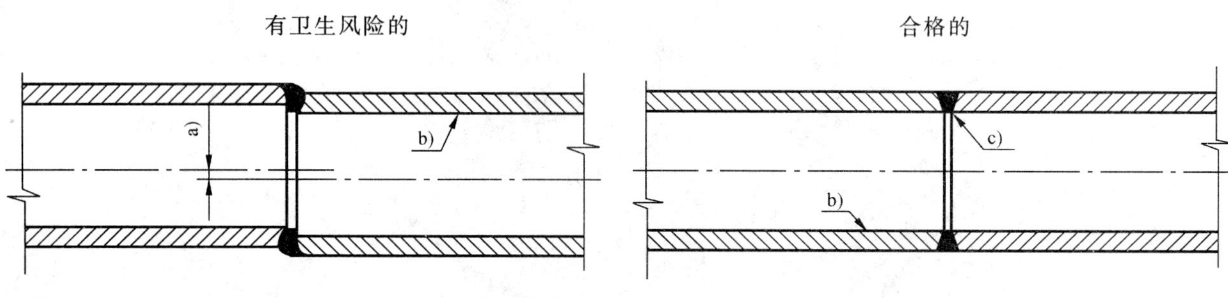

a)——轴线不重合；

b)——食品区；

c)——滑焊接。

注：最大轴线不重合度可在专门标准中查找。

图 A.5 永久性连接——焊接管

有卫生风险的

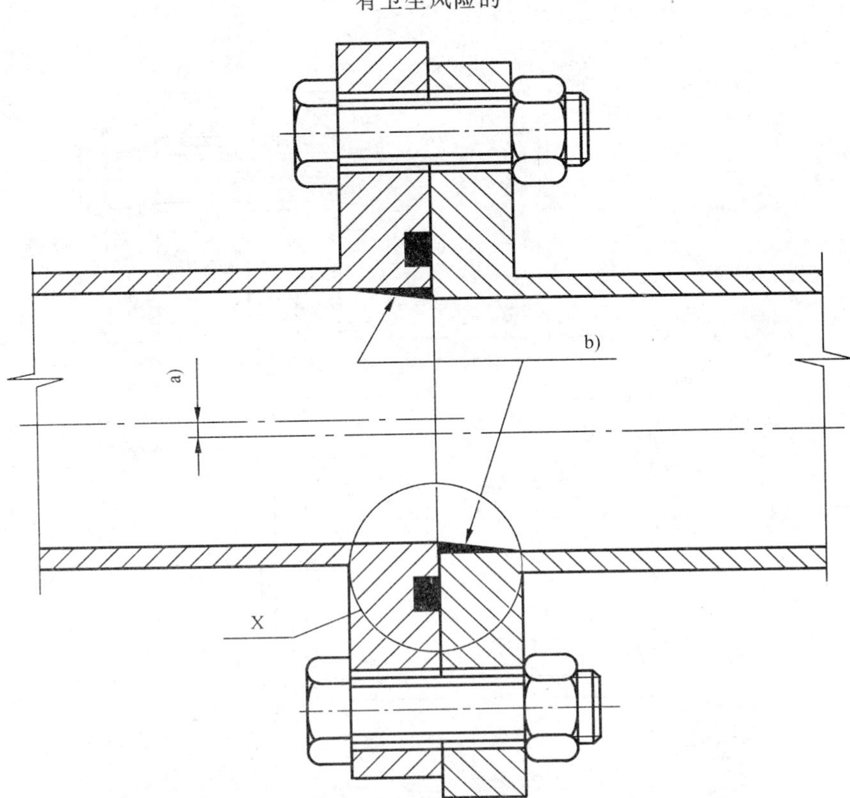

X

b)

c)

d)

a)——轴线不重合；

b)——阴影区可能残留食品并不易清除；

c)——金属之间的连接应有防菌连接；

d)——与食品流隔离的密封有不易清洗的空隙。

图 A.6 可拆卸连接

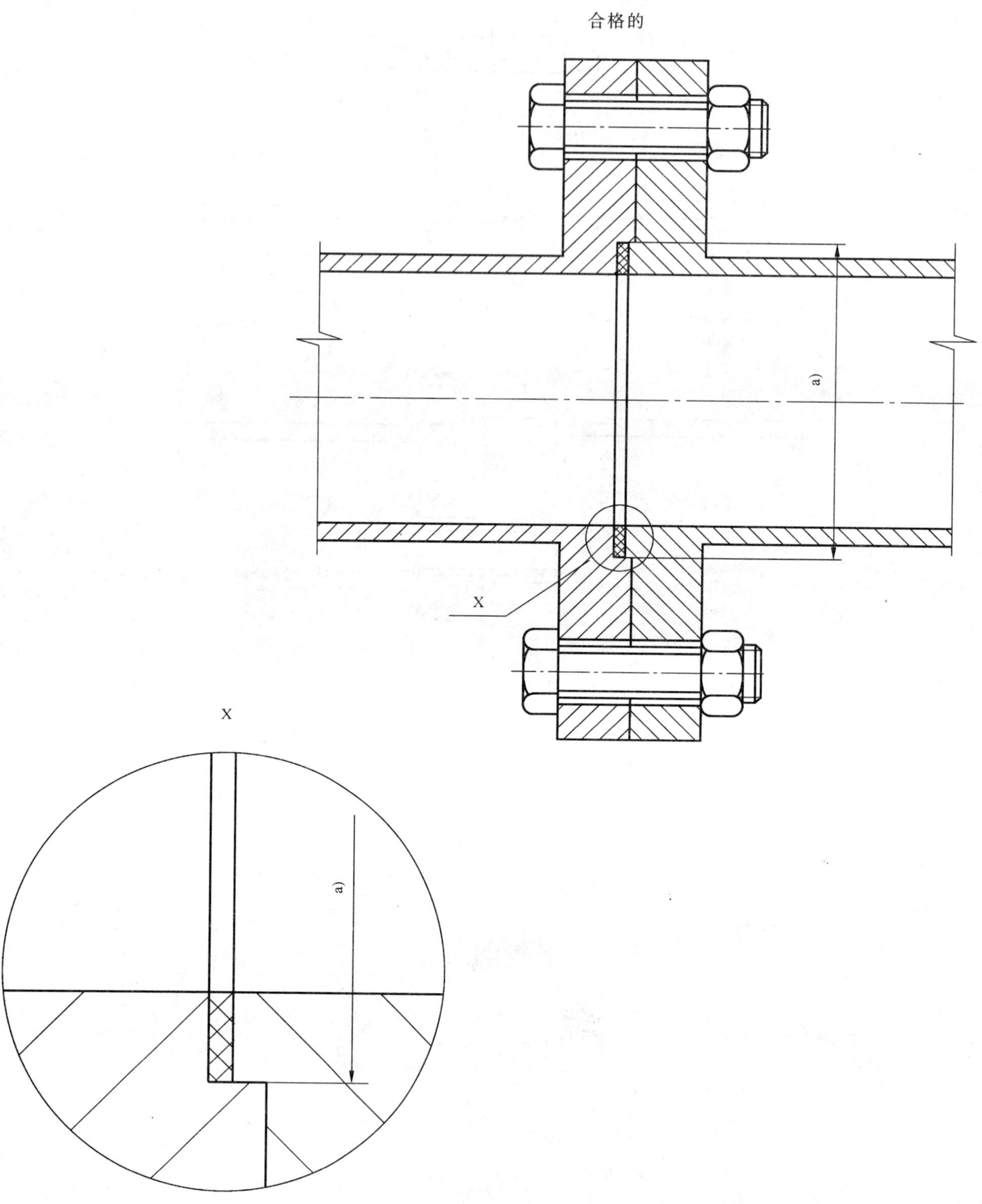

a)——法兰的位置。

注：密封圈的压力受到法兰结构的限制。

图 A.7　可拆卸连接

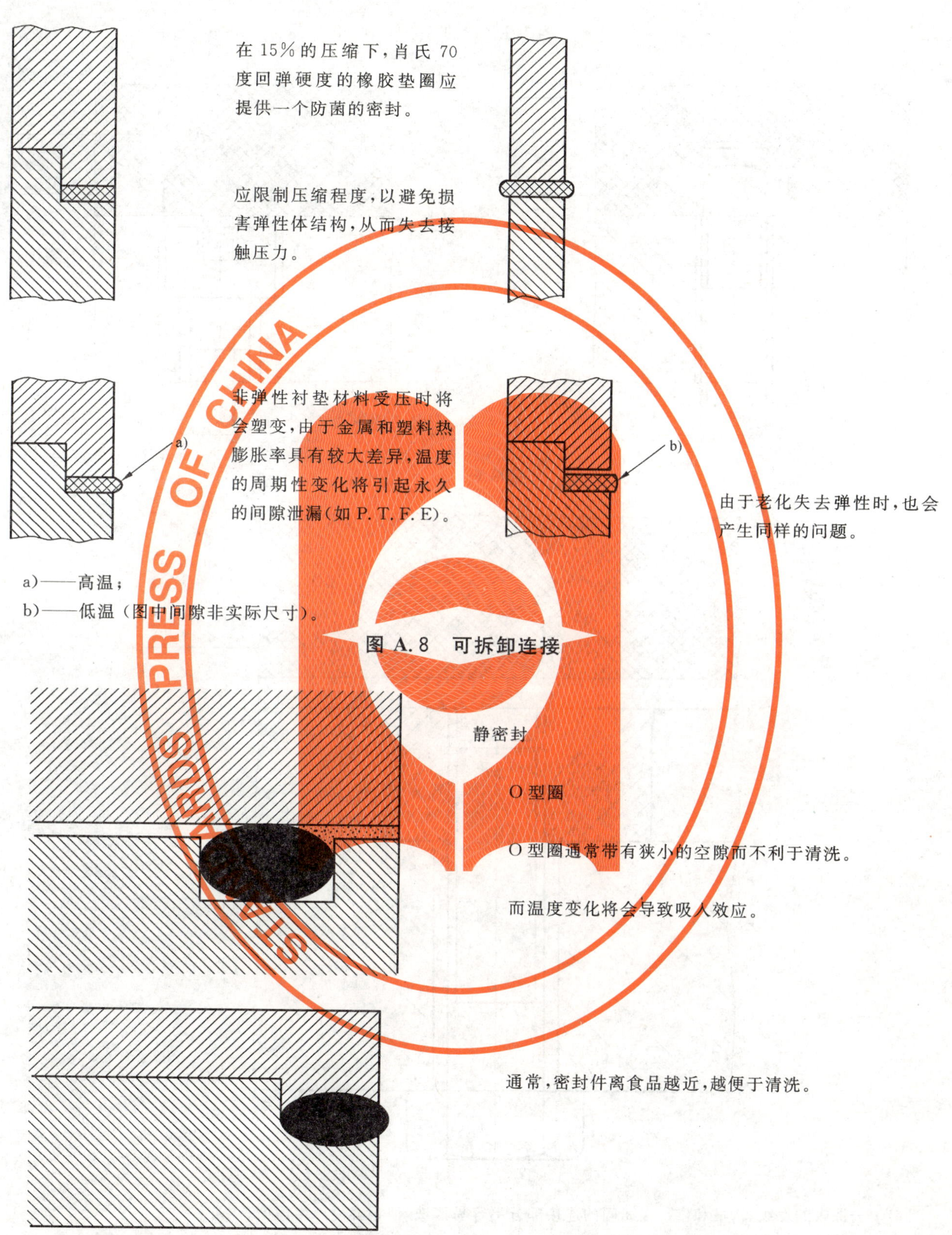

图 A.8 可拆卸连接

图 A.9 可拆卸连接

有卫生风险的

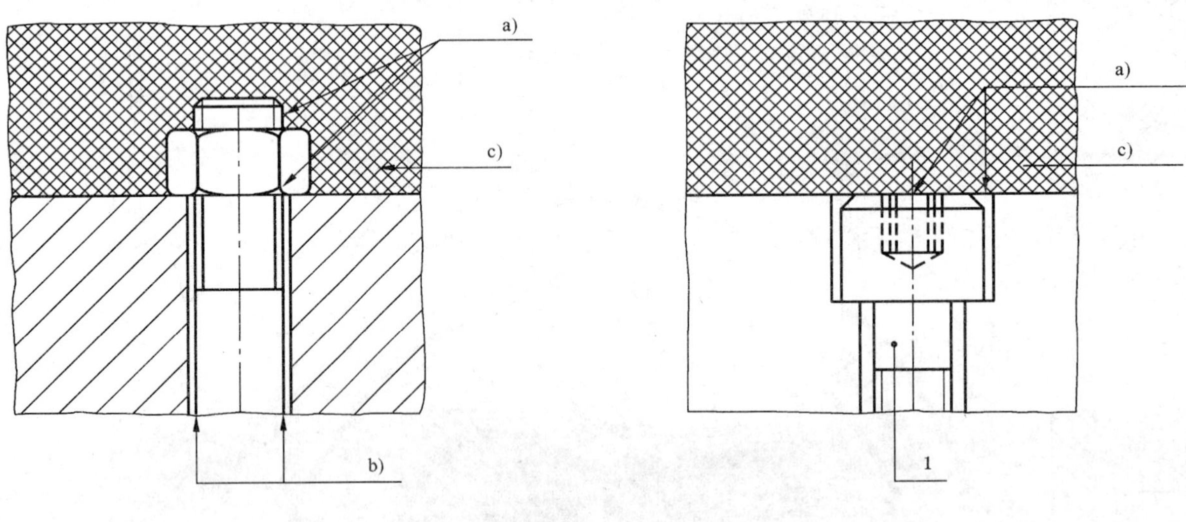

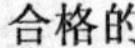

合格的

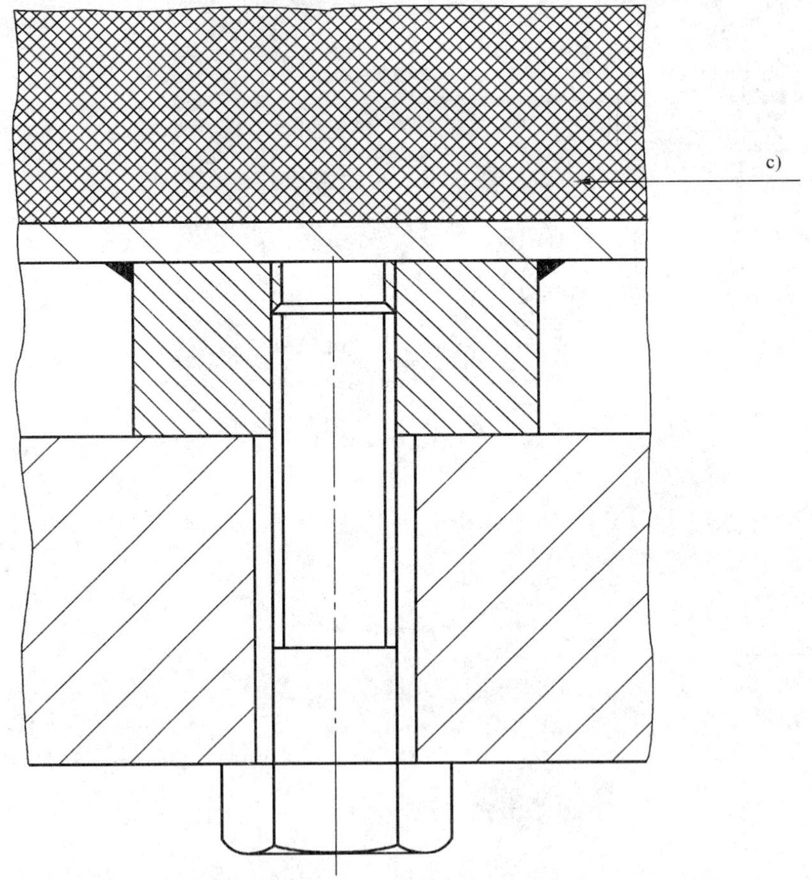

a)——裸露的螺纹、沟槽和(或)金属间的连接部分不容易清洗，但很容易产生污染；

b)——螺纹部分和螺栓孔的间隙不易清洗；

c)——食品区；

1——内六角螺栓头。

图 A.10 食品区紧固件

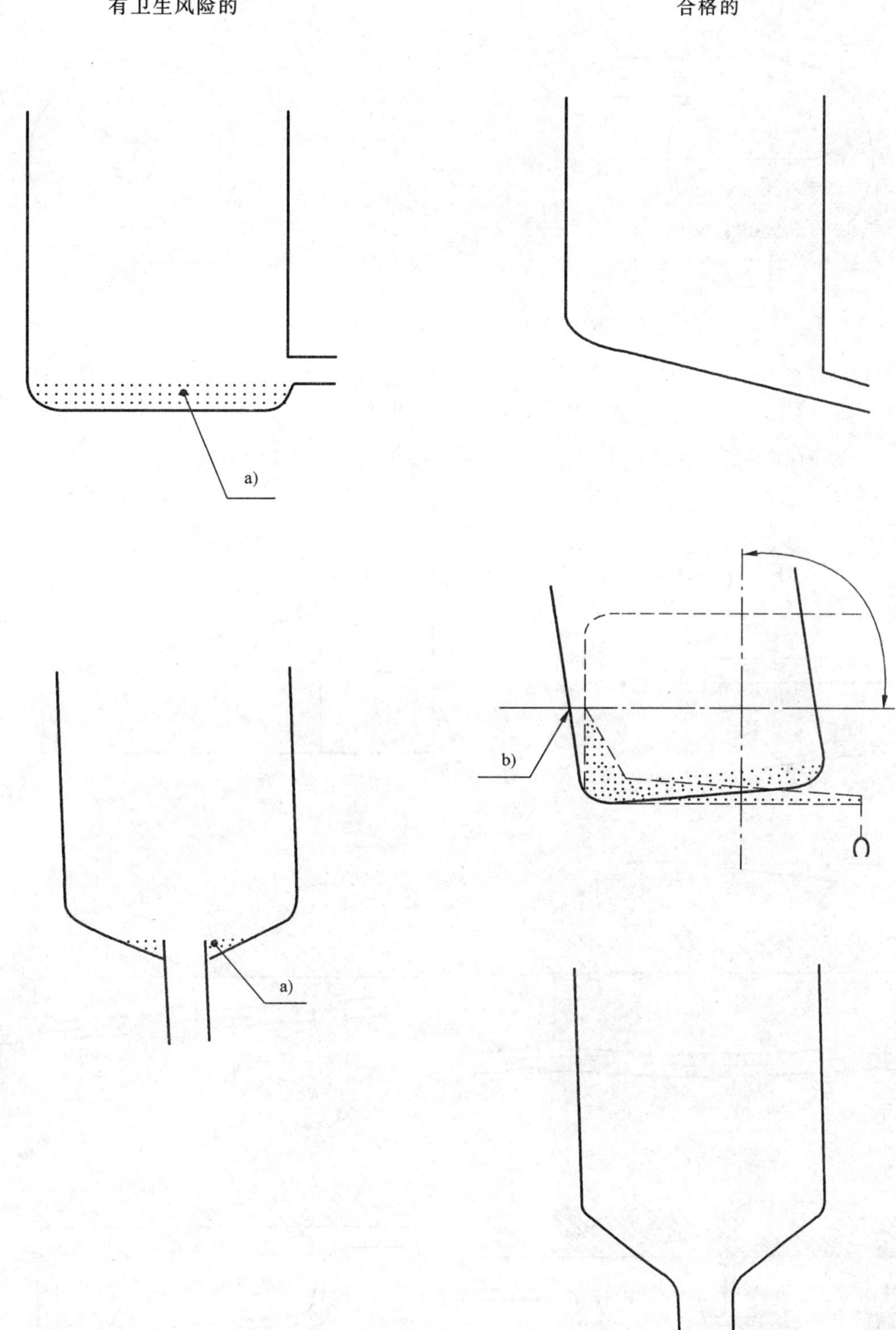

a)——非自排放；

b)——倾斜排放。

图 A.11　容器排放

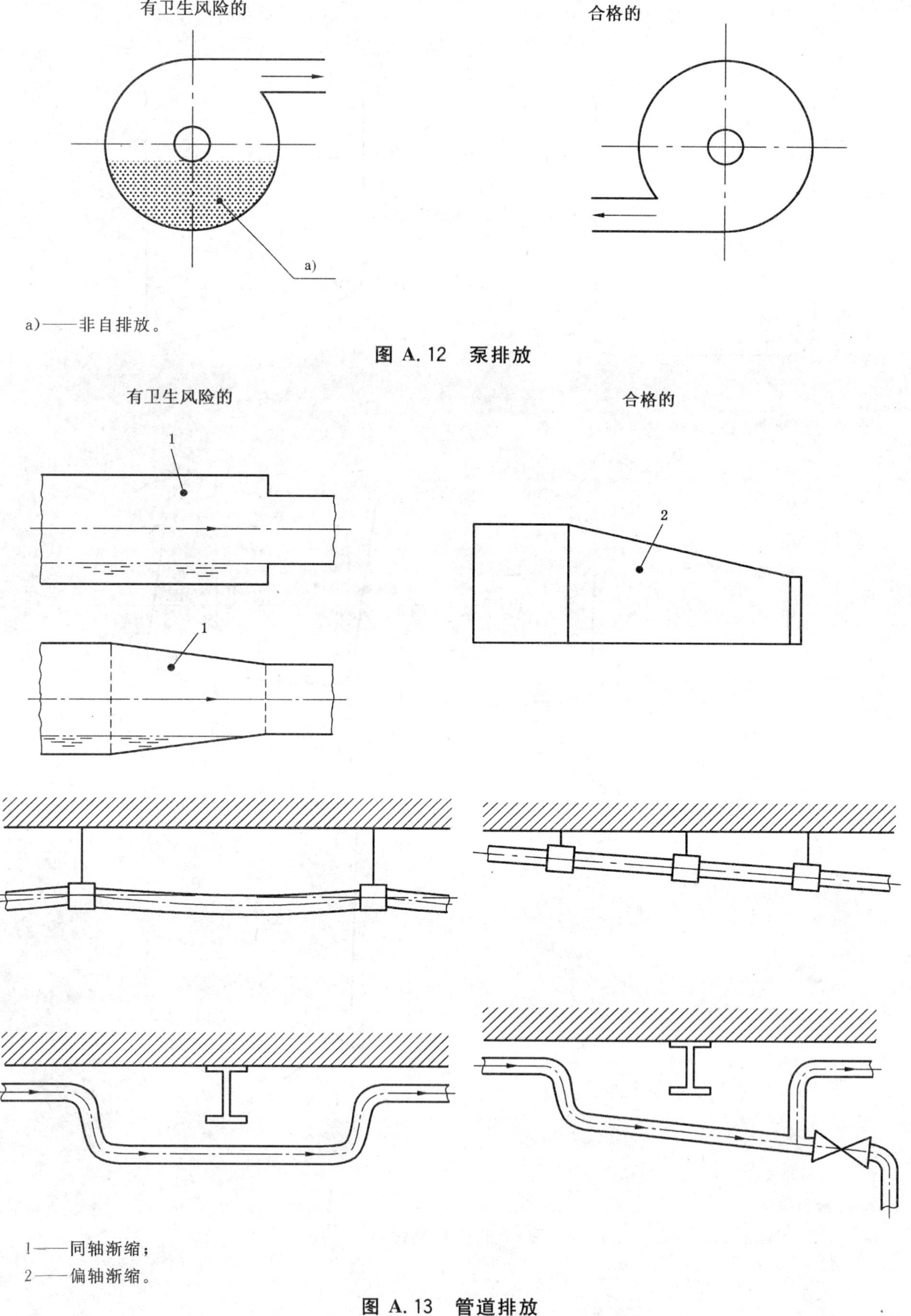

a)——非自排放。

图 A.12　泵排放

1——同轴渐缩；

2——偏轴渐缩。

图 A.13　管道排放

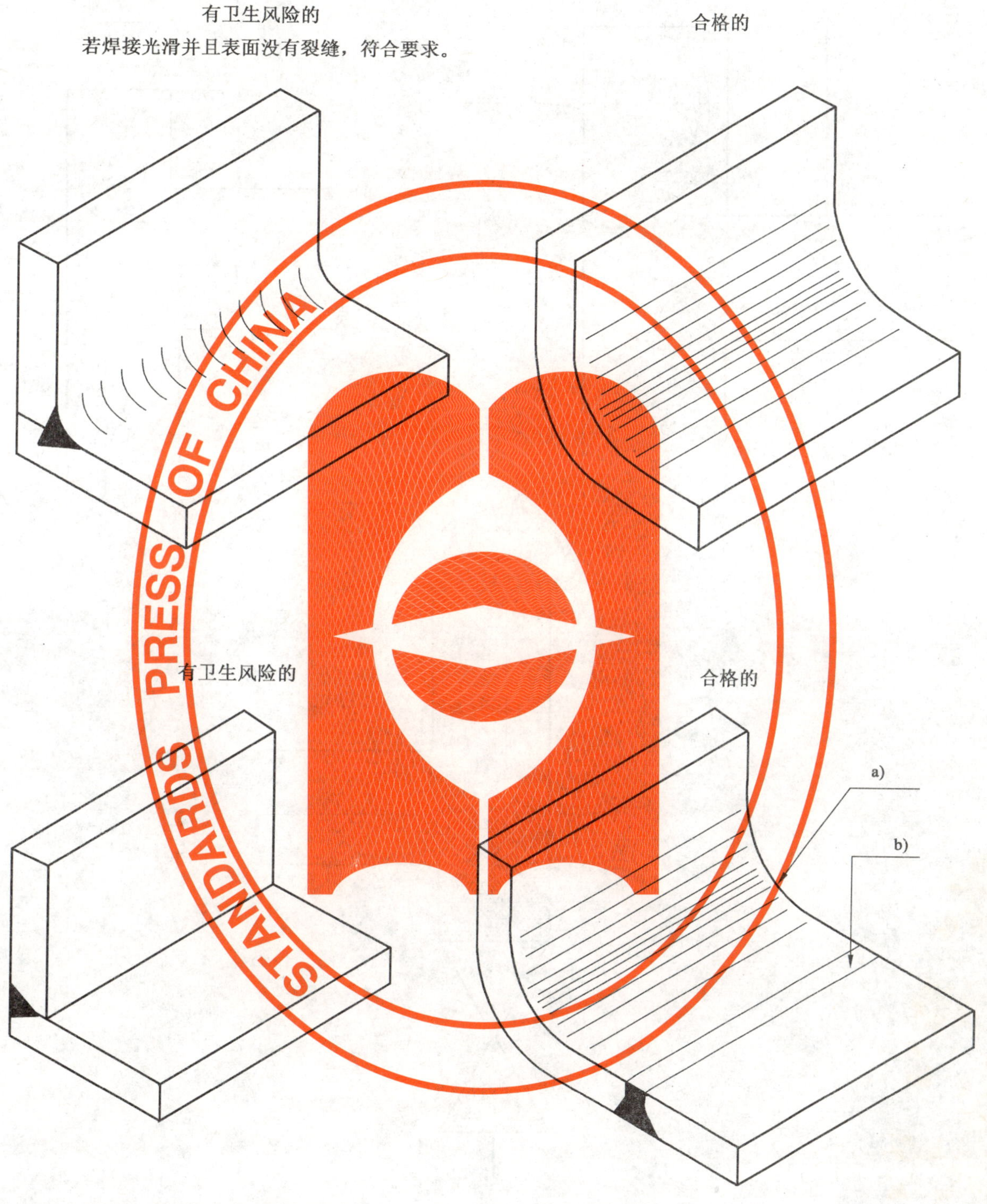

a)——R_{min}＝3 mm；

b)——表面光滑。

注：R_{min}＝20 mm 可使清洗能力得到改善。

图 A.14 内角和外角

不可避免时，合格的死区。

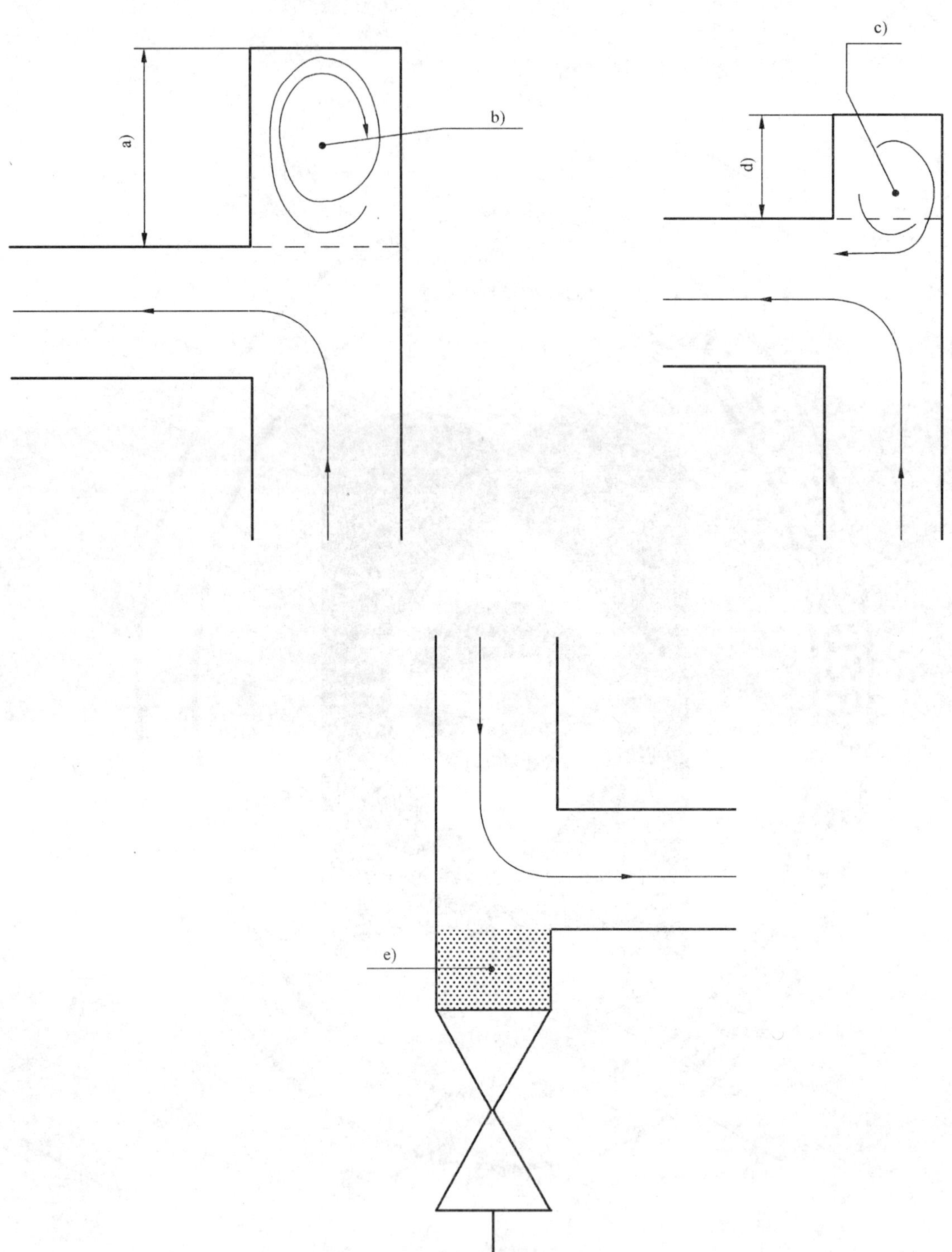

a)——太长；

b)——死区与主流交换不足；

c)——与主流充分交换；

d)——短；

e)——死区可排放。

注：死区的合格长度主要由粘度、流速和流动方向决定。

图 A.15 死区

A.3 图 A.16 展示了传送装置上的食品在“死区”中被截留了一段时间后可变质和污染，但随后又被新鲜物料推回到食品主产品流中。这种情况应避免。

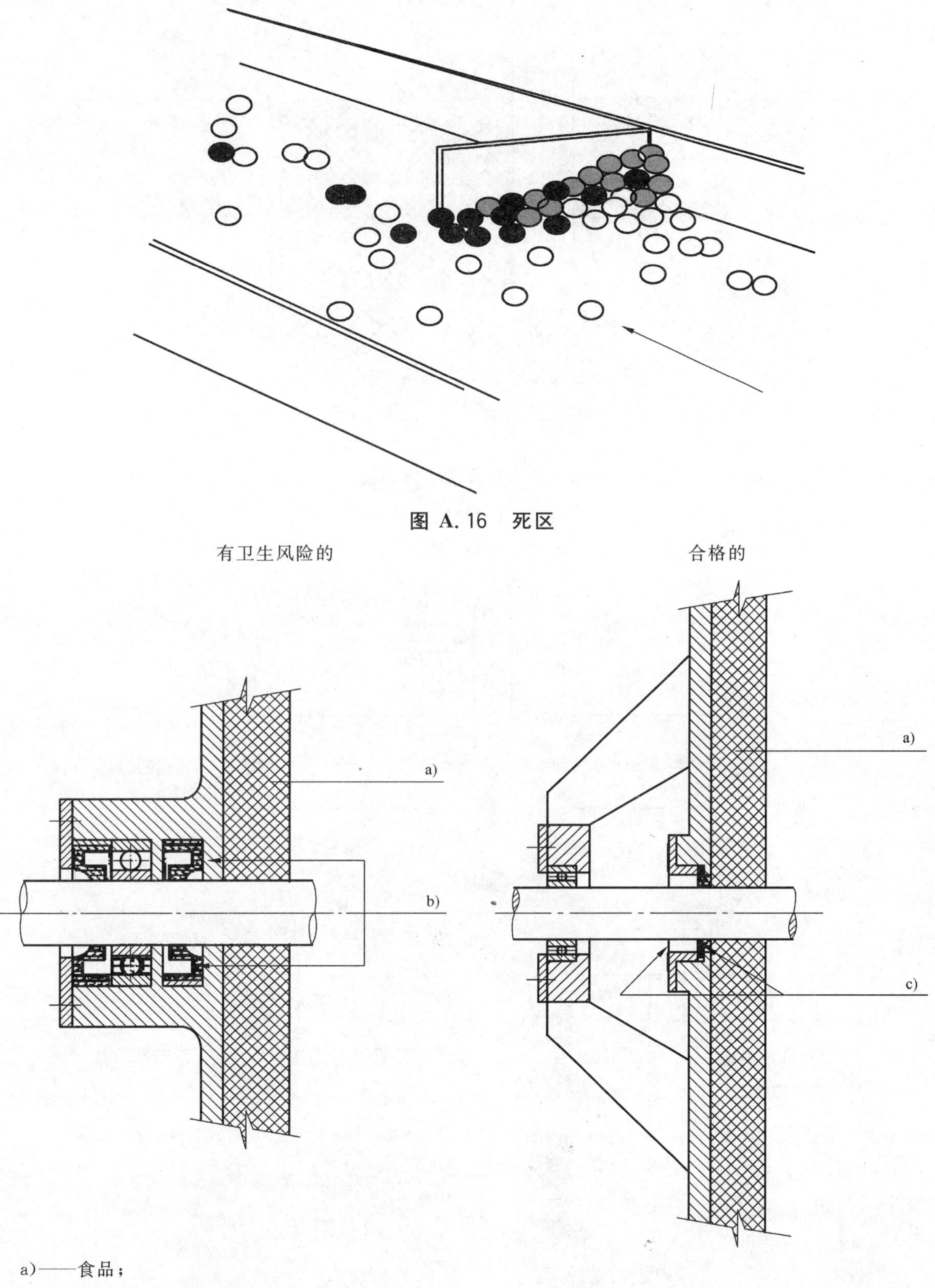

图 A.16 死区

a)——食品；

b)——食品可进入到轴承内部，润滑剂可污染食品；

c)——密封可从两边清洗。

图 A.17 轴承和轴入口点

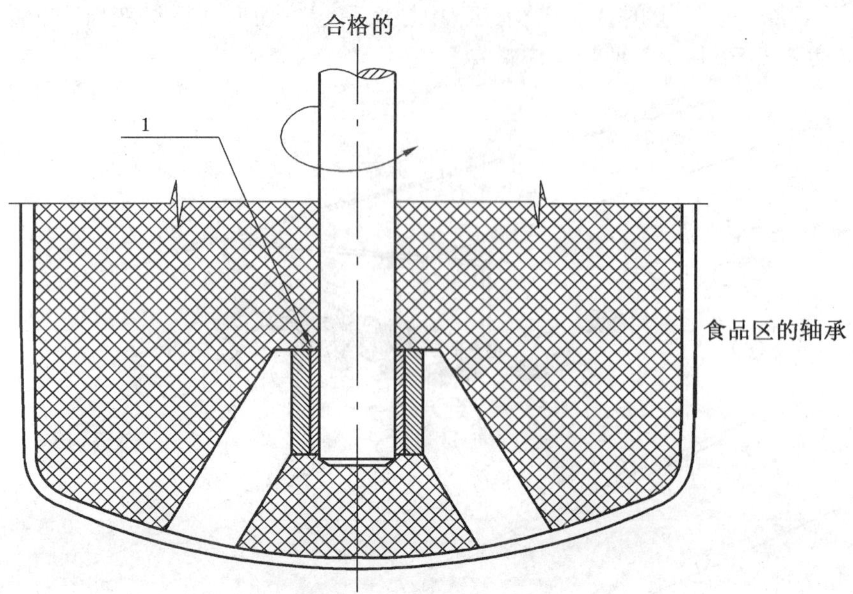

1——食品润滑轴承。

图 A.18　轴承和轴入口处

有卫生风险的

a)

合格的

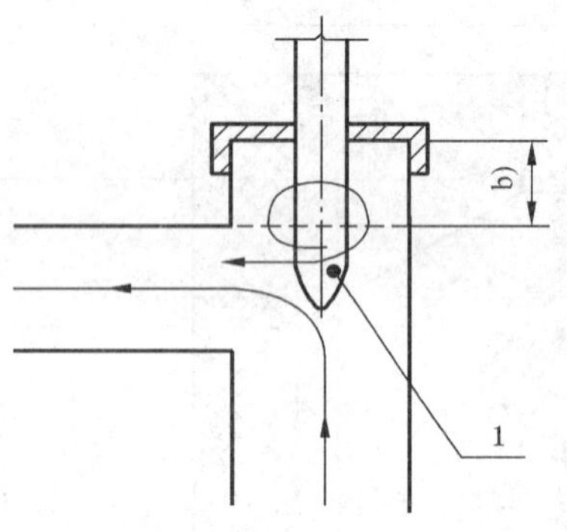

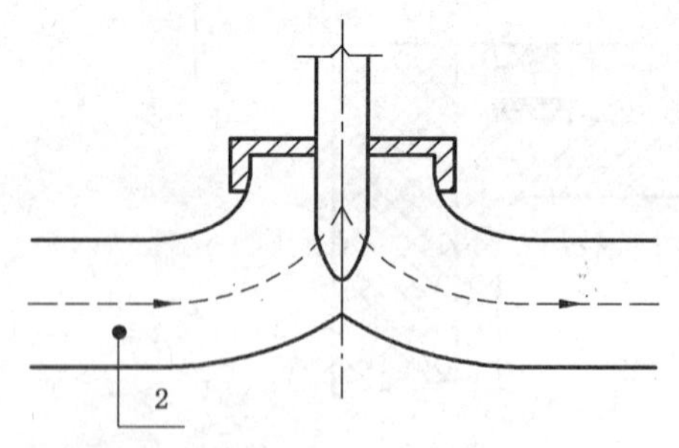

a)——死区、空气集聚和压缩区；

b)——短部位；

1——探针；

2——冲洗 T 型件。

图 A.19　仪器

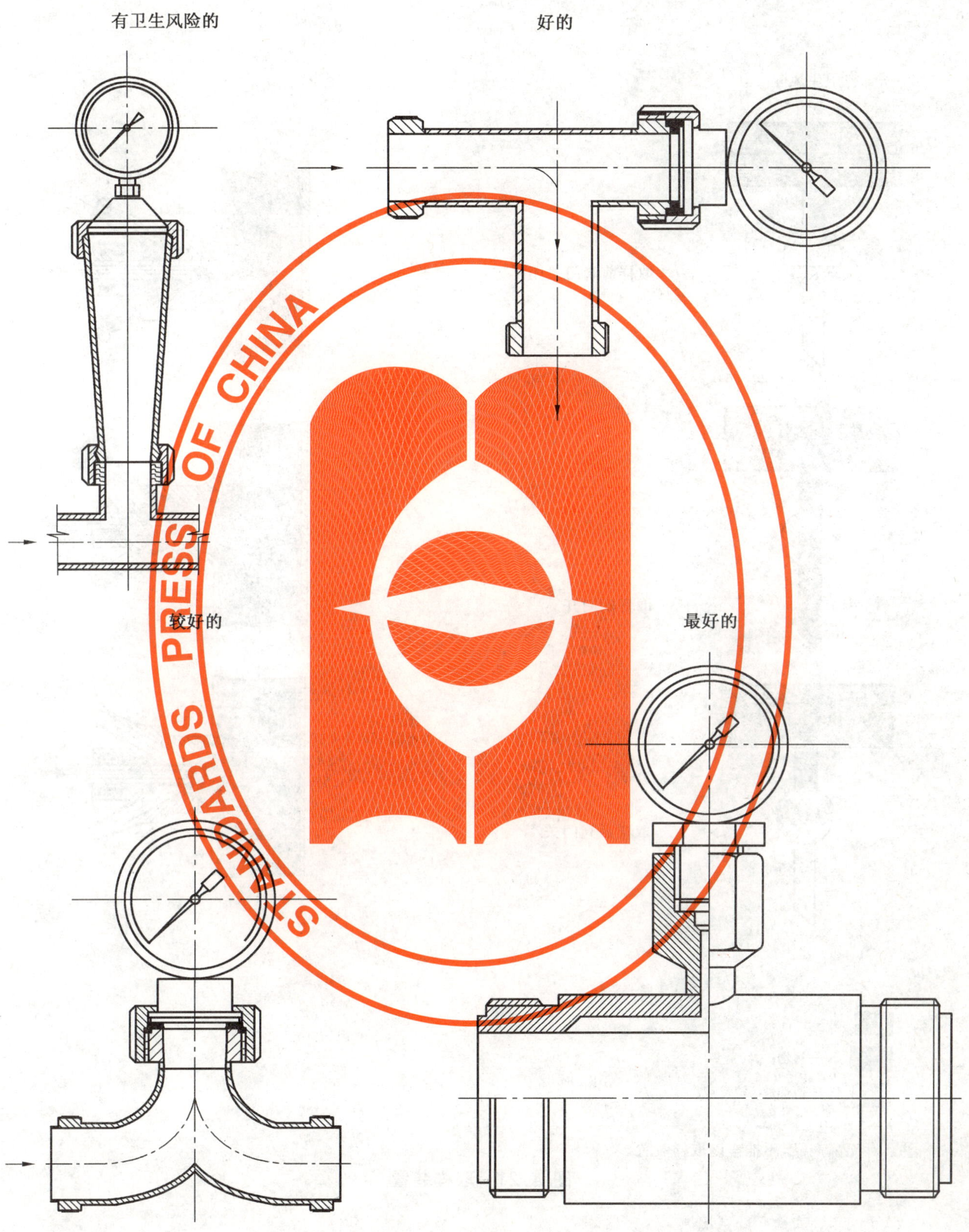

图 A.20　仪器(压力表)

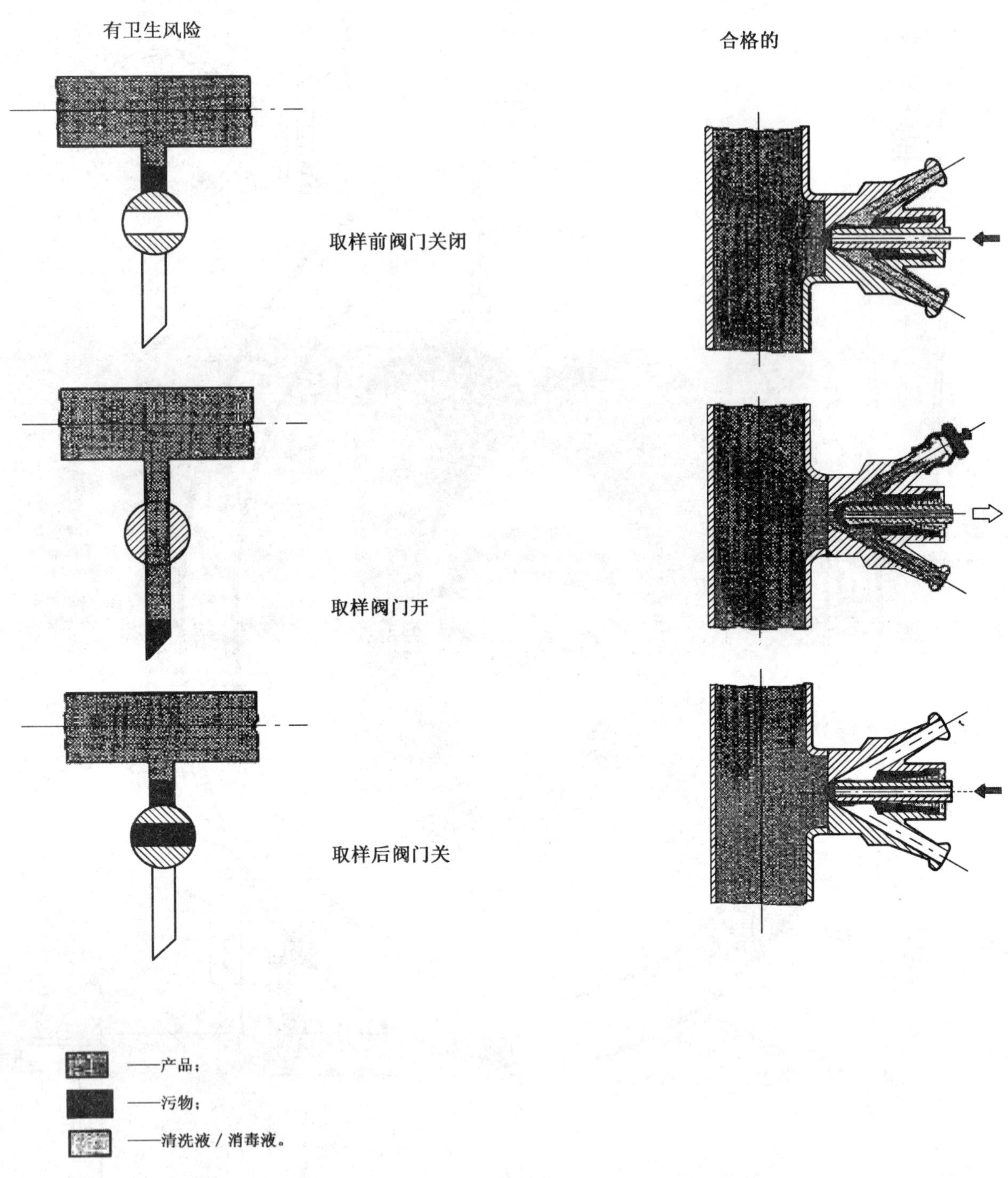

注：对无菌产品，不推荐该取样装置。

图 A.21 取样装置

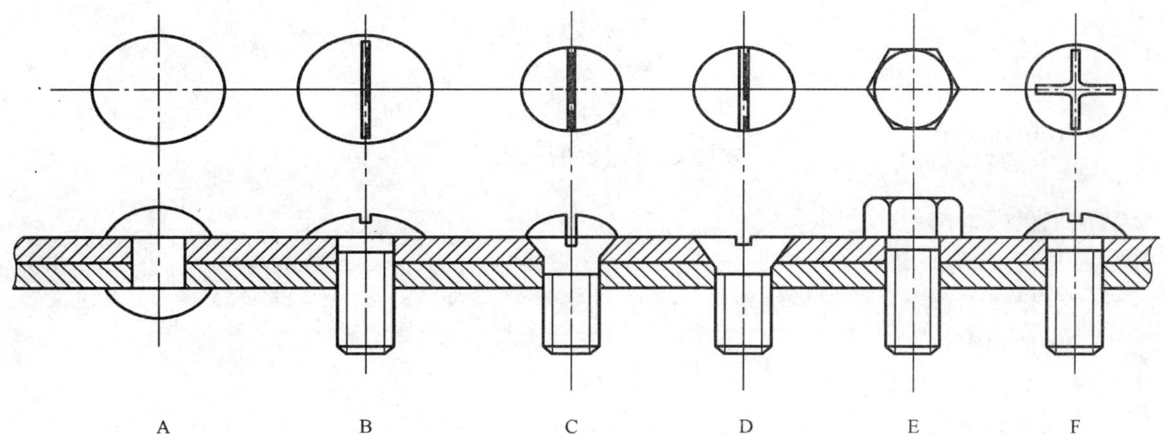

图 A.22　飞溅区的紧固件

附　录　B
（资料性附录）
本标准所适合的机器实例

食品加工机械举例：

——面包机械、烤炉和通心粉机械：

　　烘烤食品、糖果、通心粉制造和加工的机器；

　　烤炉和面包机；

——谷类和动物饲料加工机械；

——屠宰场和肉类加工设备：

　　屠宰设备；

　　屠宰场设备；

　　烹饪容器；

　　烟熏装置；

——海产品加工机械；

——水果和蔬菜加工机械：

　　杀菌锅；

——饮食行业和大厨房机械；

——含酒精和非酒精饮料机械；

——牛奶加工机械；

——乳制品加工机械；

——生奶油和冰激凌加工机械；

——植物油和脂肪加工机械；

——糖果和巧克力加工机械；

——咖啡和烘烤加工机械；

——制糖厂机械；

——烟草加工机械；

——冷藏和冷冻设备；

——鸡蛋分级机械。

附 录 C
（资料性附录）
食品加工机械主要卫生情况摘要

C.1 食品加工机械主要卫生情况摘要

食品加工机械主要卫生情况摘要参见表 C.1。

表 C.1 食品加工机械主要卫生情况摘要

应考虑的各种危险因素	必要的信息	设计准则
将使用的食品机械	单一食品 多种食品 非指定的食品种类	规定将使用的机器以及使用范围
食品的种类	原材料 部分加工 成品	考虑与食品相关的危险
加工阶段	机械仅可以处理原材料吗？ 机械可减少或消除任何被识别出的危险吗？ 机械是最终成品加工机械吗？	根据食品设计 根据所需要的控制办法进行设计 符合最终食品成品的设计
食品状况	食品可即食消费吗？ 食品有规定的保质期吗？ 食品可保持原有特性吗？	对加工食品建立设计规范
食品消费者	健康的 身体抵抗能力低的人群（如老年人或婴幼儿）	无附加要求 可以有附加要求
市场	当地 国内 国际	根据机械的生产和使用情况进行设计

ICS 67.260
X 99

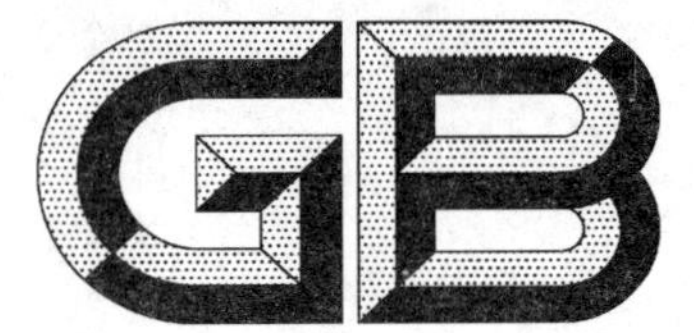

中华人民共和国国家标准

GB 22748—2008

食品加工机械 立式和面机 安全和卫生要求

Food processing machinery—Dough mixers—Safety and hygiene requirements

2008-12-31 发布

2009-08-01 实施

中华人民共和国国家质量监督检验检疫总局
中国国家标准化管理委员会 发布

前　言

本标准的第1章、第2章、第3章、附录B和附录C为推荐性的，其他为强制性的。

本标准修改采用EN 453:2000《食品加工机械　立式和面机　安全和卫生要求》(英文版)。

本标准与EN 453:2000的主要差异如下：

——删除EN 453:2000的前言、附录ZA；

——将“本欧洲标准”一词改为“本标准”；

——按GB/T 1.1规定的标准格式要求，将引用的有关国际、国外标准改为相应的国家标准。正文中的引言内容作为单独要素“引言”放在前言之后。同时将EN 453:2000第1章“范围”中有关重大危险的内容移到本标准的第4章；

——本标准5.2将EN 453:2000中5.2“和面机应符合GB 5226.1和下列要求”内容改成；“和面机应符合GB 4706.1和GB 4706.38的要求”。

本标准的附录A、附录C为规范性附录，附录B为资料性附录。

本标准由中华人民共和国商务部提出。

本标准由全国饮食加工设备标准化技术委员会归口。

本标准起草单位：浙江工商大学、北京市服务机械研究所、河南省新乡食品机械有限公司、广东恒联食品机械有限公司、商业科技质量中心。

本标准主要起草人：傅玉颖、李继萍、贾玉臣、肖如、刘洪伟、王玉波、刘旭、尚卫东。

引　　言

本标准列出了危险所涉及的范围。此外，对于本标准未涉及的危险，见 GB/T 15706(所有部分)的适用条款。

本标准包括对食品卫生的安全和风险的要求，并可作为 GB 22747—2008 等机械设计标准的补充。

机械安全系列标准的结构为：

——A 类标准(基础安全标准)，给出适用于所有机械的基本概念、设计原则和特征。

——B 类标准(通用安全标准)，涉及机械的一种安全特征或使用范围较宽的一类安全防护装置：

a) B1 类，特定的安全特征(如安全距离、表面温度、噪声)标准；

b) B2 类，安全装置(如双手操纵装置、联锁装置、压敏装置、防护装置)标准。

——C 类标准(机器安全标准)，对一种特定的机器或一组机器规定出详细的安全要求的标准。

本标准属于 C 类标准。

当本标准的规定不同于那些已颁布的 A 或 B 类标准时，对于那些已经按照 C 类标准设计和制造的机器，本标准的规定优先于 A 或 B 类规定。

食品加工机械 立式和面机 安全和卫生要求

1 范围

本标准规定了装有旋转料桶(以下简称料桶),容量≥5 L 且≤500 L 的立式和面机(以下简称和面机)的安全和卫生要求。

本标准适用于在本标准正式实施日期之后制造的和面机。

本标准所指的和面机不包括下述机器:

——行星式搅拌机(EN 454);

——连续进料机;

——带有固定立式料桶的搅拌机;

——由制造商研发的实验和试验装置;

——家用器具;

——自动装载和卸载装置。

注:和面机可用在食品生产厂和商店加工各种物料,如:面粉、糖、脂肪、盐、水和其他物料。这些机器也可用于其他行业(例如:药品工业、化学工业、印刷业),但本标准不考虑涉及这些行业的有关危险。

2 规范性引用文件

下列文件中的条款通过本标准的引用而成为本标准的条款。凡是注日期的引用文件,其随后所有的修改单(不包括勘误的内容)或修订版均不适用于本标准,然而,鼓励根据本标准达成协议的各方研究是否可使用这些文件的最新版本。凡是不注日期的引用文件,其最新版本适用于本标准。

GB/T 1031—1995 表面粗糙度 参数及其数值

GB/T 3767—1996 声学 声压法测定噪声源声功率级 反射面上方近似自由场的工程法(eqv ISO 3744:1994)

GB 3785 声级计的电、声性能及测试方法

GB 4706.1 家用和类似用途电器的安全 第1部分:通用要求(GB 4706.1—2005,IEC 60335-1:2004(Ed4.1),IDT)

GB 4706.38 家用和类似用途电器的安全 商用电动饮食加工机械的特殊要求(GB 4706.38—2003,IEC 60335-2-64:1997,IDT)

GB/T 6881.2—2002 声学 声压法测定噪声源声功率级 混响场中小型可移动声源工程法 第1部分:硬壁测试室比较法(ISO 3743-1:1994,IDT)

GB 12265.1—1997 机械安全 防止上肢触及危险区的安全距离

GB/T 14574—2000 声学 机器和设备噪声发射值的标示和验证(eqv ISO 4871:1996)

GB/T 15706.1—2007 机械安全 基本概念与设计通则 第1部分:基本术语和方法(ISO 12100-1:2003,IDT)

GB/T 15706.2—2007 机械安全 基本概念与设计通则 第2部分:技术原则(ISO 12100-2:2003,IDT)

GB/T 16855.1—2005 机械安全 控制系统有关安全部件 第1部分:设计通则

GB/T 16856.1 机械安全 风险评价 第1部分:原则

GB/T 17248.2—1999 声学 机器和设备发射的噪声 工作位置和其他指定位置发射声压级的测量 一个反射面上方近似自由场的工程法(eqv ISO 11201:1995)

GB/T 18831—2002 机械安全 带防护装置的联锁装置 设计和选择原则(ISO 14119:1998,MOD)

GB/T 19052 声学 机器和设备发射的噪声 噪声测试规范起草和表述的准则

GB 22747—2008 食品加工机械 基本概念 卫生要求

EN 454:2000 食品加工机械 行星式搅拌机 安全和卫生要求

EN 614-1:1995 机械安全 人类工效学设计原则 第1部分:术语和总体原则

EN ISO 11688-1:1998 声学 低噪声机械和设备的设计和推荐规程 第1部分:计划

3 概述

和面机通常包括(见图1):

——机座:支撑或放置动力机构和控制装置。

——一个搅拌(混合)物料的料桶:该料桶可以机械转动或通过揉面工具对面团的作用而转动,也可以移动和倾斜。

——一个或多个揉面工具:这些揉面工具装在一垂直或倾斜固定的轴上,或者装在两个专门搅拌面团的臂上。在某些情况下,可以通过抬高这些器具来允许料桶或食品移动。

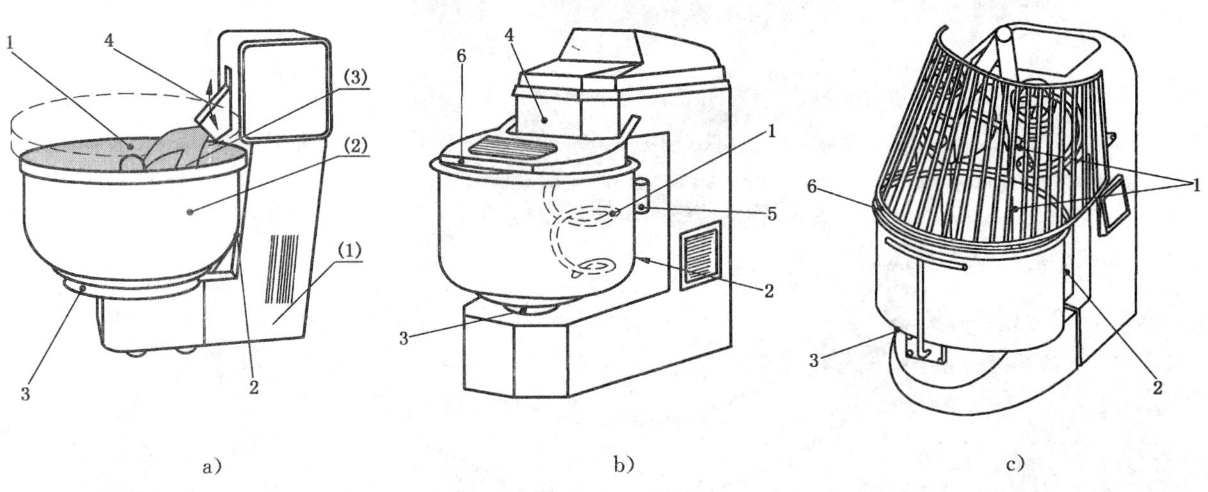

a) b) c)

1——区域1;
2——区域2;
3——区域3;
4——区域4;
5——区域5;
6——区域6;
(1)——机座;
(2)——料桶;
(3)——揉面工具。

图1

4 危险列表

本章包括风险评价(见 GB/T 16856.1)确定的和面机所特有的和重大的危险，以及应采取减小风险的相应措施。

重大危险有机械的(挤压、剪切、夹卡、撞击和失稳)、电气的和人类工效学的，也包括噪声、粉尘吸入和不卫生而引起的危险。

4.1 机械危险

重大机械危险是：挤压、剪切、夹卡、撞击、失稳。

图 1 表明与上述这些危险相关的 6 个区域：

区域 1：揉面工具运动所覆盖的容积；挤压、剪切、夹卡、撞击的危险。

区域 2：料桶和机座间的空间；夹卡的危险。

区域 3：料桶驱动机构；在倾斜料桶时有夹卡或剪切的危险。

区域 4：揉面工夹具的传动、定位和调节机构；剪切、夹卡、撞击或挤压的危险。

区域 5：导轨滚子和料桶；拉入或夹卡的危险。

区域 6：电源防护罩和料桶；在电源防护罩和料桶间有挤压危险。

4.2 电气危险

电击危险来自于与带电元件直接或间接接触。

外部影响对电气设备的危险(如：用水清洗)。

4.3 由噪声产生的危险

尤其是大型和面机产生很大的噪声可导致听力丧失，或者由于语言传达障碍和声信号受到干扰而导致意外事故。

4.4 由吸入粉尘引起的危险

和面机的使用使操作人员直接置身于可能对他们的健康有危险的面粉和配料的粉尘中，从而导致鼻炎，眼睛流泪和可能的职业气喘病。

4.5 卫生

不卫生危害人体健康，并使食物产生不能接受的改变。如：通过微生物的繁殖或外来材料而引起的污染。

4.6 忽视人类工效学原理而产生的危险

在机器运行、清洗和维修保养期间，由于不当的身体姿势可能导致使身体受伤或慢性损害的危险。

料桶在不同工作阶段的运动，添加或清除料桶内物料的过程中，将产生由于抬升、推拉重物而导致对身体有伤害或慢性损害的危险。

5 安全、卫生要求与措施

本章陈述了需要满足的安全卫生要求和/或措施，以减小在第 4 章中所列出的危险影响。

5.1 机械危险

凡是在第 5 章中涉及到的联锁装置，均应符合 GB/T 18831—2002 中 4.2.1、第 5 章、第 6 章的要求。

涉及到控制系统零件的安全应符合 GB/T 16855.1—2005 第 6 章中规定的 1 类要求。

5.1.1 区域1——揉面工具运动所覆盖的容积(见图2)

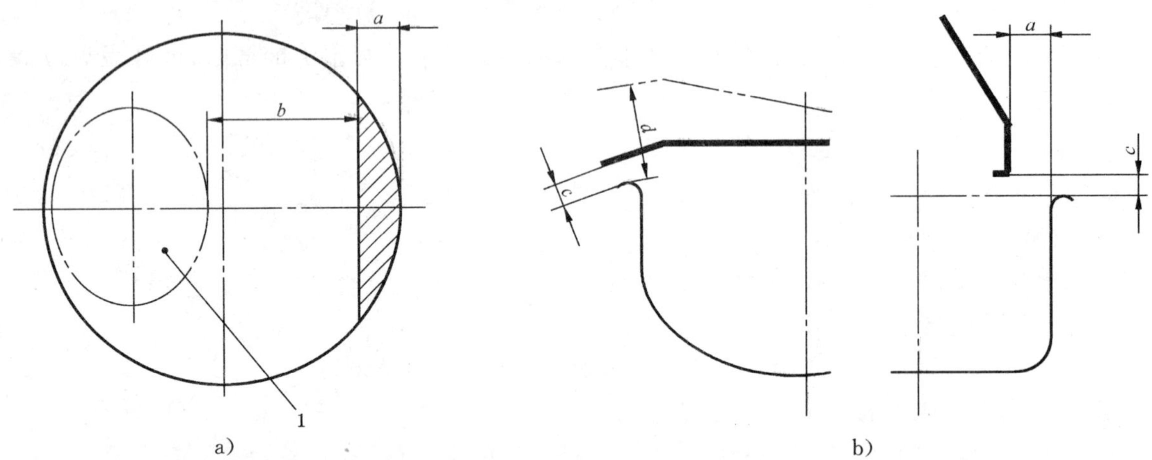

1——被揉面工具覆盖的容积;

a——料桶内壁与防护罩外部之间的距离;

b——防护罩外部部分与危险区域(即揉面工具移动所覆盖的容积)最近点之间的水平距离;

c——料桶防护罩与转动料桶边缘之间的距离;

d——当联锁装置作用时,料桶上部边缘和防护罩外部边缘之间的距离。

图2

为了测试面团的粘稠度和温度,通常需取样、加料、刮卸或从料桶内取出面团。因此,料桶的外部边缘必须要有开口。这样该机器就不可能符合GB 12265.1—1997中给定的安全距离。根据GB/T 15706.1—2007中选择安全方法的原则,给出了以下要求和/或措施。

5.1.1.1 防止从上部进入。可通过使用装在具有控制联锁装置的料桶顶部的活动联锁防护罩来实现。当料桶自身处在适当的位置时可以阻止从其他方向进入。

例如,防护罩可以是铰链连接或可以垂直地上下移动,并被连接到运行于强制模式的机械制动位置探测器,它们应符合GB/T 18831—2002中的5.1的要求。位置探测器应符合GB/T 18831—2002中5.2的要求,另外旋转或直线凸轮也应符合GB/T 18831—2002中5.3的要求。

为了使联锁机构失效的可能性降低到最小程度,设计时应考虑GB/T 18831—2002中5.7的要求,例如将它们置于机壳内。

当在揉面加工过程中,一个开口可使操作者看到和取出面团样品,那么它应该完全位于图2所示的阴影区域。

这个阴影区域应位于料桶的一侧,与揉面工具区域正好相对,并且它应符合表1所示的防护罩的尺寸。如果防护罩有孔洞应符合GB 12265.1—1997中表4的要求。

表1

单位为毫米

b	*a*	*c*	*d*
b≤120	*a*=0	*c*≤25	*d*<25
120<*b*≤230	*a*≤100	*c*≤25	*d*<50
b>230	*a*≤140	*c*≤25	*d*<75

5.1.1.2 为了方便地从带有不可移动料桶的和面机内取出面团,在防护装置打开时通过点动控制操作允许揉面工具和料桶之间低速运动。这时操作人员为了在不同的位置上卸料可翻转料桶。

5.1.1.3 停止时间

在打开防护装置4 s内,防护制动装置应使带有空料桶的和面机停止工作。

若不可能,防护装置则应在和面机停止运动后才能被打开,这可通过GB/T 18831—2002中5.5所示的防护锁或通过延时装置来实现。

如,防护锁的打开可通过一个计时器或一个停止探测装置的操作。

延时装置可通过一个手动的螺栓来打开限制开关,也可以使防护装置从被锁定的位置上松开。打开限制开关和防护装置松开所需的时间应该比停止电动机所需的时间长。

当打开时,防护装置的位置应防止再次拧紧螺栓,在GB/T 18831—2002中的图N.1表明。

5.1.2 区域2——料桶与机架之间的空间

如果设计允许进入旋转的料桶和固定机器部件之间(即空隙>4 mm),则两者之间空隙应至少为30 mm,并且料桶的外部应光滑。对于在导轨滚子与料桶之间产生的夹卡危险,见5.1.6。

5.1.3 区域3——料桶的驱动机构

5.1.3.1 料桶的传动机构应由一个固定的或联锁的防护罩进行保护。如许多制造商仅仅简单地用螺栓连接将机壳封闭。若料桶是可移动的,则当其移动时,料桶和揉面工具的传动机构应不能动作。

5.1.3.2 倾斜料桶

若倾斜动作由电动机传动,则应通过一个点动控制装置操作。在停电或安全装置导致失电的突发情况下,应通过安全装置阻止料桶跌落。比如,可以通过一个丝杠的第二个螺母或齿条与小齿轮或带有流量限制器的液压缸来完成。

5.1.4 区域4——揉面工夹具的传动、定位和调节机构

传动机构应由固定的或联锁的防护罩进行保护。

5.1.4.1 揉面工具只有当其处于料桶内的操作位置时才能转动。这可以通过使用转动凸轮和限位开关的联锁装置来完成,见GB/T 18831—2002中的5.2.1。

5.1.4.2 揉面工具的电动降低动作应由如5.1.1.2所述的点动控制装置进行控制,当遇到障碍时可选择跳闸装置来阻止揉面工具的降低动作。

5.1.5 失稳

机器应设计成稳定的,并应符合5.1.5.1~5.1.5.2的有关要求。

对于设计成固定在地面上的机器,使用手册应说明在固定点处能承受力的值。

5.1.5.1 不带轮子的自由立式机器,在最不利方向上与水平面倾斜10°时应保持稳定。

5.1.5.2 带有轮子的自由立式机器至少需要有2个装有锁定装置的轮子(或轮组),并应符合5.1.5.1中的要求。

5.1.6 导轨滚子和料桶

应防止任何夹卡危险。可以通过固定防护罩来实现。

5.1.7 动力操作的防护装置和料桶

应防止下降的防护装置与料桶之间的挤压。可通过下列途径来实现:

——防护罩上的跳闸装置;

——或点动控制装置操作防护罩。

5.2 电气危险

和面机应符合GB 4706.1和GB 4706.38的要求。

5.3 降低噪声

和面机的设计及其构造应特别注意采用控制噪声源的措施,以使由空气传播的噪声发射风险降到最低水平,具体见EN ISO 11688-1:1998。在参照同类其他机器有关的实际噪声发射值(见附录C)基础上,评估所采用的减噪措施是否成功。

5.4 粉尘散发的防护

面粉粉尘的散发量应达到最小值。

对于一个直径>300 mm的料桶,可通过以下例子中任何一种方法来实现:

a) 提供一个实心盖子;

b) 使用延时装置：当开动机器时，在操作人员使用更高速度前，应使揉面工具至少在 120 s 内以最低的速度转动(如，对于单桨揉面工具，其最大值为 120 r/min)；

c) 使用粉尘抽出装置。

若机器在料桶处于工作位置时采用干物料自动加料，则制造商应采取在不降低安全水平的情况下阻止粉尘散发的措施。

注 1：本标准不涉及自动加料问题。

注 2：在将来修订标准时，应考虑更多的防止粉尘散发的措施。关于这方面的研究正在进行。

测量粉尘的方法参见附录 B。

5.5 卫生要求

和面机的设计和制造应符合 GB 22747—2008 的附录要求。

在 GB 22747—2008 中定义的三个区域如图 3 所示，区域之间明确的边界取决于机器的具体设计。它们包括：食品区域、飞溅区域和非食品区域。

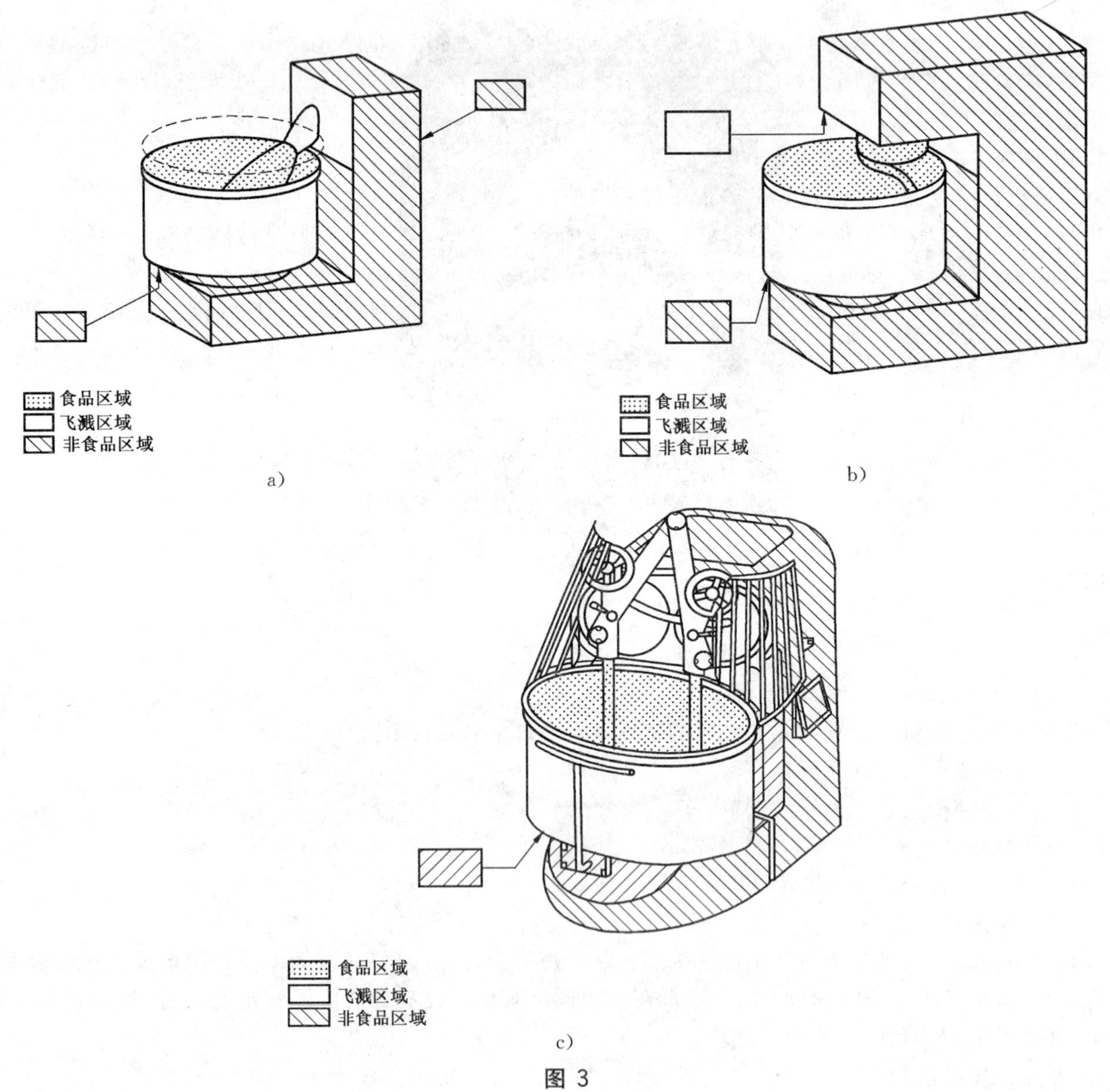

图 3

5.5.1 食品区域

食品区域包括：

——料桶的内部；

——实心防护装置面向料桶的一侧或整个带孔的防护罩；

——揉面工具。

5.5.2 飞溅区域

飞溅区域包括：

——料桶的外部；

——在实心防护罩情况下，防护罩的外表面；

——机座的前表面；

——料桶上部固定的水平面。

5.5.3 非食品区域

不和食品接触的机器的剩余区域。

5.6 忽视人类工效学原理而产生的危险

在保养、清洗以及加料、清除料桶内物料和其他操作时，应避免不恰当的身体姿势。

当安装、移动和运输超过 25 kg 质量的和面机的任何部件时，应提供合适的、已定位的起重装置或运输车辆。

若添满移动料桶内加入的物料质量超过 25 kg，则应有合适的搬运装置，如装在料桶上的轮子或一个独立的手推车。

应避免过度用力推拉，如可以使用低摩擦脚轮或料桶的耦合机构设计。

若料桶的倾斜是用手动的，则手动用力应不大于 250 N。

当揉面工具的下降是用手动的，在正常操作条件下，空料桶的下降或抬升用力应不大于 250 N。

如 EN 614-1:1995 附录 A 所述，控制装置应置于操作人员能达到的范围之内。

6 安全、卫生要求与措施的验证

和面机安全、卫生要求与措施的验证方法见表 2。

表 2

条款	验证方法
5.1.1.1	通过联锁防护罩功能的试验和电路图的验证 通过尺寸的测量
5.1.1.2	通过点动控制装置的操作
5.1.1.3	通过时间的测量 通过延时装置的功能测试
5.1.2	通过测量
5.1.3.1	通过联锁防护罩的功能测试和电路图的验证
5.1.3.2	通过点动控制装置的操作和检验
5.1.4.1	通过检验
5.1.4.2	通过点动控制装置的操作和功能测试
5.1.5	当机器倾斜 10°时，料桶应充满水，机器应保持稳定
5.1.6	通过检验
5.1.7	通过检验和功能测试
5.2	根据 GB 4706.38 进行验证
5.3	根据附录 C
5.4	通过延时检验和测量
5.5	根据 GB 22747—2008 中第 6 章
5.6	通过力的测量 通过视检来检查指示器、按钮等

7 使用信息

制造商应提供符合 GB/T 15706.2—2007 中第 6 章要求的说明书。

说明书应提供下列信息：

——搬运、运输、储藏、安装、启动的规定；

——清洁和冲洗的规定：使用的清洁剂，推荐的工具、清洁程序以及次数，必要的警示(如，清洗应在机器停止时开始，使用浸有水和肥皂的塑料擦：不推荐使用金属工具)若使用喷射水清洗，制造商应指明允许使用的最大压力；

——加工产品的额定生产能力；

——警告使用者有关粉尘风险的信息，尤其当使用体力装载干物料时，机器的说明书应包括使粉尘散发降低到最小程度的装载方法；

如：

• 小心搬运袋装产品以减小在料桶上方的倒入高度；

• 应在料桶的最低处小心撕开袋子，以使面粉尽可能自由卸料；

• 使用临时的料桶盖，以使面粉流出料桶的开口降到最小；

——众所周知的健康风险应列出来，如面粉，需要向供应商咨询危险数据并应指出在人工装载时应穿戴呼吸防护装备；

——如果机器是固定的，在固定点处的力值；

——在保养期间，对于操作人员特别是来自电容器剩余电压的危险警告；

——在机器属于 5.2.4 所涵盖范围，应有过电流保护装置的数值。

7.1 标志

标志至少应包括：

——制造商的名称和地址；

——强制性标志；

——系列或类型的名称；

——系列号；

——额定信息(电气产品的强制性参数：额定电压，额定频率，额定输入功率等)。

7.2 噪声确定

说明书应给出机器噪声发射值，并给出附录 C 中噪声测试规范和确定这些值所依据的噪声发射基础标准的参考资料。

附　录　A
（规范性附录）
确保和面机可清洁性的设计原则

A.1　定义

下列术语和定义适用于本附录。

A.1.1

易清洗　easily cleanable

通过简易的清洗方式清除污物的设计和制造(如用手和海绵)。

A.1.2

贴紧表面　fitted surfaces

表面分开距离≤0.5 mm。

A.1.3

连接表面　joined surfaces

表面应没有产品的微粒可陷落的小缝隙,否则物料将变得难以取出并导致污染。

A.2　制造材料

A.2.1　材料类型

A.2.1.1　食品区域材料

一些材料(如塑料)应进行全部或专门的迁移试验。

注:欧盟指令给出了人类消费的食物和食品接触的材料清单。

在欧盟指令中未涉及的材料只要证明和食品有良好的兼容性,也可使用。

A.2.1.2　飞溅区域材料

见 GB 22747—2008 中 5.2.2。

A.2.2　表面条件

在良好的条件下,材料的表面粗糙度应使机器表面易清洗,按照 GB/T 1031—1995 的规定,粗糙度的数值(R_Z)应符合表 A.1 和表 A.2 的要求。

表 A.1　食品区域的表面条件

制　造　工　艺		粗糙度(R_Z)
拉拔—滚压—旋压		≤25
铸模—浇铸		≤30
机加工		≤25
注射	金属 塑料	≤25
涂层	油漆(测试保留) 塑料(测试保留) 玻璃 金属(测试保留)	≤16

表 A.2 飞溅区域的表面条件

<table>
<tr><th colspan="2">制　造　工　艺</th><th>粗糙度(R_Z)</th></tr>
<tr><td colspan="2">拉拔—滚压—旋压</td><td>≤30</td></tr>
<tr><td colspan="2">铸模—浇铸</td><td rowspan="2">≤40</td></tr>
<tr><td colspan="2">机加工</td></tr>
<tr><td>注射</td><td>金属
塑料</td><td>≤40</td></tr>
<tr><td>涂层</td><td>油漆
塑料
玻璃
金属</td><td>≤30</td></tr>
</table>

A.3 设计

A.3.1 内表面连接

连接处应具有同被连接表面相同的粗糙度，设计连接处时应避免任何死区，见 GB 22747—2008。

A.3.1.1 食品区域内部表面连接

两表面应根据下列条件连接：

——圆边的最小半径 $r_1 \geqslant 3$ mm，可通过以下方法获得：

- 机械加工(切削成材料块)；
- 弯曲薄金属片(弯曲和成形)
- 设计(模压、铸造、注射和喷丸)[见图 A.1a)]

——或通过焊接并磨光和抛光[见图 A.1b)]。

内角(α_1)≥135°，对半径无特殊要求[见图 A.1c)]

三个表面的连接：

——通过使用圆形边，两个半径≥3 mm 的圆边，并且第三个是半径≥7 mm 的圆形边。

——通过 135°角(α_1)使两个弯曲处间的距离(l_1)≥7 mm[见图 A.1d)]

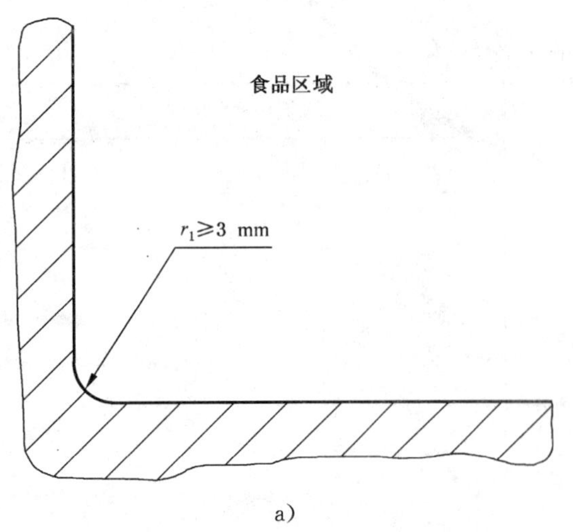

a)

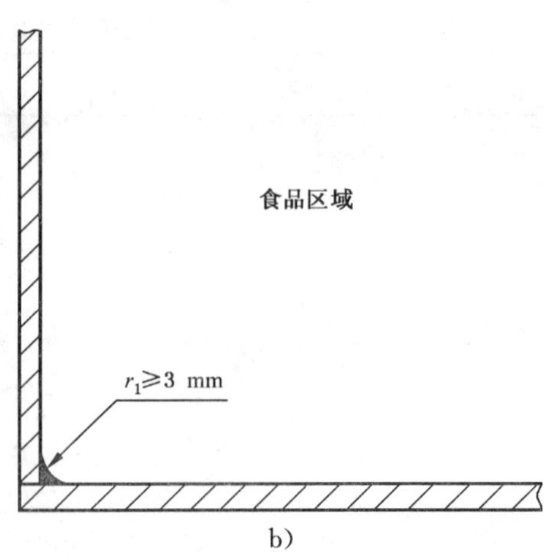

b)

图 A.1

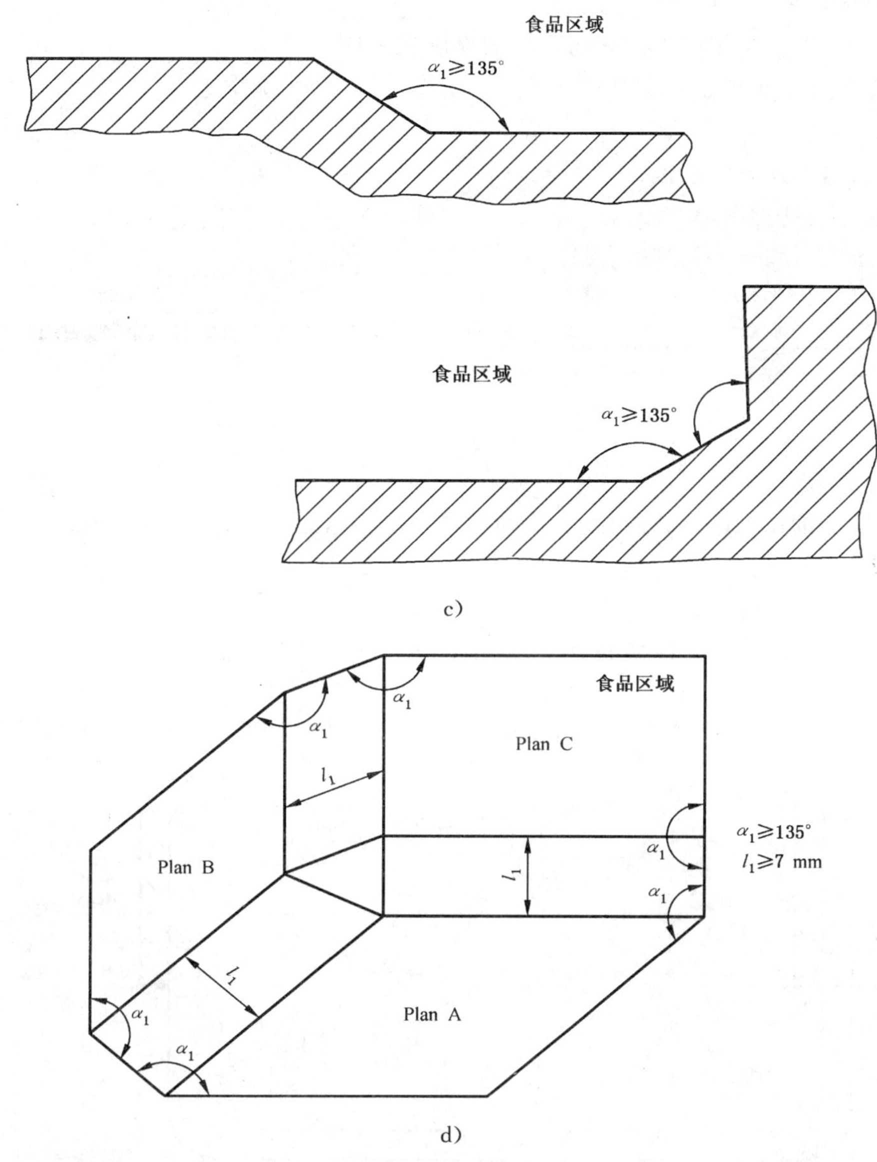

图 A.1(续)

A.3.1.2 飞溅区域内表面连接

若两表面相互垂直,半径 $r_2 > 1$ mm[见图 A.2a)]。

若内角(α_2)在 60°～ 90°之间,半径 $r_1 \geqslant 3$ mm[见图 A.2b)]。

当两个垂直的表面焊接在一起时,焊接应确保牢固[见图 A.2c)]。精磨加工是可接受的。

A.3.1.3 非食品区域内表面连接

没有特殊要求。

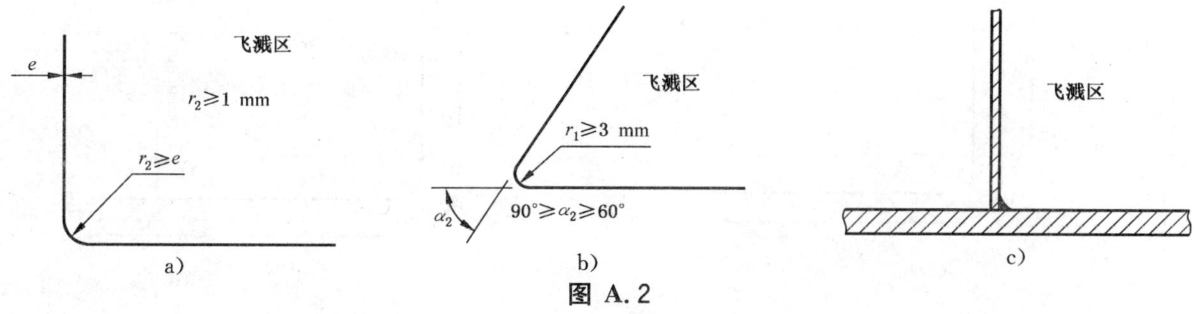

图 A.2

A.3.2 **表面装配和搭接**

金属薄板装配应考虑由于温度变化而产生的膨胀或收缩。

A.3.2.1 食品区域的表面装配和搭接

A.3.2.1.1 表面装配

装配表面应通过下列方法连接：

——通过连续焊接[见图 A.3a)]；

——通过连续密封和齐平的连接[见图 A.3b)]。

a)

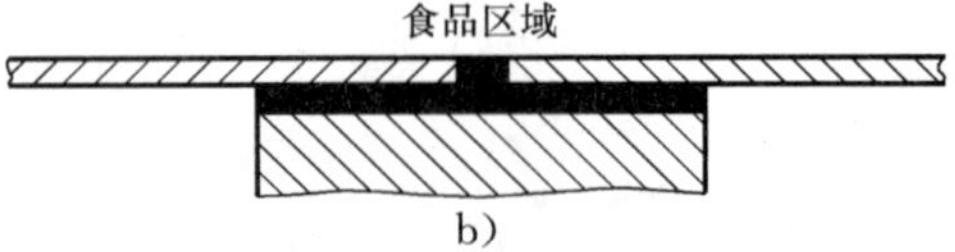

b)

图 A.3

A.3.2.1.2 表面搭接

若出现不可避免的技术限制(如厚度变化的长金属薄板)，通过薄板的搭接进行装配，这时装配表面应互相连接：

——也可以通过连续焊接。

沿着液流方向，较上的表面应该搭接较下的表面，搭接的末端和拐角处的距离≥30 mm[见图 A.4a)]。

如不能建立此结构，连接应符合有关食品区域内圆形区域的要求[见 A.3.1.1 和图 A.4b)]

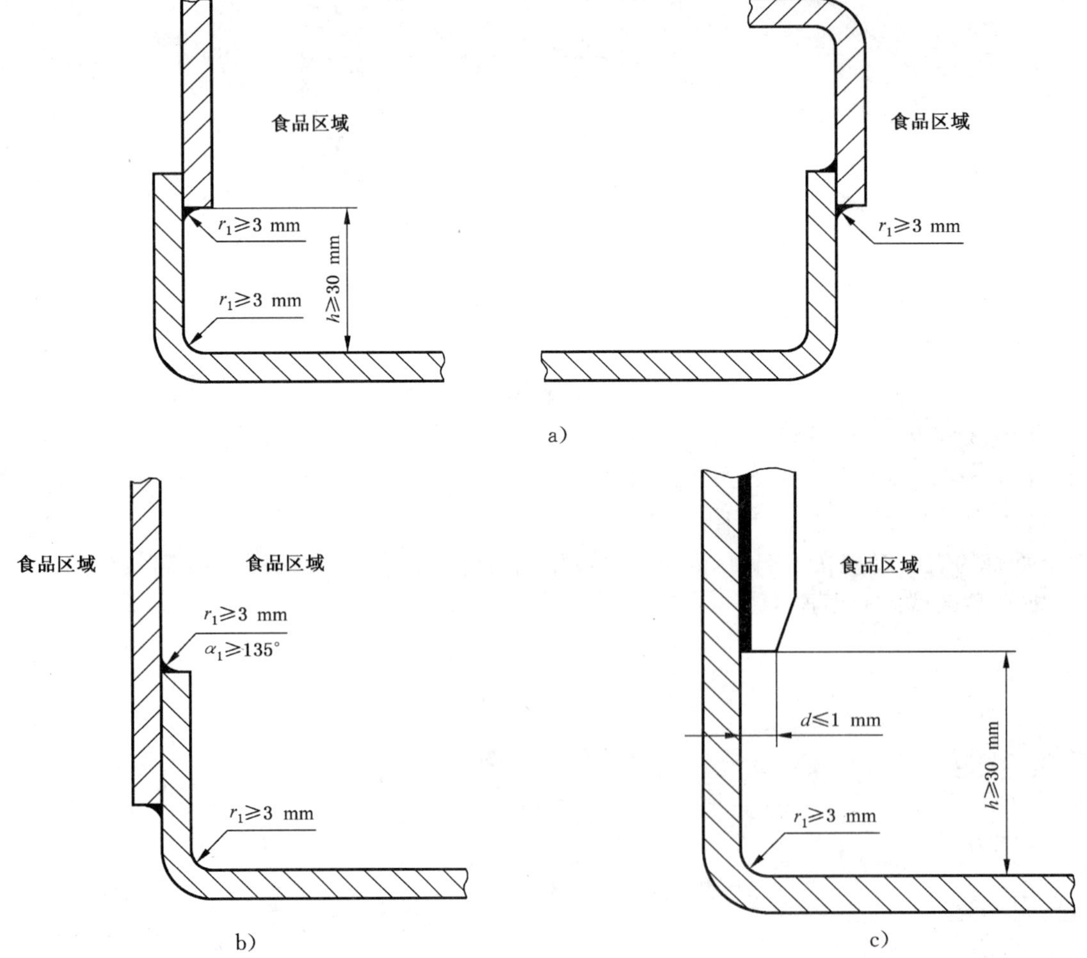

图 A.4

——或进行连接密封和齐平连接。

当搭接部分和接缝处的整体厚度超过 1 mm，为了使厚度(d)降低到≤1 mm[见图 A.4c)]，上部应倒角。

A.3.2.2 飞溅区域的表面装配和搭接：

表面可以被如下方式连接：

——填塞粘结物任何一种：

- 通过不能被拉开并且在装配前已安装好的一个成型件[见图 A.5a)]。
- 齐平粘接(用于粘接的折叠部分应有一个长度 $l_2 \geqslant 6$ mm 的凸起边缘，粘合的齐平处应有收缩量 $s \leqslant 0.5$ mm)[见图 A.5b)]

——或者沿着产品流方向使上表面搭接在下表面上进行装配和配合(最大间隙 $j \leqslant 0.5$ mm)，重叠距离 $r_e \geqslant 30$ mm，对于阻止液体因毛细管作用而上升是非常必要的[见图 A.5c)]。

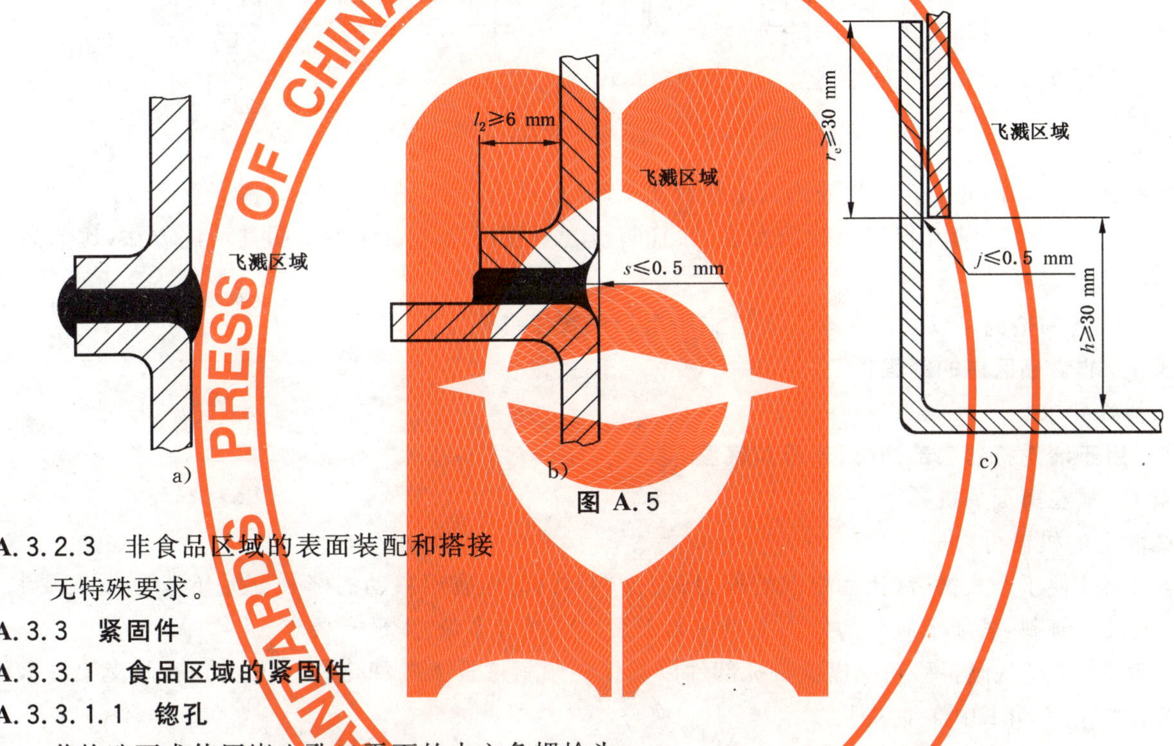

图 A.5

A.3.2.3 非食品区域的表面装配和搭接

无特殊要求。

A.3.3 紧固件

A.3.3.1 食品区域的紧固件

A.3.3.1.1 锪孔

若构造要求使用嵌入孔口平面的内六角螺栓头；

——构造应符合图 A.6 的要求，并且在说明书中，制造商应给出恰当的清洗工具；

——或者制造商应通过采取与食品区域要求相一致的密封和持久性塞子的措施来填入孔口平面。

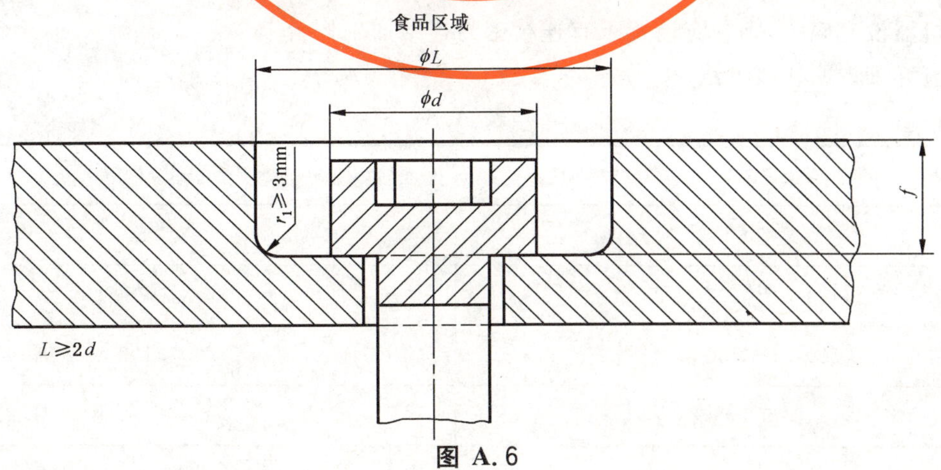

图 A.6

A.3.3.1.2 销传动系统

销传动系统应有效，仅当其坚固并且装配时尽可能齐平，制造商可以建立一个检查程序来确保与本要求一致。

A.3.3.2 飞溅区域的紧固件

易被清洗的紧固件应在图A.7中选择。

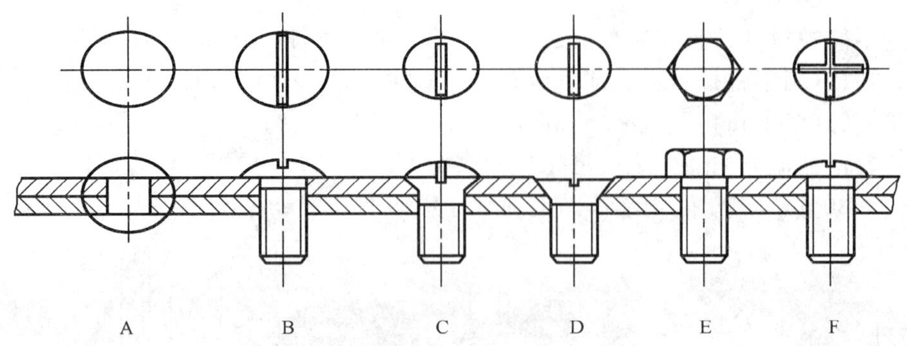

图 A.7

若构造要求使用嵌入孔口表面内六角螺栓头，设计应符合：

——符合图A.6食品区域原则的方法，并且制造者要在说明书中详细说明其清洗方法（比如高压喷射器）；

——或者制造商可以采取所有必要措施用密封塞塞住锪孔。

A.3.3.3 非食品区域的紧固件

无特殊要求。

A.3.4 用于清洗机器底部的脚、支承和底座

A.3.4.1 放在桌面的机器

桌面上的机器可以是：

A.3.4.1.1 便于个人携带（比如要求的外力≤250 N），同时所有可移动的部分可拆开清洗：没有要求。

A.3.4.1.2 倾斜：若要求倾斜的外力小于或等于最大可携带重量，则没有要求。

然而，为了设备倾斜移动应提供特殊部件以确保在倾斜位置上的稳定性（合适的底脚、支架等），而倾斜程序应在说明书中详细说明。

A.3.4.1.3 非手提和非倾斜：

——机器有底脚或有底座。为了确定底脚的最小高度（H），应考虑在表A.3中所列出的允许定位表面清洗的通道距离（P）（见图A.8）。

——若机器没有底脚，则它应该置于有连续密封连结的工作台上。

说明书应详细说明连接方法。

表 A.3　　单位为毫米

P	H
≤120	≥50
120<P≤500	≥75
500<P≤650	≥100
>650	≥150

单位为毫米

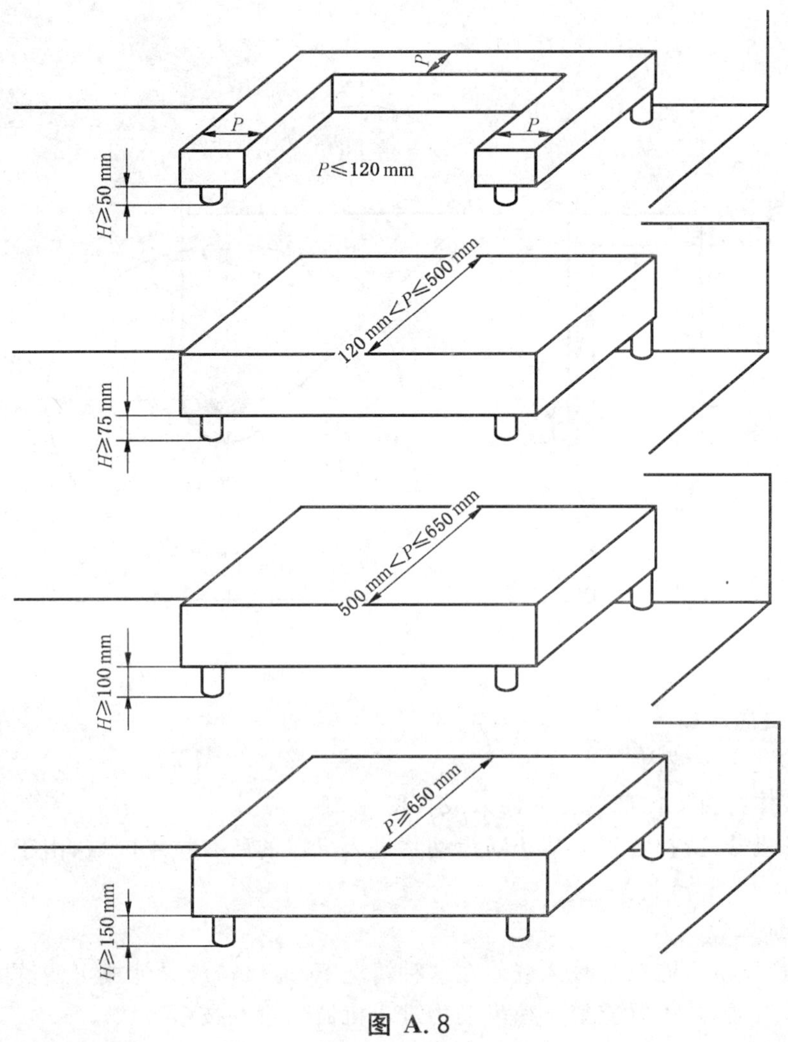

图 A.8

A.3.4.2 放置地板上的机器

A.3.4.2.1 带或不带底座的固定机器

带或不带底座的固定机器应采用完全和地面密封的连接来固定在地面上，说明书应详细说明连接方法（见图 A.9.1），或者应有≥150 mm 的底脚（H）。

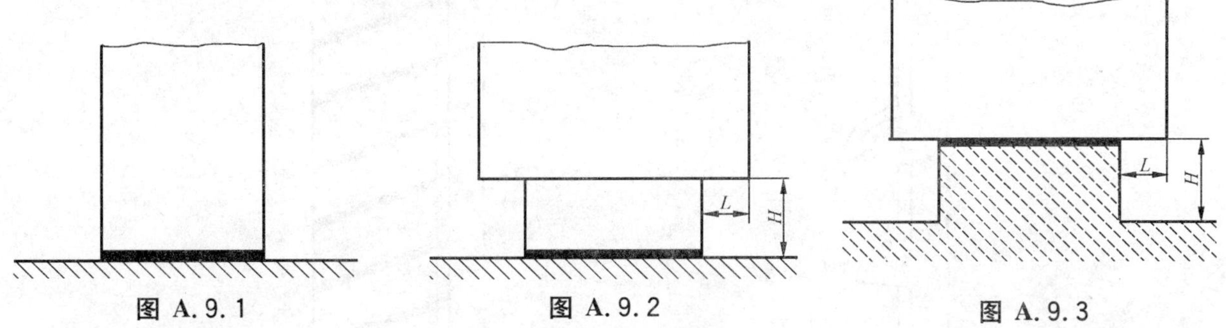

图 A.9.1　　图 A.9.2　　图 A.9.3

然而，若清洗空间（L）<150 mm，高度 H 应减小到 100 mm，只要考虑到各种不同通道的可能性（见图 A.9.2）。

如果一个底脚表面>1 dm^2，底脚应被认为是一个（带有密封的）底座（见图 A.9.3）。

A.3.4.2.2 可移动机器

脚轮应可以清洗，图 A.10 中已给出了例子，图中 b 是覆盖轮子周围的较大宽度。

若 $b \leqslant 25$ mm，$a \geqslant 3.5$ mm。

若 $b > 25$ mm，$a \geqslant 6$ mm。

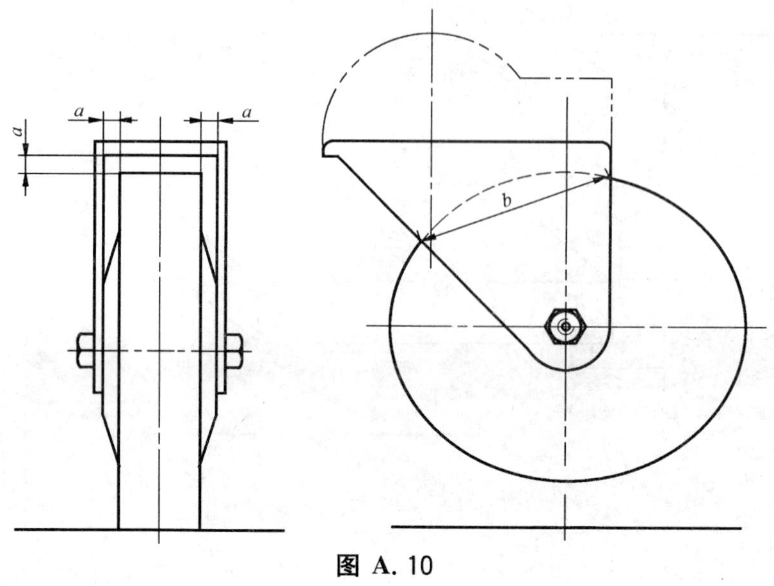

图 A.10

A.3.5 通风口

A.3.5.1 非食品区域通风口

通风口应位于非食品区域内。

其设计应阻止液体在机器内部的任何渗入或存留。

对于直立地面的机器，防护装置应禁止啮齿动物进入机器的所有技术区域，由于这个原因开口的最小尺寸应≤5 mm。

A.3.5.2 飞溅区域通风口

由于技术限制，通风口可能在飞溅区域。在这种情况下，通风口应设计成可清洗的。

对于直立地面的机器，防护罩应禁止啮齿动物进入机器的所有技术区域。

开口的尺寸(b)应≤ 5 mm(见图 A.11)。

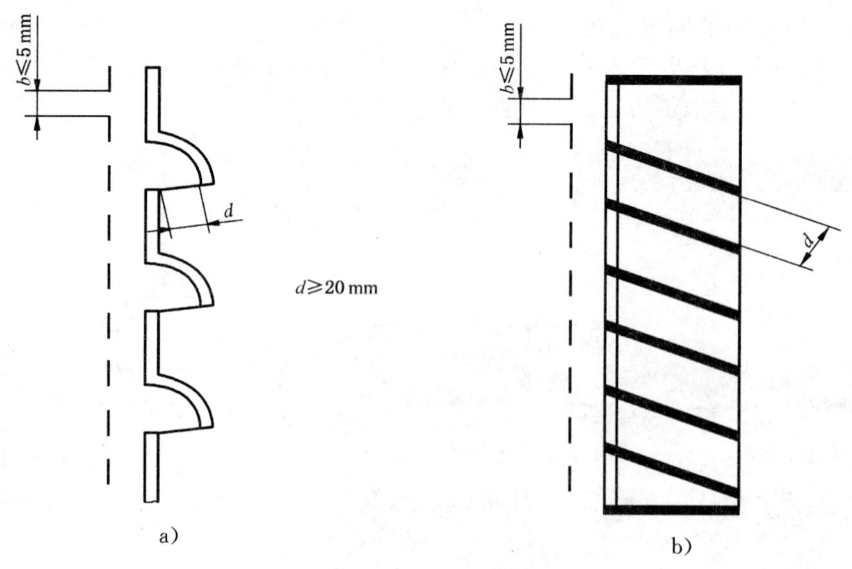

图 A.11

A.3.6 铰链

只要有可能，制造商应消除食品区域的旋转点。

若它们存在于食品区域是技术需要，则：

——它们应容易移动；

——若它们不能移动，所有表面应可以接近。

与固定部分的装配应通过一个设计成能阻止任何渗入的连接来完成。当通道的宽度(l_3)≥2P 时，所有这些区域都可进入。宽度 l_3 应>10 mm(见图 A.12)。

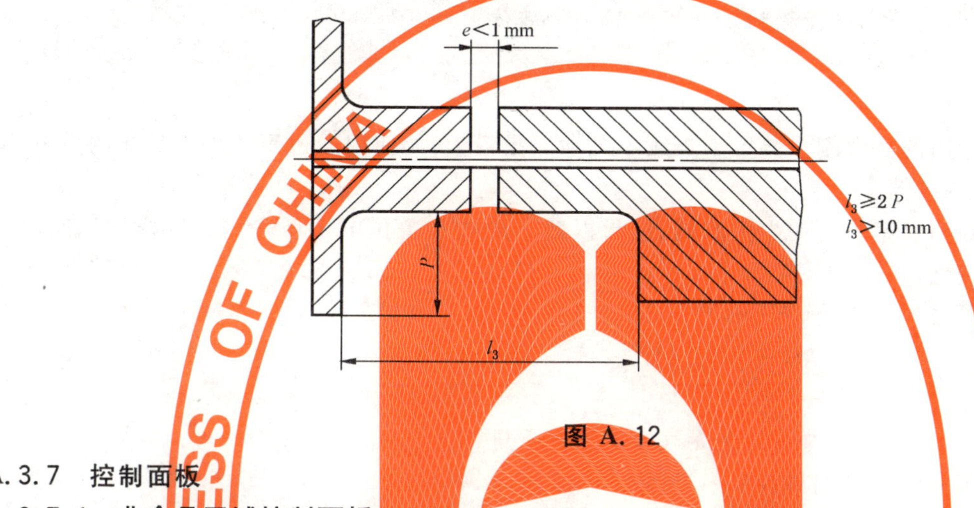

图 A.12

A.3.7 控制面板

A.3.7.1 非食品区域控制面板

正常情况下，控制面板应在非食品区域内，并且无论何时都可以清洗它。

A.3.7.2 飞溅区域控制面板

因技术原因不可能把控制面板放置于非食品区域，各种控制应有容易清洁的表面。

两个元件之间的距离 L 应大于或等于：

——20 mm[见图 A.13a)]；

——12.5 mm，若 h 的高度≤8 mm[见图 A.13b)]。

若上述要求不能达到，应使用盖来保护控制装置[见图 A.13c)]。

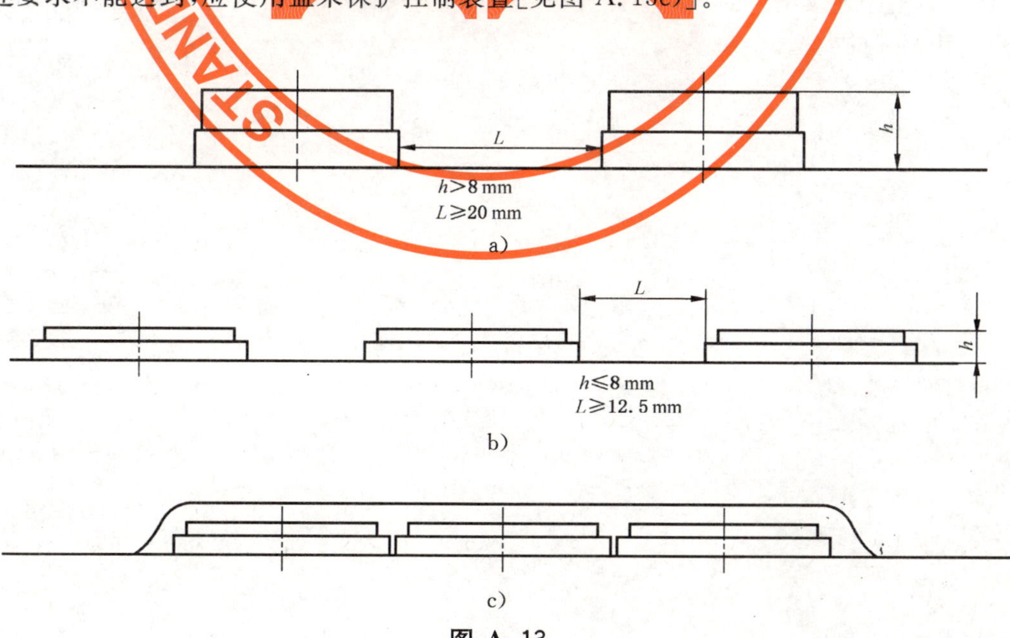

图 A.13

附 录 B
（资料性附录）
测量粉尘的方法

B.1 测试目的

为了确定在揉面开始操作时，面粉粉尘散发随时间的变化。

B.2 测试原理

应通过校准为面粉用的实时测量装置来连续不断地测量粉尘，如使用通过用红外线的光的散射（廷德尔效应）来测量粉尘的仪器。

每秒钟都需从装在测量室内的粉尘中取样，结果以数字形式和单位 mg/m^3 表示，这样可以跟随和面机上方面粉散发的变化。

试验测量粉尘中可吸入的部分（直径＜8 μm）。

B.3 操作条件

测试应在至少 100 m^3 的房屋内并且在无气流的条件下进行。

每次测试都应在正常的面粉配料容量内进行。

测量装置的位置和方向：

——当实心盖子有开口时，位于和面机料桶的边缘，或者若没有实心盖子，位于揉面区域对面的料桶一侧；

——测量室的轴线应位于和面机混和料桶的中心线上；

——装置的高度：料桶上方 0.30 m 和料桶前方 0.20 cm；

——与料桶的转动轴垂直。

对于每一台和面机，在揉面操作期间都应进行测量，在测试期间每秒钟内，都应记录粉尘值、温度和相对的湿度，计算五个连续结果的平均值并且在以 mg/m^3 为单位、时间以 s 为单位的粉尘图表上标出。

应指出使用面粉的类型。

附 录 C
（规范性附录）
噪声测试规范 准确度2级

噪声测试规范适用于和面机。

本附录符合GB/T 19052的规定。

C.1 定义

下列术语和定义适用于本附录。

C.1.1

噪声发射 noise emission

在指定运行和安装条件下由确定声源(如被测机器)辐射的空气声。

C.1.2

发射声压级 emission sound pressure level

L_p，以dB为单位：发射声压平方 $P^2(t)$ 与基准声压平方 P_0^2 之比的以10为底的对数乘以10。采用GB 3785规定的时间计权和频率计权进行测量。基准声压是20 μPa。

注：例如：

——C计权峰值发射声压级：L_{pCpeak}。

C.1.3

时间平均发射声压级 time-averaged emission sound pressure level

L_{peqT}，以dB为单位：一个随时间变化的噪声信号的均方声压等于同一时间内的连续稳态声的声压平方，则连续稳态声的发射声压级即为时间平均发射声压级，用符号表示：

$$L_{peqT} = 10\lg \frac{1}{T}\int_0^T \frac{P^2(t)}{p_0{}^2}dt \quad (dB)$$

注1：时间平均发射声压级通常为A计权并且用 L_{pAeqT} 表示，通常缩写成 L_{pA}。

注2：通常，因为时间平均发射声压级必须在某一测量时间间隔上测定，所以省略脚标'eq'和'T'。

C.1.4

声功率(W) sound power

单位时间内辐射出的空中声能。单位为瓦，通常以W来表示。

C.1.5

声功率级(L_w) sound power level

L_w，以dB为单位：声功率与基准声功率之比的以10为底的对数，单位为贝[尔]，B。但通常用dB为单位，基准声功率必须指明(如，A计权声功率级：L_{wA})，基准声功率为1pW($1pW=10^{-12}W$)。

C.1.6

噪声发射值 noise emission value

声功率级的值，L_w，或者声压级，L_p，由测量确定。

C.1.7

噪声发射标示 noise emission declaration

A计权声功率级标示值，L_{WAd}，时间平均A计权声压级标示值，L_{pAd}，或C计权峰值声压级标示值，L_{pCeakd}。标示值表示，当机器是新的时，测量单台机器或设备的噪声发射的统计上限之下，和/或机器或设备设计时大部分测量噪声发射值的统计上限之下，标示值 L_d 的大小应圆整到整数的分贝值。

注：本标准使用 L_d 替代噪声发射标示值，并在使用时用 L_d 代表 L_{WAd}、L_{pAd} 或 $L_{pCpeakd}$ 的一个值。

C.1.8

工作位置、操作者位置 work station; operator's position

在运转中的机器附近,设定给操作者的位置。

C.2 安装和支撑条件

在规定的位置和为了测定目的,声功率级和声压级的测量,它们的安装和支撑条件是相同的。

适合于声压级和声功率级测量(如根据 GB/T 3767—1996 测量)的测试环境应是一个能提供反射面上方基本自由场的平整的外部区域(比如一个停车场)或是一个内部空间,这个测试环境应符合 GB/T 3767—1996 附录 A。如果声功率级是根据 GB/T 6881.2—2002(见本标准 C.6)的要求测量,那么测试环境应符合这个标准。

应注意确保连接到机械上的任何电气、液压或空气管道不能辐射大量的声能,否则将影响在测试条件下的机器测定。这可以通过衰减或部分封闭这些零件或甚至可通过测量声音强度来确定它们声功率作用的方法来避免。

C.3 操作条件

在噪声发射值(功率或发射声压级)测定期间,机器的操作条件如下:

——机器应空载;

——机器应以最大速度运行。

C.4 测量

确定测量声压级(见 C.5)和声功率级(见 C.6)的所需的时间应为 30 s。

C.5 发射声压级的确定

确定声压级(如果相关,A 计权和 C 计权峰值应符合 GB/T 17248.2—1999 要求)。

测量应在下列条件下进行:

——高于地面 1.6 m;

——在机器前方 1 m 处(在控制板前面的机器轴线上)。

首先应测定 A 计权测量的背景噪声或在每个测试的频率波段上的背景噪声。机器的测定,至少比被测声压级低 6 dB(也可能大于 15 dB)。

为了在规定的位置上测得声压级,应采用背景噪声的修正值 K_1,K_1 的确定和使用应符合 GB/T 17248.2—1999 要求,修正系数 K_1 不适用 C 计权峰值声压级,这个峰值为声压级。

注:利用其他频率计权或倍频程或 1/3 倍频程频带的声压级也可以另外测量,这由测量目的所决定。

C.6 声功率级的确定

A 计权声功率级的测定应该使用下列噪声发射基础标准来进行:

——如果测量是在一个容积>40 m^3 并且表面坚硬,能反射声音的测试房间进行,那么应符合 GB/T 6881.2—2002 的要求。对于容积≤100 m^3 的房间,只有最大尺寸≤1 m 的机器能被测试。对于容积>100 m^3 的房间,只有最大尺寸≤2 m 的机器可被测试;

——如果测量是在靠近一个或多个反射平面的基础自由场内进行,应符合 GB/T 3767—1996,测量表面应呈半球状。

C.7 测量不确定度

使用 A 计权声功率级(见 GB/T 17248.2—1999)测量等于 2.5 dB 的再现性标准偏差。

根据 GB/T 6881.2—2002 和 GB/T 3767—1996 要求,A 计权声功率级的测定使再现性标准偏差≤1.5 dB。

C.8 记录内容

记录内容包括噪声测试规范中所有的技术要求。与噪声测试规范或该规范所基于的基础标准的任何差异必须和这些差异的技术判断一起记录。

C.9 报告内容

测试报告中内容至少要包括制造商要求准备的噪声标示值和用户要求确认的标示值。

至少应包括下列信息：

1）制造商，机器的类别、型号、序列号和制造年份；

2）噪声发射参考的基础测量标准；

3）所使用的安装和运行条件；

4）测定声压级的工作位置；

5）所测得的噪声发射值。

要确定噪声测试规范的所有要求都已经满足，否则，应该说明任何未满足的要求。与这些要求有关的偏差也要加以说明，并给出对这些偏差的技术判定。

C.10 噪声发射值的标示和验证

噪声发射值的标示按照 GB/T 14574—2000 的规定应用双值表示。

按照 GB/T 15706.2—2007 和本标准附录 C 的要求，应标示出噪声发射值 L（L_{pA} 和 L_{wA}）和相应的不确定 K 值（K_{pA} 和 K_{wA}）。

根据本标准和 GB/T 6881.2—2002 或 GB/T 3767—1996 和 GB/T 17428.2—1999 的基础标准，噪声的确定应陈述已测得的噪声发射值。否则，噪声标示应清晰地表明与噪声测试规范（本标准中的附录 C）和基础标准的偏差。

如果进行验证，应按 GB/T 14574—2000 的规定，与初次噪声发射值的测定采用相同的支承、安装和运行条件。

ICS 67.260
X 99

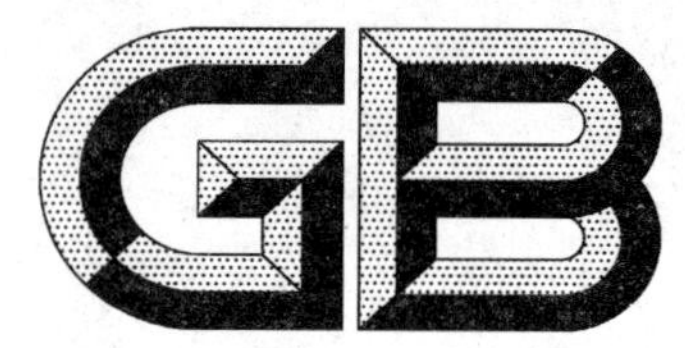

中华人民共和国国家标准

GB 22749—2008

食品加工机械 切片机 安全和卫生要求

Food processing machinery—Slicing machines—Safety and hygiene requirements

2008-12-31 发布　　2009-08-01 实施

中华人民共和国国家质量监督检验检疫总局
中国国家标准化管理委员会　发布

前　言

本标准的第1章、第2章和第3章为推荐性的，其他为强制性的。

本标准修改采用EN 1974:1998《食品加工机械　切片机　安全和卫生要求》(英文版)。

本标准与EN 1974:1998的主要差异如下：

——删除EN 1974:1998的前言、附录B参考文献、附录ZA；

——将“本欧洲标准”一词改为“本标准”；

——按GB/T 1.1规定的标准格式要求，将引用的有关国际、国外标准改为相应的国家标准，同时按要求将EN 1974:1998第1章“范围”中有关切片机结构的描述内容移到3.2条，将风险评价内容移到第4章，将使用信息的内容移到第7章；

——本标准5.2条将EN 1974:1998的5.2条内容改成“切片机应符合GB 4706.1和GB 4706.38的要求”。

本标准的附录A为规范性附录。

本标准由中华人民共和国商务部提出。

本标准由全国饮食加工设备标准化技术委员会归口。

本标准起草单位：北京市服务机械研究所、浙江工商大学、北京机电院高技术股份有限公司。

本标准主要起草人：李继萍、傅玉颖、王国章、刘旭、刘洪伟、王玉波。

引 言

本标准列出了危险所涉及的范围。此外，对于本标准未涉及的危险，见 GB/T 15706（所有部分）的适用条款。

机械安全系列标准的结构为：

——A 类标准（基础安全标准），给出适用于所有机械的基本概念、设计原则和特征。

——B 类标准（通用安全标准），涉及机械的一种安全特征或使用范围较宽的一类安全防护装置：

a) B1 类，特定的安全特征（如安全距离、表面温度、噪声）标准；

b) B2 类，安全装置（如双手操纵装置、联锁装置、压敏装置、防护装置）标准。

——C 类标准（机器安全标准），对一种特定的机器或一组机器规定出详细的安全要求的标准。

本标准属于 C 类标准。

当 C 类标准的规定不同于那些已颁布的 A 类或 B 类标准时，对于那些已经按照 C 类标准设计和制造的机器，C 类标准的规定优先于 A 类或 B 类规定。

本标准所描述的食品切片机功能是将物料切成片。因此，刀片不完全密封。虽然部分刀片是暴露的，但合理设计可提高安全度。本标准为切片机设定了可接受的良好作业规范，从而达到提高食品加工质量和卫生要求的目的。

食品加工机械
切片机　安全和卫生要求

1　范围

本标准规定了切片机的安全和卫生要求。

本标准适用于装有直径大于 150 mm 电动圆形切割刀片和往复式进料滑板的可移动切片机。它们一般用于商店、餐厅、超市和食堂等。

该类切片机包括：

——水平进料切片机（手工操作：见图 1；或自动化操作：见图 13）；

——重力进料切片机（手工操作：见图 2；或自动化操作）。

本标准适用于本标准实施后生产的切片机。

本标准不涉及工业用切片机。这类切片机被固定安装在某一位置，通常用于肉联厂和肉制品加工厂。

2　规范性引用文件

下列文件中的条款通过本标准的引用而成为本标准的条款。凡是注日期的引用文件，其随后所有的修改单（不包括勘误的内容）或修订版均不适用于本标准，然而，鼓励根据本标准达成协议的各方研究是否可使用这些文件的最新版本。凡是不注日期的引用文件，其最新版本适用于本标准。

GB/T 1031　表面粗糙度　参数及其数值

GB 4706.1　家用和类似用途电器的安全　第 1 部分：通用要求（GB 4706.1—2005，IEC 60335-1：2004(Ed4.1)，IDT）

GB 4706.38　家用和类似用途电器的安全　商用电动饮食加工机械的特殊要求（GB 4706.38—2003，IEC 60335-2-64：1997，IDT）

GB 12265.3　机械安全　避免人体各部位挤压的最小间距

GB/T 15706.1—2007　机械安全　基本概念与设计通则　第 1 部分：基本术语和方法（ISO 12100-1：2003，IDT）

GB/T 15706.2—2007　机械安全　基本概念与设计通则　第 2 部分：技术原则（ISO 12100-2：2003，IDT）

GB/T 16855.1　机械安全　控制系统有关安全部件　第 1 部分：设计通则

GB/T 16856.1　机械安全　风险评价　第 1 部分：原则

GB/T 18831—2002　机械安全　带防护装置的联锁装置　设计和选择原则

GB 22747—2008　食品加工机械　基本概念　卫生要求

EN 1070　机械安全　术语

EN 614-1：1995　机械安全　人类工效学设计原则　第 1 部分：术语和一般原则

3　术语、定义和描述

3.1　术语和定义

EN 1070 中确立的以及下列术语和定义适用于本标准（见图 1 和图 2）。

3.1.1

切片机　slicer

带有一个圆形旋转刀片的机器，用于把食品切成不同厚度的薄片。

3.1.2

水平进料切片机　horizontal feed slicer

沿水平方向进料到刀片的切片机。

3.1.3

重力进料切片机　gravity feed slicer

靠重力进料至刀片的切片机，产品托架与水平面倾斜。

3.1.4

刀片护罩　blade guard

装在刀片边缘的圆圈。只起保护作用，不作它用。

3.1.5

刀罩　blade cover

盖在刀片靠近滑动架一侧可拆除的刀罩，不作它用。

3.1.6

切片厚度调节板　gauge plate

与刀片平行的挡板，以该板为基准物料被推向刀片，该板可移动并以此调节切片厚度。

3.1.7

切片厚度调节器　slice thickness control

可设定切片厚度调节板位置的装置，用于调节切片厚度。

3.1.8

防护板　guard plate

自动切片机上与切片厚度调节板相似的板，该板与刀片基本平行，用于保持刀片和产品托架每次进料最前端的距离。

3.1.9

磨刀器　blade sharpener

装有砂轮用于磨削刀刃的装置，可以是固定在切片机上的一个部件，也可以仅在磨刀时才安装。

3.1.10

产品托架　product holder

支撑被切削的物料。托架有不同种类，可用于切削香肠、火腿和鲜肉等。产品托架可装有推料器或进料滑板和/或夹紧装置。

3.1.11

滑动架　carriage

产品托架的支撑架，可使产品托架纵向移动。

3.1.12

滑动架把手　carriage handle

滑动架或产品托架上的把手，用于操作滑动架，也可用于向切片厚度调节板方向进料。

3.1.13

进料滑板　feed carriage

装有物料的滑板，可使物料更容易地从产品托架的端部向刀片进料。

3.1.14

推料器　pusher

用于使物料沿产品托架向切片厚度调节板移动的装置。

3.1.15

尾料装置　last slice device

装在推料器、夹紧装置或进料滑板上的板，可将物料的最后部分送至刀片。

3.1.16

推料器护挡　pusher guard

装在推料器上的板，防止推料器碰到刀刃。

3.1.17

手指护挡　finger guard

安装在产品托架上的板或是产品托架的一部分，可防止操作人员的手指被刀片割伤。

3.1.18

拇指护挡　thumb guard

安装在产品托架上与手指护挡相连并与刀片平行的板，产品托架处于返程位置时可遮住刀片。

3.1.19

夹紧装置　clamping device

切片时可将物料保持在所需位置的装置。

3.1.20

切片支座　slice support

支承物料直至物料被切完的装置。

3.1.21

切片接收面　slice receiving surface

切片过程中接收切片的表面。

3.1.22

码放装置　stacker

将切片收集并码放在接收盘上的装置。

3.1.23

卸料输送机　discharge conveyor

由电机驱动的带式或滚筒式输送机，用于输送切片机切出的片。

3.1.24

刀片拆除装置　blade removing device

安全拆除刀片的装置。如清洁或更换刀片时所用的拆除装置。

3.1.25

自动送料器　automatic product feeding

可通过传送装置将物料自动传送到刀片上的机器。

3.1.26

电源线　power supply cord

向机器的控制装置及电气设备供电的电线。

3.2　**机械描述**(见图1和图2)

切片机是一种装有电动圆形切割刀片，用于切割食品的机械。切割刀片可以垂直安装也可以某种角度安装。机器装有一个平行于刀刃平面运动的滑动架，滑动架可以手动操作也可电动操作。滑动架可装有各种装置用于夹持物料，将物料送至刀片的切割刃。机器还可以装有用于接收和运出切片的各种自动装置。

切片机由机座、刀片、刀罩、刀片护罩、磨刀器、切片厚度调节板(自动切片机的防护板)、产品托架、往复式滑动架、推料器和电子控制装置组成。

切片机可装有：

——夹紧装置；

——码放装置；

——卸料输送机。

3.3 工作条件

切片机应按随机提供的说明书切割食品(见7.2)。

注：用于切削去骨的肉片见7.2.1。

4 危险列表

本章列出了切片机所涉及的由危险评价(见GB/T 16856.1)确定的重大危险。

对此类机器而言，噪声和振动不属于重大危险。

4.1 机器危险

本标准包括实际使用中的重大危险。

4.1.1 涉及所有切片机的危险

圆形刀片切削区：切削或切断的危险(如手指、手掌和手臂)；

手持刀片：切削或切断身体部位的危险(如手指、手掌、手臂和脚)；

电源线：绊倒和跌落的危险。

4.1.2 无切片厚度调节板的自动进料切片机

产品托架和刀片之间的潜在危险。

注：装有自动进料装置的人工操作切片机也可看作自动进料切片机。

4.1.3 电动滑动架切片机

滑动架和机壳之间的潜在危险(如手指、手掌)。被运动中的滑动架撞击。

4.1.4 带有切片自动处理功能的切片机(卸料输送机、码放装置)

带有切片自动处理功能的切片机(卸料输送机、码放装置)的机器危险包括：

——由穿钉引起的穿破或刺穿(如手指、手掌)；

——由堆积装置引起的潜在危险(如手指、手掌)；

——由旋转装置引起的潜在危险(如手指、手掌)。

4.1.5 带有卸料输送机的切片机

传送带和传动滚筒或张紧滚筒之间的潜在危险(如手指、手掌)。

4.2 电气危险

4.2.1 直接或间接的与带电部件接触：电击危险。

4.2.2 低安全系数电气元件：误操作危险。

4.2.3 电源线机械或化学损坏：电击危险。

4.3 失稳危险

机器滑动或倾覆。

4.4 忽略卫生条件造成的危险

不能有效彻底清理食品区、飞溅区和易受影响的非食品区：传染或感染疾病的危险。

食品被包括食物残渣、清洁剂和消毒剂在内的异物污染，导致传染或感染疾病。

如果清洁采用的是禁用清洁剂和消毒剂：损伤机器、伤害操作者、污染产品的危险。

注：见图14，对食品区、非食品区和飞溅区的规定。

4.5 忽略人类工效学造成的危险

工作环境欠佳也会导致误操作和人身伤害。如延长工作时间、超负荷及不良姿势等。

4.6 噪声及振动危险

噪声和振动不被看作重大危险。

5 安全要求与措施

5.1 机械危险

5.1.1 切片机要求

所有联锁装置应符合 GB/T 18831—2002 中 5.7 条规定。控制系统安全应符合 GB/T 16855.1 规定的 1 类要求。

所有型式的切片机最长停车时间为 4 s。

5.1.2 刀片防护

5.1.2.1 刀片应有防护措施。这包括对刀刃的保护措施。刀刃部位为非暴露部位。

5.1.2.2 刀片防护通常包括：

a) 刀片护罩；

b) 切片厚度调节板或防护板；

c) 产品托架；

d) 磨刀器(如整体式)。

在某些机器上，可能还包括刀及刀罩拆卸装置。

5.1.2.3 刀片护罩距刀刃距离应≥ 1 mm(见图 3 和图 4)。当 50 N 压力从不同位置施加到刀片护罩上时，刀片护罩距刀刃最小距离应≥ 1 mm。刀片护罩不用工具不能拆除(见图 3 和图 4)。

5.1.2.4 如没有刀罩的话(见图 3)，刀片护罩与刀刃的径向距离应≤ 6 mm。

如装有刀罩，无联锁装置如图 4b)，那刀片护罩与刀刃的空隙(径向距离)应≤ 6 mm。

如装有刀罩如图 4a)，刀片护罩与刀刃的空隙(径向距离)应≤ 12 mm。刀罩应与驱动刀片的电动机联锁在一起。这样，当刀罩拆除后，电动机就不能运转。

5.1.2.5 切片厚度调节板处于零位时，上下边缘与刀片护罩应重叠 10 mm。当切片厚度调节板处于零位时，切片厚度调节板与刀刃的缝隙(径向距离)应≤ 6 mm(见图 5)。机器切片厚度应≤40 mm。

5.1.2.6 当切片厚度调节器设置为零时，切片厚度调节板应突出刀刃至少 1 mm，这样可以保护刀刃。当切片厚度调节器设置为零，且从任何位置对切片厚度调节板施加 50 N 力时，切片厚度调节板应突出刀刃≥ 1 mm(见图 6)。在底部，刀片护罩到切片支座的距离应≤6 mm(见图 6)。

5.1.2.7 切片机可装有一个切片支座(见图 6)。它可以成为刀片护罩一部分。切片支座可调节并应与 5.1.2.3 和 5.1.2.6 的要求一致。

5.1.2.8 刀刃未保护部分与刀刃水平线的角度应≤60°(见图 6)。

5.1.2.9 切片厚度调节板和切片支座应固定到切片机上。只有使用工具才能将其拆卸。

5.1.3 磨刀器的要求

5.1.3.1 磨刀器结构要求

磨刀器的结构应符合如下要求，除非磨削时所存在的风险已在说明书中阐明。切片机装有如图4a)所示的刀罩的情况下，刀片和刀片护罩的径向距离＞12 mm 时，其他情况＞6 mm 时(见图 8b)，磨刀器应不允许对刀刃磨削。

5.1.3.2 整体式磨刀器

5.1.3.2.1 在切片机正常使用过程中，磨刀器应保证如同刀片装有刀片护罩或刀罩的方式形成连续护罩。

5.1.3.2.2 磨削时，刀刃暴露部分对磨轮每一边距离应≤6 mm(见图 7)。

5.1.3.2.3 当磨刀器拆除后(如维护)，刀片暴露部分所存在的风险应在说明书中阐明。

5.1.3.3 **分离式磨刀器**

5.1.3.3.1 当磨刀器被固定到厚度调节板或产品托架上时,它就已经与刀刃保持了适合的位置并起到了防护作用。磨轮和任何固定防护罩之间的距离≤6 mm[见图8a)]。

5.1.3.3.2 磨刀器应有适当标志,以便明确与其匹配的机器。说明书应详细规定磨刀器只使用在与其相匹配的机器上。

5.1.4 **产品托架**

5.1.4.1 产品托架装有一个拇指护挡。这样可以完全将刀刃遮住。起到保护作用。当滑动架处于向后滑动位置时,刀刃应被拇指护挡完全遮盖。重叠部分至少为10 mm。拇指护挡和切削边缘距离≤6 mm(见图6)。

5.1.4.2 手指护挡被固定在产品托架上并不可拆下。手指护挡高度应与刀刃切削部分高度相同。并且,从刀刃向外延伸至少150 mm(见图1和图2)。手指护挡拐角的半径应≤30 mm。

5.1.4.3 切片厚度调节板或防护板处于零位时,产品托架才可拆下。并且,当产品托架被拆下或提起时,不能调整切片厚度调节板或防护板。产品托架使用工具才可拆下或提起的,应在说明书中说明切片厚度调节板或防护板不在零位时的相关风险。

5.1.5 **根据切片机不同结构所提出的附加要求**

5.1.5.1 **装有夹紧装置的产品托架**

5.1.5.1.1 在切削过程中,如果提供了将物料牢牢固定在进料滑板上的夹紧装置,根据5.1.4.1和5.1.4.2规定安装拇指护挡和手指护挡可能是不可行的。如果切片机没有安装防护板的话,切片机滑动架把手边缘与刀刃平面的距离应≥ 80 mm。把手应装有一块金属板。金属板从把手向外延伸≥30 mm。这样就可保证拇指不会触到刀刃(见图9)。如果滑动架把手安装在距刀刃边缘150 mm以外,则不必安装手指护挡。

5.1.5.1.2 产品托架的直立构件高度应≤15 mm(见图9)。

5.1.5.1.3 夹紧装置应按要求安置好,这样当用夹紧把手调整位置或释放夹紧装置时,就不会处于夹紧装置和刀刃中间的位置。当夹紧装置处于任何位置时,防护板或尾料装置距夹紧把手距离应>50 mm(见图9)。

5.1.5.1.4 应不可能将进料滑板从产品托架上拆下。

5.1.6 **装有推料器的产品托架**

5.1.6.1 除非推料器或推料器护挡覆盖整个切削刀刃的边缘,否则,推料器应安装手柄。手柄与刀刃的距离应≥150 mm。手柄长度应≥100 mm,直径应≥ 30 mm。并装有一个终点挡板,其直径至少为手柄直径的两倍(见图10)。

5.1.6.2 推料器不可能停留在升高的位置,除非推料器和刀片的距离≥60 mm。

5.1.6.3 应不可能将推料器手柄完全移动或摆动出滑动架。

5.1.6.4 对与水平面的倾斜度≥ 38°的重力进料切片机,如果手指护挡符合图11的图示,则5.1.6.1、5.1.6.2和5.1.6.3不适用。

5.1.7 **装有手动进料滑板的产品托架**

5.1.7.1 为了清理能被升高的进料滑板,应通过重力作用回落到正常工作位置。

5.1.7.2 对于装有夹紧装置的产品托架,进料滑板应装有满足5.1.5.1.1或5.1.6.1要求的手柄。

5.1.8 **自动切片机要求**

5.1.8.1 **装有自动进料器且无切片厚度调节板的切片机**

5.1.8.1.1 切片机应装有防护板。防护板从刀片到产品托架边缘前端重叠部分≥10 mm。防护板应当覆盖刀刃切削部分。防护板距刀刃最大水平移动距离不能大于切片厚度加3 mm。可将防护板与刀刃重叠部分调整到1 mm。其方式与5.1.2.6中方式和要求相同(见图13)。防护板应符合5.1.2.6中刚性测试要求。

5.1.8.1.2 用于切片厚度调节板的5.1.2.5和5.1.2.9条规定，同样适用于防护板。

5.1.8.1.3 除5.1.6和5.1.7外，5.1中的其他所有条款均适用。

5.1.9 装有电动滑动架的切片机

5.1.9.1 电动滑动架与切片机框架之间缝隙设计应合理。以避免手指进入(如缝隙≤6 mm)或者缝隙较大以防止手指被夹持或挤压(如≥25 mm)(见图12和GB 12265.3)。

5.1.9.2 说明书应包括设备安装位置的警告，使被滑动架碰撞的危险降到最小。

5.1.9.3 应制定出在进行磨削时使滑动架能够保持稳定的规定。

5.1.9.4 重力进料切片机或切片机装有自动送料器，且操作者在远离危险区域下使用，5.1.4.1、5.1.4.2、5.1.5.1.2、5.1.6和5.1.7不适用。

5.1.9.5 5.1中其他所有条款均适用。

5.1.10 具有自动处理切片功能的切片机(卸料输送机和码放装置)

5.1.10.1 应提供防护装置，将旋转运输机构上道钉所引起的危险降至最低。应在运输机构尾部提供防护板。在回程链轮齿处，道钉和任何固定部件间缝隙的设计应确保手指不被夹住，或回程链轮齿提供保护法兰，使道钉不凸出法兰(见图13)。

5.1.10.2 如果运输机构不能被10 N以下的力停止(见图13)，则应提供联锁防护装置，以防止切片通过道钉从运输机构取走时码放装置和运输机构之间所形成的危险。

5.1.10.3 应制定出运输机构从机器上拆除的规定。若运输机构和码放装置没有提供适当的联锁防护装置，则说明书应指明在进行磨削开始之前，自动运输机构应被关闭或拆除。

5.1.10.4 5.1中其他所有条款均适用。

5.1.11 装有输送机的切片机

5.1.11.1 应提供保护装置。以确保手指不被传送带和回程轮或张紧轮夹住。

5.1.11.2 5.1中其他所有条款均适用。

5.2 电气危险

切片机应符合GB 4706.1和GB 4706.38的要求。

5.3 稳定性

切片机设计应符合正常工作状态下平稳运行的要求。

5.4 卫生

5.4.1 总则

切片机设计和制造应符合GB 22747—2008和本标准附录A的要求。

对本标准所覆盖的切片机而言，GB 22747—2008所定义的食品区、非食品区和飞溅区列在5.4.2，5.4.3和5.4.4中。

图14是一个典型示例。

应采用既不污染食品又对人体不产生任何副作用的材料和涂料。这些材料应耐摩擦并能抵御害虫的侵入。

材料和涂料表面应经久耐用、可清洁、可消毒，且没有裂纹。在正常使用条件下，应经得住破裂、破碎、磨损和剥落。

在食品区和飞溅区，材料和涂料应增加下列要求：

——抗吸收；

——耐腐蚀；

——无毒性；

——表面光滑。

刀的磨削区不需耐腐蚀。

5.4.2 **食品区**

食品区至少应包括下列部分：

——具有手指护挡的产品托架：手指护挡和拇指护挡内部和上部边缘；

——切片厚度调节板：双侧；

——固定在夹紧装置上和推料器上的防护板：刀片一侧；

——尾料装置：刀片一侧；

——刀片：除防护部分以外的所有表面；

——刀罩：进料一侧；

——刀片护罩：除被刀罩防护以外的进料一侧；

——电动机外壳：前侧；

——码放装置：链条、进料滚筒、转向针；

——切片接收面(分离接收盘的上部，适用时)；

——挡板：外部表面；

——整体式磨刀器：与刀刃相联接的内部。

5.4.3 **飞溅区**

飞溅区应至少包括下列部分：

——带手指护挡和拇指护挡的产品托架：外部；

——刀罩：刀片一侧(若不需任何工具可容易拆除，则 A.3.2.3 不适用)；

——固定在夹紧装置或推料器上的防护板：刀片一侧除外；

——挡板：内侧(若不需任何工具可容易拆除，则 A.3.2.3 不适用)；

——尾料装置：刀片一侧除外；

——刀片护罩：除进料一侧；

——电动机外壳：刀片一侧和上部；

——机箱：除卸料、进料的后部和两侧外表面；

——整体式磨刀器：外罩。

5.4.4 **非食品区**

切片机通常视为非食品区部分的例子：

——产品托架：底部；

——机箱：后部、两侧外表面、底部、内表面和底脚；

——产品托架支座；

——刀片：被保护部分；

——厚度调节板支架：底部；

——电动机箱：后部和外侧表面。

5.5 **人类工效学**

有关安全防护条款应从 GB/T 15706.2—2007 的 4.8 条和 EN 614-1 中查阅。使用者应遵循的为实现人类工效学目的所必须的任何信息应包括在说明书中。

5.6 **噪声与振动**

噪声与振动见第 4 章。

6 安全要求与措施验证

安全要求与措施验证见表 1。

表 1

条　　款	验证方法
5.1	通过联锁装置试验 通过停车时间测量
5.1.2.1	视检
5.1.2.2	视检
5.1.2.3	测量和试验
5.1.2.4	测量和检查(配备联锁装置)
5.1.2.5	测量
5.1.2.6	测量和试验
5.1.2.7	测量和视检
5.1.2.8	测量
5.1.2.9	视检
5.1.3.1	测量
5.1.3.2.1	视检
5.1.3.2.2	测量
5.1.3.3.1	测量
5.1.3.3.2	视检
5.1.4.1	测量
5.1.4.2	视检
5.1.4.3	试验
5.1.5.1	测量和试验
5.1.5.1.2	测量
5.1.5.1.3	测量
5.1.5.1.4	试验
5.1.6.1	测量
5.1.6.2	测量和试验
5.1.6.3	试验
5.1.6.4	测量和视检
5.1.7.1	试验
5.1.7.2	测量
5.1.8.1.1	测量、试验和视检
5.1.8.1.2	测量和视检
5.1.8.1.3	测量和试验
5.1.9.1	测量
5.1.9.2	核对说明书
5.1.10.3	测量、视检和试验
5.1.11.1	视检和测量
5.1.11.2	视检、测量和试验
5.2	根据 GB 4706.38 进行验证
5.3	将切片机放置在干燥和清洁的玻璃材料支架上，支架向任何方向对水平面倾斜10°时，切片机不应滑动或翻倒
5.4	根据 GB 22747—2008 中的第 6 章的方法进行验证

7 使用信息

7.1 总则

使用信息应符合 GB/T 15706.2—2007 第 6 章要求。应提供说明书。

当切片机按 GB/T 15706.1—2007 中 3.12 条定义进行操作时,根据说明书(见 7.2)可了解如何清洁机器、拆除零件及更换刀片的方法。

注:如机器不按上述条件进行操作,应及时通知厂家。此时厂家应对新的风险进行分析并采取更有效的措施。

7.2 说明书

说明书应满足 GB/T 15706.2—2007 第 6.5 条要求并应至少包括下列信息。

7.2.1 切片机信息

——切片机安装以及保护装置(保护措施)的详细说明。

——考虑到不同型式切片机的综合应用如工作用途及禁用范围等。特别指出的是,切片机必须满足 5.1.5.1.1 的要求。除不安装 5.1.4.1 和 5.1.4.2 中提到的手指护挡和拇指护挡切片机外。这种切片机应仅用来切去骨肉。

——以图表形式给出安全功能示意图形。

——用符号和文件说明切片机应满足强制性的要求。

7.2.2 切片机安装信息

——指明切片机的放置应稳固,防止切片机产生任何移动;

——指明切片机安全使用和维护所需要的空间,对于具有电动滑动架的切片机应特别指明,保证给予足够的空间使被运动中的滑动架撞击的风险降到最低;

——指明适宜的工作环境;

——指明如何将切片机连接到电源上(特别是过载保护);

——指明如何正确连接电源线以防绊人或掉落。

7.2.3 切片机运输和贮存信息

切片机尺寸、质量、重心位置以及处置说明。

7.2.4 切片机使用信息

——控制装置设计;

——试运转说明(安装地点和方式);

——设置和调试说明(如:电源电压与标牌数据比较,检查三相机器的刀片旋转方向);

——切片机停机控制装置(如检查启动/停机开关);

——关于不能被内部安全装置(如:刀片护罩)排除的危害信息(如:来自刀片、滑动架或传送装置);

——特殊危险如特殊使用或特殊安装引起的危险信息(如研磨或磨刀过程);

——禁用信息(如蔬菜的切削);

——切片厚度调节板在切削工作完毕后应归零的信息;

——在磨刀时,切片机上的切片厚度调节板或防护板应和刀片磨削装置连接成完整的防护体;

——操作人员为确认机器正常工作应认真观察指示灯动态的信息;

——操作人员培训的信息。

7.2.5 维护信息

——常规检查和维护;

——当清洗仍然安装在机器上的刀片时,应说明在刀片清洗过程中,切片厚度调节板或防护板应处于封闭状态；

——说明拆除和更换刀片时的预防措施是必要的，如果更换刀片可由受过培训的操作人员完成，则说明书应当详细说明更换刀片使用的工具和方法（如使用拆除工具进行拆除），否则说明书应说明刀片仅能由专业人员拆除或更换；说明书应说明“磨刀时，滑动架必须固定在机器上”这句话仅适用于自动切片机；

——说明书应说明当刀片不能进一步磨削，或者当刀片和刀片护罩的间隙超过下列距离时，应更换刀片：

——图3和图4b)中，6 mm；

——图4a)中，12 mm；

——说明书应详细说明使用润滑油的种类和被润滑的部件；

——说明书还应提供图纸和图表。使该项工作的实施人员能够完成工作。

7.2.6 清洁信息

——使用说明的清洁步骤应确保符合适当的清洁和卫生标准；

——明确规定使用清洁剂和消毒剂；

——说明书应明确清洁频次（如物料类型的变化）；

——说明机器在清洁、清洗和消毒过程中确保安全；

——当清洗仍然安装在机器上的刀片时，说明书应包括在清洗过程中，切片厚度调节板或防护板应处于封闭状态的要求；

——当清洁从切片机上拆除的刀片时，说明书应强调按照7.2.5步骤进行拆除，并强调清洁过程中的安全；

——磨削后应清洁刀片。

7.3 操作人员培训

应对操作人员在切片机的使用和清洁过程中存在的危险和遵守的预防措施进行培训。应明确培训标准。

在安装切片机过程中，厂家/供应商应选派一名技术人员指导操作人员完成机器安装全过程。

如果厂家提供了详细操作说明，则不必进行操作培训。

7.4 标志

切片机标牌上应给出下列信息：

——根据GB 4706.38给出的额定值信息；

——厂家信息（名称或商标和地址）；

——产品名称和型号；

——系列号。

单位为毫米

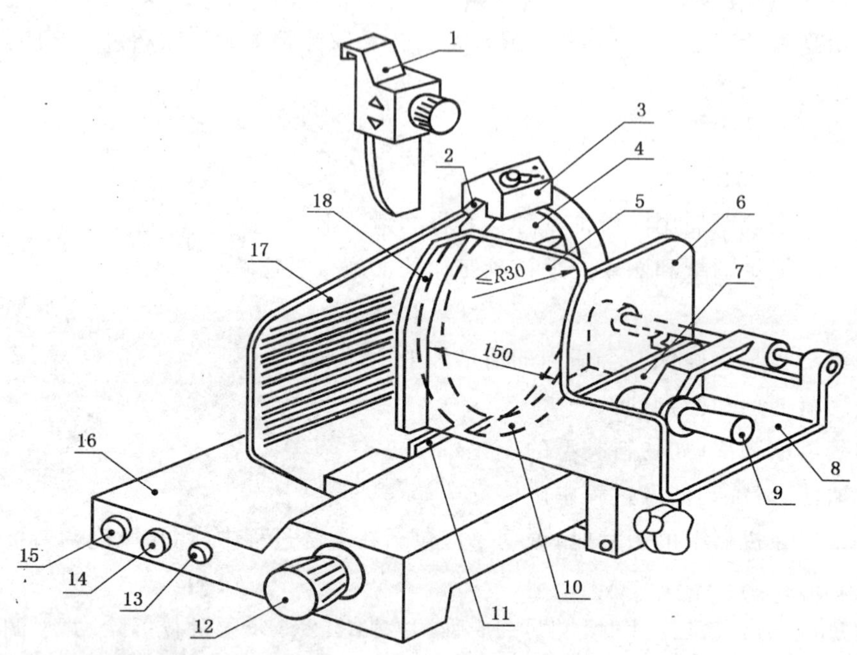

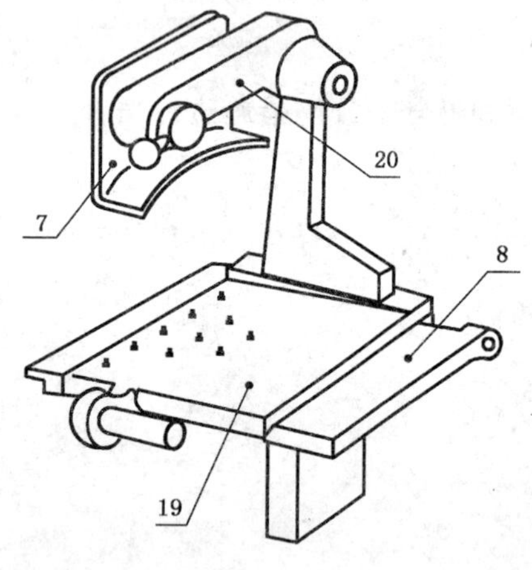

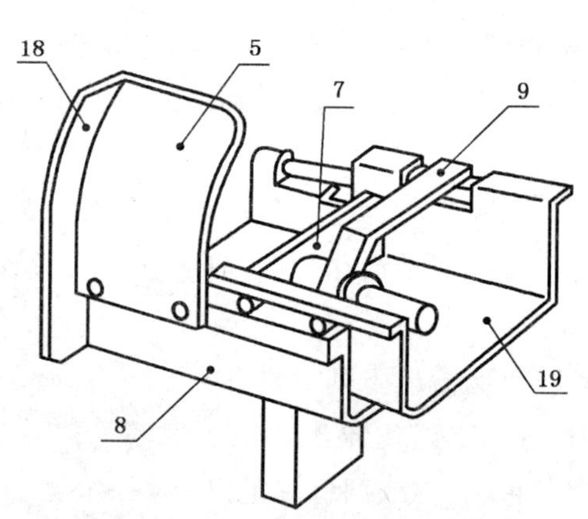

1——分离式磨刀器；
2——刀片护罩；
3——整体式磨刀器；
4——刀罩；
5——手指护挡；
6——推料器护挡；
7——尾料装置；
8——产品托架；
9——推料器；
10——刀片；
11——切片支座；
12——切片厚度调节器；
13——指示灯；
14——启动开关；
15——停止开关；
16——切片接收面；
17——切片厚度调节板；
18——拇指护挡；
19——进料滑板；
20——夹紧装置。

图 1　水平进料切片机

单位为毫米

1——分离式磨刀器；
2——刀片护罩；
3——整体式磨刀器；
4——刀罩；
5——手指护挡；
6——切片厚度调节板；
7——尾料装置；
8——产品托架；
9——滑动架把手；
10——刀片；
11——滑动架；
12——切片厚度调节器；
13——指示灯；
14——启动开关；
15——停止开关；
16——切片接收面；
17——拇指护挡。

图 2　重力进料切片机

单位为毫米

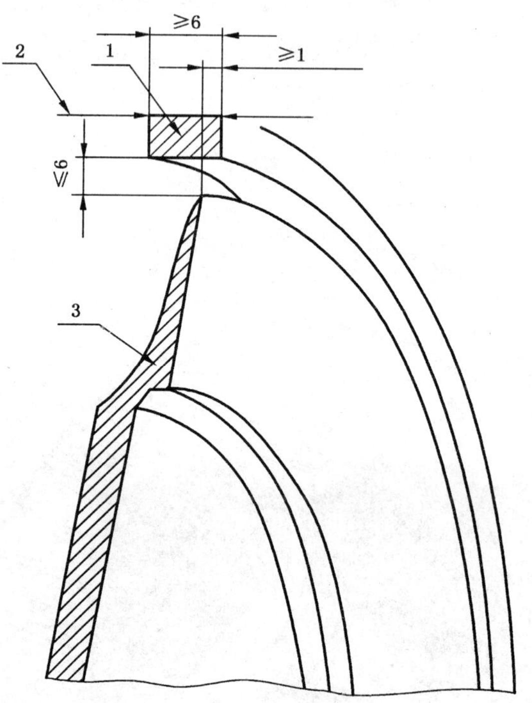

1——片护罩；
2——50 N的压力检测；
3——刀片。

图 3 无刀罩但有刀片护罩

单位为毫米

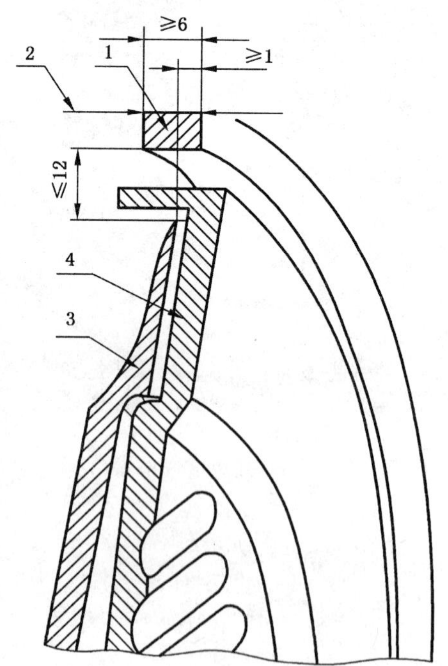

a）带联锁装置的刀罩和刀片护罩

图 4 刀罩和刀片护罩

单位为毫米

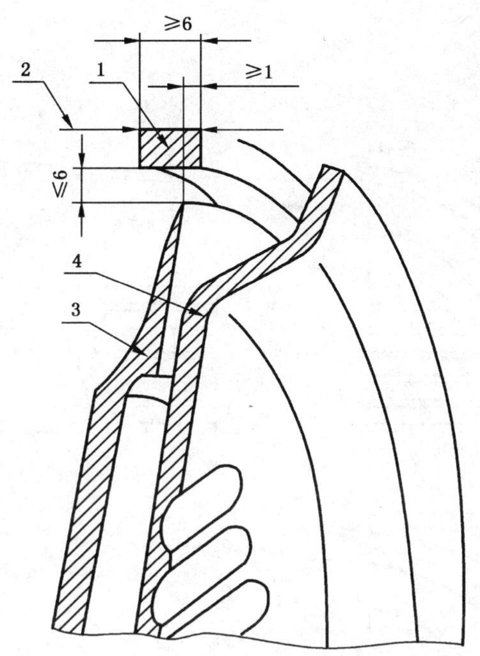

b）无联锁装置的刀罩和刀片护罩

1——刀片护罩；

2——50 N的压力检测；

3——刀片；

4——刀罩。

图 4（续）

单位为毫米

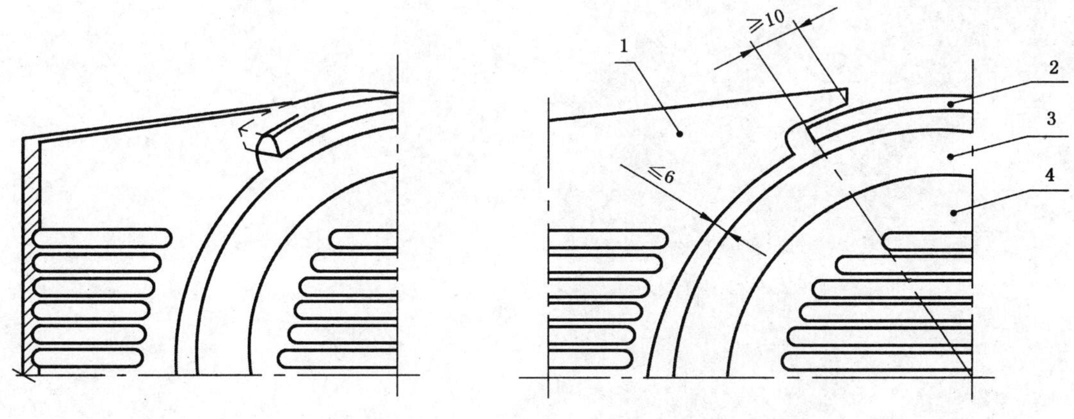

图 5　切片厚度调节板和刀片

单位为毫米

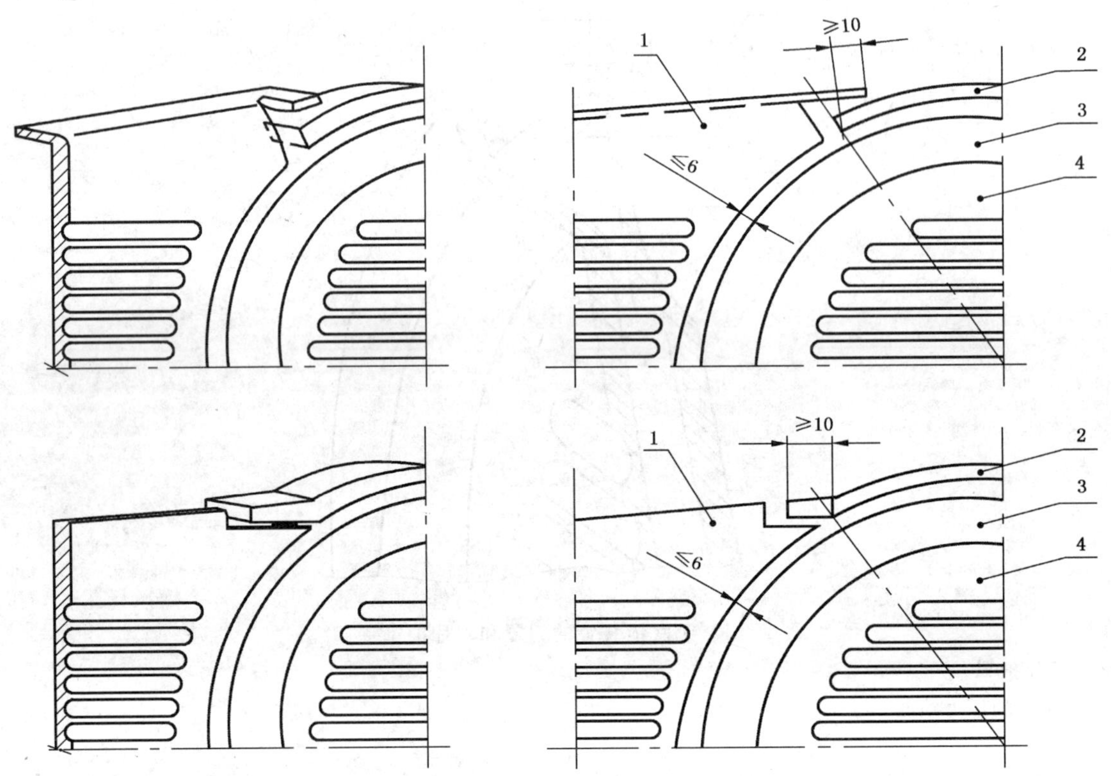

1——切片厚度调节板；

2——刀片护罩；

3——刀片；

4——刀罩。

图 5（续）

单位为毫米

1——切片厚度调节板；
2——刀片护罩；
3——刀片；
4——产品托架；
5——切片支座；
6——50 N压力测试；
7——拇指护挡。

图6　切片厚度调节板

单位为毫米

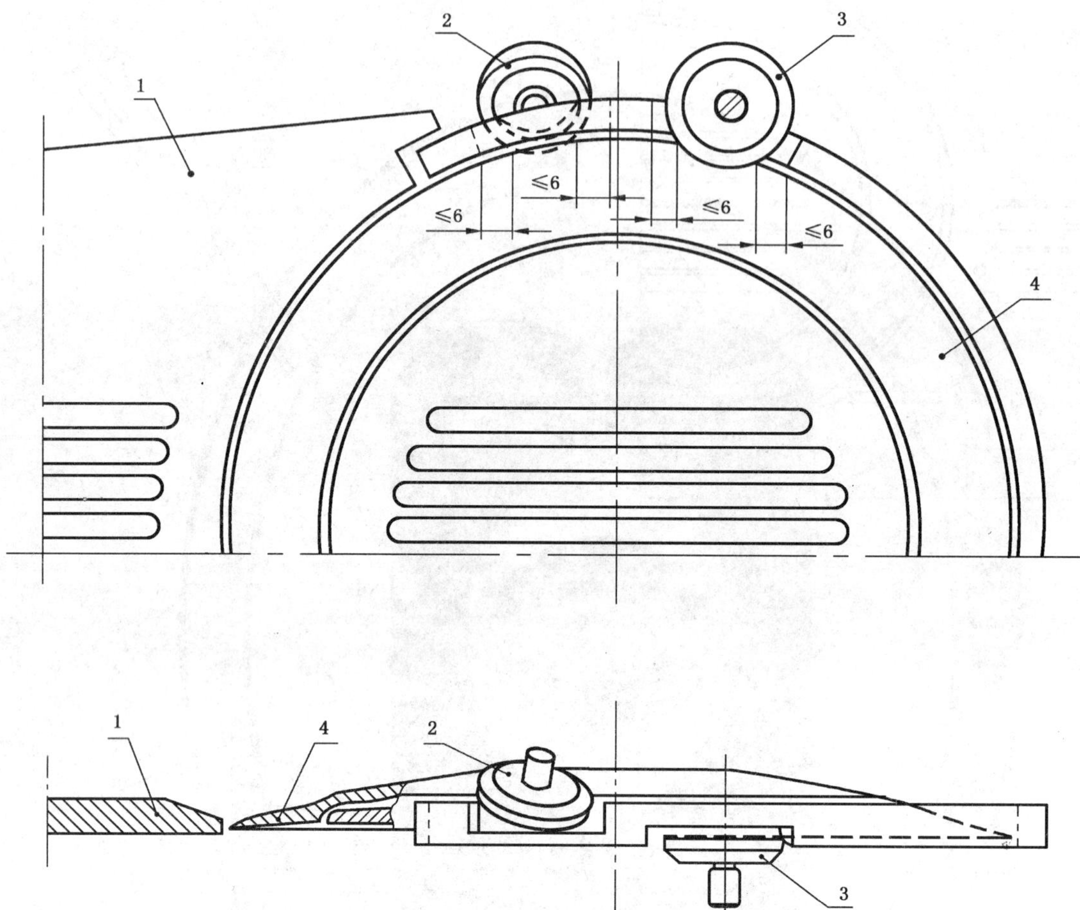

1——切片厚度调节板；
2——磨石；
3——搪磨石；
4——刀片。

图7 整体式磨刀器

单位为毫米

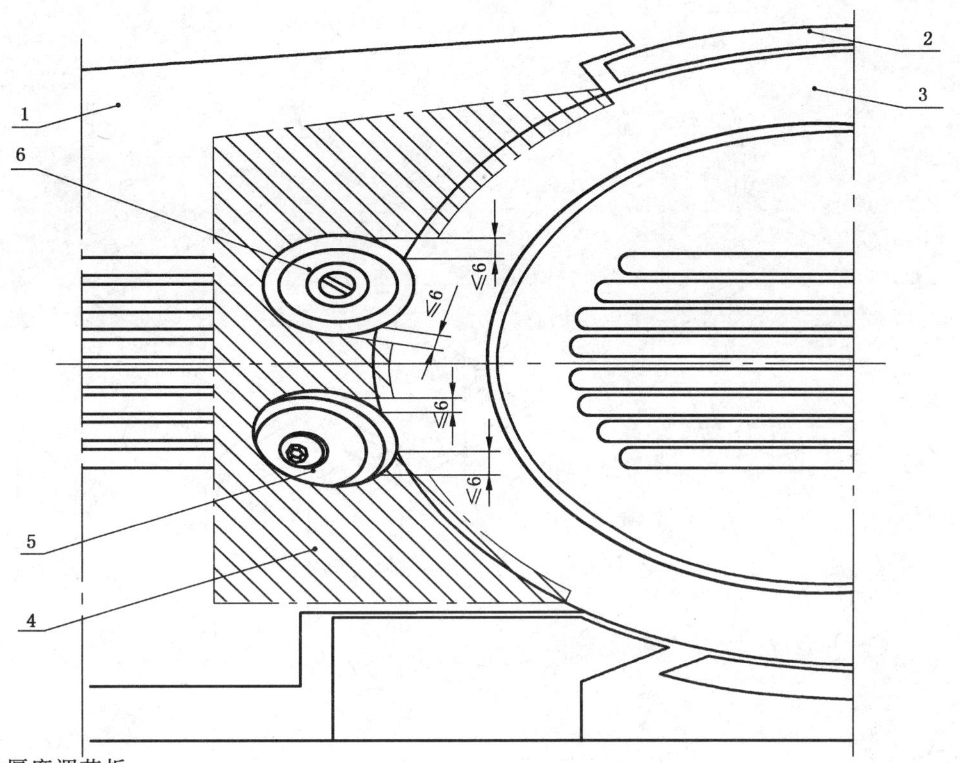

1——切片厚度调节板；
2——刀片护罩；
3——刀片；
4——磨刀器防护罩；
5——磨石；
6——搪磨石。

图 8 a） 分离式磨刀器

单位为毫米

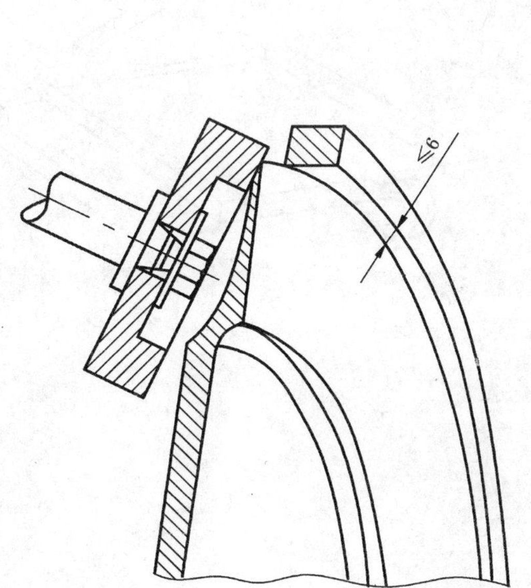

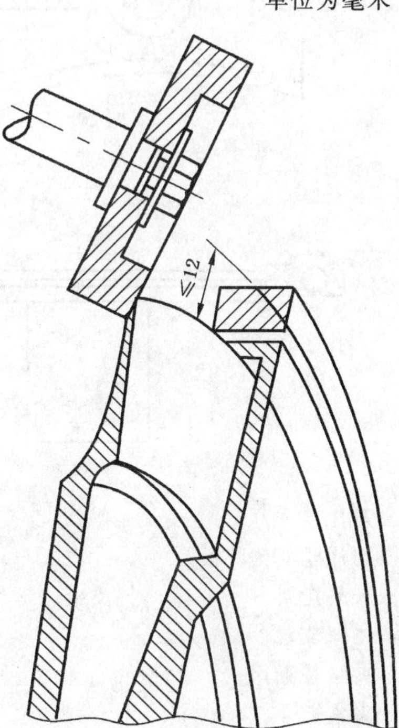

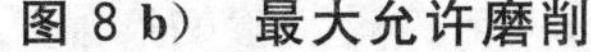
图 8 b） 最大允许磨削

单位为毫米

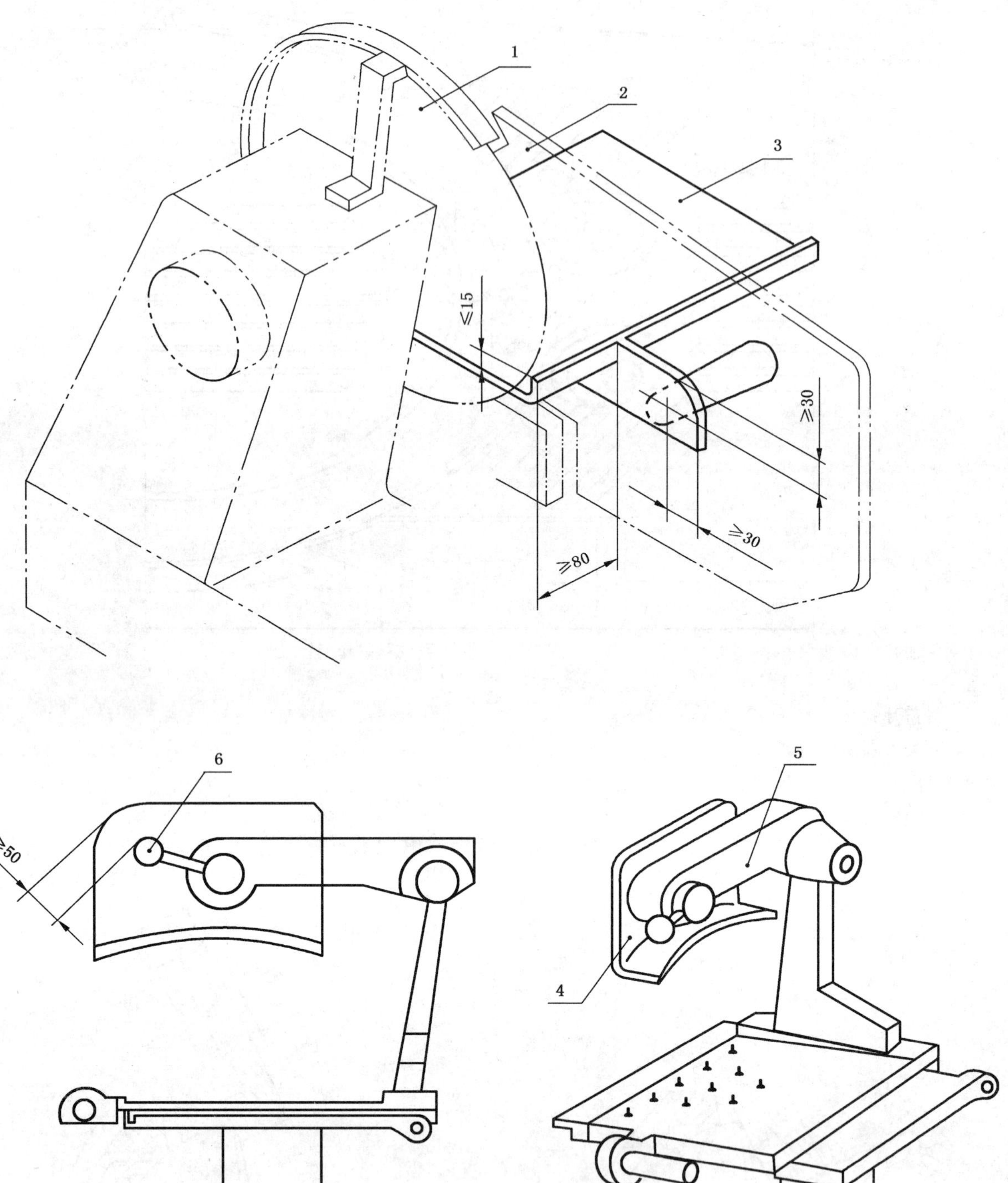

1——刀片；
2——切片厚度调节板；
3——产品托架；
4——尾料装置；
5——夹紧装置；
6——夹紧把手。

图 9　带夹紧装置的产品托架

单位为毫米

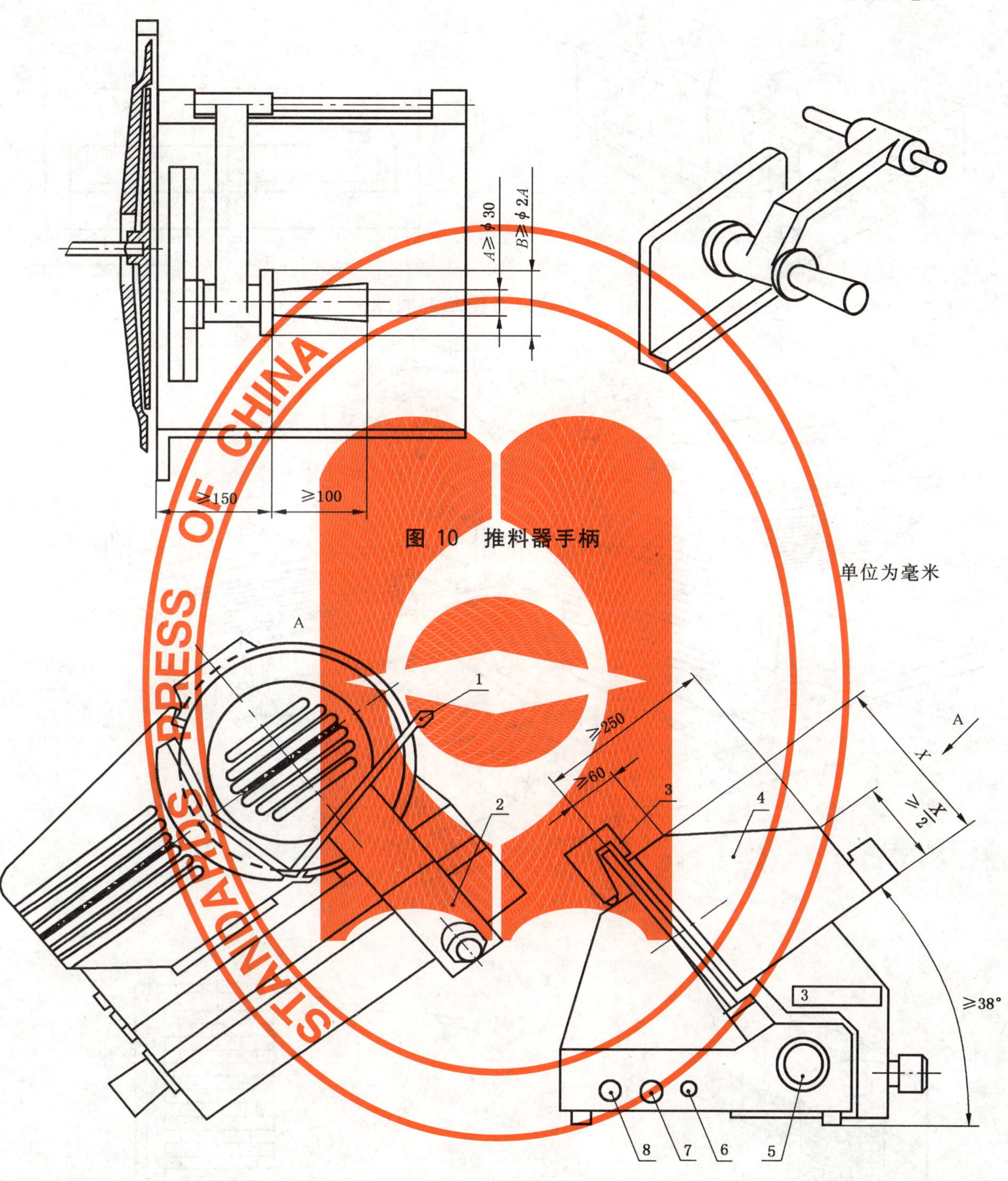

图 10 推料器手柄

单位为毫米

1——产品托架；
2——滑动架支座；
3——刀片护罩；
4——手指护挡；
5——切片厚度调节器；
6——指示灯；
7——启动开关；
8——停止开关。

图 11 重力进料切片机—手指护挡

单位为毫米

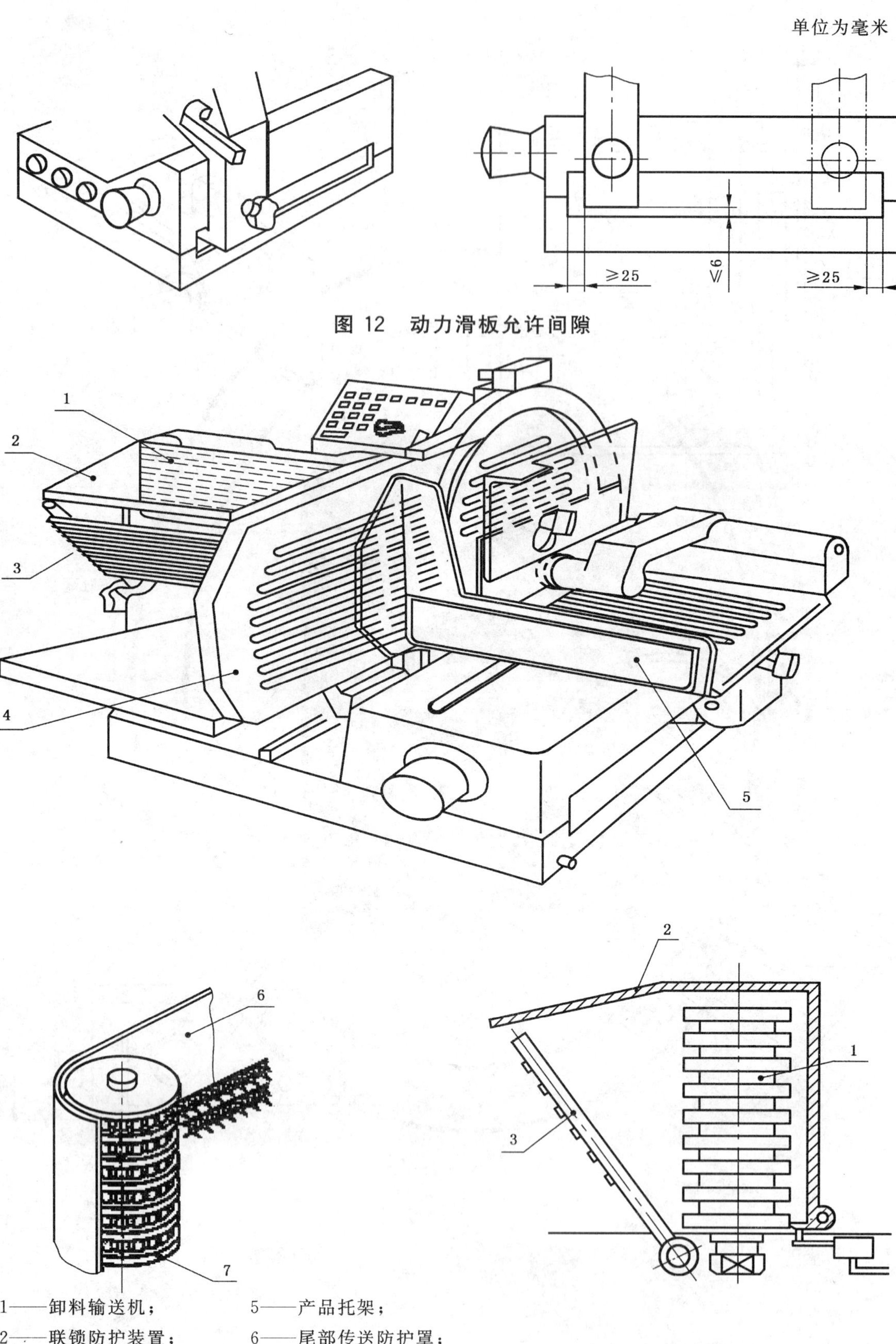

图 12　动力滑板允许间隙

1——卸料输送机；
2——联锁防护装置；
3——码放装置；
4——防护板；
5——产品托架；
6——尾部传送防护罩；
7——保护法兰。

图 13　自动特性

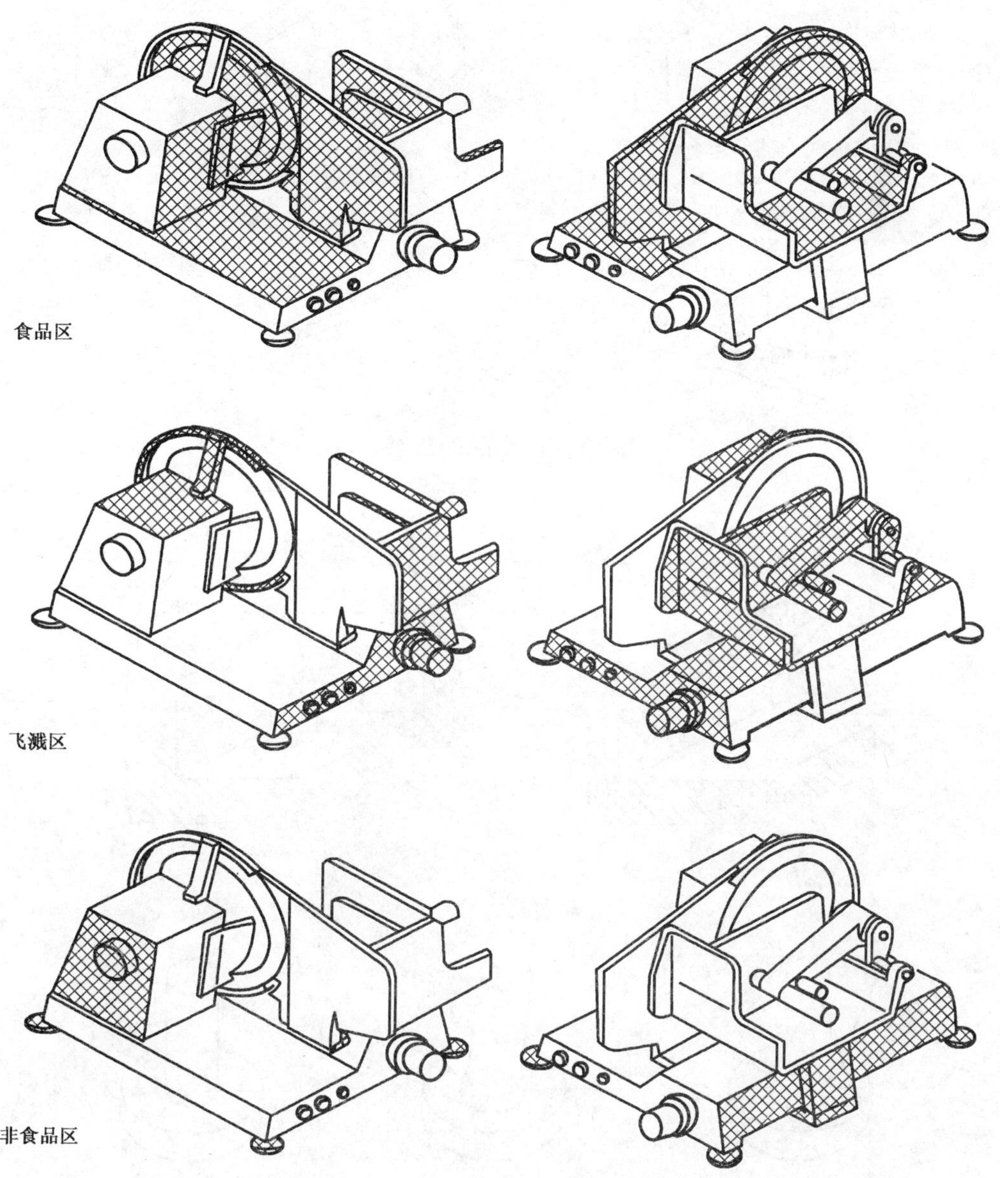

图 14　卫生区

单位为毫米

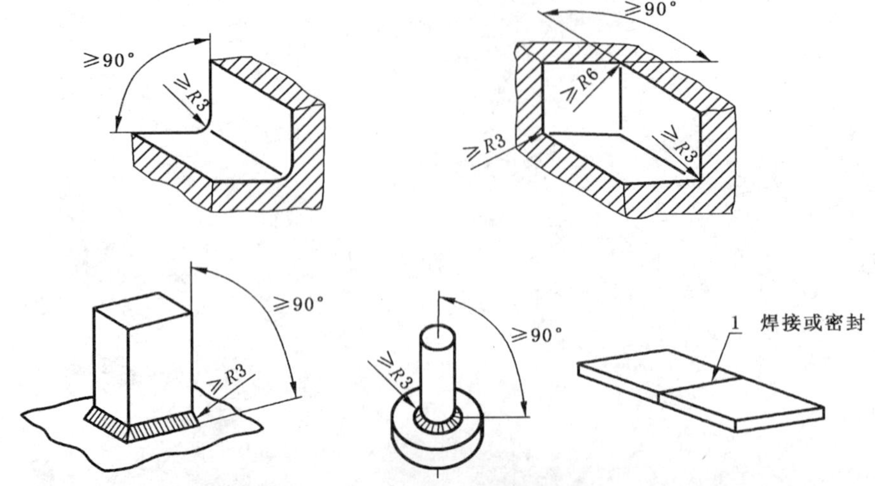

图 15 食品区的连接

单位为毫米

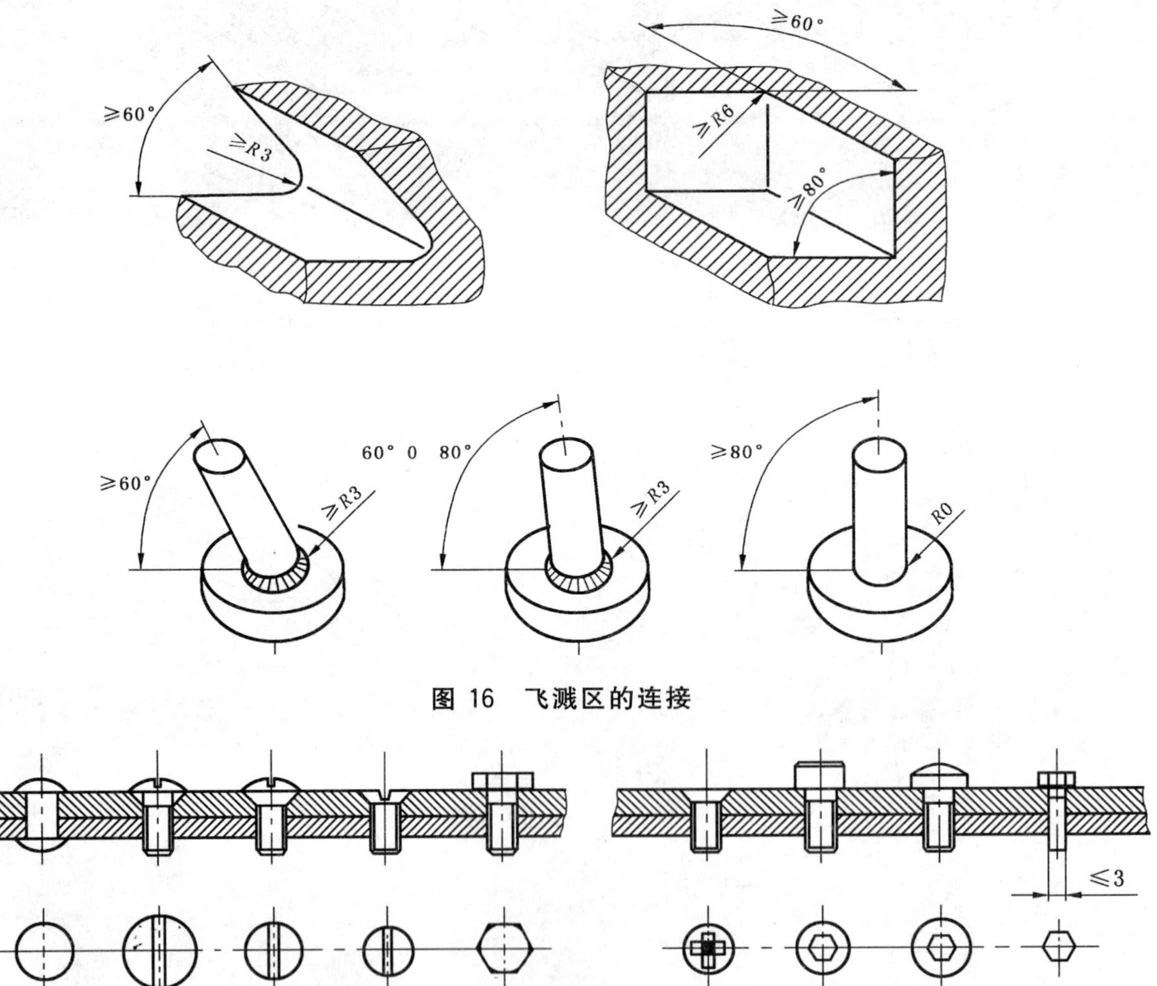

图 16 飞溅区的连接

图 17 紧固件

附 录 A
（规范性附录）
合理设计以保证切片机清洁

A.1 术语和定义

下列术语和定义适用于本附录。

A.1.1

食品区 food area

食品区包括与食品接触的表面，还包括那些在正常工作状态下食品接触过该表面后又回到器具中形成产品的表面。

A.1.2

飞溅区 splash area

在正常工作条件下，食品所喷溅到的地方。而且，喷溅的食品不会返回到食品上来。

A.1.3

非食品区 non-food area

食品区和飞溅区以外的区域为非食品区。

A.1.4

易清洁 easily cleanable

器具的设计和构造，使用简单的方法清洁器具成为可能(可用手或海绵进行清洁)。

A.1.5

连接表面 joined surfaces

连接表面应不会使小污染物或食物残渣掉入小裂隙中难以清除，造成污染危害。

A.2 制造材料

制造材料应符合 GB 22747—2008 中 5.2 条要求。

A.2.1 食品区

欧洲指南列出了适合人类消费的接触食品的材料列表；某些材料(如塑料)可能被要求做全部或部分指定试验。只要提供了这些材料可以适用于食品的证明，即使没有列入欧洲标准也可被采用。

A.2.2 飞溅区

见 GB 22747—2008 中 5.3.2 条。

A.2.3 非食品区

见 GB 22747—2008 中 5.3.3 条。

A.3 设计

不同区域的表面和零件应满足下列要求：

A.3.1 食品区

A.3.1.1 任何食品区的表面应光滑，不应有小坑和刮痕。可以有凹槽，但内径应≥4 mm。深度应＜半径的 0.7 倍。

内部拐角：两块板交角应≥90°，并具有最小 3 mm 的半径(见图 15)。如果拐角由 3 块板组成，那么，两块板的最小交角半径至少为 6 mm。

联结处和接缝应焊接或密封好。使该表面像一个整体一样光滑。

A.3.1.2 切片前后，切片机一体部件如钓钩、道钉等，或不符合上述要求的部件在不使用工具的情况下应能被拆除并被分解。这样，拆下的部件清洗就比较容易。

A.3.1.3 表面粗糙度应符合：

$R_z \leqslant 16\ \mu m$（见 GB/T 1031）。

A.3.2 飞溅区

A.3.2.1 表面应是光滑的。

A.3.2.2 可以有凹槽。但内径应≥4 mm。深度应小于半径的 1 倍。

内部拐角：两块板交角应≥ 60°。如角度＜80°，两块板间最小半径为 3 mm（见图 16）。如拐角由 3 块板组成，两块板最小交角半径至少为 6 mm。

孔直径至少 16 mm。深度应≤16 mm，且不封闭。允许间隙宽度≥16 mm。深度应≤16 mm。间隙是敞开的。

联结处和缝隙应焊接或密封好。除非从顶部向下用金属板重叠成垂直面。这样，可以清除来自水平面边缘的尘土。重叠部分至少为 12 mm。不重叠连接部分应容易拆分以便于清洁。

紧固方法：在其他紧固方法都不适用的情况下，可使用带有较低顶端类型的螺钉和螺栓进行连接。如图 17 所示。这种方法便于清洁。

不应采用下列几种螺钉：

——十字头螺钉；

——内六角头螺钉；

——直径＜3 mm 的螺钉。

必要时，部分机械部件，如磨刀器，可以有较大的凹槽、磨刀器圆角和较小的缝隙。这些部件不使用工具可以拆卸。

A.3.2.3 表面粗糙度应符合如下要求：

$R_z \leqslant 25\ \mu m$（见 GB/T 1031）。

A.3.3 非食品区

工作面应尽量光滑；凹槽、圆角、小洞、缝隙和过度面应尽量避免出现。空洞处及封闭空间应足够宽。以便于彻底清洁和消毒。

ICS 11.040.40
C 35

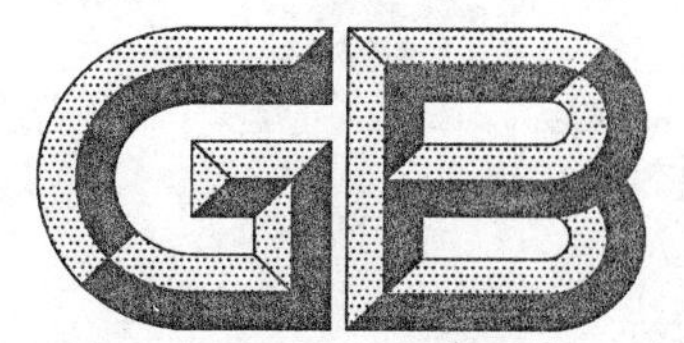

中华人民共和国国家标准

GB/T 22750—2008/ISO 6474:1994

外科植入物用高纯氧化铝陶瓷材料

Implants for surgery—Ceramic materials based on high purity alumina

(ISO 6474:1994,IDT)

2008-12-30 发布 2009-12-01 实施

中华人民共和国国家质量监督检验检疫总局
中国国家标准化管理委员会 发布

前　言

本标准等同采用 ISO 6474:1994《外科植入物　高纯氧化铝基陶瓷材料》。

本标准由国家食品药品监督管理局提出。

本标准由全国外科植入物和矫形器械标准化技术委员会(SAC/TC 110)归口。

本标准起草单位:武汉理工大学生物材料与工程研究中心。

本标准主要起草人:王欣宇、闫玉华、陈晓明。

引　言

目前已知的外科植入材料中还没有一种被证明对人体完全无毒副作用。但是本标准所涉及的材料在长期临床应用中表明，如果应用适当，其预期的生物学反应水平是可接受的。

外科植入物用高纯氧化铝陶瓷材料

1 范围

本标准规定了具有生物相容性和生物稳定性的，用于骨板、骨置换和矫形关节假体部件的高纯氧化铝基陶瓷骨替代材料的特性及相应的试验方法。

2 规范性引用文件

下列文件中的条款通过本标准的引用而成为本标准的条款。凡是注日期的引用文件，其随后所有的修改单(不包括勘误的内容)或修订版均不适用于本标准，然而，鼓励根据本标准达成协议的各方研究是否可使用这些文件的最新版本。凡是不注日期的引用文件，其最新版本适用于本标准。

ISO 468:1982　表面粗糙度　特定要求的参数、值和总则

ISO 3611:1978　用于外形测量的测微计双脚规

ISO 5017:1988　致密型耐火材料　体积密度、显气孔率和真气孔率的测定

ISO 5436:1985　样品标定　触针设备　类型、样品标定和使用

ASTM C 573:1986　耐火土和高铝质耐火材料化学分析方法

ASTM E 112:1988　平均粒径测定方法

3 分类

材料应分为A类或B类。

A类材料预期应用于高负荷植入物(如关节置换部件中的受力面)；B类材料预期应用于低负荷植入物(如上颌面和中耳植入物)。

4 物理和化学性能

A类和B类材料的性能应符合表1的规定。

5 试验方法

5.1 体积密度

体积密度按ISO 5017规定的方法测定。

5.2 化学组成

化学组成按ASTM C 573规定的方法测定，或按其他等效的方法测定。为避免争议，ASTM C 573规定的方法为仲裁法。

表1　A类和B类材料的性能

性　　能	单位	要　求		相应的试验方法
		A类	B类	
体积密度	g/cm^3	≥3.94	≥3.90	5.1
化学组成：				5.2
基础材料，Al_2O_3	%	≥99.5		
烧结添加剂，MgO	%	≤0.3		
杂质限量，SiO_2+CaO+碱金属氧化物总量	%	≤0.1		

表 1（续）

性　能	单位	要　求		相应的试验方法
		A 类	B 类	
微观结构： 平均线性截距 标准偏差	 μm μm	 ≤4.5 ≤2.6	 ≤7.0 ≤3.5	 5.3
平均双轴弯曲强度	MPa	≥250	≥150	5.4
耐磨性[a] 磨损体积	mm^3	≤0.1	不适用	5.5

a 此试验只适用于预计陶瓷与陶瓷部件间有接触的情况。

5.3 微观结构

5.3.1 原理

通过测量平均线性截距来决定平均粒径，从而描述微观结构。

5.3.2 仪器

5.3.2.1 研磨和抛光仪

用于制备平整光滑无划痕表面。

5.3.2.2 加热炉

能保持 1 500 ℃。

5.3.2.3 光学显微镜

具有 500～1 000 放大倍数。

注 1：如果预计平均粒径不足 2 μm，应使用扫描电子显微镜。

5.3.3 试样制备

5.3.3.1 通过典型的制造外科植入器件的加工工艺方法制备氧化铝陶瓷试样，采用相同的原始粉末、压制方法和压力及烧制条件。

5.3.3.2 将试样的一个表面研磨平整并抛光，直至可判定的无划痕面积比例达到至少 90%。

5.3.3.3 将试样在 1 400 ℃～1 500 ℃的空气中进行 1 h～4 h 的热蚀刻。

为增强光学对比度，经抛光和蚀刻的表面可溅镀薄金层。

5.3.4 步骤

用显微镜在能清晰描绘颗粒边界的倍率下观察微观结构。遵循 ASTM E 112 中的常规步骤，利用在显微照片上划线或载物台移动，通过随机定位，测量超过至少 6 条线性观察区的总数不少于 250 个颗粒的线性截距，每条线性观察区包含至少 20 个颗粒的长度。用合格的标线或栅格校准放大倍数。或者选用已校准的多级测微计。

5.3.5 结果计算

根据每个颗粒的线性截距计算平均线性截距和标准偏差。

5.3.6 试验报告

试验报告应包括以下内容：

a) 材料的标识、批号和足以唯一识别试样的其他标记的细目；

b) 试样表面的制备方法，包括研磨和抛光步骤的细节；

c) 平均线性截距和标准偏差，用微米表示。

5.4 双轴弯曲强度

5.4.1 原理

圆片状试验材料被置于两个同轴不同直径的环中间，施以压力。记录试样断裂所施加的力并计算标称断裂应力。

5.4.2 仪器

5.4.2.1 力学试验机

能以(500±100)N·s^{-1}额定载荷率施加最小压力为5 kN的力，精度优于1%，能记录峰值力。

按约定的步骤，如ASTM E 4-83对试验机进行校准。

5.4.2.2 试验夹具

由不同直径的负载环组成并具有如图1所示的特有几何形状。夹具应具有与试样接触直径为(30±0.1)mm的外支撑环和与试样接触直径为(12±0.1)mm的加载环。与试样接触表面的曲率半径应为(2±0.2)mm。夹具应能使加载环、支撑环和试样在±0.2 mm内对中于公共轴。

环最好用硬化钢(硬度大于500 HV或40 HRC)制作以减少由试样断裂造成的损坏或磨损。

为了调节来自试样表面平面度的微小离隙，应将一块(0.6±0.1)mm厚、60±5邵氏硬度的橡胶片置于支撑环和试样之间，将一张纸片置于试样和加载环之间。

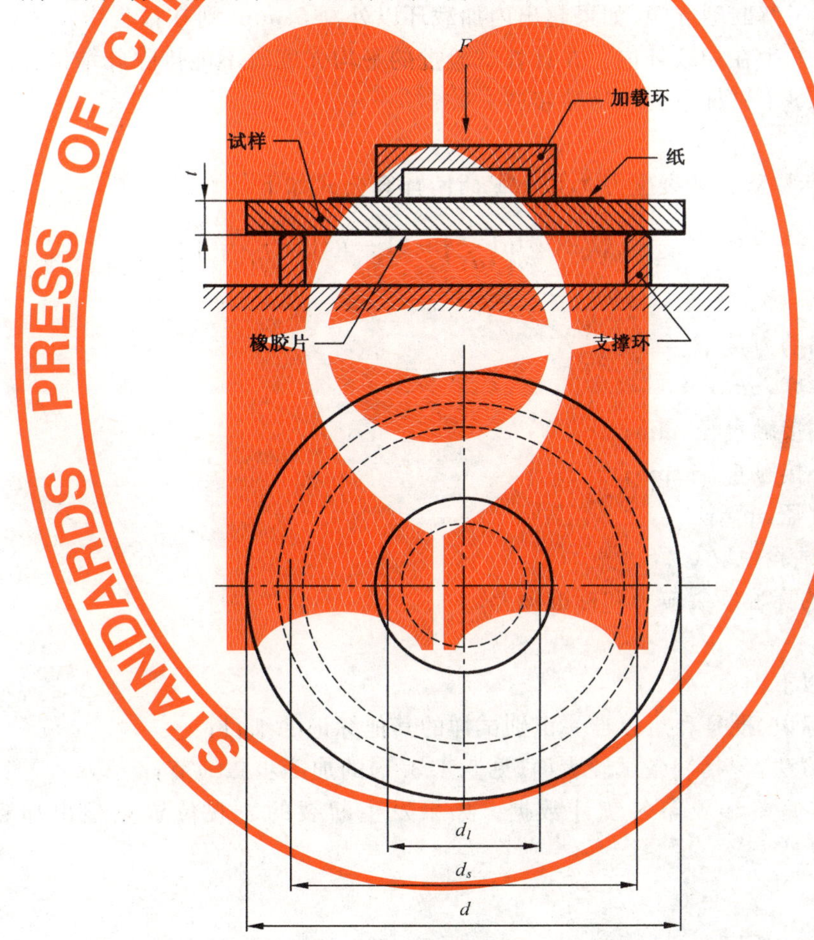

参见注2。

图1 带同轴加载和支撑环的双轴弯曲强度试验装备示意图

5.4.2.3 测微计

符合ISO 3611的规定，具有±0.01 mm的测量精度。

5.4.3 试样制备

5.4.3.1 通过代表外科植入器件产品加工工艺的方法制备试验材料坯段或圆盘，采用相同的原始粉末、压制方法和压力及烧制条件。

5.4.3.2 试样(见图1)应为直径(36±1.0)mm、厚度(2±0.1)mm的圆片。待测表面应为已烧制状态。

5.4.3.3 应制备至少10个试样用于平均强度的测定，如果要求进行威布尔统计分析，应制备至少30个试样。

5.4.4 步骤

注2：此试验步骤也适用于不按5.4.3的要求而采用其他(例如研磨和抛光)方法进行表面处理的试样。无论如何，制备方法应按5.4.6b)所述进行记录。

5.4.4.1 测量试样直径，精确到0.1 mm；厚度，精确到0.05 mm。每个试样至少取3个随机部位进行测量。计算平均直径和平均厚度。

5.4.4.2 将橡胶片置于夹具的支撑环上，然后将试样置于橡胶片上，使待测表面与橡胶片接触并与之对中。将纸片置于试样顶部并将加载环置于纸片上，与试样和支撑环对中。

5.4.4.3 将夹具放入试验机中并以(500±100)N·s^{-1}的速率给加载环施以稳定增加的力，直至试样断裂。记录断裂时的载荷。

5.4.4.4 检查断片以了解断裂起源，如果超出内加载环以外0.5 mm，则在报告中注明(5.4.6)。为计算断裂应力，假定断裂发生在加载环内。在计算试验批的平均强度时不能排除此结果。

5.4.4.5 对同批中的每个试样重复此试验步骤。

5.4.5 结果计算

对每个试样计算标称双轴断裂应力σ，以MPa计，计算公式如下：

$$\sigma = \frac{3F}{2\pi t^2}\left[(1+\upsilon)\ln\left(\frac{d_s}{d_l}\right)+(1-\upsilon)\left(\frac{d_s^2-d_l^2}{2d^2}\right)\right]$$

式中：

F——断裂时施加的力，N；

t——平均试样厚度，mm；

d_s——平均支撑环接触直径，mm；

d_l——平均加载环接触直径，mm；

d——平均试样直径，mm；

υ——泊松比，此试验中取0.25。

对试样批计算平均标称断裂应力和标准偏差。

5.4.6 试验报告

试验报告应包括以下内容：

a) 陶瓷材料的标识、批号和足以唯一识别试样的其他标记的细目；

b) 制备试样的方法，包括制备试验表面(见5.4.3.1)的加工步骤细节；

c) 平均值、标准偏差和威布尔统计数据。如果发生断裂的表观位置点超出加载环直径以外0.5 mm，应注明。

5.5 耐磨性

5.5.1 原理

将氧化铝陶瓷环置于平整的氧化铝陶瓷圆盘上，在给定时间内以1 Hz频率、±25°弧度旋转，用水作环境介质。确定盘上磨损痕迹的量并以此作为鉴定耐磨性的测量方法。

5.5.2 仪器

5.5.2.1 **盘上环摆动试验装置**

能使试验环件与盘件定位在同心(图2)。试样环应能承受围绕固定轴、以±25°旋转角和1 Hz正弦或近正弦变角率的摆动旋转。盘支撑件应与万向节联接以确保盘平面与环平面始终吻合。

5.5.2.2 **轮廓曲线测试仪**

例如不打滑的金刚石触针设备，用来确定试样盘的磨损量。此设备应能从轮廓测量来计算磨损痕迹横截面面积。

5.5.3 试样制备

5.5.3.1 通过代表外科植入器件产品加工工艺的方法制备试验材料坯段或圆盘，采用相同的原始粉末、压制方法和压力及烧制条件。制备至少5对试样。

5.5.3.2 试样(见图3)应符合以下尺寸：

试样环的表面接触部位：

——内直径 $14_{-0.1}^{\ 0}$ mm；

——外直径 $20_{-0.1}^{\ 0}$ mm。

试样盘的接触表面：

——直径≥25 mm。

为适应试验装置的设计，也可选择其他试样尺寸。

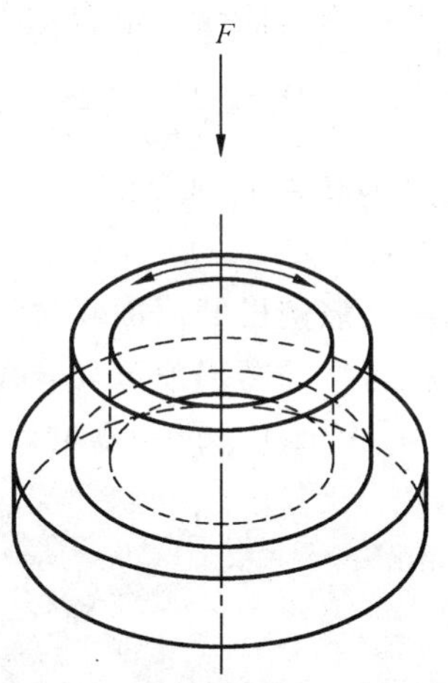

图2 磨损试验示意图

单位为毫米

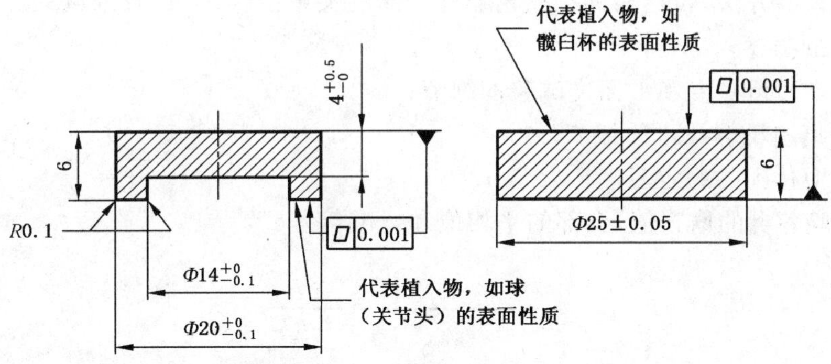

图3 试样环件和盘件的几何图形及尺寸规定

5.5.3.3 试样的接触表面应满足下列条件：

表面粗糙度，CLA：≤0.10 μm

平面度：≤0.6 μm

粗糙度应参照ISO 468用表面光度仪测定，表面光度仪应按ISO 5436的步骤进行有效校准。平面度应采用适当的干涉仪测量，试样的整个接触面都应进行观测。

5.5.4 步骤

5.5.4.1 将试样盘和试样环固定于夹具中相应的支撑件上，采用合适的粘合或夹紧装置。

5.5.4.2 采用以下试验条件：

旋转角:±25°;

轴向载荷:(1 500±10)N;

频率:(1±0.1)Hz;

试验时间:(100±1)h;

润滑剂:蒸馏水;

温度:室温,被监测和报告的试样最接近的环境温度。

5.5.4.3 将试样从试验装置上卸下,在超声波容器中用蒸馏水清洗以除去碎屑。干燥试样并检查磨损表面。如果试样盘上的磨损痕迹是一不完全的环,表明试样之间接触不紧密。用新试样重新进行试验。

5.5.4.4 用轮廓曲线仪沿着6个对称排列的,径向起始于磨损痕迹外边缘3 mm以外、终止于磨损痕迹内边缘3 mm以内的磨损痕迹测定磨损痕迹轮廓。采用充分灵敏的标尺清晰描绘磨损痕迹。

5.5.4.5 从磨损痕迹任一侧的轮廓定义的原始表面测定磨损痕迹轮廓横距,操作如下:从磨损痕迹的两侧,向痕迹中心推测中间表面轮廓。采用测面仪或其他合适的电子仪器测定磨损痕迹轮廓与推测线之间的面积,以确定磨损痕迹横截面面积。

注3:通过在磨损试验前后转换夹具中试样的角度,一种更复杂的方法可用来测定沿着相同半径的表面轮廓。磨损痕迹面积可通过一个轮廓从另一轮廓的电子扣除来确定。

5.5.5 磨损量的计算

5.5.5.1 从6个磨损痕迹轮廓测定的磨损痕迹横截面面积确定平均磨损痕迹横截面面积。

5.5.5.2 通过平均磨损痕迹横截面面积与平均磨损痕迹环长度相乘来计算磨损量V,计算公式如下:

$$V = \pi(r_o + r_i)A$$

式中:

A——平均磨损痕迹横截面面积,mm^2;

r_o——平均磨损痕迹外半径,mm;

r_i——平均磨损痕迹内半径,mm。

5.5.6 试验报告

试验报告应包括以下内容:

a) 制备试样盘的方法,包括与外科植入器件产品的关系(5.5.3.1)及采取的加工步骤;

b) 试验仪器的描述;

c) 测定试样表面粗糙度和平面度试验的细节;

d) 测定磨损痕迹轮廓技术的细节;

e) 试验操作中达到的稳定温度;

f) 每5个试验各自的磨损值,全部的平均值和标准偏差。

ICS 97.220.01
Y 55

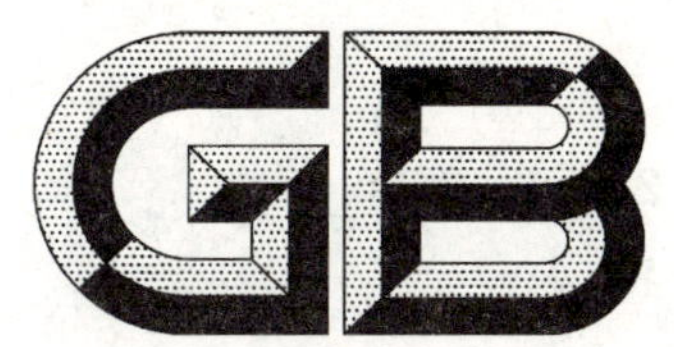

中华人民共和国国家标准

GB/T 22751—2008

台球桌

Billiards table

2008-12-30 发布 2009-09-01 实施

中华人民共和国国家质量监督检验检疫总局
中国国家标准化管理委员会 发布

前　言

本标准采用了世界台球联合会(WPBSA)的竞赛规则(2007 年 9 月版),其中英式斯诺克球台、球、杆采用竞赛规则中相应条款的要求。

本标准由中国轻工业联合会提出。

本标准由全国文体用品标准化中心归口。

本标准起草单位:北京星伟体育用品有限公司、廊坊星宝台球有限公司、云南隆基体育用品有限公司。

本标准主要起草人:甘连童、陈仲玉、赵建华、王虎山、仉子敬。

台 球 桌

1 范围

本标准规定了台球桌的术语和定义、分类、要求、试验方法及标志、包装、运输、贮存。

本标准适用于台球运动的台球桌及其球和球杆。

2 规范性引用文件

下列文件中的条款通过本标准的引用而成为本标准的条款。凡是注日期的引用文件，其随后所有的修改单(不包括勘误的内容)或修订版均不适用于本标准，然而，鼓励根据本标准达成协议的各方研究是否可使用这些文件的最新版本。凡是不注日期的引用文件，其最新版本适用于本标准。

GB/T 191 包装储运图示标志(GB/T 191—2008，ISO 780:1997，MOD)

GB/T 4802.1 纺织品 织物起毛起球性能的测定 第1部分：圆轨迹法

GB/T 11718 中密度纤维板

3 术语和定义

下列术语和定义适用于本标准。

3.1

库性 performance of cushion

库性简称库，是球与胶边撞击次数的计数单位。

3.2

库逊 cushion rail

库逊又名小帮，是连接在台面外围形成击球区域的部件。

3.3

台面 playing surface

包括库逊在内的包有台呢或台布部分的水平表面。

3.4

库高 height of cushion

胶边上表面与台面的距离，包括台呢或台布在内。

3.5

库边 nose of cushion

球与胶边的撞击点所在的小帮内沿。

4 分类

4.1 按种类可分为英式斯诺克球台、美式普尔球台、中式球台、俄式球台、法式开伦球台等。

4.2 按石板尺寸可分为 1 980 mm、2 160 mm、2 412 mm、2 640 mm、3 040 mm、3 310 mm 和 3 657 mm 等不同规格。

注：一般标准英式斯诺克球台和俄式球台为 3 657 mm，美式普尔球台、中式球台和法式开伦球台为 2 640 mm。

4.3 按球桌台面材质可分为石板台和木板台。

5 要求

5.1 规格尺寸

台球桌的规格尺寸见表1。

表 1 台球桌的规格尺寸

单位为毫米

<table>
<tr><th rowspan="3">类别</th><th colspan="2">内沿</th><th rowspan="3">台高</th><th colspan="2">库高</th><th colspan="3">袋口</th></tr>
<tr><th rowspan="2">基本尺寸
（长×宽）</th><th rowspan="2">极限偏差</th><th rowspan="2">基本
尺寸</th><th rowspan="2">极限偏差</th><th colspan="2">基本尺寸</th><th rowspan="2">极限偏差</th></tr>
<tr><th>角袋</th><th>中袋</th></tr>
<tr><td>英式斯诺克球台(3 657 mm)</td><td>3 569×1 778</td><td rowspan="5">±13</td><td>851～876</td><td>39.5</td><td rowspan="5">±0.5</td><td>83</td><td>87</td><td rowspan="4">±1</td></tr>
<tr><td>美式普尔球台(2 640 mm)</td><td>2 540×1 270</td><td>800～850</td><td rowspan="2">42</td><td>125</td><td>140</td></tr>
<tr><td>中式球台(2 640 mm)</td><td>2 540×1 270</td><td>850±10</td><td>84</td><td>86</td></tr>
<tr><td>俄式球台(3 657 mm)</td><td>3 560×1 780</td><td>850±10</td><td rowspan="2">43</td><td>72</td><td>82</td></tr>
<tr><td>法式开伦球台(2 640 mm)</td><td>2 540×1 270</td><td>800～850</td><td>—</td><td>—</td><td>—</td></tr>
</table>

5.2 库边

内沿两对边的平行度应≤1.5 mm，库边直线度应≤1.5 mm。

5.3 台面

台面内的石板对接后整体平面度应≤0.7 mm，同一球台每块石板的等厚性应≤0.5 mm，木板台整体平面度应≤1 mm。

5.4 回弹

英式斯诺克球台、美式普尔球台、中式球台、俄式球台、法式开伦球台均要求三库半以上。

5.5 外观

5.5.1 库逊和台面的台呢粘接应平展、牢固；受力应均匀，无皱褶。

5.5.2 袋口应安装牢固，不应松动。

5.5.3 胶条应粘接牢固、平整。

5.5.4 台球桌表面着漆部位应色泽均匀、漆膜平整，无流挂、堆漆、坑凹现象。

5.5.5 球桌木制件部分应无裂纹，无磕碰。

5.5.6 台球桌组装后应平稳。

5.6 材质

5.6.1 台球桌的台面宜用天然石板和优质中密度板等。

5.6.2 根据台球桌不同的档次分别宜用红木、南洋木、优质木材和人造板材等。

5.6.3 根据台球桌不同的档次分别选用全毛或混纺台呢，台呢的耐磨起球指标达到 3 级或 3 级以上。

5.7 球

5.7.1 所有球都应用优质材料制造。

5.7.2 斯诺克球的直径为 52.5 mm，美式球直径为 57.15 mm，俄式球的直径为 68 mm，开伦球的直径为 65.5 mm，公差均应在±0.05 mm 范围内。

5.7.3 每副球内每个球的质量公差应为±3 g。

5.8 球杆

球杆的长度不应短于 914 mm(3 ft)，且球杆的外观、结构与传统及被广泛认可的形态不应有较大的差异。

6 试验方法

6.1 对 5.1 中内沿尺寸和台高尺寸用钢卷尺测量，库高用高度尺测量，袋口尺寸用分度值不低于 0.5 mm 的游标卡尺测量。

6.2 对 5.2 用钢卷尺测量。

6.3 对5.3测量方法为：

a) 石板：用游标卡尺测量单块石板的等厚性不大于0.5 mm，再用长2 000 mm精度不低于1级的工形平尺和塞尺测量，测量单块石板的对角线，每条对角线测量3点～5点，各点的最大值不得超过0.5 mm，调平时用水平仪测量；

b) 木板：将其置于平台上，用2 000 mm“L”型平尺测量其翘曲距离之差。中密度板应按GB/T 11718测试。

6.4 对5.4在内沿长度方向用球猛击库边，目测球碰撞库边的次数。

6.5 对5.5用感官检验。

6.6 对5.6.1和5.6.2用感官检验，5.6.3耐磨起球指标应按GB/T 4802.1测试。

6.7 对5.7.1用感官判定，对5.7.2用分度值不低于0.5 mm的游标卡尺测量直径，对5.7.3用电子秤检测质量。

6.8 对5.8用钢卷尺测量长度。

7 标志、包装、运输、贮存

7.1 标志

产品或包装上应标明产品名称(型号)、厂名、厂址、商标，包装箱上应标明产品执行的标准编号，图示标志应符合GB/T 191的规定。

7.2 包装

产品内外包装应保证在正常的贮存、搬运、运输过程中使产品完好不受损坏。

7.3 运输

产品在运输过程中应轻装、轻卸，严防受潮、重压、碰撞。

7.4 贮存

产品应放置在空气流通、干燥的仓库内，防止潮湿、虫蛀，不得靠近火源。

ICS 11.180.20
C 45

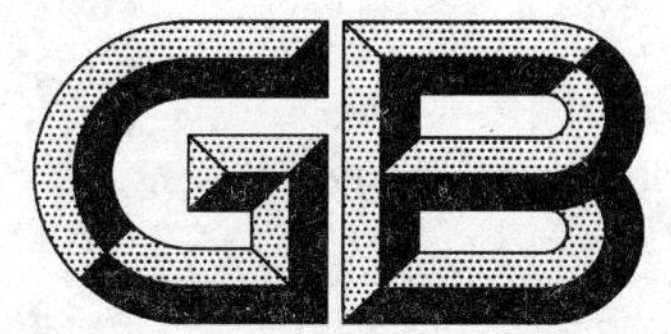

中华人民共和国国家标准

GB/T 22752—2008

残疾人辅助器具　抓握杆

Technical aids for persons with disabilities—Grab-rails

2008-12-31 发布　　2009-09-01 实施

中华人民共和国国家质量监督检验检疫总局
中国国家标准化管理委员会　发布

前　言

本标准由中华人民共和国民政部提出。

本标准由全国残疾人康复和专用设备标准化技术委员会(SAC/TC 148)归口。

本标准主要起草单位:国家康复器械质量监督检验中心、佛山东方医疗器械设备厂有限公司、安徽省来安县亨威塑胶制品有限公司、北京市东城区残疾人联合会。

本标准主要起草人:王保华、赵键荣、贾亚玲、叶奇、郝玉寿、汪凯燕。

残疾人辅助器具　抓握杆

1　范围

本标准规定了抓握杆的要求、试验方法、检验规则、标志、包装、运输及贮存。

本标准适用于居室内各种金属、非金属和复合材料等制成的抓握杆。

2　规范性引用文件

下列文件中的条款通过本标准的引用而成为本标准的条款。凡是注日期的引用文件，其随后所有的修改单(不包括勘误的内容)或修订版均不适用于本标准，然而，鼓励根据本标准达成协议的各方研究是否可使用这些文件的最新版本。凡是不注日期的引用文件，其最新版本适用于本标准。

GB/T 191　包装储运图示标志(GB/T 191—2008,ISO 780:1997,MOD)

GB 9797　金属覆盖层　镍＋铬和铜＋镍＋铬电镀层

GB/T 16886.1　医疗器械生物学评价　第1部分:评价与试验(GB/T 16886.1—2001,idt ISO 10993-1:1997)

JGJ 50—2001　城市道路建筑物无障碍设计规范

3　术语和定义

下列术语和定义适用于本标准。

3.1

抓握杆　grab-rails

安装在地板、墙壁或其他部件上，用于辅助身体移动和改变姿势时起支撑作用的固定栏杆。

注：依据 GB/T 16432 分类号 18 18。

3.2

普通式抓握杆　grab bar

安装在地板或墙壁上，具有两个固定支撑点的抓握杆。

3.3

围绕式抓握杆　surrounding grab bar

围绕起居器具(如:洗手盘，小便器)安装在地板或墙壁上，且具有超过两个固定支撑点的抓握杆。

3.4

上翻式抓握杆　flip up grab bar

安装在墙壁上具有悬臂部分的抓握杆，且悬臂部分可上翻靠墙放置。

3.5

浴缸抓握杆　tub bar

安装在浴缸壁上且位置可调节的抓握杆。

4　要求

4.1　结构尺寸

4.1.1　抓握杆直径应为 30 mm～40 mm 或其他适合抓握支撑的形状尺寸。

4.1.2　水平支撑抓握杆的有效抓握长度不应小于 230 mm，垂直支撑抓握杆的有效抓握长度不应小于

155 mm(如图 1 所示)。

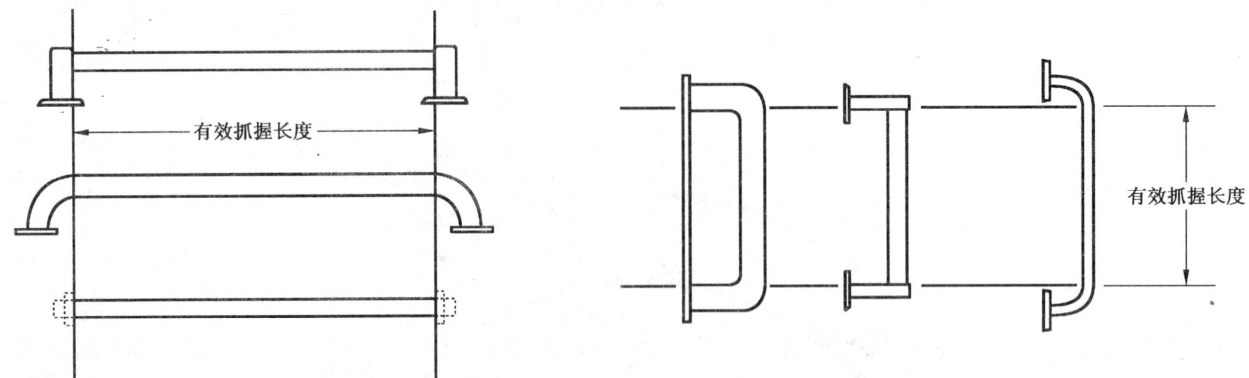

图 1 普通式抓握杆

4.1.3 抓握杆有效抓握部分与相邻的活动或固定部件、地板、墙壁的安装后距离不应小于 40 mm。

4.2 材料

4.2.1 原材料的规格、质量应符合设计要求和现行国家标准、规范的规定。

4.2.2 材料检验按 GB/T 16886.1 进行评估。

4.2.3 与人体接触部分材料中不应含有危及人身健康的有害成分,应为无毒,无过敏,无刺激。

4.3 机械强度

4.3.1 静载强度

经 5.3.1 静载强度试验后,应无裂缝、断裂和明显的永久变形等损坏。

4.3.2 冲击强度

经 5.3.2 冲击强度试验后,不允许产生裂纹、断裂或永久变形。

4.3.3 连接件强度

抓握杆装上的把手套能承受最小 800 N 的拉力,不应被拔出。

4.4 安装

4.4.1 浴室、卫生间使用的抓握杆,其安装应符合 JGJ 50—2001 中 7.8.1 的要求。

4.4.2 抓握杆的连接件、支撑件等应齐全配套,配合紧密、固定可靠。

4.4.3 抓握杆转动部位应间隙适当,运转灵活,连接牢固。

4.4.4 抓握杆的起点、终点应用弯头向下延伸或拐向墙面,可触及的管端应有部件或管塞封住(如图 2 所示)。

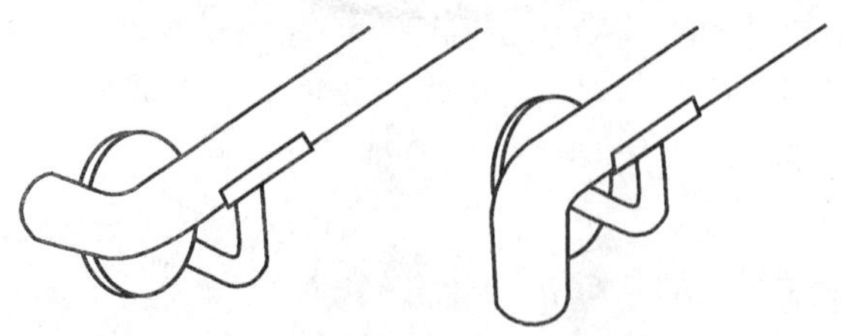

图 2 抓握杆起点、终点

4.5 外观

4.5.1 直杆部件应无弯曲、扭曲;弯曲部件应过度平滑、自然、流畅、平整;焊接部件焊缝应均匀,不应有裂纹,漏焊等缺陷。

4.5.2 接触人体表面不应有毛刺、锐边、尖角或其他伤害使用者及损坏衣服的缺陷。

4.5.3 应将所有金属部件作防腐蚀处理，且表面应色泽均匀一致。

4.5.4 电镀层表面应符合 GB 9797 的规定。

4.5.5 喷涂件表面色泽应均匀，光滑平整，不应有露底、起泡、脱落、开裂、漏挂和明显的擦伤、碰伤等缺陷。

5 试验方法

5.1 环境条件

除特别说明外，全部试验在 25 ℃±5 ℃的环境中进行。

5.2 装配及外观检验

对装配、结构、外观及无数据要求的项目，采用目测、手感、试用、观察等方法确定。

5.3 强度试验

5.3.1 静载强度试验

5.3.1.1 普通式抓握杆(如图 1 所示)

将样品固定在支架上，在样品两个支撑点的中部悬挂 150 kg，且具有±2%相对误差的静载荷，加载时间不少于 5 min，去掉载荷后按 4.3.1 规定的要求检查样品。

注：如所选样品为非“一”字型(如“V”字型或“U”字型)产品，则应对每边分别进行静载强度试验。

5.3.1.2 围绕式抓握杆(如图 3 所示)

将所选样品固定在支架上，在样品环形任意一点悬挂 150 kg，且具有±2%相对误差的静载荷，加载时间不少于 5 min，去掉载荷后按 4.3.1 规定的要求检查样品。

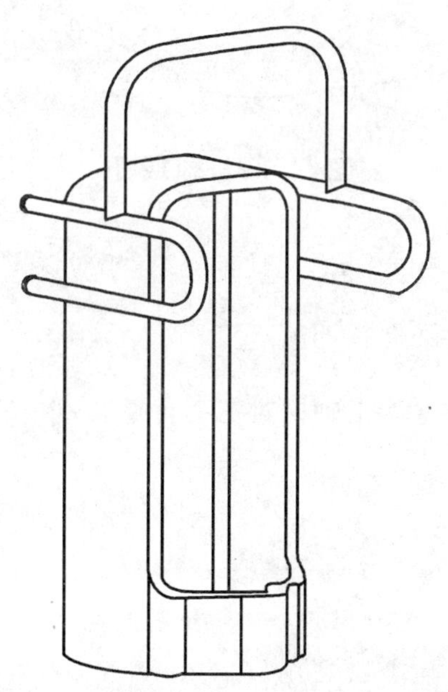

图 3 围绕式抓握杆

5.3.1.3 上翻式抓握杆(如图 4 所示)

将样品固定在支架上，在样品悬臂一端 5 cm 处悬挂 150 kg，且具有±2%相对误差的静载荷，加载时间不少于 5 min，去掉载荷后按 4.3.1 规定的要求检查样品。

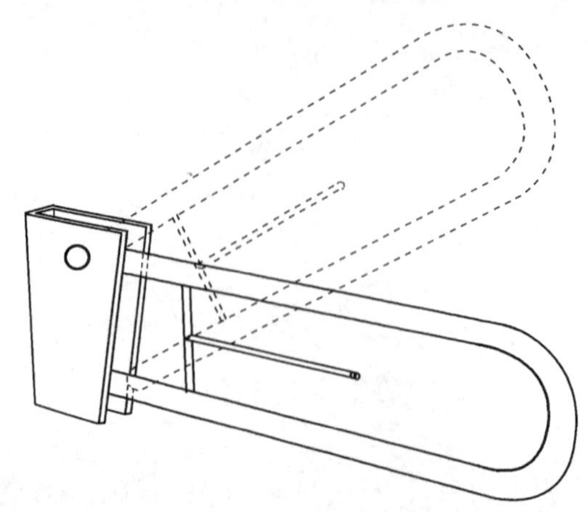

图 4 上翻式抓握杆

5.3.1.4 浴缸抓握杆(如图 5 所示)

将样品卡装在支架上,在样品扶手中部悬挂 150 kg,且具有±2%相对误差的静载荷,加载时间不少于 5 min,去掉载荷后按 4.3.1 规定的要求检查样品。

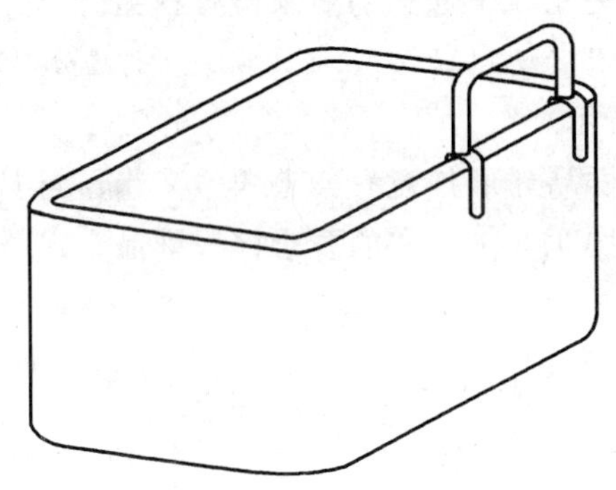

图 5 浴缸抓握杆

5.3.2 冲击强度试验

按静载试验的方式将样品固定,用 50 kg,且具有±2%相对误差的重锤从高于样品中心 50 mm 处自由落体冲击样品,试验后,应符合 4.3.2 规定的要求。

5.3.3 连接件强度试验

将样品固定在试验支架上,用一装置沿轴向对把手套施加 800 N 的力,保持 1 min,试验后,应符合 4.3.3 规定的要求。

6 检验规则

6.1 检验分类

抓握杆的检验分为出厂检验和型式检验。

6.1.1 出厂检验

6.1.1.1 每批产品均应经生产企业的质量检验部门依据本标准进行出厂检验,并附有检验合格证明方能出厂。

6.1.1.2 出厂检验项目至少包括 4.1、4.2.1、4.4.2、4.4.3、4.5 的内容。

6.1.2 型式检验

6.1.2.1 有下列情况之一时,须进行型式检验

a) 新产品或老产品转厂生产的试制定型鉴定；

b) 正式生产后，如结构、材料、工艺有较大改变，可能影响产品性能时；

c) 成批生产后，产品质量定期检查时；

d) 产品停产一年后，恢复生产时；

e) 国家质量监督检验机构提出进行型式检验要求时；

f) 合同规定等。

6.1.2.2 型式检验按本标准规定的全部要求进行。

6.2 抽样和判定规则

6.2.1 样本应从出厂检验合格产品中随机抽取。

6.2.2 做产品型式检验的样品、质量定期检验的样品不得少于3件。检验用的样本按年产量3 000件检验3件的比例抽取，年产量低于3 000件的按3件抽取。

6.2.3 样本在进行检验后，如其性能指标有任何1项未达到第4章的要求时，则认为该样本为不合格。

6.2.4 进行型式检验的3件样本中，有1件不合格，可以抽取不合格样本的2倍重新进行检验，检验后仍有1件不合格则本批产品为不合格。

6.2.5 进行型式检验的3件样本有2件不合格时，则本批产品不合格。

7 包装、标志、运输及贮存

7.1 包装、标志

7.1.1 每件产品应有软质包装隔离，以防止在运输过程中的损伤。外包装应捆扎牢固可靠。

7.1.2 包装外应标志清晰，图示标志符合GB/T 191的规定，并注明产品名称、商标、数量、制造厂名称、地址、电话、出厂日期、执行标准及净重、毛重、箱体尺寸等标志。

7.1.3 包装箱内应附有下列文件：

a) 产品合格证（标有检验员代号、检验日期等）；

b) 如必要，提供装配和安装说明；

c) 装箱清单。

7.2 运输及贮存

7.2.1 产品运输中应避免雨淋及化学品的腐蚀。

7.2.2 产品应保存在通风良好有遮篷处，并与能引起产品腐蚀变化的物品隔开。

ICS 97.200.50
Y 57

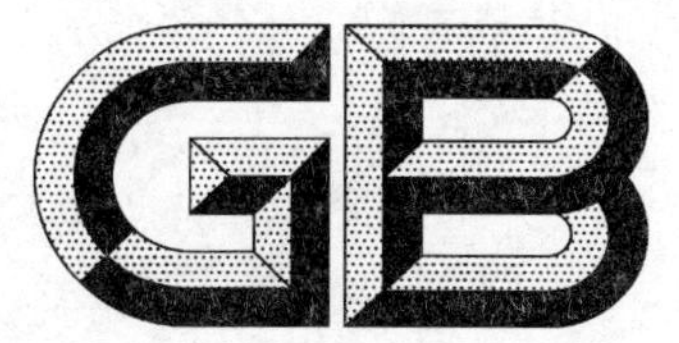

中华人民共和国国家标准

GB/T 22753—2008

玩具表面涂层技术条件

Technical requirements of surface coatings on toys

2008-12-30 发布　　2009-09-01 实施

中华人民共和国国家质量监督检验检疫总局
中国国家标准化管理委员会　发布

前　言

本标准的附录A为资料性附录。

本标准由中国轻工业联合会提出。

本标准由全国玩具标准化技术委员会归口。

本标准起草单位：广东出入境检验检疫局检验检疫技术中心玩具实验室、江苏天瑞信息技术有限公司、深圳松辉化工有限公司/万辉涂料有限公司、恒昌石油化工有限公司、北京中轻联认证中心、深圳市计量质量检测研究院、深圳出入境检验检疫局玩具检测技术中心、扬州进出口玩具检验所。

本标准主要起草人：刘崇华、曾晋、李思源、梁淑雯、杨忠锋、陈晓华、姚栋梁、丁红春、李锦雄。

玩具表面涂层技术条件

1 范围

本标准规定了玩具表面涂层的技术要求和试验方法。

本标准适用于各种具有装饰和防护等功能的玩具表面涂层。

本标准不适用于儿童自行车、儿童三轮车、儿童推车、婴儿学步车的表面涂层。

2 规范性引用文件

下列文件中的条款通过本标准的引用而成为本标准的条款。凡是注日期的引用文件，其随后所有的修改单(不包括勘误的内容)或修订版均不适用于本标准，然而，鼓励根据本标准达成协议的各方研究是否可使用这些文件的最新版本。凡是不注日期的引用文件，其最新版本适用于本标准。

GB 6675 国家玩具安全技术规范

GB/T 6682 分析实验室用水规格和试验方法(GB/T 6682—2008,ISO 3696:1987,MOD)

GB/T 6739—2006 色漆和清漆 铅笔法测定漆膜硬度(ISO 15184:1998,IDT)

GB/T 9286 色漆和清漆 漆膜的划格试验(GB/T 9286—1998,eqv ISO 2409:1992)

3 术语和定义

下列术语和定义适用于本标准。

3.1

表面涂层 surface coating

采用喷涂或其他工艺方式施于玩具中的金属、木材、石材、纸材、皮革、布料、塑料或其他基体材料的表面时形成的表面固体薄层。

3.2

堆漆 piling

干燥很快的漆，在刷涂操作过程中由于变得过于粘稠，致使漆膜厚而不匀的现象。

3.3

流挂 runs

涂料施于垂直面上时，由于其抗流挂性差或施涂不当、漆膜过厚等原因而使湿漆膜向下移动，形成各种形状下边缘厚的不均匀涂层。

3.4

露底 show-through

涂于底面(不论涂漆与否)上的色漆，干燥后仍露出底色的现象。

3.5

剥落 peeling

一道或多道涂层脱离其下涂层，或涂层完全脱离底材的现象。

3.6

起泡 blistering

涂层因局部失去附着力而离开基底(底材或其下涂层)鼓起，使漆膜呈现似圆形的凸起变形。泡内可含液体、蒸气、其他气体或结晶物。

3.7

流痕　runs mark

对流挂处进行处理后，仍可分辨出的流挂痕迹。

3.8

锈蚀　rusting

漆膜下面的钢铁表面局部或整体产生粉状氧化层的现象。

3.9

失光　loss of gloss

漆膜的光泽因受气候环境的影响而降低的现象。

4　技术要求

4.1　外观

除非是产品的设计要求，涂层表面应平整光滑，色泽均匀一致。所有产品主要表面应无堆漆、流挂、露底、剥落、起泡、流痕等缺陷及影响美观的补漆。同一产品相同颜色的配件应无明显的颜色和光泽差异。

4.2　附着力

金属件、木制件和硬塑胶件的表面涂层按5.2.1进行试验，结果应不低于2级。软塑胶件和不满足GB/T 9286试样条件的金属件、木制件和硬塑胶件的表面涂层按5.2.2进行试验，白布上不得有明显沾色。

4.3　硬度

金属件、木制件和硬塑胶件等硬质底材的表面涂层按5.3进行试验，被测表面不应有划破现象，表面涂层硬度应不低于HB。软塑胶件等软质底材和表面处理采用显孔涂饰的木制件的表面涂层无须进行测试。

4.4　耐腐蚀能力

金属件的表面涂层按5.4进行盐水浸泡试验，不得产生锈蚀、失光、起泡、剥落等缺陷。其他底材表面涂层无须进行测试。

4.5　特定元素的迁移

玩具表面涂层特定元素的迁移含量应符合GB 6675中有关特定元素的迁移的最大限量要求。

5　试验方法

5.1　外观检查

在朝北窗下，以散射的日光照射试样，用肉眼垂直观察；或用距试样1 m～1.2 m的40 W日光灯垂直照射试样，以视距为300 mm～350 mm，用肉眼从45°方向目测。检查是否符合4.1的要求。

5.2　附着力试验

5.2.1　金属件、木制件和硬塑胶件的表面涂层

金属件、木制件和硬塑胶件的表面涂层附着力试验按GB/T 9286的规定进行，确定实验结果分级。当表面形状不满足GB/T 9286测试附着力试验条件时，则其表面涂层附着力试验按5.2.2规定的方法进行。

5.2.2　软塑胶件和其他金属件、木制件和硬塑胶件的表面涂层

软塑胶件和不满足GB/T 9286试验的金属件、木制件和硬塑胶件，其表面涂层附着力按以下方法试验：

在500 g的砝码上，包裹五层用符合GB/T 6682三级水湿润的白色纯棉平布，以30 mm/s的速度

对检查面沿同一个方向重复摩擦三次，检查白棉平布上是否有明显沾色。

5.3 硬度试验

见 GB/T 6739—2006 试验条件，采用手工代替机械装置进行。具体操作步骤如下：削去铅笔的木质部分，使笔芯露出 5 mm～6 mm。然后垂直持握铅笔，与 400 目研磨砂纸保持 90°角研磨笔芯，直至笔芯端面平整（成直角）。每次试验前重复以上步骤。

选择产品上较为平整、光滑的表面，在铅笔尖上施加约 7.5 N 的均匀压力（750 g）。使铅笔与被测表面约呈 45°，沿着图 1 所示方向以 0.5 mm/s～1 mm/s 的速度推至少 7 mm 的距离，检查被测表面是否有划破现象。

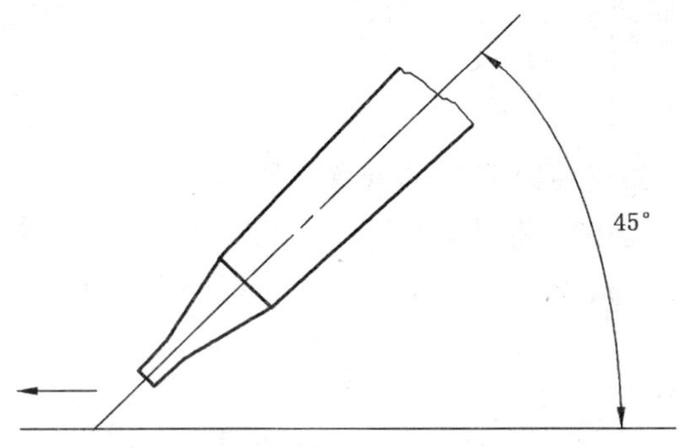

图 1 硬度铅笔测定法示意图

注：测试用铅笔应采用 GB/T 6739—2006 中规定的铅笔。

更换硬度不同的铅笔，以没有出现划破的最硬的铅笔的硬度表示表面涂层的硬度。

5.4 耐腐蚀能力试验

如果试样是从成品上切下的一部分，则应将试样的边缘以适当的封闭剂封闭 2 mm～3 mm（例如：用加热熔化 1∶1 的石蜡和松香混合物封闭边缘，或涂与受试涂层相同或不与其发生反应的涂料封闭边缘），待封闭剂干燥后方可进行试验。将表面擦净的试样在浓度为 0.5 mol/L，温度为(50 ± 2)℃的氯化钠（化学纯）溶液中浸泡 2 h 后取出试样。用符合 GB/T 6682 标准三级水彻底清洗试样，以适宜的吸湿纸或布擦拭表面除去残留盐水，立即在距离试样边缘 5 mm 以上有效范围内观察其是否符合 4.4 的规定。

5.5 特定元素的迁移的测试方法

按 GB 6675 的规定进行。

附　录　A
（资料性附录）
玩具表面涂层有害物质限量要求

A.1　概述

本附录收录了世界主要国家和地区有关玩具表面涂层有害物质限量要求及相关规定。玩具出口生产商或贸易商应考虑玩具表面涂层对目的地国家和地区法规的符合性。

A.2　要求

A.2.1　世界主要国家和地区关于特定元素的迁移的要求

对玩具表面涂层的特定元素的迁移进行限制是大多数国家和地区玩具安全标准的普遍要求。中国玩具安全标准 GB 6675、国际玩具安全标准 ISO 8124、美国玩具安全标准 ASTM F963、欧洲玩具安全标准 EN 71、澳大利亚/新西兰标准玩具安全标准 AS/NZS ISO 8124 及日本玩具安全标准 ST 2002 等标准对玩具表面涂层的特定的可迁移元素的要求基本一致，表 A.1 为目前世界主要国家和地区玩具安全标准对玩具表面涂层中可迁移的元素所要求的最大限量。

表 A.1　玩具表面涂层限制的可迁移元素及其最大限量

元　素	锑 Sb	砷 As	钡 Ba	镉 Cd	铬 Cr	铅 Pb	汞 Hg	硒 Se
最大限量/(mg/kg)	60	25	1 000	75	60	90	60	500

A.2.2　美国消费品安全法规第 16 部分 16 CFR 1303 关于铅总含量的要求

美国消费者产品安全委员会(CPSC)所制定的 16 CFR 1303 关于含铅油漆和某些含铅油漆消费品的禁令条款规定：供儿童使用的玩具和其他制品，以及供消费者使用家具制品上的油漆和类似的表面涂层材料，含铅或铅化合物(以金属铅计)不得超过总的不挥发油漆或干漆层质量的 0.06%。否则为危险品，禁止使用。

该法规中的“油漆和类似的表面涂层材料”指的是液体、半液体或其他悬浮液涂于玩具中的金属、木材、石材、纸材、皮革、布料、塑料或其他基体材料的表面时形成的表面固体薄层。不包括印刷用的油墨和实质上已变成基体材料如塑料制品的色料，以及与基体材料结合的材料如电镀和陶瓷上的釉。

美国玩具安全标准 ASTM F963 对玩具表面涂层也有一致的规定。

A.2.3　加拿大《危险产品(玩具)条例》有关重金属的要求

加拿大《危险产品(玩具)条例》Hazardous Products Act(R. S. ,1998,c. H-3)规定：供儿童玩耍或学习用的玩具、器具上的表面涂层不得含有下列任一物质。

1)　铅总量超过 600 mg/kg；

2)　在 20 ℃条件下，在 5%盐酸中浸泡摇动 10 min，溶出超过 0.1%的锑、砷、钡、镉或硒；

3)　汞含量超过 10 mg/kg。

A.2.4　欧盟镉指令(91/338/EEC)

该指令要求成品或零件中的塑料材料及涂料(不管是水性，还是油性涂料)的镉含量不得超过 0.01%；但如果涂料中锌的含量高，则镉的浓度在尽可能低的前提下，可以放宽要求到 0.1%。所有玩具表面涂层必须满足该指令要求。

A.2.5　欧盟 RoHS 指令(2002/95/EC 和 2005/618/EC)

该指令规定自 2006 年 7 月 1 日起投放于市场的新电子和电气设备不得含有铅、汞、镉、六价铬、多溴二苯醚(PBDE)或多溴联苯(PBB)。

2005/618/EC 补充规定：在电子电气产品中，同质材料中铅、汞、六价铬、多溴联苯和多溴二苯醚的质量分数不超过 0.1%，同质材料中镉的质量分数不超过 0.01%。电子电动玩具上的涂层必须满足本指令要求。

A.2.6 欧盟包装和包装废物指令（94/62/EC、2004/12/EC 和 2005/20/EC）

按该指令要求，玩具包装材料中的铅、汞、镉、六价铬四种重金属物质的总含量不得超过 100 mg/kg。所有玩具包装材料上的表面涂层必须满足该指令要求。

A.2.7 欧盟邻苯二甲酸酯指令（2005/84/EC）

A.2.7.1 对于玩具及儿童产品中的塑性材料，下列三类增塑剂作为成分或预加工产品中的组分，其质量分数总和不得超过 0.1%。

a) 邻苯二甲酸二己酯(DEHP)；

b) 邻苯二甲酸二丁酯(DBP)；

c) 邻苯二甲酸苯基丁酯(BBP)。

A.2.7.2 对于可被儿童放入口中的玩具及儿童产品中的塑性材料，下列三类增塑剂作为成分或预加工产品中的组分，其质量分数总和不得超过 0.1%。

a) 邻苯二甲酸二异壬酯(DINP)；

b) 邻苯二甲酸二异癸酯(DIDP)；

c) 邻苯二甲酸二辛酯(DNOP)。

A.2.7.3 玩具上的塑性涂层必须满足该指令要求。

ICS 97.220.01
Y 55

中华人民共和国国家标准

GB/T 22754—2008

网　　球

Tennis ball

2008-12-30 发布　　　　2009-09-01 实施

中华人民共和国国家质量监督检验检疫总局
中国国家标准化管理委员会　发布

前　　言

本标准主要技术指标采用了国际网球联合会(ITF)《网球规则》(2008年版)中有关网球的全部技术要求。

本标准由中国轻工业联合会提出。

本标准由全国文体用品标准化中心归口。

本标准起草单位:浙江天龙集团有限公司、上海网球厂、上海三鼎网球制造有限公司。

本标准主要起草人:吕水生、洪惠新、陈旭、李国华、章贾明。

网　　球

1　范围

本标准规定了网球的分类、要求、试验方法、检验规则及标志、包装、运输、贮存。

本标准适用于比赛和练习用网球。

2　规范性引用文件

下列文件中的条款通过本标准的引用而成为本标准的条款。凡是注日期的引用文件，其随后所有的修改单(不包括勘误的内容)或修订版均不适用于本标准，然而，鼓励根据本标准达成协议的各方研究是否可使用这些文件的最新版本。凡是不注日期的引用文件，其最新版本适用于本标准。

GB/T 2828.1—2003　计数抽样检验程序　第1部分：按接收质量限(AQL)检索的逐批检验抽样计划(ISO 2859-1:1999,IDT)

3　分类

3.1　按适用范围分为比赛球和练习球。

3.2　按性能要求分为快速球、中速球、慢速球、高原球、1# 软性球、2# 软性球、3# 软性球。

3.3　按相对气压分为有压球和无压球。无压球的内部气压不大于 7 kPa。

4　要求

4.1　比赛球的技术要求应符合表1规定，练习球的技术要求应符合表2规定。

表1　比赛球性能

<table>
<tr><td>项　目</td><td>快速球</td><td>中速球[a]</td><td colspan="2">慢速球</td><td>高原球[b]</td></tr>
<tr><td>质量/g</td><td colspan="5">56.0～59.4</td></tr>
<tr><td>直径/mm</td><td colspan="2">65.41～68.58</td><td colspan="2">69.85～73.03</td><td>65.41～68.58</td></tr>
<tr><td>推进变形/mm</td><td>4.95～5.97</td><td colspan="4">5.59～7.37</td></tr>
<tr><td>复原变形/mm</td><td>6.73～9.14</td><td colspan="4">8.00～10.80</td></tr>
<tr><td>弹性/mm</td><td colspan="4">1 350～1 470</td><td>1 220～1 350</td></tr>
<tr><td>球面</td><td colspan="5">绒布丰满、平整、紧密不露底、干净、色泽一致、无合模线；胶条均匀、无裂缝；商标清晰</td></tr>
<tr><td>项　目</td><td colspan="2">1# 软性球</td><td colspan="2">2# 软性球</td><td>3# 软性球[c]</td></tr>
<tr><td>质量/g</td><td colspan="2">47.0～51.5</td><td colspan="2">36.0～46.9</td><td>32.0～42.0</td></tr>
<tr><td>直径/mm</td><td colspan="2">63.00～68.58</td><td colspan="2">60.00～68.58</td><td>69.00～80.00</td></tr>
<tr><td>推进变形/mm</td><td colspan="2">8.00～10.50</td><td colspan="2">14.00～16.50</td><td>—</td></tr>
<tr><td>复原变形/mm</td><td colspan="2">—</td><td colspan="2">—</td><td>—</td></tr>
<tr><td>弹性/mm</td><td colspan="2">1 180～1 320</td><td colspan="2">1 000～1 150</td><td>950～1 100</td></tr>
<tr><td>球面</td><td colspan="5">绒布丰满、平整、紧密不露底、干净、色泽一致；胶条均匀、无裂缝；商标清晰</td></tr>
<tr><td colspan="6">注：每个球推进变形、复原变形的三个测量数据相互之间的差值应不大于 0.76 mm。</td></tr>
<tr><td colspan="6">a 中速球可以是有压球，也可以是无压球。无压球的内压应不大于 7 kPa。无压球适用于高原(海拔 1 219 m 以上)地区使用，且使用前须停放 60 d(含 60 d)以上。
b 高原球适用在海拔 1 219 m 以上高原地区使用，且适用高原地区的任何场地。
c 3# 软性球可为标准结构、裁切泡沫塑料、模制泡沫塑料三种方式成型的不同结构的球。若是标准结构球面，则应按表中要求进行测定。</td></tr>
</table>

表 2 练习球性能

项目	快速球	中速球	慢速球	高原球
质量/g	55.0～60.4			
直径/mm	63.50～68.58		68.58～74.00	63.50～68.58
推进变形/mm	4.50～5.97	5.59～8.00		
弹性/mm	1 250～1 500			1 150～1 350
球面	色泽基本一致，无严重蓬松、结团现象；胶条基本均匀，无明显裂缝及合模线；商标清晰			

项目	1# 软性球	2# 软性球	3# 软性球
质量/g	46.0～53.0	34.0～46.9	32.0～46.9
直径/mm	62.00～68.58	60.00～68.58	68.00～80.00
推进变形/mm	8.00～11.50	13.00～17.50	—
弹性/mm	1 100～1 400	950～1 320	900～1 200
球面	色泽基本一致，无严重蓬松、结团现象；胶条基本均匀，无明显裂缝；商标清晰		

4.2 内包装采用罐装或筒装。罐装球应是罐体内充气密封，不应漏气，罐体外应有标识提醒安全开罐。内包装的图案清晰，色泽均匀。

5 试验方法

5.1 试验条件

5.1.1 试验应在温度 20 ℃±1 ℃，相对湿度 60%±5%，大气压 101.3 kPa±3.3 kPa 的条件下进行。

5.1.2 球应去除内包装，并在上述条件下停放 24 h。

5.2 球预压

试验前应用网球变形试验仪进行预压。预压时应避开球的胶条，并沿球的三条相互垂直的轴线（如图 1）依次匀速压缩 25.4 mm，连续重复三次（共九次压缩）。所有试验应在球预压后 2 h 内完成。

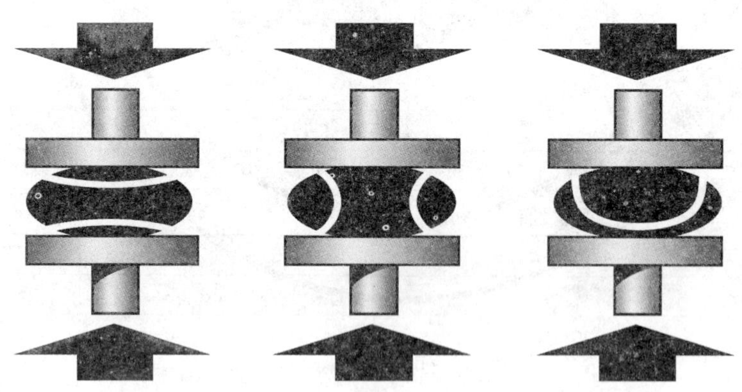

图 1 球预压示意图

5.3 质量

用感量为 0.01 g 的衡器测量。

5.4 直径

用厚度为 3.2 mm 的不锈钢平板组成的圆形卡规测定，卡规的内沿应有一半径为 1.6 mm 的圆弧形侧面。测定时，球应在无任何外力的情况下，以自重从规定卡规中的通规中自由通过，而不能从止规中通过（如图 2）。该测定应沿着球的三条垂直轴线测试，两次均应符合要求。

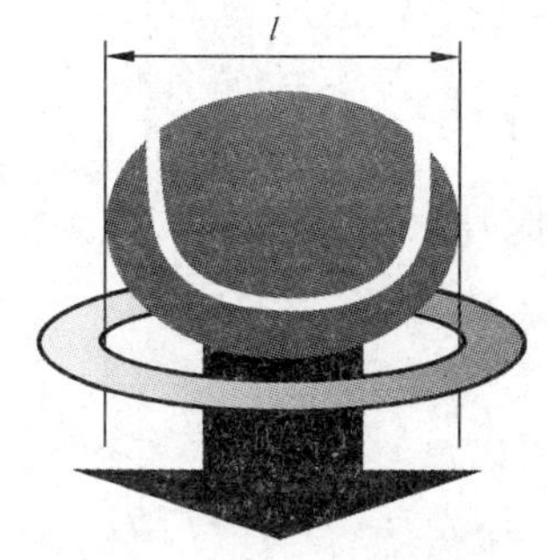

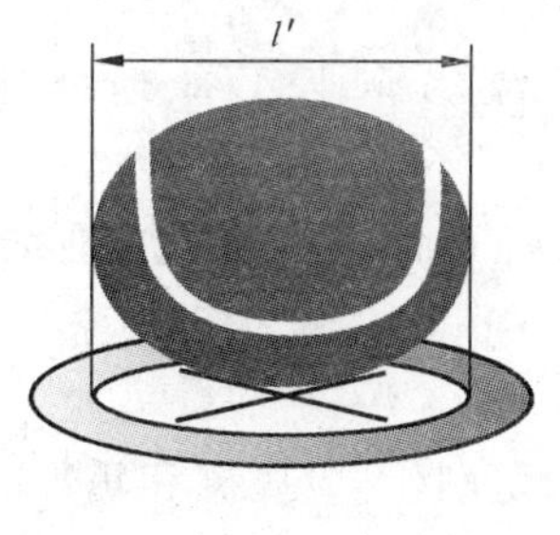

图 2　直径测量示意图

5.5　推进变形、复原变形

将球(避开球的胶条)置于网球变形试验仪内(如图 1),使球初始受力 15.57 N(F_1),数字测试仪归零。将 80.07 N(F_2)压力匀速施加球上后等待 5 s,记录球下陷的距离,即为推进变形的一个数据。在原有压力(F_1+F_2)的基础上,再匀速施加外力(F_3),使球下陷 25.4 mm 的距离,然后匀速完全释放外力(F_3),等待 10 s,记录球下陷的距离,即为复原变形的一个数据。

每个球应沿三条相互垂直的轴线测量三次,得出三个数据后计算平均值,即为推进变形与复原变形的判定值。

5.6　弹性

将球从 2.54 m 高度自由落体,测定其落在坚实平整(如大理石、混凝土)的水平平面上垂直的回弹高度(平面至网球底部的距离)。每个球应测量四次有效数据,计算平均值,方为弹性的判定值。

5.7　球面和内包装

感官测定,可根据封样实物对比测定。

6　检验规则

6.1　每批产品出厂前应由生产厂商质量检验部门按本标准进行交收检验,符合本标准并附有合格证或盖有检验合格章后方可出厂。

6.2　交收检验按 GB/T 2828.1—2003 中特殊检验水平 S-4 的正常检查二次抽样方案进行,样本单位为只。

6.3　交收检验的检验项目、技术要求、试验方法和接收质量限(AQL)应符合表 3 的规定。

表 3　交收检验方案

序号	检验项目	技术要求	试验方法	AQL		不合格品分类
				比赛球	练习球	
1	直径	4.1	5.4	4.0	6.5	B
2	推进变形		5.5			
3	复原变形		5.5			
4	弹性		5.6			
5	质量		5.3	6.5	10	C
6	球面		5.7			
7	内包装	4.2				

7　标志、包装、运输、贮存

7.1　标志

每只球上应有商标。

7.2 **包装**

7.2.1 内包装应有产品名称、企业名称、地址、商标、型号(货号)、产品合格证、生产日期、执行标准编号等。

7.2.2 外包装应标有产品名称、企业名称、地址、型号(货号)、商标、数量、质量、体积、出厂日期、防潮、防压等。

7.3 **运输**

运输中应注意轻放、防潮,不应抛掷和重压。

7.4 **贮存**

产品应贮存在空气流通、干燥的仓库内,不得雨淋、受潮、曝晒,应避免同易腐物品堆放在一起。

7.5 **保质期**

充气罐装产品自出厂日起保质期为6个月。

ICS 91.140.60
Y 71

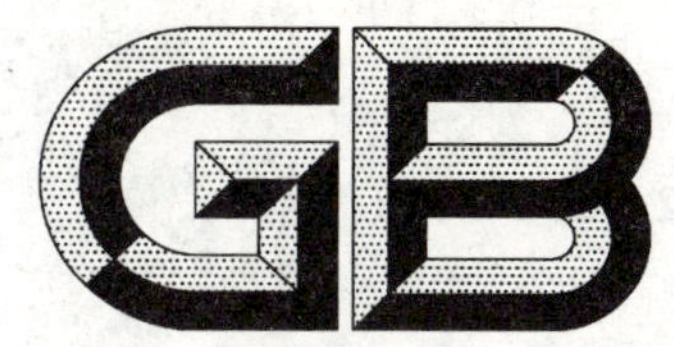

中华人民共和国国家标准

GB/T 22755—2008

卡压式铜管路连接件

Brass fittings with press compression sleeves for pipe system

2008-12-30 发布　　　　2009-09-01 实施

中华人民共和国国家质量监督检验检疫总局
中国国家标准化管理委员会　发布

前　言

本标准与 ASTM F2080-05《交联聚乙烯(PE-X)管用金属压缩卡套冷扩式管件标准》的一致性程度为非等效，同时结合国内、国际市场实际应用要求制定。

本标准由中国轻工联合会提出。

本标准由全国五金制品标准化技术委员会归口。

本标准起草单位:浙江世进水控股份有限公司、佛山市质量计量监督检测中心、宁波埃美柯铜阀门有限公司、上海汉卫管道工程技术有限公司、廊坊开发区荣盛建筑设计有限公司、上海建筑五金工业研究所有限公司。

本标准主要起草人:林岳华、林华福、郑雪珍、周礼、李万乐、田虎、艾金辉、龚敏、黄晓峰、黄永忠、张建生、忻成梁。

卡压式铜管路连接件

1 范围

本标准规定了供水管道(包括饮用水)用卡压式铜管路连接件(以下简称管件)的术语和定义、分类、要求、试验方法、检验规则及标志、包装、运输、贮存。

本标准适用于公称压力不大于1.0 MPa、介质温度不大于90 ℃的交联聚乙烯(PE-X、PE-RT)管用卡压式铜管路连接件。

2 规范性引用文件

下列文件中的条款通过本标准的引用而成为本标准的条款。凡是注日期的引用文件,其随后所有的修改单(不包括勘误的内容)或修订版均不适用于本标准,然而,鼓励根据本标准达成协议的各方研究是否可使用这些文件的最新版本。凡是不注日期的引用文件,其最新版本适用于本标准。

GB/T 2546.2—2003 塑料 聚丙烯(PP)模塑和挤出材料 第2部分:试样制备和性能测定(ISO 1873-2:1997,MOD)

GB/T 2828.1—2003 计数抽样检验程序 第1部分:按接收质量限(AQL)检索的逐批检验抽样计划(ISO 2859-1:1999,IDT)

GB/T 3280—2007 不锈钢冷轧钢板和钢带

GB/T 5231—2001 加工铜及铜合金化学成分和产品形状

GB/T 6111—2003 流体输送用热塑性塑料管材耐内压试验方法(ISO 1167:1996,IDT)

GB/T 7306.1—2000 55°密封管螺纹 第1部分:圆柱内螺纹与圆锥外螺纹(eqv ISO 7-1:1994)

GB/T 7306.2—2000 55°密封管螺纹 第2部分:圆锥内螺纹与圆锥外螺纹(eqv ISO 7-1:1994)

GB/T 7307—2001 55°非密封管螺纹(eqv ISO 228-1:1994)

GB/T 10922—2006 55°非密封管螺纹量规(ISO 228-2:1987,MOD)

GB/T 15820—1995 聚乙烯压力管材与管件连接的耐拉拔试验(eqv ISO 3501:1976)

GB/T 17219 生活饮用水输配水设备及防护材料的安全性评价标准

GB/T 18992.2—2003 冷热水用交联聚乙烯(PE-X)管道系统 第2部分:管材

GB/T 19278—2003 热塑性塑料管材、管件及阀门通用术语及其定义

GB/T 19993—2005 冷热水用热塑性塑料管道系统 管材管件组合系统热循环试验方法

GB/T 20078—2006 铜和铜合金 锻件

HG/T 2902—1997 模塑用聚四氟乙烯树脂

ISO 7-2:2000 螺纹密封连接的管螺纹 第2部分:用极限量规验证

3 术语和定义

GB/T 19278—2003确立的以及下列术语和定义适用于本标准。

3.1

金属卡套 metallic sleeves

使管件本体与管材实现紧密连接的零件。

3.2

卡压式铜管路连接件 brass fittings with press compression sleeves for pipe system

由管件本体、金属卡套及塑料座等构成,通过安装将金属卡套压紧在管材外端,以实现密封和紧固

作用的管件。

4 分类与标记

4.1 产品分类

4.1.1 按管材尺寸系列分

管件按配套管材的尺寸系列分：S6.3、S5、S4、S3.2 四个系列。

4.1.2 按管材公称外径分

金属卡套连接端按配套管材的公称外径分：ϕ12 mm、ϕ16 mm、ϕ20 mm、ϕ25 mm、ϕ32 mm、ϕ40 mm、ϕ50 mm、ϕ63 mm、ϕ75 mm 共 9 种。

4.1.3 按管件结构型式分

管件与管材连接见示意图 1，管件按结构型式的分类见表 1。

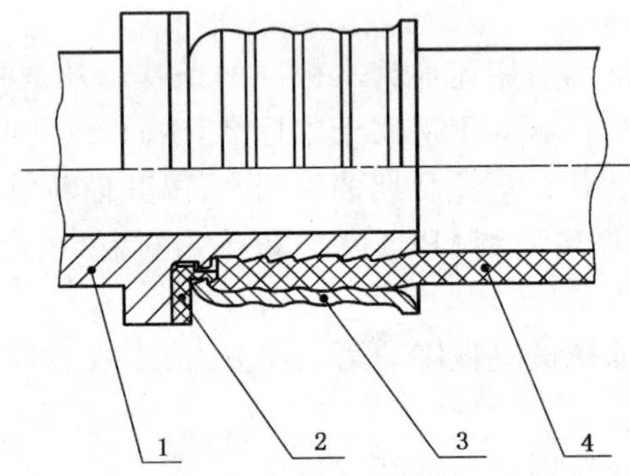

1——管件本体；
2——塑料座；
3——金属卡套；
4——管材。

图 1 管件与管材连接

表 1 管件结构型式

结构型式	代 号	结构型式	代 号
直通	S	四通	X
弯头	L	五通	W
三通	T	其他	Q

4.2 产品标记

4.2.1 标记

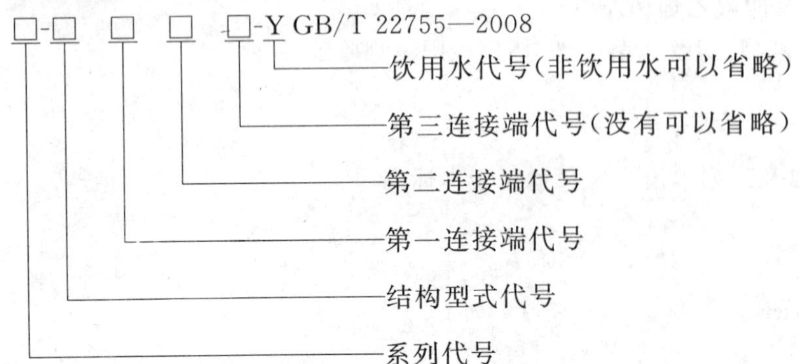

注 1：连接端代号：金属卡套连接端代号用管材的公称外径(两位整数)表示；螺纹连接端代号用“×”、管螺纹标记及一个大写字母 F 或 M 表示(F 或 M 紧跟在管螺纹标记后面，密封管螺纹可省略)，F 表示内螺纹，M 表示外螺

纹;焊接连接端代号用焊接管材的公称外径及一个大写字母 H 表示。

注 2:标记顺序:以金属卡套连接的大端为起始端,按顺时针方向依次标记,当有更多连接端时按以上原则顺序标记。

4.2.2 标记示例

S3.2 管系列弯头,一端接公称外径 ϕ20 mm 管材,焊接端接公称外径 ϕ16 mm 管材用于饮用水的标记为:

S3.2-L2016H-Y GB/T 22755—2008

S5 管系列三通,二端均接公称外径 ϕ20 mm 管材,中间为 G3/4″内螺纹的标记为:

S5-T20×G3/4″F GB/T 22755—2008

S6.3 管系列五通,起始端接公称外径 ϕ25 mm 管材,第二端接公称外径 ϕ20 mm 管材,其他三端均接公称外径 ϕ16 mm 的标记为:

S6.3-W2520161616 GB/T 22755—2008

5 要求

5.1 材料

管件本体、金属卡套、塑料座的材料应符合表 2 的规定,或达到同等及同等以上机械性能和化学性能的其他材料。

表 2 管件零件材料

零件名称	材料名称	材料牌号	标准号
管件本体	黄铜	HPb59-1	GB/T 5231—2001
		HPb59-3	
		CW602N	GB/T 20078—2006
		CW608N	
		CW612N	
		CW613N	
		CW614N	
		CW615N	
		CW616N	
		CW617N	
金属卡套[a]	不锈钢	0Cr18Ni9	GB/T 3280—2007
		00Cr19Ni10	
		0Cr17Ni12Mo2	
		00Cr17Ni14Mo2	
塑料座	塑料	聚丙烯(PP)	GB/T 2546.2—2003
		聚四氟乙烯(PTFE)	HG/T 2902—1997
[a] 成品金属卡套的维氏硬度应保证在(200±20)HV1 之间。			

5.2 外观

5.2.1 管件本体、金属卡套应无裂痕、气孔、气泡、松缩、杂物及其他影响性能的缺陷。

5.2.2 塑料座表面应光洁,无毛刺、飞边、裂纹。

5.2.3 管件与管材的接触面应光洁顺滑，无毛刺。

5.2.4 螺纹应完整，无断扣、压伤、毛刺、划伤等缺陷。

5.3 螺纹

管件的管螺纹应符合 GB/T 7306.1—2000、GB/T 7306.2—2000 或 GB/T 7307—2001 的规定。

5.4 尺寸

管件基本尺寸和公差应符合图 2、表 3 的规定。

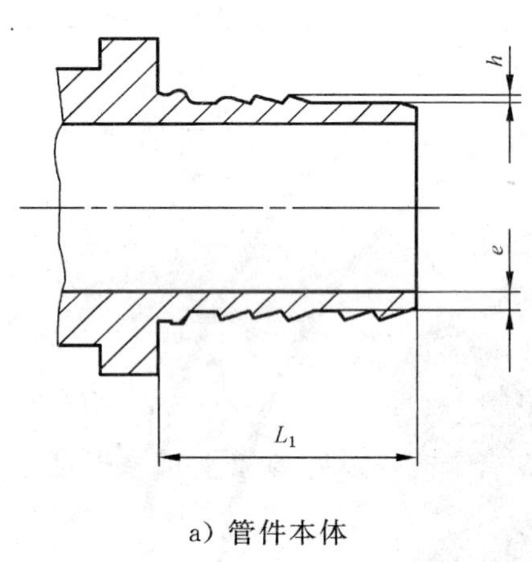

a) 管件本体

b) 金属卡套

图 2 管件基本尺寸图

表 3 管件基本尺寸表

单位为毫米

管材公称外径	管件本体			金属卡套			
	最小壁厚 e_{min}	密封槽深 h_{min}	长度 L_1	卡套内径 D		最小壁厚 b_{min}	长度 L_2
				基本尺寸	公差		
φ12	1.10	0.50	17.50	12.30	±0.05	0.50	17.50
φ16	1.20	0.50	17.50	16.35		0.60	17.50
φ20	1.20	0.50	17.50	20.35		0.70	17.50
φ25	1.80	0.60	23.50	25.30	±0.05	0.80	23.50
φ32	1.90	0.70	26.50	32.30	+0.10 −0	0.90	26.50
φ40	2.15	0.70	38.00	40.40		0.90	38.00
φ50	2.25	0.80	38.00	50.80	+0.20 −0	1.00	38.00
φ63	2.85	0.80	60.00	63.80		1.00	60.00
φ75	3.30	1.00	65.00	75.80	+0.30 −0	1.20	65.00

5.5 气密性能

管件本体应进行气密性能试验，试验中应无气泡出现。

5.6 系统适用性

管材与管件连接后应通过静液压、冷热循环、循环压力冲击、耐拉拔、弯曲、真空六种系统适用性试验。试验用管材应符合 GB/T 18992.2—2003 的要求。

5.6.1 静液压性能

按表 4 规定的参数进行静液压试验，试验中各连接部位应无渗漏。

表 4　静液压试验条件

管件系列	试验温度/℃	试验压力/MPa	试验时间/h	试样数量/只
S6.3	20±2 95±2	1.5 0.70	1 1 000	3
S5	20±2 95±2	1.5 0.88	1 1 000	
S4	20±2 95±2	1.5 1.10	1 1 000	
S3.2	20±2 95±2	1.5 1.38	1 1 000	

5.6.2　冷热循环性能

按表 5 规定的参数进行冷热循环试验，试验中各连接部位应无渗漏。

表 5　冷热循环试验条件

高温输入温度/℃	低温输入温度/℃	试验压力/MPa	循环次数	每次循环时间[a]/min
80±2	20±2	1.0±0.05	5 000	30^{+2}_{0}
a 每次循环冷热水各 15^{+1}_{0} min。				

5.6.3　循环压力冲击性能

按表 6 规定的参数进行循环压力冲击试验，试验中各连接部位应无渗漏。

表 6　循环压力冲击试验条件

最高试验压力/MPa	最低试验压力/MPa	试验温度/℃	循环次数	循环频率/(次/min)	试样数量/只
1.5±0.05	0.1±0.05	23±2	10 000	≥30	1

5.6.4　耐拉拔性能

按表 7 规定的试验条件，将管件与相配套的管材连接成组件，施加恒定的轴向拉力，保持一定的时间，管件与管材连接处应不发生相对轴向移动。

表 7　耐拉拔试验条件

试验温度/℃	轴向拉力/N	试验时间/h	试样数量/只
23±2	$1.178d_n^2$[a]	1	3
95±2	$0.785d_n^2$	1	
a d_n 为管材的公称外径，单位为 mm。			

5.6.5　弯曲性能

按表 8 规定的参数进行弯曲试验，试验中各连接部位应无渗漏。

表 8　弯曲试验条件

试验温度/℃	试验压力/MPa	试验时间/h	试样数量/只
20±2	3.0	1	3
注：仅当金属卡套连接端直径大于等于 ϕ32 mm 时做此试验。			

5.6.6　真空性能

真空性能要求应符合表 9 的规定。

表 9　真空试验条件

项　目	试验参数		要　求
真空密封性	试验温度 试验时间 试验压力 试样数量	(23±2)℃ 1 h −0.08 MPa 3 只	真空压力变化≤0.005 MPa

5.7　卫生性能

管件与饮用水直接接触的材料卫生性能应符合 GB/T 17219 的规定要求。

6　试验方法

6.1　材料

原材料按质量保证文件验收。进行型式检验时按表 2 中相关标准的规定进行。

6.2　外观

用目测方法进行。目测时应在自然散射光线下或在无反射光的白色透明光线下进行，光照度不应低于 300 lx(相当于 40 W 日光灯下距离为 500 mm 的光照度)。

6.3　螺纹

密封管螺纹用符合 ISO 7-2:2000 要求的量规检验，非密封管螺纹用符合 GB/T 10922—2006 要求的量规检验。

6.4　尺寸

尺寸用示值为 0.01 mm 的量具检测。

6.5　气密性能

将管件本体安装在专用试压机上，在常温下，将管件本体浸入水槽中，向管件本体内缓慢注入 0.8 MPa±0.05 MPa 的清洁压缩空气，保压 15 s 以上，观察有无气泡出现。

6.6　系统适用性

6.6.1　静液压性能试验

试验组件内外试验介质均为水，试验按 GB/T 6111—2003 的规定进行。

6.6.2　冷热循环性能试验

按 GB/T 19993—2005 的规定进行。

6.6.3　循环压力冲击性能试验

按 GB/T 18992.2—2003 附录 D 进行。

6.6.4　耐拉拔性能试验

按 GB/T 15820—1995 的规定进行。

6.6.5　弯曲性能试验

按 GB/T 18992.2—2003 附录 E 进行。

6.6.6　真空性能试验

按 GB/T 18992.2—2003 附录 F 进行。

6.7　卫生性能

按 GB/T 17219 的规定进行。

7　检验规则

7.1　检验分类

检验分为出厂检验和型式检验。

7.2 组批

同一原料、同一工艺、同一规格，连续生产的管件为一批，每批数量不超过 20 000 只，连续生产 7 d 产量不足 20 000 只时，按 7 d 产量为一批。

7.3 出厂检验

7.3.1 产品须经制造厂检验合格后，方能出厂。

7.3.2 出厂检验项目为本标准中的 5.2、5.3、5.4、5.5。

7.3.3 出厂检验的抽样方案与判定规则按 GB/T 2828.1—2003 规定采用正常检查一次抽样方案，一般检验水平Ⅰ，检验项目 5.2、5.3、5.4 的接收质量限(AQL)为 4.0，检验项目 5.5 的接收质量限(AQL)为 0.15，相应的抽样方案见表 10。

表 10 出厂检验抽样方案

批量范围 N	样本量 n	AQL 为 4.0 的判定数组		AQL 为 0.15 的判定数组	
		接收数 Ac	拒收数 Re	接收数 Ac	拒收数 Re
≤280	13	1	2	0	1
281～500	20	2	3	0	1
501～1 200	32	3	4	0	1
1 201～3 200	50	5	6	0	1
3 201～10 000	80	7	8	0	1
10 001～20 000	125	10	11	0	1

7.3.4 正常生产过程中的连续批产品检验执行 GB/T 2828.1—2003 规定的转移规则。

7.4 型式检验

7.4.1 有下列情况之一时，应进行型式检验：

a) 新产品或老产品转厂生产的试制定型鉴定；

b) 结构、材料、工艺有较大改变，可能影响产品性能时；

c) 产品停产半年，恢复生产时；

d) 正常生产时，每两年进行一次；

e) 出厂检验结果与正常生产检验有较大差异时；

f) 国家质量监督检验机构提出型式检验要求时。

7.4.2 型式检验项目为本标准要求中的全部内容。

7.4.3 型式检验从出厂检验合格批中随机抽 3 个样品，对所有项目进行检验。卫生指标不合格即判定该次型式检验不合格，其他指标第一次检验达不到规定，加倍抽样，对不合格项进行复验，如仍不合格，则判定该次型式检验不合格。

8 标志、包装、运输、贮存

8.1 标志

8.1.1 产品应有永久、清晰，易于识别的标记和商标。

8.1.2 包装标志内容：

a) 产品名称、型号、规格、执行标准编号；

b) 制造厂名和厂址；

c) 制造日期；

d) 商标；

e) 重量(毛重、净重);

f) 外形尺寸(长×宽×高)。

8.2 包装

8.2.1 每件产品应单独包装,确保产品间不发生碰撞。每件产品应附有合格证和安装使用说明书,合格证上应有检验员代号和检验日期。用于饮用水的产品应特别注明。

8.2.2 产品包装应牢固,不破损,其单件重量应符合有关运输规定。

8.3 运输

产品在运输中应防止日晒雨淋、轻装轻卸、防重压,避免冲击,不得与腐蚀性物品混运。

8.4 贮存

产品应贮存在通风良好干燥的室内,不得与腐蚀性物品混放,并离地 200 mm 以上。

ICS 61.060
Y 78

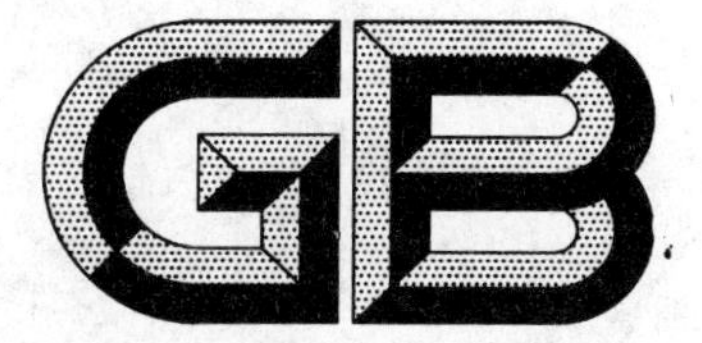

中华人民共和国国家标准

GB/T 22756—2008

皮 凉 鞋

Leather sandals

2008-12-30 发布　　2009-09-01 实施

中华人民共和国国家质量监督检验检疫总局
中国国家标准化管理委员会　发布

前　　言

本标准是在原轻工行业标准 QB/T 2307—1997《皮凉鞋》的基础上制定，与 QB/T 2307—1997 相比主要变化为：

——明确了适用范围；

——删除主要部位厚度的推荐值；

——改外观质量为感官质量，并对有些检验项目进行了增删和修改；

——对物理机械性能的指标进行了调整；

——增加了衬里和内垫耐摩擦色牢度；

——增加了限量物质限量要求；

——技术要求中增加了不应出现影响穿用的缺陷条文。

本标准的附录 A 为规范性附录，附录 B 为资料性附录。

本标准由中国轻工业联合会提出。

本标准由全国制鞋标准化技术委员会皮鞋分技术委员会(SAC/TC 305/SC 1)归口。

本标准起草单位：中国皮革和制鞋工业研究院、新百丽鞋业(深圳)有限公司、石狮市福林鞋业有限公司、佛山星期六鞋业股份有限公司、青岛亨达集团有限公司。

本标准主要起草人：戚晓霞、张伟娟、宋晓武、林和狮、李礼、单存礼、高善方。

自本标准实施之日起，原轻工行业标准 QB/T 2307—1997《皮凉鞋》废止。

皮　凉　鞋

1　范围

本标准规定了使用胶粘、缝制、模压、硫化、注塑、灌注等工艺，以天然皮革、人造革、合成革、纺织物或多种材料为帮面制造的皮凉鞋的技术要求、试验方法、检验规则及包装、运输、贮存。

本标准适用于一般穿用的皮凉鞋。

纺织品或其他材料为帮面，采用同等制作工艺制作的凉鞋可参照执行。

2　规范性引用文件

下列文件中的条款通过本标准的引用而成为本标准的条款。凡是注日期的引用文件，其随后所有的修改单（不包括勘误的内容）或修订版均不适用于本标准，然而，鼓励根据本标准达成协议的各方研究是否可使用这些文件的最新版本。凡是不注日期的引用文件，其最新版本适用于本标准。

GB/T 230.1　金属洛氏硬度试验　第1部分：试验方法（A、B、C、D、E、F、G、H、K、N、T标尺）（GB/T 230.1—2004，ISO 6508-1:1999，MOD）

GB/T 532　硫化橡胶或热塑性橡胶与织物　粘合强度的测定（GB/T 532—2008，ISO 36:2005，IDT）

GB/T 2912.1　纺织品　甲醛的测定　第1部分：游离水解的甲醛（水萃取法）

GB/T 3293　中国鞋楦系列

GB/T 3293.1　鞋号（GB/T 3293.1—1998，idt ISO 9407:1991）

GB/T 3903.1　鞋类　通用试验方法　耐折性能

GB/T 3903.2　鞋类　通用试验方法　耐磨性能

GB/T 3903.3　鞋类通用试验方法　剥离强度试验方法

GB/T 3903.4　鞋类　通用试验方法　硬度

GB/T 3903.5　鞋类　通用试验方法　外观检验方法

GB/T 11413　皮鞋后跟结合力试验方法

GB/T 17592　纺织品　禁用偶氮染料的测定

GB/T 19941　皮革和毛皮　化学试验　甲醛含量的测定（GB/T 19941—2005，ISO/TS 17226:2003，MOD）

GB/T 19942　皮革和毛皮　化学试验　禁用偶氮染料的测定（GB/T 19942—2005，ISO/TS 17234:2003，MOD）

QB/T 1472　鞋用纤维板屈挠指数

QB/T 1813　皮鞋勾心纵向刚度试验方法（QB/T 1813—2000，eqv BS 5131/4.18:1995）

QB/T 1917　皮鞋钢勾心

QB/T 2673　鞋类产品标识

QB/T 2882—2007　鞋类　帮面、衬里和内垫试验方法　摩擦色牢度

3　产品分类

按使用对象分为男、女凉鞋。

按款式分为袢带式、满帮式、中空式、前空式、后空式等式样的凉鞋。

按帮面材料分为天然皮革（头层革、剖层革）、人造革、合成革、纺织物、多种材料混用等帮面的凉鞋。

4 技术要求

4.1 一般要求

4.1.1 鞋号应符合 GB/T 3293.1 的要求。

4.1.2 鞋楦尺寸应符合 GB/T 3293 的要求。

4.1.3 产品标识应符合 QB/T 2673 的要求。

4.2 感官质量要求

感官质量要求见表 1,其中序号 1～5 为主要项目,序号 6～11 为次要项目。

表 1 感官质量

序号	项目	优等品	合格品
1	整体外观	平整、平服、平稳、清洁、对称(特殊风格设计除外)。绷帮端正平服。凿眼、编结等结构不变形。内底不露钉尖,无钉尾突出。鞋帮、鞋里不允许有明显变色(擦色革等特殊鞋面革除外)。鞋垫牢固、平整。无明显感官缺陷	
2	帮带(面)	皮革、人造革和合成革帮面:同双鞋相同部位的色泽、厚度、绒毛粗细、花纹基本一致。不允许有裂浆、裂面、松面(裂纹革等特殊帮面材料的皮凉鞋除外),不允许露帮脚、白霜。不应有伤残。 纺织物帮面:无明显的织疵。不允许露帮脚,不应有伤残。 凿眼要透,眼壁平滑	皮革、人造革和合成革帮面:同双鞋相同部位的色泽、厚度、绒毛粗细、花纹基本一致。允许有不明显的轻微缺陷,但不允许有裂浆、裂面(裂纹革等特殊帮面材料的皮凉鞋除外),不允许露帮脚、白霜。不应有伤残。次要部位可有轻微松面。 纺织物帮面:次要部位允许有不明显的织疵两处。不允许露帮脚,不应有伤残。 凿眼要透,允许漏凿一处,眼壁平滑
3	主跟和包头	有主跟和包头的皮凉鞋要求主跟和包头端正、平服、对称、到位,不得收缩变形	
4	鞋跟	装配牢固、平正,大小高矮对称,色泽一致	
5	子口	整齐严实不开胶	基本严实不开胶
6	缝线	线道整齐,针码均匀。底面线松紧一致。不允许有跳线、重针(工艺设计上的回针除外)、断线、翻线、开线及缝线越轨等	线道整齐,针码均匀。底面线松紧一致。主要部位不允许有跳线、重针(工艺设计上的回针除外)、断线、翻线、开线及缝线越轨等。次要部位跳线、重针可有一处,每只鞋不应超过两处
7	外底	同双鞋外底相同部位的色泽、花纹基本一致。次要部位可有轻微缺陷。同双鞋外底长度允差 1.5 mm,宽度允差 1.0 mm	同双鞋外底相同部位的色泽、花纹基本一致。可有轻微缺陷。 同双鞋外底长度允差 2.5 mm,宽度允差 1.5 mm
8	帮面尺寸	同双鞋前帮(帮带)长度允差 1.5 mm,后帮高度(帮带长度)允差 2.0 mm	同双鞋前帮(帮带)长度允差 2.0 mm,后帮高度(帮带长度)允差 2.5 mm
9	折边沿口	基本整齐、均匀、圆滑,无剪口外露,不允许有裂口	
10	外底厚度	前掌着力部位扣除花纹后的厚度不应小于 3.0 mm,后掌着力部位不应小于 5.0 mm	

表 1（续）

序号	项目	优等品	合格品
11	附件	装配牢固，基本对称。色泽一致，感官无明显缺陷。金属件表面光滑无锋利边缘和锐利尖端。拉链滑爽，拉链的两头无毛刺	
注 1：如果同双鞋外底长度允差超过 4.0 mm，宽度允差超过 3.0 mm，属于严重缺陷。 注 2：如果同双鞋前帮（帮带）长度允差超过 4 mm，后帮高度（帮带长度）允差超过 4 mm，属于严重缺陷。			

4.3 物理机械性能指标要求

4.3.1 耐折性能

4.3.1.1 试验条件：预割口 5 mm，连续屈挠 4 万次。

4.3.1.2 技术指标：优等品折后割口裂口长度小于等于 10.0 mm。折后无新裂纹。折后帮面不应出现裂浆、裂面或帮底开胶；合格品折后割口裂口长度小于等于 20.0 mm。折后出现新裂纹长度小于等于 5.0 mm，并且不应超过 3 处。折后帮面不应出现裂浆、裂面或帮底开胶。

4.3.1.3 天然皮革外底做不割口 4 万次耐折试验，单个裂纹不应大于 5 mm 并且不应超过三处。

4.3.1.4 鞋号在 230 mm 以下不测耐折性能，鞋底屈挠部位厚度大于 25 mm 不测耐折性能。

4.3.2 耐磨性能

4.3.2.1 试验条件：施加 4.9 N 的压力，连续磨耗 20 min。

4.3.2.2 技术指标：优等品小于等于 10.0 mm，合格品小于等于 14.0 mm。

4.3.2.3 天然皮革外底不测耐磨性能。

4.3.3 剥离强度

4.3.3.1 试验条件：刀口宽度 10 mm±0.05 mm。

4.3.3.2 缝制和鞋底厚度超过 25 mm 的皮凉鞋不测剥离强度，其他工艺制造的皮凉鞋均测剥离强度。

4.3.3.3 测不出剥离强度的皮凉鞋要测帮带拉出强度。

4.3.3.4 帮底剥离强度技术指标见表 2。

表 2 剥离强度

单位为牛顿每厘米

<table>
<tr><th>项　目</th><th colspan="2">分　类</th><th>优等品</th><th>合格品</th></tr>
<tr><td rowspan="5">剥离强度</td><td colspan="2">男皮凉鞋</td><td>≥90</td><td>≥70</td></tr>
<tr><td rowspan="4">女皮凉鞋</td><td>一般要求</td><td>≥60</td><td>≥50</td></tr>
<tr><td>鞋面革为羊面革、合成材料</td><td colspan="2" rowspan="3">≥40</td></tr>
<tr><td>外底厚度不足 3 mm</td></tr>
<tr><td>距外底前端点 20 mm 处的外底宽度不足 40 mm</td></tr>
</table>

4.3.3.5 剥离试验中若材料撕裂而剥离层未开时，剥离强度小于等于 30 N/cm 判不合格。

4.3.4 鞋跟硬度

鞋跟高度 25 mm 以上的成型底测鞋跟硬度，其余免测。硬度指标见表 3。

表 3 成型底鞋跟硬度

单位为邵尔 A

项　目	成年男女皮鞋	
	跟高≤50 mm	跟高>50 mm
硬度	≥55	≥75
注：微孔材料外底先去掉表面致密层（即冷硬层）再测硬度。		

4.3.5 外底与外中底粘合强度

技术指标:大于等于 20 N/cm。微孔底撕裂而胶层不开时大于等于 15 N/cm。

4.3.6 鞋跟结合力

4.3.6.1 试样:装配式鞋且鞋跟高度大于 30 mm 的皮凉鞋。

4.3.6.2 技术指标:优等品大于等于 1 000 N,合格品大于等于 700 N。

4.3.7 帮带拉出强度

技术指标:优等品大于等于 150 N/cm,合格品大于等于 80 N/cm。

4.3.8 勾心

4.3.8.1 鞋跟高度 20 mm 以上且跟口高度 8 mm 以上的皮凉鞋应有勾心。

4.3.8.2 抗弯刚度、硬度和规格的技术要求应符合 QB/T 1917 的规定。

4.3.9 纤维板屈挠指数

技术指标:优等品大于等于 2.9,合格品大于等于 1.9。

4.3.10 衬里和内垫摩擦色牢度

技术指标:沾色大于等于 2/3(灰色样卡)。

注:如果没有衬里,帮面与脚的接触面作为衬里进行试验。

4.4 限量物质要求

4.4.1 可分解芳香胺染料

可分解芳香胺染料指标见表 4。

表 4 可分解芳香胺染料

项目	指标
可分解芳香胺染料(纺织品)[a]	禁用
可分解有害芳香胺染料(皮革)[a]	≤30 mg/kg
[a] 在还原条件下,染料中不允许分解出的致癌芳香胺清单见附录 A。	

4.4.2 游离或可部分水解的甲醛含量

游离或可部分水解的甲醛含量指标见表 5。

表 5 游离甲醛含量

项目		指标
游离甲醛含量	直接接触皮肤	≤75 mg/kg
	非直接接触皮肤	≤300 mg/kg
注:对于鞋类产品,内底、内垫和衬里等材料直接与脚接触的为 B 类材料,帮面、外底等材料为 C 类;但如果鞋类没有衬里,外底没有内底等情况下,帮面或外底直接与脚接触,帮面或外底即为 B 类材料。		

4.4.3 其他

不得出现影响穿用的缺陷。

5 试验方法

5.1 感官质量

按 GB/T 3903.5 检验。

5.2 外底耐折性能试验

按 GB/T 3903.1 检验。

5.3 外底耐磨性能试验

按 GB/T 3903.2 检验。

5.4 帮底剥离强度试验

按 GB/T 3903.3 检验。

5.5 鞋跟硬度

按 GB/T 3903.4 检验。

5.6 外底与外中底粘合强度

按 GB/T 532 检验。

5.7 鞋跟结合力

按 GB/T 11413 检验。

5.8 鞋帮带拉出强度的检验

5.8.1 试样制备：将鞋帮带连同鞋底剪切 10 mm 宽试条，内侧、外侧各取一条试样。如鞋底不能切割的样品，仅将帮带切割出 10 mm 宽的试条，帮带中间剪开后，夹持两个帮带进行试验；如帮带宽度小于 10 mm 的帮带，保持原状，将内外底剪切为 10 mm 宽作为试样，每组两条。

5.8.2 试验设备：拉力试验机，准确度为 2 级，量程 250 N。

5.8.3 夹具钳移动速度：(25±5)mm/min。

5.8.4 环境温度：(23±2)℃。

5.8.5 试验机上下夹具钳分别夹持鞋底部(不得夹住帮底结合层)和鞋帮带。

5.8.6 鞋帮与鞋底部位拉开时的最大力值为拉出力，取两条试样结果的算术平均值为试验结果。

5.8.7 鞋帮带拉出强度按式(1)进行计算：

$$\sigma = \frac{F}{B} \qquad \cdots\cdots(1)$$

式中：

σ——鞋帮带拉出强度，单位为牛顿每厘米(N/cm)；

F——最大拉出力，单位为牛顿(N)；

B——试条帮带宽度，单位为厘米(cm)。

5.9 勾心抗弯刚度

按 QB/T 1813 检验。

5.10 勾心硬度

按 GB/T 230.1 检验。

5.11 勾心规格

按 QB/T 1917 检验。

5.12 纤维板屈挠指数

按 QB/T 1472 检验，试样从厂材料库抽取相同材料进行检验。

5.13 衬里和内垫耐摩擦色牢度

按 QB/T 2882—2007 中的方法 A，用汗液摩擦 50 次进行检验，衬里和内垫无法取样时，从厂材料库抽取相同材料进行检验。

5.14 可分解芳香胺染料(纺织品)含量检验

5.14.1 试样制备：衬里和帮面分开检测，不同的材料也分开检测，如果衬里和帮面不能分开时，衬里和帮面一起检测，检测方法按衬里材料进行试验。

5.14.2 试验方法：按 GB/T 17952 检验，检出限为 5 mg/kg。

5.15 可分解芳香胺染料(皮革)含量检验

试样制备同 5.14.1，按 GB/T 19942 检验，检出限为 30 mg/kg。

5.16 纺织品中甲醛含量检验

试样制备同 5.14.1，按 GB/T 2912.1 检验。

5.17 皮革中甲醛含量检验

试样制备同5.14.1,按GB/T 19941检验。

6 检验规则

6.1 检验分类

产品检验分出厂检验和型式检验。

6.2 出厂检验

6.2.1 抽样数量

以报检产品为一批,从中随机抽样三双进行检验,内底纤维板、帮面、衬里和内垫可从材料库里与报检产品同批号材料中抽取。

6.2.2 检验项目

检验项目应符合表6的规定。

表6 检验项目

检验项目	型式检验项目	出厂检验项目		试验方法章条编号
		全检	抽检	
感官质量	●	●	●	5.1
耐折性能	●	—	●	5.2
外底耐磨性能	●	—	●	5.3
帮底剥离强度	●	—	●	5.4
鞋跟硬度	●	—	●	5.5
外底和外中底粘合强度	○	—	○	5.6
鞋跟结合力	●	—	●	5.7
帮带拉出强度	○	—	○	5.8
勾心抗弯刚度	●	—	●	5.9
勾心硬度	●	—	●	5.10
勾心规格	●	—	●	5.11
纤维板屈挠指数	○	—	○	5.12
衬里和内垫耐摩擦色牢度	○	—	○	5.13
可分解芳香胺染料(纺织品)含量	○	—	○	5.14
可分解芳香胺染料(皮革)含量	○	—	○	5.15
纺织品中甲醛含量	○	—	○	5.16
皮革中甲醛含量	○	—	○	5.17
注:●为必检项目;○为选检项目;—为不检项目。				

6.2.3 产品检验结果的判定

6.2.3.1 鞋号、鞋楦尺寸和标识符合一般要求、物理机械性能达到优等品要求,限量物质的限量要求达到合格品要求以及感官质量的主要项目符合优等品要求和次要项目达到合格品要求,则判该双产品为优等品。

6.2.3.2 鞋号、鞋楦尺寸和标识符合一般要求、物理机械性能达到优等或合格品要求,感官质量主要项目符合合格品或优等品,次要项目不超过两项不符合合格品要求,则判该双产品为合格品。

6.2.3.3 鞋号、鞋楦尺寸和标识符合一般要求、物理机械性能有一项或一项以上不合格,或感官质量中有一项或一项以上主要项目不合格，或超过两项次要项目不合格，或尺寸有严重缺陷项目即判该产品不合格。

6.2.4 批产品检验结果的判定

所检项目达到优等品要求，判该批产品优等，全部达到合格品要求，则判该批产品合格。如有一只及以上不符合合格品要求，则加倍抽样对不符合项目进行复检，全部达到合格品要求，则判该批产品合格。如有一只及以上产品不合格，则判该批产品不合格。

6.3 型式检验

6.3.1 型式检验时机

有下列情况之一时，应进行型式检验：

a) 正常生产时，每半年至少进行一次型式检验；

b) 产品长期停产（三个月）后恢复生产时；

c) 产品结构、工艺、材料有重大改变时；

d) 检验结果与上次型式检验结果有较大差异时；

e) 国家质量监督检验机构提出进行型式检验时。

6.3.2 抽样数量

以被检产品为一批，从中任意随机抽样三双进行检验，内底纤维板、帮面、衬里和内垫可从材料库里与报检产品同批号材料中抽取。

取样数量要符合相应的标准试验需求。

6.3.3 检验项目

型式检验项目见表 6 的规定，其中选检项目应根据对产品质量的影响确定。

6.3.4 检验结果的判定及处置

型式检验的所有项目均合格，即判该周期型式检验合格。

凡有一项一双产品不合格，即判该周期型式检验不合格。应停产分析原因，直至型式检验合格后方可恢复生产。

7 包装、运输、贮存

7.1 包装

应有内、外包装。必要时可加软包装、防潮剂、防蛀剂、防霉剂。

7.2 运输和贮存

7.2.1 运输和贮存时不得重压、受潮、雨淋、曝晒或与油及酸、碱等腐蚀物质放在一起。

7.2.2 仓库内要保持通风干燥。产品离地和墙 0.2 m 以上，防止产品受潮发霉。

7.3 其他

有关包装、运输、贮存另有要求由购销双方商定。出口产品按合同执行。

附 录 A
(规范性附录)
还原条件下染料中不允许分解出的芳香胺清单

A.1 第一类:对人体有致癌性的芳香胺,见表A.1。

表 A.1 第一类 对人体有致癌性的芳香胺

中 文 名 称	英 文 名 称	化学文摘编号
4-氨基联苯	4-aminobiphenyl	[92-67-1]
联苯胺	benzidine	[92-87-5]
4-氯-邻甲基苯胺	4-chloro-o-toluidine	[95-69-2]
2-萘胺	2-naphthylamnine	[91-59-8]

A.2 第二类:对动物有致癌性,对人体可能有致癌性的芳香胺,见表A.2。

表 A.2 第二类 对动物有致癌性,对人体可能有致癌性的芳香胺

中 文 名 称	英 文 名 称	化学文摘编号
邻氨基偶氮甲苯	o-aminoazotoluene	[97-56-3]
2-氨基-4-硝基甲苯	2-amino-4-nitrotoluene	[99-55-8]
对氯苯胺	p-chloroaniline	[106-47-8]
2,4-二氨基苯甲醚	2,4-diaminoanisole	[615-05-4]
4,4'-二氨基二苯甲烷	4,4'-diaminobiphenymethane	[101-77-9]
3,3'-二氯联苯胺	3,3'-dichlorobenzidine	[91-94-1]
3,3'-二甲氧基联苯胺	3,3'-dimethoxybenzidine	[119-90-4]
3,3'-二甲基联苯胺	3,3'-dimethylbenzidine	[119-93-7]
3,3'-二甲基-4,4'-二氨基二苯甲烷	3, 3'-dimethyl-4, 4'-diaminobiphenylmthane	[838-88-0]
2-甲氧基-5-甲基苯胺	p-cresidine	[120-71-8]
4,4'-亚甲基-二-(2-氯苯胺)	4, 4'-methylene-bis-(2-chloroaniline)	[101-14-4]
4,4'-二氨基二苯醚	4,4'-oxydianiline	[101-80-4]
4,4'-二氨基二苯硫醚	4,4'-thiodianiline	[139-65-1]
邻甲苯胺	o-toluidine	[95-53-4]
2,4-二氨基甲苯	2,4-toluylendiamine	[95-80-7]
2,4,5-三甲基苯胺	2,4,5-trimethylaniline	[137-17-7]
邻甲氧基苯胺	o-anisidine	[90-04-0]
2,4-二甲基苯胺	2,4-xylidine	[95-68-1]
2,6-二甲基苯胺	2,6-xylidine	[87-62-7]

附　录　B
（资料性附录）
皮凉鞋售后质量判定

B.1　售后服务期限

可由企业按产品档次确定，并在售后服务规定中明确声明。

B.2　售后服务期限内正常穿用情况下出现以下问题可判为质量问题

B.2.1　不符合产品标准中合格品质量要求。
B.2.2　鞋内突出钉尖（头），鞋内不平服影响穿用。
B.2.3　帮面裂，帮脚断、裂，白霜，脱色等。前帮明显松面，涂饰层脱落或龟裂，帮面接触地面磨损。
B.2.4　开线、开胶。
B.2.5　主跟或包头变形。
B.2.6　鞋跟变形、裂、断或掉。跟面脱落。
B.2.7　鞋里明显脱色污染袜子。鞋里磨破。
B.2.8　外底或内底裂、断或凹凸不平影响穿用。
B.2.9　围条开胶、断裂。

B.3　检验方法

B.3.1　外观按 GB/T 3903.5 进行检验。
B.3.2　脱色：以吸透清水（以手指压不滴水为准）的白色脱脂棉、砂布，在帮面内侧 10 cm 长度内用手轻压往复摩擦 10 次，观察脱脂棉、砂布，不得有明显污染。

B.4　处理方法

可按企业制定的售后服务规定办理或按销售单位所在地的统一规定办理。

参 考 文 献

[1] GB 18401—2003 国家纺织产品基本安全技术规范
[2] GB 20400—2006 皮革和毛皮 有害物质限量
[3] 2002/231/EC 欧盟建立修订共同体鞋类生态标签的授予和修订 1999/179/EC 决议
[4] ISO/TR 20882:2007 鞋类 鞋类部件的性能要求 衬里和内垫

ICS 43.020
T 08

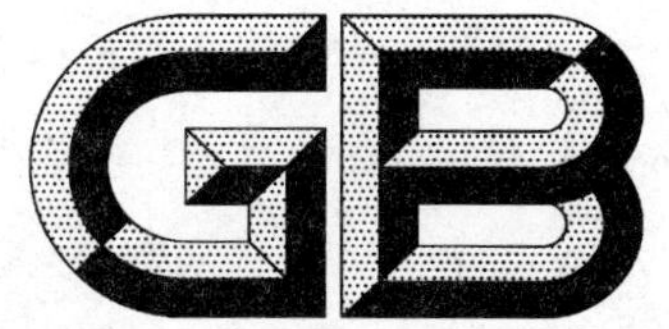

中华人民共和国国家标准

GB 22757—2008

轻型汽车燃料消耗量标识

Fuel consumption label for light vehicle

2008-12-31 发布　　　　2009-07-01 实施

中华人民共和国国家质量监督检验检疫总局
中国国家标准化管理委员会　发布

前　言

本标准为全文强制。

本标准附录A为规范性附录。

本标准由国家发展和改革委员会提出。

本标准由全国汽车标准化技术委员会归口。

本标准负责起草单位:中国汽车技术研究中心。

本标准主要参加单位:奇瑞汽车有限公司、北汽福田汽车有限公司、重庆长安汽车股份有限公司、长城汽车有限公司、上海通用汽车有限公司、广州丰田汽车有限公司、广州本田汽车有限公司、北京现代汽车有限公司、东风日产乘用车技术中心、东风本田汽车有限公司。

本标准其他参加单位:大众汽车集团(中国)、福特汽车(中国)有限公司、宝马(中国)汽车贸易有限公司、丰田汽车技术中心(中国)有限公司、本田技研工业(中国)投资有限公司、日产汽车(中国)有限公司、戴姆勒-克莱斯勒(中国)投资有限公司。

本标准负责起草人:吴卫、金约夫、王兆、高海洋。

本标准参加起草人:郭红兵、孙惠、王捍华、袁军成、封渝英、李书利、黄豁、李鹏、涂险峰、谭敏。

轻型汽车燃料消耗量标识

1 范围

本标准规定了汽车燃料消耗量标识的内容、格式、材质和粘贴要求。

本标准适用于能够燃用汽油或柴油燃料的、最大设计总质量不超过 3 500 kg 的 M_1、M_2 类和 N_1 类车辆，不适用于混合动力电动汽车及可燃用其他单燃料的车辆。

2 规范性引用文件

下列文件中的条款通过本标准的引用而成为本标准的条款。凡是注日期的引用文件，其随后所有的修改单(不包括勘误的内容)或修订版均不适用于本标准，然而，鼓励根据本标准达成协议的各方研究是否可使用这些文件的最新版本。凡是不注日期的引用文件，其最新版本适用于本标准。

GB/T 788　图书和杂志开本及其幅面尺寸(GB/T 788—1999，neq ISO 6716：1983)

GB/T 3181　漆膜颜色标准

GB/T 19233　轻型汽车燃料消耗量试验方法

GB 19578　乘用车燃料消耗量限值

GB 20997　轻型商用车辆燃料消耗量限值

3 定义

下列术语和定义适用于本标准。

3.1

燃料消耗量标识　fuel consumption label

用于标示燃料消耗量及相关信息的标签。以下简称标识。

4 标识的内容

标识至少应包含下列信息：

a) 生产企业；

b) 车辆型号；

c) 发动机型号、排量、额定功率，其中，排量单位为 mL，额定功率单位为 kW；

d) 燃料类型，如汽油、柴油等；

e) 变速器类型，如手动、自动，或 MT、AT、AMT、CVT 等；

f) 驱动型式，如前驱、后驱、全轮驱动等；

g) 整车整备质量、最大设计总质量，单位为 kg；

h) 市区、市郊和综合燃料消耗量，单位为 L/100 km；

i) 适用的燃料消耗量限值标准、标准规定的各阶段限值的实施日期和对应的燃料消耗量限值，单位为 L/100 km；

j) 标识的燃料消耗量与实际燃料消耗量差别的说明；

k) 标识启用日期以及政府主管部门规定的附加信息等其他信息。

5 燃料消耗量数据

燃料消耗量数据是指按照 GB/T 19233 测定的市区、市郊和综合燃料消耗量。

燃料消耗量数据应精确到一位小数。

6 标识要求

6.1 功能区划分

6.1.1 标识由“标题区”、“信息区”、“说明区”和“附加信息区”四个功能区组成，如图 A.1 所示。

6.1.1.1 “标题区”位于标识顶端，左侧为“企业标志”，右侧“标识名称”。“标识名称”为“汽车燃料消耗量标识”，对应英文为大写的“AUTOMOBILE FUEL CONSUMPTION LABEL”，采用中文居上、英文居下的方式排列。

6.1.1.2 “信息区”位于标识中央，是标识的核心部分；“信息区”的上部为“车型基本信息”，下部为左右排列的“标识图案”和“燃料消耗量信息”。

6.1.1.2.1 “车型基本信息”部分包括：生产企业、车辆型号、发动机型号、燃料种类、排量、额定功率、变速器类型、驱动型式、整车整备质量、最大设计总质量以及企业需要说明的、与燃料消耗量相关的其他信息。如无其他信息提供，可删除“其他信息”四个字。

6.1.1.2.2 “标识图案”为简化的加油机。

6.1.1.2.3 “燃料消耗量信息”包括：

a) 市区工况、市郊工况和综合工况燃料消耗量；

示例 1：

市区工况：××.× L/100 km

综合工况：××.× L/100 km

市郊工况：××.× L/100 km

b) 适用的燃料消耗量限值标准(含年代号)、标准规定的各阶段限值的实施日期和对应的燃料消耗量限值。

示例 2：

适用国家标准为 GB ××××—××××；

第×阶段要求自××××年××月××日开始执行，对应限值为××.× L/100 km；

第×阶段要求自××××年××月××日开始执行，对应限值为××.× L/100 km。

6.1.1.3 “说明区”位于标识下部，主要用于说明燃料消耗量试验所采用的国家标准(含年代号)以及影响燃料消耗量的因素，具体内容如下：

本标识所采用的燃料消耗量数据系根据 GB/T 19233 测定。

由于驾驶习惯、道路状况、气候条件和燃料品质等因素的影响，实际燃料消耗量可能与本标识的燃料消耗量不同。

为避免标识影响视野，请在购买车辆后去除标识。

6.1.2 “附加信息区”位于标识底端，主要内容包括标识启用日期以及政府主管部门规定的附加信息，如备案号。

6.2 标识的规格和图案要求

6.2.1 标识尺寸至少为 GB/T 788 规定的 A5(148.5 mm×210 mm)幅面，也可采用 A4(210 mm×297 mm)幅面，或在其他幅面中使用尺寸为 A5 或 A4 幅面的标识并保证其格式符合要求。

6.2.2 标识背景为 GB/T 3181 规定的淡黄色，对应编号为 Y06；“企业标志”区域以及标注市区工况、市郊工况、综合工况燃料消耗量信息的区域背景为白色。

6.2.3 A5 幅面标识各功能区的布局和尺寸应符合图 A.2 的要求，其中，加油机图案应符合图 A.3 的要求，加油机颜色为 GB/T 3181 规定的红色，对应编号为 R02。标识所使用的文字和数字全部为黑色，对应的字体、字号要求见表 1。A4 幅面标识应相应放大。

表1 各功能区对应的字体和字号

<table>
<tr><th>功能区</th><th colspan="2">内　容</th><th>字　体</th><th>字　号</th></tr>
<tr><td rowspan="2">标题区</td><td rowspan="2">文字</td><td>中文</td><td>黑体加粗</td><td>小一号</td></tr>
<tr><td>英文</td><td>黑体加粗</td><td>四号</td></tr>
<tr><td rowspan="4">信息区</td><td rowspan="2">文字</td><td>中文[a]</td><td>黑体</td><td>小四号</td></tr>
<tr><td>英文</td><td>黑体</td><td>小四号</td></tr>
<tr><td rowspan="2">数字</td><td>综合燃料消耗量数值</td><td>黑体加粗</td><td>小初号</td></tr>
<tr><td>市区和市郊燃料消耗量数值</td><td>黑体</td><td>小四号</td></tr>
<tr><td rowspan="3">说明区</td><td rowspan="2">文字</td><td>中文[b]</td><td>黑体</td><td>五号</td></tr>
<tr><td>英文</td><td>黑体</td><td>五号</td></tr>
<tr><td colspan="2">数字</td><td>黑体</td><td>五号</td></tr>
<tr><td rowspan="3">附加信息区</td><td rowspan="2">文字</td><td>中文</td><td>黑体</td><td>五号</td></tr>
<tr><td>英文</td><td>黑体</td><td>五号</td></tr>
<tr><td colspan="2">数字</td><td>黑体</td><td>五号</td></tr>
<tr><td colspan="5">[a] 加油机图案中“燃料消耗量”等五个字的字号为小四号。
[b] 说明区中“说明”二字的字号为小四号。</td></tr>
</table>

6.3 标识的材质

标识应采用纸质或塑料材质，具有一定的强度，易于粘贴和保持，并易于去除。

6.4 标识的粘贴

标识应粘贴在车辆内部，粘贴位置为侧车窗或风挡玻璃上、不对驾驶员视野构成影响的显著部位。为便于从车外阅读，标识的图案和内容应朝外。

附 录 A
（规范性附录）
标识各功能区规格及图案要求

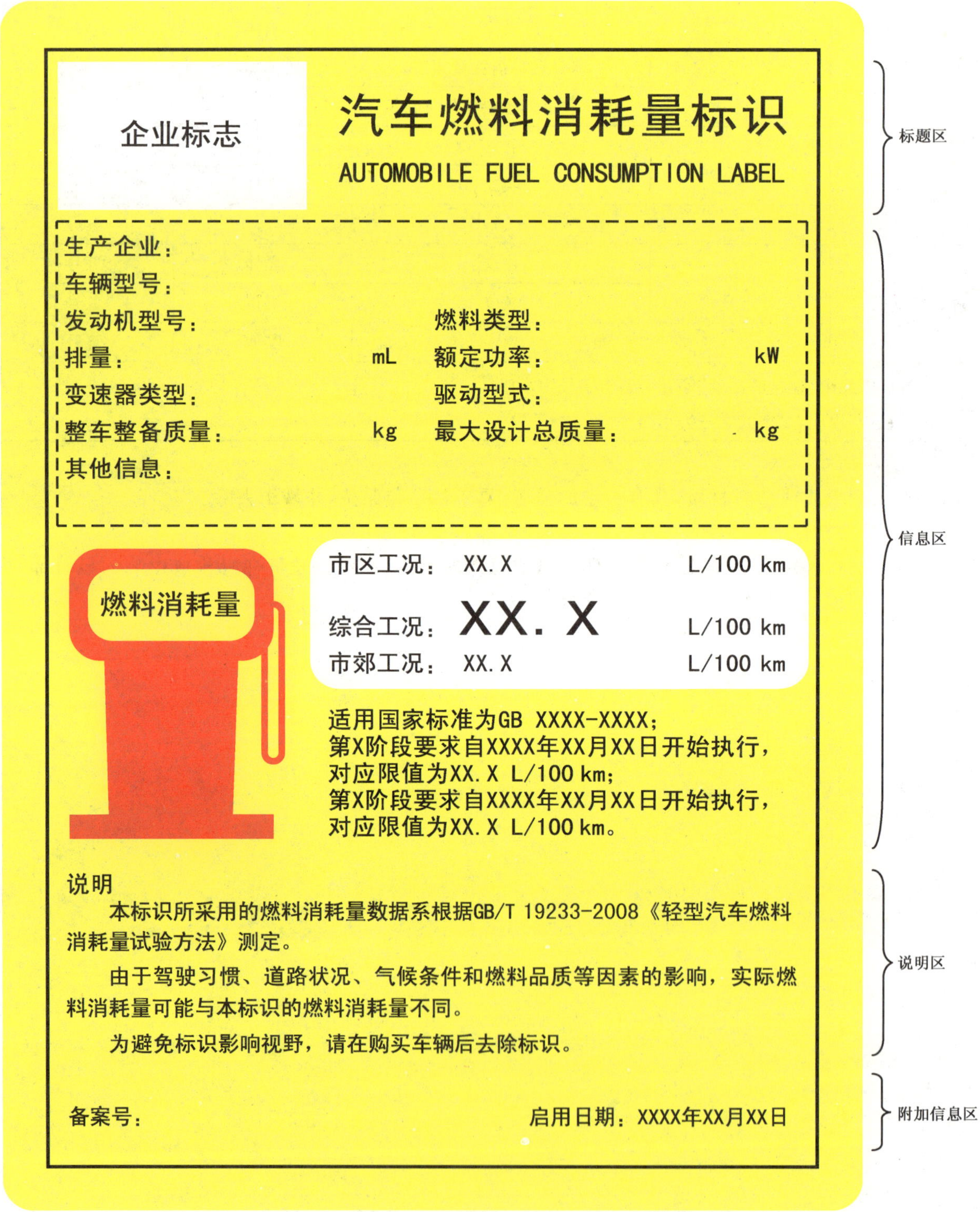

企业标志

汽车燃料消耗量标识

AUTOMOBILE FUEL CONSUMPTION LABEL

生产企业：

车辆型号：

发动机型号： 燃料类型：

排量： mL 额定功率： kW

变速器类型： 驱动型式：

整车整备质量： kg 最大设计总质量： kg

其他信息：

燃料消耗量

市区工况： XX.X L/100 km

综合工况： XX.X L/100 km

市郊工况： XX.X L/100 km

适用国家标准为GB XXXX-XXXX；
第X阶段要求自XXXX年XX月XX日开始执行，
对应限值为XX.X L/100 km；
第X阶段要求自XXXX年XX月XX日开始执行，
对应限值为XX.X L/100 km。

说明

本标识所采用的燃料消耗量数据系根据GB/T 19233-2008《轻型汽车燃料消耗量试验方法》测定。

由于驾驶习惯、道路状况、气候条件和燃料品质等因素的影响，实际燃料消耗量可能与本标识的燃料消耗量不同。

为避免标识影响视野，请在购买车辆后去除标识。

备案号： 启用日期：XXXX年XX月XX日

标题区

信息区

说明区

附加信息区

图 A.1 标识各功能区分布示意图

单位为毫米

图 A.2　标识各功能区规格要求

单位为毫米

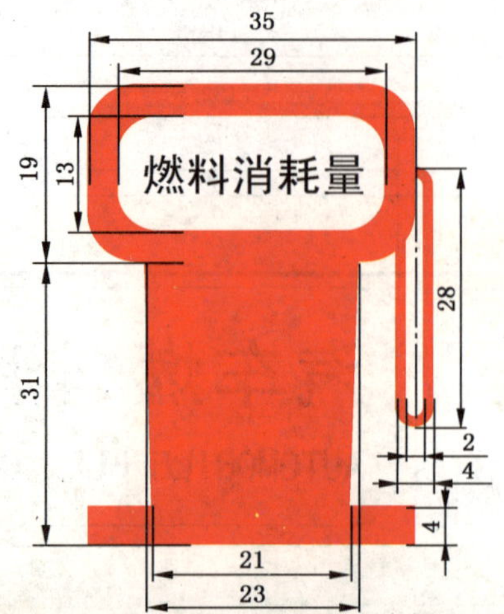

图 A.3 加油机图案及规格要求

ICS 97.060
Y 60

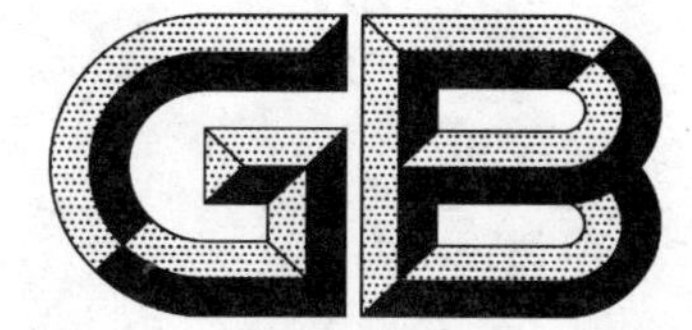

中华人民共和国国家标准

GB/T 22758—2008

家用电动洗衣机可靠性试验方法

Test methods for reliability of household electric washing machine

2008-12-30 发布　　　　2009-07-01 实施

中华人民共和国国家质量监督检验检疫总局
中国国家标准化管理委员会　发布

前　言

本标准的附录 A 和附录 B 是资料性附录。

本标准由中国轻工业联合会提出。

本标准由全国家用电器标准化技术委员会(SAC/TC 46)归口。

本标准主要起草单位:海尔集团公司、中国家用电器研究院、广州威凯认证检测有限公司、中国家用电器协会、苏州三星电子有限公司、博西华电器(江苏)有限公司、无锡小天鹅股份有限公司、松下电化住宅设备机器(杭州)有限公司、宁波新乐电器有限公司、宁波辰佳电器有限公司。

本标准主要起草人:谷玉梅、王瑞贤、祝耀昌、戴慈庄、赵维波、张序星、姜风、谢壮德、丁旭东、张明、庄翎、龚建孟、王袭、申丽双、李晓东、张少君。

本标准为首次发布。

家用电动洗衣机可靠性试验方法

1 范围

本标准规定了家用电动洗衣机的可靠性鉴定和可靠性验收试验的试验要求、试验、故障分析处理及统计、试验结果的判断、试验记录和试验报告。

本标准适用于额定洗涤容量不大于 13 kg 的家用电动洗衣机(包含脱水机,不包含干衣机)。对于洗衣干衣机可只验证其洗衣功能部分的可靠性。

2 规范性引用文件

下列文件中的条款通过本标准的引用而成为本标准的条款。凡是注日期的引用文件,其随后所有的修改单(不包括勘误的内容)或修订版均不适用于本标准,然而,鼓励根据本标准达成协议的各方研究是否可使用这些文件的最新版本。凡是不注日期的引用文件,其最新版本适用于本标准。

GB/T 2422 电工电子产品环境试验 术语(GB/T 2422—1995,eqv IEC 60068-5-2:1990)

GB/T 3187 可靠性、维修性术语(GB/T 3187—1994,IEC 60050-191:1991,IDT)

GB/T 4086.2 统计分布数值表 χ^2 分布

GB/T 4288—2003 家用电动洗衣机

GB 4706.24 家用和类似用途电器的安全 洗衣机的特殊要求(GB 4706.24—2000,eqv IEC 60335-2-7:1993)

GB 4706.26 家用和类似用途电器的安全 离心式脱水机的特殊要求(GB 4706.26—2000,eqv IEC 60335-2-4:1993)

GB/T 5080.4 设备可靠性试验 可靠性测定试验的点估计和区间估计方法(指数分布)(GB/T 5080.4—1985,neq IEC 60605-4:1978)

GB/T 5080.7 设备可靠性试验 恒定失效率假设下的失效率与平均无故障时间的验证试验方案(GB/T 5080.7—1986,IEC 60605-7:1978,IDT)

3 术语及符号

GB/T 2422 和 GB/T 3187 确立的以及下列术语和定义适用于本标准。

3.1 术语

3.1.1

可靠性 reliability

产品在规定的条件下和规定的时间区间内完成规定功能的能力。

3.1.2

平均无故障时间 mean operating time between faults;MTBF

θ

相邻两次故障之间的平均工作时间,称为平均无故障时间。它仅适用于可修复的产品。

本标准中,MTBF 的单位均用周期表示。

3.1.3

MTBF 验证值 demonstrated MTBF

$\underline{\theta}$

在试验条件下,真实 MTBF 的可能范围。即在规定的置信度下对 MTBF 的区间估计。在置信区间上限的称为置信上限，简称为 θ_U；在置信区间下限的称为置信下限，简称 θ_L。

3.1.4

MTBF 试验上限值　upper test MTBF

θ_0

可接收的 MTBF 值。当产品的平均无故障时间的真值接近 θ_0 时，试验方案以高概率接收产品。

3.1.5

MTBF 试验下限值　lower test MTBF

θ_1

不可接收的 MTBF 值。当产品的平均无故障时间的真值接近 θ_1 时，试验方案以高概率拒收产品。

3.1.6

鉴别比　discrimination ratio

D_m

验证 MTBF 统计试验方案的参数之一，它说明 θ_0 和 θ_1 差别的大小，$D_m = \theta_0 / \theta_1$。

3.1.7

买方风险　consumer's risk

β

产品 MTBF 的真值等于 MTBF 试验下限值 θ_1 时，产品被接收的概率。

3.1.8

产方风险　producer's risk

α

产品 MTBF 的真值等于 MTBF 试验上限值 θ_0 时，产品被拒收的概率。

3.1.9

故障　fault

产品不能执行规定功能的状态。

3.1.10

独立故障　independent fault

不是由另外一个产品故障引起的故障。

3.1.11

从属故障　dependent fault

由于另外一个产品故障引起的故障。

3.1.12

反复故障　pattern faults

凡是在同一试验部位和在不同试验部位而用途相同的同一种零件或相同种类和相同制造商的零件或在试验周期的同一点但不是同时出现的两次或两次以上的故障。

3.1.13

关联故障　relevant fault

在解释试验结果或计算可靠性特征量时，应计入的故障。

3.1.14

非关联故障　non-relevant fault

在解释试验结果或计算可靠性特征量时，不应计入的故障。

3.1.15

间歇故障　intermittent fault

产品未经任何修复性维修而在有限的持续时间内自行恢复执行规定功能的故障。这种故障往往是反复的。

3.1.16

累积时间　accumulated time

在给定时间区间内的具有给定条件的持续时间之和。

3.1.17

相关试验时间　relevant test time

与受试设备相关失效数有关的用来验证可靠性要求或用来计算可靠性特征值的时间。

3.2　符号

n——试验的样品数。

T——累积相关试验时间(单位:周期)。

t——单台试验持续时间(单位:周期)。

r——试验中实际累积故障数。

4　一般说明

可靠性试验分为工程试验和统计试验两大类。统计试验包括可靠性测定试验和可靠性验证试验。可靠性鉴定试验和可靠性验收试验都属于可靠性验证试验。

4.1　可靠性鉴定试验

可靠性鉴定试验的目的是验证产品的设计是否达到了规定的最低可接收的可靠性要求,验证的结果作为产品定型的依据之一。产品在下列情况可进行可靠性鉴定试验:

a)　设计定型或生产定型;

b)　设计、工艺有重大变更的产品。

4.2　可靠性验收试验

可靠性验收试验的目的是验证批量生产的产品是否能在规定的条件下满足可靠性的要求,验证的结果作为验收产品的依据之一。

4.3　规定 θ_1 作为可靠性试验要验证的参数。本标准中所采用的单位为:周期。

5　试验要求

5.1　试验样品

5.1.1　试验样品状态

可靠性试验的样品应是定型状态产品或批生产中检验合格的产品。

5.1.2　抽样方法及样品数量

从定型状态产品或批生产中检验合格的产品中随机抽取。

试验样品数 n 优选为:6、10、12、16、20 台。

5.2　试验条件

a)　环境温度:0 ℃～40 ℃;

b)　环境湿度:95% 以下;

c)　电压:额定电压±10%;

d)　频率:额定频率±1%;

e)　水压:0.20 MPa～0.50 MPa;

f)　进水硬度:自来水硬度;

g)　进水温度:自来水水温(需要进热水的产品按照说明书要求水温试验);

h)　负载:推荐使用 GB/T 4288—2003 规定的标准洗涤物;

i)　洗涤剂:常用的适用于机洗的洗衣粉。

注:验收试验按 GB/T 4288—2003 规定试验条件进行。

5.3 **试验用仪器仪表**

5.3.1 试验所用的电工测量仪表，其精度应不低于 0.5 级。

5.3.2 测量质量的衡器以千克计，精确至 5 g。

5.3.3 压力计以帕计，精确至 0.02 MPa。

5.4 **试验方案**

本标准所述试验方案是假定相邻故障时间的统计分布是服从指数分布的，即故障率为常数。

试验方案有两种类型：定时(定数)截尾试验方案和截尾序贯试验方案。

5.4.1 **定时(定数)截尾试验方案**

在试验期间，对受试设备进行连续地或短间隔地监测，累积相关试验时间直至达到或超过预定的相关试验时间(接收)或发生了预定的相关失效数(拒收)。

推荐使用 GB/T 5080.7 中规定的部分定时(定数)截尾试验方案，见表 1。

表 1 推荐的定时(定数)截尾试验方案

试验方案序号	方案的特征			试验时间 T (θ_0 的倍数 D)	判定标准	
	标称值/%		$D_m=\theta_0/\theta_1$		拒收数 ≥	接收数 ≤
	α	β				
1	10	10	3.00	3.1	6	5
2	10	10	5.00	1.10	3	2
3	20	20	3.00	1.46	3	2
4	30	30	1.50	5.3	7	6
5	30	30	2.00	1.84	3	2

5.4.2 **截尾序贯试验方案**

在试验期间，对受试设备进行连续地或短间隔地监测并将累积的相关试验时间和相关故障数与确定是否接收、拒收或继续试验的判据进行比较。

推荐使用 GB/T 5080.7 中规定的部分截尾序贯试验方案，见表 2。

表 2 推荐的截尾序贯试验方案

试验方案序号	方案的特征			当 $\theta=\theta_0$ 时作出判定的期望时间
	标称值/%		鉴别比 $D_m=\theta_0/\theta_1$	θ_0 的倍数 D
	α	β		
1	10.00	10.00	2.00	5.1
2	10.00	10.00	3.00	2.0
3	10.00	10.00	5.00	0.6
4	20.00	20.00	2.00	2.4
5	20.00	20.00	3.00	1.1
6	30.00	30.00	1.50	3.4
7	30.00	30.00	2.00	1.3
8	35.00	40.00	1.25	5.0

5.4.3 **试验方案的选择原则**

a) 当要求通过试验对产品的平均无故障时间的真值作出估计时，推荐选用定时(定数)截尾试验方案；

b) 当仅需要以预定的判别风险率(α、β)和鉴别比(D_m)对产品作接收或拒绝的判定，并且不需要试验前确定总试验时间和经费时，推荐选用截尾序贯试验方案。

5.5 试验时间

如果选择定时截尾试验时，需对累积相关试验时间及单台试验持续时间做出预算。

5.5.1 累积相关试验时间 *T*(单位：周期)

由规定的 D_m、α、β 数值，根据表 1 或表 2 查出 θ_0 的倍数 D，由式(1)求得累积相关试验时间(总台时数)：

$$T = DD_m\theta_1 \quad \cdots\cdots(1)$$

5.5.2 单台试验持续时间 *t*(单位：周期)

当确定试验的样品数 n 之后，单台试验持续时间 t 可从式(2)求得：

$$t = T/n \quad \cdots\cdots(2)$$

实际单台试验持续时间在保证试验总时间的前提下，可以作一定的调整，但必须保证单台最短累积相关试验时间不得少于 $t/2$，否则不能做出接收判定。

5.5.3 试验终止

5.5.3.1 采用定时(定数)截尾试验方案时，当试验进行到截尾试验时间或截尾相关故障数时，试验终止。

5.5.3.2 采用序贯试验方案时，如果在最大累积相关试验时间内可以做出判定，试验终止；当试验到最大累积相关试验时间时，试验终止。

5.5.4 试验中断

5.5.4.1 本标准规定的试验为不可间断试验，但若因设备故障、样机重大故障或其他不可抗因素导致的试验中断，则本周期程序应从头开始，重新进行试验。

5.5.4.2 试验开始后，不允许进行正常的维护(6.5 规定)以外的维护措施，正常维护不视作修理，不计入故障。

6 试验方法

6.1 试验前检查

在正式进行可靠性试验之前，为避免将从生产现场到实验室运输过程中造成损坏的机器投入试验，先按照出厂检验标准对所有试验样机外观进行检查，并按照使用说明书要求进行一个标准程序的试运行，以确认洗衣机处于合格状态。

6.2 试验

6.2.1 程序选择

选择说明书中规定的标准程序或开机默认程序。

对于洗涤桶不能自动进、排水的洗衣机、脱水机的运行操作按 GB/T 4288—2003 中 6.11 要求进行。

6.2.2 负载加入

加入额定洗涤容量的 0.8 倍的负载。

6.2.3 洗涤剂添加

按洗涤剂说明书要求量投放洗涤剂，至少每 5 个周期添加一次。

6.2.4 运行

其他事项按照洗衣机使用说明书要求准备就绪后，开始运行。

6.3 试验过程中检查

试验过程中按照表 3 要求，每 4 h 进行一次巡检。

表 3　试验过程中检查项目

序　　号	检查项目	故障及分类
1	产品是否处于正常运行状态	参考附录 A
2	产品运行时是否有异常噪音	
3	产品运行时是否有异常振动或移位	
4	产品各种显示是否正常	
5	产品是否有漏水、漏油等现象	

6.4　试验结束后检查

试验结束后，对产品规定的功能和主要性能（附录 A 中涉及到的）进行检查。故障及分类参考附录 A。

6.5　试验过程中的维护

a)　周期间隔时间为 5 min，间隔时间内整理一次负载，避免衣物缠绕，影响试验效果；

b)　每天清理一次线屑过滤器；

c)　每运行 200 h 所在周期结束后，对试验所用的负载布进行一次检查：剔除已经磨破的负载布，补充新的负载布，并保证总重量达到试验规定的负载重量；

d)　每周对进水阀过滤网清理一次，避免堵塞，进水不畅。

7　故障的分析处理及统计

7.1　故障的分析处理

7.1.1　试验中出现故障时，应按 9.1.3 进行详细记录。

7.1.2　对故障及时进行原因分析、排除。故障处理结果应按 9.1.3 进行详细记录。

7.2　故障的统计

7.2.1　对试验中出现的故障，如果不能证明是试验过程中施加的应力不当或试验设备等非产品本身问题时，不应对产品进行更换或修理，否则，每更换或修理一次就计为一次关联故障。

7.2.2　同时发生两个或两个以上的独立故障，应记录两个或两个以上关联故障。

7.2.3　修理、更换元器件后，若在后续的试验中仍不能消除原来的故障现象，又不能证实换上的元器件有问题，则视为维修无效，不再重复计入关联故障。

7.2.4　由于独立故障引起的从属故障按非关联故障处理。

7.2.5　反复故障的每次故障都应计入故障数中。

7.2.6　间歇故障只将第一次故障计入故障总数。

8　试验结果的判定

8.1　如果试验时间尚未达到预先选定的试验持续时间 T，但产生的故障数量已经大于或等于方案中拒收故障数量，则判定此批产品不合格，试验可以停止。如果试验时间达到预先选定的试验持续时间 T，试验中产生的故障数量小于或等于方案中的接收数量，则判定此批产品合格。

8.2　如果选择序贯试验方案，则参照 GB/T 5080.7 进行判定。

8.3　MTBF 验证值可参照附录 B 公式计算，计算结果可与 θ_1 规定值进行比较判断。

9　试验记录和报告

9.1　试验记录

在试验过程中，数据记录应不中断，记录包括以下内容。

9.1.1 **产品标志**

产品名称、批量、型号；产品的顺序号；生产日期。

9.1.2 **观察结果的顺序记录**

观察的年、月、日和时间；环境条件和工作条件；有关功能参数的检测结果和功能状态的观察记录；超出规定条件的结果说明；操作者、观察者姓名。

9.1.3 **故障记录**

9.1.3.1 **故障情况记录（由试验人员填写）**

a) 故障概况，包括：故障发生日期和时间；试验样品的顺序号；故障发生情况和故障现象说明；故障时的工作条件和环境条件；本程序试验时间和（或）累计试验时间；试验人员姓名。

b) 故障性质及分类，参照附录A。

c) 产品性能的故障特征，包括：故障参数的实测值和该项参数的最低要求值。

d) 判定故障依据的主要标准。

e) 有关故障的分析意见及建议的纠正措施。

9.1.3.2 **故障核实和修理记录（由修理人员填写）**

a) 故障核实，包括：使用的仪表和方法，观察结果说明。

b) 修理说明，包括：采取的措施；修理过程中产品的工作时间；修理日期、时间及维修持续时间；维修人员姓名。

c) 被更换的元器件说明，包括：所在产品位置；元器件名称、型号；元器件故障的主要特征和确定元器件故障时所采用的试验；供货单位；故障原因和分类意见；修理中所采取的措施。

9.1.3.3 **故障分析记录（由故障分析人员填写）**

a) 故障元器件分析与产品的设计分析，包括：目检和初始测量情况、元器件分析说明、产品的设计分析说明、分析结果、分析日期、分析用设备、分析人员姓名；

b) 影响故障条件的分析；

c) 故障原因与分类；

d) 建议的纠正措施。

9.2 **试验报告**

试验结束时应形成试验报告。

附 录 A
（资料性附录）
典型故障及分类

A.1 典型故障及分类见表 A.1。

表 A.1 典型故障及分类

故障性质	序号	故 障	故障分类
性能故障	1	洗涤和脱水时出现异常噪音	B
	2	洗涤和脱水时出现异常振动或移位	B
安全故障	3	接地电阻、泄漏电流、电气强度不符合 GB 4706.24 或 GB 4706.26 的规定	致命
	4	电器或元器件控制失效导致产品存在安全隐患	致命
	5	机门或机盖的关闭和联锁不符合 GB 4706.24 和 GB 4706.26 的规定	致命
	6	内部布线发生断裂、磨损或接线端子松动脱落等，导致触电隐患	致命
	7	因带电部件温升过高，引起本身或周边部件烧焦、发黑等现象，存在安全隐患	致命
电器故障	8	自动控制器类元件失灵，包括程控器、定时器、温控器、限温器、水位传感器等	A
	9	开关类元件失灵，包括电源开关、转换开关、门开关、安全开关等	A
	10	各类电动机停转或转动失常，包括洗涤电机、脱水电机、排水电机、排水泵和循环泵等	A
	11	各类电磁阀不动作	A
	12	各类加热器件不能正常加热	B
元器件故障	13	隔离变压器开路或短路	A
	14	电容开路或短路	A
	15	电子电路失灵或误动作	A
	16	显示灯不能正常显示	A
机械故障	17	离合器故障造成不洗涤、不脱水或洗涤/脱水不能转换	A
	18	外观件出现破、裂、变形现象	B
	19	各类按键旋钮卡滞，导致无法正常操作	A
	20	各类密封圈失效，造成主要部件进水	A
	21	各种阀类开合不到位，导致常导通或关闭状态	A
	22	水路系统漏水	A
	23	传动皮带松脱或断裂	A
	24	进水或排水管断裂	A
	25	各种固定装置松动，洗涤、脱水桶松动、脱落	B
其他故障	26	产品说明书中规定的功能不能实现	A
故障分类说明： 致命故障：可能导致人员伤亡、重要物件损坏或其他不可容忍后果的故障； A 类故障：引起产品功能丧失的故障； B 类故障：影响产品功能的故障。			

附 录 B
（资料性附录）
MTBF 验证值的计算公式

B.1 推荐置信度 $1-\alpha$。

B.2 对于置信度 $1-\alpha$，平均无故障时间（MTBF）的单侧置信下限 θ_L 按式（B.1）和式（B.2）计算：

定时截尾试验：

$$\theta_L = \frac{2T}{\chi^2_{1-\alpha}(2r+2)} \qquad \text{（B.1）}$$

定数截尾试验：

$$\theta_L = \frac{2T}{\chi^2_{1-\alpha}(2r)} \qquad \text{（B.2）}$$

式中：

θ_L——MTBF 的单侧置信下限；

$1-\alpha$——推荐的置信度；

T——累积相关试验时间；

r——试验中累积故障数。

注：上述公式中 χ^2 的分布数值表见 GB/T 4086.2《统计分布数值表 χ^2 分布》。

上述公式引自 GB/T 5080.4《设备可靠性试验 可靠性测定试验的点估计和区间估计方法（指数分布）》。

ICS 97.040.30
Y 61

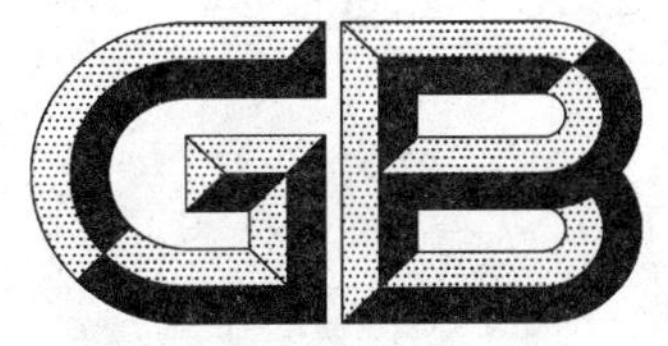

中华人民共和国国家标准

GB/T 22759—2008

家用和类似用途的制冷器具可靠性试验方法

Test methods for reliability of household and similar refrigerating appliances

2008-12-30 发布　　2009-07-01 实施

中华人民共和国国家质量监督检验检疫总局
中国国家标准化管理委员会　发布

前　言

本标准的附录A、附录B均为资料性附录。

本标准由中国轻工业联合会提出。

本标准由全国家用电器标准化技术委员会(SAC/TC 46)归口。

本标准负责起草单位:海尔集团公司。

本标准参加起草单位:中国家用电器研究院、广州威凯认证检测有限公司、中国家用电器协会、苏州三星电子有限公司、海信科龙电器股份有限公司、美的集团有限公司、江苏白雪电器股份有限公司、无锡小天鹅股份有限公司、河南新飞电器有限公司、伊莱克斯(中国)电器有限公司、博西华家用电器有限公司、宁波辰佳电器有限公司。

本标准主要起草人:杨玉斋、王滨后、祝耀昌、戴慈庄、蔡宁、陈伟升、姜风、谢壮德、范炜、种衍习、周小波、张明、翟洪轩、赵玉琴、王袭、申丽双、李晓东、张少君、万春晖。

本标准首次发布。

家用和类似用途的制冷器具可靠性试验方法

1 范围

本标准规定了家用和类似用途的制冷器具(以下简称器具)可靠性鉴定和可靠性验收试验的试验要求、试验、故障分析处置及统计、试验结果的判定、试验的记录和试验报告。

本标准适用于电机驱动压缩式家用和类似用途的冷藏箱、冷冻箱、冷藏冷冻箱、无霜冷藏箱、无霜冷藏冷冻箱、无霜冷冻食品储藏箱和无霜食品冷冻箱。

2 规范性引用文件

下列文件中的条款通过本标准的引用而成为本标准的条款。凡是注日期的引用文件,其随后所有的修改单(不包括勘误的内容)或修订版均不适用于本标准,然而,鼓励根据本标准达成协议的各方研究是否可使用这些文件的最新版本。凡是不注日期的引用文件,其最新版本适用于本标准。

GB/T 2422 电工电子产品环境试验 术语(GB/T 2422—1995,eqv IEC 60068-5-2:1990)

GB/T 3187 可靠性、维修性术语(GB/T 3187—1994,IEC 60050-191:1991,IDT)

GB/T 4086.2 统计分布数值表 X^2 分布

GB 4706.13 家用和类似用途电器的安全 制冷器具、冰淇淋机和制冰机的特殊要求(GB 4706.13—2004,IEC 60335-2-24:2000,IDT)

GB/T 5080.4 设备可靠性试验 可靠性测定试验的点估计和区间估计方法(指数分布)(GB/T 5080.4—1985, neq IEC 60605-4:1978)

GB/T 5080.7—1986 设备可靠性试验 恒定失效率假设下的失效率与平均无故障时间的验证试验方案(IEC 60605-7:1978,IDT)

GB/T 8059(所有部分) 家用制冷器具

3 术语和符号

GB/T 2422 和 GB/T 3187 确立的以及下列术语和定义适用于本标准。

3.1 术语

3.1.1

可靠性 reliability

产品在规定条件下和规定时间区间内完成规定功能的能力。

3.1.2

平均无故障时间 mean operating time between faults;MTBF

θ

相邻两次故障之间的平均工作时间,称为平均无故障时间。它仅适用于可修复的产品。

3.1.3

MTBF 的验证区间 demonstrated MTBF interval

θ_L,θ_U

在试验条件下,真实 MTBF 的可能范围。即在规定的置信度下对 MTBF 的区间估计。θ_U 称为置信上限 ;θ_L 称为置信下限 。

3.1.4

MTBF 试验上限值　upper test MTBF

θ_0

可接收的 MTBF 值。当产品的平均无故障时间的真值接近 θ_0 时，试验方案以高概率接收产品。

3.1.5

MTBF 试验下限值　lower test MTBF

θ_1

不可接收的 MTBF 值。当产品的平均无故障时间的真值接近 θ_1 时，试验方案以高概率拒收产品。

3.1.6

鉴别比　discrimination ratio

D_m

验证 MTBF 统计试验方案的参数之一，它说明 θ_0 和 θ_1 差别的大小，$D_m=\theta_0/\theta_1$。

3.1.7

购买方风险　consumer's risk

β

产品 MTBF 的真值等于 MTBF 试验下限值 θ_1 时，产品被接收的概率。

3.1.8

生产方风险　producer's risk

α

产品 MTBF 的真值等于 MTBF 试验上限值 θ_0 时，产品被拒收的概率。

3.1.9

加速试验　accelerated test

为缩短观测产品应力响应所需持续时间或放大给定持续时间内的响应，在不改变基本的故障模式和故障机理或它们的相对主次关系的前提下，施加的应力水平超过规定的基准条件的一种试验。

3.1.10

时间加速系数　time accelerated factor

某种应力条件下的加速试验与基准应力条件的试验达到相等的累计故障概率所需时间之比。

3.1.11

故障　fault

产品不能执行规定功能的状态。

3.1.11.1

独立故障　independent fault

不是由另外一产品故障引起的故障。

3.1.11.2

从属故障　dependent fault

由另外一个产品故障引起的故障。

3.1.11.3

反复故障　pattern faults

凡是在同一试验部位和在不同试验部位而用途相同的同一种零件或相同种类和相同制造商的零件或在试验周期的同一点但不是同时出现的两次或两次以上的故障。

3.1.11.4

关联故障　relevant fault

在解释试验结果或计算可靠性特征量时必须计入的故障。

3.1.11.5

非关联故障　non-relevant fault

在解释试验结果或计算可靠性特征量时不应计入的故障。

3.1.11.6

间歇故障　intermittent fault

产品未经任何修复性维修而在有限的持续时间内自行恢复执行规定功能的故障。

这种故障往往是反复出现的。

3.1.12

累积时间　accumulated time

在给定时间区间内的具有给定条件的持续时间之和。

3.1.13

相关试验时间　relevant test time

指与试验样品相关故障数有关的用来验证可靠性要求或用来计算可靠性特征值的时间。

3.2　符号

n ——试验的样品数。

T ——累积相关试验时间(单位:d 或 h)。

t ——规定的每台试验持续时间(单位:d 或 h)。

r ——试验中实际累积故障数。

a ——加速系数。

4　一般说明

可靠性试验分为工程试验和统计试验两大类。统计试验包括可靠性测定试验和可靠性验证试验。可靠性鉴定试验和可靠性验收试验都属于可靠性验证试验。

4.1　可靠性鉴定试验

可靠性鉴定试验的目的是验证产品的设计是否达到了规定的最低可接收的可靠性要求。验证的结果作为验收产品的依据之一。下列情况下的产品应进行可靠性鉴定试验:

a)　设计定型;

b)　生产定型;

c)　设计、工艺有重大变更的产品。

4.2　可靠性验收试验

可靠性验收试验的目的是验证批量生产的产品是否能在规定的条件下满足可靠性的要求。验证的结果作为验收产品的依据之一。

4.3　规定 θ_1 作为可靠性试验要验证的参数。本标准中所采用的单位为:d 或 h。

5　试验要求

5.1　试验样品

5.1.1　试验样品状态

试验的样品应是定型状态的产品或批生产中检验合格的产品。

5.1.2　抽样

从定型状态的产品或批生产中检验合格的产品中随机抽取。

5.1.3　试验样品的数量

试验样品数 n 优选为:6、10、12、16、20 台。

若无规定,产品至少应有 2 台接受试验。

5.2 试验条件

5.2.1 环境温度

试验的环境温度为 43 ℃,偏差±2 ℃。

环境温度测量点所在垂线上距地 50 mm 处与距地 2 m 处的温差在 3 K 以下。

5.2.2 环境湿度

试验的环境相对湿度为 45%~75%。

5.2.3 试验电压

试验电压为额定电压,偏差±3%。

5.2.4 试验频率

试验频率为额定频率,偏差±1 Hz。

5.3 试验设备和测量仪器

5.3.1 试验设备

试验设备应能提供设定的试验条件。

5.3.2 测量仪器

a) 温度测量仪器

温度测量采用热电偶(T 型或 K 型)。

感温部分应插入镀锡铜质圆柱或黄铜圆柱中心内。圆柱的质量为 25 g,直径和高均约为 15.2 mm。

b) 电气测量仪器

电气测量仪器准确度应不低于 0.5 级。

5.4 试验方案

本标准假定器具的故障分布符合指数分布规律。

试验方案有两种类型:定时(定数)截尾试验方案和序贯截尾试验方案。

5.4.1 定时(定数)截尾试验方案

在试验期间,对试验样品进行连续地或短间隔地监测,累积相关试验时间直至达到或超过预定的相关试验时间(接收)或发生了预定的相关故障数(拒收)。

推荐使用 GB/T 5080.7—1986 中规定的部分定时截尾试验方案,见表 1。

表 1 推荐的定时截尾试验方案

序 号	方案的特征			试验时间 T (θ_0 的倍数 D)	判决标准	
	风险标称值/%		鉴别比		拒收数	接收数
	α	β	$D_m=\theta_0/\theta_1$		≥	≤
1	10	10	3.00	3.1	6	5
2	10	10	5.00	1.10	3	2
3	20	20	3.00	1.46	3	2
4	30	30	1.50	5.3	7	6
5	30	30	2.00	1.84	3	2

5.4.2 序贯试验方案

在试验期间,对试验样品进行连续地或短间隔地监测并将累积的相关试验时间和相关故障数与确定是否接收、拒收或继续试验的判据进行比较。

推荐使用 GB/T 5080.7—1986 中规定的部分序贯试验方案,见表 2。

表 2 推荐的序贯试验方案

序号	方案的特征			当 $\theta=\theta_0$ 时作出判定的期望时间
	风险标称值/%		鉴别比 $D_m=\theta_0/\theta_1$	θ_0 的倍数 D
	α	β		
1	10.00	10.00	2.00	5.1
2	10.00	10.00	3.00	2.0
3	10.00	10.00	5.00	0.6
4	20.00	20.00	2.00	2.4
5	20.00	20.00	3.00	1.1
6	30.00	30.00	1.50	3.4
7	30.00	30.00	2.00	1.3
8	35.00	40.00	1.25	5.0

5.4.3 **试验方案的选择原则**

a) 当要求通过试验对产品的平均故障工作时间的真值作出估计和试验时，推荐选用定时截尾试验方案；

b) 当仅需要以预定的判别风险率(α、β)和鉴别比(D_m)对产品作接收或拒绝的判决，并且不需要试验前确定总试验时间和经费时，推荐选用序贯试验方案。

5.5 **试验时间**

如果选择定时截尾试验时，需对累积相关试验时间及单台试验持续时间做出预算。

5.5.1 **累积相关试验时间 T(单位:d 或 h)**

由规定的 D_m、α、β 数值，根据表 1 或表 2 查出 θ_0 的倍数 D，由式(1)求得累积相关试验时间(总台时数)：

$$T = DD_m\theta_1 \quad \cdots\cdots(1)$$

5.5.2 **单台试验持续时间 t(单位:d 或 h)**

当确定样品数 n 之后，单台试验持续时间 t 可从式(2)求得：

$$t = T/na \quad \cdots\cdots(2)$$

注：a 为时间加速系数，通常按照经验确定。

实际单台试验持续时间在保证试验总时间的前提下，可以作一定的调整，但必须保证单台最短累积相关试验时间不得少于 $t/2$，否则不能作出接收判定。

5.6 **试验终止**

5.6.1 采用定时(定数)截尾试验方案时，当试验进行到截尾试验时间或截尾相关故障数时，试验终止。

5.6.2 采用序贯试验方案时，如果在最大累积相关试验时间内可以做出判决，试验终止；或试验到最大累积相关试验时间时，试验终止。

5.7 **试验中断**

若因设备故障、样机重大故障或其他因素使试验中断，待消除了故障，使得试验得以继续进行时，试验时间可以进行累计。

6 试验

6.1 **试验前的检查**

在进行试验之前，为避免从生产现场到试验室运输过程中造成损坏的实验样品投入试验，先按照出厂检验标准对所有试验品外观进行检查，并按照产品说明书要求进行试运行，以确认投入试验的实验样品处于完好的状态。

6.2 试验前的准备工作

6.2.1 试验样品的安置

试验样品应按照制造厂的说明和 GB/T 8059 要求进行放置。

6.2.2 试验样品内的附件及配件

试验开始时,试验样品内各种附件和配件应处于产品说明书中规定位置。

6.2.3 温度测量点的布置

冷藏室、冷冻室、冰温室、变温室等各间室的温度应在铜质圆柱内测定。铜质圆柱悬挂或安放在该室内侧壁之间及内壁和门内壁之间中心,从室内底面到顶面的三分之一高度位置上。铜质圆柱悬挂或安放,不能干扰各间室的空气循环,铜质圆柱应离开任何导热表面至少 25 mm 的空间距离。

环境温度应在铜质圆柱内测定,它是指距地面 1 m 处并距器具两侧壁垂直中心线 350 mm 处的 2 个测点上测得的平均温度 t_{a1} 和 t_{a2} 的算术平均值。

箱内的测温元件与测量仪器连接的引线应尽可能的不影响器具的气密性。

6.2.4 温控器的调定

温控器应调至最冷的位置。

6.2.5 风门的调定

无霜型器具的风门应调节至最大位置。

6.2.6 防凝露加热丝

如果产品装有防凝露电加热丝,电加热丝应接通;如电加热丝为可调时,应调至最大加热位置处。

6.3 试验实施

准备完毕的试验样品放置在试验室内至少 6 h(打开箱门),试验条件按 5.2 规定进行,箱内空载;待箱内温度与环境温度达到平衡(温差±2 ℃以内)后,关闭箱门,以额定电压和频率通电,使其连续运行至稳态,记录各室内温度为试验前测得的稳态温度(该稳态温度作为以后的比较温度),试验中连续记录各间室内温度。

注 1:43 ℃条件下加速系数 a 为 16。

注 2:在制冷系统周期运行的情况下,包括任何自动化霜周期,当各铜质圆柱在相邻控制周期的各相应点处的温度值在±1 K 的范围内波动,并且在约 24 h 周期内平均温度差值不大于±1 K 时就认为达到稳定运行状态(稳态)。在制冷系统连续运行情况下,虽然温度有一定的变化,但在 18 h 内,所有铜质圆柱的温度波动均不超过 1 K,此时就认为达到稳定运行状态(稳态)。

6.4 试验过程中检查

试验过程中按照表 3 要求,每 4 h 进行一次检查。

表 3 试验过程中检查项目

序 号	检查项目	故障及分类
1	试验样品是否处于正常运行状态	参考附录 A
2	试验样品运行时是否有异常噪音	
3	试验样品运行时各间室温度是否超过基准温度 4 K	
4	试验样品的显示功能是否正常	

6.5 试验过程中的维护

试验开始后,可以按照说明书提示进行维护措施,正常维护不视作修理,不计入故障。直冷型器具,如因结霜过厚影响室内温度,应进行手动除霜,手动除霜时间不计入试验时间内。

6.6 试验后的检查

试验结束后,按照附录 A 规定项目进行检查。

7 故障的分析处理及统计

7.1 故障的分析处理

试验中一旦出现故障后，应及时对故障进行原因分析、排除，故障的处理结果按 9.1.3 进行详细记录。

7.2 故障的统计

7.2.1 对试验中试验样品出现的故障，如果未能证明是本标准规定的试验条件不当或试验设备的问题，不得更换或修理，否则，每更换或修理一次就计为一次关联故障。

7.2.2 同时发生两个或两个以上的独立故障，应记录两个或两个以上关联故障。

7.2.3 修理、更换元器件后，若在后续的试验中仍不能消除原来的故障现象，又不能证实换上的元器件有问题，则视为维修无效，不再重复记入关联故障。

7.2.4 由于独立故障引起的从属故障按非关联故障处理。

7.2.5 反复故障的每次故障都应计入故障总数。

7.2.6 间歇故障只将第一次故障计入故障总数。

8 试验结果的判定

8.1 选择定时(定数)实验方案

8.1.1 如果试验时间尚未达到预先选定的试验持续时间 t，但产生的故障数量已经大于或等于方案中拒收故障数量，则判定此批产品的可靠性要求不符合本标准的规定，试验可以终止。

8.1.2 如果试验时间达到预先选定的试验持续时间 t，试验中产生的故障数量小于或等于方案中的接收数量，则判定此批产品的可靠性要求符合本标准的规定要求。

8.2 选择序贯试验方案时，则参照 GB/T 5080.7—1986 第 4 章进行判定。

8.3 MTBF 置信下限 θ_L 的计算可参照附录 B 公式计算，计算结果可与 θ_1 规定值进行比较判断。

9 试验的记录和试验报告

9.1 试验记录

在试验过程中，数据记录应不中断，记录包括以下内容。

9.1.1 产品标志

产品名称、批量、型号；产品的顺序号；生产或制造日期。

9.1.2 观察结果的顺序记录

观察的年、月、日和时间；环境条件和工作条件；有关功能参数的检测结果和功能状态的观察记录；超出规定条件的结果说明；操作者，观察者姓名。

9.1.3 故障记录

9.1.3.1 故障情况记录(由试验人员填写)

a) 故障概况，包括：故障发生日期和时间；试验样品的顺序号；故障发生情况和故障现象说明；故障时的工作条件和环境条件；单项试验时间和(或)累积试验时间；试验人员姓名。

b) 故障的性质。

c) 产品性能上的故障特征，包括：故障参数的实测值和该项参数的最低要求值。

d) 判定故障依据的主要标准。

e) 有关故障的分析意见及建议的纠正措施。

9.1.3.2 故障修理记录(由修理人员填写)

a) 故障核实，包括：使用的仪表和方法，观察结果说明。

b) 修理说明，包括：采取的措施；修理过程中产品的工作时间；修理日期、时间及维修持续时间；

维修人员姓名。

c) 被更换的元器件说明，包括：所在产品位置；元器件名称、型号；元器件故障的主要特征和确定元器件故障时所采用的试验；供货单位；故障原因和分类意见；修理中所采取的措施。

9.1.3.3 故障分析记录（由故障分析人员填写）

a) 故障元器件分析与产品的设计分析，包括：目检和初始测量情况；元器件分析说明；产品的设计分析说明；分析结果；分析日期；分析用设备；分析人员姓名。

b) 影响故障条件的分析。

c) 故障原因与分类。

d) 建议的纠正措施。

9.2 试验报告

试验结束时应认真整理，形成试验报告。试验结果应包含 9.1 试验记录内容。

附 录 A
（资料性附录）
典型故障及分类

A.1 典型故障及分类见表 A.1。

表 A.1 典型故障及分类

故障性质	序 号	故 障	故障分类
功能类故障	1	产品说明书中规定的功能不能实现	A
性能类故障	2	运行时出现异常噪音	B
	3	连续运行稳定时各间室测得温度超过基准温度的 4 K	B
安全类故障	4	元器件损坏导致漏电、火灾危险、机械危险	致命故障
	5	电气强度、泄漏电流、接地电阻不符合 GB 4706.13 的规定	致命故障
故障分类说明： 致命故障：可能导致人员伤亡、重要物件损坏或其他不可容忍后果的故障； A 类故障：引起产品丧失功能的故障； B 类故障：影响产品主要功能的故障。			

附　录　B
（资料性附录）
MTBF验证值的计算公式

B.1　推荐置信度 $1-\alpha$。

B.2　对于置信度 $1-\alpha$，平均无故障时间（MTBF）的单侧置信下限 θ_L 按下列公式计算：

定时截尾试验，按式（B.1）进行计算：

$$\theta_L = \frac{2T}{\chi^2_{1-\alpha}(2r+2)} \qquad \text{(B.1)}$$

定数截尾试验，按式（B.2）进行计算：

$$\theta_L = \frac{2T}{\chi^2_{1-\alpha}(2r)} \qquad \text{(B.2)}$$

式中：

θ_L——MTBF的单侧置信下限；

$1-\alpha$——推荐的置信度；

T——累积相关试验时间；

r——试验中累积故障数。

注：上述公式中 χ^2 的分布数值表见GB/T 4086.2《统计分布数值表 χ^2 分布》。

上述公式引自GB/T 5080.4《设备可靠性试验　可靠性测定试验的点估计和区间估计方法（指数分布）》。

ICS 13.120
A 20

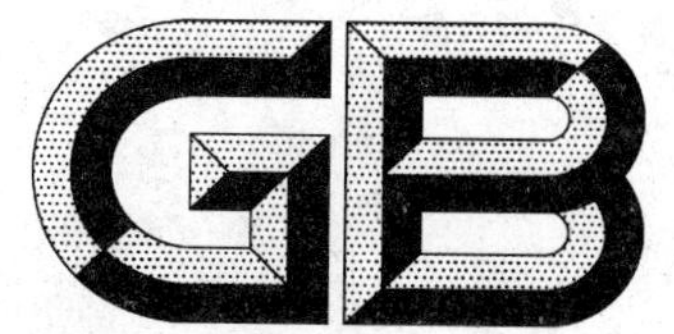

中华人民共和国国家标准

GB/T 22760—2008

消费品安全风险评估通则

General principles for risk assessment of consumer product safety

2008-12-30 发布　　　　2009-09-01 实施

中华人民共和国国家质量监督检验检疫总局
中国国家标准化管理委员会　发布

前　言

本标准的附录A、附录B、附录C和附录D为资料性附录。

本标准由中国标准化研究院提出并归口。

本标准起草单位:中国标准化研究院、中国检验检疫科学研究院。

本标准起草人员:刘霞、汤万金、杨跃翔、王立志、李晞、白桦。

引　言

本标准是消费品安全风险评估的通用标准，可为相关领域消费品安全风险评估提供指南。

本标准制定中参考了欧盟法规、国际标准、国家标准和行业标准，以及相关文献资料。

附录A和附录B分别列出了消费品危害类型和消费品伤害类型，可为危害识别过程中危害和伤害类型的确定提供参考。

附录C和附录D分别给出了消费品伤害发生的可能性估算和消费品危害的风险等级划分方法示例，可为消费品伤害发生的可能性估算和消费品危害的风险等级划分提供参考。

消费品安全风险评估通则

1 范围

本标准规定了消费品安全风险评估的原则、程序、内容和要求。

本标准适用于消费品在正常使用和可合理预见的误用过程中的风险评估。

2 术语和定义

下列术语和定义适用于本标准。

2.1

消费品 consumer product

为满足社会成员生活需要而销售的产品。

2.2

伤害 injury

对人体健康的损害。

2.3

危害(源) hazard

可能导致伤害的潜在根源。

2.4

危害处境 hazardous situation

人员暴露于危害中的情形。

2.5

风险 risk

对伤害的一种综合衡量,包括伤害发生的可能性和伤害的程度。

2.6

安全 safety

免除了不可接受的风险的状态。

[GB/T 20000.4—2003,定义 3.1]

2.7

可容许风险 tolerable risk

按当今社会价值取向在一定范围内可以接受的风险。

[GB/T 20000.4—2003,定义 3.7]

2.8

风险估计 risk estimation

对伤害发生的可能性和其后果严重程度赋值的过程。

2.9

风险分析 risk analysis

系统地运用现有信息确定危害和估计风险的过程。

2.10

风险评价 risk evaluation

根据风险分析的结果确定实现可容许风险的过程。

[GB/T 20000.4—2003,定义 3.11]

2.11

风险评估　risk assessment

包括风险分析和风险评价的全过程。

3　风险评估的一般要求

3.1　信息有效

风险评估前应广泛收集相关信息，在评估过程中还应继续调查和补充相关信息，并确保信息的真实、可靠、及时。

3.2　定性定量相结合

可采用定性、定量或者两者相结合的方法开展风险评估。当可获得适当的数据时，应优先考虑风险评估的定量方法。

3.3　综合衡量

风险评估应综合考虑科技、经济和知识发展水平，确定危害和风险可容许程度，在评审过程中应反复评审确定风险可容许程度。

4　风险评估的程序、内容和要求

4.1　风险评估的程序

风险评估的一般程序包括：评估前准备、危害识别、风险估计、风险评价等步骤。

消费品安全风险评估的程序见图1。

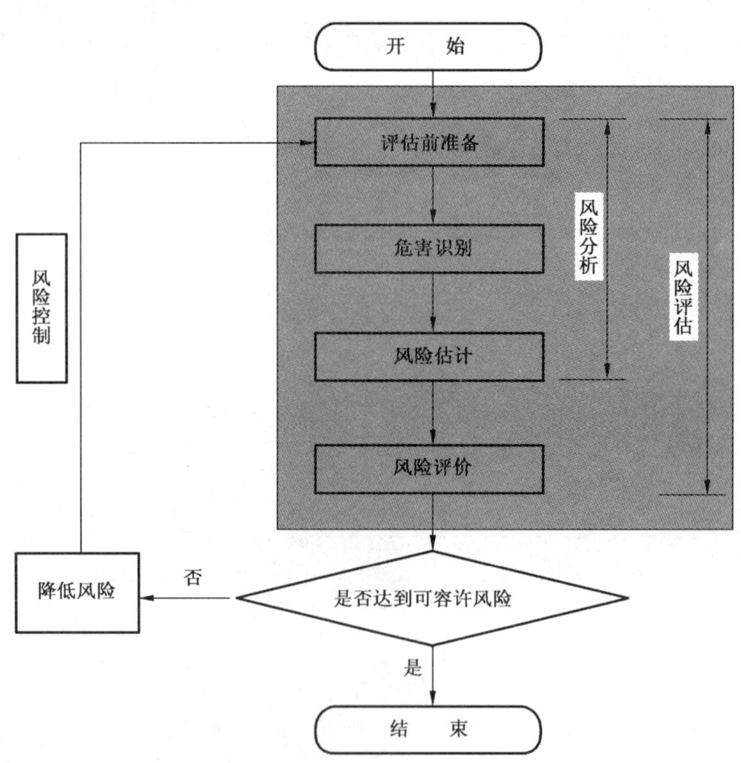

注：图1中的阴影部分为风险评估的一般程序。

图1　消费品安全风险评估流程图

4.2　评估前的准备

风险评估前的准备工作包括：

a)　确定目标消费品的使用环境、使用寿命、使用人群、使用数量等。

b) 根据国内外相关法律法规、标准、文献、专家经验等信息，综合考虑社会及经济发展水平的影响因素，确定消费品安全风险评估的可容许风险。

4.3 危害识别

对消费品在正常使用和可合理预见的误用过程中的危害(源)进行识别。

消费品危害和伤害类型参见附录 A、附录 B。

危害识别的途径主要包括：

a) 已发布的法规、标准；

b) 科学技术资料；

c) 事故报告；

d) 消费者投诉；

e) 媒体；

f) 实验、检测；

g) 专家意见等。

4.4 风险估计

4.4.1 伤害程度

消费品对人体的伤害程度一般可分为四级，即非常严重、严重、一般、微弱，见表 1。

表 1 伤害程度分级

等级		特征描述
高 ↑	非常严重	导致灾难性的伤害。该类伤害可导致死亡、身体残疾等。
	严重	会导致不可逆转的伤害(如疤痕等)，这种伤害应在急诊室治疗或住院治疗。该类伤害对人体将造成较严重的负面影响。
	一般	在门诊对伤害进行处理即可。该类伤害对人体造成的影响一般。
低 ↓	微弱	可在家里自行对伤害进行处理，不需就医治疗，但对人体造成某种程度的不舒适感。该类伤害对人体的影响较轻。

4.4.2 伤害发生的可能性

伤害对应的某一特定危害处境可分成若干个阶段，每个阶段都对应一个潜在的导致伤害发生的阶段可能性，各个阶段可能性构成了伤害发生的可能性。参见附录 C。

计算伤害发生的可能性所需信息可通过以下途径获取：

a) 相关的历史数据；

b) 试验模拟；

c) 专家判断等。

伤害发生的可能性一般可分为八种类型，见表 2。

4.5 风险评价

针对某种危害，根据其所导致的伤害发生的可能性、伤害发生的程度，可估算出消费品该种危害的风险等级。消费品危害风险等级划分一般可采用矩阵法，参见附录 D。

如果某一消费品有两种或两种以上危害，应对每种危害分别进行风险评价，以各种危害的最高风险等级作为该消费品安全风险等级。

表 2 伤害发生的可能性类型

可能性		特征描述
高 ↕ 低	Ⅰ	伤害事件发生的可能性极大,在任何情况下都会重复出现。
	Ⅱ	经常发生伤害事件。
	Ⅲ	有一定的伤害事件发生可能性,不属于小概率事件。
	Ⅳ	有一定的伤害事件发生可能性,属于小概率事件。
	Ⅴ	会发生少数伤害事件,但可能性较小。
	Ⅵ	会发生少数伤害事件,但可能性极小。
	Ⅶ	不会发生,但在极少数特定情况下可能发生。
	Ⅷ	在任何情况下都不会发生伤害事件。
注:可根据实际情况对表中的伤害发生可能性等级确定具体量值。		

4.6 风险评估文件

消费品安全风险评估应以文件形式加以体现,具体内容可包括:

a) 风险评估前的信息准备;

b) 风险评估的目标;

c) 危害类型;

d) 伤害程度的判别;

e) 伤害发生可能性的判别;

f) 风险评估等级的确定;

g) 使用数据的不确定性对风险评估的影响。

附　录　A
（资料性附录）
消费品危害类型

A.1　物理危害

a）机械危害；
b）电气危害；
c）热危害；
d）噪声危害；
e）振动危害；
f）辐射危害等。

A.2　化学危害

a）天然产生的化学物质危害；
b）人工合成的化学物质危害等。

A.3　生物危害

a）病原性微生物危害；
b）病毒危害；
c）寄生虫危害等。

附　录　B
（资料性附录）
消费品伤害类型

消费品伤害类型包括：

a）　骨折；

b）　扭伤；

c）　拉伤；

d）　锐器伤；

e）　开放伤；

f）　挫伤；

g）　擦伤；

h）　皮肤过敏；

i）　烧烫伤；

j）　脑震荡；

k）　脑挫裂伤；

l）　器官系统损伤；

m）　急性中毒；

n）　神经系统损伤；

o）　窒息；

p）　视力或听力损伤；

q）　触电等。

附 录 C
（资料性附录）
伤害发生的可能性估算示例

当消费者使用锤子把钉子钉在墙上时，锤头与钉子撞击时的碎屑击中眼睛，对眼睛造成伤害，估算该种伤害发生的可能性。

步骤如下：

步骤一：由于锤头的材质脆弱，在敲钉子时可能脆裂。可运用试验手段检验其在使用寿命周期内的脆弱程度。试验结果显示，估计锤头碎裂的可能性为：1/10。

步骤二：锤头的碎片击中消费者。这种情况出现的可能性估计为 1/10，因为消费者身体的上半部分接触到飞落的碎片的可能性约为 1/10。如果消费者距离墙面越近，则他被锤头碎片击中的可能性会越大。

步骤三：锤头碎片击中消费者头部。头部约占身体上半部分的 1/3，则该步骤发生的可能性约为 1/3。

步骤四：锤头碎片击中消费者眼睛。眼睛大约占头部接触飞落碎片面积的 1/20，则该步骤发生的可能性约为 1/20。

将上述步骤的可能性相乘，则得到本例中伤害发生的可能性约为：1/10×1/10×1/3×1/20=1/6 000

附 录 D
（资料性附录）
消费品危害的风险等级划分方法示例

消费品危害的风险等级依据伤害发生的可能性和伤害发生的程度进行划分。表 D.1 给出了伤害发生的可能性的数值，为具体消费品危害的风险等级划分提供参考。伤害发生的程度可根据本标准中表 1 进行判定。消费品危害的风险等级划分见表 D.1。

表 D.1 消费品危害的风险等级划分

伤害发生的可能性		伤害发生的严重程度			
		非常严重	严 重	一 般	微 弱
Ⅰ	＞50％	S	S	S	M
Ⅱ	＞1/10	S	S	S	L
Ⅲ	＞1/100	S	S	S	L
Ⅳ	＞1/1 000	S	S	M	A
Ⅴ	＞1/10 000	S	M	L	A
Ⅵ	＞1/100 000	M	L	A	A
Ⅶ	＞1/1 000 000	L	A	A	A
Ⅷ	≤1/1 000 000	A	A	A	A

图示

S	严重风险
M	中等风险
L	低风险
A	可容许风险

参 考 文 献

[1] GB/T 15706.1—2007 机械安全 基本概念与设计通则 第1部分:基本术语和方法

[2] GB/T 16856—2008 机械安全 风险评价 第1部分:原则

[3] GB/T 20000.4—2003 标准化工作指南 第4部分:标准中涉及安全的内容

[4] ISO 14971 Medical devices—Application of risk management to medical devices

[5] risk assessment guidelines for consumer products(Draft of 20 November 2007), http://ec.europa.eu/consumers/safety/committees/ra_guidelines_workshop11122007.pdf

ICS 25.140.20
K 64

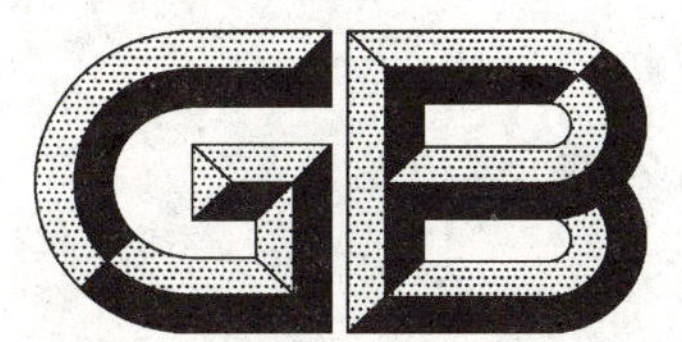

中华人民共和国国家标准

GB/T 22761—2008

电圆锯

Electric circular saws

2008-12-30 发布　　2009-10-01 实施

中华人民共和国国家质量监督检验检疫总局
中国国家标准化管理委员会　发布

前　言

本标准由中国电器工业协会提出。

本标准由全国电动工具标准化技术委员会归口。

本标准负责起草单位：弘大集团有限公司、上海电动工具研究所。

本标准主要起草人：凌森华、刘江、蒋鹏飞、王昌平、龚有森、李邦协。

电　圆　锯

1　范围

本标准规定了电圆锯的基本参数、技术要求、试验方法、检验规则、标志和包装等要求。

本标准适用于一般环境条件下，对木材、纤维板、塑料和软电缆，以及类似材料进行锯割加工的直流、交直流两用、单相串励电圆锯(以下简称电圆锯)。

2　规范性引用文件

下列文件中的条款通过本标准的引用而成为本标准的条款。凡是注日期的引用文件，其随后所有的修改单(不包括勘误的内容)或修订版均不适用于本标准，然而，鼓励根据本标准达成协议的各方研究是否可使用这些文件的最新版本。凡是不注日期的引用文件，其最新版本适用于本标准。

GB 755—2000　旋转电机　定额和性能

GB 1002　家用和类似用途单相插头插座　型式、基本参数和尺寸

GB 2099.1　家用和类似用途插头插座　第1部分：通用要求(GB 2099.1—2008，IEC 60884-1：2006，MOD)

GB 3883.1—2005　手持式电动工具的安全　第一部分：通用要求(IEC 60745-1：2003，IDT)

GB 3883.5—2007　手持式电动工具的安全　第二部分：圆锯的专用要求(idt IEC 60745-2-5：2003)

GB 4343.1—2003　电磁兼容　家用电器、电动工具和类似器具的要求　第一部分：发射(IEC/CISPR 14-1：2000，IDT)

GB/T 4583—2007　电动工具噪声的测量方法　工程法

GB/T 5013.4—2008　额定电压450/750 V及以下橡皮绝缘软电缆　第4部分：软线和软电缆(IDT IEC 60245-4：2004)

GB 5023.5—2008　额定电压450/750 V及以下聚氯乙烯绝缘电缆　第5部分：软电缆(软线)(IEC 60227-5：2003，IDT)

GB/T 9088—2008　电动工具型号编制方法

GB/T 11918—2001　工业用插头插座和耦合器　第1部分：通用要求(IEC 60309.1—1999，IDT)

GB 17625.1—2003　电磁兼容　限值　谐波电流发射限值(设备每相输入电流≤16 A)(IEC 61000-3-2：2001，IDT)

GB 17625.2—2007　电磁兼容　限值　对每相额定电流≤16 A无条件接入的设备在公用电压供电系统中产生的电压变化、电压波动和闪烁的限制(IEC 61000-3-3：2005，IDT)

GB 19212.1—2003　电力变压器、电源装置和类似产品的安全　第1部分：通用要求和试验(IEC 61558-1：1998，MOD)

GB 19212.7—2006　电力变压器、电源装置和类似产品的安全　第7部分：一般用途安全隔离变压器的特殊要求(IEC 61558-2-6：1997，MOD)

3　基本参数和型式

电圆锯的基本参数应符合表1的规定。

表 1 基本参数

规 格/mm	额定输出功率/W	额定转矩/N·m	最大锯割深度/mm	最大调节角度
160×30	≥550	≥1.70	≥55	≥45°
180×30	≥600	≥1.90	≥60	≥45°
200×30	≥700	≥2.30	≥65	≥45°
235×30	≥850	≥3.00	≥84	≥45°
270×30	≥1000	≥4.20	≥98	≥45°
注：表中规格指可使用的最大锯片外径×孔径。				

3.1 电圆锯的型号应符合 GB/T 9088 的规定，其含义如下：

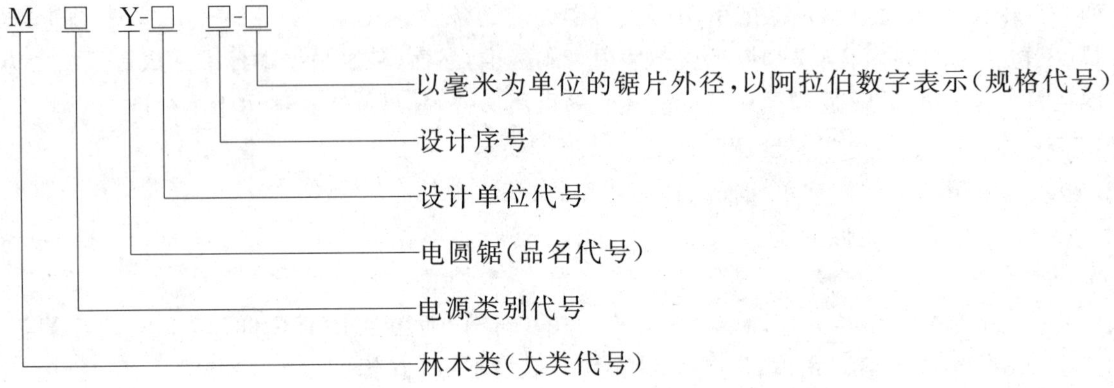

4 技术要求

4.1 一般要求

4.1.1 电圆锯应按经规定程序批准的图样和技术文件制造，并符合本标准的规定。

4.1.2 电圆锯应能在下列环境条件下额定运行：

a) 海拔不超过 1 000 m；

b) 环境最高空气温度不超过 40 ℃；

c) 空气相对湿度不超过 90%(25 ℃)。

4.1.3 电圆锯适用的电源条件为：

a) 直流电圆锯应能在额定直流电压下运行；

b) 交直流两用电圆锯应能在额定直流电压及电源电压为实际正弦波形、频率为 50 Hz 的单相交流额定电压下运行；

c) 单相串励电圆锯应能在电源电压为实际正弦波形、频率为 50 Hz 的单相交流额定电压下运行。

4.1.4 额定电压和额定频率为：

a) 交流额定电压：220 V、110 V、42 V、36 V；

b) 直流额定电压：220 V、110 V；

c) 交流额定频率：50 Hz。

4.2 电圆锯的安全要求

4.2.1 电圆锯的安全，除本标准已作补充和提高的条款外，皆应符合 GB 3883.5 的规定。

4.2.2 电圆锯插头型式、基本参数和尺寸应符合 GB 1002 或 GB/T 11918 的规定。技术要求应符合 GB 2099.1 的规定。

4.2.3 电圆锯应当具有调节锯割深度和调节锯割角度的两种机构。

此两种调节机构均不应在工具正常使用过程中出现松动现象。

4.2.4 Ⅲ类圆锯应采用安全隔离变压器或旋转机组供电。安全隔离变压器应符合 GB 19212.1 和 GB 19212.7 的规定。

4.2.5 联接电圆锯与电源的软电缆或软线应符合 GB/T 5013.4—2008 的 60245 IEC 53 或 GB 5023.5—2008 的 60227 IEC 53 规定的软电缆或软线，或采用其性能与之相当的软电缆或软线。

4.2.6 电圆锯应限制使用含有铅、汞、镉、六价铬、多溴二苯醚(PBDE)、多溴联苯(PBB)和多环芳香烃等有害物质；用于绝缘浸渍处理的绝缘漆不能含有苯、甲苯、二甲苯和溶剂油等有毒有害易燃、易爆的有机溶剂。

4.3 外观

电圆锯金属外壳应无明显缺损，涂层应无起层和剥落现象，其塑料外壳不得有气泡、裂痕、明显的糊斑及冷隔等严重缺陷，色泽应均匀。

电圆锯的铭牌应牢固地置于壳体上，不卷曲。

4.4 噪声

在距离电圆锯中心 1 000 mm 球面处测得的电圆锯的空载噪声声压级(A 计权)的平均值，应不大于表 2 规定的限值。

表 2 噪声限值

电圆锯规格/mm	ϕ160	ϕ180	ϕ200	ϕ235	ϕ270
噪声值/dB(A)	92(103)			94(105)	
注：当在混响室内测量电圆锯噪声值时，其声功率级(A 计权)应不大于表 2 括号内规定的限值。					

4.5 电磁兼容性

4.5.1 电磁骚扰电平

a) 频率范围为 0.15 MHz～30 MHz 内测得的相线或中线对地的连续骚扰电压的电平值均不超过表 3 规定的限值。

表 3 连续骚扰电压限值

频率范围 MHz	电动机额定功率≤700 W	700 W<电动机额定功率≤1 000 W	电动机额定功率>1 000 W
	dB(μV) 准峰值	dB(μV) 准峰值	dB(μV) 准峰值
0.15～0.35	随频率的对数线性减小 66～59	70～63	76～69
0.35～5.00	59	63	69
5～30	64	68	74

b) 频率范围为 30 MHz～300 MHz 内测得的由电源线辐射、吸收钳吸收的连续骚扰功率电平值应不超过表 4 规定的限值。

表 4 连续骚扰功率限值

频率范围 MHz	电动机额定功率≤700 W	700 W<电动机额定功率≤1 000 W	电动机额定功率>1 000 W
	dB(pW) 准峰值	dB(pW) 准峰值	dB(pW) 准峰值
30～300	随频率线性增大 45～55	49～59	55～65

4.5.2 谐波电流

a) 电圆锯的谐波电流应不超过表 5 规定的限值。

表 5 稳态谐波电流限值

	谐波次数 n	最大允许谐波电流/A
奇次谐波	3	3.45
	5	1.71
	7	1.155
	9	0.60
	11	0.495
	13	0.315
	$15 \leqslant n \leqslant 39$	$0.0225 \times 15/n$
偶次谐波	2	1.62
	4	0.645
	6	0.45
	$8 \leqslant n \leqslant 40$	$0.345 \times 8/n$

b) 表 5 规定的谐波电流限值的应用见 GB 17625.1 规定。

4.5.3 电压波动和闪烁

电圆锯在接入低压电网运行时，引起的电压波动值和闪烁值应符合下列规定：

P_{st}值应不大于 1.0；

P_{lt}值应不大于 0.65；

在电压变化期间的相对电压变化特性 d(t)值超过 3.3%的时间不大于 500 ms；

相对稳态电压变化 d_c 不超过 3.3%；

最大相对电压变化值 d_{max}不超过 7%。

如果电压变化由手动开关引起或发生频率小于每小时一次，则不考核 P_{st}和 P_{lt}。

4.6 轴伸圆柱面径向圆跳动

电圆锯轴伸圆柱面的径向圆跳动值不应大于 0.04 mm。

4.7 输入功率、电流和基本参数

4.7.1 电圆锯在额定电压下，按表 1 规定的额定输出功率和额定转矩值的最低值施加负载，其输入功率应不大于铭牌标明的输入功率值的 120%。

4.7.2 电圆锯铭牌上如果标有电流值，则在额定电压和额定输出功率/额定转矩下，其电流应不大于铭牌标明电流值的 120%。

4.7.3 电圆锯在空载条件下的输入功率和/或电流应符合 GB 3883.5 的规定。

4.8 温升

在 5.8.1 的负载条件下，电圆锯的温升应不超过表 6 规定的数值。

表 6 温升限值

零件	温升/K
120 级绝缘绕组	90
130 级绝缘绕组	95
155 级绝缘绕组	115

表 6（续）

零件	温升/K
正常使用中非握持的外壳	60
正常使用中连续握持的手柄	
按钮及类似零件：	
——金属	30
——塑料	50
注：当试验地点的海拔或使用地点与规定的环境条件不同时，绕组温升限值的修正按 GB 755 的规定进行。	

如果绕组温升超过表 6 的限值，制造商可选择按 GB 3883.1—2005 中 12.6 再行判定。

4.9 过转矩

电圆锯在热态下承受 1.5 倍额定转矩，历时 15 s 的过转矩试验后，电圆锯应能正常运行。

4.10 圆锯片夹紧压板

电圆锯的圆锯片夹紧压板尺寸（见图 1）应符合表 7 规定的数值。其中一个压板应被锁紧在输出轴上或用键固定在输出轴上。

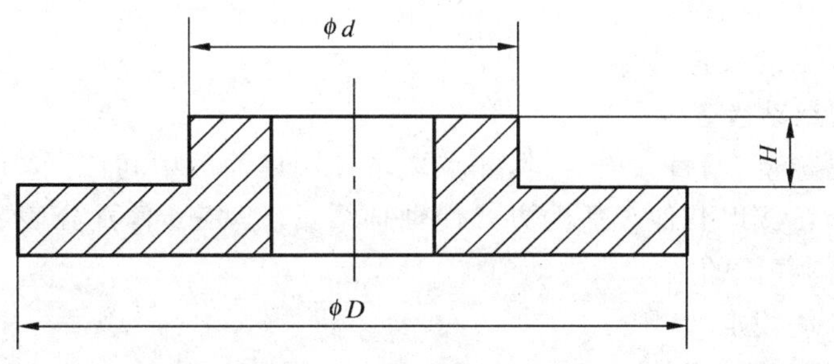

图 1 夹紧压板尺寸

表 7 夹紧压板尺寸

单位为毫米

圆锯片外径	夹紧压板尺寸		
	D	d	H
φ160	≥40	$30_{-0.033}^{0}$	≥2
φ180	≥43	$30_{-0.033}^{0}$	≥2
φ200	≥45	$30_{-0.033}^{0}$	≥2
φ235	≥50	$30_{-0.033}^{0}$	≥2
φ270	≥60	$30_{-0.033}^{0}$	≥2
注：在不影响最大切割深度的前提下 D 宜取大值。			

4.11 电源线长度

电圆锯自电源线进线孔到插头（不包括插销）的电源线长度应不少于 1.8 m。

4.12 防锈

电圆锯中的钢制电刷弹簧、螺钉应进行表面处理，以防止发生锈蚀。对钢制电刷弹簧及接地螺钉、垫圈应进行防锈试验。

5 试验方法

5.1 外观检查

通过观察和手试,检查电圆锯的外观。

检查结果应符合 4.3 的规定。

5.2 噪声测量

电圆锯噪声测量按 GB/T 4583 的规定进行。

试验结果应符合 4.4 的规定。

5.3 电磁骚扰电平的测量

电圆锯的电磁骚扰电平测量按 GB 4343.1 的规定进行。测量时,电圆锯应带锯片连续空载运行。

试验结果应符合 4.5.1 规定。

5.4 谐波电流测量

电圆锯的谐波电流测量按 GB 17625.1 的规定进行。测量时,电圆锯应带锯片连续空载运行。

测量结果应符合 4.5.2 的规定。

5.5 电压波动和闪烁测量

电圆锯的电压波动和闪烁测量按 GB 17625.2 的规定进行。测量时,电圆锯应带锯片连续空载运行。

测量结果应符合 4.5.3 的规定

5.6 轴伸圆柱面径向圆跳动检查

电圆锯固定在刚性支架上,用百分表测量,测点取轴伸圆柱面的中间位置。

电圆锯通以较低的电压或以其他合适的方式使轴伸缓慢转动三周,百分表上三次最大值和最小值之差的平均值,即为轴伸圆柱面的径向圆跳动值。

检查结果应符合 4.6 的规定。

5.7 输入功率、电流和基本参数测量

电圆锯在额定电压下,施加负载到表 1 规定的额定输出功率。如果此时转矩未达到表 1 规定的最低值,则继续增加电圆锯的负载,使转矩达到该值。

在电圆锯运行 15 min 后,测量电圆锯的输入功率、电流、转矩及输出功率。

对 Ⅲ类电圆锯,测量时应注意保持电圆锯插头处的电压为额定电压值,其输入功率应扣除插头至功率表之间的线路损耗。

检查结果应符合 3.1 及 4.7 的规定。

5.8 温升试验

5.8.1 施加的负载

电圆锯在额定电压下,按 5.7 所确定的负载施加转矩,如此时电圆锯的输入功率小于铭牌上标明的输入功率,则增加转矩,使输入功率等于铭牌输入功率,并以此转矩作为电圆锯温升试验的负载。

5.8.2 运行时间

在 5.8.1 的条件下连续运行到电圆锯各部分温升达到实际稳定状态为止。

5.8.3 温升测定的方法

在电圆锯各部分温升达到实际稳定以后,绕组温升用电阻法测量,其他部位的温升用温度计法测量。

试验结果应符合 4.8 的规定。

5.8.4 如温升值超过限值,则按 4.8 进行。

5.9 过转矩试验

在电圆锯温升达到稳定状态时,在额定电压下增加转矩,使其输出转矩达到 5.7 测定的负载转矩的

1.5 倍。

试验历时 15 s。

试验结果应符合 4.9 的规定。

5.10 锯割深度和角度的检查

5.10.1 锯割深度检查

使电圆锯锯割角度处于“零”位，锯割深度调节到最大位置。此时，将电圆锯的活动防护罩转入到固定防护罩内，用钢直尺测量自电圆锯底板下平面到锯片周边的垂直距离。

检查结果应符合表 1 的规定。

5.10.2 锯割角度检查

将电圆锯的角度调节螺母松开，调节电圆锯底板至最大角度，用角度尺测量电圆锯在此位置时的锯割角度。

检查结果应符合表 1 的规定。

5.11 锯片夹紧压板的检查

通过观察并用游标卡尺测量 4.10 中规定的锯片夹紧压板尺寸。

检查结果应符合 4.10 的规定。

5.12 电源线检查

测量电圆锯电源线进线孔到插头(不包括插销)面的电源线长度。

测量结果应符合 4.11 和 4.2.5 的规定。

5.13 有害物质检查

按相关国家标准进行。

检查结果应符合 4.2.6 的规定。

5.14 其余的试验方法

本标准未作规定的其余试验方法均按 GB 3883.5 的相应条款进行。

6 检验规则

6.1 每台电圆锯必须经质量管理部门检验合格后才能出厂。出厂时应附有证明产品质量合格的文件。

6.2 本标准规定的项目为型式试验项目。其中带“*”标记的为检查试验项目，带“**”标记的项目在产品定型后，如结构和材料没有变更，则在以后再进行的型式试验时可不进行。

外观检查 *

标志检查 *（检查试验时，不进行擦拭试验）

有害物质检查

电击保护检查 **

噪声测量

电磁骚扰电平测量

谐波电流测量

电压波动和闪烁测量

起动试验

轴伸圆柱面径向圆跳动检查

输入功率、电流和基本参数测量

温升试验

过转矩试验

泄漏电流测量

防潮试验

耐电压试验*
耐久性试验
不正常操作试验
结构检查**
机械危险检查**
机械强度检查
锯割深度和角度检查**
锯片夹紧压板的检查**
内部布线检查
组件试验**
电源线检查
电源联接检查
电缆或软线提拉力和扭力试验
电缆或软线及护套弯曲试验**
外接导线的接线端子检查**
螺钉及联接检查**
接地装置检查
爬电距离、电气间隙和绝缘穿通距离检查
耐热性、耐燃性和电痕化试验**
防锈试验

注：检查试验时，施加在带电零件与外壳间的试验电压，对Ⅰ类、Ⅱ类和Ⅲ类圆锯分别为1 000 V、2 500 V、400 V，历时3 s。

6.3 检查方法

6.3.1 凡属下列情况之一者应进行型式试验：

a) 新产品试制完成时；
b) 产品设计或工艺上的变更足以引起某些性能发生变化时，应进行有关项目的型式试验；
c) 当检查试验结果与以前进行的型式试验结果发生不可允许的偏差时；
d) 定期抽试；
e) 国家质量监督部门抽检需要时。

6.3.2 试验按6.2所列试验项目的顺序进行。

6.3.3 除需用提供的零件(如防锈试验的电刷弹簧、螺钉等)进行有关试验外，其余试验项目应尽可能在同一台样机上进行，并通过全部试验。

7 标志和包装

7.1 标志

7.1.1 电圆锯的铭牌应标有下列项目：

a) 产品名称(电圆锯)；
b) 型号；
c) 最大锯割深度，mm；
d) 最大锯割角度，(°)；
e) 额定电压，V；
f) 电源种类符号；
g) 额定输入功率，W或kW；或额定电流，A

h) 空载转速，r/min 或 min^{-1}；

i) Ⅱ类结构符号(仅在Ⅱ类电圆锯上标出)；

j) 防潮程度符号(仅在有要求时标出)；

k) 制造厂名或商标；

l) 制造商地址和原产地；

m) 出厂批量代号。

7.1.2 锯片的旋转方向，应以凸出或凹入的箭头，或以其他清晰而耐久的表示方法标明。

7.2 每台电圆锯出厂时应附有的文件

7.2.1 产品合格证

7.2.2 使用维护说明书

在该说明书上应阐述下列内容：

a) 对该型号电圆锯的特点和用途作有关说明。

b) 应有独立章节说明电圆锯安全使用的要求和注意事项，其内容包括必须注意的事项，可能出现的危险和相应的预防措施，对Ⅰ类电圆锯指明建议使用剩余电流动作保护器，详细内容应符合 GB 3883.5—2007 中第 8 章的要求。

——电圆锯使用前应对锯片开齿，开齿的大小应保证锯缝适中；

——使用的锯片应完好无损，不得有卷齿、缺齿和破裂；

——切割硬质木材等，推荐使用“木工硬质合金圆锯片”，既提高效率又降低能耗；

——电圆锯使用时，应按不同硬度的材质，控制适中的推进速度；

——电圆锯使用时，被加工的木材不得有铁钉等异物，遇有木质硬结，应放慢推进速度；

——严禁在拆除防护罩的情况下操作；

——在操作时最好接上吸尘器，以改善操作环境。

c) 有关维护保养事项。

d) 有关保修条款。

7.3 包装、运输、储存

电圆锯的包装、运输、储存应符合有关规定。

8 保修期限和附件

8.1 保修期限

用户按照电圆锯制造厂使用维护说明书的规定，在正确地运输、存放和使用电圆锯的情况下，电圆锯在制造厂规定的保修期限内，如因制造质量不良而发生损坏或不能正常工作时，制造厂应免费为用户修理或调换。

8.2 附件

电圆锯出厂时，应附有拆装锯片的专用工具。

ICS 29.130.20
K 32

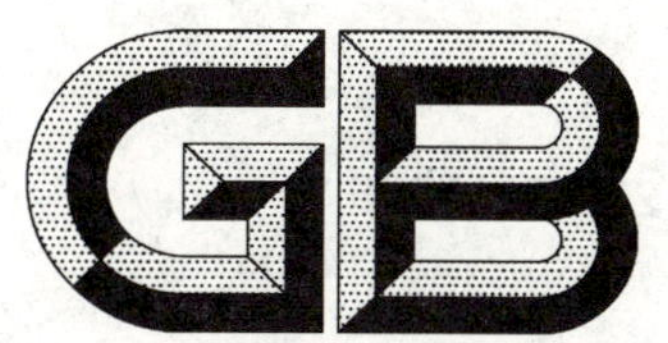

中华人民共和国国家标准

GB/T 22762—2008

家用和类似用途用装入式电动机热保护器

Built-in thermal protectors for electrical machines of household and similar use

2008-12-30 发布　　　　2009-10-01 实施

中华人民共和国国家质量监督检验检疫总局
中国国家标准化管理委员会　发布

前　言

本标准是在JB/T 8969—1999《家用电器用装入式电动机热保护器》基础上修订的，标准在安全性能指标上采用了GB 14536.3—2008《家用和类似用途电自动控制器　电动机热保护器特殊要求》(IEC 60730-2-2,IDT)，在性能指标上参照了国际先进企业的标准，并结合国内热保护器制造能力制定的，能反映国内热保护器设计和制造水平。

本标准由中国电器工业协会提出。

本标准由全国家用自动控制器标准化技术委员会(SAC/TC 212)归口。

本标准主要起草单位：江苏宝应电器厂、广州电器科学研究院、万宝冷机集团广宝电器有限公司、江苏扬工动力机械有限公司、宁波经济技术开发区海鑫电器科技有限公司、佛山九龙机器(温控器)厂、海信科龙电器股份有限公司、江苏常胜电器有限公司。

本标准主要起草人：杨风雷、黄开云、饶钦访、李国林、柯赐龙、朱洲阳、迟九虹、柳青青。

家用和类似用途用装入式电动机热保护器

1 范围

本标准规定了家用和类似用途用装入式电动机热保护器(以下简称热保护器)的分类和命名、技术要求、试验方法、检验规则、标志、包装、运输、贮存等。

本标准适用于额定电压交流 690 V 及以下,额定功率 11 kW 及以下的家用和类似用途用装入式电动机热保护器。

2 规范性引用文件

下列文件中的条款通过本标准的引用而成为本标准的条款。凡是注日期的引用文件,其随后所有的修改单(不包括勘误的内容)或修订版均不适用于本标准,然而,鼓励根据本标准达成协议的各方研究是否可以使用这些文件的最新版本。凡不注明日期的引用文件,其最新版本适用于本标准。

GB/T 2423.3—2006 电工电子产品环境试验 第2部分:试验方法 试验 Cab:恒定湿热试验(IEC 60068-2-78:2001,IDT)

GB/T 2828.1—2003 计数抽样检验程序 第1部分:按接收质量限(AQL)检索的逐批检验抽样计划(ISO 2859-1:1999,IDT)

GB/T 5169.10 电工电子产品着火危险试验 第10部分:灼热丝/热丝基本试验方法 灼热丝装置和通用试验方法(GB/T 5169.10—2006,IEC 60695-2-10:2000,IDT)

3 术语和定义

下列术语和定义适用于本标准。

3.1

额定电流 rated current

制造厂对热保护器规定的电流。

3.2

电动机热保护器 thermal motor protector

专门设计装在电动机内或电动机上以防止电动机超载运行或起动失败而引起过热的自动控制器,该控制器承载电动机的电流,而且对电动机的温度和电流是敏感的。

注:当温度降到复位时,这种控制器是能够复位的(可以人工复位也可以自动复位)。

3.3

自动复位热保护器 automatic thermal protector

一种装置,能响应电机绕组过热和/或过载而动作,切断电机电源。当它冷却到复位温度时,不需要外界推动能重新接通电机电源。

3.4

手动复位热保护器 manual reset thermal protector

一种装置,能响应电机绕组过热和/或过载而动作,切断电机电源。当它冷却到可运行温度时,如无外界推动不能重新接通电机电源。

3.5

额定断开温度 rated open temperature

热保护器断开电路的温度,此时热保护器不承载任何电流,且温度上升速率较缓慢。

3.6

复位温度　reset temperature

温度缓慢下降，热保护器重新接通电路或者电路能被接通时的温度。

3.7

额定脱扣电流　rated tip current

环境温度 25 ℃时，在一段标称时间内引起热保护器脱扣的电流。

3.8

临界脱扣电流　critical tip current

在特定的环境温度下，热保护器不断开电路所能承载的最大连续电流。

4　分类和命名

4.1　分类

热保护器分类如下。

4.1.1　按复位方式分为自动复位和手动复位热保护器。

4.1.2　按安装方式分为内装式和外装式热保护器。

4.1.3　按触头型式分为单断点和双断点结构式热保护器。

4.2　型号命名

产品型号及其含义如下：

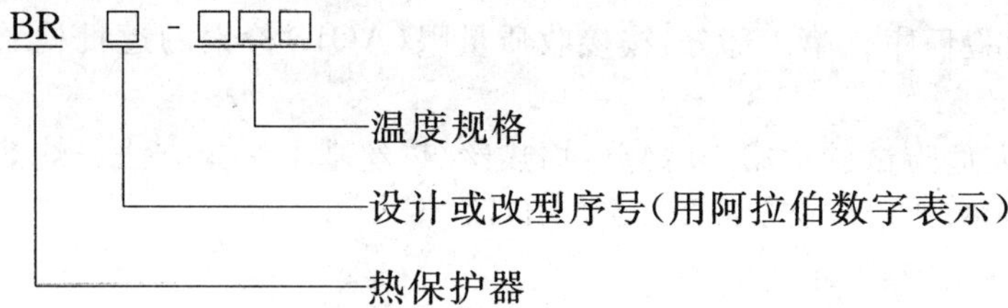

5　技术要求

5.1　安装条件

对安装方位有规定或热保护器性能受到安装条件影响时，应在产品文件中明确规定安装条件或与电机制造厂协议确定安装条件。

5.2　结构要求

5.2.1　引出线和/或端子的结构要求

5.2.1.1　引出线和/或端子的结构应能保证良好的电接触和相应的载流能力。

5.2.1.2　引出线和/或端子应便于与外部导线相连接。

5.2.1.3　引出线和/或端子与外部导线的连接可以用螺钉或其他有效的措施来实现，但应保证接触压力是经久不变或者变化很小。

5.2.1.4　引出线和/或端子应能承受 50 N 轴向和/或横向静拉力，历时 1 min。

5.2.1.5　热保护器对外应具有良好的绝缘能力。

5.2.2　设定温度用调整机构，应设有有效的止动装置，以确保在使用过程中不发生松动。

5.2.3　手动复位机构在正常工作状态下，应能可靠动作。

5.2.4　在正常工作状态下，对手动复位机构在触头分断后未进行手动复位操作前不得自行复位。

5.3　材料要求

5.3.1　带电部件应由耐腐蚀或经过耐腐蚀处理的金属制成。

5.3.2　绝缘材料应能承受 850 ℃±10 ℃灼热丝顶端的试验温度试验，持续时间 30 s±1 s。

5.3.3　金属零件不得有裂纹及镀层脱落现象，塑料件不得有气泡、裂纹、无明显斑痕和划伤等现象。

5.4 性能要求

5.4.1 额定断开温度

额定断开温度在 70 ℃～160 ℃之间每 5 ℃一挡，其额定断开温度的容差为±5 ℃、±8 ℃、±10 ℃三个挡次。

5.4.2 复位温度

5.4.2.1 自动复位式热保护器的复位温度低于额定断开温度 10 K 以上，其容差为±15 ℃。

5.4.2.2 手动复位式热保护器在高于－5 ℃的环境中应不能自动复位。

注：制造厂可根据用户要求设定其他额定动作温度和复位温度及容差。

5.4.3 额定脱扣电流

热保护器制造厂应以图表或曲线的形式提供在规定环境温度下热保护器的额定脱扣电流、标称时间以及标称时间的容差。

5.4.4 临界脱扣电流

热保护器制造厂应以图表或曲线的形式提供热保护器的临界脱扣电流对环境温度的特性资料。

5.4.5 接触电阻

在触头闭合状态下，端子间的接触电阻应不大于 50 mΩ。

5.4.6 绝缘电阻

a) 在触头热分断状态下，两引出线或端子间的绝缘电阻应不小于 2 MΩ；

b) 引出线或端子与外壳绝缘层表面的绝缘电阻应不小于 5 MΩ。

5.4.7 电气强度

对热保护器在下列部位间施加频率为 50 Hz 的基本正弦波。试验电压（有效值）历时 1 min 应无闪络和击穿现象。

a) 在触头热分断状态下，两引出线之间的电气强度（见表 1）：

表 1 在触头热分断状态下，两引出线之间电气强度

单位为伏特

工作电压 U	$U \leqslant 250$	$250 < U \leqslant 440$	$U > 440$
试验电压/V	500	880	1 320

b) 在触头常闭状况下，引出线与绝缘件之间的电气强度（见表 2）：

表 2 引出线与绝缘件之间电气强度

单位为伏特

工作电压 U	$U \leqslant 250$	$250 < U \leqslant 440$	$U > 440$
试验电压/V	1 500	2 000	2 500

5.4.8 耐久性

5.4.8.1 自动复位热保护器在交流 50 Hz、产品额定电压、功率因数 $\cos\Phi$ 为 0.75～0.8 的条件下，通以额定电流试验 2 000 次后，应满足：

a) 动作温度变化不超过初始值的±5％或±5 ℃，二者选较大者。

b) 触头不发生熔焊。

继续试验通断 4 000 次后，热保护器在动作性能上无永久性的损坏。

5.4.8.2 手动复位热保护器在交流 50 Hz、产品额定电压、功率因数 $\cos\Phi$ 为 0.75～0.8 的条件下，通以 6 倍的额定电流试验 10 次后，应满足：

a) 动作温度变化不超过初始值的±5％或±5 ℃，二者选较大者。

b) 触头不发生熔焊。

继续试验 50 次后，在动作性能上无永久性的损坏，手动复位操作无异常。

5.4.9 极限短路性能

承受表 3 中的预期电流的极限短路性能试验，而不引发着火危险。

表 3 极限短路性能预期电流

电机额定功率 N/kW	热保护器额定工作电压/V(AC)	预期电流/A
$N \leqslant 0.373$	≤250	200
$0.373 < N \leqslant 0.746$		1 000
$0.746 < N \leqslant 2.24$		2 000
$2.24 < N \leqslant 5.6$		3 500
$N > 5.6$		5 000
$N \leqslant 0.746$	>250	1 000
$N > 0.746$		5 000
注：回路中不接热保护器，且功率因数为 0.9～1.0 时流过此回路的对称方均根电流值。		

5.4.10 湿热性能

按 GB/T 2423.3—2006 中严酷等级为 2 d 的湿热试验，试验后的绝缘电阻不低于 2 MΩ，并能承受 5.4.7 电器强度性能试验，试验电压降至原有的 80%。

5.4.11 高温性能

在 150 ℃的环境温度保持 96 h，试验后动作温度的变化不超过初始值的±5%或±5 ℃，二者选较大值。

5.4.12 低温性能

在－40 ℃的温度下保持 16 h，而不发生损伤且动作特性不会产生永久性的变化。

5.4.13 振动性能

承受振动频率 50 Hz、振幅 0.35 mm，历时 90 min 的定频试验，试验后其额定断开温度应符合 5.4.1 的规定。

6 试验方法

6.1 试验条件

除非另有规定，试验应在下列条件下进行：

a) 环境温度 10 ℃～40 ℃，试验时周围空气温度变化应不超过 10 ℃；

b) 试验仪器、仪表的精度出厂检验不低于 1.0 级。型式试验不低于 0.5 级；

c) 湿度要求：温度 15 ℃～35 ℃，相对湿度 45%～75%；

d) 测温仪表分辨率型式试验为 0.2 ℃，出厂检验为 0.5 ℃。

6.2 结构要求

6.2.1 外观

目视检查金属零件，不得有裂纹及镀层脱落现象，绝缘材料不得有裂纹破损、产品标志应清晰。

6.2.2 引出线及端子抗拉力试验

对引出线和/或端子分别沿引出线和/或端子的轴向用砝码施加静拉力至 50 N，保持 1 min，试验结束后热保护器的引出线和/或端子应无脱离、松动及无明显损伤现象。

6.2.3 绝缘件的灼热丝试验

绝缘件的灼热丝试验按 GB/T 5169.10 进行试验，灼热丝顶端的试验温度为 850 ℃±10 ℃，试验持续时间为 30 s±1 s。

6.3 性能要求

6.3.1 额定断开温度试验

将热保护器置于干燥箱内进行试验，试验箱的空气流速不小于 200 m/min。

测量方法采用热电偶或温度计，热电偶或温度计应置于热保护器试样上或尽可能靠近热保护器。

在试验中升高空气温度，在空气温度大约低于额定断开温度下限温度 10 K 时的温度变化率不超过 0.5 K/min 至热保护器动作，所测得的温度应符合 5.4.1 的规定。

用指示灯或其他的方法指示通断状态，允许通过热保护器的电流不超过 0.01 A。

6.3.2 复位温度试验

采用 6.3.1 规定的方法进行复位温度试验，降低空气温度，在大约高于复位温度上限温度 10 K 时的温度变化率不超过 0.5 K/min 至热保护器复位时，所测得的温度应符合 5.4.2 的规定。

6.3.3 额定脱扣电流试验

将热保护器置于无搅拌空气中，其环境温度保持在 25 ℃±2 ℃以内，并通以额定脱扣电流，测量热保护器从接通到脱扣的时间(不少于三个点)，应符合 5.4.3 的规定。

6.3.4 接触电阻试验

用微欧计测量两引出线或端子间的接触电阻，在有异议的情况下可去除产品导线和端子，应符合 5.4.5 的规定。

6.3.5 绝缘电阻试验

将热保护器置于高于额定断开温度上限温度 10 K 的环境温度下，待其触头分断后，用 500 V 兆欧表检测热保护器下述部位间的绝缘电阻，应符合 5.4.6 的规定。

a) 引出线或端子间；

b) 引出线或端子与外壳绝缘层表面间。

6.3.6 电气强度试验

电气强度性能试验，其试验电源容量不小于 0.5 kVA，频率为 50 Hz，泄漏电流设定为 100 mA，在 5.4.7 所述的部位施加试验电压(交流有效值)试验时，持续 1 min 应无击穿或闪络现象。

注：两触头间的电气强度性能试验，是在触头断开的情况下进行的，热保护器置于大约高于试品额定断开上限温度 10 K 的空气介质中。

引出线或端子与绝缘件外表层之间的电气强度性能试验在室温下进行。

提高试验电压 20%，可缩短施压时间为 1 s。

6.3.7 耐久性试验

6.3.7.1 自动复位热保护器接入交流 50 Hz、产品额定电压、功率因数 cosΦ 为 0.75～0.8 的电路中，通以额定电流，其电流允差为±5%的电路中，操作周期(接通—分断—接通时间)不小于 13 min，周期率依赖于控制周围的空气介质温度，如此循环 2 000 次后，应符合 5.4.8.1 的规定，然后继续试验 4 000 次，应符合 5.4.8.1 的规定。

6.3.7.2 手动复位热保护器接入交流 50 Hz、产品额定电压、功率因数 cosΦ 为 0.75～0.8 的电路中，通以 6 倍的额定电流，动作 10 个周期，在每次脱扣后应尽快手动复位，其结果，应符合 5.4.8.2 的规定，然后继续试验 50 个周期，应符合 5.4.8.2 的规定。

6.3.8 极限短路性能试验

将热保护器与快速熔断体串联，用脱脂棉絮包绕热保护器的外壳后，接入 5.4.9 规定的预期电流、功率因数 cosΦ 为 0.9～1.0 的电路中，试验期间允许热保护器重复动作，试验应进行至热保护器永久断开回路或熔断体熔断为止，允许热保护器触头熔焊或破碎，应符合 5.4.9 的规定。

注：快速熔断器的选择：

电压为 150 V 及以下，熔断体额定电流不小于 20 A。

电压高于 150 V 但不超过 690 V，熔断体额定电流不小于 16 A。

6.3.9 湿热性能试验

本试验采用 Cab 试验方法，有关试验箱的要求见 GB/T 2423.3—2006 第 2 章试验条件，按 5.4.10

规定的严酷等级及 GB/T 2423.3—2006 中 2.3 的要求进行试验。

关于试品检测，在条件试验结束后 30 min 内进行引出线与绝缘外表层的电气强度试验，此时为正常大气压条件下，并避免在试品上有凝露出现。

在 1 h～2 h 内再将试品置于高于额定断开温度上限温度 10 K 且触头断开的情况下，先用 500 V 兆欧表测绝缘电阻，然后进行引出线或端子间的电气强度试验。

其结果应符合 5.4.10 的规定。

6.3.10 高温性能试验

将热保护器放入测试箱内温度升至 150 ℃，并保持 96 h 后取出，在室温中保持 1 h 后进行动作性能测试，应符合 5.4.11 的规定。

6.3.11 低温性能试验

将热保护器放入测试箱内温度降至 −40 ℃，并保持 16 h 后取出，在室温中保持 1 h 后进行动作性能测试，应符合 5.4.12 的规定。

6.3.12 振动性能试验

将热保护器固定在试验台上，分别于 X、Y、Z 方向上振动，在每个位置上作振幅 0.35 mm，振动频率 50 Hz 历时 30 min，振动试验后复测额定断开温度，应符合 5.4.13 的规定。

7 检验规则

7.1 检验分类

检验分型式检验和出厂检验二种。

7.2 型式检验

热保护器有下列情况之一时，一般应进行型式检验：

a) 新产品定型或老产品转厂生产时；

b) 正式生产后，如结构、材料、工艺有较大改变，可能影响产品性能时；

c) 产品停产一年后，恢复生产时；

d) 正常生产时，每年进行一次；

e) 国家质量监督机构提出进行型式检验的要求时。

7.2.1 型式检验规则

用作型式检验的热保护器，应是主要制造工艺装备齐全的正式试品，每个试验项目应不少于 3 只，所有试验项目都能通过和所有承受检验的试品都合格，才被认为热保护器型式检验合格，否则应分析原因，采取技术措施，甚至改进技术、工艺、工装等，重新进行，直到型式检验合格为止。

7.2.2 型式检验项目

型式检验项目见表 4。

表 4 型式检验项目

序号	试验项目	产品分组			技术要求	试验方法
		1	2	3		
1	外观	√	√	√	6.2.1	6.2.1
2	引出线和/或端子抗拉力试验	√			5.2.1.4	6.2.2
3	绝缘件的灼热丝试验	√			5.3.2	6.2.3
4	额定断开温度试验		√	√	5.4.1	6.3.1
5	复位温度试验		√	√	5.4.2	6.3.2

表 4（续）

序号	试验项目	产品分组			技术要求	试验方法
		1	2	3		
6	额定脱扣电流试验		√		5.4.3	6.3.3
7	接触电阻试验		√		5.4.5	6.3.4
8	绝缘电阻试验		√		5.4.6	6.3.5
9	电气强度性能试验		√	√	5.4.7	6.3.6
10	耐久性试验			√	5.4.8	6.3.7
11	极限短路性能试验		√		5.4.9	6.3.8
12	湿热性能试验			√	5.4.10	6.3.9
13	高温性能试验			√	5.4.11	6.3.10
14	低温性能试验			√	5.4.12	6.3.11
15	振动性能试验			√	5.4.13	6.3.12

注 1：试验分 3 组，每组 3 个试样。

注 2：序号 1、3、4、8、9、10、11、12、13、14 属于一次检验合格项目。

注 3：序号 2、5、6、7、15 首次检验允许任一项次不合格，但需按试品数加倍复试，不合格项复试合格仍认为型式检验合格。

7.3 出厂检验

出厂检验分常规检验和抽样检验二种。

7.3.1 常规检验

7.3.1.1 常规检验规则

常规检验作为热保护器生产的工序，应对每只产品进行检验，常规检验可采用与型式检验条件相同的等效试验方法或快速试验方法进行，不合格的产品应逐台退修，直到完全合格，若无法修复，应予报废。

7.3.1.2 常规检验项目

常规检验项目为：

a） 外观检查；

b） 额定断开温度试验；

c） 复位温度试验；

d） 接触电阻试验；

e） 电气强度性能试验。

7.3.2 抽样检验

7.3.2.1 抽样检验规则

抽样检验作为热保护器出厂前的最终检验，抽样检验按 GB/T 2828.1—2003 的规定进行检验，对于判定不合格的批量产品，应将该批(或周期内)的全部产品退修后逐台进行试验，合格才准许出厂。

7.3.2.2 出厂抽样检验的抽检采用 GB/T 2828.1—2003 中表 1 样本量字码的一般检验水平“Ⅱ”及表 2-A 正常检验一次抽样方案的规定进行。

7.3.2.3 抽样检验的接收质量限(AQL 值)见表 5。

7.3.2.4 抽样检验项目

一般抽样检验项目见表 5。

表 5 抽样检验项目

序　　号	检验项目	AQL
1	外观	4
2	引出线或端子抗拉力试验	1.5
3	额定断开温度试验	1.0
4	复位温度试验	2.5
5	接触电阻试验	1.5
6	绝缘电阻试验	
7	电气强度性能试验	
注：序号 6、7，Ac=0(接受数为 0，不接受不合格样品)。		

8 标志、包装、运输、贮存

8.1 标志

外壳上标志应清晰，耐久易于识别，产品标志内容：

a) 制造厂厂名或注册商标；

b) 产品型号或编号或唯一型号识别标志。

8.2 包装

8.2.1 在出厂时应予包装，以防止运输过程中遭受损坏，包装箱内应有产品合格证，使用说明书及装箱单。

8.2.2 包装的标志应清楚、整齐，并保证不因运输或贮存后而模糊不清。

包装标志内容：

a) 制造厂厂名或商标、厂址；

b) 产品名称、型号；

c) 产品数量；

d) 包装箱外形尺寸；

e) 收货单位名称和地址；

f) 质量；

g) 标上"包装年月"、"怕湿"、"电器"及"小心轻放"等字样或标记。

8.3 运输

包装应适应各种运输工具的运输，而不发生损坏。热保护器在运输过程中不得遭受雨雪侵袭。

8.4 贮存

热保护器应贮存在通风良好、无腐蚀性介质且相对湿度小于 90%(20 ℃±5 ℃时)。

ICS 29.100.99
K 65

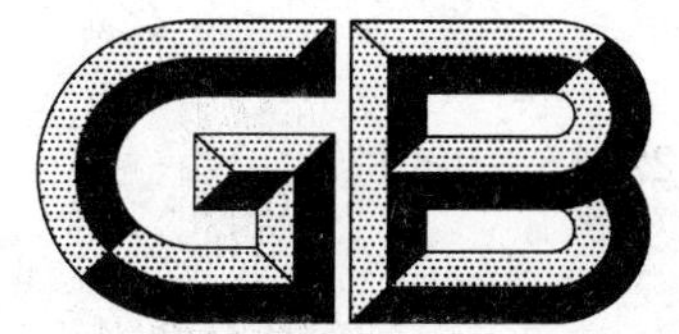

中华人民共和国国家标准

GB/T 22763—2008

电器附件　大口径密封螺塞

Electrical accessories—Big size sealed screwed plug

2008-12-30 发布　　2009-10-01 实施

中华人民共和国国家质量监督检验检疫总局
中国国家标准化管理委员会　发布

前　言

本标准的起草参考了JIS F 8801《船用电气装置防水密封套》的内容和IEC 60670-1:2002《家用和类似用途固定式电气装置电器附件用安装盒和外壳　第1部分:通用要求》。

本标准的附录A、附录B均是资料性附录。

本标准由中国电器工业协会提出。

本标准由全国电器附件标准化技术委员会(SAC/TC 67)归口。

本标准起草单位:汕头市东亚电器厂、汕头市科润机电有限公司、中国电器科学研究院、汕头市机械研究所、汕头市质量计量监督检测所、广州港建设工程有限公司。

本标准主要起草人:丁汉辉、罗怀平、丁秀瑜、马壮宏、袁国盼、谢壮荣、李元贵、吴再鲲、池光宇。

电器附件　大口径密封螺塞

1　范围

本标准规定了作为户内或户外使用的工业用固定式或移动式电气装置电缆进出线的密封螺塞的要求。

本标准适用于密封电缆外径为 ϕ48 mm～ϕ100 mm，密封螺塞是装配在上述电气装置上使用的。

2　规范性引用文件

下列文件中的条款通过本标准的引用而成为本标准的条款。凡是注日期的引用文件，其随后所有的修改单(不包括勘误的内容)或修订版均不适用于本标准，然而，鼓励根据本标准达成协议的各方研究是否可使用这些文件的最新版本。凡是不注日期的引用文件，其最新版本适用于本标准。

GB/T 197—2003　普通螺纹公差(ISO 965-1:1998，MOD)

GB/T 2423.5—1995　电工电子产品环境试验　第 2 部分：试验方法　试验 Ea 和导则：冲击(idt IEC 60068-2-27:1987)

GB 4208—2008　外壳防护等级(Ip 代码)(IEC 60529:2001，IDT)

GB/T 5169.11—2006　电工电子产品着火危险试验　第 11 部分：灼热丝/热丝基本试验方法　成品的灼热丝可燃性试验方法(IEC 60695-2-11:2000，IDT)

GB 7251.4—2006　低压成套开关设备和控制设备　第 4 部分：对建筑工地用成套设备(ACS)的特殊要求(IEC 60439-4:2004，IDT)

GB/T 16422.2—1999　塑料实验室光源暴露试验方法　第 2 部分：氙弧灯(idt ISO 4892.1:1994)

IEC 60068-2-11:1981　基本环境试验规程　第 2 部分：试验　试验 Ka：盐雾

IEC 60068-2-30:1980　基本环境试验规程　第 2 部分：试验　试验 Db 及导则：交变湿热(12 h+12 h 循环)及其修订 1(1985)

3　术语和定义

下列术语和定义适合于本标准。

3.1

大口径　big size

对穿通本产品至电气装置的壳体内的电缆外径为 ϕ48 mm～ϕ100 mm 范围内的密封螺塞口径。

3.2

密封螺塞　sealed screwed plug

由基座、密封圈、螺塞等零件组合的电器附件。当电缆穿通密封螺塞并安装于电气装置壳体上，正常使用时能保证达到规定的防护等级。

3.3

基座　holding plate

安装在电气装置壳体上，同时提供密封螺塞其他零件安装的座。

3.4

扩展基座　enlarged holding plate

使用的基座当装配或拆卸时能使比所密封电缆外径大的直径尺寸顺利穿通(如做好接线耳电缆头的电缆)，而在安装好后又能保证电缆的密封达到规定的防护等级。

4 一般要求

密封螺塞的零部件在设计和结构上应能做到当按正常使用要求安装时，确保密封性能达到规定的防护等级要求，且对使用者和环境不会造成危害。

5 关于试验的一般说明

5.1 按本标准进行的试验为型式试验。

5.2 试验应在三个交货状态的试样上进行。

5.3 除非另有规定，试验应在 15 ℃～35 ℃之间的环境温度下进行。

5.4 应在三个试样上进行所有试验，并且所有试验均符合本标准要求才算合格。如果有一个试样出现一项不合格则应在另一组的三个试样上重复该项试验，且符合本标准要求。

6 分类

6.1 按材料性质分类

——绝缘材料；

——金属材料；

——复合材料。

6.2 按防护等级分类

——IP66；

——IP66/IP67。

6.3 按带扩展基座分类

——带扩展基座；

——不带扩展基座。

7 标志

7.1 密封螺塞在明显位置应有如下标志：

a) 制造商或供应商的名称、商标或标识标志；

b) 型号，可以是目录编号。型号所对应的，能够密封电缆外径范围可查本标准附录 A 或使用说明书；

c) 防护等级。

7.2 密封螺塞的标志应耐久且清晰易辨。

是否合格，通过观察和进行如下试验检查。

用手以浸透水的布片擦 15 s 后，再以浸透汽油的布片擦 15 s。

注 1：用铸、注塑、压或刻等办法制成的标志，不进行此项试验。

注 2：建议所用汽油为溶剂己烷，其芳族含量体积比最大为 0.1%，贝壳松脂丁醇值为 29，初沸点约为 65 ℃，干点约为 69 ℃，密度为 0.68 g/cm³。

8 结构

密封螺塞由基座（或加扩展基座）、密封圈、螺塞等零件组合装配构成，结构组合安装及零件图可参见附录 B。当这些零件已装配，电缆已穿通并安装好后，正常使用时应能达到以下各章的要求。

是否合格，通过观察和以下各章的试验检查。

8.1 密封螺塞紧固件

密封螺塞的螺钉、螺母等紧固件应能承受正常安装和使用过程中出现的机械应力。

根据制造商的使用说明书提供的力矩将螺钉或螺母拧紧和拧松10次后仍能正常使用。

是否合格，通过观察和手动试验检查。

8.2 螺塞

密封部件螺塞的螺纹应符合GB/T 197规定，螺塞内孔应光滑、无毛刺，在进行安装及正常使用过程中不应损伤电缆。

是否合格，通过观察及使用专用螺纹量规测量，以及根据制造商的使用说明书提供的力矩将螺塞拧紧和拧松5次进行试验，试验后应能正常使用。

8.3 密封螺塞电缆保持力

根据制造商的使用说明书安装的电缆应保持在正常位置上。是否合格，按如下试验进行检查。

试验在图1所示的试验装置上进行。

使用本标准范围的电缆外径中间值，如ϕ(74±5)mm的电缆外径，进行试验。

电缆要承受(500±20)N的轴向拉力。

缓慢施加负载并保持5 min，此阶段结束后移去负载，测得电缆的位移不超过3 mm。

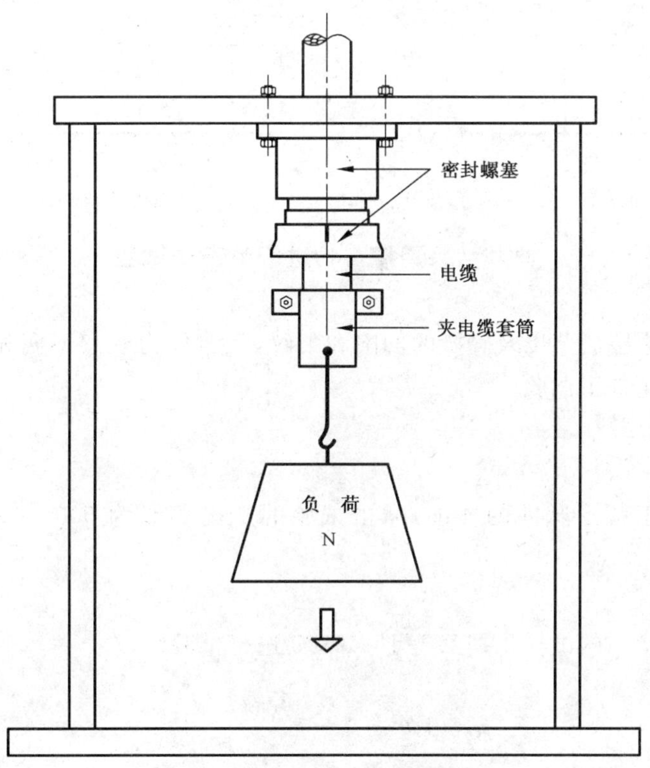

图1 电缆保持力试验装置

9 机械强度

密封螺塞应有足够的机械强度，能承受正常安装和使用过程中出现的机械应力。

通过撞击试验和冲击试验检查是否合格。

9.1 撞击试验

9.1.1 原则

密封螺塞应能耐受6 J的连续撞击，即相当于工地的手动器械的碰撞(见GB 7251.4—2006中的7.1.102)。

9.1.2 试验方法

将按正常使用安装状态的试样固定在一个足够坚固的支承物上，以限制试样在规定的撞击力作用下的位移在0.1 mm之内。用以下试验方法之一对试样的每个表面施加3次连续撞击：

a) 一个直径大约为 50 mm,质量为(500±25)g,表面光滑的实心钢球,从 1.2 m 的垂直高度由静止状态开始自由降落至试样的水平表面。球的硬度应不小于 50 HRC 并且不大于 58 HRC。

b) 将同样的钢球用绳子悬挂起来,象摆锤一样摆动,从 1.2 m 的垂直距离处施加水平的撞击。

试验布置见图 2 所示。

每次试验前,应对钢球进行目测检查,以确保钢球没有毛刺或瑕疵。

试验的撞击点应选择在极有可能暴露弱点的薄弱部位。应对试样共实施 18 次撞击。

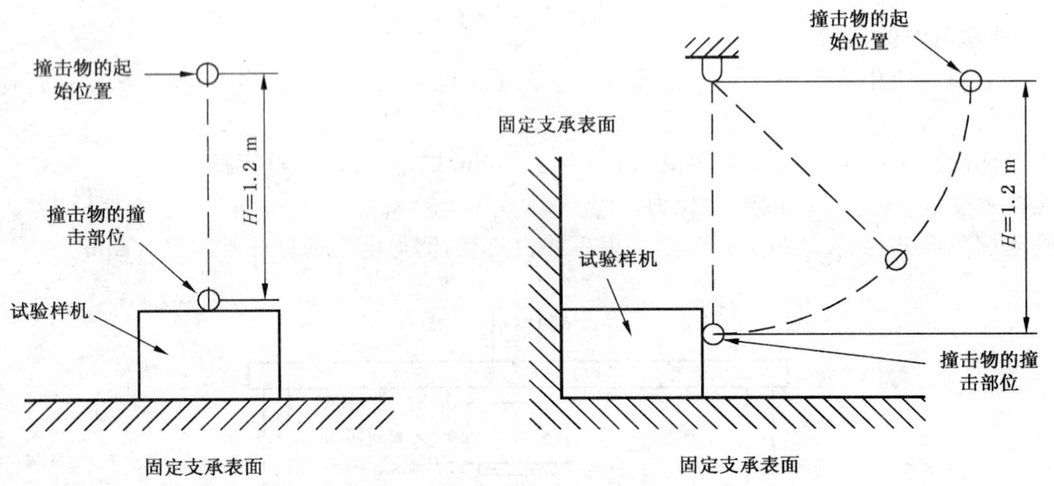

图 2 采用撞击物进行的撞击试验

9.1.3 试验结果

试验后,表面损伤、涂层脱落以及轻微的凹陷和裂纹,正常视力观察不明显也不会进一步扩大的裂纹或表面裂纹仍可认为通过了试验。

9.2 冲击试验

9.2.1 原则

密封螺塞应经受半正弦形脉冲的冲击,冲击试验的严酷等级为 500 m/s^2(50 g)峰值加速度,和 11 ms 的脉冲持续时间。

9.2.2 试验方法

对按正常使用安装状态的试样根据 GB/T 2423.5 进行试验。

9.2.3 试验结果

同 9.1.3 的规定。

10 接地保护

密封螺塞不能作为接地保护点。但对于由金属材料制造的密封螺塞,其安装螺钉至少有一个与电气装置壳体可靠接触或与箱体的接地点连接。

是否合格,通过观察来检查。

11 绝缘材料的耐非正常热和耐燃

11.1 用绝缘材料制成的基座、扩展基座及螺塞要按 GB/T 5169.11—2006 第 4 章至第 10 章规定的灼热丝在如下条件进行:

a) 试验在 850 ℃下进行;

b) 试验时,灼热丝施加的时间为(30±1)s。

11.2 如果试验中无可见火焰和持续灼热,或者在灼热丝撤走后的 30 s 内,试样上的火焰熄灭或灼热消失，则应视为合格。

12 耐老化

根据制造商的使用说明书，密封螺塞按正常使用状态安装，进行如下试验。

按照GB/T 16422.2—1999中方法A进行UV(紫外线)试验：喷水5 min用氙弧灯烤干25 min，循环进行总共500 h。

试验使用的温度和湿度分别为(65±3)℃和(65±5)%，除非制造商有其他规定。

试验后将试样从试验箱(室)移出。

试样应无影响继续使用的有害变形、破裂和损坏。

13 防固体异物进入和防水的有害进入

按正常安装的密封螺塞应达到6.2分类IP等级的防固体异物进入和防水的有害进入的防护，进行如下试验检查。

13.1 试验环境条件

试验环境条件如下：

温度范围：15 ℃～35 ℃；

相对湿度：25%～78%；

大气压力：86 kPa～106 kPa(860 mbar～1 060 mbar)。

13.2 防固体异物进入

根据制造商的使用说明书，密封螺塞按正常使用状态安装在密封箱外壳上，电缆穿入密封箱内并被密封好。

对于IP6X防护等级的试验，根据GB 4208—2008中10.4表8规定的试验条件，以及12.4的试验方法进行试验。

试样按正常工作位置放入试验箱内，但不与真空泵连接。试验持续8 h。

试验后壳内无明显的灰尘沉积，即认为试验合格。

13.3 防水的有害进入

根据制造商的使用说明书，密封螺塞按正常使用状态安装在密封箱外壳上，电缆穿入密封箱壳内并被密封好。

为了检查试验是否合格，要预先在试验用密封箱壳内已安装好的密封螺塞周围板面上放置干燥的吸水纸。

13.3.1 IP66防护等级

试样按正常安装，电缆穿通进入试验用密封箱壳内并被密封好，根据GB 4208—2008中13.2.6的试验条件和有关要求进行试验。

试验后立即观察，干燥吸水纸仍应保持干燥。

13.3.2 IP66/IP67防护等级

试样按正常安装，电缆穿通进入试验用密封箱壳内并被密封好，根据GB 4208—2008中13.2.7的试验条件和有关要求进行试验。

试验后立即观察，干燥吸水纸仍应保持干燥。

14 耐腐蚀

14.1 绝缘材料

绝缘材料制成的密封螺塞零部件不需做如下防腐试验。

14.2 金属材料和复合材料

金属材料和复合材料制成的密封螺塞的金属零部件应进行如下试验，以验证防护层是否耐腐蚀。

进行试验的密封螺塞应根据制造商的使用说明书，按正常使用安装。

14.2.1 试验程序

按照 IEC 60068-2-30:1980 中的 Db 进行湿热周期试验，温度 40 ℃，相对湿度 95%，试验以 24 h 为一个周期，共进行 12 个周期。

按照 IEC 60068-2-11:1981 中的 Ka 进行盐雾试验，温度(35±2)℃，试验以 24 h 为一个周期，共进行 14 个周期。

14.2.2 试验结果

试验后，应开启水龙头对样品用水冲洗 5 min，用蒸馏水或软化水漂净，再甩动或用吹风除去水珠，然后将试验存放在正常使用条件下 2 h。

进行外观检查，样品没有锈痕、破裂或其他损坏则为合格，锐边上的锈迹和任何可擦除的淡黄色膜斑可忽略，不影响合格的判定。

15 尺寸互换性

通过以下检查是否合格。

按制造商提供的图纸尺寸进行检查。

16 电磁兼容(EMC)

本标准所涵盖的产品在正常使用过程中不产生电磁发射及对电磁骚扰不敏感。

附 录 A
（资料性附录）
密封螺塞的规格型号

表 A.1 大口径密封螺塞规格型号

序号	可密封电缆外径/mm	型号(不带扩展基座)	型号(带扩展基座)
1	≥48 且≤58	SP-48	SP-48K
2	>58 且≤68	SP-58	SP-58K
3	>68 且≤78	SP-68	SP-68K
4	>78 且≤88	SP-78	SP-78K
5	>88 且≤96	SP-88	SP-88K
6	>96 且≤100	SP-96	SP-96K

附 录 B
（资料性附录）
密封螺塞结构示例

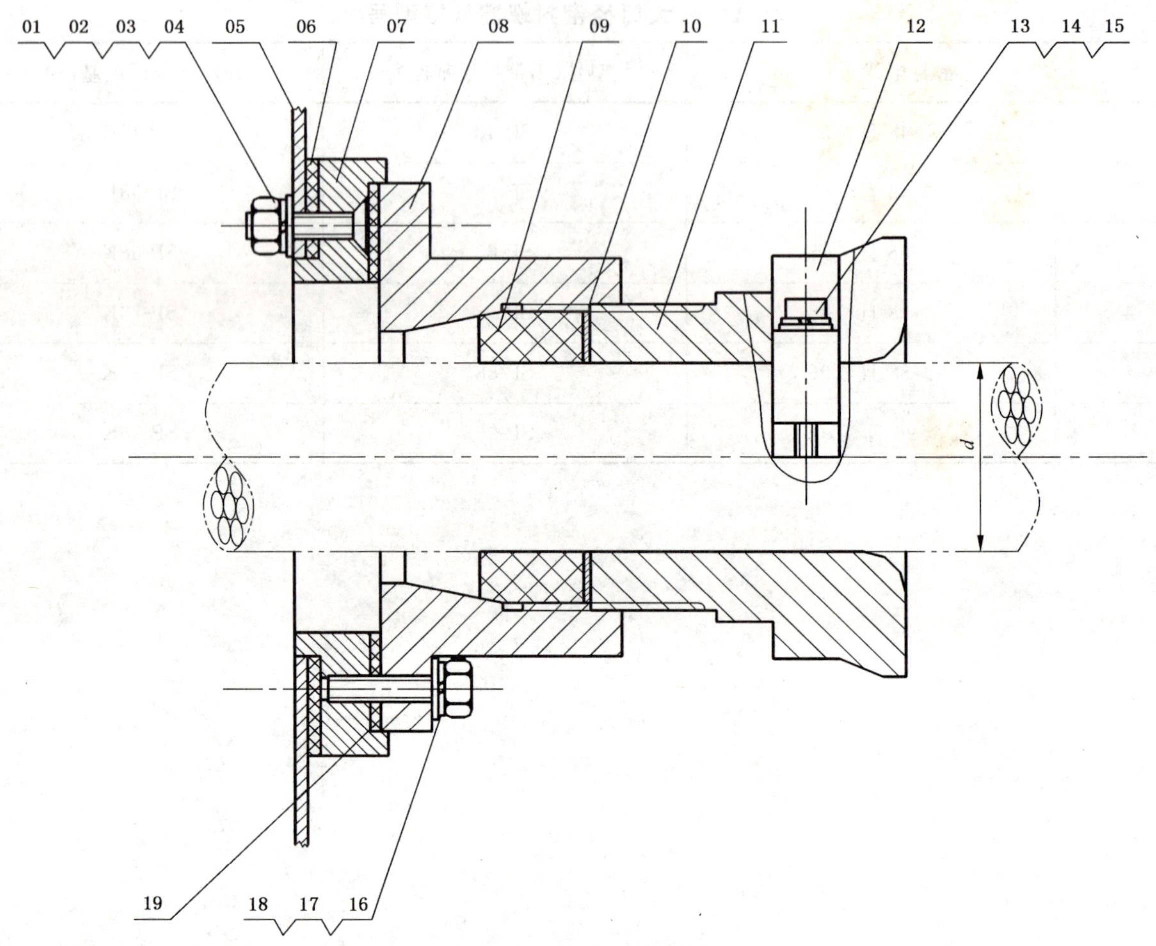

带扩展基座密封螺塞明细表

序号	零件名称	数量	规　　格	序号	零件名称	数量	规　　格
01	六角螺母	4	GB/T 41—1986　M8	11	螺塞	1	见图 B.3
02	弹簧垫圈	4	GB/T 93—1987　8	12	电缆夹	1	见图 B.7
03	垫圈	4	GB/T 97—1987　8	13	内六角螺钉	2	GB/T 70—1985 M6×45
04	沉头螺钉	4	GB/T 819—1985 M8×30	14	弹簧垫圈	2	GB/T 93—1987　6
05	壳体			15	垫圈	2	GB/T 97—1987　6
06	密封垫圈 A	1	见图 B.9	16	六角螺栓	4	GB/T 5781—1985 M8×25
07	扩展基座	1	见图 B.5	17	弹簧垫圈	4	GB/T 93—1987　8
08	基座	1	见图 B.4	18	垫圈	4	GB/T 97—1987　8
09	密封圈	1	见图 B.6	19	密封垫圈 B	1	见图 B.9
10	压垫	1	见图 B.8				

图 B.1　带扩展基座密封螺塞

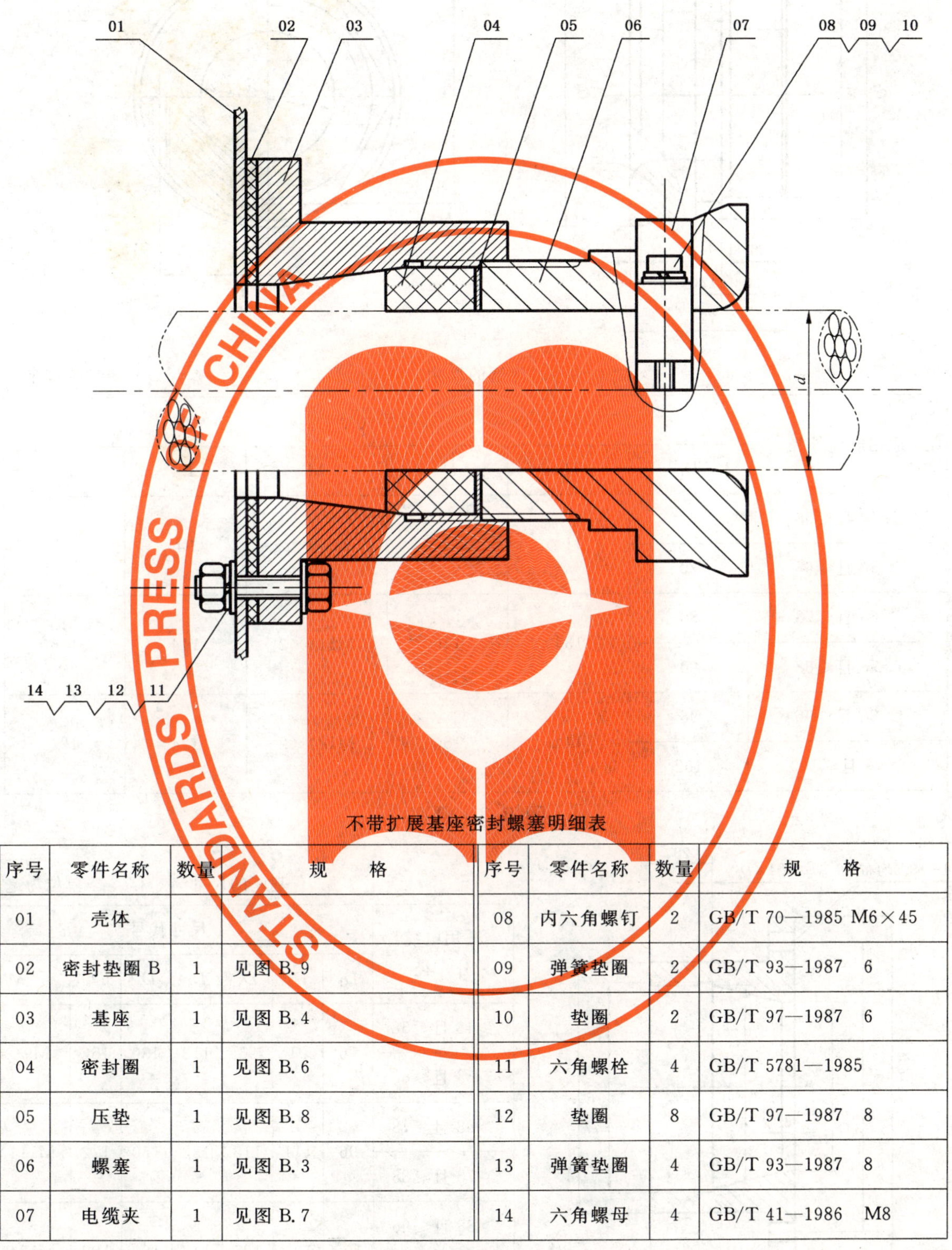

不带扩展基座密封螺塞明细表

序号	零件名称	数量	规　　格	序号	零件名称	数量	规　　格
01	壳体			08	内六角螺钉	2	GB/T 70—1985 M6×45
02	密封垫圈 B	1	见图 B.9	09	弹簧垫圈	2	GB/T 93—1987　6
03	基座	1	见图 B.4	10	垫圈	2	GB/T 97—1987　6
04	密封圈	1	见图 B.6	11	六角螺栓	4	GB/T 5781—1985
05	压垫	1	见图 B.8	12	垫圈	8	GB/T 97—1987　8
06	螺塞	1	见图 B.3	13	弹簧垫圈	4	GB/T 93—1987　8
07	电缆夹	1	见图 B.7	14	六角螺母	4	GB/T 41—1986　M8

图 B.2　不带扩展基座密封螺塞

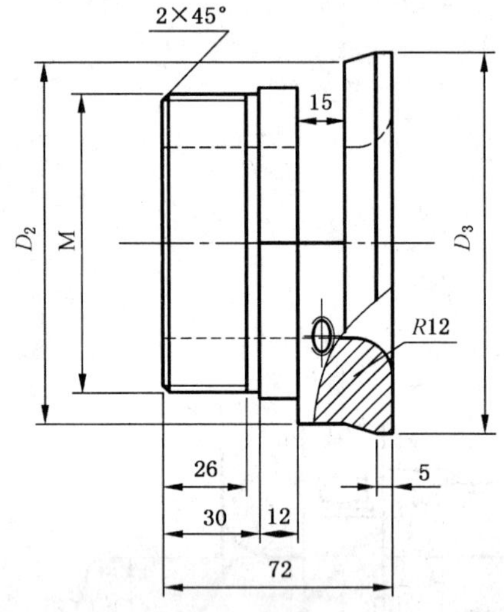

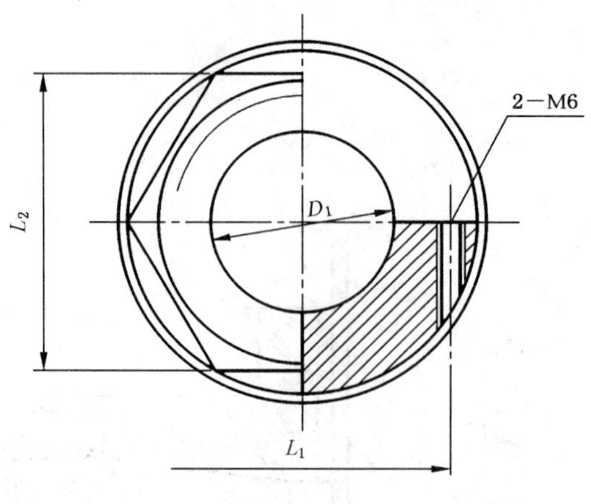

螺塞的尺寸　　　　单位为毫米

适用电缆外径	尺寸代号					
	D_1	D_2	D_3	M	L_1	L_2
≥48 且≤58	60	114	120	M94×2	94	98
>58 且≤68	70					
>68 且≤78	80	134	140	M114×2	114	116
>78 且≤88	90					
>88 且≤96	98	144	150	M124×2	124	124
>96 且≤100	102					

图 B.3　螺塞

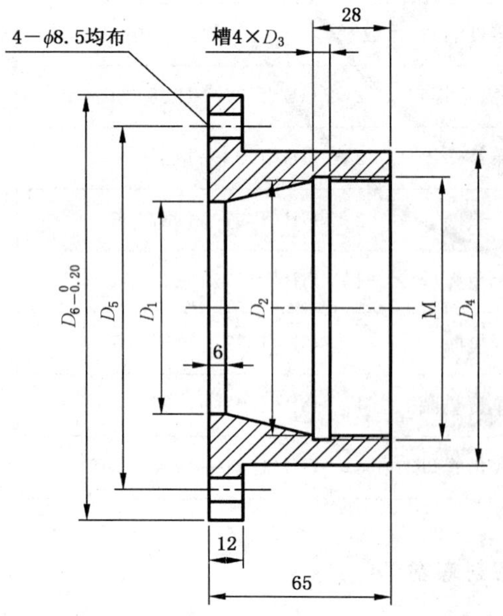

基座的尺寸　　　　单位为毫米

适用电缆外径	尺寸代号						
	D_1	D_2	D_3	D_4	D_5	D_6	M
≥48 且≤58	76	91	95	112	130	152	M94×2
>58 且≤68							
>68 且≤78	96	111	115	132	150	172	M114×2
>78 且≤88							
>88 且≤96	106	121	125	142	160	182	M124×2
>96 且≤100							

图 B.4　基座

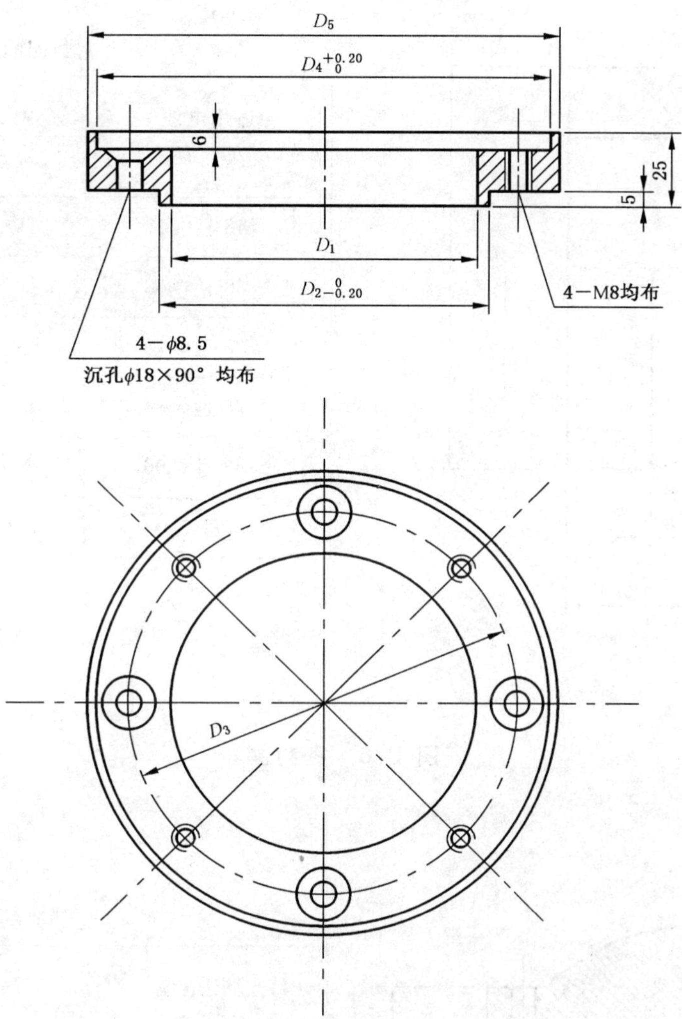

扩展基座的尺寸　　单位为毫米

适用电缆外径	尺寸代号				
	D_1	D_2	D_3	D_4	D_5
≥48 且≤58	102	110	130	152	158
>58 且≤68					
>68 且≤78	122	130	150	172	178
>78 且≤88					
>88 且≤96	132	140	160	182	188
>96 且≤100					

图 B.5　扩展基座

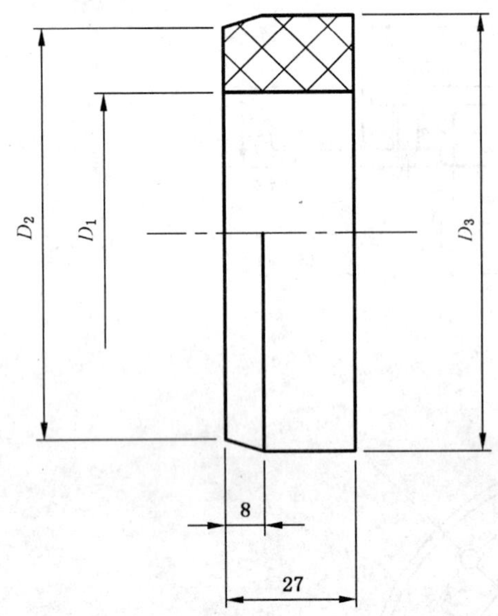

密封圈的尺寸　　　　单位为毫米

适用电缆外　径	尺寸代号		
	D_1	D_2	D_3
≥48 且≤58	59	86	91
>58 且≤68	69		
>68 且≤78	79	106	111
>78 且≤88	89		
>88 且≤96	97	116	121
>96 且≤100	101		

图 B.6　密封圈

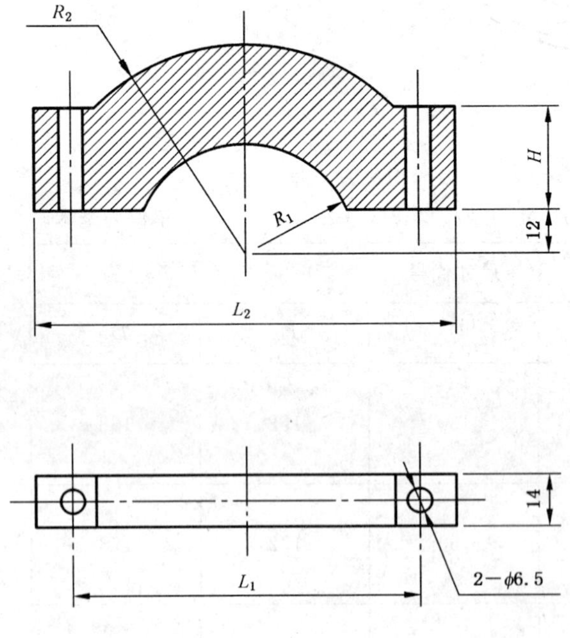

电缆夹的尺寸　　　　单位为毫米

适用电缆外　径	尺寸代号				
	R_1	R_2	L_1	L_2	H
≥48 且≤58	30	52	94	114	24
>58 且≤68	35				
>68 且≤78	40	62	114	134	26
>78 且≤88	45				
>88 且≤96	49	66	124	144	28
>96 且≤100	51				

图 B.7　电缆夹

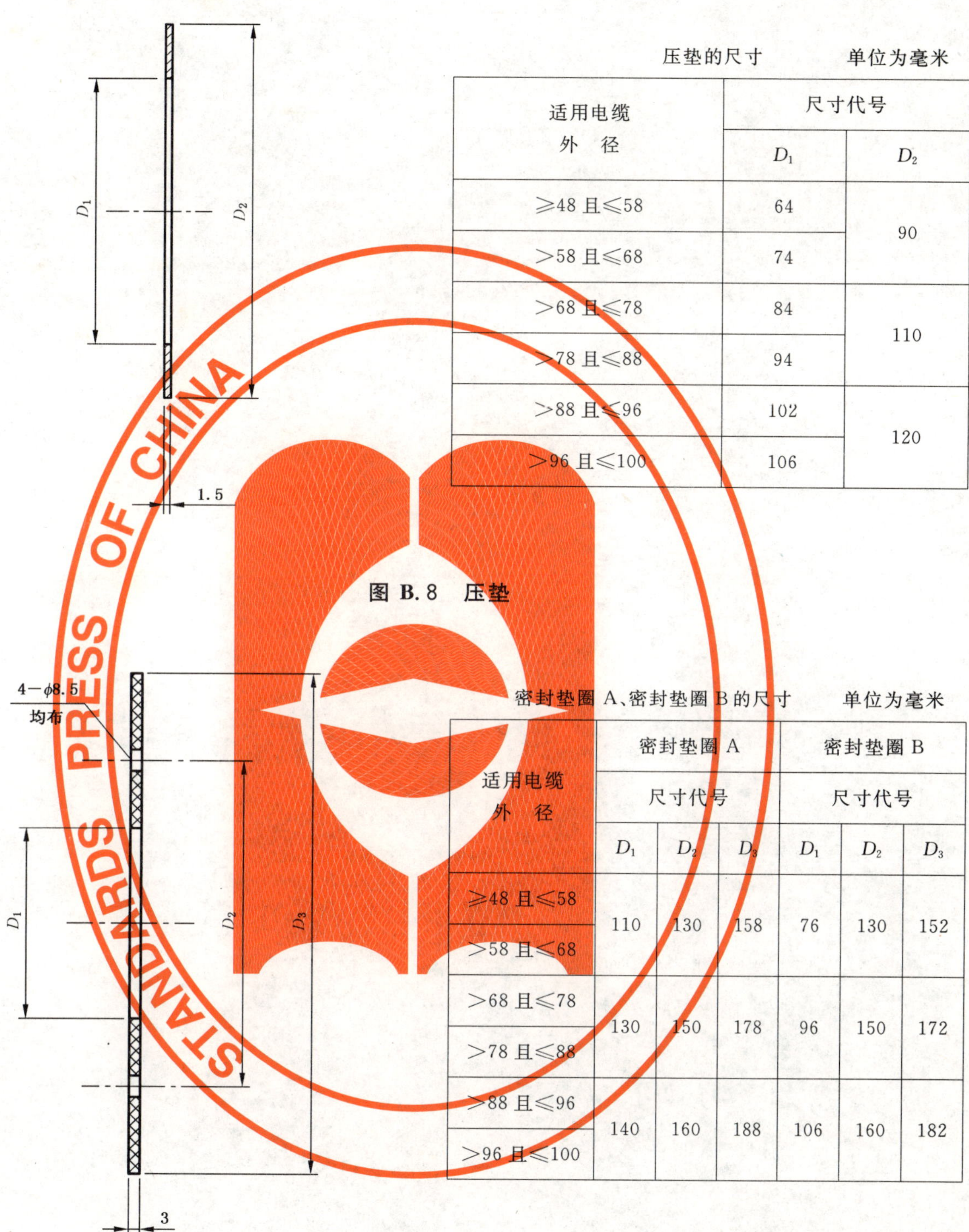

压垫的尺寸　　单位为毫米

适用电缆外　径	尺寸代号	
	D_1	D_2
≥48 且≤58	64	90
>58 且≤68	74	
>68 且≤78	84	110
>78 且≤88	94	
>88 且≤96	102	120
>96 且≤100	106	

图 B.8　压垫

密封垫圈 A、密封垫圈 B 的尺寸　　单位为毫米

适用电缆外　径	密封垫圈 A			密封垫圈 B		
	尺寸代号			尺寸代号		
	D_1	D_2	D_3	D_1	D_2	D_3
≥48 且≤58	110	130	158	76	130	152
>58 且≤68						
>68 且≤78	130	150	178	96	150	172
>78 且≤88						
>88 且≤96	140	160	188	106	160	182
>96 且≤100						

图 B.9　密封垫圈 A、密封垫圈 B

ICS 31.240
K 05

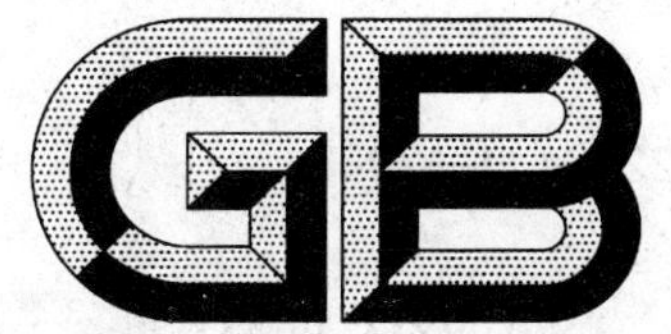

中华人民共和国国家标准

GB/T 22764.1—2008

低压机柜 第1部分:总规范

Cabinets for low-voltage switchgear—Part 1:Generic specification

2008-12-30 发布 2009-10-01 实施

中华人民共和国国家质量监督检验检疫总局
中国国家标准化管理委员会 发布

前　言

GB/T 22764《低压机柜》分为5个部分：

——第1部分：总规范；

——第2部分：尺寸系列；

——第3部分：环境与气候；

——第4部分：电气安全要求；

——第5部分：基本试验方法。

本部分为GB/T 22764的第1部分。

本部分由全国电工电子设备结构综合标准化技术委员会(SAC/TC 34)提出并归口。

本部分负责起草单位：万控集团有限公司、江苏天港箱柜有限公司。

本部分参加起草单位：武汉通源电气结构有限公司、张家港市天越电气有限公司、天津正本机柜有限公司、江苏天翔电气有限公司、中国振宏电气有限公司、张家港市天翼电气成套结构件有限公司、慈溪奇国电器有限公司、温州市中意锁具电器有限公司。

本部分主要起草人：高忠曦、汤志坚。

本部分参加起草人：宋宗翔、赵建明、申随章、钟杰、吴存林、罗雪成、江国庆、潘正东。

低压机柜　第1部分:总规范

1　范围

本部分规定了低压机柜的术语和定义、结构型式和尺寸系列、环境与气候、安全要求、制造商提供的资料、一般要求、试验、检验规则、包装与储存。

本部分适用于符合以下条件的低压机柜产品(以下简称产品):

——户内安装使用的;

——金属材料制造的;

——内部安装额定电压为交流不超过1 000 V,频率不超过1 000 Hz或直流不超过1 500 V的电气设备和元件。

用于低压系统的机架、机箱和控制台等机械结构产品可参照采用。

2　规范性引用文件

下列文件中的条款通过GB/T 22764的本部分的引用而成为本部分的条款。凡是注日期的引用文件,其随后所有的修改单(不包括勘误的内容)或修订版均不适用于本部分,然而,鼓励根据本部分达成协议的各方研究是否可使用这些文件的最新版本。凡是不注日期的引用文件,其最新版本适用于本部分。

GB/T 8582　电工电子设备机械结构术语

GB/T 22764.2—2008　低压机柜　第2部分:尺寸系列

GB/T 22764.3—2008　低压机柜　第3部分:环境与气候

GB/T 22764.4—2008　低压机柜　第4部分:电气安全要求

GB/T 22764.5—2008　低压机柜　第5部分:基本试验方法

GB/T 2829—2002　周期检验计数抽样程序及表(适用于对过程稳定性的检验)

3　术语和定义

GB/T 8582确定的术语和定义适用本部分。

4　结构型式与尺寸系列

4.1　结构型式

4.1.1　框架结构

产品的主要受力结构是由型材和联接件组装(装配)或焊接构成,其侧板是可拆除的。

4.1.2　板式结构

产品的主要受力结构由经过加工成型的钢板制件组装(装配)或焊接构成。

4.1.3　混合式结构

产品的主要受力结构是由型材和经过成型加工后的钢板制件,以及联接件组装(装配)或焊接构成。

4.2　尺寸系列

产品的尺寸应符合GB/T 22764.2—2008的规定。

5　环境与气候

产品的环境与气候适应性应符合GB/T 22764.3—2008的规定。

6 安全要求

产品的安全要求应符合 GB/T 22764.4—2008 的规定。

最终产品的使用者(电气设备的制造商)负责相应产品的安全要求。

7 制造商提供的资料

7.1 资料的内容

制造商应规定下列资料:

——制造商的名称或商标;

——产品的设计型号或系列号;

——符合的标准号。

7.2 标志

产品的标志应符合:

a) 7.1 中规定的资料,可标志在产品上,也可按照制造商与用户的协议提供。

b) 为了尽可能从制造商获得全部资料,制造商的名称或商标及产品的设计型号或系列号应该标志在产品上,最好是在铭牌上。

c) 如果产品有以下内容,则应该给出标志且在安装后是易见的:

——合格标记或认证标志;

——接线端子的识别和标志;

——IP 代码。

d) 应是不易磨灭和易于识别的。

7.3 操作和维修条件

制造商在其文件(如说明书中)或样本中应规定产品的操作和维修条件。

7.4 约定

如无专门的协议,制造商提供的资料视同供货合同的一部分。

8 一般要求

8.1 总则

制造商应保证产品在制造、贮存、安装和使用中能够经受正常的操作和经受使用中的环境,以及正常的运输条件。

只有当给定项目的试验都被判定为合格,才能称作符合这个项目的要求。

注:例如 IP 代码。如果制造商在产品上标注了 IP 代码,如 IP20,则必须取得相应的试验报告。

制造商应给出必要的额定值或标称值,超过额定值或标称值的产品由制造商和用户协议供货。

8.2 外观

产品的表面应平整光滑,无明显凸凹不平、焊接缺陷、裂痕和锈蚀。如表面有被覆处理,色泽应一致,无流痕、起泡、划伤缺陷。

8.3 外形尺寸

应符合:

a) 由制造商提供的图样规定;

b) 对框架结构的产品,一般规定到框架。对板式结构和混合式结构的产品,可不包括前门和后门。

注:产品的外形尺寸是参考尺寸,不是尺寸要求的内容,一般由标称值给出。

8.4 机械特性的额定值及等级

8.4.1 额定静载荷值

额定静载荷值可以为：

200 kg,400 kg,800 kg,1 000 kg。

8.4.2 额定动载荷值

额定动载荷值可以为：

50 kg,100 kg,150 kg,200 kg。

8.4.3 额定门静载荷值

额定门静载荷值可以为：

10 kg,20 kg,30 kg,40 kg。

8.4.4 机械特性等级

推荐的产品性能等级见表1。

表1 产品机械特性等级

单位为千克

性能等级	额定静载荷值	额定动载荷值	门的额定静载荷值
SL5	200	50	10
SL6	400	100	20
SL7	800	150	30
SL8	1 000	200	40

8.5 机械特性要求

8.5.1 静载荷特性

应满足静载荷特性试验的要求，见 GB/T 22764.5—2008 中的 3.2。

8.5.2 空载荷起(提)吊特性

应满足空载荷起(提)吊特性试验的要求，见 GB/T 22764.5—2008 中的 3.3。

8.5.3 静载荷起吊特性

应满足静载荷起吊特性试验的要求，见 GB/T 22764.5—2008 中的 3.4。

8.5.4 空载荷刚度特性

产品在规定条件下应满足空载荷刚度特性试验的要求，见 GB/T 22764.5—2008 中的 3.5。

8.5.5 载荷运动(运输)特性

应满足载荷运动(运输)特性试验的要求，见 GB/T 22764.5—2008 中的 3.6。

8.5.6 门开启特性

应满足门开启特性试验的要求，见 GB/T 22764.5—2008 中的 3.7。

8.5.7 门载荷特性

应满足门载荷特性试验的要求，见 GB/T 22764.5—2008 中的 3.8。

9 检验

9.1 分类

产品的检验分为出厂检验和型式检验。

9.2 检验规则

9.2.1 产品应按本部分的规定进行检测合格后出厂。

9.2.2 有下列情况之一的机柜，需进行型式检测：

a) 新产品试制定型鉴定；

b) 定型产品如有更改设计、材料或工艺；

c) 正式生产后，定期(最少四年)进行周期性检测；

d) 长期(一年以上)停产后，再恢复生产的；

e) 监制单位认为有必要进行的抽样检测；

f) 国家质量监督部门指定进行的检测。

9.2.3 提供型式检测的产品，应是出厂检测合格的产品。

9.3 检测项目

出厂检测和型式检测的项目见表 2。

表 2 检测项目

序号	检测项目	检测分类	
		出厂检测	型式检测
1	外观(8.2)	√	√
2	尺寸要求(8.3)		√
3	静载荷特性(8.5.1)		√
4	空载荷起(提)吊特性(8.5.2)		√
5	静载荷起吊特性(8.5.3)		√
6	空载荷刚度特性(8.5.4)		√
7	载荷运动(运输)特性(8.5.5)		√
8	门开启特性(8.5.6)		√
9	门载荷特性(8.5.7)		√
10	直接接触防护		√
11	保护电路的电的连续性	√	√
注：直接接触防护要求见 GB/T 22764.4—2008 中 4.1 的规定。保护电路的电的连续性的要求见 GB/T 22764.4—2008 中 5.4 的规定。			

9.4 抽样与合格评定

9.4.1 出厂检测

a) 抽样

抽样方案为 100%抽样。

b) 合格评定

检验项目一项不合格则判为不合格。

9.4.2 型式检测

a) 抽样

按照 GB/T 2829—2002 的规定，采用一次抽样方案，判别水平 DL 为Ⅲ，不合格质量水平 RQL 为 40，样品数量 n 与判定数组见表 3。

表 3 型式检测样品数量与判定数组

n	RQL=40	
	Ac(合格判定数)	Re(不合格判定数)
5	0	1
10	1	2

b) 合格评定

当检测 n 中的不合格数 d 不大于 Ac，则判定批型式检测合格；若不合格数 d 不小于 Re，则批型式检测不合格，此时允许再抽取样品数量 n 为 10，并进行检测与评定。

10 包装与贮存

10.1 包装

产品的包装应能保证在正常运输条件下不被损伤。用户对产品包装有特殊要求时，可由供需双方协商确定。包装箱内应有产品出厂合格证和装箱清单。包装箱外应有耐久而明显的文字和标志，其内容可以是：

a) 产品名称及型号；

b) 制造商名称；

c) 产品数量(或件数)；

d) 包装箱尺寸(高×宽×深)(mm×mm×mm)；

e) 毛重及净重(kg)；

f) 发货单位及地址；

g) 收货单位及地址。

10.2 贮存

产品应贮存在通风、干燥、不受雨淋的条件下。

ICS 31.240
K 05

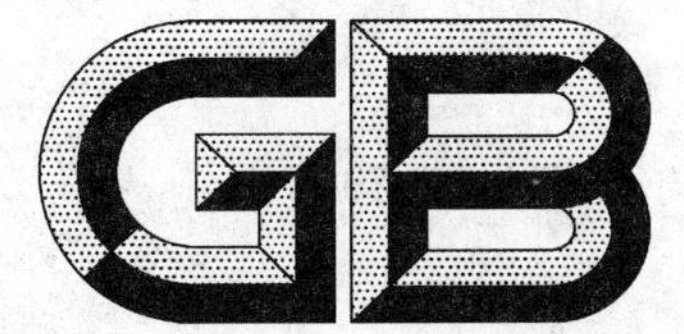

中华人民共和国国家标准

GB/T 22764.2—2008

低压机柜　第2部分:尺寸系列

Cabinets for low-voltage switchgear—Part 2:Series of dimensions

2008-12-30 发布　　2009-10-01 实施

中华人民共和国国家质量监督检验检疫总局
中国国家标准化管理委员会　发布

前　言

GB/T 22764《低压机柜》分为5个部分：

——第1部分：总规范；

——第2部分：尺寸系列；

——第3部分：环境与气候；

——第4部分：电气安全要求；

——第5部分：基本试验方法。

本部分为GB/T 22764的第2部分。本部分应和其他部分一起使用。

本部分由全国电工电子设备结构综合标准化技术委员会(SAC/TC 34)提出并归口。

本部分负责起草单位：万控集团有限公司、张家港市天越电气有限公司。

本部分参加起草单位：武汉通源电气结构有限公司、天津正本机柜有限公司、江苏天翔电气有限公司、中国振宏电气有限公司、江苏天港箱柜有限公司、张家港市天翼电气成套结构件有限公司、慈溪奇国电器有限公司、温州市中意锁具电器有限公司。

本部分主要起草人：高忠曦、赵建明。

本部分参加起草人：宋宗翔、申随章、钟杰、吴存林、汤志坚、罗雪成、江国庆、潘正东。

低压机柜 第2部分：尺寸系列

1 范围

本部分规定了低压机柜的模数选择的基本信息、模数序列和机柜示例与协调尺寸。

注：一般情况，尺寸指的是基本参数，而不涉及用于制造的公差或间隙。

本部适用于低压机柜。

2 规范性引用文件

下列文件中的条款通过 GB/T 22764 的本部分的引用而成为本部分的条款。凡是注日期的引用文件，其随后所有的修改单(不包括勘误的内容)或修订版均不适用于本部分，然而，鼓励根据本部分达成协议的各方研究是否可使用这些文件的最新版本。凡是不注日期的引用文件，其最新版本适用于本部分。

GB 3100 国际单位制及其应用(GB 3100—1993，eqv ISO 1000：1992)

GB 3101 有关量、单位和符号的一般原则(GB 3101—1993，eqv ISO 31-0：1992)

GB/T 19520.2 电子设备机械结构 482.6 mm(19 in)系列机械结构尺寸 第2部分：机柜和机架结构的格距(GB/T 19520.2—2007，IEC 60297-2：1982，IDT)

IEC 导则 103 尺寸协调导则

3 模数选择的基本信息

3.1 总则

低压机柜选择模数的理由是其要与相关工程应用(如元件、设备、房间、建筑物等)机械接口的尺寸兼容。此外，还包括与其他技术领域的接口及先进工艺和设计方面的相关信息。使用此规则能够获得技术和经济的利益。

模数序列以 SI 中的长度单位为基础，符合 GB 3100 和 GB 3101 的米制单位。

3.2 与相邻技术领域的尺寸协调

尺寸协调的原则基于：

a) 低压机柜最重要的外部接口：

——建筑物中房间的设施，如门、电梯、地面瓷砖和天花板等；

——包装和运输，如货车、船舶和飞机的集装箱和包装物；

——各种设备设施的组合，如输配电设备、电源、工业流程设备等。

b) 低压机柜最重要的内部接口：

——连接器、机电元件；

——器件或设备；

——导线和电缆；

——固定式或抽出式功能单元等。

c) 当确定任何系统的设备机柜时，应考虑其中的许多接口。对于这些接口，协调尺寸宜作为达到与相邻技术领域尺寸相兼容的手段。

d) 要确定公共接口的相关协调尺寸时，建议考虑 ISO 和 IEC 出版物的概况，见表1，该表所列为基于 25 mm 的模数。

表 1 出版物包括模数尺寸和/或相关文件

出版物	名　称	协调尺寸/mm
ISO 2848	房屋建筑　模数协调　原则和规则	—
ISO 1791	房屋建筑　模数协调　词汇	—
ISO 1006	房屋建筑　模数协调　基本模数	100
ISO 6514	房屋建筑　模数协调　分模数增量	20;25;50
ISO 1040	房屋建筑　模数协调　平面协调尺寸的多种模数	300;600;1 200;1 500;3 000;6 000
ISO 3394	硬质长方形包装尺寸　运输包装	600×400…1 200×800…
ISO 3676	包装　单位装载容量　尺寸	1 200×800…
ISO 3827-1	造船　船舶的设备尺寸协调　第 1 部分:尺寸协调的原则	50;100;300
IEC 导则 103	尺寸协调导则	0.5;1;2.5(数系Ⅰ)
IEC 60097	印制电路的网格系统	0.05;0.5
IEC 60255-18	电器继电器　第 18 部分:通用有或无继电器的尺寸	2.5 和 5
IEC 60629	家用和类似设施的安装附件模数系统标准活页	12.5
IEC 60473	面板安装式指示和记录电测量仪表的尺寸	12.5
IEC 60668	盘装和架装工业过程测量及控制仪表的盘面和开孔尺寸	12.5
GB/T 19520.2	电子设备机械结构　482.6 mm(19 in)系列机械结构尺寸 第 2 部分:机柜和机架结构的格距	100
注:对于 20 mm 模数的产品,可参考 GB/T 19520.2,其协调尺寸为 100 mm。		

4 模数序列

4.1 模数网格

基本格距和倍数格距之间的相互关系见图 1,它表示了设备构体的三维模数网格。有时只需要二维或一维的格距。4.2 规定了格距的值。格距的选择取决于下面条款中概括的机械结构尺寸。

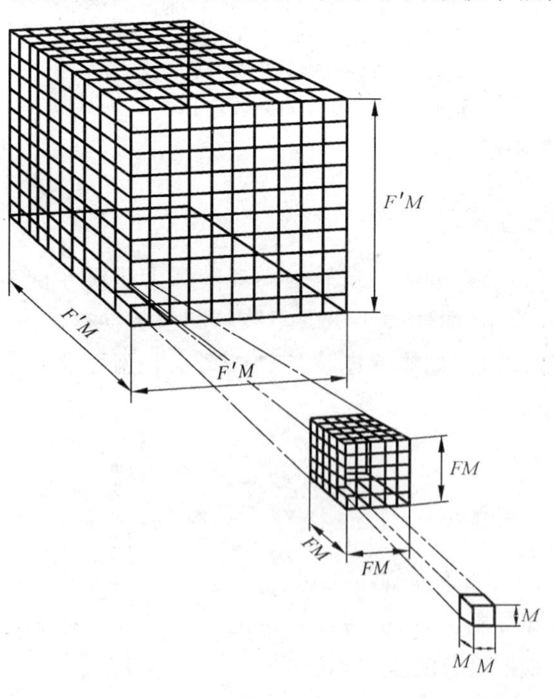

图 1 基本格距和倍数格距之间的相互关系

4.2 格距

基本格距和倍数格距有以下两种模数系列：

a) 在 25 mm 模数中：

——基本格距：应采用 0.5 mm，它不可再进一步分割；

——倍数格距：采用 2.5 mm 和 25 mm 的值。

b) 在 20 mm 模数中：

——基本格距：应采用 0.2 mm，它不可再进一步分割；

——倍数格距：采用 2.0 mm 和 20 mm 的值。

4.3 协调尺寸

设备构体机械结构推荐的协调尺寸见表 2，该表所列为基于 25 mm 的模数，表 2 的这些尺寸主要取自 IEC 导则 103 中的表 I.1。

协调尺寸应用举例：

——机架、机柜、机箱等外形尺寸；

——部件、分部件和零件、导线、电缆等的安装空间；

——零件和部件的安装格距。

表 2 25 mm 的协调尺寸 C_i

协调尺寸 C_i/mm $C_i=p\times F$			系数 F
基本格距 p=0.5 mm	倍数格距		
	p=2.5 mm	p=25 mm	
40.0	200	2 000	80
36.0	180	1 800	72
32.0	160	1 600	64
30.0	150	1 500	60
25.0	125	—	50
24.0	120	1 200	48
20.0	100	1 000	40
16.0	80.0	800	32
15.0	75.0	—	30
12.5	—	—	25
12.0	60.0	600	24
10.0	50.0	500	20
8.0	40.0	400	16

表 2（续）

协调尺寸 C_i/mm $C_i = p \times F$			系数 F
基本格距 p=0.5 mm	倍数格距		
	p=2.5 mm	p=25 mm	
7.5	—	—	15
6.0	30.0	300	12
5.0	25.0	250	10
4.0	20.0	200	8
3.0	15.0	150	6
2.5	12.5	125	5
2.0	10.0	100	4
1.5	7.5	75	3
1.0	5.0	50	2
0.5	2.5	25	1
注：必要时，系列 $C_i = 25 \times F$ 可以扩展到更大的值，如：2 200 mm，2 400 mm。			

5 机柜示例与协调尺寸

5.1 机柜的示例

机柜的示例见图 2。

图 2 机柜的示例

5.2 机柜的协调尺寸

机柜的协调尺寸见表 3。表 3 的协调尺寸不是考虑了配合间隙及带有公差的制造尺寸。

表 3　机柜的协调尺寸

单位为毫米

机　　柜	协 调 尺 寸
高度	1 600,1 700,1 800,2 000,2 200,2 400,2 600
宽度	400,500,600,800,900,1 000,1 200
深度	300,400,500,600,800,900,1 000,1 200

ICS 31.240
K 05

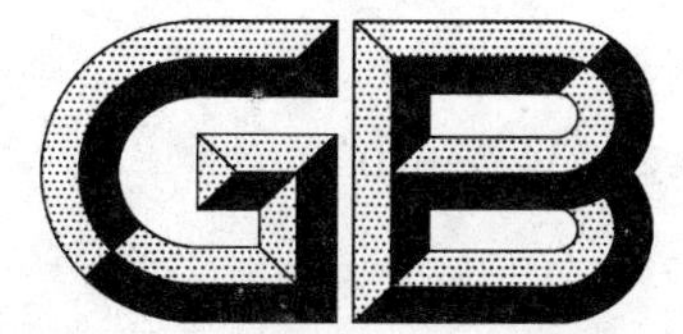

中华人民共和国国家标准

GB/T 22764.3—2008

低压机柜　第3部分:环境与气候

Cabinets for low-voltage switchgear—Part 3:Environment and climate

2008-12-30 发布　　　　2009-10-01 实施

中华人民共和国国家质量监督检验检疫总局
中国国家标准化管理委员会　发布

前　言

GB/T 22764《低压机柜》分为5个部分：

——第1部分：总规范；

——第2部分：尺寸系列；

——第3部分：环境与气候；

——第4部分：电气安全要求；

——第5部分：基本试验方法。

本部分为GB/T 22764的第3部分。本部分应和其他部分一起使用。

本部分由全国电工电子设备结构综合标准化技术委员会(SAC/TC 34)提出并归口。

本部分负责起草单位：万控集团有限公司、张家港市天翼电气成套结构件有限公司。

本部分参加起草单位：武汉通源电气结构有限公司、张家港市天越电气有限公司、天津正本机柜有限公司、江苏天港箱柜有限公司、江苏天翔电气有限公司、中国振宏电气有限公司、慈溪奇国电器有限公司、温州市中意锁具电器有限公司。

本部分主要起草人：高忠曦、罗雪成。

本部分参加起草人：宋宗翔、赵建明、申随章、汤志坚、钟杰、吴存林、江国庆、潘正东。

低压机柜　第3部分:环境与气候

1　范围

本部分规定了低压机柜的正常的使用、安装和运输条件和气候划分。

本部分适用于低压机柜(以下简称产品)。

2　规范性引用文件

下列文件中的条款通过GB/T 22764的本部分的引用而成为本部分的条款。凡是注日期的引用文件,其随后所有的修改单(不包括勘误的内容)或修订版均不适用于本部分,然而,鼓励根据本部分达成协议的各方研究是否可使用这些文件的最新版本。凡是不注日期的引用文件,其最新版本适用于本部分。

GB/T 22764.4　低压机柜　第4部分:电气安全要求

3　正常使用、安装、运输和贮存条件

3.1　正常使用条件

3.1.1　一般规定

满足GB/T 22764.4规定的产品应能在如下条件下运行。

非标准使用条件可由制造商和用户的协议确定,但这些协议不得和GB/T 22764.4的规定相违背。

3.1.2　周围空气温度

周围空气温度上限应不超过+40 ℃,且其24 h内的平均温度值应不超过+35 ℃。

周围空气温度下限应不低于−5 ℃。

注:对于使用在周围空气温度高于+40 ℃(例如在锻压车间、锅炉房、热带地区)或低于−5 ℃(例如−25 ℃),应根据有关产品标准(如适用时)或根据制造商和用户的协议进行设计和使用。制造商给出的资料(例如样本)的数据可以代替上述协议。

3.1.3　海拔

安装地点的海拔应不超过2 000 m。

注:对用于海拔高于2 000 m的产品,需要考虑到空气冷却作用。对用于上述条件下运行的产品应根据制造商和用户的协议进行设计或使用。

3.1.4　湿度

最高温度为+40 ℃时,空气的相对湿度不超过50%,在较低的温度下可以允许有较高的相对湿度,例如20 ℃时达90%。对由于温度变化偶尔产生的凝露应采取特殊的措施。

3.2　安装

产品应按制造商的说明书安装。

3.3　运输和贮存条件

如果产品的运输和贮存条件,例如温度和湿度,不同于3.1中规定的条件,制造商和用户应达成一个特殊协议。除非另有规定,下列温度范围适用于运输贮存:−25 ℃～+55 ℃,短时间内(24 h内)可达+70 ℃。

4　气候划分

4.1　总则

当气候的影响对产品的使用明显时本章适用。

对气候试验的目的是保证产品能经受正常工作时的特定环境，而不降低质量或产生危险。

4.2 低温、高温和湿热(循环)

推荐的低温、高温和湿热(循环)严酷等级见表1。

表1 低温、高温和湿热(循环)严酷等级

等级	应用场所
C1	温度－10 ℃～＋55 ℃，相对湿度20％～80％，无凝露的无特别影响的封闭空间(如办公室、实验室)
C2	温度－25 ℃～＋70 ℃，相对湿度20％～80％，无凝露的有气候影响的封闭空间(如生产厂房)

4.3 工业大气

推荐的工业大气性能等级见表2。

表2 工业大气性能等级

等级	内容描述
A1(E)	有害物中等浓度，化学物排放量低的一般工业场所(如封闭场所)，有害物浓度为： SO_2：平均浓度0.1 cm^3/m^3，最大浓度0.5 cm^3/m^3
A2(E)	有害物高浓度，化学物排放量相当高(如化工生产车间)，有害物浓度为： SO_2：平均浓度5 cm^3/m^3，最大浓度15 cm^3/m^3 H_2S：平均浓度10 cm^3/m^3，最大浓度50 cm^3/m^3
A3(E)	有害物高浓度加海洋性气候影响(如海上化学加工和钻井)，有害物浓度为： SO_2：平均浓度5 cm^3/m^3，最大浓度15 cm^3/m^3 H_2S：平均浓度10 cm^3/m^3，最大浓度50 cm^3/m^3

5 检验

本部分规定的内容均由制造商和用户协议。如果制造商不标志低温、高温和湿热(循环)等级和工业大气性能等级，则不必进行检验。

ICS 31.240
K 05

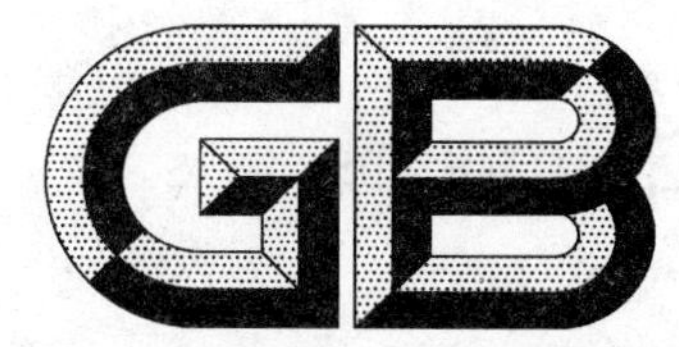

中华人民共和国国家标准

GB/T 22764.4—2008

低压机柜　第4部分：电气安全要求

Cabinets for low-voltage switchgear—Part 4: Electrical safety requirements

2008-12-30 发布　　2009-10-01 实施

中华人民共和国国家质量监督检验检疫总局
中国国家标准化管理委员会　发布

前　言

GB/T 22764《低压机柜》分为 5 个部分：

——第 1 部分：总规范；

——第 2 部分：尺寸系列；

——第 3 部分：气候与环境；

——第 4 部分：电气安全要求；

——第 5 部分：基本试验方法。

本部分为 GB/T 22764 的第 4 部分。本部分应和其他部分一起使用。

本部分由全国电工电子设备结构综合标准化技术委员会(SAC/TC 34)提出并归口。

本部分负责起草单位：万控集团有限公司、张家港市天翼电气成套结构件有限公司。

本部分参加起草单位：武汉通源电气结构有限公司、张家港市天越电气有限公司、天津正本机柜有限公司、江苏天翔电气有限公司、江苏天港箱柜有限公司、中国振宏电气有限公司、慈溪奇国电器有限公司、温州市中意锁具电器有限公司。

本部分主要起草人：高忠曦、罗雪成。

本部分参加起草人：宋宗翔、赵建明、申随章、钟杰、汤志坚、吴存林、江国庆、潘正东。

低压机柜　第 4 部分：电气安全要求

1　范围

本部分规定了低压机柜的设计、要求、保护电路的电的连续性和外壳防护等级(IP 代码)。

本部分适用于低压机柜(以下简称产品)。

2　规范性引用文件

下列文件中的条款通过 GB/T 22764 的本部分的引用而成为本部分的条款。凡是注日期的引用文件，其随后所有的修改单(不包括勘误的内容)或修订版均不适用于本部分，然而，鼓励根据本部分达成协议的各方研究是否可使用这些文件的最新版本。凡是不注日期的引用文件，其最新版本适用于本部分。

GB 7251.1　低压成套开关设备和控制设备　第 1 部分：型式试验和部分型式试验　成套设备(GB 7251.1—2005,idt IEC 60439-1:1999)

GB 4208　外壳防护等级(IP 代码)(GB 4208—2008,IEC 60529:2001,IDT)

3　设计

3.1　概述

电气安全设计主要防止两类危险：

——电击；

——因温度过高而可能引起的灼伤、着火和其他有害的效应。

因此，安全防护的基本原则是电击防护和热效应保护，电击防护可应用于整个产品，也可应用于产品的一部分或某一设备。

电气安全设计一般由低压机柜制造商和低压成套设备制造商共同完成。

3.2　直接接触防护的设计要求

直接接触防护设计应满足人和家畜在接触电气装置的带电部分时所可能发生的危险应有保护。这种防护可用下述方法之一获得：

——防止电流从任何人或家畜的身体通过；

——限制能够通过身体的电流，使其值低于电击电流。

3.3　间接接触防护的设计要求

间接接触防护设计应满足人和家畜在故障情况下接触外露可导电部分时所可能产生的危险应有防护。这种防护可用下述方法之一获得：

——防止故障电流从任何人或家畜的身体通过；

——限制能够通过身体的故障电流，使其值低于电击电流；

——在故障情况下，当人或家畜因触及外露可导电部分而可能导致一个其值等于或大于电击电流的电流通过身体时，在一规定的时间内自动切断供电。

3.4　热效应保护的设计要求

热效应保护设计应满足产品不会发生由于高温或电弧而引燃易燃物的危险，并在产品正常运行期间，对人或家畜不应有灼伤的危险。

要防止产品产生的热积聚或热辐射的有害效应，特别是下列效应：

——使材料燃烧或老化；

——灼伤危险；

——损害产品的安全功能。

4 要求

4.1 直接接触防护的要求

4.1.1 产品的遮栏或外护物应：

a) 防护等级至少为 IP X X B 或 IP2 X；

b) 如果是绝缘材料，则应能承受交流方均根值为 500 V、时间为 1 min 的电压耐受试验。

c) 如果处于顶部水平表面，防护等级至少应为 IP X X D 或 IP4 X；

d) 应牢固定位，并有足够的稳定性和持久性，以保持所要求的防护等级；

e) 当需要移动或打开时，应使用钥匙或工具。

4.1.2 如果产品的制造商提供了带电部分绝缘的部件，则应被要求提供绝缘性能的检验报告；如果部件是有产品制造商制造的，应符合 4.1.3 的规定，并带电部分应全部用只有将其破坏才能除去的绝缘层覆盖。

4.1.3 绝缘应符合有关标准，并能长期耐受在运行中可能遇到的诸如机械的、化学的、电气及热的各种应力。正常运行时，通常单独的油漆、清漆、喷漆及类似物不能被认作提供了电击防护的足够绝缘，见 GB 7251.1。

4.2 间接接触防护的要求

4.2.1 接地导体应具备和外露可导电部分，以及连接到产品外部的总接地端子上的设施。如果产品的制造商和成套设备的制造商无专门的协议，一般由成套设备的制造商完成。

4.2.2 其他要求由成套设备的制造商规定，见 GB 7251.1。

4.3 可燃性

有关可燃性的要求由成套设备的制造商规定，见 GB 7251.1。

5 保护电路的电的连续性

5.1 产品应通过内部的导电结构部件，或通过与独立保护导体(接地)连接的保护电路，或通过二者来保证电连续性。制造商应在技术文件中说明，机柜本身是否满足这一要求。

5.2 当产品中的可移式部件被移开时，其余部件不允许与保护电路断开。

5.3 产品中通常采用金属螺钉连接件和金属铰链固定盖板、门、可移式覆板及类似部件，即可保证保护电路的连续性。

5.4 应验证产品的不同裸导电部件是否有效地连接到接地端子或保护电路接点上，同时验证该电路的电阻值应不超过 0.1 Ω。

6 外壳防护等级(IP 代码)

本章的目的是保证对人员的危险防护保持在相关的等级。表 1 仅用作性能等级的选择，全部细节参见 GB 4208。

表 1 防接触、防异物和水的性能等级

性能等级	防 护	试验条件	试验评定
IP20	以手指或直径不小于 12.5 mm 的固体异物接近危险部件	直径 12 mm 铰接试指和直径 12.5 mm 物体试具(球型)	铰接试指可进入达 80 mm，但应与危险部件有足够的间隙。物体试具不应通过任何开孔
IP30	以直径不小于 2.5 mm 的工具或固体异物接近危险部件	直径 2.5 mm 触及试具/物体试具	试具不能进入，并应保持足够的间隙
IP42	以直径不小于 1.0 mm 的试具或固体异物接近危险部件 外壳在 15°范围内倾斜时垂直滴水	直径 1.0 mm 物体试具 滴水试验箱	试具不能进入，并应保持足够的间隙 垂直滴水不应有任何有害影响
IP54	以金属线接近危险部件 有少量灰尘 任何方向溅水	直径 1.0 mm 触及试具 灰尘试验箱 摆管溅水设备	试具不能进入，并应保持足够的间隙 仅有少量灰尘进入，功能和安全(泄漏电流的产生)不应受损害 所有方向的溅水不应有任何有害影响

ICS 31.240
K 05

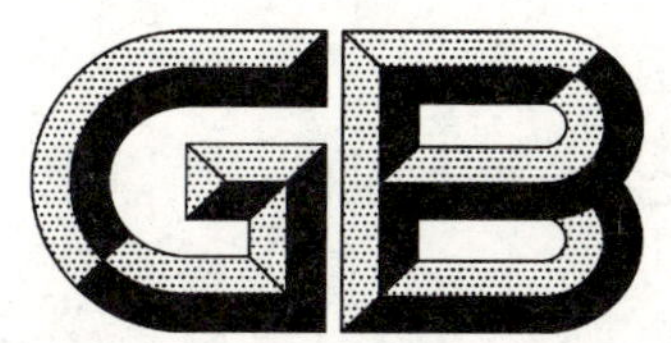

中华人民共和国国家标准

GB/T 22764.5—2008

低压机柜 第5部分:基本试验方法

Cabinets for low-voltage switchgear—Part 5: Basic test methods

2008-12-30 发布 2009-10-01 实施

中华人民共和国国家质量监督检验检疫总局
中国国家标准化管理委员会 发布

前　言

GB/T 22764《低压机柜》分为5个部分：

——第1部分：总规范；

——第2部分：尺寸系列；

——第3部分：环境与气候；

——第4部分：电气安全要求；

——第5部分：基本试验方法。

本部分为GB/T 22764的第5部分法。本部分应和其他部分一起使用。

本部分由全国电工电子设备结构综合标准化技术委员会(SAC/TC 34)提出并归口。

本部分负责起草单位：万控集团有限公司、江苏天翔电气有限公司。

本部分参加起草单位：武汉通源电气结构有限公司、张家港市天越电气有限公司、天津正本机柜有限公司、江苏天港箱柜有限公司、中国振宏电气有限公司、张家港市天翼电气成套结构件有限公司、慈溪奇国电器有限公司、温州市中意锁具电器有限公司。

本部分主要起草人：高忠曦、钟杰。

本部分参加起草人：宋宗翔、赵建明、申随章、汤志坚、吴存林、罗雪成、江国庆、潘正东。

低压机柜　第5部分：基本试验方法

1　范围

本部分规定了低压机柜的机械特性试验和保护电路的电的连续性试验方法。

本部分适用于低压机柜。

2　规范性引用文件

下列文件中的条款通过GB/T 22764的本部分的引用而成为本部分的条款。凡是注日期的引用文件，其随后所有的修改单(不包括勘误的内容)或修订版均不适用于本部分，然而，鼓励根据本部分达成协议的各方研究是否可使用这些文件的最新版本。凡是不注日期的引用文件，其最新版本适用于本部分。

GB/T 22764.1—2008　低压机柜　第1部分：总规范

GB/T 22764.4—2008　低压机柜　第4部分：电气安全要求

3　机械特性试验

3.1　样品制备

3.1.1　载荷样品

按照GB/T 22764.1—2008中8.4.4的规定确定机械特性等级，载荷分布按图1和表1的要求规定安放。

表1　载荷样机中的载荷分布

性能等级	额定静、动载荷/kg	M_3/kg	M_4/kg
SL5	200	20	100
SL6	400	50	200
SL7	800	80	400
SL8	1 000	100	500
(SL9)	2 000	200	1 000

3.1.2　空载荷样品

允许安装不多于两个水平方向的梁或安装电器的安装板或隔板。

3.1.3　门样品

可以装在机柜样品上，也可以根据试验要求定做。

3.2　静载荷特性试验

3.2.1　试验条件

样品按3.1.1规定制备，并放置在平整的地面上。

3.2.2　试验程序

静止放置1 h。

3.2.3　试验评定

评定要求：

a)　卸下载荷后无永久性变形，以及明显被破坏的痕迹；

b) 符合 GB/T 22764.4—2008 中 4.1 和 5.4 的规定。

单位为毫米

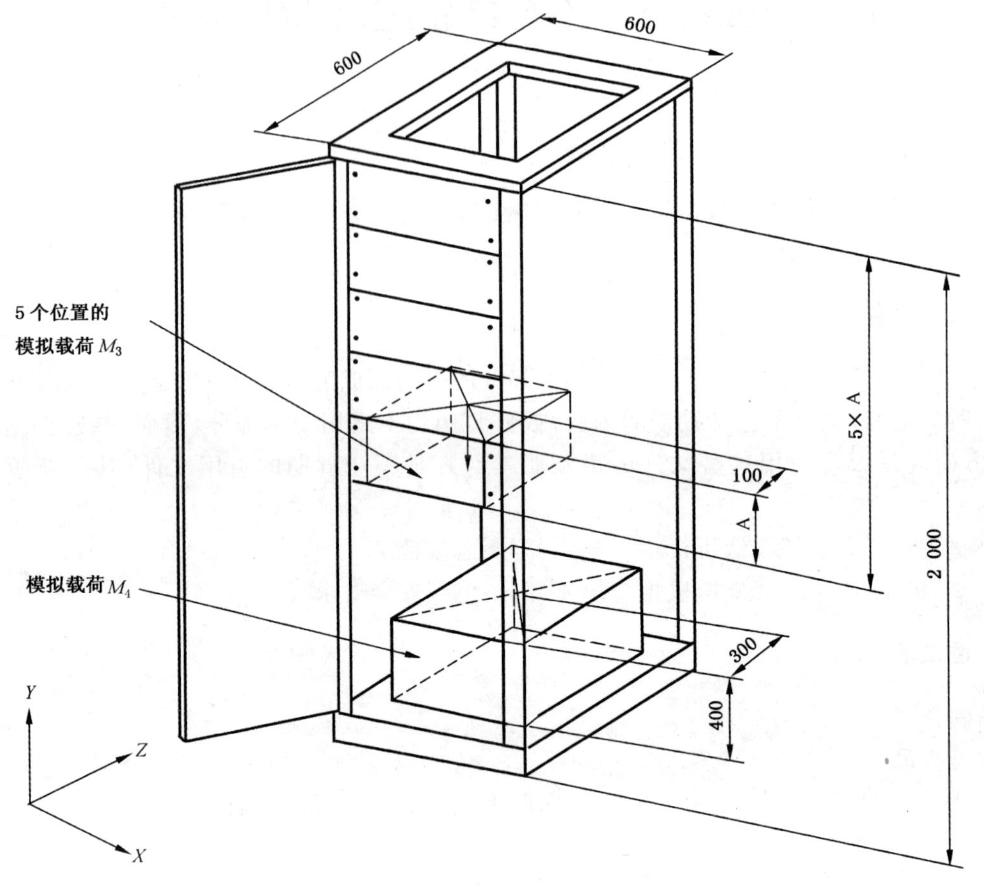

图 1 载荷样机的载荷分布示意图

3.3 空载荷起(提)吊特性试验

3.3.1 试验条件

试验条件见图 2。样品按 3.1.2 规定制备,并固定在地面上。

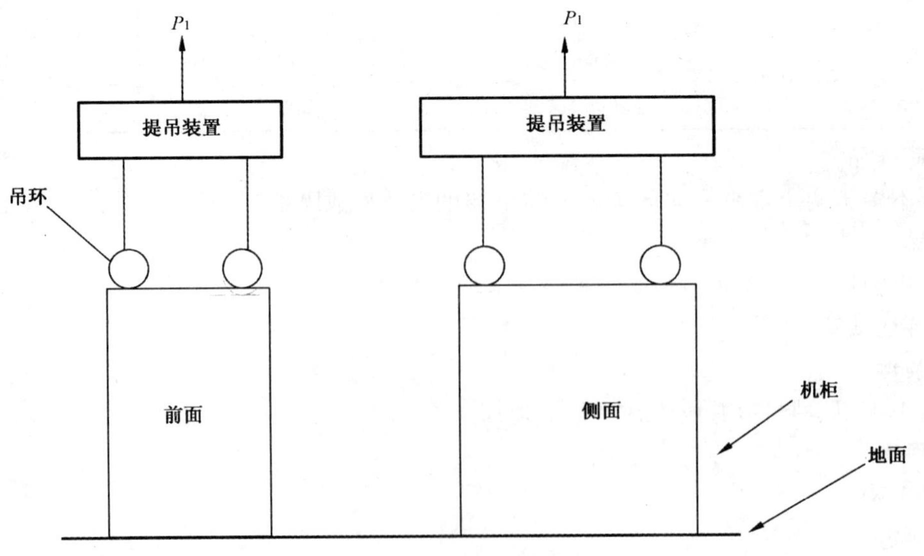

图 2 机柜的提吊试验

3.3.2 试验程序

按表 2 规定选择 P_1 的大小并平稳加力，保持载荷至少 1 min；

重复提吊两次。

表 2 空载荷起(提)吊特性

性能等级	起吊试验力 P_1/N
SL5	3 000
SL6	6 000
SL7	12 000
SL8	15 000

3.3.3 试验评定

评定要求：

a) 试验后不允许存在导致影响配合或功能的零件变形或破坏；

b) 符合 GB/T 22764.4—2008 中 4.1 和 5.4 的规定。

3.4 静载荷起吊特性试验

3.4.1 试验条件

样品按 3.1.1 规定制备。

3.4.2 试验程序

按图 2 所示提升样品至离地面高度至少 300 mm。

重复提吊两次。

3.4.3 试验评定

评定要求：

a) 试验后不允许存在导致影响配合或功能的零件变形或破坏；

b) 符合 GB/T 22764.4—2008 中 4.1 和 5.4 的规定。

3.5 空载荷刚度特性试验

3.5.1 试验条件

样品按 3.1.2 规定制备，并使用标准的螺栓固定座固定在地面上。

3.5.2 试验程序

在样品的每一面加一个稳态的力 P_2，均匀分布在图 3 阴影区域，P_2 的选择符合表 3 的规定，保持载荷至少 1 min。

表 3 空载荷刚度特性

性能等级	刚度试验力 P_2/N
SL5	500
SL6	1 000
SL7	2 000
SL8	2 500

3.5.3 试验评定

评定要求：

a) 不允许产生影响配合或功能的部件变形；

b) 符合 GB/T 22764.4—2008 中 4.1 和 5.4 的规定。

3.6 载荷运动(运输)特性试验

3.6.1 试验条件

样品按 3.1.1 规定制备。

3.6.2 试验程序

将样品从静止位置垂直向上提升(1±0.1)m高度,静止悬吊30 min不做任何移动,然后放回静止位置,重复进行3次。

再将样品提升(1±0.1)m,并水平移动(10±0.5)m,然后放下。用1 min±5 s的时间以均匀速度进行这一动作,重复操作3次。

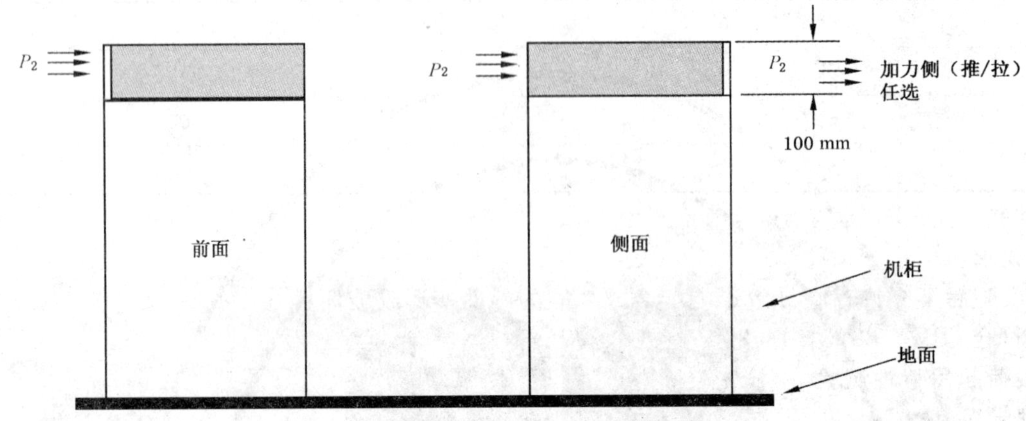

图3 空载荷刚度特性试验

3.6.3 试验评定

评定要求:

a) 不允许产生影响配合或功能的部件变形;

b) 符合GB/T 22764.4—2008中4.1和5.4的规定。

3.7 门开启特性试验

3.7.1 试验条件

样品按3.1.3规定制备。

3.7.2 试验程序

开启门至大于90°,重复3次。

3.7.3 试验评定

评定要求:

a) 不允许产生影响配合或功能的部件变形;

b) 符合GB/T 22764.4—2008中4.1和5.4的规定。

3.8 门载荷特性试验

3.8.1 试验条件

样品按3.1.3规定制备,载荷重量及配置由送试样品的说明规定。

3.8.2 试验程序

开启门至大于90°,重复3次。

3.8.3 试验评定

评定要求:

a) 不允许产生影响配合或功能的部件变形;

b) 符合GB/T 22764.4—2008中4.1和5.4的规定。

4 保护电路的电的连续性试验

用至少能提供10A(a.c.或d.c.)电流的电阻测量仪或电路进行验证。在每个裸露导电部件和接地端点之间通以电流，测量它们之间的电压降。用电流和电压降计算出的电阻值应符合GB/T 22764.4—2008中5.4的规定。

注：如果有疑问，再进行试验直至确认测量符合一致性要求。

ICS 97.220.40
Y 56

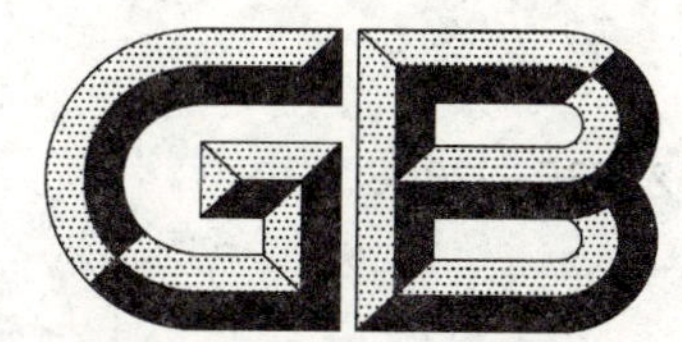

中华人民共和国国家标准

GB/T 22765—2008

2008-12-30 发布　　2009-09-01 实施

中华人民共和国国家质量监督检验检疫总局
中国国家标准化管理委员会　发布

前　言

本标准与国际田径联合会(IAAF)竞赛规则《Competition Rules 2008》,以及中国田径协会审定的《田径竞赛规则　2008》中与器材有关的全部技术参数的一致性程度为非等效。

本标准由中国轻工业联合会提出。

本标准由全国文体用品标准化中心归口。

本标准起草单位:北京飞鹿体育用品有限公司、江苏金陵体育器材股份有限公司、广州双鱼体育用品集团有限公司、定州市环球体育器材厂、中山市健将健身器械有限公司、山东冀鲁体育器材有限公司、北京皇冠体育用品有限责任公司、宁波奇胜运动器材有限公司。

本标准主要起草人:肖建京、李春荣、罗文辉、曹振瑞、黎炎生、张洪印、岳峰、陆立青。

标　　枪

1　范围

本标准规定了标枪的分类、要求、试验方法、检验规则和标志、包装、运输、贮存。

本标准适用于比赛、练习使用的各类型标枪。

2　规范性引用文件

下列文件中的条款通过本标准的引用而成为本标准的条款。凡是注日期的引用文件，其随后所有的修改单(不包括勘误的内容)或修订版均不适用于本标准，然而，鼓励根据本标准达成协议的各方研究是否可使用这些文件的最新版本。凡是不注日期的引用文件，其最新版本适用于本标准。

GB/T 191　包装储运图示标志(GB/T 191—2008,ISO 780:1997,MOD)

GB/T 2828.1—2003　计数抽样检验程序　第1部分:按接收质量限(AQL)检索的逐批检验抽样计划(ISO 2859-1:1999,IDT)

GB/T 2829—2002　周期检验计数抽样程序及表(适用于对过程稳定性的检验)

QB/T 3826　轻工产品金属镀层和化学处理层耐腐蚀测试方法　中性盐雾试验(NSS)法

QB/T 3832　轻工产品金属镀层腐蚀试验结果的评价

3　分类

3.1　按使用要求分为比赛标枪和练习标枪。

按类别又分为青年男子和成年男子标枪;少年女子、青年女子、成年女子和少年乙组男子标枪;少年男子标枪;少年乙组女子标枪四类。

3.2　标枪各部位符号见图1。

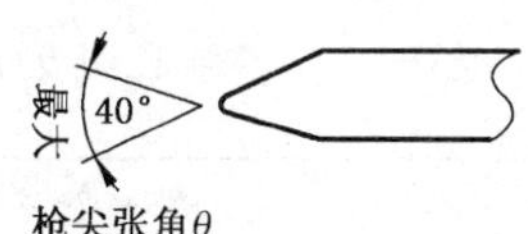

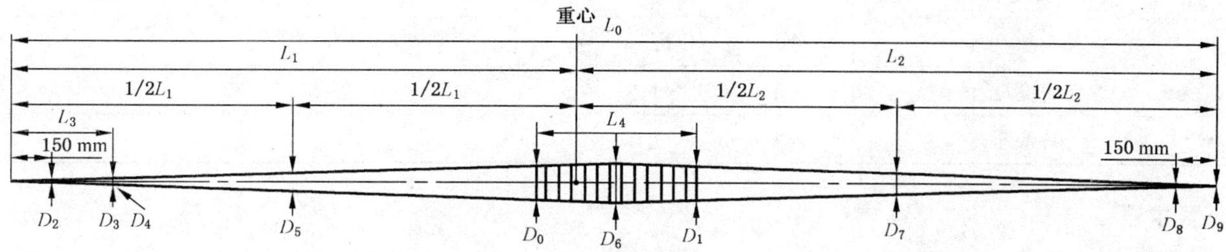

图1　标枪各部位符号示意图

3.3 标枪基本参数见表1和表2。

表1 比赛标枪基本参数

符号	项目	青年男子和成年男子	少年女子、青年女子、成年女子和少年乙组男子	少年男子	少年乙组女子
L_0	标枪全长/mm	2 600～2 700	2 200～2 300	2 300～2 400	2 100～2 200
L_1	枪尖至重心距离/mm	900～1 060	800～920	860～1 000	750～880
$1/2L_1$	L_1 的一半/mm	450～530	400～460	430～500	375～440
L_2	枪尾至重心距离/mm	1 540～1 800	1 280～1 500	1 300～1 400	1 220～1 450
$1/2L_2$	L_2 的一半/mm	770～900	640～750	650～700	610～725
L_3	枪头长度/mm	250～330			
L_4	把手宽度/mm	150～160	140～150	150～160	135～145
D_0	把手前端处直径/mm	25～30	20～25	23～28	20～25
D_1	把手后端处直径/mm	不得小于 $D_0-0.25$			
D_2	距枪尖150 mm处直径/mm	不得大于 D_0 的80%			
D_3	枪头后面直径/mm	—			
D_4	紧接枪头后端处直径/mm	不得小于 $D_3-2.5$			
D_5	前中点直径/mm	不得大于 D_0 的90%			
D_6	把手直径/mm	不得大于 D_0+8			
D_7	后中点直径/mm	不得小于 D_0 的90%			
D_8	离枪尾150 mm处直径/mm	不得小于 D_0 的40%			
D_9	枪尾直径/mm	不得小于3.5			
m	总质量/g	805～825	605～625	705～725	505～525
θ	枪尖张角/(°)	不得大于40			

表2 练习标枪基本参数

符号	项目	青年男子和成年男子	少年女子、青年女子、成年女子和少年乙组男子	少年男子	少年乙组女子
L_0	标枪全长/mm	2 500～2 700	2 100～2 300	2 200～2 400	2 000～2 200
L_1	枪尖至重心距离/mm	900～1 060	800～920	860～1 000	750～880
L_2	枪头长度/mm	250～330			
L_4	把手宽度/mm	150～160	140～150	150～160	135～145
m	总质量/g	800～830	600～630	700～730	500～530

4 要求

4.1 标枪基本参数应符合表1和表2的规定。

4.2 标枪轴线中点的圆跳动公差值，比赛标枪应小于等于1.5 mm，练习标枪应小于等于2.5 mm。

4.3 枪身任何部位的横截面应呈圆形，其最大最小直径之差：比赛标枪应不超过平均直径的2%，练习标枪应不超过平均直径的3%。

注：平均直径=(最大直径+最小直径)/2。

4.4 把手绳应包住重心，缠绳应有规律，不滑动，均匀无结无绳头。

4.5 比赛标枪尾部刚性性能要求见表3。

表3 尾部刚性性能

项目	青年男子和成年男子	少年女子、青年女子、成年女子和少年乙组男子	少年男子	少年乙组女子
静载荷/N	50			
加载时间/s	30			
变形量/mm	≤25	≤26	≤27	≤28
残余变形量/mm	≤1.0	≤1.5		

4.6 练习标枪弹性性能要求见表4。

表4 弹性性能

项目	青年男子和成年男子	少年女子、青年女子、成年女子和少年乙组男子	少年男子	少年乙组女子
静载荷/N	400			
加载时间/s	60			
下垂量/mm	≤0.6	≤1	≤0.8	≤1
残余变形量/mm	≤0.25	≤0.3		

4.7 标枪尖防腐蚀性能，按QB/T 3826规定，耐腐蚀级别应不低于6级。

4.8 标枪枪身表面采用涂饰、阳极氧化或其他工艺进行表面处理，表面应色泽均匀，不起泡、无皱纹、无脏点、无明显的划伤；标枪枪尖的表面应光滑、无漏底、无泛黄。

4.9 比赛标枪从把手处分别向枪尖和枪尾有规则地逐渐变细，其纵剖面应呈直线或略有凸面形，除了枪头后端处和把手前后端处，整个标枪从头至尾的直径不得有突然的变化。

4.10 标枪枪身由金属或其他适宜材料制成，枪尖采用金属材料制成。

5 试验方法

5.1 总质量用示值误差为1 g的天平和台秤等仪器检测。

5.2 长度尺寸和枪尖距重心距离用分度值为1 mm的量具或专用量具测量。

5.3 直径尺寸用分度值为0.02 mm的游标卡尺或其他专用量具测量。

5.4 枪尖张角用万能角度尺或专用量具测量。

5.5 圆跳动检测方法：将标枪与地面垂直，两端同轴，在标枪中点枪身上用分度值为0.01 mm的百分表测定。其最大值最小值之差的二分之一即为标枪中点的圆跳动。

5.6 弹性性能检验方法：以标枪重心为中点，在间距为240 mm的中心加静载荷来测量，见图2。

5.7 尾部刚性性能检验方法：将标枪固定在夹具上进行测量，见图3。

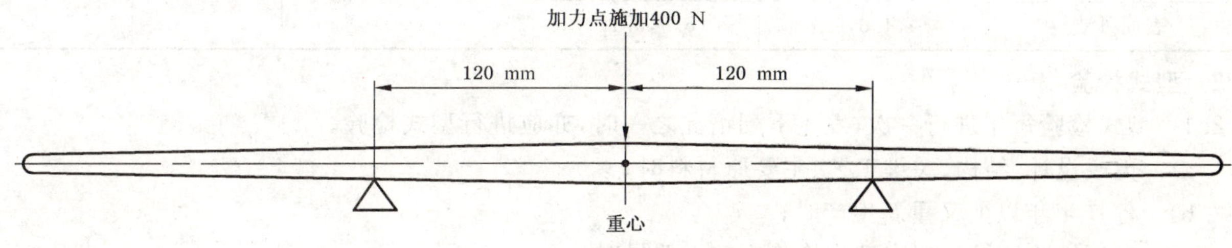

图2 弹性性能检验示意图

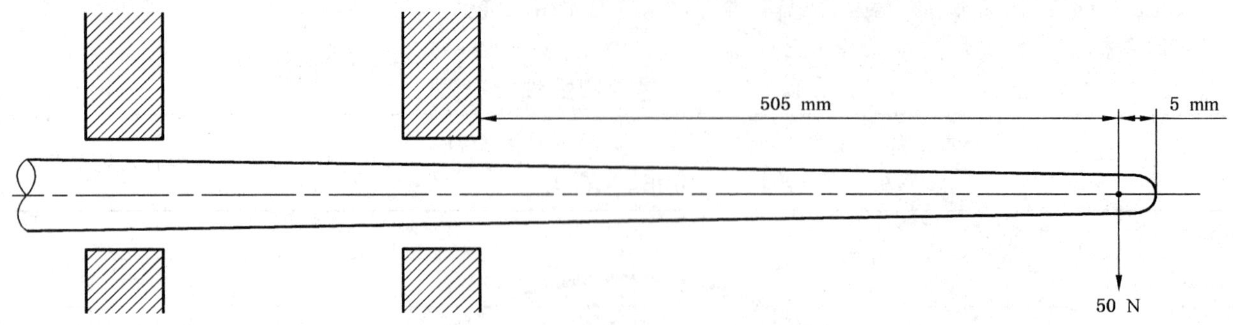

图 3 尾部刚性性能检验示意图

5.8 电镀抗腐蚀性能试验：按 QB/T 3826 规定连续喷雾 12 h 后，结果按 QB/T 3832 评价。

5.9 标枪枪身表面、枪头镀层表面和把手绳的外观在明亮自然光线下用感官检测。

5.10 标枪流线型检测：使用一把长至少 500 mm 不低于 3 级的标准平板和 0.2 mm、1.25 mm 的塞尺进行检测。对于纵剖面有稍稍凸起的部分，将标准平板紧贴这一小段，标准平板可有轻微晃动。对于纵剖面的直线部分，标准平板紧贴这一部分时，应不得塞进 0.2 mm 的塞尺。在紧靠枪身与枪头处，按上述方法应不得塞进 1.25 mm 的塞尺。

5.11 标枪枪身和枪尖材料用感官检测。

6 检验规则

6.1 交收检验

6.1.1 每批标枪出厂前，按本标准进行交收检验，检验合格的产品签发合格标志方可出厂。

6.1.2 检验项目按 4.1，4.2，4.3，4.4，4.8，4.9 和 4.10 进行逐项检验。

6.1.3 交收检验采用 GB/T 2828.1—2003 的一般检验水平Ⅱ的正常检验一次抽样。

6.1.4 各试验项目、要求、试验方法、不合格类别及接收质量限(AQL 值)见表 5。

表 5 交收检验

试验项目	要 求	试验方法	不合格品类别	接收质量限(AQL)	
				比赛型	练习型
总质量	4.1	5.1	B	4.0	6.5
长度尺寸和重心位置	4.1	5.2			
直径尺寸	4.1	5.3			
枪尖张角	4.1	5.4			
横截面圆形	4.3	5.3			
枪身轴线中点圆跳动	4.2	5.5	C	6.5	10
枪身流线形状	4.9	5.10			
表面外观	4.4,4.8,4.10	5.9,5.11			

6.2 型式检验

6.2.1 型式检验每年进行一次，发生下列情况之一时，亦应进行型式检验。

a) 更改设计、结构、关键工艺、主要原材料时；

b) 停产半年以上又重新生产时；

c) 出厂检验结果与上次型式检验有较大差异时；

d) 国家质量监督检验机构提出进行型式检验要求时。

6.2.2 型式检验样本应在交收检验合格批中随机抽取。

6.2.3 型式检验采用GB/T 2829—2002判别水平Ⅱ一次抽样。

6.2.4 型式检验项目、要求、试验方法、判定数组及不合格质量水平(RQL)应按表6进行。

表6 型式检验

试验项目	要求	试验方法	样本量、判定数组 n(Ac,Re)		不合格质量水平(RQL)	
			比赛型	练习型	比赛型	练习型
尾部刚性	4.5	5.7	3(0,1)	5(1,2)	50	65
弹性性能	4.6	5.6				
电镀层防腐层	4.7	5.8				

7 标志、包装、运输、贮存

7.1 标志

每支标枪应有商标、规格和合格证,包装箱外应有产品名称、生产企业名称、地址、数量和产品生产执行标准的编号。

7.2 包装

应有合适的内外包装,并且防止每支标枪的内包装相互磕碰。

7.3 运输

运输和搬运时应轻装轻卸,防止雨淋。

7.4 贮存

仓库应通风、干燥,严禁接触酸碱及其他腐蚀性物质,并避免重压和撞压。

ICS 97.030
Y 60

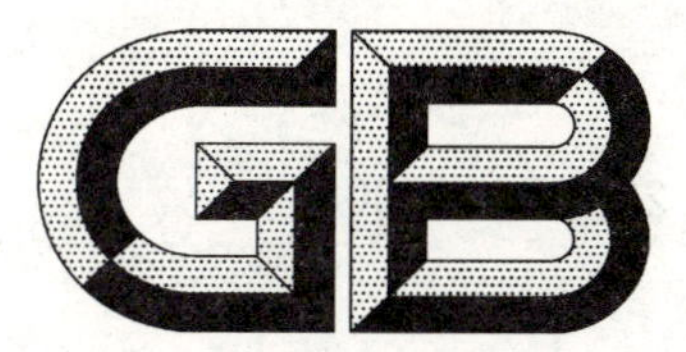

中华人民共和国国家标准

GB/T 22766.1—2008

家用和类似用途电器售后服务
第1部分：通用要求

Household and similar electrical appliances—
After-sales service—
Part 1: General requirement

2008-12-30 发布　　2009-09-01 实施

中华人民共和国国家质量监督检验检疫总局
中国国家标准化管理委员会　发布

前　　言

GB/T 22766《家用和类似用途电器售后服务》分为2部分：

第1部分：通用要求；

第2部分：特殊要求。

本部分是GB/T 22766的第1部分。

本部分由中国轻工业联合会提出。

本部分由全国家用电器标准化技术委员会归口。

本部分主要起草单位：中国家用电器研究院、海尔集团公司。

本部分参加起草单位：美的集团有限公司、江苏博西家用电器销售有限公司、广东万家乐燃气具有限公司、浙江康泉电器有限公司、北京亚都室内环保科技股份有限公司、艾欧史密斯（中国）有限公司、樱花卫厨（中国）有限公司、九阳股份有限公司、江苏光芒厨卫太阳能科技有限公司。

本部分主要起草人：马德军、季晓健、刘宇春、赵张宁、崔会锋、余少言、徐丰、陈卉、刘永兴、郭永怡、赵起、叶其林、闫凌。

家用和类似用途电器售后服务 第1部分:通用要求

1 范围

本部分规定了家用和类似用途电器的售后服务的基本内容和基本要求。

本部分适用于家用和类似用途电器的售后服务中有关文件的编制、实施及服务活动。

2 规范性引用文件

下列文件中的条款通过GB/T 22766的本部分的引用而成为本部分的条款。凡是注日期的引用文件,其随后所有的修改单(不包括勘误的内容)或修订版均不适用于本部分,然而,鼓励根据本部分达成协议的各方研究是否可使用这些文件的最新版本。凡是不注日期的引用文件,其最新版本适用于本部分。

GB 4706.1 家用和类似用途电器的安全 通用要求(GB 4706.1—2005,IEC 60335-1:2004(Ed 4.1),IDT)

GB/T 16784.1—1997 工业产品售后服务 第1部分:总则

GB/T 16784.2—1998 工业产品售后服务 第2部分:维修

GB/T 17242—1998 投诉处理指南

GB/T 18760—2002 消费品售后服务方法与要求

GB/T 21097.1—2007 家用和类似用途电器的安全使用年限和再生利用通则

3 术语和定义

下列术语和定义适用于本部分。

3.1

家用和类似用途电器 household and similar electrical appliances

在家庭寓所和类似用途(例如:商店、轻工业和农场等)的场合,由非电专业的人使用的电子和电器装置(以下简称器具)。

3.2

顾客 customer

器具售后服务的接受者。

3.3

服务方 service provider

向顾客提供器具售后服务的组织。

3.4

售后服务 after-sales service

服务方与顾客方之间在器具的设计、咨询、安装、调试、维修和保养等过程中的接触活动及由此所产生的结果。

3.5

设计 design

结合使用环境以及器具的特性,提供满足顾客需求的解决方案的活动。

3.6

咨询 consultation

对顾客在器具使用过程中的疑问给予解答或者指导用户正确使用器具的活动。

3.7

安装 installation

专业安装人员结合顾客的具体环境情况，将器具固定或放置到位并进行正确的组合、连接、调试，以实现其预定使用功能的完整活动。

3.8

调试 debug

为保证器具安全、正常、节能、环保等的运行，并使顾客正确、熟练、方便的操作而进行的必要活动。

3.9

维修 repair

为使存在故障的器具恢复到所应具备的正常或约定的状态而进行的活动。

3.10

保养 maintenance

为使器具保持所应具备的正常或约定的状态而进行的清洁和护理等活动。

3.11

服务人员 service person

具有一定基础知识、技术经验和从业资格证书，并被授权以安全的方式完成售后服务工作的人员。

4 售后服务方的基本要求

4.1 总则

服务方的售后服务活动应符合 GB/T 18760 消费品售后服务方法与要求的基本内容和本部分相关章节的要求。

4.2 售后服务方的基本要求

4.2.1 服务方在设立、运营、开展各项服务活动时，应符合国家的有关规定。

4.2.2 服务方应建立服务质量体系，以保障各项工作的开展有章可循并不断完善。

4.2.3 服务方应按照服务质量体系的要求定期对自身的工作进行自检、第 2 方或第 3 方的检查或评估。

4.3 经营场所的基本要求

4.3.1 服务方应具备与其经营活动相适应的服务场所。场所应提供适于其工作的安全防护措施。

4.3.2 对于需要使用或存放易燃易爆物品的场所，应符合国家消防安全条例的有关规定。

4.4 设备的基本要求

4.4.1 服务方应具备与其业务范围相适应的工作设备、检验仪器和劳动保护用具。

4.4.2 服务方的计量器具应按照国家的有关规定和服务方内部的文件规定进行定期的校准和维护。

4.5 服务方人员的基本要求

4.5.1 服务方应有足够开展相应工作的技能，并经过培训的专业人员。

4.5.2 从事服务人员应经过《中华人民共和国产品质量法》、《中华人民共和国消费者权益保护法》、相关商品修理更换退货责任规定等相关法律法规及本部分的培训。

4.5.3 从事家用电器售后服务的人员应获得与其工作范围和所从事工作技术含量相适应的专业培训并取得相关上岗资格证书。

5 售后服务的提供

5.1 保修服务范围内的服务提供

提供售后服务的服务方应按照国家有关的法律法规及相关商品修理更换退货责任规定、产品使用说明的明示或其他承诺向顾客提供规范化的服务。

5.2 保修服务范围以外或其他服务的提供

5.2.1 保修服务范围以外或其他责任造成的服务应按顾客和服务方的约定提供规范性的服务。

5.2.2 对于安全使用年限内的器具,按照服务方提供的收费标准付费维修。

5.2.3 对于安全使用年限外的器具,服务方可以拒绝服务,建议用户报废更新。

6 售后服务规范

6.1 顾客信息的接收与记录

6.1.1 服务方应设立有效的售后服务电话并在保修证、销售代理商等处公示同时有专人对电话进行接听并记录。

6.1.2 接听电话人员要使用礼貌用语,并耐心听取顾客反映问题。

6.2 售后服务的实施

6.2.1 咨询服务

售后服务方应指定专人及时接收处理咨询信息并保障咨询渠道的畅通。售后服务方应设立售后咨询电话,并做到专业人员接听电话,对用户提出的问题不推诿,耐心解答。

6.2.2 投诉问题的处理

对顾客投诉应按照 GB/T 17242 投诉处理指南的要求进行处理。

6.2.3 上门售后服务

6.2.3.1 上门进行售后服务的人员应穿工作服并佩戴服务资格证。

6.2.3.2 上门设计服务

上门进行设计服务的人员应根据顾客家庭使用环境等因素,结合器具特性提出设计方案并与顾客沟通确认。

6.2.3.3 上门安装服务

6.2.3.3.1 服务人员应在安装前对顾客购买产品型号与实际适用情况进行确认,征求顾客的意见,确定安装方案。服务人员和顾客就涉及安全的安装事宜无法达成一致时,服务人员有权拒绝安装;服务人员和顾客就涉及产品使用性能的安装事宜无法达成一致时,在顾客签订免责协议的情况下依据顾客意见进行安装。

6.2.3.3.2 服务人员特殊情况下如需借用、移动或踩踏顾客的器具或物品时,应事先向顾客说明,征得顾客同意。

6.2.3.3.3 器具安装完毕后,对器具进行试机调试,并进行器具功能特性及使用方法的讲解,请顾客在服务记录上签字确认。

6.2.3.4 上门调试服务

顾客要求服务人员上门调试时,服务人员应根据出现的具体问题对器具进行调试,最终达到器具的正常使用状态。

6.2.3.5 上门维修服务

6.2.3.5.1 上门售后服务人员在维修服务前并应先进行初检,进一步确定是否属于保修范围。维修服务方案在征得顾客同意后再进行维修服务,其中对超过保修范围的维修服务应在维修服务前告知收费项目,上门后出示收费标准并进行报价。

6.2.3.5.2 经过初检后,如果待修器具的故障或顾客处所的现场环境不适合进行相应的售后服务工作，则应建议顾客对待修器具进行送修或由售后服务人员拉修到服务场所进行维修。

6.2.3.5.3 售后服务人员应在器具修复后，请顾客当面试机。器具维修验收合格后，维修服务人员应请顾客在售后服务记录单上签字确认并将其中一联交付顾客留存。

6.2.3.5.4 服务方和顾客应履行双方的约定。如遇特殊情况不能满足约定的内容时，应及时通知对方，说明原因并在双方同意的情况下修改约定。

6.2.3.6 上门保养服务

顾客要求服务人员上门提供保养服务的，服务方可根据用户要求、产品使用说明或企业承诺提供保养服务。

6.2.4 在服务方场所的维修服务

6.2.4.1 售后服务维修人员应按6.2.3.5.1～6.2.3.5.3的规定进行维修服务。增加零件更换信息情况。修理周期的明示。备用机提供情况。

6.2.4.2 售后服务记录应符合6.3的要求。

6.2.5 售后服务零部件的提供及更换下的零部件处理

6.2.5.1 服务方应提供符合标准的合格零部件。

6.2.5.2 更换下的零部件在保修期内应由服务方回收。在保修期外应交付顾客，特殊情况下保修期外的零部件服务商需回收的应征得顾客同意（符合《部分商品修理更换退货责任规定》的商品，按“规定”的相关条款处理）。

6.2.5.3 如果更换下的零部件或介质排放具有危险性或可能污染环境，则应向用户如实说明，并应按照GB/T 21097.1—2007和国家环保部门的有关规定进行妥善处理。

6.2.6 售后服务的安全规范

6.2.6.1 服务方应采购符合标准的合格零部件，并有相应的备件储备。

6.2.6.2 应以相同规格的安全保护装置替换原有失效的安全保护装置。

6.2.6.3 对于在售后服务活动中需要拆下完成预定工作的固定、绝缘、隔离和屏蔽装置等，应在完成售后服务工作时按照原状态或使用说明书的要求恢复到原状态。

6.2.6.4 不得在售后服务活动中拆、换和调试与服务无关的零部件。

6.2.6.5 不得在售后服务活动中降低具有安全保护或环保特性的原设计方案和相关的零部件。

6.2.6.6 如需更换安全保护或具有特定要求的零部件，应使用原厂或原厂认可的符合国家标准的同种规格型号的零部件。因产品升级等原因，如售后服务方不能提供原厂或原厂认可的符合国家标准的同种规格型号的零部件，可以使用相近性能的一个或多个零部件进行替代，但要确保保持安全保护或环保特性符合国家标准规定（如需拆改，则应有能力恢复原状），并记录在服务单上。

6.2.6.7 在进行售后服务工作时，如发现软缆或软线破裂、地线脱落、损坏时应及时通报用户并由专业人员进行修理；插头插座和开关等电气装置出现损坏时，应及时通报用户并由用户联系专业人员进行修理。

6.2.6.8 在完成售后服务工作后，应对器具进行运行通检，合格后方可交付用户。如有争议，可委托第3方按照GB 4706.1及其特殊要求进行重新检验。

6.2.6.9 服务方在上门服务进行易燃易爆的操作时，应符合国家消防安全条例的有关规定。

6.3 售后服务记录

售后服务记录应清晰、明确、字迹工整，并至少包括顾客信息、产品信息、服务信息。

6.3.1 顾客信息应至少包括用户姓名、地址、联系电话。

6.3.2 产品信息应至少包括产品名称、型号、编号。

6.3.3 服务信息应至少包括服务单位、服务提供日期、提供服务人员、服务措施描述、故障描述、使用材料清单、收费信息、用户确认。

6.3.4 服务方应对顾客服务信息负有保密义务，未经顾客同意，服务方不应泄露顾客服务信息，服务信息应至少保存3年。

6.4 售后服务的回访

6.4.1 服务完毕后，服务方应安排专人对顾客进行回访。

6.4.2 对于回访发现顾客问题没有完全解决或问题再次出现的，及时传递信息，安排服务人员再次上门服务。

6.4.3 回访过程中要对顾客抱怨与投诉、器具改进建议及器具出现的质量问题等信息进行收集。

6.5 售后服务争议的处理

服务方与顾客出现争议时，应按照《中华人民共和国消费者权益保护法》及相关法律、法规进行处理。

ICS 97.180
Y 69

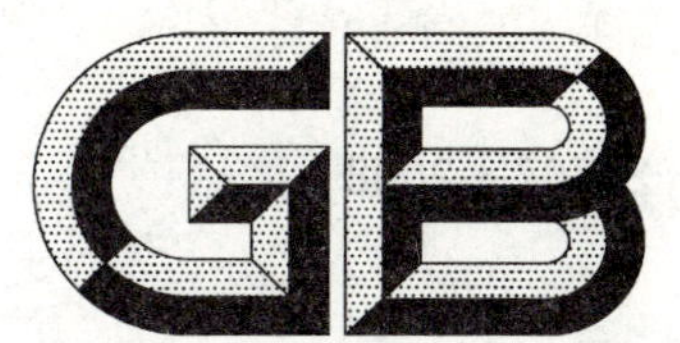

中华人民共和国国家标准

GB/T 22767—2008

手动削笔机

Manual pencil sharpeners

2008-12-30 发布　　2009-09-01 实施

中华人民共和国国家质量监督检验检疫总局
中国国家标准化管理委员会　发布

前　言

本标准与日本工业标准 JIS S 6049—2001《手动铅笔削笔器》的一致性程度为非等效。

本标准由中国轻工业联合会提出。

本标准由全国文体用品标准化中心归口。

本标准起草单位：得力集团有限公司、三木控股集团有限公司、福建新代实业有限公司、深圳市齐心文具股份有限公司、浙江广博集团股份有限公司、中山市联众文具礼品有限公司、华测检测技术股份有限公司。

本标准主要起草人：项志波、徐占林、盛建江、郑成锵、唐涛林、张立锋、李艳丽、王旭群。

手 动 削 笔 机

1 范围

本标准规定了手动削笔机的术语和定义、分类、要求、试验方法、检验规则和标志、包装、运输、贮存。

本标准适用于削木杆石墨铅笔时用的手动削笔机。

2 规范性引用文件

下列文件中的条款通过本标准的引用而成为本标准的条款。凡是注日期的引用文件，其随后所有的修改单(不包括勘误的内容)或修订版均不适用于本标准，然而，鼓励根据本标准达成协议的各方研究是否可使用这些文件的最新版本。凡是不注日期的引用文件，其最新版本适用于本标准。

GB/T 191 包装储运图示标志(GB/T 191—2008,ISO 780:1997,MOD)

GB/T 2828.1—2003 计数抽样检验程序 第1部分:按接收质量限(AQL)检索的逐批检验抽样计划(ISO 2859-1:1999,IDT)

GB/T 2829—2002 周期检验计数抽样程序及表(适用于对过程稳定性的检验)

GB/T 6543 运输包装用单瓦楞纸箱和双瓦楞纸箱

GB/T 16288 塑料制品的标志(GB/T 16288—2008,ISO 11469:2000,MOD)

QB/T 2774 铅笔

3 术语和定义

下列术语和定义适用于本标准。

3.1

进给装置 feeding machanice

在削笔时传送铅笔的装置。

3.2

屑盒 scrap box

收集切削下来的铅笔屑的容器。

3.3

刀架(刀座) cutter carriage

安装滚刀及切削限位并与摇臂连接的构件。

3.4

壳体 housing

削笔机的外壳主体。

3.5

切削偏芯 off-center sharpening

削好后笔芯根部及木杆部的形状，见图1。

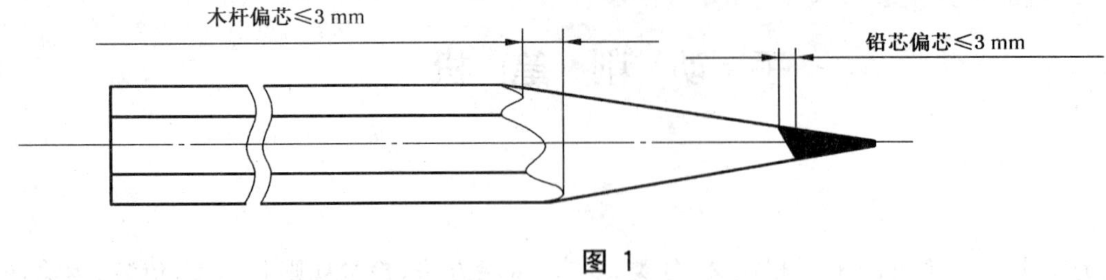

图 1

3.6

切削角度　angle of sharpening

铅笔切削成型后,形成的铅笔外形锥体的角度,见图 2。

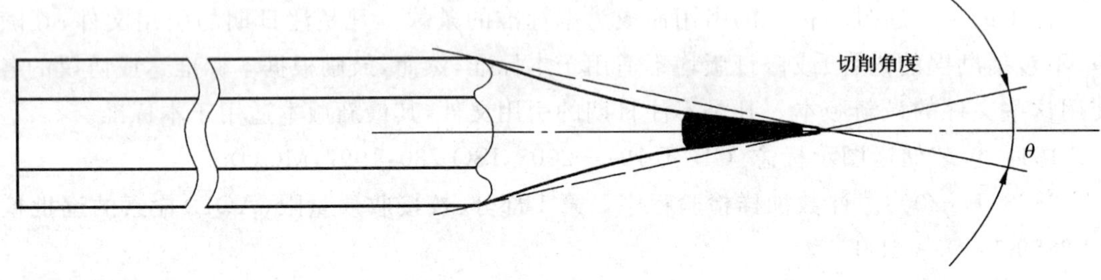

图 2

3.7

切削转动圈数　circles of sharpening

削笔机对未削(切面平整)铅笔完成切削过程所需的转动圈数。

3.8

切削扭力　sharpening torque

削笔机的滚刀对铅笔的切削扭力。

3.9

进给力　feeding force

切削铅笔时,推进铅笔所需的输送力。

3.10

笔尖直径　diameter of point

切削后笔芯尖端的直径,见图 3。

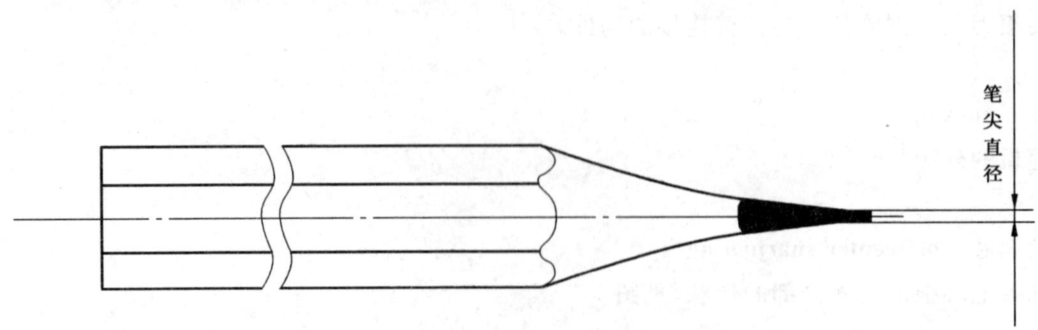

图 3

4 结构与分类

4.1 结构

手动削笔机结构见图 4。

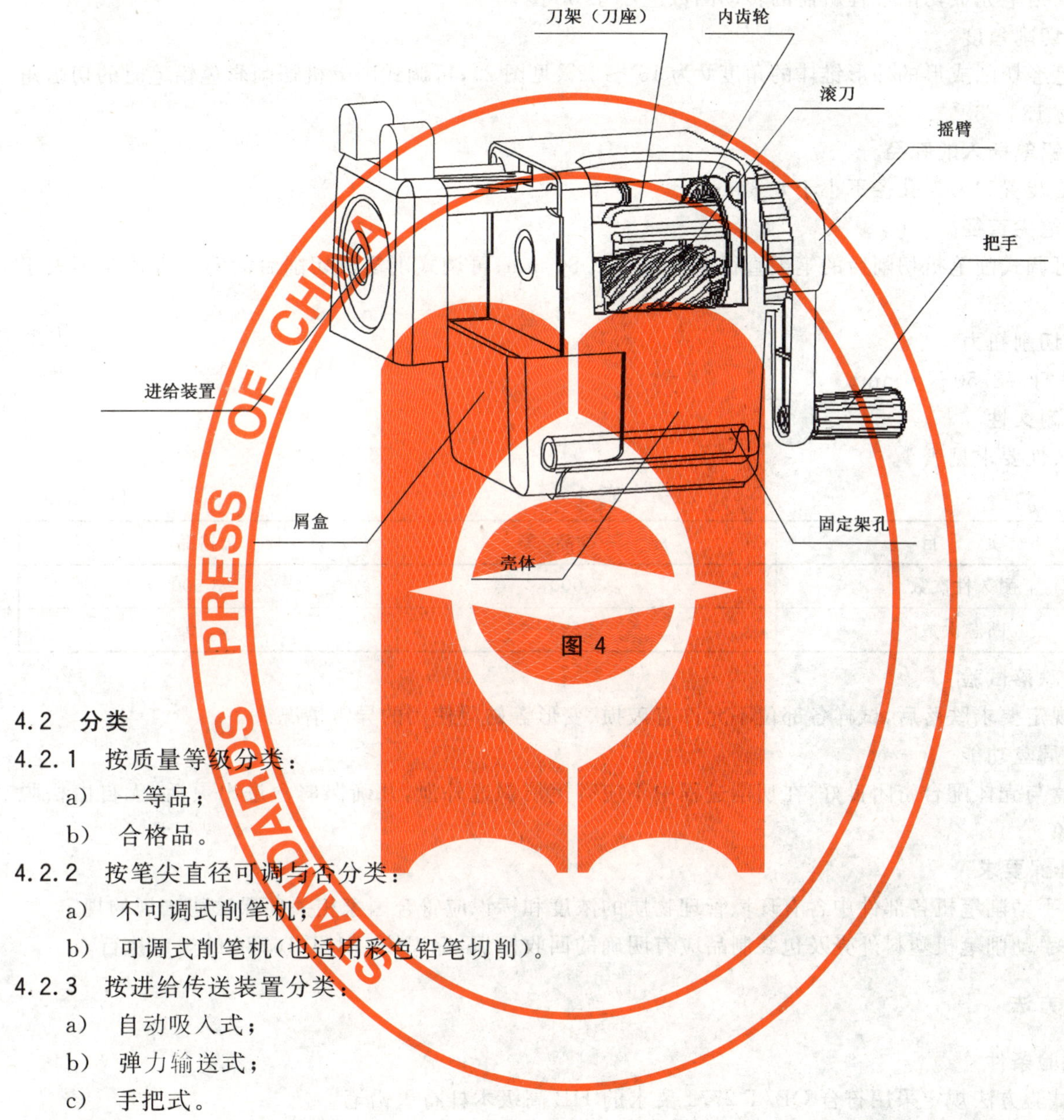

图 4

4.2 分类

4.2.1 按质量等级分类：

a) 一等品；

b) 合格品。

4.2.2 按笔尖直径可调与否分类：

a) 不可调式削笔机；

b) 可调式削笔机(也适用彩色铅笔切削)。

4.2.3 按进给传送装置分类：

a) 自动吸入式；

b) 弹力输送式；

c) 手把式。

5 要求

5.1 外观

5.1.1 塑料零部件表面应无明显色差、变形、缺料、裂纹、凹陷，以及其他有碍外观的缺陷。

5.1.2 金属件不应有明显变形、裂纹等缺陷。

5.1.3 涂饰层表面应均匀，无明显花斑、露底、锈迹等缺陷。

5.1.4 印刷文字和图形清晰、不易脱落。

5.1.5 图片、脚垫粘贴平整牢固。

5.1.6 可触及边缘、边角、分模线，不应有锐利毛边、尖端或溢边，或加以保护使之不可触及。

5.2 性能要求

5.2.1 切削偏芯

切削铅芯偏芯应不大于 3 mm,切削木杆偏芯应不大于 3 mm,见图 1。

5.2.2 切削转动圈数

切削铅笔完成切削过程所需的转动圈数应小于 35 圈。

5.2.3 切削角度

铅笔经切削成形的外形锥体的角度 θ 为 13°～22°(见图 2);可调式削笔机切削彩色铅笔时的切削角度 θ 应为 13°～30°。

5.2.4 铅笔插入的孔径

进给装置和刀架孔径不小于 8.3 mm。

5.2.5 笔尖直径

不可调式削笔机切削后的笔尖直径应不大于 0.85 mm;可调式削笔机切削后的笔尖直径应不大于 2.00 mm。

5.2.6 切削扭力

不大于 78.50 N·mm。

5.2.7 耐久性

耐久性要求见表 1。

表 1

以次表示

项 目	一等品	合格品
耐久性次数	≥5 000	≥3 500
断芯次数	≤5	≤10

5.2.8 跌落试验

按规定要求跌落后,试样各部位不允许有破损、变形等妨碍使用的异常情况。

5.2.9 屑盒功能

屑盒与壳体配合密闭良好,在切削过程中不应有笔屑飘逸外泄,并确保屑盒进出灵活,无自由松脱滑落现象。

5.3 环保要求

5.3.1 手动削笔机各部件中含有环境管理物质的浓度和标识应符合国家相关环保法律法规的规定。

5.3.2 手动削笔机塑料外壳及包装制品应有明确的回收标识,标识按 GB/T 16288 的规定执行。

6 试验方法

6.1 试验条件

本试验方法规定采用符合 QB/T 2774 要求的 HB 高级木杆石墨铅笔。

6.2 切削偏芯

切削面未削过的铅笔插入被测试的削笔机,切削完成后用分度值为 0.02 mm 的游标卡尺测量。

6.3 切削转动圈数

将切面未削过的铅笔插入被测试的削笔机,计算从削笔开始至削笔完成时摇臂的旋转次数,要求切削时的进给装置拉到最大行程。

6.4 切削角度

切削完成的铅笔的角度用万能角度尺测量。

6.5 铅笔插入的孔径

用分度值为 0.02 mm 的游标卡尺测量进给装置和刀架的孔径。

6.6 笔尖直径

用带刻度的放大镜等仪器测量经被测试的削笔机切削完成的铅笔芯的尖端直径。如为可调式削笔机，需测试调节装置调至最粗时笔芯的直径。

6.7 切削扭力

削好铅笔，从铅笔尖端的芯的根部切掉笔芯，再把它固定在如图5所示的切削试验机上。然后从被测试的削笔机上取下刀及刀架装在切削试验机上，按照a)～c)的试验条件开始削铅笔，测定切削过程中扭力测量仪的最大值。此操作重复3次，求出平均值。

a) 电动机的规定输出功率为75 W；

b) 刀架的旋转速度设定为100 r/min；

c) 切削时的进给力设定为(2.5±0.5)N。

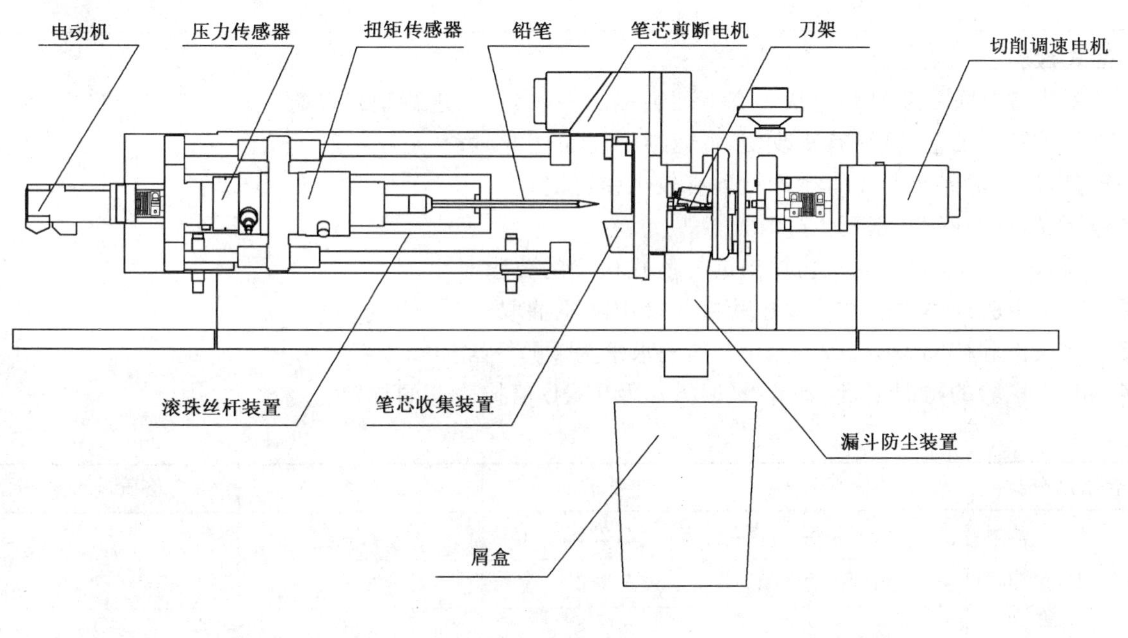

图 5

6.8 耐久性

6.8.1 将铅笔插入试验样品，转动摇臂以100 r/min的转动速度进行切削，将切削完毕的芯从尖端约2 mm处截断。该操作反复实施5 000次或3 500次，并记录断芯次数。

6.8.2 采用与6.8.1相同的操作方法，再次切削20次，并确认期间有无发生芯断裂或其他异常现象。

6.9 跌落试验

在混凝土地面上放一块厚度约为30 mm表面平整的柳安木板，再把样品用绳子吊起来对准柳安木板的中心位置，让样品的底面和柳安木板面保持平行，从70 cm的高度向下自然落下一次，检查有无破损、变形，各部位有无出现妨碍使用的异常情况。

6.10 屑盒功能

按实际使用的情况进行感官检验。

6.11 外观要求

在正常光线下进行感官检验。

7 检验规则

7.1 交收检验

7.1.1 产品应经质管部门检验合格，并附上合格证。

7.1.2 交收检验按 GB/T 2828.1—2003 的正常一次抽样方案，检查水平为 S-3。

7.1.3 交收检验的检测项目、要求、试验方法、AQL 值按表 2 规定执行。

表 2

不合格品分类	检测项目	要求	试验方法	接收质量限(AQL)
B	切削偏芯	5.2.1	6.2	2.5
	铅笔插入的孔径	5.2.4	6.5	
	笔尖直径	5.2.5	6.6	
	切削转动圈数	5.2.2	6.3	4.0
C	屑盒功能	5.2.9	6.10	4.0
	外观	5.1	6.11	6.5

7.2 型式检验

7.2.1 型式检验每一年进行一次。有下列情况之一时，也应进行型式检验：

a) 当设计、工艺、材料有所改变，可能影响产品性能时；

b) 出厂检验结果与正常生产检验有较大差异时；

c) 产品长期停产，恢复生产时；

d) 国家质量监督检验机构提出进行型式检验的要求时。

7.2.2 型式检验样本数应在交收检验接收批中随机抽取。

7.2.3 型式检验按 GB/T 2829—2002 判别水平为Ⅰ的一次抽样方案。

7.2.4 型式检验的检测项目、要求、试验方法及 RQL 值按表 3 的规定。

表 3

不合格品分类	检测项目	要求	试验方法	不合格质量水平(RQL)
B	切削角度	5.2.3	6.4	40
	切削扭力	5.2.6	6.7	
	跌落试验	5.2.8	6.9	25

7.2.5 耐久性(5.2.7)试验的样本数为 3 个，试验方法按 6.8 执行，应全部合格。

8 标志、包装、运输、贮存

8.1 标志

产品内包装应有制造厂名、注册商标、产品型号、名称、质量等级、执行标准编号。

8.2 包装

外包装应合理、坚实。包装应有产品名称、企业名称、地址、商标、货号、数量、毛重、体积、生产日期或批号。纸箱图示标志应符合 GB/T 191 和 GB/T 6543 的规定。

8.3 运输

运输过程中装卸要小心轻放，严禁雨淋、重压，防止日晒、受潮。

8.4 贮存

堆放不应过高，防止受压。贮存库房应通风、干燥，不应有影响产品质量的有害气体存在。切勿置于阳光直射和高温处。

ICS 59.080.60
W 56

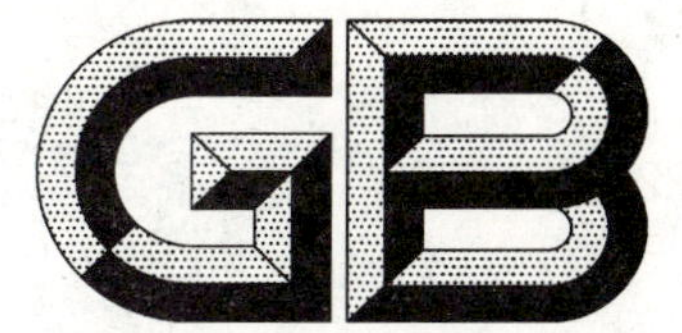

中华人民共和国国家标准

GB/T 22768—2008

手工打结藏毯

Hand-knotted Tibetan carpet

(ISO 11859:1999,Textile floor coverings—
Pure wool,hand-knotted pile carpets—Specification,NEQ)

2008-12-30 发布 2009-09-01 实施

中华人民共和国国家质量监督检验检疫总局
中国国家标准化管理委员会 发布

前　言

本标准与ISO 11859:1999《纺织铺地物　纯羊毛手工打结地毯　规格》的一致性程度为非等效。

本标准由中国轻工业联合会提出。

本标准由全国地毯标准化技术委员会归口。

本标准负责起草单位:青海省纤维检验局、青海藏羊地毯(集团)有限公司。

本标准参加起草单位:青海省质量技术监督信息管理中心、青海省藏毯协会、西藏自治区质量技术监督局、西藏自治区藏毯协会、西藏拉萨地毯有限公司。

本标准主要起草人:陈江涛、黎明、姜竹迪、周孟祥、张素梅、来宁军、周秀兰、罗布占堆。

手工打结藏毯

1 范围

本标准规定了手工打结藏毯的技术要求、试验方法、检验及判定规则和标志、包装、运输、贮存的要求。

本标准适用于以西宁毛(藏系土种绵羊毛)为主要原料的纯毛纺或混纺纱线做绒簇的手工打结藏毯。

以其他纤维原料做绒簇、采用藏毯绒簇结织造的手工打结毯类产品也可参照执行。

2 规范性引用文件

下列文件中的条款通过本标准的引用而成为本标准的条款。凡是注日期的引用文件,其随后所有的修改单(不包括勘误的内容)或修订版均不适用于本标准,然而,鼓励根据本标准达成协议的各方研究是否可使用这些文件的最新版本。凡是不注日期的引用文件,其最新版本适用于本标准。

GB/T 250 纺织品 色牢度试验 评定变色用灰色样卡(GB/T 250—2008,ISO 105-A02:1993,IDT)

GB/T 2910 纺织品 二组分纤维混纺产品定量化学分析方法(GB/T 2910—1997,eqv ISO 1833:1977)

GB/T 2911 纺织品 三组分纤维混纺产品定量化学分析方法(GB/T 2911—1997,eqv ISO 5088:1976)

GB/T 3920 纺织品 色牢度试验 耐摩擦色牢度(GB/T 3920—2008,ISO 105-X12:2001,MOD)

GB/T 8427 纺织品 色牢度试验 耐人造光色牢度:氙弧(GB/T 8427—2008,ISO 105-B02:1994,MOD)

GB/T 9998 西宁毛

GB/T 11049 地毯燃烧性能 室温片剂试验方法(GB/T 11049—2008,ISO 6925:1982,IDT)

GB/T 15050 手工打结羊毛地毯(GB/T 15050—2008,ISO 11859:1999,NEQ)

GB/T 15964 地毯 单位长度和单位面积绒簇或绒圈数目的测定方法(GB/T 15964—2008,ISO 1763:1986,MOD)

GB/T 15965 手工地毯 绒头长度的测定方法(GB/T 15965—2008,ISO 2549:1972,NEQ)

GB/T 16988 特种动物纤维与绵羊毛混合物含量的测定

FZ/T 01048 蚕丝/羊绒混纺产品混纺比的测定

QB 2397 地毯标签(QB 2397—2008,ISO 6437:2004,MOD)

QB/T 2518 地毯用毛纱

QB/T 3647 手工地毯产品抽样检验规则

3 术语和定义

GB/T 15964、GB/T 15965 确定的以及下列术语和定义适用于本标准。

3.1

藏毯绒簇结 tufting knot of Tibetan carpet

在一个栽绒结里具备一个打结扣、一个打结圈重叠的双栽绒结,即手工编织穿杆打结连环重叠结,见图1所示。

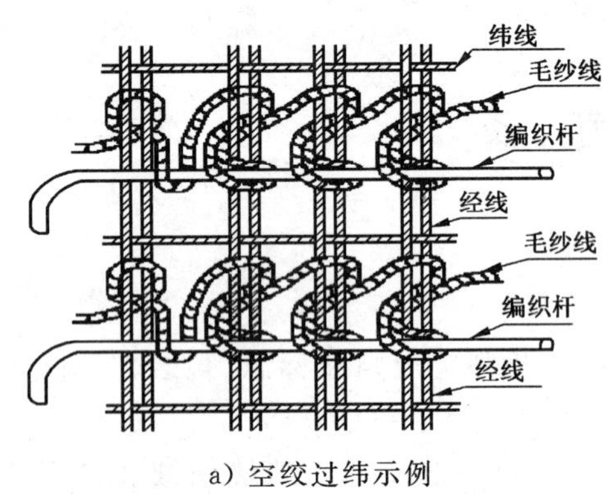

a) 空绞过纬示例

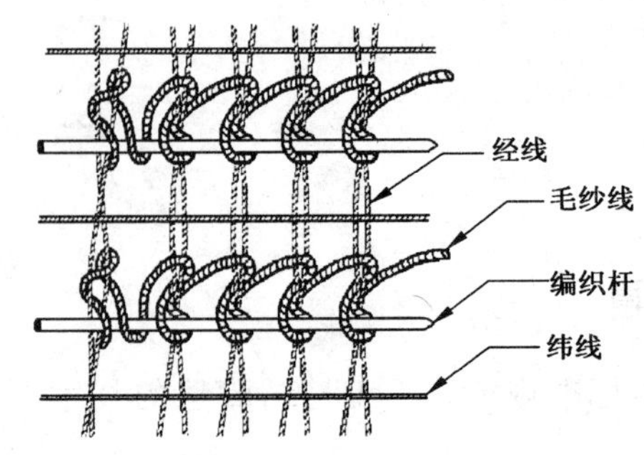

b) 有绞过纬示例

图 1　藏毯绒簇结的图示

3.2

手工打结藏毯　hand-knotted Tibetan carpet

以西宁毛(藏系土种绵羊毛)为主要原料的纯毛纺或混纺纱线为绒簇,采用藏毯绒簇结织造的毯类产品。

4　原材料规定

4.1　加工手工打结藏毯所用的西宁毛原毛应符合 GB/T 9998 的规定,其他纤维原料应符合相关标准的规定。

4.2　手工打结藏毯所用毛纱应符合 QB/T 2518 的规定,其他所用纱、线应符合相关标准的规定。

5　技术要求

5.1　分等规定

手工打结藏毯的质量等级分为优等品、一等品和合格品三个品等。

5.2　内在质量要求

内在质量要求见表 1。

表 1　内在质量要求

项目			优等品	一等品	合格品
栽绒道数[a]/(道数/30.48 cm)、经头密度/(经头对数/30.48 cm)允差/%			$^{+2}_{-3}$	−3	−5
绒头长度允差/%			±5	±7	±10
尺寸允差/%	幅宽≤183 cm(6 ft)	宽度	±1.0	±1.2	±1.5
		长度	±1.5	±1.5	±2.0
	幅宽>183 cm[b](6 ft)	宽度	±1.0	±1.0	±1.2
		长度	±1.2	±1.2	±1.5
毯形尺寸允差[c]/%	方形	≤	1.2	1.5	1.8
	圆形	≤	1.5	1.8	2.0
绒头纱纤维含量允差[d](净干含量)/%	纯纺产品		0		
	混纺产品	≤	5		
耐摩擦牢度/级	干摩擦	≥	4	4	3-4
	湿摩擦[e]	≥	3-4	3-4	3

表 1（续）

项　　目		优等品	一等品	合格品
耐光色牢度：氙弧/级	＞1/12 标准深度（深色）≥	4		
	≤1/12 标准深度（浅色）≥	3-4		
耐燃烧性（水平法：片剂）：损毁长度/mm	≤	75（八块试样中至少七块合格）		

a 手纺纱产品可不考核栽绒道数。

b 幅宽大于 183 cm 时，宽度的最大偏差不得超过＋5 cm、－3 cm，长度的最大偏差不得超过＋6 cm、－4 cm。

c 异型毯不考核毯形尺寸允差。

d 纯毛（绒）产品允许使用不超过 5％的装饰纤维或特性纤维；混纺产品中某种纤维含量≤15％时，此种纤维含量的允差为标称值的 30％。

e 干洗类产品不考核耐湿摩擦色牢度。

5.3 外观质量要求

5.3.1 基本要求

5.3.1.1 毯形

方形毯要求横平竖直，四边平直无纵，无荷叶边。圆形毯圆周要圆且对称。

5.3.1.2 毯面

a) 图案符合设计要求，主体纹样无偏差、基本不走形。

b) 用 GB/T 250 评定色泽差异。要求主地、主边、主花颜色正，无截色、错色，无明显浮色、印色、串色、色头不正。

注：因设计风格而形成的自然截色不进行考核。

c) 毯面平顺光洁，绒头松散丰满、光泽足、有弹性，条纹清晰，无破损，污渍不明显。

注：因设计而形成的毯面风格不进行考核。

d) 无明显绞口、浮毛、脱毛、长毛、沟岗、半截头、窝头和躺头，不应出现戗毛、扣松、纬鼻子等。

e) 剪口清晰、宽窄深浅基本一致，自然流畅，无错剪、重剪、漏剪。

5.3.1.3 毯背

后背平净无纵，纬板平行一致，无凸经、跳纬，无明显沟岗，经头、道数排列均匀，无稀密不匀、显绞口、整修痕、污迹。

5.3.1.4 毯边

平直，撩边松紧粗细基本一致，不露边经，不呲边，无荷叶边。

5.3.1.5 底子、底穗

底子平整无纵，锁底子无断头，结扣整齐无脱落，底穗洁白，底子高度偏差和底穗长度偏差不大于 1％。

5.3.2 外观质量评等

按疵点的限度进行外观质量的评等，见表 2 规定。

表 2 外观质量评等

疵点名称	优等品	一等品	合格品
破损（破洞、破边、撕裂等）、绞口	不允许	不允许	不允许
错色、错花	不允许	不明显	轻微
色 差	不低于 3-4 级	不低于 3 级	不低于 3 级
修补痕迹	不允许	不明显	轻微

表 2（续）

疵点名称	优等品	一等品	合格品
横向条痕（沟岗、不平等）	不明显	不明显	轻微
绒头缺陷（窝头、躺头、半截头等）	不允许	不明显	分散性轻微半截头不超过全毯面积 7%
毯背不平净，凸泡、纬板不平，稀密不匀	不允许	不明显	轻微
底子露白、起纵	不允许	不明显	轻微
撩边粗细、松紧不一、露纬、荷叶边	不明显	不明显	轻微
剪口不清，错剪、重剪、漏剪	不允许	不明显	轻微
底穗、锁边缺陷	不允许	不明显	不明显
戗毛、水印、印色、串色、透色、明显浮色等	不允许	不明显	不超过全毯面积 10%
光泽不亮、手感涩	不允许	不明显	不明显
污渍（油渍、胶渍、脏渍等）	不允许	不明显	不明显
底子高度、底穗长度偏差	不大于 1%		

6 试验方法

6.1 抽样数量及方法

6.1.1 产品批样品的抽取按 QB/T 3647 规定执行，每批抽取的样本数量为五块。

6.1.2 将地毯放在光线适宜的平面上进行顺、逆光下的检验。

6.2 内在质量检验

6.2.1 栽绒道数、经头密度

按 GB/T 15964 进行测定，栽绒道数单位为：道数/30.48 cm、经头密度单位为：经头对数/30.48 cm。偏差结果的计算以正、负最大偏差除以标称值而得到的百分数表示。

6.2.2 绒头长度

按 GB/T 15965 进行测定。偏差计算一般采用标准中的 B 法，结果以正、负最大偏差除以标称值而得到的百分数表示。

6.2.3 尺寸及毯形

按 GB/T 15050 规定执行。

6.2.4 绒头纱纤维含量

按 GB/T 2910、GB/T 2911、GB/T 16988、FZ/T 01048 规定执行。

6.2.5 耐光色牢度：氙弧

按 GB/T 8427 规定执行。

6.2.6 耐摩擦色牢度

按 GB/T 3920 规定执行。

6.2.7 耐燃烧性（水平法，片剂）

按 GB/T 11049 规定执行。

注：非仲裁性检验慎用破坏性试验，当对产品质量有争议或有要求时才需进行破坏性试验。

6.3 外观质量检验

6.3.1 按 5.3 规定，采用目测和手感方法进行检验。

6.3.2 底子、底穗用钢直尺进行测量，精确至 0.1 cm。

7 检验及判定规则

7.1 检验规则

7.1.1 出厂检验(交付检验)

产品出厂前,须经检验合格后方可出厂。

对内在质量的栽绒道数、经头密度、绒头长度、尺寸、毯形和外观质量进行全数检验。

7.1.2 型式检验

有下列情况之一时对产品进行型式检验:

——停产三个月后恢复生产的产品;

——产品的原材料、品种或工艺的改变影响到产品的性能时;

——出厂检验结果与正常生产时的检验结果有较大差异时;

——国家质量监督检验机构提出型式检验的要求时。

7.2 判定规则

7.2.1 单位(块)产品判定

若手工打结藏毯单块产品的内在质量和外观质量符合技术要求,则判定该块地毯合格;若检验项中有一项及以上不符合技术要求,则判定该块地毯不合格。

7.2.2 产品批判定

按 QB/T 3647 规定执行。若五块样本全部合格,则判定该批产品合格;若有一块及以上不合格,则判定该批产品不合格。

8 标志、包装、运输、贮存

8.1 标志

8.1.1 产品标志、标签

按 QB 2397 规定执行。手工打结藏毯产品标志、标签应包括以下基本内容:

a) 生产企业名称和详细地址、商标;

b) 产品名称、品种、合同号、地色号、图案号;

c) 毯面纤维类型及含量;

d) 地毯尺寸;

e) 产品主要规格(按合同要求,例如:栽绒道数、经头密度、绒头长度等);

f) 产品执行的标准编号;

g) 产品质量等级、检验合格证明;

h) 附加信息。

8.1.2 包装标志

手工打结藏毯包装标志包括以下基本内容:

a) 生产企业名称、商标;

b) 产品名称、品种、合同号;

c) 地毯尺寸规格;

d) 成包日期;

e) 提示语:“不准用钩”,“防潮”,“勿重压”等。

8.2 包装

8.2.1 包装应保证产品不受损伤,防污防潮,便于管理、运输和贮存。

8.2.2 每个包装内的藏毯品种、规格应一致，不同品种、规格的藏毯不能混装。

8.3 运输、贮存

8.3.1 运输和贮存时不得重压，避免日晒雨淋，注意防潮、防火、防尘。

8.3.2 贮存时应堆放整齐，防止虫蛀。

ICS 29.260.20
K 35

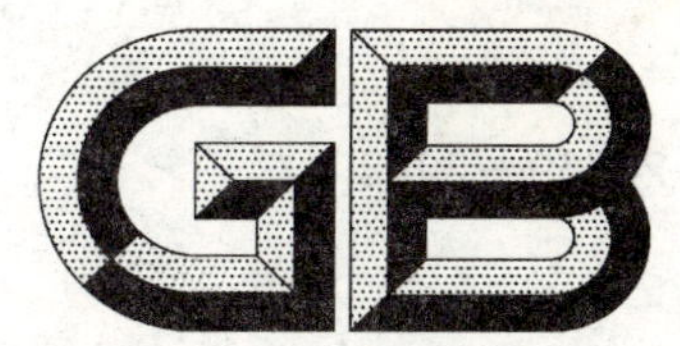

中华人民共和国国家标准

GB/T 22769—2008

浴室电加热器具(浴霸)

Electric bathroom heater (Yuba)

2008-12-30 发布 2009-09-01 实施

中华人民共和国国家质量监督检验检疫总局
中国国家标准化管理委员会 发布

前　言

本标准的附录A为规范性附录。

本标准由中国轻工业联合会提出。

本标准由全国家用电器标准化技术委员会归口。

本标准起草单位:杭州奥普电器有限公司、浙江宝兰电气有限公司、浙江奥华电气有限公司、浙江来斯奥电气有限公司、广东美的厨卫电器制造有限公司、浙江正泰建筑电器有限公司、品格卫厨(浙江)有限公司、中国家用电器研究院、中国家用电器协会、浙江方圆检测集团股份有限公司、嘉兴市名流电器有限公司、杭州天辰企业管理咨询有限公司。

本标准主要起草人:方胜康、李瑞山、张亚晨、陈建民、岳中洪、鲍群立、沈利民、王晓岭、杨建华、姚松良、陈钢、张丹、徐迹、付康、金培康、李瑞峰。

本标准为首次发布。

浴室电加热器具(浴霸)

1 范围

本标准规定了浴室电加热器的术语和定义分类、要求、试验方法、检验规则、标志、包装、运输、贮存。

本标准适用于固定安装在浴室使用的非储热式室内加热器。单相器具的额定电压不超过 250 V;其他器具的额定电压不超过 480 V。

注:属于本标准范围的器具事例为:

——天花板安装的辐射式浴室电加热器;

——天花板安装的风扇式浴室电加热器;

——天花板安装的辐射、风扇复合式浴室电加热器;

——墙壁安装的辐射式浴室电加热器;

——墙壁安装的风扇式浴室电加热器;

——墙壁安装的辐射、风扇复合式浴室电加热器。

本标准不适用于那些既能在房间使用、又能在浴室里使用的便携式室内加热器,比如电热油汀。

对于自然对流式浴室电加热器、以薄层柔性加热元件为热源的浴室电加热器、以低温大面积辐射加热元件为热源的浴室电加热器,其相关要求及试验方法正在考虑中。

2 规范性引用文件

下列文件中的条款通过本标准的引用而成为本标准的条款。凡是注日期的引用文件,其随后所有的修改单(不包括勘误的内容)或修订版均不适用于本标准,然而,鼓励根据本标准达成协议的各方研究是否可使用这些文件的最新版本。凡是不注日期的引用文件,其最新版本适用于本标准。

GB/T 2423.17—2008 电工电子产品基本环境试验规程 试验 Ka:盐雾试验方法(IEC 60068-2-11:1981,IDT)

GB/T 2828.1—2003 计数抽样检验程序 第1部分:按接收质量限(AQL)检索的逐批检验抽样计划(ISO 2859-1:1999,IDT)

GB/T 2829—2002 周期检验计数抽样程序及表(适用于对过程稳定性的检验)

GB/T 4214.1—2000 声学 家用电器及类似用途器具噪声测试方法 第1部分:通用要求(eqv IEC 60704.1:1997)

GB 4706.1—2005 家用和类似用途电器的安全 第1部分:通用要求(IEC 60335-1:2004(Ed 4.1),IDT)

GB 4706.23 家用和类似用途电器的安全 室内加热器的特殊要求(GB 4706.23—2007,IEC 60335-2-30:2004(Ed 4.1),IDT)

GB 4706.27 家用和类似用途电器的安全 风扇的特殊要求(GB 4706.27—2008,IEC 60335-2-80:2004(Ed 2.1),IDT)

GB/T 4857.5—1992 包装 运输包装件 跌落试验方法(eqv ISO 2248:1985)

GB/T 4857.7—2005 包装运输包装件基本试验 第7部分:正弦定频振动试验方法

GB/T 5089—2008 交流电风扇电动机通用技术条件

GB/T 7287 红外辐射加热器试验方法

GB/T 10681—2004 家用和类似场合普通照明用钨丝灯 性能要求

GB/T 14806—2003 家用和类似用途的交流换气扇及其调速器

GB/T 15470—2002 家用直接作用式房间电加热器性能测试方法(IEC 60675:1994,IDT)

QB/T 2057—2006 红外线灯泡

JB/T 2379—1993 金属管状电热元件

3 术语和定义

GB 4706.23、GB 4706.27 中的术语和定义适用于本标准,并增加下列术语和定义。

3.1

浴室电加热器 electric bathroom heater

浴霸 Yuba

固定安装在浴室使用的非储热式室内电加热器,简称浴霸。因为它经常还兼具换气、照明等功能,所以也被称为浴室多功能取暖器。

3.2

辐射源 radiation source

主要以辐射方式传递热能的电热元件。

3.3

红外线灯泡 infrared lamps

主要以红外辐射方式传递热能的灯状电热元件。

3.4

辐射源平面 radiation panel

由若干基本上安装在同一平面的红外线灯泡(或环形辐射源)的外切圆或能包络这些红外线灯泡(或环形辐射源)的最小直径的圆构成的平面。

对于非红外线灯泡和非环形辐射源,则以它们的外接圆或能包络这些辐射源的最小直径的圆构成的平面。

如果只有一只红外线灯泡(或一个环形辐射源),则辐射源平面就是红外线灯泡(或环形辐射源)最大直径的外圆构成的平面。

3.5

辐射源平面中心轴 central axis of radiation panel

通过辐射源平面中心且垂直于辐射源平面的直线。

3.6

辐射距离 radiation distance

从辐射源最凸点处沿辐射源中心轴向外方向测得的距离。

若多个辐射源最凸点处不在同一个平面上,则以辐射方向上向外最远端的最凸点处为准。

3.7

辐射温升 temperature increase by radiation

在某辐射距离垂直于中心轴距离的平面上测得的温升。

3.8

强制对流温升 temperature increase by forced convection

在某个特定空间里,通过强制对流的方式传导热量而产生的温升。

3.9

出风口平面 plane of opening for heat flow

对于风扇式器具,由若干基本上在同一平面的出风口外切圆或能包括这些出风口的具有最小直径的圆构成的平面。如果只有一个出风口,则出风口平面就是该出风口外接圆或能包括该出风口的具有最小直径的圆构成的平面。

3.10

出风口平面中心轴 central axis of opening for heat flow

通过出风口平面中心且垂直于出风口平面的直线。

4 分类

4.1 根据传热方式分类

——辐射式

主要以辐射方式传热的浴室电加热器。其热源有：

红外线灯泡或类似特性组件；

碳纤维管、石英管、卤素管或类似特性组件；

电热丝或类似特性组件；

等等。

——风扇式

依赖强制通风对流方式传热的的浴室电加热器。

——复合式

兼有辐射及其他传热方式的浴室电加热器。

4.2 根据安装方式分类

——天花板安装；

——墙壁安装。

4.3 根据功能分类

——单一取暖功能；

——多功能，如：

取暖与通风组合；

取暖、通风与照明组合；

……

5 要求

器具应符合 GB 4706.1、GB 4706.23 和本标准的规定，并按经规定程序批准的图样及文件进行生产。

5.1 结构要求

5.1.1 器具的紧固件及其他零部件应符合有关的标准的规定，其易损件应便于更换。

5.1.2 器具上的钢铁制件(不锈钢除外)，表面应进行防锈蚀处理，例如采用电镀、涂漆、搪瓷或其他有效的防锈蚀处理。表面应光滑细密、色泽均匀、不得有剥落、露底、针孔、鼓泡、明显的花斑和划伤等缺陷。经过耐腐蚀试验后其表面、边缘及棱角部位不应出现直径 1mm 以上的锈蚀点。

5.1.3 器具上的涂漆件或涂塑件的涂饰层应附着力强，结合牢固，不应有明显的气泡、流痕、漏涂、底漆外露、皱纹、裂痕等现象。

5.1.4 器具上的塑料件表面应平整光滑、色泽均匀，不得有裂纹、气泡等缺陷。

5.2 辐射源的抗冷水冲击

在正常使用时有可能溅到水的器具的辐射源，在额定电压下工作 20 min 后，应能经受温度为(5±1)℃的冷水的冲击，无爆裂或其他损坏。

5.3 安全使用年限

制造厂应明示产品的安全使用年限。

器具的安全使用年限至少为 6 年。

5.4 热性能要求

5.4.1 辐射式器具热性能要求

5.4.1.1 辐射温升

器具在辐射距离为500 mm的平面上的最高辐射温升应不大于85 K。

对于采用红外线灯泡或类似特性组件作为热源的辐射式器具，在辐射距离为700 mm的平面上的平均辐射温升应不小于表1的规定值 T_{min}。

表 1

功率段 P	A	B	C	D	E	F	G	H	J	K
T_{min}/K	16.0	19.0	22.0	25.0	28.0	31.0	34.0	37.0	40.0	43.0

其中 A：$P \leqslant 400$ W；B：400 W$<P\leqslant$500 W；C：500 W$<P\leqslant$600 W；D：600 W$<P\leqslant$700 W；E：700 W$<P\leqslant$800 W；F：800 W$<P\leqslant$900W；G：900 W$<P\leqslant$1 000 W；H：1 000 W$<P\leqslant$1 100 W；J：1 100 W$<P\leqslant$1 200 W；K：$P>$1 200 W。

对于采用其他热源的辐射式器具，在辐射距离为700 mm的平面上的平均辐射温升应不小于表2的规定值 T_{min}。

表 2

功率段 P	A	B	C	D	E	F	G	H	J
T_{min}/K	13.0	14.5	16.0	17.5	19.0	20.5	22.0	23.5	25.0

其中 A：$P\leqslant$600 W；B：600 W$<P\leqslant$700 W；C：700 W$<P\leqslant$800 W；D：800 W$<P\leqslant$900 W；E：900 W$<P\leqslant$1 000 W；F：1 000 W$<P\leqslant$1 100 W；G：1 100 W$<P\leqslant$1 300 W；H：1 300 W$<P\leqslant$1 500 W；J：$P>$1 500 W。

5.4.1.2 辐射升温时间

对于辐射式器具，在辐射距离为700 mm的平面上达到70%的平均辐射温升所需的辐射升温时间应不大于7 min。

5.4.2 风扇式器具热性能要求

5.4.2.1 强制对流温升

对于风扇式器具工作到热稳态时，平均强制对流温升应不小于表3的规定值 T_{min}。

表 3

功率段 P	A	B	C	D	E	F	G	H	J	K
T_{min}/K	9.0	10.0	11.0	12.0	13.0	14.0	15.0	16.0	17.0	18.0

其中 A：$P\leqslant$1 200 W；B：1 200 W$<P\leqslant$1 350 W；C：1 350 W$<P\leqslant$1 500 W；D：1 500 W$<P\leqslant$1 650 W；E：1 650 W$<P\leqslant$1 800 W；F：1 800 W$<P\leqslant$1 950 W；G：1 950 W$<P\leqslant$2 100 W；H：2 100 W$<P\leqslant$2 250 W；J：2 250 W$<P\leqslant$2 400 W；K：$P>$2 400 W。

5.4.2.2 升温时间

对于风扇式器具，达到70%的平均强制对流温升值所需的时间应不大于10 min。

5.4.3 复合式器具热性能要求

对于辐射、对流功能可以独立工作的复合式器具，其热性能应分别符合辐射式器具和风扇式器具热性能要求。

对于辐射、对流功能不可以独立工作的复合式器具，其热性能应符合辐射式器具或风扇式器具热性能要求。

5.5 热过载

器具应能承受30次循环热过载试验，而不发生损坏。

5.6 抗老化

器具经抗老化试验后，产品应能正常工作，热性能温升值应不低于初始值的80%。

5.7 低电压启动

对于带电机的器具，在85%额定电压下，电机应能正常启动。

5.8 排风量

对于具有换气功能的器具，在静压为零时对应的排风量应不低于1.6 m^3/min；其实际排风量不应低于铭牌所标的标称风量的95%。

5.9 噪声

对于具有换气功能的器具，在正常工作时，其声功率级噪声值应不大于69 dB(A计权)。

5.10 跌落

器具在经受标准规定的跌落试验后，对产品进行通电检测，产品的各项功能应工作正常。

5.11 振动

器具在经受标准规定的振动试验后，应达到以下要求：

a) 包装箱的结构应无明显破损和变形，箱内固定物无明显位移；

b) 产品表面及零部件不应有机械损伤；

c) 对产品进行通电检测，产品的各项功能应工作正常。

6 试验方法

6.1 试验的一般条件

a) 除另规定外，型式试验应在环境温度为(20±5)℃，其相对湿度为60%～70%，无外界气流影响，无强烈阳光和其他热幅射作用的室内进行。

b) 试验用交流电压为正弦波，电压及频率波动范围不得超过额定值的±1%。

c) 器具应按制造厂说明书要求安装完毕后进行试验。

6.2 试验用仪表

a) 电工仪表的精度，用于型式试验时应不低于0.5级，用于例行试验时应不低于1.0级。

b) 测温仪表，其精度应不低于0.5 ℃。

c) 计时仪表，其精度应不低于0.1 s。

6.3 试验方法

6.3.1 结构检查

通过视检，必要时通过手动试验确定其是否合格。

部件的耐腐蚀能力按GB/T 2423.17规定的24 h盐雾试验。

6.3.2 发热元件试验

6.3.2.1 抗冷水冲击试验

在正常使用时有可能溅到水的器具的辐射元件，在额定电压下工作20 min后，将(5±1)℃的雾状水均匀喷撒到辐射元件的表面上。

6.3.2.2 抗机械冲击试验

对于器具裸露的辐射元件，使用弹簧冲击器对辐射元件的中心位置，比如红外线灯泡玻壳的正中间，进行打击，打击三次，打击能量为(0.5±0.04)J。

6.3.3 安全使用年限验证

验证方法正在制定中。

6.3.4 热性能试验

6.3.4.1 辐射式器具热性能试验

6.3.4.1.1 辐射温升测量

在附录A规定的标准试验室内进行。冷冻室温度(16±2)℃,试验室初始温度(16±2)℃,相对湿度为60%～70%。

将器具按照使用说明书的要求正常安装。

将长1.2 m、宽1.2 m、厚约20 mm的涂有无光黑漆的胶合板垂直于辐射中心轴对称地固定在测试台上,并以500 mm的距离面对器具。

用固定在直径为15 mm、厚为1 mm的涂黑小铜盘背面,直径不超过0.3 mm的细丝热电偶测量温度。此铜盘的正面嵌装得与胶合板表面齐平,热电偶应放置得能测出每个表面的最高温度。小铜盘宜用胶粘合。

按照图1所示,将九个热电偶按要求分布在测试板上。测试圆半径为300 mm,其圆心为器具的辐射中心轴与胶合板的相交点。在胶合板上的测试圆周上均匀设置四个热电偶,在半径为150 mm的同心圆圆周上再均匀设置四个热电偶,并使其与外圆周上的热电偶呈交错装(如图所示)。热电偶应尽量多地设置在单个辐射的辐射中心轴与胶合板相交的点上,以便能测出每个表面的最高温升;将一个热电偶放置在测试圆圆心上。

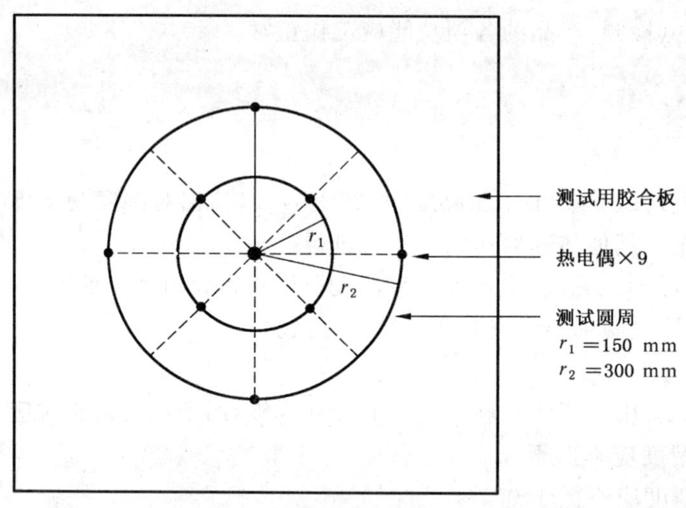

图1 辐射式器具热性能测试热电偶分布图

当稳态确定时测量温度。单点温升可通过板上热电偶的稳态温度和该热电偶的初始温度之差进行计算。上述九点温升最高值即为该器具在该辐射距离上的最高辐射温升。化整到最近似的1 K。

注:在15 min内,温升相差不超过2 K,则可认为已达到稳态。

使标准试验室内的温度回复为初始温度(16±2)℃,将胶合板面对器具的距离由500 mm调整为700 mm,重复上述试验测试。

当稳态确定时测量温度。单点温升可通过板上热电偶的稳态温度和该热电偶的初始温度之差进行计算。

选取单点温升值由高到低排列的第二、第三、第四、第五共四点,将该四点温升求算术平均值,则该温升算术平均值即为该辐射距离上的平均辐射温升。化整到最近似的1 K。

对试样进行通电加热的同时,用温度测量记录仪测量并记录从室温升至温度稳定状态的升温曲线,如图2所示。

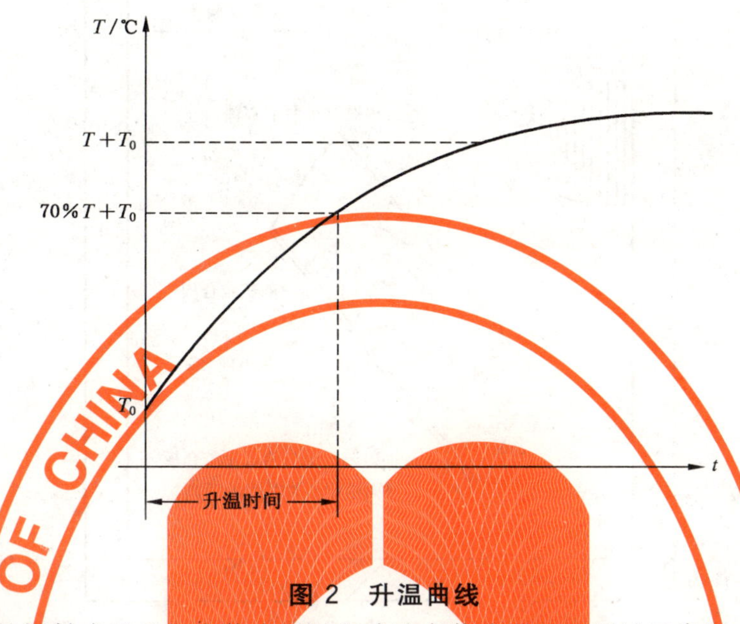

图 2 升温曲线

图 3、图 4 分别是辐射式天花板安装式器具和墙壁安装式器具的测试示意图。

6.3.4.1.2 辐射升温时间测量

根据 6.2.3.1.1 辐射距离为 700 mm 时的记录曲线，选择次高点温度曲线，取温度从室温 T_0 升至（70%辐射温升+T_0）时所需的时间作为升温时间，如图 4 所示。

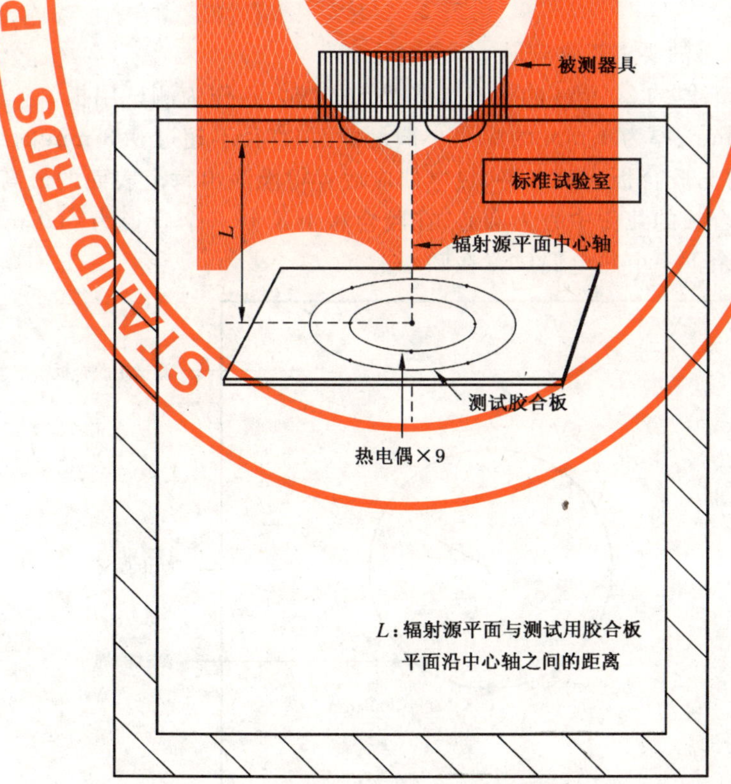

图 3 辐射式天花板安装式器具热性能测试示意图

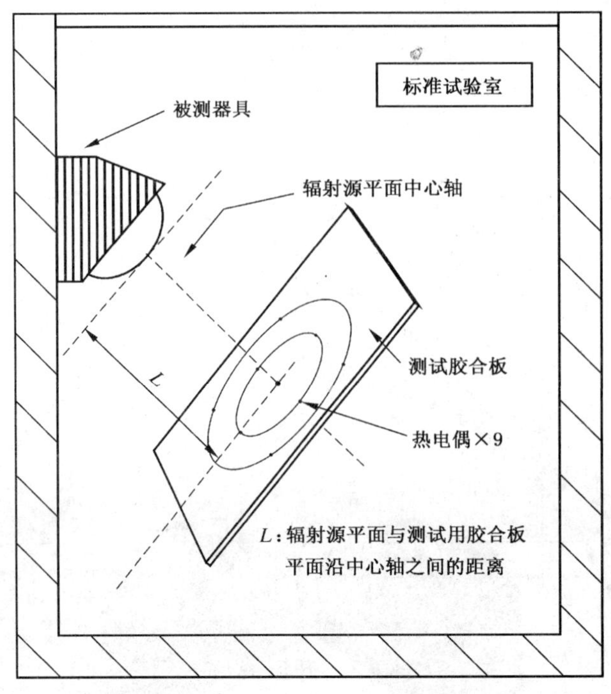

图 4 辐射式墙壁安装式器具热性能测试示意图

6.3.4.2 风扇式器具热性能试验

6.3.4.2.1 强制对流温升测量

在附录 A 规定的标准试验室内进行。冷冻室温度(16±2)℃,试验室初始温度(16±2)℃,相对湿度为 60%~70%。

将器具按照使用说明书的要求正常安装。

用长 1.2 m、宽 1.2 m、厚约 20 mm 的涂有无光黑漆的胶合板作为测试用板。

用固定在直径为 15 mm、厚为 1 mm 的涂黑小铜盘背面,直径不超过 0.3 mm 的细丝热电偶进行测量。此铜盘的正面嵌装得与胶合板表面齐平,热电偶应放置得能测出每个表面的最高温升。

按照图 5 所示,以胶合板的几何中心为圆心,在胶合板上绘制一个直径为 600 mm 的圆,在该圆周上均匀设置四个热电偶,余下一个热电偶放置在圆心上。

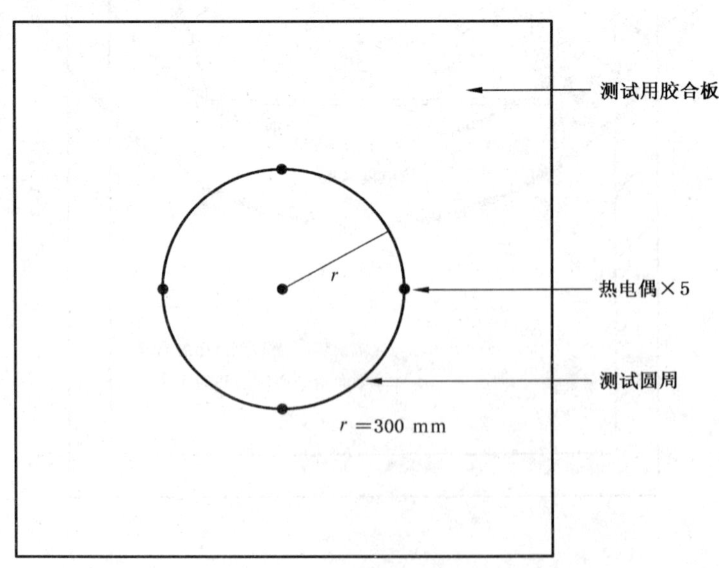

图 5 对流式器具热性能测试热电偶分布图

如图 6 所示。将胶合板垂直放置在试验室中，胶合板中心离地 1 100 mm。调整胶合板位置，使胶合板所在平面和器具出风口平面中心轴相平行，并使该中心轴到胶合板的垂直距离为 500 mm。

注意：应尽量避免让热风直接吹到测试板上。对于使用过程中可按照需要改变出风方向的器具，试验前应适当调整摆页位置并将其定位，避免让热风直接吹到测试板上。对于使用过程中必须与加热功能一起工作的摆页机构，则不加限制。

当稳态确定时测量温度。单点温升可通过板上热电偶的稳态温度和该热电偶的初始温度之差进行计算。上述 5 点温升的算术平均值即为强制对流温升。化整到最近似的 1 K。

对试样进行通电加热的同时，用温度测量记录仪测量并记录从室温升至温度稳定状态的升温曲线，如图 3 所示。记录在稳态确定时的测量温度。

6.3.4.2.2 对流升温时间测量

根据 6.2.3.2.1 的记录曲线，选择次高点温度曲线，取温度从室温 T_0 升至（70%辐射温升＋T_0）时所需的时间作为升温时间，如图 2 所示。

6.3.4.3 复合式器具热性能试验

对于辐射、对流功能可以独立工作的复合式器具，分别开启辐射和对流功能，分别按照辐射式器具和风扇式器具热性能试验要求进行。

对于辐射、对流功能不可以独立工作的复合式器具，开启加热功能，分别按照辐射式器具和风扇式器具热性能试验要求各进行一次试验。

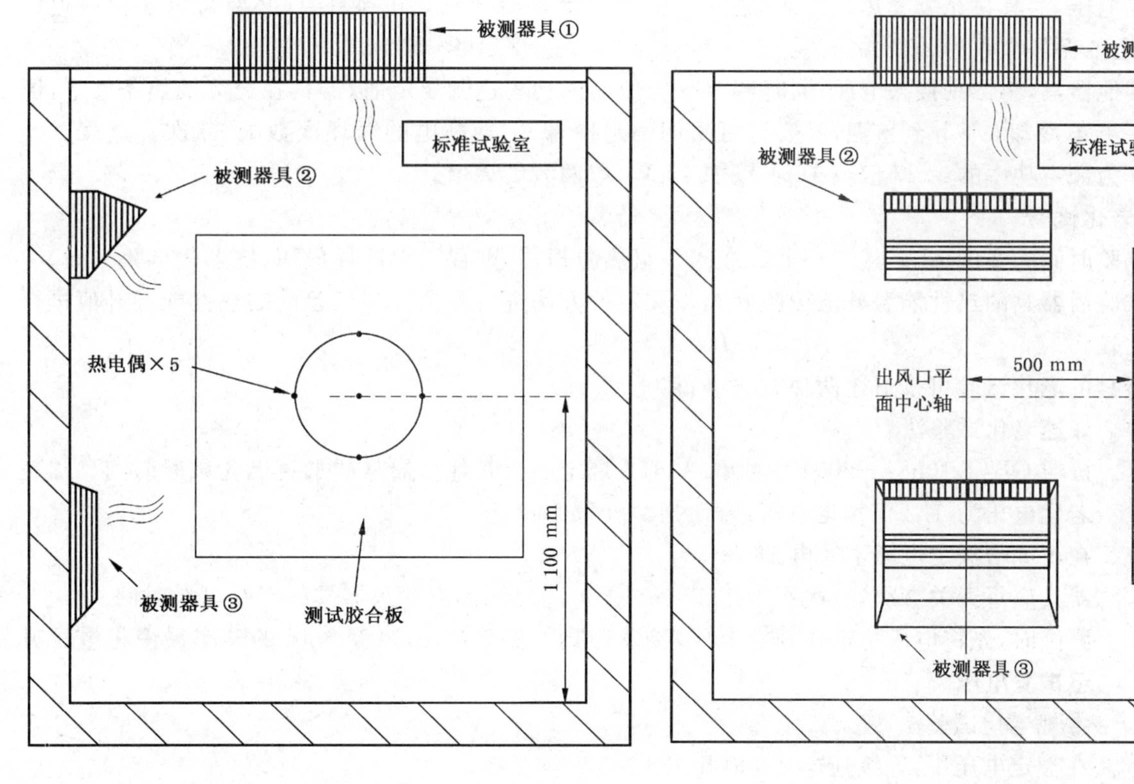

a) 正视图　　b) 侧视图

图 6 风扇式器具热性能测试示意图

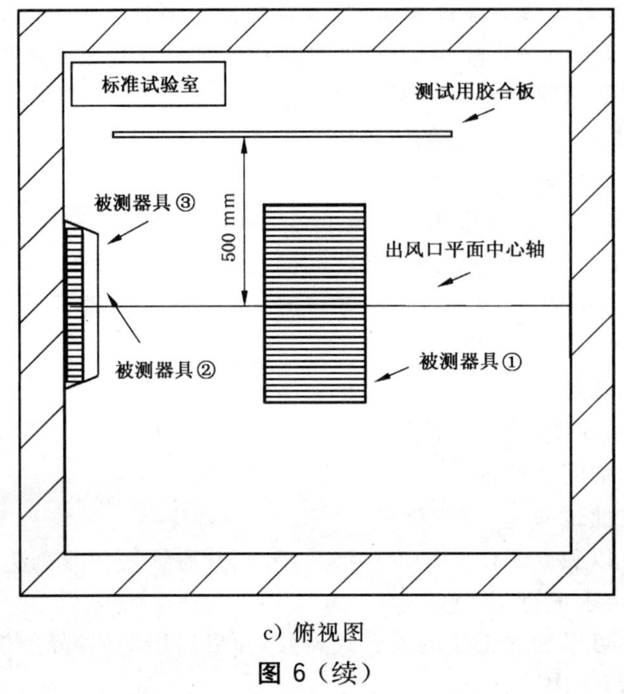

c) 俯视图

图 6（续）

6.3.5 热过载

对于带 PTC 发热元件的器具，将器具接入电源，同时调节电压至规定值，该规定值为 1.27 的平方根乘以额定电压，器具在充分发热条件下，通电 1 h，然后断电冷却 0.5 h 到室温(必要时可采用强迫冷却)。通断电的循环次数为 30 次。

对于其他器具，将器具接入电源，同时调节电压使输入功率达到规定值，器具在充分发热条件下，通电 1 h，然后断电冷却 0.5 h 到室温(必要时可采用强迫冷却)。通断电的循环次数为 30 次。过载试验的输入功率为额定功率的 1.27 倍或 1.21 倍加 12 W，取两者的大值。

6.3.6 抗老化试验

老化试验时间为 2 000 h。其中一个灯泡或一组热源损坏，则视同本器具损坏，抗老化试验失败。

——试验后器具的热性能温升值按照 6.3.4 规定的方法进行测量。与试验前的热性能温升值进行比较。

——器具的老化试验可按下述两种方法进行：

a) 加速老化试验法

按照 GB/T 10681—2004 中附录 A.4.6 规定的公式计算器具的加速老化试验时间。加速老化电压为 1.2 倍额定电压，寿命指数 n 取 14。

在 1.2 倍额定电压下通电 156 h。

器具应每天关二次，每次不少于 15 min。关闭时间不应计入器具的老化试验时间。

测试时，先将电压稳定在额定电压，接通器具。然后按照 50 V/min 的速率慢慢将电压升至试验电压。

b) 常规老化试验法

在额定电压下，连续通电 2 000 h。

6.3.7 低电压启动试验

将输入电压调为 85%额定电压，打开电机开关，视检器具的电机能否正常启动。对于同时具有换气、吹风功能的器具，应对电机的正反转分别进行该试验。

6.3.8 排风量测试

按 GB/T 14806—2008 中的附录 A 规定的方法进行试验。

6.3.9 噪声测试

器具在噪声测试时的安装及工作状况，均按照 GB/T 4214.1—2000 中第 5 章要求执行，器具以最高转速档运转。表面上的测定位置、测点坐标具体要求及试验方法按 GB/T 4214.1—2000 中第 6.2.3 执行。

6.3.10 跌落试验

包装件自由跌落试验按 GB 4857.5 进行。

依次将试件的 3、2、5、4、6 面向下。提到预定高度 600 mm，保证初速度为零的情况下突然释放，每面各跌落一次。

对不能倒置的产品，应对底部连续进行 6 次跌落试验。

6.3.11 振动试验

振动试验按 GB 4857.7 规定进行水平振动和垂直振动试验，振动时间为 45 min。

7 检验规则

7.1 每台器具均应经制造商质量管理部门检验合格后方能出厂，同时附上合格证、说明书，并在说明书和器具上标明出厂日期。

7.2 检验分类

检验分为例行检验和型式检验。

7.2.1 例行检验

即在生产过程的末端对产品进行 100% 的检验，例行检验项目全部合格方可出厂。试验可以在装配好的整机上进行，如果后面的生产过程不会影响到检测结果，可以在生产期间的恰当阶段进行。例行检验的项目至少应包括表 4 规定。

例行检验的方法可参照 GB 4706.23 和本标准，结合生产状况以及产品认证的需要由企业自行规定。

表 4 例行检验

序号	检验项目	序号	检验项目
1	外观标志检查	4	泄漏电流测试
2	输入功率测试	5	电气强度试验
3	接地电阻测试	6	电机低压启动试验

7.2.2 型式试验

7.2.2.1 型式试验应在下列情况之一时进行：

a) 新产品试制定型鉴定；

b) 新产品转厂生产试制定型鉴定；

c) 设计、工艺或使用零部件和材料有较大改变，可能影响到产品性能时；

d) 产品停产一年以上，再恢复生产时；

e) 抽样检验结果与上次型式试验结果有较大差异时；

f) 国家质量监督机构提出进行型式试验的要求时。

7.2.2.2 检验项目

GB 4706.23 和本标准规定的所有项目。

7.3 交货时，是否进行抽样检验以及抽样检验的方法等由企业结合客户要求自行确定。如有争议，则采用 GB/T 2828.1 的正常检查二次抽样方案，判别水平Ⅰ，接受质量线(AQL)为：C 类不合格，AQL=6.5。

8 标志、包装、运输、贮存

8.1 标志

器具的铭牌标志应符合 GB 4706.1、GB 4706.23 的相应要求。对于需要现场接线的器具,其电气线路图应靠近接线位置。

每台器具上应有下列清晰牢固的标志:

a) 器具的名称;

b) 产品的型号、规格;

c) 额定电压或电压范围;

d) 电源性质的符号,标有额定频率的除外;

e) 额定输入功率;

f) 制造商或承销商的名称、商标或识别标记;

g) 防水等级;

h) 产品的安全使用年限及产品批号或生产日期;

i) 对于具有换气功能的器具,需要标注噪声;

j) 对于具有换气功能的器具,需要标注排风量;

k) 对于需要现场接线的器具,必须有电气线路图。

8.2 使用说明书

每台器具应有使用说明书。使用说明书应符合 GB 4706.1、GB 4706.23 的相应要求。同时,每台器具的使用说明书上还应标出下列内容:

a) 器具的名称、型号、规格、电气线路图、取暖方式、额定电压、额定输入功率;对于辐射、对流可以独立工作的复合式器具,还应标出不同取暖方式的输入功率;

b) 使用环境;

c) 安装/开孔尺寸及简图;

d) 安装接线方式;

e) 使用注意事项;

f) 故障排除及保养;

g) 防水等级;

h) 产品的安全使用年限及产品批号或生产日期;

i) 对于具有换气功能的器具,需要标注噪声;

j) 对于具有换气功能的器具,需要标注排风量。

8.3 包装

8.3.1 器具的包装应有可靠的防潮防尘措施,保证产品的绝缘性能、金属保护层及各种零件不致损坏。

8.3.2 包装箱应牢固可靠,能有效地保护产品。

8.3.3 包装箱标志

包装箱标志至少应包括以下内容:

a) 产品名称;

b) 产品的型号、规格;

c) 包装箱毛重,kg;

d) 包装箱外形尺寸 长×宽×高,mm×mm×mm;

e) 注意事项及标记“小心轻放”、“切勿受潮”、“向上”等字样或符号;

f) 堆码;

g) 出厂日期或批号;

h） 产品执行标准；

i） 制造商或承销商名称、地址和商标或识别标记。

8.3.4 包装箱内的产品、附件、合格证、说明书、保修单等应齐全。

8.4 运输

8.4.1 运输过程中应防止剧烈振动、挤压、雨淋及化学物品侵蚀。

8.4.2 搬运必须轻拿轻放，码放整齐，严禁滚动和抛掷。

8.5 贮存

8.5.1 成品必须储存在干燥通风、周围无腐蚀性气体的仓库。

8.5.2 器具应按型号分类存放，堆码的高度应不大于包装箱上标明的堆码高度。

附　录　A
（规范性附录）
标准试验室

标准试验室是由一个模拟室内温度的试验室和一个模拟室外温度的冷冻室构成，如图 A.1、图 A.2 所示，并以图 A.1 所示的视为外墙的壁板隔开上述试验室。

通过调节冷冻室温度来模拟低温条件下沐浴的室外环境，并在试验开始前帮助试验室达到试验所要求的环境温度。冷冻室体积应在 30 m^3～40 m^3 之间、长在 3 m～4 m 之间、宽在 3 m～4 m 之间和高在 2.4 m～2.6 m 之间。试验室为模拟标准浴室，长 1.8 m，宽 1.8 m，高 2.2 m。

在试验室外墙有一个至少为 1.2 m×0.8 m，导热系数不大于 3 W/(m^2K)的玻璃窗，窗下护墙的高度至少为 0.8 m，导热系数不大于 0.5 W/(m^2K)，外墙剩余部分导热系数不大于 1.0 W/(m^2K)，对于其他壁板、地板和天花板，导热系数不大于 0.6 W/(m^2K)。

试验前，打开试验室与冷冻室之间的门，以及两侧墙体和玻璃窗口之上两个对称的 100 mm×100 mm 出气口，来自冷冻室的冷空气通过该扇门和两个出气口提供给试验室。空气通过自然对流将冷冻室空气带给试验室，使其环境温度与冷冻室环境温度达到平衡。必要时，还可以采用强制对流方式。

试验进行时，关闭试验室门和上述两个出气口。

试验室外应有一个加湿量足够的加湿器为试验室提供一定的湿度环境。使用一个置于试验室内的湿度控制器控制试验室湿度，此湿度控制器应放置在距墙 1 m、距地面 1.2 m 处。

记录仪表应放置于试验室外。

单位为毫米

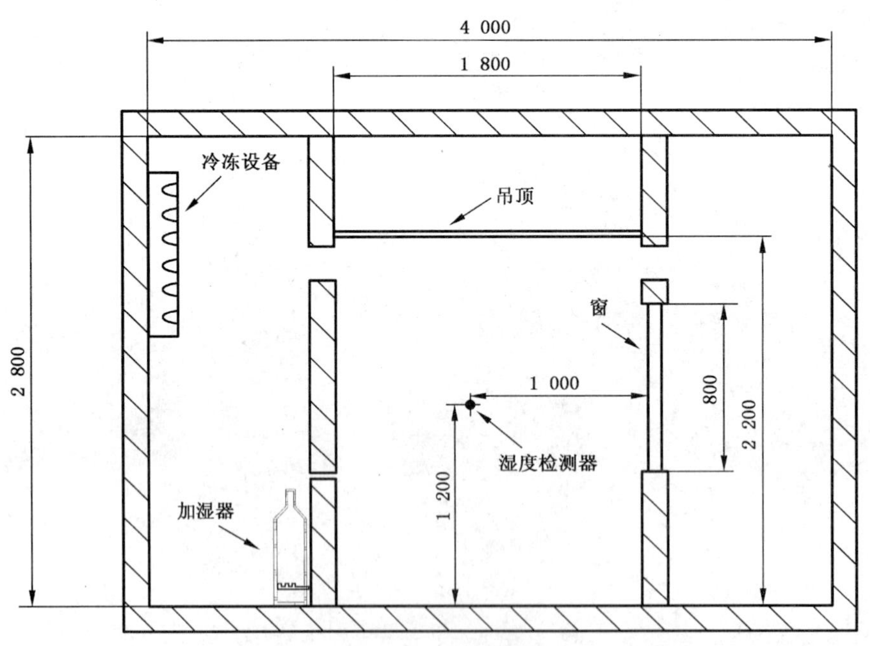

图 A.1　气候试验室侧视图

单位为毫米

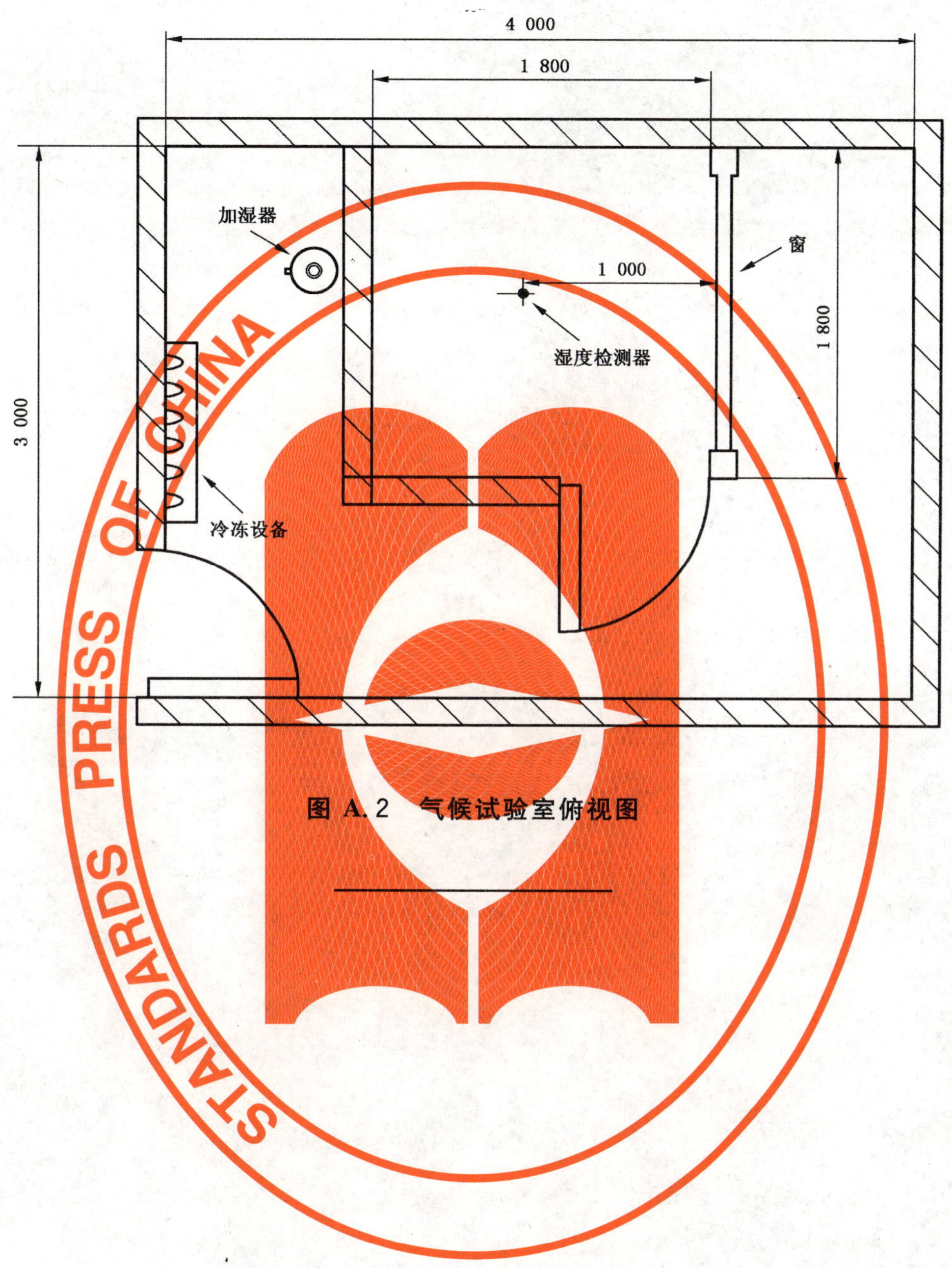

图 A.2　气候试验室俯视图

ICS 87.080
Y 44

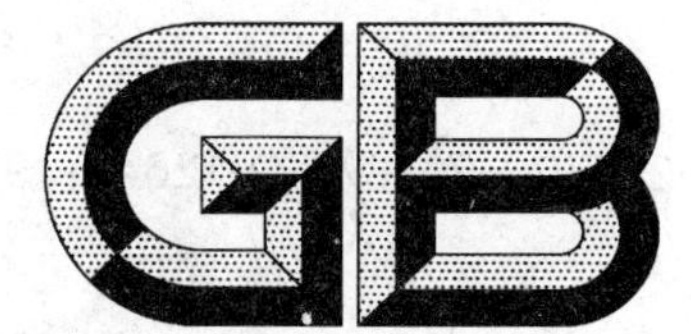

中华人民共和国国家标准

GB/T 22770—2008/ISO 12644:1996

印刷技术　用落棒式粘度计测定浆状油墨和连接料的流变性

Graphic technology—Determination of rheological properties of paste inks and vehicles by the falling rod viscometer

(ISO 12644:1996,IDT)

2008-12-30 发布　　2009-09-01 实施

中华人民共和国国家质量监督检验检疫总局
中国国家标准化管理委员会　发布

前 言

本标准等同采用ISO 12644:1996《印刷技术 用落棒式粘度计测定浆状油墨和连接料的流变性》(英文版)。

为了便于使用，本标准对ISO 12644:1996仅做下列编辑性修改：

——删除ISO 12644:1996的前言。

本标准的附录A为规范性附录。

本标准由中国轻工业联合会提出。

本标准由全国油墨标准化技术委员会归口。

本标准起草单位：北京印刷学院、洛阳百林威油墨有限公司、浙江永在化工有限公司。

本标准主要起草人：魏先福、吴铁军、吴敏。

印刷技术　用落棒式粘度计测定浆状油墨和连接料的流变性

1　范围

本标准规定了在常温条件下测定不会发生反应的浆状油墨和连接料的粘度和屈服值的测定方法。

本标准适用于表观粘度在 2 Pa·s～200 Pa·s 浆状油墨及其连接料的粘度和屈服值的测定。

2　术语和定义

下列术语和定义适用于本标准。

2.1

粘度　viscosity

流体发生流动时的内摩擦阻力。粘度通常定义为**剪切应力**(2.2)与**剪切速率**(2.3)的比值，可用式(1)表示。

$$\eta = \frac{\sigma}{\gamma} \qquad \cdots\cdots(1)$$

式中：

η——粘度，单位为帕秒(Pa·s)；

σ——剪切应力，单位为帕(Pa)；

γ——剪切速率，单位为每秒(s^{-1})。

2.2

剪切应力　shear stress

作用于单位面积，且与作用面平行的力，单位：Pa。

注1：对于落棒粘度计，剪切应力与棒和所加载荷的总重量成正比，可用式(2)表示。

$$\sigma = \frac{W}{A} = \frac{mg}{2\pi rl} \qquad \cdots\cdots(2)$$

式中：

σ——剪切应力，单位为帕(Pa)；

W——棒和所加载荷的总重量，单位为牛(N)；

A——表观剪切面积，单位为平方米(m^2)；

g——重力加速度，单位为米每二次方秒(m/s^2)；

m——棒和所加载荷的总质量，单位为千克(kg)；

r——棒的半径，单位为米(m)；

l——圆环孔隙的有效长度，单位为米(m)。

注2：落棒粘度计的剪切孔深通常包括锥形孔深和圆孔深度。但是，A 不是实际的剪切面积，而是表观剪切面积。

2.3

剪切速率　shear rate

流体发生层流时各液层的速度梯度，单位 s^{-1}。

注：对于落棒粘度计，剪切速率可用式(3)表示。

$$\gamma = \frac{L}{r \cdot \ln(R/r) \cdot t} \qquad \cdots\cdots(3)$$

式中:

γ——剪切速率,单位为每秒(s^{-1});

L——落棒下落距离(计时起始点和终止点间的距离),单位为米(m);

r——棒的半径,单位为米(m);

R——圆环孔隙半径,单位为米(m);

t——下落时间(计时起始点和终止点间的时间),单位为秒(s)。

当落棒半径与孔隙半径之比固定不变时,式(3)可以简化为式(4):

$$\gamma = \frac{L}{st} \qquad (4)$$

式中:

s——为孔隙半径与落棒半径之差,即附着在落棒表面的油墨厚度,单位为米(m)。

2.4

表观粘度　apparent viscosity

在给定剪切应力或剪切速率的条件下,剪切应力 σ 与剪切速率 γ 的比值,单位为 Pa·s。

2.5

牛顿流体　Newtonian liquid

剪切应力 σ 与剪切速率 γ 成正比关系的流体。

2.6

非牛顿流体　non-Newtonian liquid

剪切应力 σ 与剪切速率 γ 不成正比关系的流体。

注 1:有两类非牛顿流体:剪切增稠,粘度随着剪切速率的增加而升高;剪切变稀,粘度随着剪切速率的增加而降低。

注 2:如果流体的粘度在受到稳定机械力作用下粘度下降,当外力除去后粘度重新升高,则这类流体称为触变性流体。

2.7

流动曲线　flow curve

剪切应力 σ 与剪切速率 γ 的关系曲线。

2.8

卡森模型　Casson model

随着剪切速率 γ 的增加,剪切应力 σ 呈非线性增加的流动模型,存在一个能够使流体开始发生流动的最小剪切应力 σ_0,见第 A.1 章。

2.9

宾汉模型　Bingham model

随着剪切速率 γ 的增加,剪切应力 σ 呈线性增加的流动模型,存在一个能够使流体开始发生流动的最小剪切应力 σ_0,见第 A.2 章。

2.10

幂律模型　power law model

流体的剪切应力 σ 与剪切速率 γ 的 N 次方成正比关系的流动模型,见第 A.3 章。

2.11

屈服值　yield stress

使流体开始发生流动所需要的最小剪切应力,单位:Pa。

2.12

假屈服值　pseudo yield stress

应用幂律模型时,在低剪切速率时的剪切应力,剪切速率一般为 2.5 s^{-1}。

2.13

参考温度　reference temperature

所有结果的测试条件都应为25 ℃,单位:℃。

注:测试温度与此温度不同时需进行修正(见6.2.2)。

2.14

测试温度　test temperature

测试过程中孔隙的实际温度,单位:℃。

2.15

短度　shortness ratio

屈服值或假屈服值与表观粘度的比值,单位 s^{-1}。

3 测定方法

3.1 原理

测试原理是测试落棒与孔隙之间的相对速度。将棒的底端插入孔隙,落棒与孔隙的间隙填满待测流体,当落棒下落时,流体将受到剪切作用。

通过改变加载荷重获得不同的剪切速率,测试不同载荷的下落时间,采用线性回归的方法,计算流体的粘度和屈服值。

3.2 仪器

3.2.1 落棒式粘度计

粘度计包括:

——由金属或其他硬质材料制成的圆柱棒(图1,称为落棒)。为了获得合适范围内的剪切应力和产生的剪切速率,钢类落棒的质量应为(132±1)g。

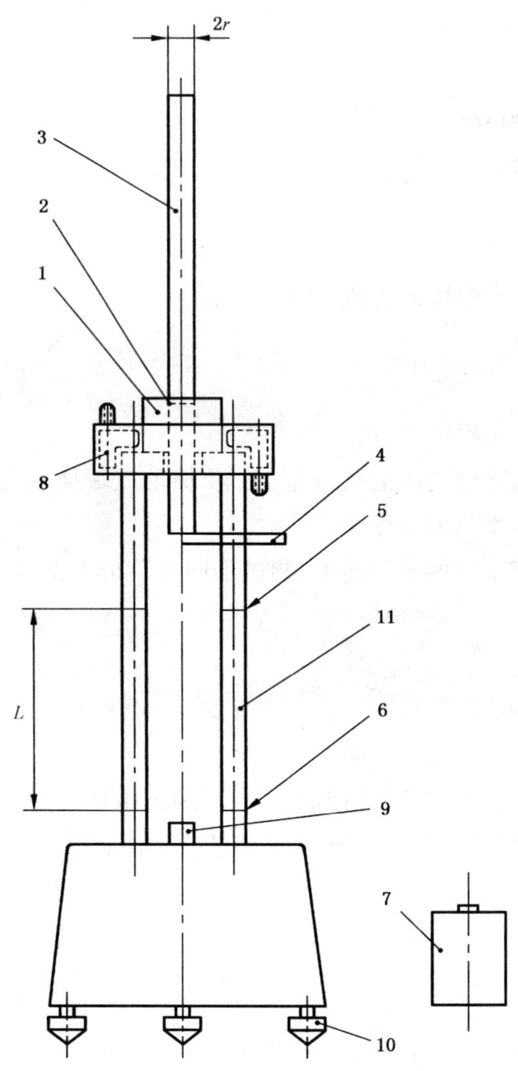

1——金属环(圆环);
2——圆环孔隙;
3——落棒;
4——支撑片;
5——计时距离的上部标记;
6——计时距离的下部标记;
7——加载荷重;
8——循环水套;
9——水平调节器;
10——水平调节螺丝;
11——支柱;
r——落棒的半径;
L——测试距离。

图1 落棒式粘度计

——孔隙为锥型或柱型的金属环(图2,称为圆环)。圆环固定在支撑物上,且温度可控。由于落棒和圆环的直径非常关键,所以要求其加工精度很高。尺寸可由制造商提供。为了减小可能出现的间隙误差,只能使用配套的落棒和圆环。

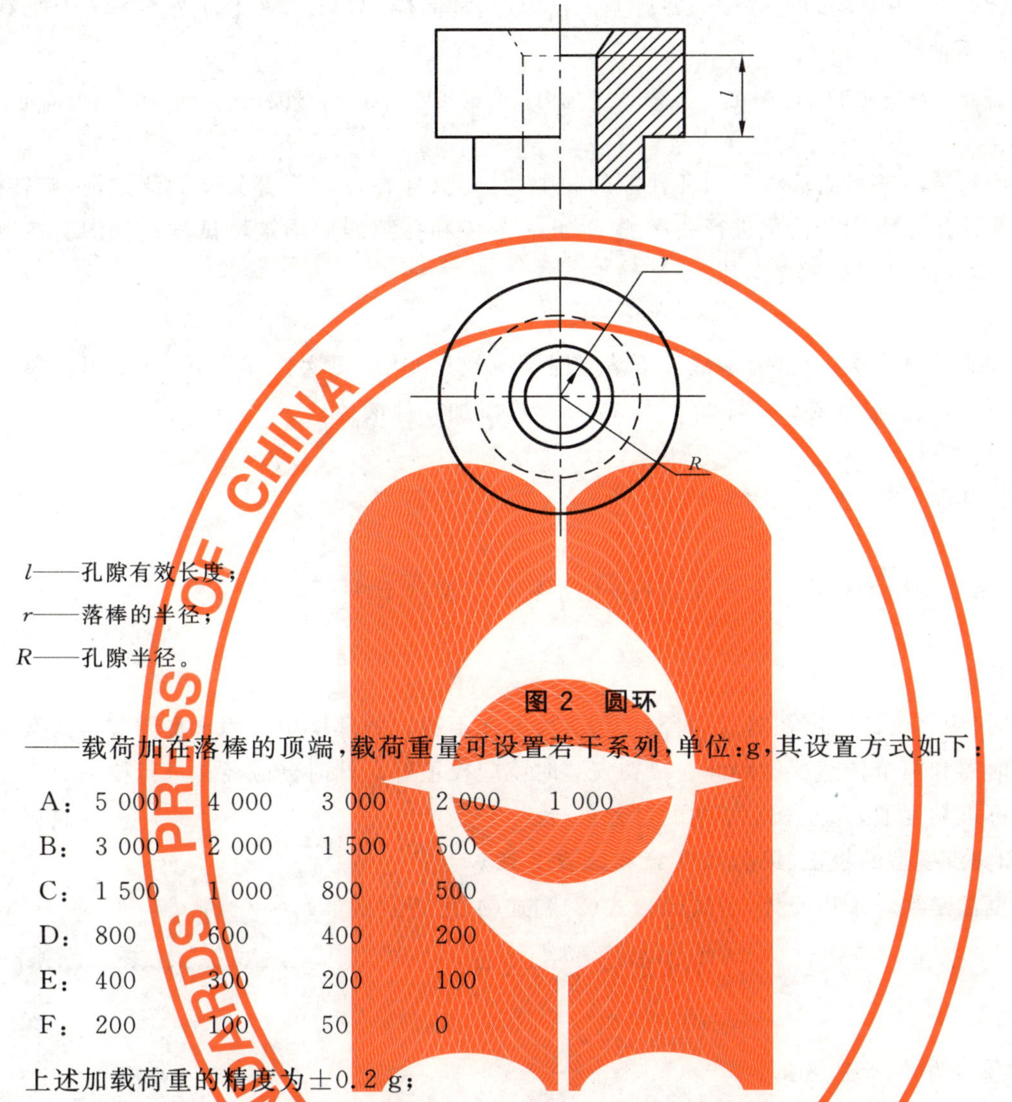

l——孔隙有效长度；

r——落棒的半径；

R——孔隙半径。

图 2　圆环

——载荷加在落棒的顶端，载荷重量可设置若干系列，单位：g，其设置方式如下：

A：	5 000	4 000	3 000	2 000	1 000
B：	3 000	2 000	1 500	500	
C：	1 500	1 000	800	500	
D：	800	600	400	200	
E：	400	300	200	100	
F：	200	100	50	0	

上述加载荷重的精度为±0.2 g；

——支架上应标记落棒下落的计时距离，精度为±0.2 mm，计时传感器置于标记处；

——水平调节器；

——计时器，精度为±0.1 s(推荐使用精度为±0.01 s的计时器)。

3.2.2　温度控制

具有温度检测和控制的功能。

3.2.3　其他

不会损伤落棒的调墨刀。

标准粘度油(至少两种)，用于校准。

注：标准粘度油，其粘度范围应在样品粘度范围内。这些油的粘度应该由权威机构提供。自备标准粘度物质只能做对比研究使用。

3.3　环境温度控制

测试应在温度可控的环境中进行。可以将粘度计放在恒温箱或在稳定室温下测试。

如在恒温箱内测试，恒温箱内的温度与测试温度的差别不应超过±0.5 ℃，如在室温下测试，可以允许温度变化范围为±2 ℃。标准参考温度为(25±0.2)℃。

3.4 测试准备

将测试样品(约 5 g)用调墨刀充分调匀并调至测试温度，样品应均匀且没有任何粗糙颗粒。加载荷重的选择应参照样品粘度。

注：最大加载荷重一般应使下落时间在 4 s～10 s 范围内。测试热固油墨时，最大加载荷重的下落时间可适当减少。

测试样品的用量要足够填满落棒和圆环孔隙的间隙，且要涂抹在棒的下部。开始测试前，旋转棒，使样品均匀分布。使用最大加载荷重进行一次测试，此时落棒和孔隙四周均被测试样品润湿。在测试开始之前，将落棒插入圆环孔隙至支撑片，使其静止。

3.5 测试过程

选择一系列加载荷重依次进行测试，最长下落时间不应超过 60 s，每次操作完后，都要用调墨刀将落棒上的样品刮下，将其重新涂在棒的下部。测试中，不应添加其他液体。

测试前后都应检查样品温度。

对于高触变性样品，需先进行一次预操作。

3.6 清洗

测试完成后，要立刻用不起毛的抹布和适当的溶剂将仪器清洗干净。

4 校正

安装粘度计时，应将仪器固定在坚固的台面上，需放置在不通风的环境中。用水平调节器调整仪器至水平状态。计时器和两个传感器的距离在最初安装时就应校正好。计时器应经常进行校正。

校正需使用标准粘度油，并按 3.5 所述的过程进行。

4.1 卡森模型和宾汉模型的校正(见第 A.1 章和第 A.2 章)

假设标准粘度油是绝对牛顿流体，由式(1)、式(2)和式(4)可得到式(5)。

$$\eta = \frac{\sigma}{\gamma} = \frac{mg}{2\pi rl} \times \frac{st}{L} \qquad \cdots\cdots\cdots\cdots(5)$$

式中：

η——粘度，单位为帕秒(Pa·s)；

σ——剪切应力，单位为帕(Pa)；

γ——剪切速率，单位为每秒(s^{-1})；

m——质量，单位为千克(kg)；

g——重力加速度，单位为米每二次方秒(m/s^2)；

r——落棒半径，单位为米(m)；

l——圆环孔隙的有效长度，单位为米(m)；

s——油墨厚度(圆环孔隙与落棒的间隙)，单位为米(m)；

t——下落时间，单位为秒(s)；

L——测试距离，单位为米(m)。

设：

$$\alpha = \frac{L}{s} \qquad \cdots\cdots\cdots\cdots(6)$$

和

$$\beta = \frac{g}{2\pi rl} \qquad \cdots\cdots\cdots\cdots(7)$$

α、β为仪器参数，α为无量纲，β的单位为 Pa/kg。

则，剪切速率为

$$\gamma = \frac{\alpha}{t} \qquad \cdots\cdots(8)$$

剪切应力为

$$\sigma = \beta m \qquad \cdots\cdots(9)$$

改变加载荷重，测试标准粘度油的下落时间 t，根据式(8)、式(9)计算出 γ 与 σ，利用线性回归法找出 σ 与 γ 的直线关系，牛顿流体的粘度为直线的斜率。

如果测试的粘度相对标准粘度油标定粘度的变化量大于 20%，则仪器不能使用。如果差值较小，则可用修正因子 Φ 进行修正。Φ 为

$$\Phi = \frac{\eta_{标准}}{\eta_{测试}} \qquad \cdots\cdots(10)$$

式中：

$\eta_{标准}$——标准粘度，单位为帕秒(Pa·s)；

$\eta_{测试}$——测试粘度，单位为帕秒(Pa·s)。

修正因子 Φ 只能用于特定的落棒和圆环，建议使用经过校正的落棒和圆环进行测试。

4.2 幂律模型校正

为了标定仪器参数 β(应力常数)，需测试落棒半径和圆环孔隙长度，测试精度均应精确到 0.01 mm，并利用式(7)计算出 β 值。

式(6)中仪器参数 α 的值可以根据标准粘度油的下落时间标定，测试时至少使用两种标准粘度油，涵盖需要的粘度范围，下落测试需进行四次以上。改变加载荷重 m，测试相应下落时间 t，用标准粘度油的粘度除以下落时间 t 所得的商对加载荷重 m 作图。根据式(11)，回归线斜率为仪器参数 β、α 的商。

$$\frac{\eta_{标准}}{t} = \frac{\beta}{\alpha} \cdot m \qquad \cdots\cdots(11)$$

式中：

$\eta_{标准}$——标准粘度油粘度，单位为帕秒(Pa·s)；

t——下落时间，单位为秒(s)；

m——载荷质量，单位为千克(kg)。

通过上述方法，根据落棒和圆环的尺寸可以计算参数，从而得到。再根据式(8)、式(9)可求得剪切速率 γ 和剪切应力。

5 计算

5.1 卡森模型和宾汉模型的计算(见第 A.1 章和第 A.2 章)

卡森模型和宾汉模型的计算要求：

——测试四种加载荷重的下落时间；

——仪器参数 α，β；

——修正因子 Φ；

——测试开始和结束时的温度。

利用式(8)、式(9)和仪器参数 α、β，计算 γ 和 σ 的值。对于卡森模型，如第 A.1 章所述，$\sqrt{\gamma}$与$\sqrt{\sigma}$成直线关系，可以求得 η。对于宾汉模型，如第 A.2 章所述，σ 与 γ 为直线关系，η 为直线的斜率。

相关系数必须通过具有重复精度的测试得出，应不小于0.999，否则需重新测试。

5.2 幂律模型的计算(见第A.3章)

幂律模型的计算需要：

——测试四种加载荷重的下落时间；

——仪器参数α、β；

——测试开始和结束时的温度。

利用式(8)、式(9)和仪器参数α、β计算γ和σ的值。这些值的线性回归在第A.3章的式(A.4)中是对数函数，用来确定k和N。由第A.3章中式(A.4)的值可求出表观粘度($\eta_{2\,500}$)、假屈服值($\sigma_{2.5}$)，以及任意短度。回归线的相关系数应不小于0.999。温度修正见6.2.2。

6 修正

6.1 卡森模型和宾汉模型的校正

6.1.1 粘度校正(见4.1)

通过修正过程，粘度修正见式(12)：

$$\eta = \eta_{测试}\Phi \qquad (12)$$

6.1.2 温度修正

粘度和温度密切相关。因此，测试前后都应测试温度。测试温度应取这些值的算术平均值，并控制在(25±0.2)℃。如果测试过程中，温度变化超过1℃，则需重新测试。如果温度变化在此范围内，则可用式(13)修正在参考温度25℃下的下落时间：

$$t = t_{测定}[1+\delta(T-25)] \qquad (13)$$

式中：

t——下落时间，单位为秒(s)；

T——测试温度，单位为摄氏度(℃)；

δ——与粘度的温度梯度成正比，通常印刷油墨的$\delta=0.1$ ℃$^{-1}$。

6.2 幂律模型的修正

6.2.1 粘度修正

同6.1.1所述。

6.2.2 温度修正

粘度和温度密切相关。因此，测试前后都应测试温度。温度应取这些值的算术平均值，并控制在(25±0.2)℃。如果测试过程中，温度变化超过1℃，则需重新测试。如果温度变化在此范围内，则可用式(14)修正在参考温度25℃下的下落时间及相应粘度。

$$\eta = \eta_{校正}[1+\delta(T-25)] \qquad (14)$$

式中：

η——粘度，单位为帕秒(Pa·s)；

T——测试温度，单位为摄氏度(℃)；

δ——与粘度的温度梯度成正比，通常印刷油墨的$\delta=0.1$ ℃$^{-1}$。

此方程同样可用于修正假屈服值，但$\delta=0.05$ ℃$^{-1}$。

7 测试报告

测试报告应包括以下内容：

——参考温度 25 ℃下的粘度值；

——样品名称；

——测试温度(若不为 25 ℃)；

——用于计算的流动模型；

——粘度计型号；

——落棒材质(若不为钢)；

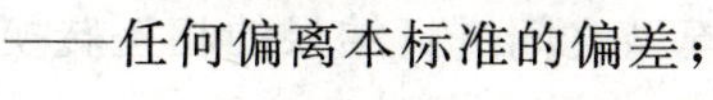

——任何偏离本标准的偏差；

——测试日期；

——测试者。

附　录　A
（规范性附录）
流　动　模　型

附录A中所有的模型都适用于对油墨流变行为的描述。具体模型可根据实际经验选择。

每个流变参数都与所选的流动模型密切相关。没有公式能够在模型之间进行结果的相互转换。

三种主要的流动模型（第A.1章～第A.3章）可用来描述浆状油墨和连结料的流变行为。

A.1　卡森模型

卡森模型假定：

——剪切速率 γ 随剪切应力 σ 呈非线性增长；

——存在一个能够使流体开始发生流动的最小剪切应力 σ_0。

此模型的流动状态可称为非线性塑性流动，用式(A.1)表示。

$$\eta=\frac{(\sqrt{\sigma}-\sqrt{\sigma_0})^2}{\gamma} \qquad \text{(A.1)}$$

式中：

η——粘度，单位为帕秒（Pa·s）；

γ——剪切速率，单位为每秒（s^{-1}）；

σ——剪切应力，单位为帕（Pa）；

σ_0——最小剪切应力（屈服应力），单位为帕（Pa）。

实际上，σ_0 是通过 $\sqrt{\gamma}$ 与 $\sqrt{\sigma}$ 作图得到的直线的截距 $\sqrt{\sigma_0}$ 的平方而获得（见图A.1），直线的斜率为 $\sqrt{1/\eta}$。

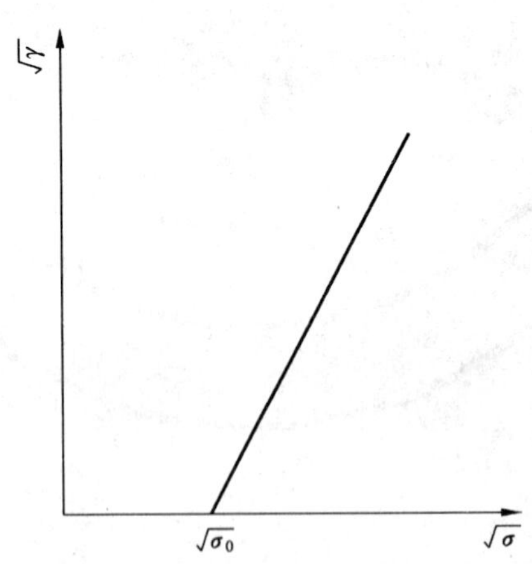

图A.1　卡森模型

A.2　宾汉模型

宾汉模型假定：

——剪切应力 σ 随剪切速率 γ 的增加呈线性增加；

——存在一个能够使流体开始发生流动的最小剪切应力 σ_0。

此模型的流动状态可称为理想塑性流动，用式(A.2)表示。

$$\eta = \frac{\sigma - \sigma_0}{\gamma} \qquad \cdots\cdots(\text{A.2})$$

式中：

γ——剪切速率，单位为每秒(s^{-1})；

σ_0——最小剪切应力(屈服应力)，单位为帕(Pa)；

η——粘度，单位为帕秒(Pa·s)。

实际上，当 γ 和 σ 对应时，γ_0 是由线性回归直线的横坐标截距 σ_0 求得，图 A.2 的斜率为 $1/\eta$。

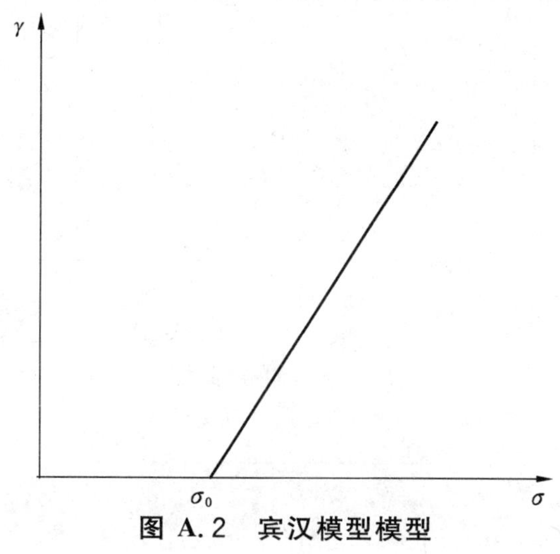

图 A.2 宾汉模型模型

A.3 幂律模型

幂律模型假定：剪切应力 σ 随剪切速率 γ 呈指数函数关系变化，用式(A.3)表示。

$$\sigma = k\gamma^N \qquad \cdots\cdots(\text{A.3})$$

式中：

k——与流体粘度有关的常数；

N——描述剪切应力随剪切速率的变化速度的常数。

N 具有下列三种情况：

$N<1$——剪切变稀流体；

$N=1$——牛顿流体；

$N>1$——剪切增稠流体。

对式(A.3)两边取对数，则有：

$$\log\sigma = \log k + N\log\gamma \qquad \cdots\cdots(\text{A.4})$$

N 和 k 的值可通过图 A.3 所示的直线斜率 N 和截距 $\log k$ 获得。应用式(A.3)和(或)式(A.4)，可求得任何剪切速率下的 σ 值。

测试报告应包括以下信息：

——2 500 s^{-1}下的表观粘度；

——非牛顿流体的 N 值；

——2.5 s^{-1}下的假屈服值(任意选择)；

——墨丝短度(任意选择)。

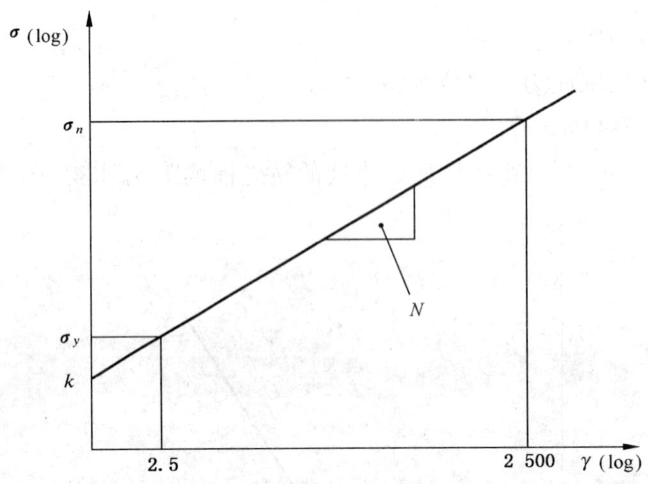

图 A.3 幂律模型

ICS 87.080
Y 44

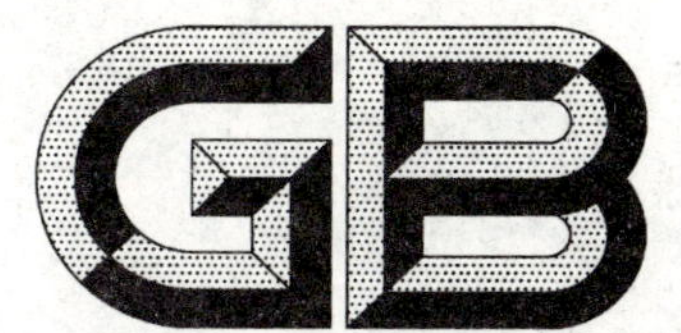

中华人民共和国国家标准

GB/T 22771—2008

印刷技术 印刷品与印刷油墨用滤光氙弧灯评定耐光性

Graphic technology—Prints and printing inks—Assessment of light fastness using filtered xenon arc light

(ISO 12040:1997,MOD)

2008-12-30 发布　　2009-09-01 实施

中华人民共和国国家质量监督检验检疫总局
中国国家标准化管理委员会　发布

前　言

本标准修改采用 ISO 12040:1997《印刷技术　印刷品与印刷油墨　用滤光氙弧灯评定耐光性》(英文版)。

本标准与 ISO 12040:1997 的差异为:

——引用文件用 GB/T 8427—2008(ISO 105-B02:1994,MOD),其余内容完全相同。

为了便于使用,本标准对 ISO 12040:1997 做了下列编辑性修改:

——ISO 105-A02 改为 GB/T 250;

——ISO 105-B02 改为 GB/T 8427;

——删除 ISO 12040:1997 的前言。

本标准由中国轻工业联合会提出。

本标准由全国油墨标准化技术委员会归口。

本标准起草单位:北京印刷学院、洛阳百林威油墨有限公司、浙江永在化工有限公司。

本标准主要起草人:魏先福、吴铁军、吴敏。

引　　言

本标准中评价耐光性的蓝色羊毛标准与ISO 2835:1974《印刷品和印刷油墨　耐光性的评价》规定的方法在技术上保持一致。然而,ISO 2835是使用自然光即可完成有效的耐光性测定,本标准规定了一种使用规定的光源和模拟日光滤光器以及将测试样品在人造日光中曝晒进行加速测试的方法。

另外,本标准与ISO 105-B02存在部分一致。如果想获得更多的关于仪器和试验方法的信息,可参阅ISO 105-B02。

印刷技术　印刷品与印刷油墨用滤光氙弧灯评定耐光性

1　范围

本标准规定了一种测定印刷品和印刷油墨耐光性的方法，并给出以下两种测试条件：

——印刷品的基本测试条件；

——油墨的特殊测试条件。

本标准适用于纸、板材、金属(薄金属片和金属板)和塑料膜等各种印刷承印物，并适用于所有的印刷方式。

2　规范性引用文件

下列文件中的条款通过本标准的引用而成为本标准的条款。凡是注日期的引用文件，其随后所有的修改单(不包括勘误的内容)或修订版均不适用于本标准，然而，鼓励根据本标准达成协议的各方研究是否可使用这些文件的最新版本。凡是不注日期的引用文件，其最新版本适用于本标准。

GB/T 250　纺织品　色牢度试验　评定变色用灰色样卡(GB/T 250—2008，ISO 105-A02：1993，IDT)

GB/T 8427—2008　纺织品　色牢度试验　耐人造光色牢度：氙弧(ISO 105-B02：1994，MOD)

ISO 2834　印刷技术　实验室测试用印刷样品的制备

ISO 3664　摄影术　观察色彩透视片和复制品的照明条件

3　术语和定义

下列术语和定义适用于本标准。

3.1

滤光氙弧灯下印刷品的耐光性　light fastness of filtered xenon arc light

印刷品在不受气候直接影响的固定光源(滤光氙弧灯)作用下的耐抗性。

3.2

印刷油墨的耐光性　light fastness of a printing ink

一种标准印刷品的耐抗性，评价方法与本标准规定的印刷品的评价方法相一致。

4　测定方法

4.1　原理

在规定条件下，将测试样品和蓝色羊毛标准样品同时放在氙弧灯下曝晒，通过在蓝色羊毛标准样品的等级中找到和测试样品变化相似的级别来评价耐光性。

4.2　仪器与材料

4.2.1　氙弧灯装置

附有空冷或水冷装置的氙弧灯，应按制造商指定的方法使用。

4.2.2　蓝色羊毛标准

通过与8个羊毛织物上蓝色染料的标准等级相比较来评价印刷品的耐光性。这些染料不受温度和湿度的影响，并且对于不同颜色、类型和明暗度的印刷品都可以形成一个相对应的灰度等级。

印刷品的耐光性用数字 1～8 对应 8 个蓝色羊毛标准等级，其中 1 代表耐光性最差，8 代表耐光性最好。

8 个蓝色羊毛标准等级如下：

1　很差　　5　好

2　差　　6　很好

3　一般　　7　极好

4　较好　　8　优异

蓝色羊毛标准等级可用来评价纺织品的耐光性(见表 1)。蓝色羊毛标准在使用前应避光。

表 1

耐光等级	染料
1	酸性蓝 104
2	酸性蓝 109
3	酸性蓝 83
4	酸性蓝 121
5	酸性蓝 47
6	酸性蓝 23
7	可溶性还原蓝 5
8	可溶性还原蓝 8
注："染料"栏中所列内容和 GB/T 8427—2008 表 1 中所列内容相同。	

4.2.3　评定变色用灰色样卡

应符合 GB/T 250 的规定。

4.2.4　黑板温度计

黑板温度计是一种通过黑体辐射吸收来评价测试样品温度的标准仪器。它所使用的金属板面积应不小于 45 mm×100 mm，金属板的温度应由温度计或热电偶测量(见 4.3.2)。温度计的感应部位应与金属板的中心保持良好的接触。金属板的受光部分应用黑板遮盖，此黑板的红外光反射量应低于测试样品接受光量的 5%。背光面应绝热。

4.2.5　光源

光源采用色温为 5 500 K～6 500 K 的氙弧灯。

4.2.6　滤光器

玻璃板应放置在光源与测试样品之间，或光源与蓝色羊毛标准之间，以减少氙弧灯光的紫外辐射。此滤光器能够完全吸收 310 nm 波长以下的辐射，且在 380 nm～700 nm 波长范围内的透过率不低于 90%(模拟透过玻璃窗户后的阳光)。

4.3　步骤

4.3.1　实验准备

测试样品和蓝色羊毛标准样品被摆放在一起并用不透明板部分遮盖，不透明板的厚度至少应为 0.5 mm(例如将板材用铝板遮盖以阻挡红外辐射)。

4.3.2　光照和测试条件

测试样品和蓝色羊毛标准尽可能近地摆放在通风良好的测试房中，并保证两种样品接受同样数量的辐射。

用黑板温度计测定测试样品，温度不能超过 45 ℃。如果采用玻璃或水滤光器，要避免因红外线而引起的高温，因此应经常清洗滤光器，以避免因脏污而影响滤光器的效果。另外，应注意供应商关于灯的使用寿命和更换滤光器的相关说明。

4.4 印刷品耐光性

4.4.1 曝晒

测试按以下步骤进行：

按规定方法将测试样品在灯光下曝晒，直至发生明显变化。

所谓的明显变化就是等于或小于4.2.3的评定变色用灰色样卡3级。观察者应确保在试验中不出现光疲劳现象，并且视觉观测时应具备标准印刷品的观察条件(见ISO 3664)。

确定蓝色羊毛标准的变化程度和测试样品相同。

对于同一系列印刷品进行同步和系统性试验，可使用下列测试方法之一：

——曝晒样品直至3级蓝色羊毛标准出现明显变化(评定变色用灰色样卡3级)；

——将印刷品和蓝色羊毛标准的曝晒部分遮盖四分之一，继续曝晒直至5级蓝色羊毛标准发生明显变化；

——将持续曝晒的部分遮盖住四分之一，继续曝晒，直至6级蓝色羊毛标准出现相应于评定变色用灰色样卡3级的明显变化；

——再遮盖更多，继续曝晒，直至7级蓝色羊毛标准发生视觉刚刚能观察到的变化(评定变色用灰色样卡4级)。

这种连续遮盖的曝晒方法，可以在一次试验中测试耐光程度不同的印刷品的耐光性。

4.4.2 评定

确定在相同时间内和测试样品发生相同的明显变化的蓝色羊毛标准样品，用蓝色羊毛标准样品的等级编号表示测试样品的耐光等级。如果测试样品的变化落在两个连续等级之间，则应给出两个相应的等级(例如6～7)。这种分级的方法不适用于5以下的等级。如果测试样品变黑，耐光程度用“N”来表示。

4.5 承印物的耐光性

承印物的耐光性也可以根据本标准规定的步骤测试。

测试样品发生明显变化所需的测试时间(见4.4.2)。

5 油墨测试

油墨测试应根据ISO 2834的规定，以纸张为承印物制备标准测试样条，标准测试样条应按本标准第4章规定的方法进行测试和评定。

6 测试报告

测试报告应包括以下内容：

a) 本国家标准编号的引用；

b) 耐光性等级；

c) 如果设定了特定的温度和湿度，应注明；

d) 测试条件(见4.3.2)；

e) 耐光性测试仪的型号和规格，如果采用间歇式循环曝晒的方式，应注明；

f) 承印物的耐光性测试(见4.5)，测试报告也应包括上述内容。

参 考 文 献

［1］ ISO 2835:1974 印刷品和印刷油墨 耐光性的评价

ICS 39.040.20
Y 11

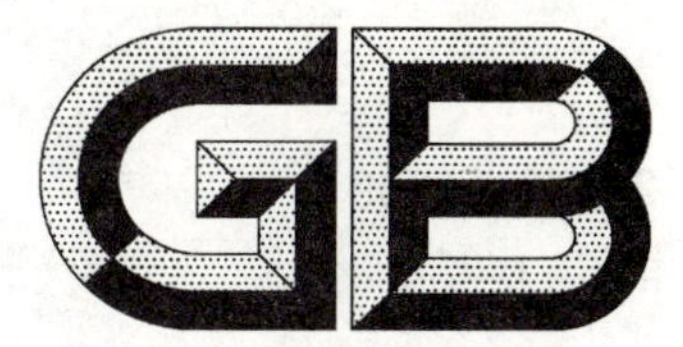

中华人民共和国国家标准

GB/T 22772—2008

机械摆钟

Mechanical clocks with pendulum

2008-12-30 发布　　2009-09-01 实施

中华人民共和国国家质量监督检验检疫总局
中国国家标准化管理委员会　发布

前　言

本标准是在原轻工行业标准 QB/T 1536—2007《机械摆钟》的基础上制定。

本标准由中国轻工业联合会提出。

本标准由全国钟表标准化技术委员会归口。

本标准起草单位:烟台北极星中信机械有限公司、山东康巴丝钟表有限公司、轻工业钟表研究所。

本标准主要起草人:于洪运、董崇嵩、孙刚、田照珂、金英淑。

机 械 摆 钟

1 范围

本标准规定了机械摆钟(以下简称“摆钟”)的分类、要求、试验方法、检验规则及标志、包装、运输、贮存。

本标准适用于以机械能为原动力的各种摆钟。摆钟机心亦可参照使用。

2 规范性引用文件

下列文件中的条款通过本标准的引用而成为本标准的条款。凡是注日期的引用文件,其随后所有的修改单(不包括勘误的内容)或修订版均不适用于本标准,然而,鼓励根据本标准达成协议的各方研究是否可使用这些文件的最新版本。凡是不注日期的引用文件,其最新版本适用于本标准。

GB/T 2828.1 计数抽样检验程序 第1部分:按接收质量限(AQL)检索的逐批检验抽样计划(GB/T 2828.1—2003,ISO 2859-1:1999,IDT)

GB/T 2829 周期检验计数抽样程序及表(适用于对过程稳定性的检验)

QB/T 2406 钟机械式日历机构

3 分类

摆钟按动力源分为以下两种类型:

——重锤式;

——发条式。

发条式中可分为以下两类:

a) 直传式;

b) 均力轮式。

4 要求

4.1 使用可靠性

4.1.1 摆钟机心与钟壳固定应可靠,无零部件脱落现象,并能正常拔针和上条(锤)。

4.1.2 摆钟在表1规定的上条(锤)周期内不应停走,具有报时功能的摆钟不应出现停报现象。

表1 延续走时

单位为天

上条(锤)周期	延续走时		
	发条式		重锤式
	直传式	均力轮式	
31	33	—	—
15	17	—	16
14	—	14	—
7	9	7	8

4.1.3 摆钟在延续走时期间实走误差不应超过±45 min。

4.2 工作温度

摆钟在－10 ℃～50 ℃的温度范围内不应停走，具有报时功能的摆钟应能准确报时。

4.3 走时质量

4.3.1 按摆钟的上条(锤)周期，满条(锤)后延续走时应符合表1的规定。

4.3.2 摆钟在上条(锤)周期内的平均日差和日偏差应符合表2的规定。

表2 平均日差和日偏差

单位为秒每天

项目	平均日差			日偏差		
	发条式		重锤式	发条式		重锤式
	直传式	均力轮式		直传式	均力轮式	
优等	±20	±14	±2	±30	±16	±4
一等	±30	±20	±8	±50	±30	±10
合格	±45	±30	±15	±70	±50	±16

4.4 日差调整

摆钟日差调整的可调范围应不小于10 min，日差调整的双向调节能力应不小于±4 min。

4.5 时分针协调差

摆钟时针对准时符中心位置时，分针偏离“12”时符中心的角度应不大于24°(4分格)。

4.6 外观

4.6.1 钟壳表面应平整、光洁，造型、型面应流畅；上条轴、孔间应同心，不应有明显的偏离；钟壳及装饰件不应有明显影响美观的划痕和缺陷；钟壳在常温下不应有明显的变形和开裂。

4.6.2 钟盘面及钟针应整洁、色泽均匀，不应有泛色、污点、印迹、划痕等缺陷；盘面不应有明显的偏歪；盘面上字符和图案应准确、清晰。

4.6.3 钟玻璃应清洁透明，不应有妨碍读数和影响外观的明显缺陷；钟盘面与玻璃间不应留有任何肉眼可见异物。

4.6.4 钟壳漆层结合应牢固，不应有起泡、龟裂、脱皮、斑点及缝隙等现象；具有覆盖层的摆钟，覆盖层应均匀、协调，色泽一致，不应有皱皮、脱皮和斑点等缺陷。

4.7 报时功能

4.7.1 报时偏差

具有报时功能的摆钟应能准确打点报时。报时打点时，其分针偏离表3规定时符中心位置应不大于半分格；报整点的摆钟，报时打点数应与时针指示时间相符。

表3 报时间隔

报时类型	整时	整时、半时	整时、刻
报时间隔/h	1	1/2	1/4
时符	“12”	“12”,“6”	“12”,“3”,“6”,“9”

4.7.2 打点间隔

摆钟报时时，相邻两次打点的时间间隔应在1.0 s～2.5 s之间。如有特殊要求，可由供需双方商定。

4.7.3 报时音质

摆钟报时应音量适度、音质和谐；报时曲调应准确，不应出现哑音。

4.8 日历机构

具有日历功能的摆钟，附加日历机构的要求见QB/T 2406。

5 试验方法

5.1 试验环境

除另有规定外，试验的环境温度为 18 ℃～25 ℃，相对湿度不大于 70%。

5.2 仪器设备

摆钟的主要试验仪器设备见表 4。

表 4 试验仪器设备

仪器设备	分辨率	最大允许误差
标准钟	1 s	±0.5 s/d
秒表	0.1 s	±0.1 s
恒温恒湿箱	0.1 ℃	±2 ℃

5.3 试验项目

5.3.1 使用可靠性

5.3.1.1 用钥匙上条或提拉重锤检查摆钟上条(锤)及机心与钟壳固定和上条情况；来回转动拔针旋钮检查拔针情况。

5.3.1.2 在延续走时期间观察摆钟的工作状态。

5.3.1.3 用标准钟比对摆钟，在延续走时期间检查摆钟的实走误差。

5.3.2 工作温度

将摆钟与标准钟比对后置于温度为 50 ℃的环境中保温 6 h 后取出，在 5.1 规定的环境温度下放置不小于 2 h，再将摆钟置于温度为 −10 ℃的环境中保温 6 h，在高、低温环境保温时根据摆钟的报时类型检查摆钟的报时情况，从高、低温中取出后观察摆钟工作状态。

试验时也可先做低温。

5.3.3 延续走时

记录摆钟试验的初始日期和时间，将摆钟满条(锤)后调整至工作位置放稳，推动钟摆使其运行，待停止后，再与初始日期和时间比对。

5.3.4 平均日差、日偏差

摆钟进行延续走时试验开始前与标准钟比对，2 h 后记录摆钟与标准钟比对的校正值。在上条(锤)周期内每 24 h 记录摆钟的日差值，摆钟的平均日差按式(1)计算。

$$\overline{M}=\frac{M_n-M_0}{n} \qquad \cdots\cdots(1)$$

式中：

$\overline{M}$——平均日差，单位为秒每天(s/d)；

M_n——n 天摆钟的日差之和，单位为秒(s)；

M_0——摆钟与标准钟比对的校正值，单位为秒(s)；

n——上条周期天数，单位为天(d)。

摆钟的日偏差按式(2)计算。

$$M_{pi}=|M_{di}-\overline{M}| \qquad \cdots\cdots(2)$$

式中：

$i=1,2,3,\cdots\cdots,n$；

M_{pi}——第 i 天的日偏差，单位为秒每天(s/d)；

M_{di}——第 i 天的日差，单位为秒每天(s/d)。

5.3.5 日差调整

用调节钟摆调整螺母的方法进行调整，在平均日差($\overline{M}$)测得后将钟摆调整螺母调节至上、下两个极限位置，再测得其日差($M_{上}$、$M_{下}$)，并按下式计算调整范围及调节能力。

a) 日差调整范围：

$|M_{上}|+|M_{下}|\geqslant 10$ min

b) 日差调节能力：

调节螺母上极限时的日差调节能力：$|\overline{M}-M_{上}|\geqslant 4$ min

调节螺母下极限时的日差调节能力：$|\overline{M}-M_{下}|\geqslant 4$ min

5.3.6 时分针协调差

将时针分别调整至“6”、“12”时符中心位置，检查分针在“12”时符中心位置的偏差。

以分刻度线为参照物，无分刻度线的可借助光学测量仪器或其他形式的测量仪器进行测量。

5.3.7 外观

在室内自然光线下距摆钟 30 cm 处以正常视力目测。

5.3.8 报时偏差

任意拨分针数圈后按摆钟的报时间隔逐段顺拨分针，从第二圈开始观察摆钟打点时的指示时间、报时间隔和整点打点报时数。

5.3.9 打点间隔

用秒表连续测试 10 个打点时间间隔，计算两相邻打点时间间隔平均值。

5.3.10 报时音质

在进行报时偏差试验时，用听觉检查摆钟报时音量、音质及曲调。

5.3.11 日历机构

具有日历机构的摆钟，日历机构的试验方法见 QB/T 2406。

6 检验规则

6.1 交收检验

6.1.1 交收检验按 GB/T 2828.1 进行，采用一般检验水平Ⅱ的正常检验一次抽样方案，其不合格分类、检验项目和接收质量限(AQL)见表 5。

表 5 交收检验

不合格分类	检验项目	对应条款	试验方法	接收质量限(AQL)
B	使用可靠性	4.1	5.3.1	1.5
	延续走时	4.3.1	5.3.3	1.5
	平均日差	4.3.2	5.3.4	1.5
	日偏差	4.3.2	5.3.4	1.5
C	时分针协调差	4.5	5.3.6	4.0
	外观	4.6	5.3.7	4.0
	报时偏差	4.7.1	5.3.8	4.0
	打点间隔	4.7.2	5.3.9	4.0
	报时音质	4.7.3	5.3.10	6.5
注：附加日历机构的交收检验见 QB/T 2406。				

交收检验也可根据供需双方协商确定其他抽样方案。

允许订货方在产品制造过程中检验。

6.1.2 批的组成、批量的大小由供需双方商定。

6.1.3 检验的实施、合格判定及检验后的处置按 GB/T 2828.1 的有关规定执行。

6.2 型式检验

6.2.1 型式检验按 GB/T 2829 进行，采用判别水平Ⅰ的一次抽样方案。其检验项目、不合格分类、样本量、不合格质量水平(RQL)及判定数组见表 6。

表 6 型式检验

不合格分类	检验项目	对应条款	试验方法	样本量 n	不合格质量水平 (RQL)	接收数 Ac	拒收数 Re
B	使用可靠性	4.1	5.3.1	6	15	0	1
	延续走时	4.3.1	5.3.3	6	15	0	1
	平均日差	4.3.2	5.3.4	6	15	0	1
	日偏差	4.3.2	5.3.4	6	15	0	1
C	工作温度	4.2	5.3.2	6	30	1	2
	日差调整	4.4	5.3.5	6	30	1	2
	时分针协调差	4.5	5.3.6	6	30	1	2
	外观	4.6	5.3.7	6	30	1	2
	报时偏差	4.7.1	5.3.8	6	30	1	2
	打点间隔	4.7.2	5.3.9	6	30	1	2
	报时音质	4.7.3	5.3.10	6	50	2	3
注：附加日历机构的型式检验见 QB/T 2406。							

6.2.2 检验的样本应从本周期制造并经交收检验合格的批中抽取。

6.2.3 检验后合格与否的判断和检验后的处置按 GB/T 2829 的规定进行，经型式检验后的样本，无论合格与否均不应作为合格品交收。

6.2.4 型式检验周期一般为一年一次，发生下列情况之一时，也应进行型式检验：

a) 产品停产一个生产周期以上又恢复生产时；

b) 新产品投产或老产品转产的试制定型鉴定；

c) 产品的设计、结构、工艺、材料有较大变动，可能影响生产时；

d) 出厂检验结果与上次型式检验有较大差异时；

e) 国家质量监督检验机构提出进行型式检验的要求时。

7 标志、包装、运输、贮存

7.1 标志、标签

7.1.1 摆钟盘面上应具有“商标”和“产地”标志。如产品结构特殊，可在钟体其他部位标识。

7.1.2 摆钟产品合格证或使用说明书上应包括下列内容：

——产品名称、商标、规格或型号；

——生产者名称和地址；

——采用标准编号、等级；

——生产日期；

——主要技术指标；

——安装调整方法；

——检验合格印章；

——保修内容及期限；

——生产者需要说明的其他事项。

7.2 包装

7.2.1 摆钟及全部附件应装入定位可靠的独立包装箱，并应附有产品合格证及使用说明书。摆钟包装应保证产品不互相碰撞、不互相摩擦损坏。

7.2.2 包装箱毛重应不超过 50 kg。摆钟外包装箱应具有防潮、防震性能，并附有商标、标识等相关内容，箱外要标明“小心轻放”、“防潮”的标志。

集装箱、大型钟及订货方有特殊要求时，包装箱毛重可超过 50 kg。包装如有其他要求，可由供需双方商定。

7.3 运输、贮存

7.3.1 摆钟在运输过程中应小心轻放，不应相互挤压，避免受到冲击、强烈震动，切忌受潮。

7.3.2 摆钟贮存期间可单放、堆放，但包装箱上不应堆压其他重物，摆钟贮存环境应保持通风干燥，环境温度宜在 5 ℃～35 ℃之间，相对湿度宜在 75％以下，存放时应避开能产生腐蚀性气体的物品。

ICS 39.040.10
Y 11

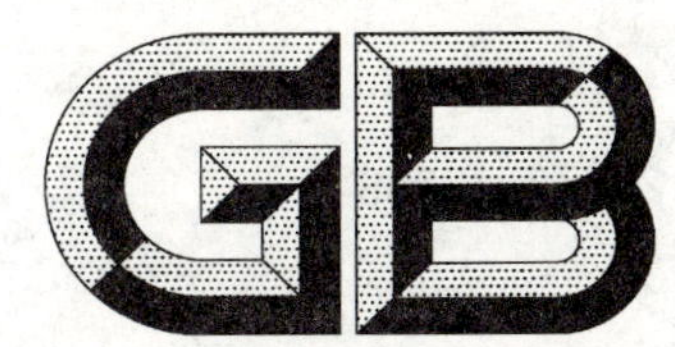

中华人民共和国国家标准

GB/T 22773—2008

机械秒表

Mechanical stopwatches

2008-12-30 发布　　　　2009-09-01 实施

中华人民共和国国家质量监督检验检疫总局
中国国家标准化管理委员会　发布

前　言

本标准是在原轻工行业标准QB/T 1534—2006《机械秒表》的基础上制定。

本标准由中国轻工业联合会提出。

本标准由全国钟表标准化技术委员会归口。

本标准起草单位:上海星钻秒表有限公司、轻工业钟表研究所。

本标准主要起草人:王祖瑜、杨建敏、过革新、李东文。

本标准自实施之日起,原轻工行业标准QB/T 1534—2006《机械秒表》自行废止。

机 械 秒 表

1 范围

本标准规定了机械秒表(以下简称秒表)的定义、要求、试验方法、检验规则及标志、包装、运输、贮存。

本标准适用于具有叉瓦式擒纵机构的机械秒表。

2 规范性引用文件

下列文件中的条款通过本标准的引用而成为本标准的条款。凡是注日期的引用文件,其随后所有的修改单(不包括勘误的内容)或修订版均不适用于本标准,然而,鼓励根据本标准达成协议的各方研究是否可使用这些文件的最新版本。凡是不注日期的引用文件,其最新版本适用于本标准。

GB/T 2828.1 计数抽样检验程序 第1部分:按接收质量限(AQL)检索的逐批检验抽样计划(GB/T 2828.1—2003,ISO 2859-1:1991,IDT)

GB/T 2829 周期检验计数抽样程序及表(适用于对过程稳定性的检验)

3 术语与定义

下列术语与定义适用于本标准。

3.1

双秒针秒表 two hands stopwatch

具有两根秒针,能够同时测量两个时段的机械秒表。

3.2

最大分走时差 maximum minute rate

在规定测试位置和规定时段内所测得绝对值最大的分走时差值。

3.3

平均分走时差 average minute rate

在规定测试位置上和规定时段内所测得的各次分走时差的平均值。

3.4

分走时偏差 deviation of minute rate

在规定测试位置上和规定时段内测得分走时差与平均分走时差之差。

3.5

最大秒走时差 maximum second rate

在规定测试位置上和规定时段内所测得绝对值最大的秒走时差值。

4 要求

4.1 工作温度

秒表在温度为-10 ℃～45 ℃的环境下工作时不应停走,其延续走时应符合4.4的规定。

4.2 使用可靠性

4.2.1 秒表在正常使用条件下不应停走,零、部、组件不应松动。

4.2.2 秒表机心与表壳应稳固安装,上条、按钮操作时机心不应有松动现象。

4.2.3 秒表上条机构及按钮应灵活可靠,上条时不应有卡滞现象并能可靠上满发条。

4.2.4 秒表上条后按下启动按钮应能立即启动，每种功能均应揿动一次按钮完成。

4.3 测量精度

秒表的时段测量精度应符合表1规定。

表1 时段测量精度

测试项目	测试时段	优等秒针跳动值/s				一等秒针跳动值/s		合格秒针跳动值/s	
		0.01	0.02	0.1	0.2	0.1	0.2	0.1	0.2
平均分走时差	2 min	−0.24～0.24	—	—	—	—	—	—	—
	4 min	—	−0.3～0.3	—	—	—	—	—	—
	15 min	—	—	−0.4～0.4	—	−0.6～0.6	—	−0.8～0.8	—
	30 min	—	—	−0.6～0.6	−0.6～0.6	−1.0～1.0	−1.0～1.0	−1.6～1.6	−1.6～1.6
	60 min	—	—	—	−1.2～1.2	—	−1.8～1.8	—	−2.4～2.4
最大分走时差	2 min	±0.24	—	—	—	—	—	—	—
	4 min	—	±0.3	—	—	—	—	—	—
	15 min	—	—	±0.4	—	±0.6	—	±0.8	—
	30 min	—	—	±0.6	±0.6	±1.0	±1.0	±1.6	±1.6
	60 min	—	—	—	±1.2	—	±1.8	—	±2.4
分走时偏差	2min	−0.3～0.3	—	—	—	—	—	—	—
	4 min	—	−0.3～0.3	—	—	—	—	—	—
	15 min	—	—	−0.3～0.3	—	−0.4～0.4	—	−0.5～0.5	—
	30 min	—	—	−0.4～0.4	−0.4～0.4	−0.5～0.5	−0.5～0.5	−0.8～0.8	−0.8～0.8
	60 min	—	—	—	−0.5～0.5	—	−0.7～0.7	—	−0.9～0.9
最大秒走时差	3 s	±0.1	—	—	—	—	—	—	—
	6 s	—	±0.1	—	—	—	—	—	—
	30 s	—	—	±0.2	—	±0.25	—	±0.25	—
	60 s	—	—	—	±0.35	—	±0.4	—	±0.4

4.4 延续走时

秒表一次上满发条后延续走时应符合表2规定，双秒针秒表主、副秒针的延续走时应同时符合表2规定。

表2 延续走时

秒针跳动值/s	延续走时/h
0.01	≥0.5
0.02	≥1.5
0.1	≥6
0.2	≥12

4.5 秒针宽度

秒针尖端的宽度应符合表3规定。

表3 秒针宽度

单位为毫米

优等	一等	合格
≤0.15	≤0.2	

4.6 指示偏差

4.6.1 秒针与秒刻度线应重叠，重叠长度应不大于短刻度线的四分之三。

4.6.2 秒针回零时与刻度盘零位的偏移量应不超出秒最小刻度值。

4.6.3 分针回零时与刻度盘零位的偏移量应不超出分最小刻度的二分之一。

4.6.4 分针和秒针指示应协调，当秒针通过零位时，对应分针指示误差应不超出分最小刻度的三分之一。

4.6.5 双秒针秒表同时运行时秒针指示应一致，两秒针的指示误差应不大于最小刻度的二分之一。

4.7 表盘

4.7.1 秒表表盘应印有数字和刻度线并清晰可见，最小刻度值应与秒针的跳动值相一致。

注：特殊用途秒表除外。

4.7.2 表盘最小刻度线宽度应不大于 0.10 mm。

4.8 外观

4.8.1 秒表玻璃应光洁、透明，表盘面与玻璃间不应留有任何肉眼可见异物。

4.8.2 表壳组件外观应清洁、光滑，不应有明显缺陷及划痕；表面镀、涂层应色泽一致，不应有泛色、锈斑现象。

4.8.3 表盘面上各种字符和图案应准确、清晰；表针色泽应均匀、一致，不应有泛色、污点、印迹、划痕等缺陷。

5 试验方法

5.1 试验条件

5.1.1 环境

除有特殊要求外，试验的环境温度为 18 ℃～25 ℃，在整个测试过程中温度波动不大于 2 ℃，相对湿度不大于 75%。

5.1.2 仪器与设备

试验用仪器设备的分辨率及最大允许误差见表 4。

表 4 试验仪器设备

仪器与设备	分辨率	最大允许误差
秒表检定仪	0.01 s	±0.001 s
恒温恒湿箱	1 ℃	±2 ℃

5.2 试验项目

5.2.1 工作温度

将秒表上满条后放入(45±1)℃的恒温箱内保持 4 h 后启动，按表 2 规定的延续走时时间走时后取出秒表在环境温度下保持 2 h，再将秒表上满条放入(−10±1)℃的恒温箱中保持 4 h 后启动，按表 2 规定的延续走时时间走时。高、低温走时后均应观察秒表走时状态，双秒针秒表以先停止工作的秒针计。

试验时高低温顺序可调整。

5.2.2 使用可靠性

将秒表以任意位置旋转上条柄三圈，检查上条机构及零、部、组件，揿动秒表按钮进行启动、停止和回零操作，连续进行 5 次；在进行延续走时试验期间检查秒表运走情况。

5.2.3 测量精度

秒表上满条后分别以面上及上条柄向上位置置于秒表检定仪的校对架上，按表 5 规定的测试起始时间、表 6 规定的测试时段和测试次数，测得各次分走时差和秒走时差。两测试位置的平均分走时差按式(1)计算，分走时偏差按式(2)计算，最大分走时差和最大秒走时差取测试过程中绝对值最大值。

秒表一次上条后应在表5中规定时间内测试，如测试过程超过规定时间应重新上满发条。

表5 起始、规定时间

秒针跳动值/s	测试起始时间	规定时间
0.01	每次启动20 s后	≤15 min
0.02		≤25 min
0.1	每次启动3 min后	≤3 h
0.2		≤6 h
注：双秒针秒表的测试是在两针同时移动的情况下进行的。		

表6 测试时段与次数

等级	秒表分类		测试时段/s	测试时段/min	测试次数
	秒针跳动值/s	最大测量时段/min			
优等	0.01	2	3	—	10
			—	2	6
	0.02	4	6	—	10
			—	4	6
	0.1	15	30	—	10
			—	15	6
		30	30	—	10
			—	30	6
	0.2	30	60	—	10
			—	30	6
		60	60	—	10
			—	30	4
			—	60	2
一等	0.1	15	30	—	10
			—	15	6
		30	30	—	10
			—	30	6
	0.2	30	60	—	10
			—	30	6
		60	60	—	10
			—	30	4
			—	60	2
合格	0.1	15	30	—	6
			—	15	4
		30	30	—	6
			—	30	4

表 6（续）

等级	秒表分类		测试时段/s	测试时段/min	测试次数
	秒针跳动值/s	最大测量时段/min			
合格	0.2	30	60	—	6
			—	30	4
		60	60	—	6
			—	30	2
			—	60	2
注：测试次数在两测试位置平均分配。					

$$\overline{M}_{\min} = \frac{\sum_{i=1}^{n} M_{\min i}}{n} \qquad (1)$$

式中：

$\overline{M}_{\min}$——平均分走时差，单位为秒(s)；

$M_{\min i}$——第 i 次试验的分走时差($i=1,2,3,\cdots\cdots,n$)，单位为秒(s)；

n——试验次数。

$$E = M_{\min i} - \overline{M}_{\min} \qquad (2)$$

式中：

E——分走时偏差，单位为秒(s)；

$M_{\min i}$——第 i 次试验的分走时差($i=1,2,3,\cdots\cdots,n$)，单位为秒(s)；

$\overline{M}_{\min}$——平均分走时差，单位为秒(s)。

5.2.4 延续走时

将秒表上满条后按下启动按钮以面上位置进行实走，双秒针秒表以先停止工作的秒针计。

5.2.5 秒针宽度

打开前盖用游标卡尺测量秒针尖端的宽度。

5.2.6 指示偏差

5.2.6.1 秒表的指示偏差应在 40 W 日光灯下以正常视力检查，必要时可使用 3× 放大镜，有争议时可用仪器检查。

5.2.6.2 在秒表零位状态下检查秒针与秒刻度线的重叠长度。

5.2.6.3 揿动运走状态下的秒表使其回零，检查秒针及分针与零位的偏移量。

5.2.6.4 运走状态下秒表的分针通过互成约 90°的四个分刻度时，使秒针准确停在零位上，检查分针位置。

5.2.6.5 揿动双秒针秒表的按钮使其启动，检查主、副秒针的偏差。

5.2.7 表盘和外观

将秒表置于距 40 W 日光灯 60 cm 处，检验者距离秒表 30 cm 以正常视力检查。

6 检验规则

6.1 交收检验

6.1.1 交收检验按 GB/T 2828.1 进行，采用一般检验水平 Ⅰ，正常检验一次抽样方案，其不合格分类、检验项目和接收质量限(AQL)值见表 7，供需双方也可根据需要制定其他抽样方案。

表 7　交收检验

不合格类别	检验项目	对应条款	接收质量限(AQL)
B	使用可靠性	4.2	4.0
	最大分走时差	4.3	2.5
	最大秒走时差	4.3	2.5
	延续走时	4.4	2.5
C	指示偏差	4.6	4.0
	表盘	4.7	4.0
	外观	4.8	6.5

6.1.2　在检验过程中应遵循 GB/T 2828.1 中正常、加严和放宽检验的转移规则和程序进行。

6.1.3　检验后的接收与否及检验后批和样本的处置，应遵循 GB/T 2828.1 中接收与不接收的规定进行。

6.2　型式检验

6.2.1　检验按 GB/T 2829 进行，采用判别水平Ⅱ的一次抽样方案。其检验项目、不合格分类、样本量、不合格质量水平(RQL)及判定数组见表 8。

表 8　型式检验

不合格分类	检　验　项　目	对应条款	样本量 n	不合格质量水平	接收数 Ac	拒收数 Re
B	使用可靠性	4.2	40	20	5	6
	平均分走时差	4.3	50	15	5	6
	最大分走时差	4.3	50	15	5	6
	分走时偏差	4.3	50	15	5	6
	最大秒走时差	4.3	50	15	5	6
	延续走时	4.4	40	20	5	6
C	工作温度	4.1	6	65	2	3
	秒针宽度	4.5	10	40	2	3
	指示偏差	4.6	10	40	2	3
	表盘	4.7	10	40	2	3
	外观	4.8	20	40	5	6

6.2.2　检验的样本应从本周期制造并经交收检验合格的批中抽取。

6.2.3　检验后合格与否的判断和检验后的处置按 GB/T 2829 的规定进行，经型式检验后的样本，无论合格与否均不应作为合格品出厂。

6.2.4　型式检验周期一般为一年一次，发生下列情况之一时应进行型式检验：

a)　产品停产一个生产周期以上又恢复生产时；

b)　新产品投产或者老产品转产的试制定型鉴定；

c)　产品的设计、结构、工艺、材料有较大变动，可能影响生产时；

d)　出厂检验结果与上次型式检验有较大差异时；

e)　国家质量监督检验机构提出进行型式检验的要求时。

7 标志、包装、运输、贮存

7.1 标志

7.1.1 表盘或后盖应具有商标、生产者名称或产地的标记。

7.1.2 产品合格证或使用说明书上应具有下列内容：

——产品名称、规格或型号、商标；

——生产者名称和地址；

——采用标准编号；

——生产日期；

——主要性能指标；

——精度等级；

——检验合格印章；

——使用说明；

——保修期限。

7.1.3 每只秒表在机心摆夹板上应打印(＋)和(－)标记，机心上宜打印制造年份代号、标记或代号。

7.2 包装

7.2.1 每只秒表应有独立的包装盒，盒内应同时放入使用说明书及合格证。

7.2.2 秒表外包装箱应具有防潮、防震、耐震动性能，箱外要有“精密仪器”、“小心轻放”、“防潮”等标志。

7.3 运输和贮存

7.3.1 秒表在运输过程中，应小心轻放，不应挤压、碰撞和强烈震动，切忌受潮。

7.3.2 秒表在运输和贮存时，应避免与有腐蚀性气体和磁性材料的物品放在一起。

7.3.3 秒表的贮存环境应保持通风干燥，环境温度宜在 5 ℃～35 ℃之间，相对湿度宜在 80％以下。

ICS 39.040.20
Y 11

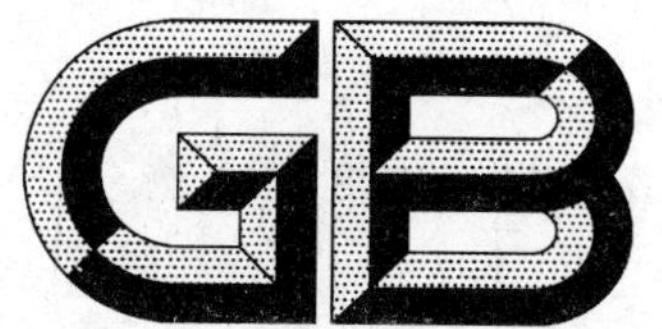

中华人民共和国国家标准

GB/T 22774—2008

机 械 闹 钟

Mechanical alarm clocks

2008-12-30 发布

2009-09-01 实施

中华人民共和国国家质量监督检验检疫总局
中国国家标准化管理委员会 发布

前　言

本标准是在原轻工行业标准 QB/T 1535—1992《机械闹钟》的基础上制定。

本标准由中国轻工业联合会提出。

本标准由全国钟表标准化技术委员会归口。

本标准起草单位：山东康巴丝钟表有限公司、轻工业钟表研究所。

本标准主要起草人：孙刚、何光先、田照珂、金英淑。

自本标准实施之日起，原轻工行业标准 QB/T 1535—1992《机械闹钟》自行废止。

机 械 闹 钟

1 范围

本标准规定了机械闹钟(以下简称闹钟)的产品分类、技术要求、试验方法、检验规则及标志、包装、运输、贮存。

本标准适用于以发条为动力源并能在预定时间发出响闹的具有摆轮游丝振荡系统的机械闹钟。机械闹钟机心亦可参照使用。

2 规范性引用文件

下列文件中的条款通过本标准的引用而成为本标准的条款。凡是注日期的引用文件,其随后所有的修改单(不包括勘误的内容)或修订版均不适用于本标准,然而,鼓励根据本标准达成协议的各方研究是否可使用这些文件的最新版本。凡是不注日期的引用文件,其最新版本适用于本标准。

GB/T 2828.1 计数抽样检验程序 第1部分:按接收质量限(AQL)检索的逐批检验抽样计划(GB/T 2828.1—2003,ISO 2859-1:1991,IDT)

GB/T 2829 周期检验计数抽样程序及表(适用于对过程稳定性的检验)

GB/T 9820 计时学基础术语 科学技术定义(GB/T 9820—1988,eqv ISO 6426-1:1982)

GB/T 14256 计时学术语 第二部分 商业技术用定义(GB/T 14256—1993,idt ISO 6426-2:1984)

QB/T 2268 计时仪器外观件涂饰通用技术条件 钟金属外观件漆层

QB/T 2406 钟机械式日历机构

3 术语和定义

GB/T 9820 和 GB/T 14256 中确立的术语和定义适用于本标准。

4 产品分类

闹钟按其擒纵机构分为精密型(叉瓦式)和普通型(销钉式)。

5 技术要求

5.1 使用可靠性

5.1.1 闹钟机心与钟壳应固定可靠,整机中不允许出现零件损坏及缺少现象。

5.1.2 正常使用条件下,闹钟在表1规定的上条周期内不应停走,且实走误差不应超过±45 min/d。

5.1.3 正常使用条件下,一次上紧发条,双发条闹钟在12 h后闹发条应放松;单发条闹钟的限闹机构应位移。

5.2 工作温度

闹钟在环境温度5 ℃~40 ℃的范围内,通过调整快慢针应能正常工作;在-5 ℃~50 ℃时不应停摆。

5.3 走时质量

闹钟在正常工作位置,一次上紧走、闹发条,按不同类型、等级,其实走日差、累计误差和延续走时应符合表1的要求。

表 1 走时和闹时项目及指标

<table>
<tr><th>类型</th><th>擒纵机构</th><th>等级</th><th>上条周期/d</th><th>延续走时/h</th><th>实走日差/(min/d)</th><th>累计误差/(min/8 d)</th><th>闹时偏差/min</th><th>锁闹范围</th></tr>
<tr><td rowspan="5">精密型</td><td rowspan="5">叉瓦式</td><td rowspan="2">优等</td><td>1</td><td>≥36</td><td>±1.5</td><td>—</td><td rowspan="2">±4.0</td><td rowspan="4">10 h 30 min</td></tr>
<tr><td>7</td><td>≥196</td><td>±1.0</td><td>±4.0</td></tr>
<tr><td rowspan="2">一等</td><td>1</td><td>≥36</td><td>±2.0</td><td>—</td><td rowspan="2">±5.0</td></tr>
<tr><td>7</td><td>≥192</td><td>±1.5</td><td>±5.0</td></tr>
<tr><td>合格</td><td>1</td><td>≥30</td><td>±2.5</td><td>—</td><td>±5.0</td><td>10 h 20 min</td></tr>
<tr><td rowspan="3">普通型</td><td rowspan="3">销钉式</td><td>优等</td><td rowspan="3">1</td><td>≥36</td><td>±2.0</td><td>—</td><td>±5.0</td><td rowspan="2">10 h 30 min</td></tr>
<tr><td>一等</td><td>≥30</td><td>−3.0～4.0</td><td>—</td><td>−6.0～7.0</td></tr>
<tr><td>合格</td><td>≥26</td><td>−5.0～6.0</td><td>—</td><td>−7.0～8.0</td><td>10 h</td></tr>
</table>

5.4 闹时质量

5.4.1 闹时偏差

上紧发条，闹钟在设置的起闹时间应能发出响闹，其闹时偏差应符合表 1 规定。

5.4.2 锁闹范围

锁闹范围应符合表 1 规定。

5.4.3 闹时延续时间

起闹后闹钟闹时延续时间为：双发条闹钟≥10 s；单发条闹钟≥7 s。

5.4.4 止闹可靠性

在闹时延续时间内，止闹装置应灵活可靠。

5.4.5 闹时音质

闹钟响闹声应音量适度、音质和谐。

5.5 快慢针

5.5.1 快慢针偏离中心位置

快慢针中心偏离刻度中线位置不得超过它到极限刻度位置的一半。

5.5.2 快慢针调整范围

快慢针调整的日差范围为：精密型≥6 min，普通型≥8 min。

5.6 调整装置

上条、拨针、对闹和调节快慢针等调整装置应平衡可靠，松紧适宜。

5.7 时分针协调差

时针与时符中心重合时，分针与“12”时符中心位置的偏差应不大于 24°(4 分格)。

5.8 外观

5.8.1 闹钟外观件表面应平整、光洁，不应有明显影响美观的划痕和缺陷；造型、型面应流畅，不应有妨碍使用的锐利边角。

5.8.1.1 镀层不允许有氧化、起皮、起泡、露底现象；在主要表面[1)]上不允许有明显伤痕、麻点、泛色、裂纹。

5.8.1.2 漆层不允许有露底漆、脱漆、起泡；在主要表面[1)]上不允许有明显伤痕、麻点、流漆。

5.8.1.3 塑料壳不允许有明显裂纹、起泡、变形、毛边；主要表面[1)]上不允许有明显影响美观的杂点、伤痕、异色。

5.8.1.4 木壳主要表面[1)]上不允许有明显影响美观的伤痕、疖子、裂纹。底座应平稳。

1) 主要表面是指钟的正面、上面及左、右侧面的可见部位。

5.8.2 钟面应清晰，并且有明显完整的符号；不允许有明显凹凸印和裂纹；不允许发霉、氧化及明显影响美观的麻点、伤痕、污迹、泛色；安装时不应有明显的倾斜和相对于指针旋转中心的偏移。

5.8.3 钟玻璃应清晰透明，不允许破碎和明显松动；不允许有裂纹及明显影响美观的水泡、伤痕、霉斑、波纹及内表面的手印。

5.9 覆盖层耐腐蚀性能

5.9.1 外观件镀层经6.11.1耐人工汗水腐蚀试验后，表面不应出现肉眼可见的腐蚀点或腐蚀沉积物及盐析。

5.9.2 外观件漆层经6.11.2耐腐蚀试验后，应符合QB/T 2268中规定的耐腐蚀要求。

5.10 覆盖层附着力

5.10.1 外观件镀层经6.12.1磨削法试验，镀层边缘不应有脱皮现象。

5.10.2 外观件漆层经6.12.2刀片切割法试验，漆层不应有脱皮现象。

5.11 日历机构

带有日历机构的闹钟，日历机构的技术要求应符合QB/T 2406中的相关规定。

6 试验方法

6.1 试验条件

试验应在闹钟正常工作位置进行；试验温度为18 ℃～25 ℃，相对湿度不大于70%。

6.2 试验仪器设备

试验仪器设备分辨率及最大允许误差见表2。

表2 试验仪器设备

仪器设备	分辨率	最大允许误差
标准钟	1 s	±0.5 s/d
秒表	0.1 s	±0.1 s
恒温恒湿箱	0.1 ℃	±2 ℃

6.3 使用可靠性

6.3.1 手动上条检查闹钟机心与钟壳固定情况。

6.3.2 在试验走时质量期间，检查闹钟运走情况。

6.3.3 双发条闹钟在上紧走发条的同时上紧闹发条，12 h后检查闹发条；单发条闹钟先使止闹装置处于开闹位置，再将起闹时间预定在对针时间后1 h，然后上紧发条，1 h后检查应发出闹声。

6.4 工作温度

将闹钟上紧发条，与标准钟对比后放入40 ℃的试验箱中保温4 h，取出后测试走时差，之后在室温中放置至少2 h，然后再将闹钟上紧发条，与标准钟对比后放入5 ℃的试验箱中保温4 h，取出后测试走时差。

将室温中至少放置2 h的闹钟，满条后在−5 ℃的试验箱中放置4 h，取出后观察闹钟的走时情况；之后在室温中至少放置2 h，再将闹钟上紧发条，在50 ℃的试验箱中放置4 h，取出后观察闹钟的走时情况。

上述试验也可先做低温试验。

6.5 走时质量

6.5.1 实走日差和累计误差

试验闹钟上紧走发条后预运走2 h，再重新上紧走发条，与标准钟比对时间，之后每运走24 h即与标准钟比对：一日上条闹钟检查24 h，7日上条闹钟检查168 h，检查实走日差和累计误差。

6.5.2 延续走时

试验闹钟上紧走发条后预运走 2 h,再重新上紧走发条,与标准钟比对时间。闹钟走时结束时,记录标准钟的时间,再与初始日期和时间比对。

6.6 闹时质量

6.6.1 闹时偏差

将闹针或对闹盘拨至“3”、“6”、“9”、“12”时符中任意两个时符的中心位置,转动指针,使其各闹一次,检查闹时偏差,同时检查其止闹装置的可靠性、锁闹范围及闹时音质。

6.6.2 闹时延续时间

一次上紧闹发条,用秒表测定起闹到停闹的时段值。

6.7 快慢针

6.7.1 在试验闹钟延续走时期间,目测检查快慢针偏离中心刻度的情况。

6.7.2 拨动快慢针使其中心从快慢刻度盘的中心刻度分别到左、右两个极限刻度位置,各测其日差值,计算$|M_0-M_1|$和$|M_0-M_2|$,检查快慢针调整的日差范围。其中 M_0 为快慢针中心处于中心刻度位置时的日差值(min);M_1 为快慢针中心处于左极限刻度位置时的日差值(min);M_2 为快慢针中心处于右刻度极限位置时的日差值(min)。

6.8 调整装置

手动上条、拨针、对闹和调节快慢针,调整装置应平稳可靠,松紧适宜。

6.9 时分针协调差

将时针分别调至“6”、“12”时符中心位置,检查分针在“12”时符中心位置的偏差。

6.10 外观

在自然光线下(阴暗天气使用室内 40 W 的日光灯照明),距被测闹钟约 30 cm 处以正常视力目测检查钟面、钟玻璃和钟壳的外观缺陷。

6.11 覆盖层耐腐蚀性能

6.11.1 镀层耐人工汗水腐蚀试验

a) 溶液成分:蒸馏水 1 000 mL、氯化钠 5 g、氨水 5 mL、冰乙酸 6 mL;

b) 试验步骤:将氯化钠溶解于蒸馏水中,并加热到 40 ℃±5 ℃后,加入氨水,保温 40 ℃±5 ℃。将试件的一部分(二分之一)浸入此溶液中,1 h 后取出,再将冰乙酸加入并搅拌均匀,保温 40 ℃±5℃,继续将前试件浸入此溶液中,1 h 后取出。清洗并晾干,以正常视力目测检查。

6.11.2 漆层耐腐蚀性能试验

按 QB/T 2268 中规定的试验方法进行。

6.12 覆盖层附着力

6.12.1 镀层附着力试验用粒度为 100 号~120 号的氧化铝砂轮,以 800 m/min~1 000 m/min 的磨削速度,将试件的部分镀层磨掉,以正常视力目测检查镀层边缘。

6.12.2 漆层附着力试验按 QB/T 2268 中规定的试验方法进行。

6.13 日历机构

带日历机构的闹钟,日历机构性能的试验方法按 QB/T 2406 的相关规定进行。

7 检验规则

7.1 交收检验

7.1.1 检验按 GB/T 2828.1 进行,采用一般检验水平 Ⅰ 的一次抽样方案,其不合格分类、检验项目和接收质量限(AQL)见表 3。

表 3　交收检验

不合格分类	检验项目	对应条款	试验方法	接收质量限(AQL)
B	使用可靠性	5.1	6.3	1.5
	实走日差	5.3	6.5.1	1.5
	延续走时	5.3	6.5.2	1.5
C	闹时偏差	5.4.1	6.6.1	4.0
	锁闹范围	5.4.2	6.6.1	4.0
	止闹可靠性	5.4.4	6.6.1	4.0
	闹时音质	5.4.5	6.6.1	4.0
	闹时延续时间	5.4.3	6.6.2	4.0
	快慢针偏离中心位置	5.5.1	6.7.1	4.0
	调整装置	5.6	6.8	4.0
	时分针协调差	5.7	6.9	4.0
	外观	5.8	6.10	4.0
注 1：附加日历机构的交收检验见 QB/T 2406。 注 2：交收检验也可根据供需双方协商确定其他抽样方案。 注 3：允许订货方在产品制造过程中检验。				

7.1.2　批的组成、批量的大小由供需双方商定。

7.1.3　检验后接收与否及批和样本的处置，应遵循 GB/T 2828.1 的相关规定。

7.2　型式检验

7.2.1　型式检验按 GB/T 2829 进行，采用判别水平 Ⅰ 的一次抽样方案。其检验项目、不合格分类、样本量、不合格质量水平(RQL)及判定数组见表 4。

表 4　型式检验

不合格分类	检验项目	对应条款	试验方法	样本量 n	不合格质量水平(RQL)	接收数 Ac	拒收数 Re
B	使用可靠性	5.1	6.3	10	20	1	2
	实走日差	5.3	6.5.1	10	20	1	2
	延续走时	5.3	6.5.2	10	20	1	2
C	工作温度	5.2	6.4	10	30	2	3
	闹时偏差	5.4.1	6.6.1	10	30	2	3
	锁闹范围	5.4.2	6.6.1	6	30	1	2
	闹时延续时间	5.4.3	6.6.2	6	30	1	2
	止闹可靠性	5.4.4	6.6.1	10	30	2	3
	闹时音质	5.4.5	6.6.1	10	30	2	3
	快慢针偏离中心位置	5.5.1	6.7.1	10	30	2	3
	快慢针调整范围	5.5.2	6.7.2	6	30	1	2

表 4（续）

不合格分类	检验项目	对应条款	试验方法	样本量 n	不合格质量水平 (RQL)	接收数 Ac	拒收数 Re
C	调整装置	5.6	6.8	10	30	2	3
	时分针协调差	5.7	6.9	10	30	2	3
	外观	5.8	6.10	10	30	2	3
	覆盖层耐腐蚀性能	5.9	6.11	5	40	1	2
	覆盖层附着力	5.10	6.12	5	40	1	2
注：附加日历机构的型式检验见 QB/T 2406。							

7.2.2　检验的样本应从本周期制造并经交收检验合格的批中抽取。

7.2.3　检验后合格与否的判断和检验后的处置按 GB/T 2829 的规定进行。经型式检验后的样本，无论合格与否均不应作为合格品交收。

7.2.4　型式检验的周期一般为一年，有下列情况之一时应进行型式检验。

a)　产品停止生产一个周期以上又恢复生产时；

b)　新产品投产或老产品转产的试制定型鉴定；

c)　产品的设计、结构、工艺、材料有较大变动，可能影响生产时；

d)　出厂检验结果与上次型式检验有较大差异时；

e)　国家质量监督检验机构提出型式检验要求时。

7.3　日历机构检验

带日历机构的机械闹钟，日历机构的检验规则按 QB/T 2406 中的相关规定。各检验项目的接收质量限(AQL)和不合格质量水平(RQL)由供需双方商定。

8　标志、包装、运输、贮存

8.1　标志

8.1.1　闹钟盘面上或钟体上应具有“商标”和“产地”标志。允许用中文或外文标注。

注：出口定牌产品标志可按双方协议。

8.1.2　在背铃、后盖或钟壳背面应用箭头表示拨针、对闹、上条的旋转方向。在快慢调节装置(快慢针)的槽口两端应标有“＋”(快)，“－”(慢)的符号。

8.1.3　闹钟的产品合格证或使用说明书中应标明下列内容：

——产品名称、商标、规格或型号；

——生产者名称和地址；

——采用标准的编号、等级；

——生产日期；

——主要技术指标；

——安装调整方法；

——检验合格印章；

——保修内容及期限；

——生产者需要说明的其他事项。

8.2　包装

8.2.1　每只闹钟及全部附件应装入定位可靠的独立包装盒中，并应附有产品合格证及使用说明书。包装盒的结构应保证产品不相碰撞、不摩擦损坏。

8.2.2 闹钟外包装箱应具有防潮、防震性能，并附有商标、标识等相关内容，箱外要标明“小心轻放”、“防潮”的标志。

注：包装如有其他要求，可由供需双方商定。

8.3 **运输、贮存**

8.3.1 闹钟在运输过程中应小心轻放，避免冲击、强烈振动、受潮和挤压。特殊运输要求可由供需双方另行商定。

8.3.2 闹钟贮存时可单放、堆放，但包装箱上不应堆压其他重物。闹钟贮存环境应保持通风干燥，环境温度宜在5 ℃～40 ℃之间，相对湿度宜在75％以下；存放时应避开能产生腐蚀性气体的物品。

ICS 39.040.10
Y 11

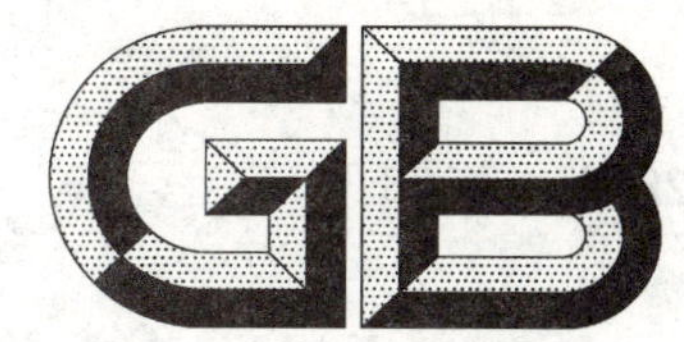

中华人民共和国国家标准

GB/T 22775—2008

计时仪器用齿轮　端面齿轮

Gears for timekeeping instruments—Contrate gears

2008-12-30 发布　　2009-09-01 实施

中华人民共和国国家质量监督检验检疫总局
中国国家标准化管理委员会　发布

前　言

本标准是在原轻工行业标准 QB/T 2092—1995《计时仪器用齿轮　端面齿轮》的基础上制定。

本标准的附录 A 为规范性附录。

本标准由中国轻工业联合会提出。

本标准由全国钟表标准化技术委员会归口。

本标准起草单位:天津海鸥表业集团有限公司、轻工业钟表研究所。

本标准主要起草人:马广礼、王立新、周文霞、金英淑。

自本标准实施之日起,原轻工行业标准 QB/T 2092—1995《计时仪器用齿轮　端面齿轮》自行废止。

计时仪器用齿轮　端面齿轮

1　范围

本标准规定了计时仪器端面齿轮的术语、齿形、代号及其参数。

本标准适用于手表、怀表的拨针机构中端面齿轮与圆柱齿轮啮合时，端面齿轮为主动，模数为0.07 mm～1 mm的垂直相交轴的齿轮传动，仪器仪表中垂直相交轴的齿轮传动也可参照使用。

注：为使端面齿轮副具有良好的传动特性，本标准所给出的端面齿轮齿形参数应与附录A的圆柱齿轮匹配使用。

2　术语和定义

下列术语和定义适用于本标准。

2.1

外圆柱面　outside cylinder surface

包围端面齿轮外齿圈的圆柱表面。

2.2

中心平面　central plane

通过端面齿轮诸齿顶圆弧中心的平面[此平面垂直于端面齿轮的轴心线，在图1b)与图1c)中表示为直线]。

2.3

标准位置　standard position

齿槽对称于端面齿轮中心线时的特定位置[图1b)]。

3　端面齿轮的齿形和代号

3.1　齿形的构成

端面齿轮的齿形分布于其外圆柱面上，并由空间曲线所构成。当齿槽对称于端面齿轮的中心线时[图1a)与图1b)]，齿形在A向视图的投影由齿顶圆弧、齿根圆弧及连接齿顶圆弧和齿根圆弧的相切直线所构成。

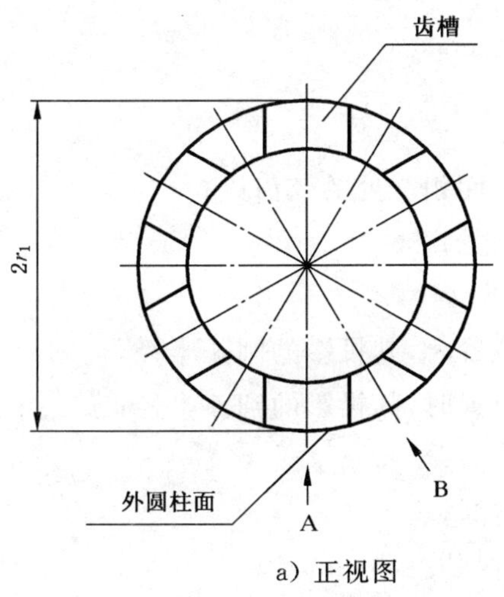

a) 正视图

图1　端面齿轮齿形和代号

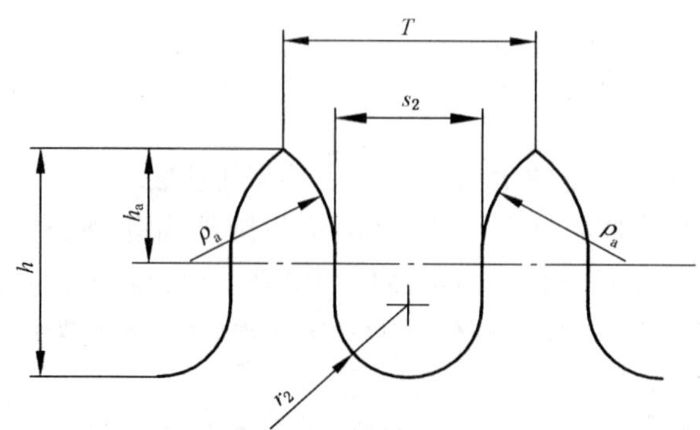

b) A 向视图

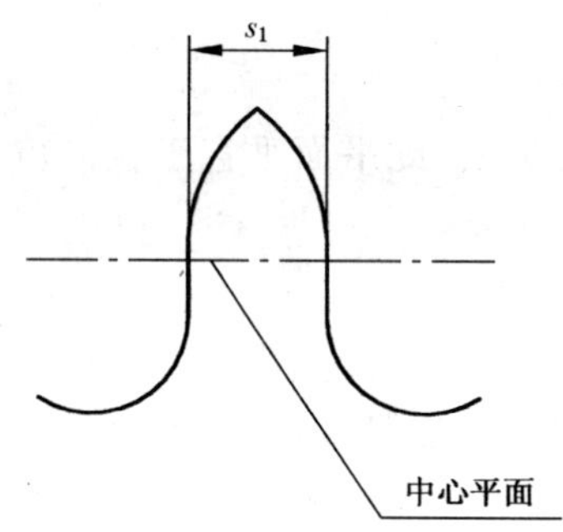

c) B 向视图

图 1（续）

3.2　齿形代号

端面齿轮的齿形代号如下：

s_1——端面齿轮在外圆柱面与中心平面相交处的弦齿厚；

s_2——端面齿轮在中心平面上的齿槽宽；

r_1——端面齿轮外圆柱面的半径；

r_2——端面齿轮的齿根曲线在标准位置时，其投影的圆弧半径，且 $r_2 = s_2/2$；

ρ_a——端面齿轮的齿顶曲线在标准位置时，其投影的圆弧半径；

h_a——端面齿轮在外圆柱面上的齿顶高；

h——端面齿轮在外圆柱面上的全齿高；

T——弦节距，其值取决于 z_1 和 r_1，即 $T = 2r_1\sin360°/z_1$。

3.3　齿轮副及其代号

3.3.1　端面齿轮与圆柱齿轮啮合时的啮合深度及其代号见图 2。

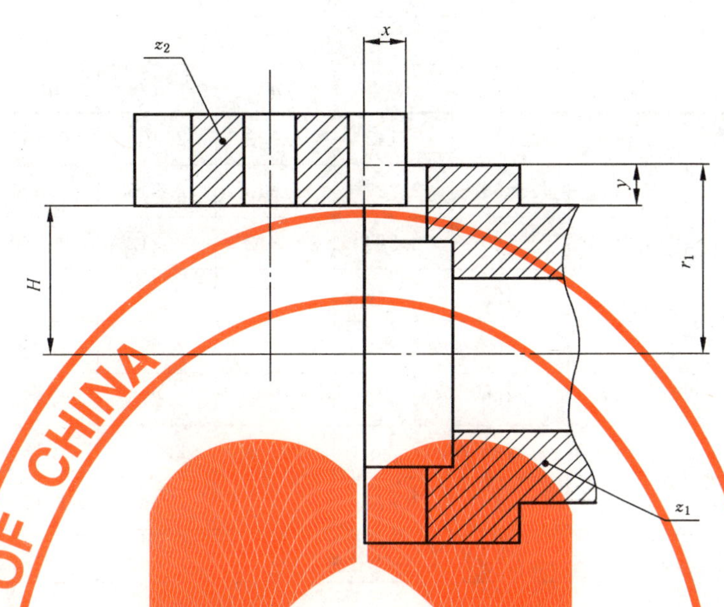

代号：

z_1——端面齿轮的齿数；

z_2——圆柱齿轮的齿数；

x^{0}_{-dx}——端面齿轮在轴向啮合的深度及其偏差(dx)；

$y\pm dy$——端面齿轮在径向啮合的深度及其偏差(dy)；

H——端面齿轮中心线与其啮合的拨针轮(跨轮或分轮)端面的距离。其值取决于 y 与 r_1，即 $H=r_1-y$。

图 2 啮合深度示意图及其代号

3.3.2 与端面齿轮啮合的圆柱齿轮的齿形及代号见附录 A。

4 端面齿轮的齿形参数

4.1 与拨针轮啮合时的端面齿轮参数

当拨针轮齿数 z_2 为 10～17，端面齿轮齿数 z_1 为 10～14，模数为 1 mm 时，端面齿轮的齿形参数、啮合深度及其偏差值见表 1。

表 1 与拨针轮啮合时的端面齿轮齿形参数

z_2	z_1									
	10									
	r_1	s_1	ρ_a	h_a	s_2	h	x	dx	y	dy
10	5.650	1.300	1.800	1.368	2.232	2.812	2.312	0.640	1.245	0.255
11	5.700	1.300	1.900	1.413	2.263	2.808	2.308	0.800	1.245	0.255
12	5.800	1.300	2.000	1.457	2.326	2.785	2.185	0.880	1.245	0.255
13	5.850	1.300	2.000	1.457	2.357	2.756	2.256	0.960	1.560	0.340
14	5.850	1.300	2.000	1.457	2.357	2.774	2.274	1.040	1.560	0.340
15	5.850	1.300	1.900	1.413	2.357	2.749	2.149	1.040	1.560	0.340
16	5.900	1.300	1.800	1.367	2.388	2.691	2.091	1.040	1.675	0.425
17	5.900	1.300	1.900	1.413	2.388	2.727	2.227	1.040	2.335	0.765

表 1（续）

z_2	z_1									
	11									
	r_1	s_1	ρ_a	h_a	s_2	h	x	dx	y	dy
10	6.050	1.300	2.000	1.460	2.142	2.903	2.403	0.560	1.045	0.255
11	6.200	1.300	2.000	1.460	2.227	2.845	2.345	0.800	1.245	0.255
12	6.300	1.300	2.000	1.460	2.284	2.812	2.312	0.880	1.360	0.340
13	6.400	1.300	2.000	1.460	2.340	2.761	2.261	1.960	1.560	0.340
14	6.400	1.300	2.100	1.503	2.340	2.797	2.297	1.040	1.560	0.340
15	6.400	1.300	2.000	1.460	2.340	2.775	2.275	1.120	1.560	0.340
16	6.400	1.300	1.900	1.416	2.340	2.749	2.249	1.120	1.560	0.340
17	6.400	1.300	1.900	1.416	2.340	2.765	2.165	1.120	1.560	0.340
z_2	z_1									
	12									
	r_1	s_1	ρ_a	h_a	s_2	h	x	dx	y	dy
10	6.600	1.300	2.000	1.463	2.144	2.895	2.395	0.560	1.045	0.255
11	6.750	1.300	2.000	1.463	2.222	2.842	2.342	0.800	1.245	0.255
12	6.850	1.300	2.000	1.463	2.274	2.813	2.313	0.880	1.360	0.340
13	6.850	1.300	2.200	1.547	2.274	2.848	2.348	0.960	1.360	0.340
14	6.900	1.300	2.200	1.547	2.300	2.845	2.345	1.040	1.560	0.340
15	6.950	1.300	2.000	1.463	2.326	2.780	2.280	1.040	1.560	0.340
16	6.950	1.300	1.900	1.418	2.326	2.755	2.255	1.120	1.560	0.340
17	6.950	1.300	2.000	1.463	2.326	2.793	2.293	1.200	1.560	0.340
z_2	z_1									
	13									
	r_1	s_1	ρ_a	h_a	s_2	h	x	dx	y	dy
10	7.100	1.300	2.000	1.465	2.122	2.908	2.408	0.560	1.045	0.255
11	7.250	1.300	2.000	1.465	2.194	2.861	2.361	0.720	1.160	0.340
12	7.400	1.300	2.000	1.465	2.266	2.815	2.315	0.880	1.475	0.425
13	7.400	1.300	2.100	1.508	2.266	2.833	2.333	0.960	1.475	0.425
14	7.450	1.300	2.200	1.549	2.290	2.849	2.349	1.040	1.360	0.340
15	7.350	1.300	2.000	1.465	2.242	2.859	2.359	1.120	1.360	0.340
16	7.450	1.300	2.100	1.507	2.290	2.827	2.327	1.120	1.560	0.340
17	7.500	1.300	2.000	1.464	2.314	2.798	2.298	1.200	1.560	0.340

表 1（续）

z_2	z_1									
	14									
	r_1	s_1	ρ_a	h_a	s_2	h	x	dx	y	dy
10	7.650	1.300	2.000	1.466	2.124	2.902	2.402	0.560	1.160	0.340
11	7.800	1.300	2.000	1.466	2.192	2.859	2.359	0.720	1.275	0.425
12	7.900	1.300	2.000	1.466	2.237	2.836	2.336	0.880	1.390	0.510
13	7.900	1.300	2.100	1.509	2.237	2.856	2.356	0.960	1.475	0.425
14	7.900	1.300	2.100	1.509	2.237	2.879	2.379	1.040	1.475	0.425
15	7.900	1.300	2.200	1.551	2.237	2.899	2.399	1.040	1.475	0.425
16	7.900	1.300	1.900	1.422	2.237	2.836	2.336	1.120	1.475	0.425
17	8.000	1.300	2.000	1.466	2.281	2.829	2.329	1.040	1.475	0.425

4.2 与跨轮啮合时的端面齿轮参数

当跨轮齿轮数 z_2 为 24～36，端面齿轮齿数 z_1 为 10～14，模数为 1 mm 时，端面齿轮的齿形参数、啮合深度及其偏差值见表 2。

表 2 与跨轮啮合时端面齿轮的齿形参数

z_2	z_1									
	10									
	r_1	s_1	ρ_a	h_a	s_2	h	x	dx	y	dy
24	5.700	1.300	1.800	1.368	2.263	2.688	2.038	1.200	1.387	0.213
28	5.700	1.300	1.900	1.413	2.264	2.717	2.067	1.000	1.487	0.213
30	5.700	1.300	2.000	1.457	2.264	2.740	1.940	1.000	1.487	0.213
32	5.700	1.300	2.000	1.457	2.264	2.736	1.936	1.000	1.487	0.213
33	5.700	1.300	1.800	1.368	2.264	2.674	1.874	0.900	1.487	0.213
35	5.650	1.300	2.000	1.457	2.232	2.806	1.556	0.700	1.287	0.213
36	5.650	1.300	2.000	1.457	2.232	2.805	1.555	0.655	1.287	0.213
z_2	z_1									
	11									
	r_1	s_1	ρ_a	h_a	s_2	h	x	dx	y	dy
24	6.200	1.300	2.300	1.585	2.227	2.856	2.206	1.200	1.387	0.213
28	6.200	1.300	2.300	1.585	2.227	2.864	2.064	1.000	1.387	0.213
30	6.200	1.300	1.800	1.370	2.227	2.720	1.770	0.870	1.287	0.213
32	6.200	1.300	1.800	1.370	2.227	2.716	1.766	0.866	1.287	0.213
33	6.150	1.300	2.000	1.460	2.199	2.826	1.876	0.866	1.287	0.213
35	6.100	1.300	1.800	1.371	2.170	2.836	1.736	0.836	1.187	0.213
36	6.100	1.300	1.900	1.416	2.170	2.869	1.619	0.719	1.187	0.213

表 2（续）

z_2	z_1									
	12									
	r_1	s_1	ρ_a	h_a	s_2	h	x	dx	y	dy
24	6.750	1.300	2.000	1.463	2.222	2.773	2.273	1.320	1.387	0.213
28	6.750	1.300	1.800	1.373	2.222	2.718	2.068	1.000	1.387	0.213
30	6.800	1.300	2.000	1.463	2.248	2.731	2.081	1.000	1.487	0.213
32	6.750	1.300	1.800	1.373	2.222	2.708	2.058	1.000	1.487	0.213
33	6.700	1.300	2.000	1.463	2.196	2.813	1.863	0.960	1.287	0.213
35	6.650	1.300	2.000	1.463	2.170	2.883	1.783	0.880	1.187	0.213
36	6.700	1.300	1.900	1.419	2.196	2.800	1.850	0.880	1.287	0.213

z_2	z_1									
	13									
	r_1	s_1	ρ_a	h_a	s_2	h	x	dx	y	dy
24	7.300	1.300	2.300	1.590	2.218	2.845	2.345	1.320	1.387	0.213
28	7.250	1.300	1.800	1.375	2.194	2.751	2.251	1.140	1.387	0.213
30	7.250	1.300	2.100	1.508	2.194	2.837	2.187	1.120	1.387	0.213
32	7.250	1.300	1.900	1.420	2.194	2.775	2.125	1.120	1.387	0.213
33	7.250	1.300	1.800	1.375	2.194	2.742	2.092	1.020	1.387	0.213
35	7.250	1.300	1.600	1.279	2.194	2.691	2.041	1.040	1.387	0.213
36	7.200	1.300	1.700	1.328	2.170	2.769	1.969	1.020	1.287	0.213

z_2	z_1									
	14									
	r_1	s_1	ρ_a	h_a	s_2	h	x	dx	y	dy
24	7.700	1.300	2.100	1.509	2.147	2.896	2.396	1.320	1.287	0.213
28	7.800	1.300	2.000	1.466	2.192	2.805	2.155	1.120	1.345	0.255
30	7.750	1.300	1.900	1.422	2.170	2.810	2.160	1.120	1.345	0.255
32	7.750	1.300	2.200	1.551	2.170	2.897	2.247	1.120	1.387	0.213
33	7.800	1.300	2.000	1.466	2.192	2.798	2.148	1.120	1.387	0.213
35	7.700	1.300	2.100	1.509	2.147	2.933	2.133	1.120	1.287	0.213
36	7.700	1.300	2.100	1.509	2.147	2.933	2.133	1.120	1.287	0.213

4.3 圆柱齿轮参数

与端面齿轮匹配及相关的圆柱齿轮（拨针轮、跨轮和分轮等）尺寸、齿形参数见附录 A（规范性附录）。

附 录 A
（规范性附录）
与端面齿轮匹配及相关的圆柱齿轮

A.1 范围

本附录适用于手表或怀表拨针机构中与端面齿轮匹配及相关的圆柱齿轮，如拨针轮、跨轮和分轮等。

A.2 齿形及代号

圆柱齿轮齿形及其代号见图A.1。

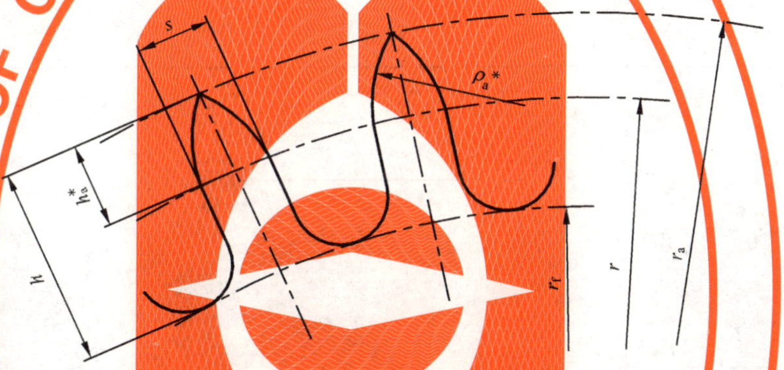

代号：

r——分度圆半径；

r_f——齿根圆半径；

r_a——齿顶圆半径；

s——分度圆上的齿厚；

ρ_a^*——齿顶圆弧半径系数；

h_a^*——齿顶高系数；

h——齿高。

图A.1 圆柱齿轮齿形及代号

A.3 齿轮尺寸及其参数

A.3.1 齿轮尺寸

圆柱齿轮齿数：z_2；

模数：m；

分度圆半径：$r=m\cdot z_2/2$；

齿顶圆半径：$r_a=(z_2/2+h_a^*)m$；

齿根圆半径：$r_f=(z_2/2-1.75)m$；

分度圆上的齿厚：$s=1.41m$；

齿顶高：$h_a=h_a^*\cdot m$；

齿顶圆弧半径：$\rho_a=\rho_a^*\cdot m$。

A.3.2 齿顶高系数和齿顶圆弧半径系数

当模数为 1 mm 时，齿数 z_2 与齿顶高系数 h_a^* 和齿顶圆弧半径系数 ρ_a^* 的数值见表 A.1。

表 A.1 齿顶高和齿顶圆弧半径系数表

齿　　数	h_a^*	ρ_a^*
8	1.16	1.85
9	1.17	1.87
10～11	1.19	1.90
12～13	1.20	1.92
14～16	1.22	1.95
17～20	1.24	1.98
21～25	1.26	2.01
26～34	1.27	2.03
35～54	1.29	2.06
55～134	1.31	2.09
135 以上	1.32	2.11

ICS 39.040.01
Y 11

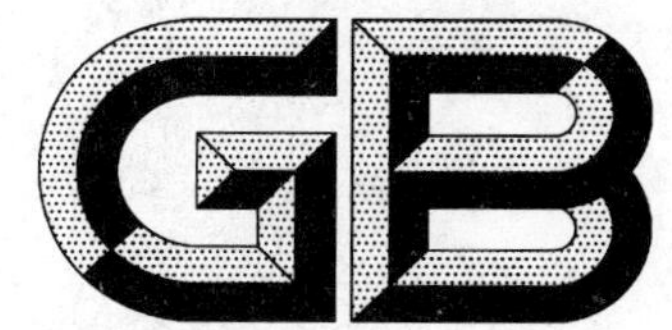

中华人民共和国国家标准

GB/T 22776—2008

计时仪器用公差与配合 塑料件公差

Tolerances and fits for timekeeping instruments—Tolerances of plastic parts

2008-12-30 发布　　2009-09-01 实施

中华人民共和国国家质量监督检验检疫总局
中国国家标准化管理委员会　发布

前　言

本标准是在原轻工行业标准 QB/T 1989—1994《计时仪器用公差与配合　塑料件公差》的基础上制定。

本标准的附录 A 为资料性附录。

本标准由中国轻工业联合会提出。

本标准由全国钟表标准化技术委员会归口。

本标准起草单位：山东康巴丝钟表有限公司、福建上润精密仪器有限公司、武汉诚盛电子有限公司、轻工业钟表研究所。

本标准主要起草人：田照珂、苏方中、孙刚、于文渤、闵烨、金英淑。

自本标准实施之日起，原轻工行业标准 QB/T 1989—1994《计时仪器用公差与配合　塑料件公差》自行废止。

计时仪器用公差与配合
塑料件公差

1 范围

本标准规定了计时仪器用塑料件公差。

本标准适用于基本尺寸至500 mm的塑料件光滑圆柱配合与非配合尺寸。

2 规范性引用文件

下列文件中的条款通过本标准的引用而成为本标准的条款。凡是注日期的引用文件，其随后所有的修改单(不包括勘误的内容)或修订版均不适用于本标准，然而，鼓励根据本标准达成协议的各方研究是否可使用这些文件的最新版本。凡是不注日期的引用文件，其最新版本适用于本标准。

GB/T 1801 极限与配合 公差带和配合的选择(GB/T 1801—1999,eqv ISO 1829:1975)

GB/T 1803 极限与配合 尺寸至18 mm孔、轴公差带

3 基本规定

3.1 本标准规定的孔、轴公差带见表1和表2。

3.2 在某些特殊情况下，为了保证对塑料件的公差要求，表1和表2中没有规定的公差带也可采用GB/T 1801和GB/T 1803中的其他公差带。

3.3 本标准规定的轴、孔公差带的极限偏差数值见表3和表4，其中没有的可从GB/T 1801和GB/T 1803中查取。

3.4 本标准采用的轴、孔公差带所形成的推荐配合参见附录A。

4 检验条件

经加工成型后的塑料件，在常温环境下放置一定时间，一般不小于16 h，以消除由于加工造成的内应力。

检验应在温度20 ℃±2 ℃，相对湿度65%±5%的条件下进行。偏离此条件应做适当修正。

表 1　基本尺寸至 500 mm 的轴公差带

公差等级	基本偏差																	
	a	b	c	cd	d	e	ef	f	h	js	k	u	x	y	z	za	zb	zc
7	—	—	c7	cd7	d7	e7	ef7	f7	h7	js7	k7	u7	x7	—	z7	za7	zb7	—
8	—	—	c8	cd8	d8	e8	ef8	f8	h8	js8	k8	u8	x8	—	z8	za8	zb8	—
9	—	—	—	cd9	d9	e9	ef9	f9	h9	js9	k9	—	—	—	z9	za9	zb9	—
10	—	—	—	cd10	d10	—	ef10	f10	h10	js10	k10	u10[b]	x10[b]	y10[b]	z10[b]	za10[b]	zb10[b]	zc10[b]
11	a11	b11	c11	cd11[b]	d11	—	—	—	h11	js11	k11[b]	—	—	—	—	—	—	zc11[b]
12	a12	b12	c12	—	—	—	—	—	h12	js12[a]	—	—	—	—	—	—	—	—
13	a13	b13	—	—	—	—	—	—	h13	js13[a]	—	—	—	—	—	—	—	—
14	—	—	—	—	—	—	—	—	h14[a]	js14[a]	—	—	—	—	—	—	—	—
15	—	—	—	—	—	—	—	—	h15[a]	js15[a]	—	—	—	—	—	—	—	—
16	—	—	—	—	—	—	—	—	h16[a]	js16[a]	—	—	—	—	—	—	—	—
17	—	—	—	—	—	—	—	—	h17[a]	js17[a]	—	—	—	—	—	—	—	—
18	—	—	—	—	—	—	—	—	h18[a]	js18[a]	—	—	—	—	—	—	—	—

a 不推荐用于配合的公差。

b 在 GB/T 1801 及 GB/T 1803 中没有规定的公差带。

表 2　基本尺寸至 500 mm 的孔公差带

公差等级	基本偏差																	
	A	B	C	CD	D	E	EF	F	H	JS	N	U	X	Y	Z	ZA	ZB	ZC
7	—	—	—	CD7	D7	E7	EF7	F7	H7	JS7	N7	U7	X7	—	—	—	—	—
8	—	—	C8	CD8	D8	E8	EF8	F8	H8	JS8	N8	U8	X8	—	—	—	—	—
9	—	—	—	CD9	D9	E9	EF9	F9	H9	JS9	N9	—	—	—	—	—	ZB9	ZC9
10	—	—	—	CD10	D10	—	EF10	F10	H10	JS10	N10	—	X10[b]	Y10[b]	Z10[b]	ZA10[b]	ZB10[b]	ZC10[b]
11	A11	B11	C11	CD11[b]	D11	—	—	—	H11	JS11	N11[b]	—	—	—	—	—	—	ZC11[b]
12	A12	B12	C12	—	—	—	—	—	H12	JS12[a]	—	—	—	—	—	—	—	—
13	A13	B13	—	—	—	—	—	—	H13	JS13[a]	—	—	—	—	—	—	—	—
14	—	—	—	—	—	—	—	—	H14[a]	JS14[a]	—	—	—	—	—	—	—	—
15	—	—	—	—	—	—	—	—	H15[a]	JS15[a]	—	—	—	—	—	—	—	—
16	—	—	—	—	—	—	—	—	H16[a]	JS16[a]	—	—	—	—	—	—	—	—
17	—	—	—	—	—	—	—	—	H17[a]	JS17[a]	—	—	—	—	—	—	—	—
18	—	—	—	—	—	—	—	—	H18[a]	JS18[a]	—	—	—	—	—	—	—	—

a 不推荐用于配合的公差。

b 在 GB/T 1801 及 GB/T 1803 中没有规定的公差带。

表 3　基本尺寸至 500 mm 的轴极限偏差

基本尺寸/mm		公差带								
		cd11	k11	x10	y10	z10	za10	zb10	zc10	zc11
大于	至	极限偏差/μm								
—	3	−34 −94	+60 0	+60 +20	—	+66 +26	+72 +32	+80 +40	+100 +60	+120 +60
3	6	−46 −121	+75 0	+76 +28	—	+83 +35	+90 +42	+98 +50	+128 +80	+155 +80
6	10	−56 −146	+90 0	+92 +34	—	+100 +42	+110 +52	+125 +67	+155 +97	+187 +97
10	14	—	+110 0	+110 +40	—	+120 +50	+134 +64	+160 +90	+200 +130	+240 +130
14	18	—		+115 +45	—	+130 +60	+147 +77	+178 +108	+220 +150	+260 +150
18	24	—	+130 0	+138 +54	+147 +63	+157 +73	+182 +98	+220 +136	+272 +188	+318 +188
24	30	—		+148 +64	+159 +75	+172 +88	+202 +118	+244 +160	+302 +218	+348 +218
30	40	—	+160 0	+180 +80	+194 +94	+212 +112	+248 +148	+300 +200	+374 +274	+434 +274
40	50	—		+197 +97	+214 +114	+236 +136	+280 +180	+342 +242	+425 +325	+485 +325
50	65	—	+190 0	+242 +122	+264 +144	+292 +172	+346 +226	+420 +300	+525 +405	+595 +405
65	80	—		+266 +146	+294 +174	+330 +210	+294 +274	+480 +360	+600 +480	+670 +480
80	100	—	+220 0	+318 +178	+354 +214	+398 +258	+475 +335	+585 +445	+725 +585	+805 +585
100	120	—		+350 +210	+294 +254	+450 +310	+540 +400	+665 +525	+830 +690	+910 +690
120	140	—	+250 0	+408 +248	+460 +300	+525 +365	+630 +470	+780 +620	+960 +800	+1 050 +800
140	160	—		+440 +280	+500 +340	+575 +415	+695 +535	+860 +700	+1 060 +900	+1 150 +900
160	180	—		+470 +310	+540 +380	+625 +465	+760 +600	+940 +780	+1 160 +1 000	+1 250 +1 000

表 3（续）

基本尺寸/mm		公差带								
		cd11	k11	x10	y10	z10	za10	zb10	zc10	zc11
大于	至	极限偏差/μm								
180	200	—		+535 +350	+610 +425	+705 +520	+855 +670	+1 065 +880	+1 335 +1 150	+1 440 +1 150
200	225	—	+290 0	+570 +385	+655 +470	+760 +575	+925 +740	+1 145 +960	+1 435 +1 250	+1 540 +1 250
225	250	—		+610 +425	+705 +520	+825 +640	+1 005 +820	+1 235 +1 050	+1 535 +1 350	+1 640 +1 350
250	280	—	+320 0	+685 +475	+790 +580	+920 +710	+1 130 +920	+1 410 +1 200	+1 760 +1 550	+1 870 +1 550
280	315	—		+735 +525	+860 +650	+1 000 +790	+1 210 +1 000	+1 510 +1 300	+1 910 +1 700	+2 020 +1 700
315	355	—	+360 0	+820 +590	+960 +730	+1 130 +900	+1 380 +1 150	+1 730 +1 500	+2 130 +1 900	+2 260 +1 900
355	400	—		+890 +660	+1 050 +820	+1 230 +1 000	+1 530 +1 300	+1 880 +1 650	+2 330 +2 100	+2 460 +2 100
400	450	—	+400 0	+990 +740	+1 170 +920	+1 350 +1 100	+1 700 +1 450	+2 100 +1 850	+2 650 +2 400	+2 800 +2 400
450	500	—		+1 070 +820	+1 250 +1 000	+1 500 +1 250	+1 850 +1 600	+2 350 +2 100	+2 850 +2 600	+3 000 +2 600

表 4　基本尺寸至 500 mm 的孔极限偏差

基本尺寸/mm		公差带								
		CD11	N11	X10	Y10	Z10	ZA10	ZB10	ZC10	ZC11
大于	至	极限偏差/μm								
—	3	+94 +34	−4 −64	−20 −60	—	−26 −66	−32 −72	−40 −80	−60 −100	−60 −120
3	6	+121 +46	0 −75	−28 −76	—	−35 −83	−42 −90	−50 −98	−80 −128	−80 −155
6	10	+146 +56	0 −90	−34 −92	—	−42 −100	−52 −110	−67 −125	−97 −155	−97 −187
10	14	—	0 −110	−40 −110	—	−50 −120	−64 −134	−90 −160	−130 −200	−130 −240
14	18	—		−45 −115	—	−60 −130	−77 −147	−108 −178	−150 −220	−150 −260

表 4（续）

基本尺寸/mm		公差带								
		CD11	N11	X10	Y10	Z10	ZA10	ZB10	ZC10	ZC11
大于	至	极限偏差/μm								
18	24	—	0 −130	−54 −138	−63 −147	−73 −157	−98 −182	−136 −220	−188 −272	−188 −318
24	30	—		−64 −148	−75 −159	−88 −172	−118 −202	−160 −244	−218 −302	−218 −348
30	40	—	0 −160	−80 −180	−94 −194	−112 −212	−148 −248	−200 −300	−274 −374	−274 −434
40	50	—		−97 −197	−114 −214	−136 −236	−180 −280	−242 −342	−325 −423	−325 −485
50	65	—	0 −190	−122 −242	−144 −264	−172 −292	−226 −346	−300 −420	−405 −525	−405 −595
65	80	—		−146 −266	−174 −294	−210 −330	−274 −394	−360 −480	−480 −600	−480 −670
80	100	—	0 −220	−178 −318	−214 −354	−258 −398	−335 −475	−445 −585	−585 −725	−585 −805
100	120	—		−210 −350	−254 −394	−310 −450	−400 −540	−525 −665	−690 −830	−690 −910
120	140	—	0 −250	−248 −408	−300 −460	−365 −525	−470 −630	−620 −780	−800 −960	−800 −1 050
140	160	—		−280 −440	−340 −500	−415 −575	−535 −695	−700 −860	−900 −1 060	−900 −1 150
160	180	—		−310 −470	−380 −540	−465 −625	−600 −760	−780 −940	−1 000 −1 160	−1 000 −1 250
180	200	—	0 −290	−350 −535	−425 −610	−520 −705	−670 −855	−880 −1 065	−1 150 −1 335	−1 150 −1 440
200	225	—		−385 −570	−470 −655	−575 −760	−740 −925	−960 −1 145	−1 250 −1 435	−1 250 −1 540
225	250	—		−425 −610	−520 −705	−640 −825	−820 −1 005	−1 050 −1 235	−1 350 −1 535	−1 350 −1 640
250	280	—	0 −320	−475 −685	−580 −790	−710 −920	−920 −1 130	−1 200 −1 410	−1 550 −1 760	−1 550 −1 870
280	315	—		−525 −735	−650 −860	−790 −1 000	−1 000 −1 210	−1 300 −1 510	−1 700 −1 910	−1 700 −2 020
315	355	—	0 −360	−590 −820	−730 −960	−900 −1 130	−1 150 −1 380	−1 500 −1 730	−1 900 −1 230	−1 900 −2 260
355	400	—		−660 −890	−820 −1 050	−1 000 −1 230	−1 300 −1 530	−1 650 −1 880	−2 100 −2 330	−2 100 −2 460
400	450	—	0 −400	−740 −990	−920 −1 170	−1 100 −1 350	−1 450 −1 700	−1 850 −2 100	−2 400 −2 650	−2 400 −2 800
450	500	—		−820 −1 070	−1 000 −1 250	−1 250 −1 500	−1 600 −1 850	−2 100 −2 350	−2 600 −2 850	−2 600 −3 000

附 录 A
（资料性附录）
推荐配合

A.1 塑料件与塑料件及塑料件与金属件的配合

对塑料件与塑料件及塑料件与金属件的配合见表 A.1 和表 A.2。

A.2 塑料件与金属件配合的公差带

与塑料件配合的金属件推荐采用下列公差带：

轴：h7、h8、……、h12；

孔：H7、H8、……、H12。

与金属件配合的塑料件推荐采用的公差带，其公差等级比金属件推荐采用的公差带的公差等级低 1 级或 2 级。

A.3 其他

除表 A.1、表 A.2 给出的配合外，根据需要还可以按本标准给出的轴、孔公差带组成其他的配合。一般情况下，塑料件与塑料件的配合比塑料件与金属件的配合所需要的间隙或过盈要大一些。

表 A.1　基本尺寸至 500 mm 的基孔制推荐配合

公差带	轴的基本偏差																	
	a	b	c	cd	d	e	ef	f	h	js	k	u	x	y	z	za	zb	zc
H7	—	—	H7/c7	H7/cd7	H7/d7	H7/e7	H7/ef7	H7/f7	H7/h7	H7/js7	H7/k7	H7/u7	H7/x7	—	H7/z7	—	—	—
H8	—	—	H8/c8	H8/cd8	H8/d8	H8/e8	H8/ef8	H8/f8	H8/h8	H8/js8	H8/k8	H8/u8	H8/x8	—	H8/z8	—	—	—
H9	—	—	H9/c9	H9/cd9	H9/d9	H9/e9	H9/ef9	H9/f9	H9/h9	H9/js9	H9/k9	—	H9/x10	H9/y10	H9/z10	H9/za10	H9/zb10	—
H10	—	—	H10/c10	H10/cd10	H10/d10	—	—	—	H10/h10	H10/js10	H10/k10	—	—	H10/y10	H10/z10	H10/za10	H10/zb10	H10/zc10　H10/zc11
H11	H11/a11	H11/b11	H11/c11	H11/cd11	H11/d11	—	—	—	H11/h11	H11/js11	H11/k11	—	—	—	—	—	—	H11/zc11
H12	H12/a12	H12/b12	—	—	—	—	—	—	H12/h12	—	—	—	—	—	—	—	—	—
H13	H13/a13	—	—	—	—	—	—	—	H13/h13	—	—	—	—	—	—	—	—	—

表 A.2 基本尺寸至 500 mm 的基轴制推荐配合

公差带	孔的基本偏差																	
	A	B	C	CD	D	E	EF	F	H	JS	N	U	X	Y	Z	ZA	ZB	ZC
h7	—	—	—	CD7/h7	D7/h7	E7/h7	EF7/h7	F7/h7	H7/h7	JS7/h7	N7/h7	U7/h7	—	—	—	—	—	—
h8	—	—	—	CD8/h8	D8/h8	E8/h8	EF8/h8	F8/h8	H8/h8	JS8/h8	N8/h8	U8/h8	—	—	—	—	—	—
h9	—	—	—	CD9/h9	D9/h9	E9/h9	EF9/h9	F9/h9	H9/h9	JS9/h9	N9/h9	—	X10/h9	Y10/h9	Z10/h9	ZA10/h9	ZB10/h9	—
h10	—	—	—	CD10/h10	D10/h10	—	—	—	H10/h10	JS10/h10	N10/h10	—	—	Y10/h10	Z10/h10	ZA10/h10	ZB10/h10	ZC10/h10 ZC10/h11
h11	A11/h11	B11/h11	C11/h11	CD11/h11	D11/h11	—	—	—	H11/h11	JS11/h11	N11/h11	—	—	—	—	—	—	ZC11/h11
h12	A12/h12	B12/h12	—	—	—	—	—	—	H12/h12	—	—	—	—	—	—	—	—	—
h13	A13/h13	—	—	—	—	—	—	—	H13/h13	—	—	—	—	—	—	—	—	—

ICS 39.040.20
Y 11

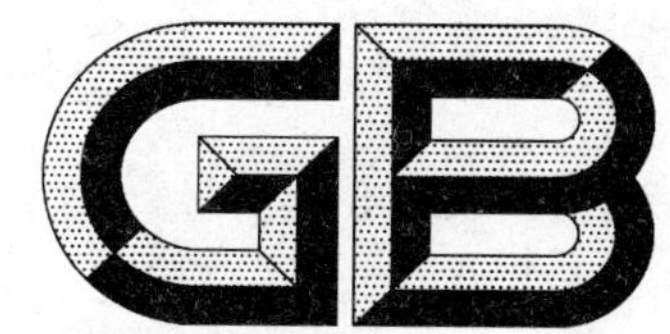

中华人民共和国国家标准

GB/T 22777—2008

数码信息历

Numeral information calendars

2008-12-30 发布

2009-09-01 实施

中华人民共和国国家质量监督检验检疫总局
中国国家标准化管理委员会 发布

前　言

本标准是在原轻工行业标准 QB/T 2742—2005《数码信息历》的基础上制定。

本标准由中国轻工业联合会提出。

本标准由全国钟表标准化技术委员会归口。

本标准起草单位：清远市江山电子有限公司、轻工业钟表研究所。

本标准主要起草人：江灿林、杨建敏、何光先、江灿辉。

自本标准实施之日起，原轻工行业标准 QB/T 2742—2005《数码信息历》自行废止。

数 码 信 息 历

1 范围

本标准规定了数码信息历(以下简称信息历)的要求、试验方法、检验规则及标志、包装、运输、贮存。

本标准适用于以交流电供电,LED数码方式显示时间、日期、星期等基本信息和附加信息的数码时钟产品。

2 规范性引用文件

下列文件中的条款通过本标准的引用而成为本标准的条款。凡是注日期的引用文件,其随后所有的修改单(不包括勘误的内容)或修订版均不适用于本标准,然而,鼓励根据本标准达成协议的各方研究是否可使用这些文件的最新版本。凡是不注日期的引用文件,其最新版本适用于本标准。

GB 1002 家用和类似用途单相插头插座 型式、基本参数和尺寸

GB/T 2828.1 计数抽样检验程序 第1部分:按接收质量限(AQL)检索的逐批检验抽样计划(GB/T 2828.1—2003,ISO 2859-1:1991,IDT)

GB/T 2829 周期检验计数抽样程序及表(适用于对过程稳定性的检验)

GB 4706.1—2005 家用和类似用途电器的安全 第1部分:通用要求(GB 4706.1—2005,IEC 60335-1:2001,IDT)

GB/T 5023 额定电压450/750 V及以下聚氯乙烯绝缘电缆

GB/T 6046 指针式石英钟

3 电气参数

信息历的电气参数如下:

——额定电压:a.c.220 V;

——额定频率:50 Hz。

注:对有其他需要的电气参数,可由供需双方商定。

4 要求

4.1 标志

信息历主体应标有下列标志:

——额定电压或额定电压范围,单位为伏(V);

——电源性质的符号,标有频率的除外;

——额定输入功率,单位为瓦(W)或额定电流,单位为安(A);

——制造厂或责任承销商的名称、商标或识别标记。

标志应易读并持久耐用,经5.3.1规定的试验后,标志仍应保持清晰易读,标志牌应不易揭下并不卷边。

产品标志见GB 4706.1—2005中第7章的规定。

4.2 电压范围

信息历在a.c.180 V~253 V的电压范围内不应停走,显示正常。

注:额定电压有其他需要的信息历,电压范围由供需双方商定。

4.3 工作温度

信息历在－10 ℃～50 ℃的温度范围内不应停走，显示正常。

4.4 工作可靠性

4.4.1 信息历在正常使用条件下不应停走，数码显示清晰、正常，不应有缺划、多划、隐现和不显示，附有灯箱的信息历灯箱中照明用灯应能可靠照明。

4.4.2 信息历各功能键应灵活、可靠，操作时不应出现卡滞或接触不良等现象，时间调整装置在工作状态下应能准确、可靠调整时间。

4.4.3 信息历在进行平均瞬时日差或平均实走日差试验期间，累计误差应不大于 2 min。

4.5 走时精度

4.5.1 瞬时日差

石英谐振器基准频率为 32 768 Hz 的信息历的瞬时日差和平均瞬时日差应符合表 1 规定。

4.5.2 实走日差

石英谐振器基准频率非 32 768 Hz 的信息历的实走日差和平均实走日差应符合表 1 规定。

表 1 项目和指标

单位为秒每天

项　目	指　标		
	优等	一等	合格
(平均)瞬时日差	－0.5～0.5	－1.0～1.0	－2.0～2.0
(平均)实走日差	－1～1		－2～2
耐湿性能	－2.0～2.0	－3.0～3.0	－4.0～4.0

4.6 输入功率和电流

4.6.1 标志上标有额定频率的信息历，正常工作温度下其输入功率对额定输入功率的偏离值应符合表 2 规定。

4.6.2 标志上标有额定电流的信息历，正常工作温度下工作电流与额定电流的偏离值应符合表 2 规定。

表 2 输入功率和电流的偏离值

项　目		偏　离　值
输入功率/W	≤25	±20%
	<25～≤200	±10%
	<200	＋5%或 20 W(选较大的值)－10%
工作电流/A	≤0.2	±20%
	<0.2～≤1.0	±10%
	<1.0	＋5%或 20 W(选较大的值)－10%

4.7 电源线及插头

信息历使用的电源软线应是符合 GB/T 5023 的产品，插头应是符合 GB 1002 的产品。

4.8 元件

信息历所用主要电器元件应是符合国家相关标准并有合格证明的产品。

4.9 安全性能

4.9.1 绝缘电阻

信息历带电部分与外部易触及部分之间的绝缘电阻应不小于 20 MΩ。

4.9.2 电气强度

信息历经受频率 50 Hz、电压 1 000 V 的电气强度试验 1 min，试验中应无闪络和击穿现象。

4.10 开机可靠性

信息历开机时应能承受交流电通、断电引起的电流冲击，开机过程中经受连续通、断电动作后，信息历不应出现系统无响应、显示屏闪烁和字段乱码等现象。

注：对可接收外来信号的信息历，接收信号时显示屏允许有一次闪烁。

4.11 记忆功能

有记忆功能的信息历，切断工作电源后应能连续计时，再通电时应能显示现时时间，实走日差应符合表 1 规定。

4.12 电源切换可靠性

装有直流备用电源的信息历应能可靠进行电源交、直流切换，信息历经受连续交、直流电源切换后不应出现停机或影响原工作状态现象，并能连续计时，实走日差应符合表 1 规定。

4.13 备用电源

装有直流备用电源的信息历，切换至备用电源供电后信息历正常工作和显示时间应由供需双方商定。

4.14 耐冲击性能

信息历经受冲击能量为(0.6±0.04)J 的耐冲击试验，试验后不应停走，应显示正常，表面不应出现可见裂纹，绝缘电阻应符合 4.9.1 规定。

4.15 耐湿性能

信息历经受温度为(40±1)℃、相对湿度为 85%～95%、时间为 24 h 的耐湿性能试验，试验期间实走日差应符合表 1 规定，绝缘电阻应不小于 2 MΩ。

4.16 耐久性

信息历经受工作电压为 a.c.253 V、温度为 50 ℃、时间为 96 h 的耐久性试验，试验期间不应停走，恢复环境温度后实走日差应符合表 1 规定。

4.17 外观

4.17.1 信息历壳面应规则、平整，不应有划痕、印迹及污点等缺陷；玻璃面应光洁、清晰，盘面与玻璃间不应留有任何肉眼可见的异物，表面覆盖层应均匀、色泽一致。

4.17.2 信息历盘面字符和图案应准确清晰，不应有断线、断划现象；带有指针显示机构的信息历指针和时符不应有泛色、划痕等缺陷。

4.17.3 具有附加装饰画面及灯箱照明的信息历，装饰画面应清洁、完好。

4.18 附加指针显示机构

4.18.1 显示同步性

具有指针显示机构的信息历，数字和指针间显示的时间误差应不大于 1 min/d。

4.18.2 功耗电流

信息历中指针显示机构的功耗电流应符合 GB/T 6046 的规定。

4.18.3 拨针机构

信息历中指针显示机构拨针时不应有卡滞现象，当时针对准整点时符的中心位置时，分针与“12”时符中心的偏差应不超出 4 分格。

5 试验方法

5.1 试验条件

5.1.1 试验环境

除另有规定外，试验的环境温度为 18 ℃～25 ℃，温度波动不大于 2 ℃，相对湿度不大于 70%。

5.1.2 供电电源

除另有规定外，信息历的供电电源为 a.c.220 V，指针显示部分供电电源为 DC1.50 V。

5.1.3 预运行时间

除另有规定外，信息历检验前均处于工作状态，并在 5.1 规定的环境中至少运行 2 h。

5.2 仪器设备

试验专用仪器设备的分辨率及最大允许误差见表 3，通用仪器精度比所测参数精度高一个数量级。

表 3 试验仪器设备

试验仪器设备	分 辨 率	最大允许误差
标准时计	1 s	±0.1 s/d
日差测试仪器	0.01 s/d	±0.01 s/d
电流测试仪器	1 μA	±1 μA
功率测试仪器	0.1 W	±0.5%
恒温恒湿箱	1 ℃	±2 ℃
振动试验台	0.1 g，1 Hz	±0.1 g，±1 Hz
交直流绝缘耐压测试仪	100 V	±50%V

5.3 试验项目

5.3.1 标志

主体标识通过目测检视并用手拿沾水布以 1 次/s 的速度擦拭 15 s，再用沾汽油的布以 1 次/s 的速度擦拭 15 s，擦拭后观察标志表面。

5.3.2 电压范围

将信息历供电电压分别调至 a.c.253 V 和 a.c.180 V 各运行 30 min，运行期间观察信息历工作状态。

5.3.3 工作温度

将信息历以工作位置置于温度为(50±1)℃的环境中运行 2 h，取出后在 5.1 的环境中恢复至少 2 h，然后将信息历以工作位置置于温度为(−10±1)℃的环境中运行 2 h(试验时也可先做低温)，从高、低温环境取出后均在 2 min 内观察信息历工作状态。

5.3.4 工作可靠性

5.3.4.1 在信息历预运行期间观察工作和显示状态，连续操作功能键各 5 次。

5.3.4.2 在信息历进行平均瞬时日差或平均实走日差试验前、后分别与标准时计比对，检查信息历累计误差。

5.3.4.3 信息历工作状态下揿按时间调整功能键调整显示时间，观察信息显示状态。

5.3.5 瞬时日差 m

石英谐振器基准频率为 32 768 Hz 的信息历置于(23±1)℃的环境保持 2 h 后用日差测试仪器测试瞬时日差；信息历连续运走 3 d，运走中每天置于(23±1)℃的环境保持 2 h 后测试瞬时日差 m_1、m_2、m_3，平均瞬时日差 $\overline{m}$ 按式(1)计算。

$$\overline{m}=\frac{m_1+m_2+m_3}{3} \qquad \cdots\cdots(1)$$

式中：

$\overline{m}$——3 d 的平均瞬时日差，单位为秒每天(s/d)；

m_1——第 1 天的瞬时日差，单位为秒每天(s/d)；

m_2——第 2 天的瞬时日差，单位为秒每天(s/d)；

m_3——第 3 天的瞬时日差，单位为秒每天(s/d)。

5.3.6 **实走日差 M**

石英谐振器基准频率不是 32 768 Hz 的信息历与标准时计比对后运行 24 h,测出实走日差;信息历与标准时计比对后连续运行 3 d,分别测出 3 d 的实走日差 M_1、M_2、M_3,平均实走日差 $\overline{M}$ 按式(2)计算。

$$\overline{M}=\frac{M_1+M_2+M_3}{3} \qquad \cdots\cdots(2)$$

式中:

$\overline{M}$——3 d 的平均实走日差,单位为秒每天(s/d);

M_1——第 1 天的实走日差,单位为秒每天(s/d);

M_2——第 2 天的实走日差,单位为秒每天(s/d);

M_3——第 3 天的实走日差,单位为秒每天(s/d)。

5.3.7 **输入功率和电流**

信息历在额定电压下处于工作状态,当输入功率稳定后根据信息历标志上标明参数,用功率测试仪器或电流测试仪器分别测量工作电压上限值和下限值的输入功率或电流。

5.3.8 **电源线及插头**

目测检视信息历的电源软线和插头是否符合国家相关标准,并与检验报告证书相符。

5.3.9 **元件**

目测检视信息历的电源变压器、保险丝及保险丝座、开关、电子镇流器、日光灯管、电机、内置电池等电器元件,检查是否符合国家相关标准,并与检验报告证书相符。

注:根据信息历的功能和结构,电子镇流器、日光灯管、电机为可选项目。

5.3.10 **绝缘电阻**

用电阻测试仪器测量信息历外框任意可触及金属部位(如无金属部位,则将电极夹在挂钉口处)及带电部位间绝缘电阻。

5.3.11 **电气强度**

在关机状态下,用高压试验仪器分别向信息历相互绝缘部分之间、绝缘与带电部分之间施加 50 Hz、1 000 V 交流电压,试验的初始电压为 500 V,然后在 2 s 内迅速升至 1 000 V 并保持 1 min,保持期间对信息历进行观察,试验后接通信息历电源观察工作及显示情况。

5.3.12 **开机可靠性**

信息历在无备用电源状态下以 1 次/s 的速度连续开、关交流电源,进行 10 次后使信息历处于开机状态并观察显示情况,将信息历与标准时计比对后实走 24 h,再与标准时计进行比对。

5.3.13 **记忆功能**

信息历与标准时计比对后切断工作电源,保持 10 min,接通电源后与标准时计比对显示时间,再实走 24 h 后与标准时计进行比对。

5.3.14 **电源切换可靠性**

对装有备用电源的信息历以 1 次/s 的速度开、关信息历交流电源,进行交、直流切换,连续进行 10 次后使信息历处于备用电源供电开机状态,观察信息历显示状态。

5.3.15 **备用电源**

装有备用电源的信息历记录试验初始时间后将供电电源切换至备用电源,按供需双方商定的工作时间进行实走,实走后检查信息历显示状态。

5.3.16 **耐冲击性能**

将信息历置于台面上,在距信息历(30±2)cm 处,将质量为(200±2)g 的聚四氟乙烯冲击球以自由落体作用于信息历除玻璃及按钮外的任意部位,作用时选择不同点进行三次,试验中观察信息历的显示状态,试验后测试绝缘电阻。

5.3.17 耐湿性能

将信息历与标准时计比对后以工作位置置于 4.11 规定的环境中运行 24 h，取出后在 5 min 内与标准时计比对，测试绝缘电阻。

5.3.18 耐久性

将信息历以工作位置置于 4.16 规定的环境中运行 96 h 后观察信息历的工作状态，恢复正常供电电压后在环境温度中保持不少于 2 h，再与标准时计比对进行 24 h 实走。

5.3.19 显示同步性

将信息历数字和指针显示时间调整为同步，运走 24 h 后检查两者间的显示误差。

5.3.20 功耗电流

用电流测试仪器测量信息历中指针显示机构的功耗电流，连续测量 3 次取平均值。

5.3.21 拨针机构

将信息历指针机构按规定方向拨针，转动时针一圈检查拨针机构；调整信息历的时针，分别与钟面“3”、“6”、“9”、“12”时符中心重合，检查分针与“12”时符中心的偏差。

5.3.22 外观

将信息历置于距 40 W 日光灯 120 cm 处，检验者距信息历 40 cm 以正常视力目测。

6 检验规则

6.1 交收检验

6.1.1 检验按 GB/T 2828.1 进行，采用一般检验水平Ⅱ，正常检验一次抽样方案，其不合格分类、检验项目和接收质量限(AQL)见表 4，供需双方也可根据需要制定其他抽样方案。

表 4 交收检验

不合格分类	检验项目	对应条款	接收质量限(AQL)
B	工作可靠性	4.4.1、4.4.2	1.5
	瞬时日差	4.5.1	1.5
	实走日差	4.5.2	1.5
C	开机可靠性	4.10	1.5
	外观	4.17	4.0
	显示同步性	4.18.1	2.5
注 1：安全性能要求采用一次抽样，样本数为 3，合格判定数为零。 注 2：产品结构无相应项性能要求时，不进行相应的性能检验。			

6.1.2 在检验过程中应遵循 GB/T 2828.1 中正常、加严和放宽检验的转移规则和程序进行。

6.1.3 检验后的接收与否及检验后批和样本的处置，应遵循 GB/T 2828.1 中接收与不接收的规定进行。

6.2 型式检验

6.2.1 检验按 GB/T 2829 进行，采用判别水平Ⅱ的一次抽样方案，其检验项目、不合格分类、样本量、不合格质量水平(RQL)及判定数组见表 5。

表 5 型式检验

不合格分类	检验项目	对应条款	样本大小 n	不合格质量水平（RQL）	接收数 Ac	拒收数 Re
B	工作可靠性	4.4	10	30	1	2
	平均瞬时日差	4.5.1	10	30	1	2
	平均实走日差	4.5.2	10	30	1	2
C	标志	4.1	10	30	1	2
	电压范围	4.2	10	30	1	2
	工作温度	4.3	8	40	1	2
	输入功率和电流	4.6	10	30	1	2
	电源线及插头	4.7	8	40	1	2
	元件	4.8	10	30	1	2
	开机可靠性	4.10	8	40	1	2
	记忆功能	4.11	8	40	1	2
	电源切换可靠性	4.12	8	40	1	2
	备用电源	4.13	8	40	1	2
	耐冲击性能	4.14	8	40	1	2
	耐湿性能	4.15	6	60	1	2
	耐久性	4.16	6	60	1	2
	外观	4.17	10	40	2	3
	显示同步性	4.18.1	8	40	1	2
	功耗电流	4.18.2	8	40	1	2
	拨针机构	4.18.3	8	40	1	2
注 1：安全性能要求采用一次抽样，样本数为 3，合格判定数为零。 注 2：产品结构无相应项性能要求时，不进行相应的性能检验。						

6.2.1.1 检验的样本应从本周期制造并经出厂检验合格的批中抽取。

6.2.1.2 检验后合格与否的判断和检验后的处置按 GB/T 2829 的规定进行，经型式检验后的样本，无论合格与否均不应作为合格品出厂。

6.2.2 型式检验周期一般为一年一次，发生下列情况之一时亦应进行型式检验：

a) 产品停产一个生产周期以上又恢复生产时；

b) 新产品投产或者产品转产的试制定型鉴定；

c) 产品的设计、结构、工艺、材料有较大变动，可能影响生产时；

d) 出厂检验结果与上次型式检验有较大差异时；

e) 国家质量监督机构提出进行型式检验的要求时。

7 标志、包装、运输、贮存

7.1 标志及标签

7.1.1 信息历应有“商标”及“产地”的标志。

7.1.2 信息历产品合格证或使用说明上应具有下列内容：

a) 产品名称、型号、规格、商标及等级；

b) 生产者名称和地址；

c) 生产日期；

d) 检验合格印章；

e) 采用标准编号；

f) 基本参数；

g) 使用、保养说明；

h) 保修期限；

i) 生产者需要说明的其他事项。

7.2 包装

7.2.1 每台信息历应有独立包装，包装盒内应附有合格证、保修卡及使用说明书。

7.2.2 信息历在包装箱内应有防震、防潮衬垫物，箱外要有“小心轻放”、“防潮”的标志。同时应注明：

——产品名称、规格或型号；

——产品牌号或商标；

——产品数量；

——采用标准编号；

——包装箱外形尺寸：长×高×宽；

——包装箱毛重；

——生产者名称和地址。

7.3 运输、贮存

7.3.1 产品在运输过程中应小心轻放，不应相互挤压，避免受到冲击、振动，切忌受潮。

7.3.2 产品贮存环境应保持通风干燥，环境温度宜在 5 ℃～35 ℃之间，相对湿度宜在 70％以下。

7.3.3 产品运输和贮存时应避免与能产生腐蚀性气体的物品放在一起。

ICS 39.040.10
Y 11

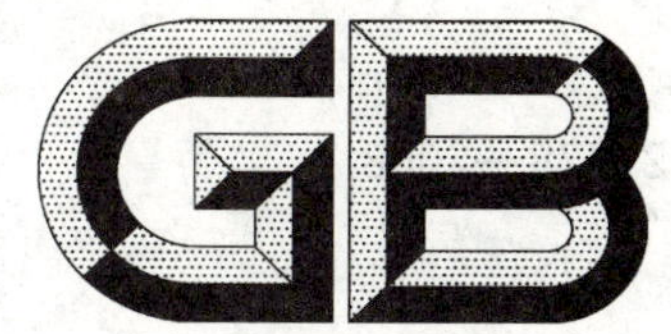

中华人民共和国国家标准

GB/T 22778—2008

液晶数字式石英秒表

Liquid crystal digital quartz stopwatches

2008-12-30 发布　　2009-09-01 实施

中华人民共和国国家质量监督检验检疫总局
中国国家标准化管理委员会　发布

前　言

本标准是在原轻工行业标准 QB/T 1908—1993《液晶数字式石英秒表》的基础上制定。

本标准由中国轻工业联合会提出。

本标准由全国钟表标准化技术委员会归口。

本标准起草单位:深圳市华明钟表有限公司、深圳市君斯达实业有限公司、轻工业钟表研究所。

本标准主要起草人:陈镇东、任龙彪、杨建敏。

液晶数字式石英秒表

1 范围

本标准规定了液晶数字式石英秒表(以下简称石英秒表)的分类、要求、试验方法、检验规则及标志、包装、运输、贮存。

本标准适用于具有石英谐振器,标称工作电压为DC1.50 V或DC3.0 V的液晶数字式石英秒表。

2 规范性引用文件

下列文件中的条款通过本标准的引用而成为本标准的条款。凡是注日期的引用文件,其随后所有的修改单(不包括勘误的内容)或修订版均不适用于本标准,然而,鼓励根据本标准达成协议的各方研究是否可使用这些文件的最新版本。凡是不注日期的引用文件,其最新版本适用于本标准。

GB/T 2828.1 计数抽样检验程序 第1部分:按接收质量限(AQL)检索的逐批检验抽样计划(GB/T 2828.1—2003,ISO 2859-1:1991,IDT)

GB/T 2829 周期检验计数抽样程序及表(适用于对过程稳定性的检验)

GB/T 8897.3 原电池 第3部分:手表电池(GB/T 8897.3—2006,IEC 60086-3:2004,MOD)

QB/T 1897 钟表 防水手表(QB/T 1897—1993,idt ISO 2281:1990)

QB/T 1898 钟表 防震手表(QB/T 1898—1993,idt ISO 1413:1984)

3 分类

石英秒表按用途分为专用型和非专用型,具体型式见表1。

表1 分类

秒表类型	分辨率		使用方式
专用型	全时段	0.01 s	手持式
非专用型	部分时段	0.01 s	手持式或腕式

4 要求

4.1 工作温度

专用型石英秒表在−5 ℃~50 ℃内各功能及液晶显示应完整、正常。

非专用型石英秒表在0 ℃~50 ℃内各功能及液晶显示应完整、正常。

4.2 电压范围

标称工作电压为1.50 V的石英秒表在DC1.60 V~DC1.35 V的电压范围内各功能及液晶显示应完整、正常。

标称工作电压为3.0 V的石英秒表在DC3.2 V~DC2.7 V的电压范围内工作及液晶显示应完整、正常。

4.3 使用可靠性

石英秒表在正常使用条件下液晶显示正常、笔划正确无误,各功能键操作灵活、功能转换可靠,零、部组件无自行脱落和松动的现象。

4.4 时段测量精度

在5.1.1规定条件下,石英秒表时段测量精度ΔE应符合表2规定。

表 2　时段测量精度

单位为秒

测量时段	测量精度 ΔE	
	专用型	非专用型
10 s	≤0.05	≤0.10
10 min	≤0.07	≤0.20
1 h	≤0.10	≤0.50

4.5　瞬时日差 m

石英秒表的瞬时日差 m 应符合表 3 规定。

表 3　项目和指标

项　目	专　用　型	非专用型
瞬时日差 m/(s/d)	−0.5～0.5	−1.5～1.5
平均温度系数 C_{t1}、C_{t2}/[s/(d·℃)]	−0.10～0.10	−0.15～0.15
电压系数 C_V/[s/(d·V)]	−0.8～0.8	−1.5～1.5
耐湿性能 R_H/(s/d)	−1.0～1.0	−2.0～2.0
耐振动性能 R_V/(s/d)	−0.4～0.4	−1.0～1.0

4.6　平均温度系数 C_{t1}、C_{t2}

温度由 23 ℃变化到 8 ℃时，平均每变化 1 ℃引起石英秒表瞬时日差的变化量为 C_{t1}；温度由 23 ℃变化到 38 ℃时，平均每变化 1 ℃引起石英秒表瞬时日差的变化量为 C_{t2}。C_{t1}、C_{t2}应符合表 3 规定。

4.7　电压系数 C_V

标称工作电压为 3.0 V 的石英秒表工作电压由 DC3.0 V 降为 DC2.7 V、标称工作电压为 1.50 V 的石英秒表工作电压由 DC1.55 V 降为 DC1.45 V 时，电压每变化 1 V 引起瞬时日差的变化量为电压系数 C_V，C_V 应符合表 3 规定。

4.8　耐湿性能

4.8.1　石英秒表在温度为(40±1)℃、相对湿度为 85%～95%的条件下经受 24 h 耐湿性能试验，试验后液晶屏显示应清晰、各功能工作正常，试验前后石英秒表瞬时日差的变化量 R_H 应符合表 3 规定。

4.8.2　专用型石英秒表在温度为(8±1)℃，相对湿度为 85%～95%的条件下经受 4 h 低温耐湿性能试验，试验后液晶屏表面应无雾化现象，各功能工作正常。

4.9　耐振动性能

石英秒表经受加速度为 19.6 m/s^2、频率为 30 Hz～120 Hz、扫描周期为 1 min 的连续扫频振动后，各功能应显示完整、正常，零、部、组件不应有松动、脱落。试验前后石英秒表瞬时日差的变化量 R_V 应符合表 3 规定。

4.10　防震性能

有“防震”标记的石英秒表，其防震性能应符合 QB/T 1898 中对石英表的规定。

没有“防震”标记的石英秒表，受末速度为 3.13 m/s 的冲击锤冲击后，其防震性能应符合 QB/T 1898 中对石英表的规定。

4.11　防水性能

有“防水”标记的石英秒表，其防水性能应符合 QB/T 1897 的规定。

4.12　电池更换周期

石英秒表电池更换周期应符合表 4 规定。

表 4 项目和指标

项　　目	非专用型	专　用　型
电池更换周期/年	≥1	≥1.5
按键操作次数/次	≥20 000	≥40 000

4.13 按键耐疲劳性能

石英秒表计秒按键经受表4规定次数的连续操作试验，试验期间各按计秒键工作应正常可靠。

4.14 耐光照性能

石英秒表经 8 W/6 V 白炽灯光源照射试验，试验期间和试验后液晶应显示正常，不应出现显示发暗、发紫、重影、闪烁等现象。

4.15 抗静电性能

石英秒表按键及外壳经受5.4.15规定的静电放电试验，试验期间应无损坏和击穿现象，试验后工作及液晶显示应完整、正常，瞬时日差符合4.5规定。

4.16 外观

4.16.1 石英秒表盘面应清洁，液晶屏显示清晰、表玻璃透明、无划痕，各种字符图案应准确、清晰，不应有明显缺陷和瑕疵。

4.16.2 石英秒表的玻璃、后盖、按键及镶嵌的装饰件与表壳体配合应牢固。

5 试验方法

5.1 试验条件

5.1.1 试验环境

除另有规定外，试验的环境温度为 18 ℃～25 ℃，相对湿度不大于 70%。

5.1.2 供电电源

除另有规定外，试验时石英秒表的供电电压分别为 DC1.50 V 或 DC3.0 V。

5.2 预置时间

石英秒表测试前应在5.1.1规定的试验环境中放置不少于 2 h。

除另有规定外，石英秒表进行瞬时日差测试前应在(23±1)℃的环境中放置不少于 2 h。

5.3 试验仪器设备

试验仪器设备的分辨率及最大允许误差见表5。

表 5 试验仪器设备

仪器设备	分　辨　率	最大允许误差
直流稳压电源	电源电压波动10%	输出电压波动≤10 mV
时段测试仪器	0.001 s	±0.005 s
瞬时日差测试仪器	0.01 s/d	±0.01 s/d
电流测试仪器	0.1 μA	±0.05 μA
恒温恒湿箱	1 ℃	±2 ℃
防水试验仪	1 μg/min	±5 μg/min
振动试验台	0.1 g,1 Hz	±0.1 g,±1 Hz
静电放电模拟仪器	0.01 kV	±0.05 kV

5.4 试验项目

5.4.1 工作温度

将石英秒表置于(50±1)℃的环境中保温 24 h,取出后在 2 min 内操作石英秒表计秒功能,观察工作状态,再置于 5.1.1 规定的环境中恢复不小于 1 h,然后将专用型置于(−5±1)℃、非专用型置于(0±1)℃的环境中保温 24 h,取出后在 2 min 内操作石英秒表计秒功能,观察工作状态。

注:试验时也可先做低温。

5.4.2 电压范围

标称电压为 DC3.0 V 的石英秒表,将工作电压分别调至 DC3.2 V 和 DC2.7 V;标称电压为 DC1.50 V 的石英秒表,将工作电压分别调至 DC1.60 V 和 DC1.35 V,操作石英秒表计秒功能,观察工作状态。

5.4.3 使用可靠性

揿按石英秒表各功能按键,检查计秒和各功能转换及工作状态,检查石英秒表的显示状态和外观零、部组件。

5.4.4 时段测量精度

将石英秒表以显示字符垂直向上放置在测试架上,用时段测量仪器按表 6 规定的测量时段和次数分别进行测量,测量后取平均值。

表 6 测量次数

测量时段	10 s	10 min	1 h
测试次数	5	3	2

5.4.5 瞬时日差

用瞬时日差测试仪器对石英秒表进行测量,测量三次取平均值。

5.4.6 平均温度系数

先测量石英秒表 23 ℃的瞬时日差 m_{23},再置于(8±1)℃的环境中保持 2 h 后测量瞬时日差 m_8,然后将石英秒表置于 5.1.1 规定的环境下保持 1 h,再置于(38±1)℃的环境中保持 2 h 后测量瞬时日差 m_{38},C_{t1}、C_{t2} 分别按式(1)和式(2)计算。

$$C_{t1}=\frac{m_{23}-m_8}{23-8} \qquad \cdots\cdots(1)$$

式中:

C_{t1}——23 ℃到 8 ℃的平均温度系数,单位为秒每天摄氏度[s/(d·℃)];

m_{23}——23 ℃时的瞬时日差,单位为秒每天(s/d);

m_8——8 ℃时的瞬时日差,单位为秒每天(s/d);

23、8——温度,单位为摄氏度(℃)。

$$C_{t2}=\frac{m_{38}-m_{23}}{38-23} \qquad \cdots\cdots(2)$$

式中:

C_{t2}——38 ℃到 23 ℃的平均温度系数,单位为秒每天摄氏度[s/(d·℃)];

m_{38}——38 ℃时的瞬时日差,单位为秒每天(s/d);

m_{23}——23 ℃时的瞬时日差,单位为秒每天(s/d);

38、23——温度,单位为摄氏度(℃)。

5.4.7 电压系数

标称电压为 DC3.0 V 的石英秒表,分别测量供电电压为 DC3.0 V 和 DC2.7 V 时的瞬时日差 $m_{3.0}$ 和 $m_{2.7}$;标称电压为 DC1.50 V 的石英秒表,分别测量供电电压为 DC1.55 V 和 DC1.45 V 时的瞬时日差 $m_{1.55}$ 和 $m_{1.45}$,C_{V1}、C_{V2} 按式(3)和式(4)计算。

$$C_{V1}=\frac{m_{3.0}-m_{2.7}}{3.0-2.7} \qquad \cdots\cdots(3)$$

式中：

C_{V1}——电压系数，单位为秒每天伏[s/(d·V)]；

$m_{3.0}$——电压为3.0 V时的瞬时日差，单位为秒每天(s/d)；

$m_{2.7}$——电压为2.7 V时的瞬时日差，单位为秒每天(s/d)；

3.0、2.7——电压，单位为伏(V)。

$$C_{V2}=\frac{m_{1.55}-m_{1.45}}{1.55-1.45} \qquad \cdots\cdots(4)$$

式中：

C_{V2}——电压系数，单位为秒每天伏[s/(d·V)]；

$m_{1.55}$——电压为1.55 V时的瞬时日差，单位为秒每天(s/d)；

$m_{1.45}$——电压为1.45 V时的瞬时日差，单位为秒每天(s/d)；

1.55、1.45——电压，单位为伏(V)。

5.4.8 耐湿性能

5.4.8.1 测量瞬时日差 m_{H0} 后，将石英秒表置于4.8.1规定的环境中保持24 h，取出后在2 min内观察液晶屏显示状态，操作石英秒表计秒及其他功能，30 min后测量瞬时日差 m_H，R_H 按式(5)计算。

$$R_H=m_H-m_{H0} \qquad \cdots\cdots(5)$$

式中：

R_H——瞬时日差变化量，单位为秒每天(s/d)；

m_H——试验后的瞬时日差，单位为秒每天(s/d)；

m_{H0}——试验前的瞬时日差，单位为秒每天(s/d)。

5.4.8.2 专用型石英秒表置于4.8.2规定的环境中保持4 h，取出2 min后观察液晶屏及显示状态，操作石英秒表计秒其他功能。

5.4.9 耐振动性能

测量瞬时日差 m_{v0} 后，将石英秒表依次以盘面向上和显示字符垂直向上位置固定在振动试验台上，按照4.9规定的振动条件进行连续扫描振动试验，振动时间为每个位置20 min。试验后操作石英秒表计秒及其他功能，观察显示状态，检查石英秒表外观的零部件，30 min后测量瞬时日差 m_v，R_v 按式(6)计算。

$$R_v=m_v-m_{v0} \qquad \cdots\cdots(6)$$

式中：

R_v——瞬时日差变化量，单位为秒每天(s/d)；

m_v——试验后的瞬时日差，单位为秒每天(s/d)；

m_{v0}——试验前的瞬时日差，单位为秒每天(s/d)。

5.4.10 防震性能

有“防震”标记的石英秒表，防震性能按QB/T 1898进行试验；没有“防震”标记的石英秒表，除冲击锤的末速度为3.13 m/s外，仍按QB/T 1898的规定进行试验。

5.4.11 防水性能

有“防水”标记的石英秒表，防水性能试验按QB/T 1897的规定进行。

5.4.12 电池更换周期

将专用型秒表工作状态调至百分之一计秒；非专用型秒表工作状态调整为计时功能，用电流测试仪器测量石英秒表工作电流 $\bar{I}$，L 按式(7)计算。

$$L=\frac{Q}{\bar{I}\times t}\times 10^3 \qquad \cdots\cdots(7)$$

式中：

L——电池更换周期，单位为年(a)；

Q——电池容量，单位为毫安小时(mAh)；

$\bar{I}$——工作电流，单位为微安(μA)；

t——一年的工作时间，单位为小时(h)。

一年工作时间按 8 760 h 计算。

电池放电容量按 GB/T 8897.3 规定。

5.4.13 **按键耐疲劳性能**

将石英秒表的计秒按键分别以(20±1)N 的静推力、1 次/s 的速度连续揿按至 4.13 规定次数，揿按过程中观察计秒按键的工作状态。

5.4.14 **耐光照性能**

将石英秒表玻璃表面紧贴 8 W/6 V 白炽灯照射 1 min，试验期间和试验后观察显示状态。

5.4.15 **抗静电性能**

将石英秒表置于静电试验台上，放电端子分别向石英秒表的按键及外壳部位连续施加 10 次静电电压，放电次数是每个点 10 次。试验时优先进行接触式放电，对无法进行接触放电部位采用空气放电，放电电压见表 7，试验后操作石英秒表的计秒功能，观察工作状态，30 min 后测试石英秒表瞬时日差。

表 7 静电放电试验参数

放电方式	放电电压
接触放电	4 kV
空气放电	8 kV

5.4.16 **外观**

石英秒表置于距离 30 W 日光灯 50 cm 处，检验者距石英秒表 30 cm 以正常视力检查。

6 检验规则

6.1 交收检验

6.1.1 交收检验按 GB/T 2828.1 进行，采用一般检验水平Ⅱ、正常检验一次抽样方案，其不合格分类、检验项目和接收质量限(AQL)见表 8。供需双方也可根据需要制定其他抽样方案。

表 8 交收检验

不合格分类	检验项目	对应条款	接收质量限(AQL)
B	使用可靠性	4.3	1.0
	瞬时日差	4.5	1.0
C	外观	4.16	2.5

6.1.2 在检验过程中应遵循 GB/T 2828.1 中正常、加严和放宽检验的转移规则和程序进行。

6.1.3 检验后的接收与否及检验后批和样本的处置，应遵循 GB/T 2828.1 中接收与不接收的规定进行。

6.2 型式检验

6.2.1 型式检验按 GB/T 2829 进行，采用判别水平Ⅱ的一次抽样方案，其检验项目、不合格分类、样本量、不合格质量水平及判定数组见表 9。

表 9　型式检验

不合格分类	检验项目	对应条款	样本大小 n	不合格质量水平 (RQL)	接收数 Ac	拒收数 Re
B	使用可靠性	4.3	20	15	1	2
	时段测量精度	4.4	20	15	1	2
	瞬时日差	4.5	20	15	1	2
C	工作温度	4.1	8	40	1	2
	电压范围	4.2	8	40	1	2
	平均温度系数	4.6	8	40	1	2
	电压系数	4.7	8	40	1	2
	耐湿性能	4.8	8	40	1	2
	耐振动性能	4.9	8	40	1	2
	防震性能	4.10	8	40	1	2
	防水性能	4.11	8	40	1	2
	电池更换周期	4.12	8	40	1	2
	按键耐疲劳性能	4.13	8	40	1	2
	耐光照性能	4.14	8	40	1	2
	抗静电性能	4.15	8	40	1	2
	外观	4.16	8	40	1	2

6.2.2　检验的样本应从本周期制造并经交收检验合格的批中抽取。

6.2.3　检验后合格与否的判断和检验后的处置按 GB/T 2829 的规定进行，经型式检验后的样本，无论合格与否均不应作为合格品出厂。

6.2.4　型式检验周期一般为一年一次，发生下列情况之一时亦应进行型式检验：

a)　产品停止生产一个周期以上又恢复生产时；

b)　新产品投产或老产品转产的试制定型鉴定；

c)　产品的设计、结构、工艺、材料有较大变动，可能影响生产时；

d)　出厂检验结果与上次型式检验有较大差异时；

e)　国家质量监督检验机构提出进行型式检验的要求时。

7　标志、包装、运输、贮存

7.1　标志、标签

7.1.1　表面及后盖

石英秒表的表盘面或后盖上应具有“商标”和“产地”的标记。

7.1.2　产品合格证及使用说明

产品合格证或使用说明上应具有下列内容：

a)　产品名称、类别、规格、型号、商标及类型；

b)　生产者名称和地址；

c)　生产日期；

d)　检验合格印章；

e） 采用标准的编号；

f） 主要性能指标；

g） 使用、保养说明；

h） 保修期限；

i） 生产者需要说明的其他事项。

7.2 包装

7.2.1 专用型秒表应有独立包装，每只石英秒表包装应附有产品合格证及使用说明书。

7.2.2 包装应保证产品不相碰撞、不易因摩擦引起损坏，包装盒应具有防静电、防震、耐振动性能，并附有商标、标识等相关内容。

7.2.3 大包装箱应具有防潮、防震、耐振动性能，箱外要有“小心轻放”、“防潮”的标志。

7.3 运输、贮存

7.3.1 产品在运输过程中应小心轻放，不能相互挤压，避免受到冲击、强烈震动，切忌受潮。

7.3.2 贮存环境应保持通风干燥，环境温度宜在5 ℃～35 ℃之间，相对湿度宜在70％以下，并应避免与能产生腐蚀性气体的物品存放在一起。

ICS 39.040.20
Y 11

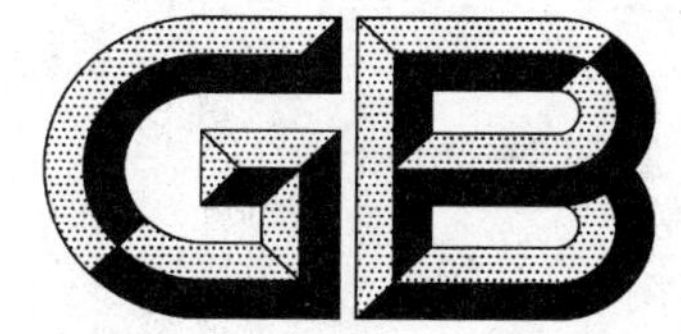

中华人民共和国国家标准

GB/T 22779—2008

液晶式石英钟

Liquid crystal displaying quartz clocks

2008-12-30 发布　　　　2009-09-01 实施

中华人民共和国国家质量监督检验检疫总局
中国国家标准化管理委员会　发布

前 言

本标准是在原轻工行业标准 QB/T 2814—2006《液晶式石英钟》的基础上制定。

本标准由中国轻工业联合会提出。

本标准由全国钟表标准化技术委员会归口。

本标准起草单位:福建省昇邦电子科技有限公司、青岛紫信实业有限公司、武汉诚盛电子有限公司、轻工业钟表研究所。

本标准主要起草人:吴文雪、林军基、闵烨、杨建敏、林坚、栾绍清、潘翔。

液晶式石英钟

1 范围

本标准规定了液晶式石英钟(简称液晶钟)的要求、试验方法、检验规则及标志、包装、运输、贮存。

本标准适用于标称工作电压为DC3.0 V或DC1.50 V,具有时、分或时、分、秒显示及其他附加功能的液晶式石英钟。

2 规范性引用文件

下列文件中的条款通过本标准的引用而成为本标准的条款。凡是注日期的引用文件,其随后所有的修改单(不包括勘误的内容)或修订版均不适用于本标准,然而,鼓励根据本标准达成协议的各方研究是否可使用这些文件的最新版本。凡是不注日期的引用文件,其最新版本适用于本标准。

GB/T 2828.1 计数抽样检验程序 第1部分:按接收质量限(AQL)检索的逐批检验抽样计划(GB/T 2828.1—2003,ISO 2859-1:1991,IDT)

GB/T 2829 周期检验计数抽样程序及表(适用于对过程稳定性的检验)

GB/T 4028 计时仪器的检验位置标记(GB/T 4028—1994,idt ISO 3158:1976)

3 要求

3.1 工作温度

液晶钟在0 ℃~50 ℃的温度范围内不应停走,液晶显示正常。

3.2 电压范围

标称工作电压为3.0 V的液晶钟在DC3.2 V~DC2.7 V的电压范围内不应停走,液晶显示正常。

标称工作电压为1.50 V的液晶钟在DC1.60 V~DC1.35 V的电压范围内不应停走,液晶显示正常。

3.3 使用可靠性

3.3.1 液晶钟在正常使用条件下不应停走,显示清晰、准确,不应有缺划、多划现象。

3.3.2 液晶钟各按钮及功能键操作应灵活可靠,零、部组件不应有脱落、松动现象。

3.3.3 液晶钟在预运走和进行平均瞬时日差、平均温度系数试验时累计误差应符合表1规定。

表1 项目和指标

项目	指标		
	优等	一等	合格
累计误差/s	−10~10	−20~20	−30~30
瞬时日差/(s/d)	−0.5~0.5	−1.0~1.0	−3.0~3.0
平均瞬时日差/(s/d)			
平均温度系数 C_{t2}、C_{t1}/[s/(d·℃)]	−0.10~0.10	−0.15~0.15	−0.25~0.25
电压系数 C_V/[s/(d·V)]	−1.5~1.5	−2.0~2.0	−2.5~2.5

3.4 瞬时日差

液晶钟的瞬时日差和平均瞬时日差应符合表1规定。

3.5　平均温度系数 C_{t2}、C_{t1}

液晶钟工作温度由 23 ℃变化到 8 ℃时，平均每度引起的瞬时日差变化量为温度系数 C_{t1}，温度由 23 ℃变化到 38 ℃时，平均每度引起的瞬时日差变化量为温度系数 C_{t2}。C_{t1}、C_{t2} 均应符合表 1 规定。

3.6　电压系数 C_V

标称工作电压为 3.0 V 的液晶钟工作电压由 DC3.0 V 降为 DC2.7 V、标称工作电压为 1.50 V 的液晶钟工作电压由 DC1.50 V 降为 DC1.35 V 时，电压每变化 1 V 引起瞬时日差的变化量为电压系数 C_V，C_V 应符合表 1 规定。

3.7　功耗电流

3.7.1　液晶钟显示功耗电流应符合表 2 规定。

表 2　功耗电流

液晶屏显示面积/cm^2	功耗电流/μA
≤20	≤22
>20～30	≤32
>30～40	≤42

注 1：液晶屏显示面积大于 40 cm^2 时，显示功耗电流按每平方厘米不大于 1 μA 计。

注 2：液晶屏选用特殊材料时，功耗电流也可由供需双方商定。

3.7.2　具有接收无线电信号等特殊功能液晶钟的功耗电流由供需双方商定。

3.8　耐湿性能

液晶钟在温度为(40±1)℃、相对湿度为 85%～95%的条件下经受 24 h 耐湿性能试验，试验期间不应停走，试验后液晶显示正常。

3.9　耐振动性能

液晶钟经受加速度为 19.6 m/s^2，频率为 30 Hz～120 Hz，扫描周期为 1 min 的连续振动试验，试验期间不应停走，零部件不应有松动和损坏，液晶显示正常。

3.10　外观

3.10.1　液晶钟外观应光洁、规整，不应有明显缺陷及划痕，镀、涂层应无气泡，无脱落。

3.10.2　液晶钟盘面及后盖上字符和图案应准确、清晰，外观件及各种装饰物应配合牢固。

3.10.3　液晶钟玻璃面应光洁、清晰，钟盘面与玻璃间不应留有任何肉眼可见异物。

3.11　附加报时、闹时

3.11.1　液晶钟附加报时或闹响时的音量应符合表 3 规定。

表 3　报时、闹时指标

项　　目	蜂　鸣　片	仿声、蜂鸣器、电子音乐等
音量/dB	≥60	≥70
报时或闹时电流 /mA	≤10	≤30

3.11.2　液晶钟在报时或闹响期间的功耗电流应符合表 3 规定。

3.11.3　具有扬声器等其他音响报时或闹时的液晶钟，在报时或闹响期间音量和功耗电流由供需双方商定，但电池更换周期应不小于半年。

3.12　附加照明

具有照明功能的液晶钟，在黑暗处开启照明功能后应能看清液晶屏显示的所有信息。

3.13　附加显示功能

具有年、月、日及其他附加显示功能的液晶钟显示应准确、可靠，功能之间转换正常。

4 试验方法

4.1 试验条件

4.1.1 试验环境

除另有规定外，试验的环境温度为 18 ℃～25 ℃，在整个试验过程中温度波动不大于 2 ℃，相对湿度不大于 70%。

4.1.2 供电电源

除另有规定外，根据液晶钟的标称电压，被检样品试验时的供电电源分别为 1.50 V 和 3.0 V。

4.2 预运走

4.2.1 除另有规定外，液晶钟试验前均处于工作状态，并在 4.1.1 规定的环境中运走不少于 2 h。

4.2.2 除另有规定外，液晶钟在进行瞬时日差试验前应在(23±1)℃的环境中保持不少于 2 h。

4.3 仪器设备

试验专用仪器设备最大允许误差见表 4，通用仪器精度比所测参数精度高一个数量级。

表 4 仪器设备

试验仪器设备	分辨率	最大允许误差
日差测试仪器	0.01 s/d	±0.01 s/d
标准时计	1 s	±0.05 s/d
恒温恒湿箱	1 ℃	±2 ℃
电流测试仪器	0.1 μA	±0.5 μA
振动试验台	0.1 g，1 Hz	±0.1 g，±1 Hz
声级计	0.1 dB	±1 dB

4.4 试验项目

4.4.1 工作温度

将液晶钟置于(50±1)℃的环境中保温 4 h，取出在 2 min 内观察液晶钟显示状态后置于 4.1.1 规定的环境下恢复至少 1 h，然后置于(0±1)℃的环境中保温 4 h，取出后在 2 min 内观察液晶钟工作、显示状态。

上述试验中试验时也可先做低温。

4.4.2 电压范围

标称工作电压为 DC3.0 V 的液晶钟，将工作电压分别调至 DC3.4 V 和 DC2.4 V 各保持 1 min 以上，标称工作电压为 DC1.50 V 的液晶钟，将工作电压分别调至 DC1.70 V 和 DC1.25 V 各保持 1 min 以上，保持期间观察液晶钟工作、显示状态。

4.4.3 使用可靠性

4.4.3.1 观察液晶钟的工作和显示状态，手工操作液晶钟按钮及功能键进行各项功能转换。

4.4.3.2 用标准时计比对液晶钟，在预运走和进行平均瞬时日差、平均温度系数试验期间检查液晶钟运走情况。

4.4.4 瞬时日差

用日差测试仪器测量液晶钟的瞬时日差；液晶钟连续运走 3 d，3 d 中用日差测试仪器分别测量瞬时日差 m_1、m_2、m_3，$\overline{m}$ 按式(1)计算。

$$\overline{m} = \frac{m_1 + m_2 + m_3}{3} \quad \cdots\cdots(1)$$

式中：

$\overline{m}$——3 天的平均瞬时日差，单位为秒每天(s/d)；

m_1——第 1 天的瞬时日差，单位为秒每天(s/d)；

m_2——第 2 天的瞬时日差，单位为秒每天(s/d)；

m_3——第 3 天的瞬时日差，单位为秒每天(s/d)。

4.4.5 平均温度系数

测量液晶钟(23±1)℃时的瞬时日差 m_{23} 后将其置于温度为(8±1)℃的环境中保持至少 2 h，测量 8 ℃时的瞬时日差 m_8 后置于 4.1.1 规定的环境下保持至少 1 h，再将液晶钟置于(38±1)℃的环境中保持至少 2 h 后测量瞬时日差 m_{38}。C_{t1}、C_{t2} 分别按式(2)和式(3)计算。

$$C_{t1} = \frac{m_{23} - m_8}{23 - 8} \qquad \cdots\cdots(2)$$

式中：

C_{t1}——23 ℃到 8 ℃的平均温度系数，单位为秒每天摄氏度[s/(d·℃)]；

m_{23}——23 ℃时的瞬时日差，单位为秒每天(s/d)；

m_8——8 ℃时的瞬时日差，单位为秒每天(s/d)；

23、8——温度，单位为摄氏度(℃)。

$$C_{t2} = \frac{m_{38} - m_{23}}{38 - 23} \qquad \cdots\cdots(3)$$

式中：

C_{t2}——38 ℃到 23 ℃的平均温度系数，单位为秒每天摄氏度[s/(d·℃)]；

m_{38}——38 ℃时的瞬时日差，单位为秒每天(s/d)；

m_{23}——23 ℃时的瞬时日差，单位为秒每天(s/d)；

38、23——温度，单位为摄氏度(℃)。

4.4.6 电压系数

标称电压为 DC3.0 V 的液晶钟，用日差测试仪器分别测出供电电压为 DC3.0 V 和 DC2.7 V 时的瞬时日差 $m_{3.0}$ 和 $m_{2.7}$；标称电压为 DC1.50 V 的液晶钟，用日差测试仪器分别测出供电电压为 DC1.50 V 和 DC1.35 V 时的瞬时日差 $m_{1.50}$ 和 $m_{1.35}$，C_{V1} 按(4)式计算、C_{V2} 按(5)式计算。

$$C_{V1} = \frac{m_{3.0} - m_{2.7}}{3.0 - 2.7} \qquad \cdots\cdots(4)$$

式中：

C_{V1}——电压系数，单位为秒每天伏[s/(d·V)]；

$m_{3.0}$——电压为 3.0 V 时的瞬时日差，单位为秒每天(s/d)；

$m_{2.7}$——电压为 2.7 V 时的瞬时日差，单位为秒每天(s/d)；

3.0、2.7——电压，单位为伏(V)。

$$C_{V2} = \frac{m_{1.50} - m_{1.35}}{1.50 - 1.35} \qquad \cdots\cdots(5)$$

式中：

C_{V2}——电压系数，单位为秒每天伏[s/(d·V)]；

$m_{1.50}$——电压为 1.50 V 时的瞬时日差，单位为秒每天(s/d)；

$m_{1.35}$——电压为 1.35 V 时的瞬时日差，单位为秒每天(s/d)；

1.50、1.35——电压，单位为伏(V)。

4.4.7 功耗电流

用电流测试仪器测出液晶钟的走时功耗电流，连续测量三次取平均值；具有接收无线电信号等特殊功能的液晶钟测量功耗电流时的工作状态由供需双方商定。

4.4.8 耐湿性能

将液晶钟置于 3.8 规定的环境中保持 24 h，取出后 2 min 内观察液晶钟的工作状态。

4.4.9 耐振动性能

将液晶钟按 GB/T 4028 规定的 CH、6H 及 3H 检验位置依次固定在振动试验台上，按 3.9 规定的振动条件进行连续扫描试验，试验时间为每个位置 20 min，试验后观察液晶钟的工作状态，检查各部件。

4.4.10 外观

在自然光线下，距被检表面 40 cm 处以正常视力检查。

4.4.11 报时、闹响音量

在背景噪音不大于 40 dB 的环境下，距液晶钟正前方 10 cm 处用声级计分别测出报时或闹响期间最大音量，连续测量三次取平均值。

4.4.12 报时电流

揿按液晶钟报时按钮使其处于报时状态，测量液晶钟一个完整报时周期的功耗电流，连续测量三次取平均值。

4.4.13 闹响电流

调整液晶钟使其处于闹响状态，测量功耗电流，闹响周期不足 60 s 时测量一个闹响周期，超过 60 s 时测量时间为 60 s，连续测量三次取平均值。

具有其他音响液晶钟报时或闹时功耗电流的试验方法由供需双方商定。

4.4.14 附加照明

在黑暗环境中揿按液晶钟照明按钮，距液晶钟 60 cm 处观察显示状态。

4.4.15 附加显示功能

揿按液晶钟显示功能按钮，观察附加功能显示状态。

5 检验规则

5.1 交收检验

5.1.1 交收检验按 GB/T 2828.1 进行，采用一般检验水平Ⅱ，正常检验一次抽样方案，其不合格分类、检验项目和接收质量限(AQL)见表 5，抽样方案也可由供需双方视具体情况自行商定。

表 5 交收检验

不合格分类	检验项目	对应条款	接收质量限 AQL
B	使用可靠性	3.3.1、3.3.2	1.5
	瞬时日差	3.4	1.5
C	外观	3.10	2.5
	附加照明	3.12	2.5
	附加显示功能	3.13	2.5

5.1.2 在检验过程中应遵循 GB/T 2828.1 中正常、加严和放宽检验的转移规则和程序进行。

5.1.3 检验后的接收与否及检验后批和样本的处置，应遵循 GB/T 2828.1 中接收与不接收的规定进行。

5.2 型式检验

5.2.1 型式检验按 GB/T 2829 进行，采用判别水平Ⅱ的一次抽样方案，其检验项目、不合格分类、样本量、不合格质量水平(RQL)及判定数组见表 6。

表 6 型式检验

不合格分类	检验项目	对应条款	样本量 n	不合格 质量水平 (RQL)	接收数 Ac	拒收数 Re
B	使用可靠性	3.3	10	30	1	2
	平均瞬时日差	3.4	10	30	1	2
C	工作温度	3.1	10	40	2	3
	电压范围	3.2	10	40	2	3
	电压系数	3.5	10	40	2	3
	平均温度系数	3.6	10	40	2	3
	功耗电流	3.7	10	40	2	3
	耐湿性能	3.8	6	50	1	2
	耐振动性能	3.9	6	50	1	2
	外观	3.10	10	40	2	3
	报时、闹响音量	3.11.1	6	50	1	2
	报时、闹响电流	3.11.2	6	50	1	2
	附加照明	3.12	6	50	1	2
	附加显示功能	3.13	6	50	1	2

5.2.2 检验的样本应从本周期制造并经交收检验合格的批中抽取。

5.2.3 检验后合格与否的判断和检验后的处置按 GB/T 2829 的规定进行，经型式检验后的样本，无论合格与否均不应作为合格品出厂。

5.2.4 型式检验周期一般为一年一次，发生下列情况之一时亦应进行型式检验：

a) 产品停止生产一个周期以上又恢复生产时；

b) 新产品投产或老产品转产的试制定型鉴定；

c) 产品的设计、结构、工艺、材料有较大变动，可能影响生产时；

d) 出厂检验结果与上次型式检验有较大差异时；

e) 国家质量监督检验机构提出进行型式检验的要求时。

6 标志、包装、运输、贮存

6.1 标志、标签

6.1.1 液晶钟应有“商标”及“产地”的标记。

6.1.2 液晶钟合格证或使用说明上应具有下列内容。

a) 产品名称、规格(型号)、商标(牌号)；

b) 生产者名称和地址；

c) 生产日期；

d) 采用标准编号；

e) 主要功能指标；

f) 使用、保养说明；

g) 保修期限；

h) 生产者需要说明的其他事项。

6.2 包装

6.2.1 每只液晶钟应有独立的包装盒，包装盒上应有识别产品色别、型号的标志，盒内应有防静电措施并附有产品合格证及使用说明书。

6.2.2 液晶钟大包装箱应能防潮、防震，并应防止产品在箱内窜动。箱外要有“小心轻放”、“防潮”标志，并注明：

——产品名称；

——产品牌号或商标；

——产品数量；

——采用标准编号；

——包装箱外形尺寸：长×高×宽；

——包装箱毛重；

——生产者名称和地址。

6.3 运输、贮存

6.3.1 产品在运输过程中应小心轻放，不应相互挤压，避免受到冲击、强烈振动，切忌受潮。

6.3.2 产品贮存环境应保持干燥通风，环境温度宜在 5 ℃～35 ℃之间，相对湿度 70%以下。

6.3.3 产品在运输和贮存时应避免与能产生腐蚀性气体的物品放在一起。

ICS 39.040.10
Y 11

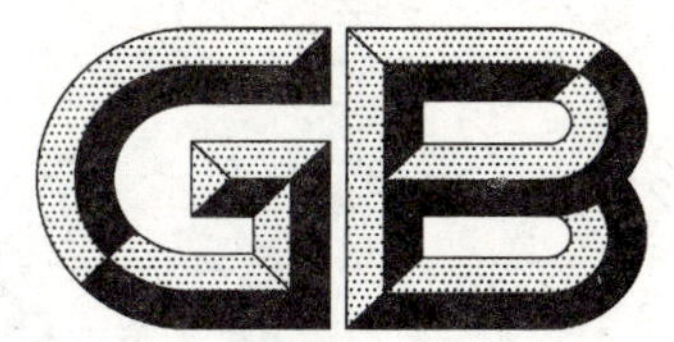

中华人民共和国国家标准

GB/T 22780—2008

液晶式石英手表

Liquid crystal displaying quartz watches

2008-12-30 发布　　2009-09-01 实施

中华人民共和国国家质量监督检验检疫总局
中国国家标准化管理委员会　发布

前　言

本标准是在原轻工行业标准 QB/T 1902—2005《液晶式石英手表》的基础上制定。

本标准的附录 A 为规范性附录。

本标准由中国轻工业联合会提出。

本标准由全国钟表标准化技术委员会归口。

本标准起草单位：深圳市华明钟表有限公司、青岛紫信实业有限公司、深圳市纳晶微电子有限公司、轻工业钟表研究所。

本标准主要起草人：陈镇东、林军基、赵希雷、杨建敏、栾绍清、何光先。

自本标准实施之日起，原轻工行业标准 QB/T 1902—2005《液晶式石英手表》自行废止。

液晶式石英手表

1 范围

本标准规定了液晶式石英手表(以下简称液晶手表)的要求、试验方法、检验规则及标志、包装、运输、贮存。

本标准适用于标称工作电压为DC1.50 V或DC3.0 V,具有时、分、秒和日期等其他附加功能的液晶显示手表,包括不戴在手上的液晶显示表类,液晶式石英手表机心亦可参照使用。

2 规范性引用文件

下列文件中的条款通过本标准的引用而成为本标准的条款。凡是注日期的引用文件,其随后所有的修改单(不包括勘误的内容)或修订版均不适用于本标准,然而,鼓励根据本标准达成协议的各方研究是否可使用这些文件的最新版本。凡是不注日期的引用文件,其最新版本适用于本标准。

GB/T 2828.1 计数抽样检验程序 第1部分:按接收质量限(AQL)检索的逐批检验抽样计划(GB/T 2828.1—2003,ISO 2859-1:1991,IDT)

GB/T 2829 周期检验计数抽样程序及表(适用于生产过程稳定性的检验)

GB/T 4028 计时仪器的检验位置标记(GB/T 4028—1994,idt ISO 3158:1976)

GB/T 8897.3 原电池 第3部分:手表电池(GB/T 8897.3—2006,IEC 6086-3 2004,MOD)

QB/T 1897 钟表 防水手表(QB/T 1897—1993,idt ISO 2281:1990)

QB/T 1898 钟表 防震手表(QB/T 1898—1993,idt ISO 1413:1984)

3 要求

3.1 工作温度

液晶手表在0 ℃~50 ℃的温度范围内不应停走,液晶显示正常。

3.2 电压范围

标称工作电压为DC3.0 V的液晶手表在DC3.2 V~DC2.7 V的电压范围内不应停走,液晶显示正常。

标称工作电压为DC1.50 V的液晶手表在DC1.55 V~DC1.25 V的电压范围内不应停走,液晶显示正常。

3.3 使用可靠性

3.3.1 液晶手表在正常使用条件下不应停走,液晶显示正常,各功能键灵活可靠。

3.3.2 液晶手表表带不应有毛刺、锐边等影响安全的缺陷。

3.3.3 液晶手表在进行预运走、平均瞬时日差和平均温度系数试验期间累计误差应符合表1规定。

表1 项目及指标

序号	项目	指标		
		优等	一等	合格
1	累计误差/s	−10~10	−20~20	−30~30
2	瞬时日差 /(s/d) 平均瞬时日差 /(s/d)	−1.0~1.0	−2.0~2.0	−3.0~3.0

表 1（续）

序号	项　　目	指　　标		
		优等	一等	合格
3	平均温度系数 C_{t1}、C_{t2}/[s/(d·℃)]	−0.10～0.10	−0.15～0.15	−0.20～0.20
4	电压系数 C_V/[s/(d·V)]	−0.8～0.8	−1.5～1.5	−2.0～2.0
5	电池更换周期 L/(a)	≥2.0	≥1.5	≥1.0
6	耐振动性能 R_v/(s/d)	−0.4～0.4	−1.5～1.5	−2.5～2.5

3.4　瞬时日差

液晶手表的瞬时日差和平均瞬时日差应符合表 1 规定。

3.5　平均温度系数 C_{t1}、C_{t2}

温度由 23 ℃变化到 8 ℃时，平均每摄氏度引起液晶手表瞬时日差的变化量为 C_{t1}；温度由 23 ℃变化到 38 ℃时，平均每摄氏度引起液晶手表瞬时日差的变化量为 C_{t2}。C_{t1}、C_{t2}应符合表 1 规定。

3.6　电压系数 C_V

标称工作电压为 3.0 V 的液晶手表供电电压由 DC3.0 V 降为 DC2.7 V、标称工作电压为 1.50 V 的液晶手表供电电压由 DC1.55 V 降为 DC1.45 V 时，电压每变化 1 V 引起液晶手表瞬时日差的变化量为电压系数 C_V，C_V 应符合表 1 规定。

3.7　电池更换周期 L

液晶手表电池更换周期 L 应符合表 1 规定。

3.8　耐振动性能 R_v

液晶手表经受加速度为 19.6 m/s^2、频率为 30 Hz～120 Hz、扫描周期为 1 min 的连续扫频振动后不应停走，液晶显示正常，外观、结构不应有因振动产生的缺陷，试验前后瞬时日差的变化量 R_v 应符合表 1 规定。

3.9　防震性能

有“防震”标记的液晶手表，其防震性能应符合 QB/T 1898 中对石英手表的相应规定。

没有“防震”标记的液晶手表，受末速度为 3.13 m/s 的冲击锤冲击后，不应停走及影响正常功能、液晶显示正常，零、部、组件不应有松动、损坏现象。

3.10　防水性能

有“防水”标记的液晶手表，其防水性能应符合 QB/T 1897 的规定。

3.11　耐湿性能

液晶手表在温度为 40 ℃、相对湿度为 85%～95%的环境条件下经受 24 h 耐湿性能试验，试验期间不应停走，试验后液晶显示正常。

3.12　附件抗外力性能

液晶手表表带施加 50 N 静拉力按 4.4.12 规定的方法进行试验后，表带、搭扣及连接部位应无零件脱落及开裂现象。

3.13　耐光照性能

液晶手表在 8 W/6 V 白炽灯光源条件下经受 1 min 照射试验，试验期间和试验后液晶显示应正常，不应出现显示发暗、重影、闪烁等现象。

3.14　外观

3.14.1　液晶手表盘面应清洁，各种字符图案准确、清晰，不应有明显缺陷和瑕疵。

3.14.2　液晶手表玻璃、后盖、按钮套及镶嵌的装饰件应与表壳体配合牢固，连接处无明显间隙和缺陷。

3.14.3　液晶手表表带应平整、光滑、无扭曲，带面不应有明显麻点、划痕。

3.15 附加功能

液晶手表附加功能见第 A.1 章。

4 试验方法

4.1 试验条件

4.1.1 试验环境

除另有规定外，试验的环境温度为 18 ℃～25 ℃，温度波动不大于 2 ℃，相对湿度不大于 70%。

4.1.2 供电电源

除另有规定外，被检样品供电电源为 DC1.50 V 或 DC3.0 V。

4.2 预运走

4.2.1 除另有规定外，被检样品试验前均处于工作状态，并在 4.1.1 规定的环境中运走不少于 2 h。

4.2.2 除另有规定外，液晶手表在进行瞬时日差试验前，应在(23±1)℃的环境中保持不少于 2 h。

4.3 仪器设备

试验仪器设备分辨率及最大允许误差要求见表 2。

表 2 试验仪器设备

试验仪器设备	分辨率	最大允许误差
日差测试仪器	0.01 s/d	±0.01 s/d
标准时计	1 s	±0.05 s/d
恒温恒湿箱	1 ℃	±2 ℃
电流测试仪器	0.1 μA	±0.1 μA
防水试验仪	1 μg/min	±5 μg/min
振动试验台	0.1 g,1 Hz	±0.1 g,±1 Hz
时段测量仪器	0.01 s	±0.001 s

4.4 试验项目

4.4.1 工作温度

将液晶手表置于温度为(50±1)℃的环境中保温 24 h，取出，在 2 min 内观察液晶手表显示状态后置于 4.1.1 规定的环境下恢复不小于 1 h，然后置于温度为(0±1)℃的环境中保温 24 h，取出后在 2 min 内观察液晶手表显示状态(试验时也可先做低温)。

4.4.2 电压范围

标称工作电压为 DC3.0 V 的液晶手表，将工作电压分别调至 DC3.2 V 和 DC2.7 V 各保持不少于 1 min；标称工作电压为 DC1.50 V 的液晶手表，将工作电压分别调至 DC1.55 V 和 DC1.25 V 各保持不少于 1 min，保持期间观察液晶手表显示状态。

4.4.3 使用可靠性

4.4.3.1 揿按液晶手表功能按钮，检查液晶手表各功能的工作状态。

4.4.3.2 用标准时计比对液晶手表，在进行预运走和平均瞬时日差、平均温度系数试验期间检查液晶手表运走情况。

4.4.4 瞬时日差

用日差测试仪器测试液晶手表的瞬时日差；液晶手表连续运走 3 d，3 d 中用日差测试仪器分别测量瞬时日差 m_1、m_2、m_3，$\overline{m}$ 按式(1)计算。

$$\overline{m}=\frac{m_1+m_2+m_3}{3} \quad \cdots\cdots(1)$$

式中：

$\overline{m}$——3 d 测量的平均瞬时日差，单位为秒每天(s/d)；

m_1——第 1 天瞬时日差,单位为秒每天(s/d);

m_2——第 2 天瞬时日差,单位为秒每天(s/d);

m_3——第 3 天瞬时日差,单位为秒每天(s/d)。

4.4.5 平均温度系数

测量液晶手表(23±1)℃的瞬时日差 m_{23},再置于(8±1)℃的环境中保持 2 h 后测量 8 ℃时的瞬时日差 m_8,然后将液晶手表置于 4.1.1 规定的环境下保持 1 h,再置于(38±1)℃的环境中保持 2 h 后测量 38 ℃时的瞬时日差 m_{38},C_{t1}、C_{t2} 分别按式(2)、式(3)计算。

$$C_{t1} = \frac{m_{23} - m_8}{23 - 8} \qquad \cdots\cdots(2)$$

式中:

C_{t1}——23 ℃到 8 ℃的平均温度系数,单位为秒每天摄氏度[s/(d·℃)];

m_{23}——23 ℃时的瞬时日差,单位为秒每天(s/d);

m_8——8 ℃时的瞬时日差,单位为秒每天(s/d);

23、8——温度,单位为摄氏度(℃)。

$$C_{t2} = \frac{m_{38} - m_{23}}{38 - 23} \qquad \cdots\cdots(3)$$

式中:

C_{t2}——38 ℃到 23 ℃的平均温度系数,单位为秒每天摄氏度[s/(d·℃)];

m_{23}——23 ℃时的瞬时日差,单位为秒每天(s/d);

m_{38}——38 ℃时的瞬时日差,单位为秒每天(s/d);

38、23——温度,单位为摄氏度(℃)。

4.4.6 电压系数

标称电压为 DC3.0 V 的液晶手表,分别测量供电电压为 DC3.0 V 和 DC2.7 V 时的瞬时日差 $m_{3.0}$,和 $m_{2.7}$;标称电压为 DC1.50 V 的液晶手表,分别测量供电电压为 DC1.55 V 和 DC1.45 V 时的瞬时日差 $m_{1.55}$,和 $m_{1.45}$,C_{V1} 按式(4)计算,C_{V2} 按式(5)计算。

$$C_{V1} = \frac{m_{3.0} - m_{2.7}}{3.0 - 2.7} \qquad \cdots\cdots(4)$$

式中:

C_{V1}——电压系数,单位为秒每天伏[s/(d·v)];

$m_{3.0}$——电压为 3.0 V 时的瞬时日差,单位为秒每天(s/d);

$m_{2.7}$——电压为 2.7 V 时的瞬时日差,单位为秒每天(s/d);

3.0、2.7——电压,单位为伏(V)。

$$C_{V2} = \frac{m_{1.55} - m_{1.45}}{1.55 - 1.45} \qquad \cdots\cdots(5)$$

式中:

C_{V2}——电压系数,单位为秒每天伏[s/(d·V)];

$m_{1.55}$——电压为 1.55 V 时的瞬时日差,单位为秒每天(s/d);

$m_{1.45}$——电压为 1.45 V 时的瞬时日差,单位为秒每天(s/d);

1.55、1.45——电压,单位为伏(V)。

4.4.7 电池更换周期

根据液晶手表的工作电压,用电流测试仪器测出液晶手表的工作电流 $\overline{I}$,L 按式(6)计算。

$$L = \frac{Q}{\overline{I} \times t} \times 10^3 \qquad \cdots\cdots(6)$$

式中：

L——电池更换周期，单位为年(a)；

Q——电池容量，单位为毫安小时(mAh)；

$\bar{I}$——工作电流，单位为微安(μA)；

t——一年的工作时间，单位为小时(h)。

注 1：一年工作时间按 8 760 h 计算。

注 2：电池放电容量按 GB/T 8897.3 的规定。

4.4.8　**耐振动性能**

液晶手表测量瞬时日差后按 GB/T 4028 规定的 CH、6H 及 3H 检验位置固定在振动试验台上，按照 3.8 规定的振动条件进行连续扫描振动试验，振动时间为每个位置 20 min。试验后观察液晶手表显示状态，检查液晶手表的结构、外观，30 min 后测量瞬时日差 m_v，R_v 按式(7)计算。

$$R_v = m_v - m_{v0} \qquad \cdots\cdots(7)$$

式中：

R_v——试验前后的瞬时日差变化量，单位为秒每天(s/d)；

m_v——试验后的瞬时日差，单位为秒每天(s/d)；

m_{v0}——试验前的瞬时日差，单位为秒每天(s/d)。

4.4.9　**防震性能**

有“防震”标记的液晶手表，防震性能按 QB/T 1898 进行试验；没有“防震”标记的液晶手表，除冲击锤的末速度为 3.13 m/s 外，仍按 QB/T 1898 的规定进行试验。

4.4.10　**防水性能**

有“防水”标记的液晶手表，防水性能按 QB/T 1897 进行试验。

4.4.11　**耐湿性能**

将液晶手表置于 3.11 规定的环境中保持 24 h，取出后在 2 min 内观察液晶手表显示状态。

4.4.12　**附件抗外力性能**

将表带系紧，按图 1 所示方法给表带施加 50 N 静拉力并保持 5 s 以上，试验后检查液晶手表附件。

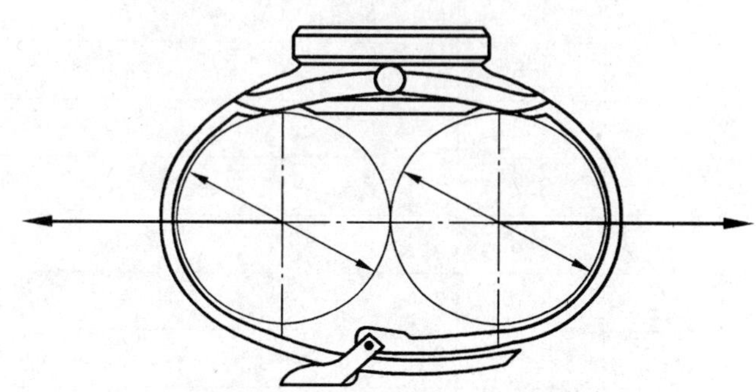

图 1　液晶手表静拉力示意

4.4.13　**耐光照性能**

将液晶手表玻璃紧贴 8 W/6 V 的白炽灯光源照射 1 min，照射后在 1 min 内观察液晶手表显示状态。

4.4.14　**外观**

液晶手表置于距离 30 W 日光灯 50 cm 处，检验者距液晶手表 30 cm 以正常视力检查。

4.4.15　**附加功能**

液晶手表附加功能试验方法见第 A.2 章。

5 检验规则

5.1 交收检验

5.1.1 交收检验按 GB/T 2828.1 进行，采用一般检验水平Ⅱ，正常检验一次抽样方案，其不合格分类、检验项目和接收质量限(AQL)见表 3。

表 3 交收检验

不合格分类	检验项目	对应条款	接收质量限(AQL)
B	使用可靠性	3.3.1、3.3.2	1.5
	瞬时日差	3.4	1.5
C	外观	3.14	4.0
注：液晶手表附加功能项目见表 A.1。			

供需双方也可根据需要制定其他抽样方案。

5.1.2 在检验过程中应遵循 GB/T 2828.1 中正常、加严和放宽检验的转移规则和程序进行。

5.1.3 检验后的接收与否及检验后批和样本的处置，应遵循 GB/T 2828.1 中接收与不接收的规定进行。

5.2 型式检验

5.2.1 型式检验按 GB/T 2829 进行，采用判别水平Ⅱ的一次抽样方案，其检验项目、不合格分类、样本、不合格质量水平及判定数组见表 4。

表 4 型式检验

不合格分类	检验项目	对应条款	样本大小 n	不合格质量水平(RQL)	接收数 Ac	拒收数 Re
B	使用可靠性	3.3	20	15	1	2
	平均瞬时日差	3.4	20	15	1	2
C	工作温度	3.1	8	40	1	2
	电压范围	3.2	8	40	1	2
	平均温度系数	3.5	8	40	1	2
	电压系数	3.6	8	40	1	2
	电池更换周期	3.7	8	40	1	2
	耐振动性能	3.8	8	40	1	2
	防震性能	3.9	8	40	1	2
	防水性能	3.10	8	40	1	2
	耐湿性能	3.11	8	40	1	2
	附件抗外力性能	3.12	8	40	1	2
	耐光照性能	3.13	8	40	1	2
	外观	3.14	8	40	1	2
注：液晶手表附加功能见表 A.2。						

5.2.2 检验的样本应从本周期制造并经交收检验合格的批中抽取。

5.2.3 检验后合格与否的判断和检验后的处置按 GB/T 2829 的规定进行，经型式检验后的样本，无论合格与否均不应作为合格品出厂。

5.2.4 型式检验周期一般为一年一次，发生下列情况之一时亦应进行型式检验：

a) 产品停止生产一个周期以上又恢复生产时；

b) 新产品投产或老产品转产的试制定型鉴定；

c) 产品的设计、结构、工艺、材料有较大变动，可能影响生产时；

d) 出厂检验结果与上次型式检验有较大差异时；

e) 国家质量监督检验机构提出进行型式检验的要求时。

6 标志、包装、运输、贮存

6.1 标志、标签

6.1.1 表面及后盖

表面或后盖上应具有“商标”和“产地”的标记。

6.1.2 产品合格证及使用说明

产品合格证或使用说明上应具有下列内容：

a) 产品名称、型号、规格、商标及等级；

b) 生产者名称和地址；

c) 生产日期；

d) 检验合格印章；

e) 采用标准的编号；

f) 主要性能指标；

g) 使用、保养说明；

h) 保修期限；

i) 生产者需要说明的其他事项。

6.2 包装

6.2.1 每只液晶手表应附有产品合格证及使用说明书。

6.2.2 包装应保证产品不相互碰撞、不摩擦损坏，包装盒应具有防静电、防震、耐振动功能，并附有商标、标识等相关内容。

6.2.3 大包装箱应具有防潮、防震、耐振动性能，箱外要有“小心轻放”、“防潮”的标志。

6.3 运输、贮存

6.3.1 产品在运输过程中应小心轻放，不能相互挤压，避免受到冲击、强烈振动，切忌受潮。

6.3.2 贮存环境应保持通风干燥，环境温度宜在 5 ℃～35 ℃之间，相对湿度宜在 70%以下，并应避免与能产生腐蚀性气体的物品存放在一起。

附　录　A
（规范性附录）
液晶式石英手表附加功能

A.1　要求

A.1.1　闹时可靠性

液晶手表闹时装置处于在闹状态时应准时发出闹响，液晶显示正常。

A.1.2　背光显示

A.1.2.1　背光显示可靠性

揿按背光按钮液晶手表底板应能可靠发光，在黑暗处应能看清液晶屏显示内容。

A.1.2.2　背光电压

标称工作电压为1.50 V和3.0 V的液晶手表工作电压分别为DC1.30 V和2.9 V时，背光功能应能正常发光，发光时不应影响液晶手表工作状态。

注：机心采用微处理器的液晶手表，背光电压可由供需双方商定。

A.1.2.3　背光显示次数

液晶手表背光显示次数应不低于2 000次。

A.1.3　时段计时

A.1.3.1　时段计时可靠性

液晶手表时段计时功能应工作可靠，功能之间转换正常。

A.1.3.2　计时精度

液晶手表进行30 min的时段计时，累计误差应不大于0.2 s。

A.1.4　其他

液晶手表倒计时、两地时间显示及年份等其他显示功能应工作可靠，功能之间转换正常。

A.1.5　电池更换周期

具有附加功能的液晶手表，电池更换周期L应符合3.7规定。

A.2　试验方法

A.2.1　试验条件

液晶手表附加功能的试验条件见4.1。

A.2.2　闹时可靠性

将液晶手表置于开闹状态，调整闹时设置，检查液晶手表闹响和显示状态。

A.2.3　背光显示可靠性

在黑暗的环境中揿按液晶手表背光按钮，距液晶手表30 cm处观察液晶屏显示状态。

A.2.4　背光电压、显示次数

对标称电压为1.50 V的液晶手表，将工作电压调至1.30 V，对标称电压为3.0 V的液晶手表，将工作电压调至2.9 V，分别开启背光功能，检查手表背光显示和工作状态。

以1次/10 s的速度连续按动液晶手表背光显示键2 000次。

A.2.5　时段计时可靠性

按动液晶手表功能按钮进行时段计时操作，检查时段计时功能。

A.2.6 计时精度

将液晶手表固定在测试架上，用时段测试仪器按 A.1.3.2 规定的时段进行测量，连续测量 3 次，取测量绝对值之和的平均值。

A.2.7 其他

揿按液晶手表各按钮进行功能转换，检查各功能的工作和显示状态。

A.2.8 电池更换周期

A.2.8.1 闹响功耗电流

将液晶手表调整至闹响状态，测量闹响期间的工作电流 i_N，闹响持续时间 t_N 根据液晶手表类型确定，闹响平均功耗电流 I_N 按式(A.1)计算。

$$I_N = \frac{(i_N - I) \times t_N}{86\ 400} \qquad \text{(A.1)}$$

式中：

I_N——闹响平均功耗电流，单位为微安(μA)；

i_N——闹响期间液晶手表的功耗电流，单位为微安(μA)；

I——液晶手表单走时的功耗电流，单位为微安(μA)；

t_N——液晶手表一天的闹响时间，单位为秒(s)。

A.2.8.2 背光功耗电流

将液晶手表背光显示调整至发光状态，测量背光显示发光期间工作电流 i_B，发光时间按每天 5 s 计，背光平均功耗电流 I_B 按式(A.2)计算。

$$I_B = \frac{(i_B - I) \times t_B}{86\ 400} \qquad \text{(A.2)}$$

式中：

I_B——背光平均功耗电流，单位为微安(μA)；

i_B——发光期间液晶手表的功耗电流，单位为微安(μA)；

I——液晶手表单走时的功耗电流，单位为微安(μA)；

t_B——液晶手表一天的发光时间，单位为秒(s)。

A.2.8.3 附加功能电池更换周期

具有附加功能的液晶手表电池更换周期按式(A.3)计算。

$$L = \frac{C}{(I + I_N + I_B) \times 8.76} \qquad \text{(A.3)}$$

式中：

L——具有附加功能液晶手表的电池更换周期，单位为年(a)；

C——电池放电容量，单位为毫安小时(mAh)；

I——液晶手表单走时的平均功耗电流，单位为微安(μA)；

I_B——背光平均功耗电流，单位为微安(μA)；

I_N——闹响平均功耗电流，单位为微安(μA)；

8.76——电池一年的工作时间、电流单位微安和毫安间的转换系数，单位为每年小时(h/a)。

A.3 检验规则

A.3.1 交收检验

交收检验按 5.1 的规定进行，其检验项目和接收质量限(AQL)见表 A.1。

表 A.1 交收检验

检验项目	对应条款	接收质量限(AQL)
闹时可靠性	A.1.1	1.5
背光显示可靠性	A.1.2.1	1.5
时段计时可靠性	A.1.3.1	1.5
其他	A.1.4	1.5
注：产品无某项功能时，不进行相应的检验。		

A.3.2 型式检验

型式检验按5.2的规定进行，检验项目、样本、不合格质量水平及判定数组见表A.2。

表 A.2 型式检验

检验项目	对应条款	样本大小 *n*	不合格质量水平(RQL)	接收数 Ac	拒收数 Re
闹时可靠性	A.1.1	20	15	1	2
背光显示可靠性	A.1.2.1	20	15	1	2
时段计时可靠性	A.1.3.1	20	15	1	2
背光电压	A.1.2.2	8	40	1	2
显示次数	A.1.2.3	8	40	1	2
计时精度	A.1.3.2	8	40	1	2
其他	A.1.4	8	40	1	2
电池更换周期	A.1.5	8	40	1	2
注：产品无某项功能时，不进行相应的检验。					

ICS 71.100.30
Y 88

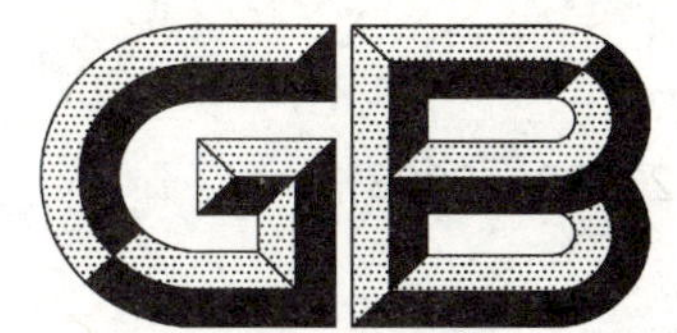

中华人民共和国国家标准

GB/T 22782—2008

烟花爆竹用氧化铜关键指标的测定

Determination of essential parameters of cuprum oxide powder for use in fireworks and firecrackers

2008-12-30 发布 2009-09-01 实施

中华人民共和国国家质量监督检验检疫总局
中国国家标准化管理委员会 发布

前 言

本标准由中国轻工业联合会提出。

本标准由全国烟花爆竹标准化技术委员会归口。

本标准起草单位:广西出入境检验检疫局烟花爆竹检测中心。

本标准主要起草人:吴俊逸、商杰、李一明、肖焕新。

烟花爆竹用氧化铜关键指标的测定

1 范围

本标准规定了烟花爆竹用氧化铜中硝酸不溶物含量、水分含量、铁含量、铜含量、硫酸盐含量、氧化亚铜含量和纯度的测定方法。

本标准适用于烟花爆竹用氧化铜中硝酸不溶物含量、水分含量、铁含量、铜含量、硫酸盐含量、氧化亚铜含量和纯度的测定。

2 规范性引用文件

下列文件中的条款通过本标准的引用而成为本标准的条款。凡是注日期的引用文件，其随后所有的修改单(不包括勘误的内容)或修订版均不适用于本标准，然而，鼓励根据本标准达成协议的各方研究是否可使用这些文件的最新版本。凡是不注日期的引用文件，其最新版本适用于本标准。

GB/T 601 化学试剂 标准滴定溶液的制备

GB/T 3049 工业用化工产品 铁含量测定的通用方法 1,10-菲啰啉分光光度法(GB/T 3049—2006,ISO 6685:1982,IDT)

GB/T 6682 分析实验室用水规格和试验方法(GB/T 6682—2008,ISO 3696:1987,MOD)

GB/T 8170 数值修约规则与极限数值的表示和判定

HG/T 3696.1 无机化工产品 化学分析用标准滴定溶液的制备

3 测定

3.1 试样的干燥

试样在105 ℃下干燥3 h,转入干燥器中冷却备用。干燥后的试样供水分以外的项目检测使用。

3.2 硝酸不溶物含量的测定

3.2.1 原理

试料用硝酸溶解后过滤，干燥不溶物，称其质量。

3.2.2 试剂

除非另有说明，在分析中仅使用确认为分析纯的试剂和GB/T 6682中规定的至少3级的水。

硝酸(1+1)。

3.2.3 仪器

实验室常用仪器和以下装置：

3.2.3.1 电热鼓风干燥箱：可控温度105 ℃±2 ℃。

3.2.3.2 分析天平：精度为0.1 mg。

3.2.3.3 4号砂芯坩埚：容积为30 mL。坩埚试验前用盐酸浸泡24 h后，用水洗至中性后，在105 ℃下干燥3 h,取出，置于干燥器中，冷却至室温后待用。

3.2.3.4 抽滤装置。

3.2.3.5 干燥器。

3.2.4 分析步骤

3.2.4.1 称取约5 g试样，精确到0.1 mg,置于500 mL烧杯中。

3.2.4.2 向烧杯中加入20 mL水，缓慢滴加硝酸，待其剧烈反应消退时缓慢加入150 mL硝酸，加热煮沸，保持微沸60 min。

3.2.4.3 稍微冷却后用已称量的砂芯坩埚过滤，并用水洗涤至中性，将砂芯坩埚连同滤渣一并在105 ℃下干燥3 h。取出，置于干燥器中，冷却至室温后取出称量。

3.2.4.4 平行测定两份试料，取其平均值。

3.2.5 **结果计算**

硝酸不溶物的质量分数以 w_1 计，数值以%表示，按式(1)计算：

$$w_1 = \frac{m_1 - m_2}{m} \times 100 \qquad \cdots\cdots(1)$$

式中：

m_1——砂芯坩埚和硝酸不溶物的质量，单位为克(g)；

m_2——砂芯坩埚的质量，单位为克(g)；

m——试料的质量，单位为克(g)。

所得结果按GB/T 8170进舍规则修约至第二位小数。取平行测定结果的算术平均值作为测定结果。

3.2.6 **允许差**

在重复性条件下所得两个单次分析值应不大于表1所列允许差。

表1 重复性条件下所得两个单次分析值的允许差

以%表示

硝酸不溶物含量	允许差
≤1	0.05
>1	0.1

3.3 水分含量的测定

3.3.1 原理

试料干燥后，由其减量测定水分含量。

3.3.2 仪器

3.3.2.1 电热鼓风干燥箱：可控温度105 ℃±2 ℃。

3.3.2.2 分析天平：精度为0.1 mg。

3.3.2.3 称量瓶。

3.3.2.4 干燥器。

3.3.3 分析步骤

3.3.3.1 称取约5 g试样，精确到0.1 mg，置于已称量的称量瓶中。

3.3.3.2 将称量瓶置于干燥箱中，在105 ℃下干燥3 h。

3.3.3.3 打开干燥箱，立即将称量瓶盖好。取出，置于干燥器中，冷却至室温后取出称量。

3.3.3.4 平行测定两份试料，取其平均值。

3.3.4 结果计算

水分的质量分数以 w_2 计，数值以%表示，按式(2)计算：

$$w_2 = \frac{m_1 - m_2}{m} \times 100 \qquad \cdots\cdots(2)$$

式中：

m_1——干燥前试料和称量瓶的质量，单位为克(g)；

m_2——干燥后试料和称量瓶的质量，单位为克(g)；

m——试料的质量，单位为克(g)。

3.3.5 允许差

在重复性条件下所得两个单次分析值的允许差为0.05%。

3.4 铁含量的测定

3.4.1 原理

试料溶解后用氯酸钾溶液把铁离子全部氧化成三价铁离子。在 pH2.0 时以 1%磺基水杨酸指示液用 EDTA 标准滴定溶液滴定至浅蓝色，并保持 30 s。

$$Fe + 2H^{+} + 2Cl^{-} = FeCl_2 + H_2\uparrow$$

$$Fe_2O_3 + 6H^{+} = 2Fe^{3+} + 3H_2O$$

$$6Fe^{2+} + 6H^{+} + ClO_3^{-} = 6Fe^{3+} + Cl^{-} + 3H_2O$$

$$Fe^{3+} + H_2Y^{2-} = FeY^{-} + 2H^{+}$$

3.4.2 试剂

除非另有说明，在分析中仅使用确认为分析纯的试剂和 GB/T 6682 中规定的至少 3 级的水。

3.4.2.1 盐酸(1+1)。

3.4.2.2 盐酸(1+5)。

3.4.2.3 氨水(1+1)。

3.4.2.4 氯酸钾溶液(10%)。

3.4.2.5 硫氰酸铵溶液(10%)。

3.4.2.6 盐酸缓冲溶液(pH2.0)：量取 0.8 mL 浓盐酸，缓慢加入烧杯中，边稀释边用 pH 计测其 pH 值，加水稀释至 1 000 mL，混匀。

3.4.2.7 乙二胺四乙酸二钠(EDTA)标准滴定溶液[c(EDTA)=0.02 mol/L]：配制与标定按 GB/T 601 执行。

3.4.2.8 磺基水杨酸指示液(1%)。

3.4.3 仪器

实验室常用仪器和以下装置：

3.4.3.1 恒温水浴锅：精度为±2 ℃。

3.4.3.2 pH 计：精度为 0.1。

3.4.3.3 分析天平：精度为 0.1 mg。

3.4.4 分析步骤

3.4.4.1 称取试样约 5 g，精确到 0.1 mg，置于 500 mL 烧杯中，缓慢加入 150 mL 盐酸(3.4.2.1)，加热煮沸，保持微沸 60 min。待其稍冷却后用滤纸过滤至 500 mL 容量瓶中，用水多次洗涤后加入 50 mL 氯酸钾溶液，摇匀后定容。

3.4.4.2 从容量瓶中量取 10 mL 试液于试管中，加入 10 滴硫氰酸铵溶液，充分振荡，若无血红色出现，则铁含量为零。如有，则进行 3.4.4.3。

3.4.4.3 从容量瓶中量取 25 mL±0.05 mL 的试液置于 300 mL 三角烧瓶中，加水 20 mL，充分振荡后用氨水和盐酸(3.4.2.2)调节溶液至 pH2.0～pH2.5，加 30 mL 盐酸缓冲溶液，在恒温水浴锅中加热至 60 ℃～70 ℃后滴加 8 滴～10 滴磺基水杨酸指示液，趁热用 EDTA 标准滴定溶液滴定至溶液呈米黄色并保持 30 s，记录所消耗 EDTA 标准滴定溶液的体积数(V)。

3.4.5 结果计算

铁含量以铁(Fe)的质量分数 w_3 计，数值以%表示，按式(3)计算：

$$w_3 = \frac{(V/1\,000)cM}{(25/500)m} \times 100 \qquad (3)$$

式中：

V——试液所消耗 EDTA 标准滴定溶液的体积，单位为毫升(mL)；

c——EDTA 标准滴定溶液的浓度，单位为摩尔每升(mol/L)；

M——铁的摩尔质量，单位为克每摩尔(g/mol)，(M=55.845)；

m——试料的质量，单位为克(g)；

25——所量取试液的体积，单位为毫升(mL)；

500——试液定容的体积，单位为毫升(mL)。

所得结果按 GB/T 8170 的进舍规则修约至第二位小数。取平行测定结果的算术平均值作为测定结果。

3.4.6 允许差

在重复性条件下所得两个单次分析值应不大于表 2 所列允许差。

表 2 重复性条件下所得两个单次分析值的允许差

以%表示

铁含量	允许差
≤1	0.1
>1	0.3

3.4.7 其他

铁含量的测定亦可按 GB/T 3049 的有关规定执行。

3.5 铜含量的测定

3.5.1 原理

试料溶解后通过 EDTA 络合滴定法在 pH10.0 的条件下以 PAN 为指示液，用硫酸铜标准滴定溶液滴定试液由黄色至蓝色即为终点，测出试液中铜离子和铁离子含量的总和，减去铁的量可得出铜的量。

$$CuO + 2H^{+} = Cu^{2+} + H_2O$$

$$Cu_2O + 2H^{+} = Cu^{2+} + H_2O + Cu$$

$$3Cu + 8HNO_3(\text{稀}) = 3Cu^{2+} + 6NO_3^{-} + 2NO\uparrow + 4H_2O$$

$$Cu^{2+} + H_2Y^{2-} = CuY^{2-} + 2H^{+}$$

3.5.2 试剂

除非另有说明，在分析中仅使用确认为分析纯的试剂和 GB/T 6682 中规定的至少 3 级的水。

3.5.2.1 硝酸(1+2)。

3.5.2.2 氨水。

3.5.2.3 乙二胺四乙酸二钠(EDTA)标准滴定溶液[c(EDTA)=0.1 mol/L]：配制与标定按 GB/T 601 执行。

3.5.2.4 硫酸铜标准滴定溶液[$c(CuSO_4)$=0.1 mol/L]：配制与标定按 HG/T 3696.1 执行。

3.5.2.5 PAN 指示液：0.2%乙醇溶液。

3.5.3 仪器

实验室常用仪器和以下装置：

3.5.3.1 分析天平：精度为 0.1 mg。

3.5.3.2 pH 计：精度为 0.1。

3.5.4 分析步骤

3.5.4.1 称取试样约 2 g，精确到 0.1 mg，置于 500 mL 烧杯中，缓慢加入 150 mL 硝酸，加热煮沸，保持微沸 60 min。待其稍冷却后用滤纸过滤至 500 mL 的容量瓶中，用蒸馏水多次洗涤，定容。

3.5.4.2 从容量瓶中量取 20 mL±0.05 mL 试液置于 300 mL 三角烧瓶中，加 25 mL±0.05 mL EDTA 标准滴定溶液，用氨水调溶液至 pH10.0，加 5 滴 PAN 指示液，用硫酸铜标准滴定溶液进行返滴定过量的 EDTA，滴定至溶液呈纯蓝色即为终点。记下所消耗硫酸铜标准滴定溶液的体积数(V)。

3.5.5 结果计算

铜含量以铜(Cu)的质量分数(w_4)计，数值以%表示，按式(4)计算：

$$w_4 = \frac{\left[\left(25c_1 - c_2V - \frac{mw_3}{M_1\frac{500}{20}}\right)/1\ 000\right]M_2}{(20/500)m} \times 100 \qquad \cdots\cdots(4)$$

式中：

c_1——EDTA 标准滴定溶液的浓度，单位为摩尔每升(mol/L)；

c_2——硫酸铜标准滴定溶液的浓度，单位为摩尔每升(mol/L)；

V——试液所消耗硫酸铜标准滴定溶液的体积，单位为毫升(mL)；

M_1——铁的摩尔质量，单位为克每摩尔(g/mol)，(M_1=55.845)；

M_2——铜的摩尔质量，单位为克每摩尔(g/mol)，(M_2=63.546)；

m——试料的质量，单位为克(g)；

20——所量取试液的体积，单位为毫升(mL)；

25——所量取 EDTA 标准滴定溶液的体积，单位为毫升(mL)；

500——试液定容的体积，单位为毫升(mL)。

按 GB/T 8170 进舍规则修约至第二位小数。取平行测定结果的算术平均值作为测定结果。

3.5.6 允许差

在重复性条件下所得两个单次分析值的允许差为 0.5%。

3.6 硫酸盐含量的测定

3.6.1 原理

试料用水溶解，过滤，滤液加入 50 mL 氯化钡溶液，静置后用砂芯坩埚抽滤，干燥后称量。

$$SO_4^{2-} + Ba^{2+} = BaSO_4 \downarrow$$

3.6.2 试剂

除非另有说明，在分析中仅使用确认为分析纯的试剂和 GB/T 6682 中规定的至少 3 级的水。

氯化钡溶液(20%)。

3.6.3 仪器

实验室常用仪器和以下装置：

3.6.3.1 分析天平：精度为 0.1 mg。

3.6.3.2 4 号砂芯坩埚：容积为 30 mL。坩埚试验前用盐酸浸泡 24 h，用水洗净后，在 105 ℃下干燥 3 h，取出，置于干燥器中，冷却至室温后待用。

3.6.3.3 抽滤装置。

3.6.3.4 电热鼓风干燥箱：可控温度 105 ℃±2 ℃。

3.6.3.5 干燥器。

3.6.4 分析步骤

3.6.4.1 称取试样约 5 g，精确到 0.1 mg，置于 300 mL 烧杯中，加入 150 mL 水，煮沸 1 min，待其稍冷却后用滤纸过滤至另一 500 mL 烧杯中。

3.6.4.2 往 3.6.4.1 中 500 mL 烧杯内加入 100 mL 氯化钡溶液，静置 60 min 后用已称量的砂芯坩埚抽滤，将砂芯坩埚连同滤渣一并在 105 ℃下干燥 3 h。取出，置于干燥器中，冷却至室温后取出称量。

3.6.4.3 平行测定两份试料，取其平均值。

3.6.5 结果计算

硫酸盐含量以硫酸根离子的质量分数 w_5 计，数值以%表示，按式(5)计算：

$$w_5 = \frac{m_1 - m_2}{m} \times 0.411\ 6 \times 100 \qquad \cdots\cdots(5)$$

式中：

m_1——砂芯坩埚和硫酸钡沉淀的质量，单位为克(g)；

m_2——砂芯坩埚的质量，单位为克(g)；

m——试料的质量，单位为克(g)；

0.411 6——硫酸根与硫酸钡的换算系数。

3.6.6 允许差

在重复性条件下所得两个单次分析值应不大于表 3 所列允许差。

表 3 重复性条件下所得两个单次分析值的允许差

以%表示

硫酸盐含量	允许差
≤1	0.1
>1	0.3

3.7 氧化亚铜含量的测定

3.7.1 原理

试料用硫酸溶解，使氧化亚铜发生歧化反应，用硝酸把生成的单质铜溶解，通过 EDTA 络合滴定法在 pH10.0 下以 PAN 为指示液，用硫酸铜标准滴定溶液滴定试液由黄色至蓝色即为终点，测出试液中铜单质的含量，从而可以计算出氧化亚铜的含量。

$$CuO + 2H^+ = Cu^{2+} + H_2O$$

$$Cu_2O + 2H^+ = Cu^{2+} + H_2O + Cu$$

$$3Cu + 8HNO_3(稀) = 3Cu^{2+} + 6NO_3^- + 2NO\uparrow + 4H_2O$$

$$Cu^{2+} + H_2Y^{2-} = CuY^{2-} + 2H^+$$

3.7.2 试剂

除非另有说明，在分析中仅使用确认为分析纯的试剂和 GB/T 6682 中规定的至少 3 级的水。

3.7.2.1 硫酸(1+3)。

3.7.2.2 硝酸(1+2)。

3.7.2.3 氨水。

3.7.2.4 乙二胺四乙酸二钠(EDTA)标准滴定溶液[c(EDTA)=0.1 mol/L]：配制与标定按 GB/T 601 执行。

3.7.2.5 硫酸铜标准滴定溶液[$c(CuSO_4)$=0.1 mol/L]：配制与标定按 HG/T 3696.1 执行。

3.7.2.6 PAN 指示液：0.2%乙醇溶液。

3.7.3 仪器

实验室常用仪器和以下装置：

3.7.3.1 分析天平：精度为 0.1 mg。

3.7.3.2 pH 计：精度为 0.1。

3.7.4 分析步骤

3.7.4.1 称取试样约 5 g，精确到 0.1 mg，置于 400 mL 烧杯中，缓慢加入 150 mL 硫酸，加热煮沸，保持微沸 60 min。待其稍冷却后用滤纸过滤，用水充分洗涤后将滤渣连同滤纸一并转移至 500 mL 烧杯中，加入 150 mL 硝酸，加热，保持微沸 30 min 后通过滤纸过滤至 250 mL 容量瓶中，多次洗涤，定容。

3.7.4.2 从容量瓶中量取 25 mL±0.05 mL 试液置于 300 mL 三角烧瓶中，加 20 mL±0.05 mL EDTA 标准滴定溶液，用氨水调溶液至 pH10，加 5 滴 PAN 指示液，用硫酸铜标准滴定溶液返滴过量的 EDTA。滴定至溶液呈纯蓝色即为终点。记下所消耗硫酸铜标准滴定溶液的体积数(V)。

3.7.5 结果计算

氧化亚铜含量以氧化亚铜(Cu_2O)的质量分数 w_6 计，数值以%表示，按式(6)计算：

$$w_6 = \frac{[(20c_1 - c_2V)/1\,000]M}{(25/250)m} \times 100 \quad \cdots\cdots(6)$$

式中：

c_1——EDTA 标准滴定溶液的浓度，单位为摩尔每升(mol/L)；

c_2——硫酸铜标准滴定溶液的浓度，单位为摩尔每升(mol/L)；

V——试液所消耗硫酸铜标准滴定溶液的体积，单位为毫升(mL)；

M——氧化亚铜的摩尔质量，单位为克每摩尔(g/mol)，(M=143.091)；

m——试料的质量，单位为克(g)；

25——所量取试液的体积，单位为毫升(mL)；

20——所量取 EDTA 标准滴定溶液的体积，单位为毫升(mL)；

250——试液定容的体积，单位为毫升(mL)。

结果按 GB/T 8170 的进舍规则修约至第二位小数。取平行测定结果的算术平均值作为测定结果。

3.7.6 允许差

在重复性条件下所得两个单次分析值应不大于表 4 所列允许差。

表 4 重复性条件下所得两个单次分析值的允许差

以%表示

氧化亚铜含量	允许差
≤1	0.1
>1	0.3

3.8 纯度的测定

3.8.1 原理

试料中氧化铜含量可以通过测定出试料中二价铜总量和氧化亚铜的含量计算。

3.8.2 结果计算

纯度以氧化铜(CuO)的质量分数 w_7 计，数值以%表示，按式(7)计算：

$$w_7 = \frac{w_4 - \frac{w_6}{M_1} \times M_2}{M_2} \times M_3 \times 100 \quad \cdots\cdots(7)$$

式中：

w_4——铜的含量，%；

w_6——氧化亚铜的含量，%；

M_1——氧化亚铜的摩尔质量，单位为克每摩尔(g/mol)，(M_1=143.09)；

M_2——铜的摩尔质量，单位为克每摩尔(g/mol)，(M_2=63.546)；

M_3——氧化铜的摩尔质量，单位为克每摩尔(g/mol)，(M_3=79.545)。

结果按 GB/T 8170 的进舍规则修约至第二位小数。取平行测定结果的算术平均值作为测定结果。

3.8.3 允许差

在重复性条件下所得两个单次分析值的允许差为 0.5%。

ICS 71.100.30
Y 88

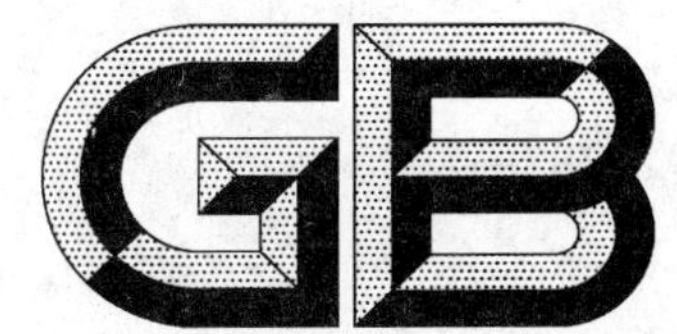

中华人民共和国国家标准

GB/T 22783—2008

烟花爆竹用硝酸钾关键指标的测定

Determination of essential parameters of potassium nitrate for use in fireworks and firecrackers

2008-12-30 发布　　2009-09-01 实施

中华人民共和国国家质量监督检验检疫总局
中国国家标准化管理委员会　发布

前　言

本标准的附录 A 为资料性附录。

本标准由中国轻工业联合会提出。

本标准由全国烟花爆竹标准化技术委员会归口。

本标准起草单位:广西出入境检验检疫局烟花爆竹检测中心。

本标准主要起草人:商杰、吴俊逸、严春、肖焕新。

烟花爆竹用硝酸钾关键指标的测定

1 范围

本标准规定了烟花爆竹用硝酸钾中水不溶物含量、pH 值、吸湿率、水分含量、细度、纯度、氯化物含量、钠含量、铁含量和铵盐含量的测定方法。

本标准适用于烟花爆竹用硝酸钾中水不溶物含量、pH 值、吸湿率、水分含量、细度、纯度、氯化物含量、钠含量、铁含量和铵盐含量的测定。

2 规范性引用文件

下列文件中的条款通过本标准的引用而成为本标准的条款。凡是注日期的引用文件,其随后所有的修改单(不包括勘误的内容)或修订版均不适用于本标准,然而,鼓励根据本标准达成协议的各方研究是否可使用这些文件的最新版本。凡是不注日期的引用文件,其最新版本适用于本标准。

GB/T 601 化学试剂 标准滴定溶液的制备

GB/T 602 化学试剂 杂质测定用标准溶液的制备(GB/T 602—2002,ISO 6353-1:1982,NEQ)

GB/T 1918—1998 工业硝酸钾

GB/T 3049 工业用化工产品 铁含量测定的通用方法 1,10-菲啰啉分光光度法(GB/T 3049—2006,ISO 6685:1982,IDT)

GB/T 6003.1 金属丝编织网试验筛(GB/T 6003.1—1997,neq ISO 3310-1:1990)

GB/T 6682 分析实验室用水规格和试验方法(GB/T 6682—2008,ISO 3696:1987,MOD)

GB/T 8170 数值修约规则与极限数值的表示和判定

3 测定

3.1 试样的干燥

试样在 105 ℃下干燥 3 h,转入干燥器中冷却备用。干燥后的试样供除了水分、细度以外的项目检测使用。

3.2 水不溶物含量的测定

3.2.1 原理

试料溶于水后过滤,干燥不溶物后称量。

3.2.2 试剂

除非另有说明,在分析中仅使用确认为分析纯的试剂和 GB/T 6682 中规定的至少 3 级的水。

二苯胺-硫酸指示液:10 g/L。

3.2.3 仪器

常规实验室设备和仪器及以下装置:

3.2.3.1 电热鼓风干燥箱:可控温度 105 ℃±2 ℃。

3.2.3.2 分析天平:精度为 0.1 mg。

3.2.3.3 4 号砂芯坩埚:容积为 30 mL。用水充分抽吸洗净后,在 105 ℃下干燥 3 h,冷却后备用。

3.2.3.4 抽滤装置。

3.2.3.5 干燥器。

3.2.4 分析步骤

3.2.4.1 称取约 20 g 试样,精确到 0.1 mg,溶于 300 mL 水中,加热至溶解。

3.2.4.2 将已称量的砂芯坩埚装在抽滤装置上，将3.2.4.1所得试液倒入砂芯坩埚中进行抽滤。烧杯壁附着物质用水洗下，再用温水洗净。洗到滤液中无硝酸根离子为止(用二苯胺-硫酸指示液检验不显蓝色)。

3.2.4.3 将砂芯坩埚在105 ℃下干燥3 h。取出并置于干燥器中，冷却至室温后称量。平行测定两份试料，取其平均值。

3.2.5 **结果计算**

水不溶物的质量分数以 w_1 计，数值以%表示，按式(1)计算：

$$w_1 = \frac{m_2 - m_1}{m} \times 100 \quad \cdots\cdots(1)$$

式中：

m_2——砂芯坩埚和不溶物的质量，单位为克(g)；

m_1——砂芯坩埚的质量，单位为克(g)；

m——试料的质量，单位为克(g)。

所得结果按GB/T 8170的进舍规则修约至第二位小数，取平行测定结果的算术平均值作为测定结果。

3.2.6 **允许差**

在重复性条件下所得两个单次分析值的允许差为0.1%。

3.3 **pH值的测定**

3.3.1 **原理**

一定温度下用pH计测定试验溶液的pH值。

3.3.2 **仪器**

3.3.2.1 pH计：精度为0.1。

3.3.2.2 天平：精度为0.1 g。

3.3.3 **分析步骤**

3.3.3.1 称取约5 g试样，精确至0.1 g，溶于约80 mL沸水中，并稀释至100 mL。冷却至20 ℃，按照pH计使用说明书测定试液的pH值。

3.3.3.2 所得结果按GB/T 8170的进舍规则修约至第一位小数，取平行测定结果的算术平均值作为测定结果。

3.3.4 **允许差**

重复性条件所得两个单次分析值不大于0.2 pH单位。

3.4 **吸湿率的测定**

3.4.1 **原理**

在一定温度和湿度下测定试料的吸湿量。

3.4.2 **试剂**

硝酸钾饱和溶液：称取440 g硝酸钾，溶于500 mL水中，放置24 h后将此溶液转移至干燥器内。

3.4.3 **仪器**

3.4.3.1 分析天平：精度为0.1 mg。

3.4.3.2 称量瓶：ϕ 60 mm×35 mm。

3.4.3.3 恒温装置，可控温度20 ℃±2 ℃。

3.4.3.4 干燥器。

3.4.4 **分析步骤**

称取约10 g试样，精确至0.1 mg，均匀分散在称量瓶底部。将称量瓶放在盛有硝酸钾饱和溶液的干燥器内，取下称量瓶盖，一并放在恒温装置中于20 ℃下放置120 h，用绸布擦去称量瓶和瓶盖上的水分后称量。

3.4.5 结果计算

吸湿率以吸湿量的质量分数 w_2 计，数值以%表示，按式(2)计算：

$$w_2 = \frac{m_2 - m_1}{m} \times 100 \quad \cdots\cdots(2)$$

式中：

m_2——吸湿前试料和称量瓶的质量，单位为克(g)；

m_1——吸湿后试料和称量瓶的质量，单位为克(g)；

m——试料的质量，单位为克(g)。

取两次平行测定结果的算术平均值作为测定结果，按 GB/T 8170 的进舍规则修约至第二位小数。

3.4.6 允许差

在重复性条件下所得两个单次分析值的允许差为 0.05%。

3.5 水分含量的测定

3.5.1 原理

试料干燥后，由其减量测定水分含量。

3.5.2 仪器

3.5.2.1 天平：精度为 0.1 mg。

3.5.2.2 电热鼓风干燥箱：可控温度 105 ℃±2 ℃。

3.5.2.3 干燥器。

3.5.3 分析步骤

称取约 10 g 试样，精确至 0.1 mg，置于 ϕ 60 mm 扁形称量瓶中，尽可能地将试样均匀布满称量瓶底部，取下塞子，将称量瓶及塞子于 105 ℃下干燥 3 h，转入干燥器，冷却至室温，称量，精确至 0.1 mg。

3.5.4 结果计算

水分的质量分数以 w_3 计，数值以%表示，按式(3)计算：

$$w_3 = \frac{m_1 - m_2}{m} \times 100 \quad \cdots\cdots(3)$$

式中：

m_1——干燥前试料和称量瓶的质量，单位为克(g)；

m_2——干燥后试料和称量瓶的质量，单位为克(g)；

m——试料的质量，单位为克(g)。

取两次平行测定结果的算术平均值作为测定结果，按 GB/T 8170 的进舍规则修约至第二位小数。

3.5.5 允许差

在重复性条件下所得两个单次分析值的允许差为 0.05%。

3.6 细度的测定(粉状硝酸钾)

3.6.1 原理

在相对湿度不大于 85%下，将试料置于规定孔径的试验筛中，借助于振动，以通过筛网的部分试料的质量分数表示细度。

3.6.2 仪器

3.6.2.1 天平：精度为 0.01 g。

3.6.2.2 振筛机：振动次数(150±10)次/min，最大振幅 3 mm。

3.6.2.3 试验筛：符合 GB/T 6003.1 的要求。

3.6.3 分析步骤

3.6.3.1 称取约 50 g 试样，精确至 0.01 g，置于清洁的规定试验筛上，把试验筛放在振筛机上(若筛网上有粉球，可用中楷毛笔轻按，使其松散)，开启振筛机至无试料通过试验筛为止，将筛下物移至已知质量的干燥的表面皿中，称量。

3.6.3.2 试验结束后应使用清水对试验筛进行冲洗，同时保持试验筛的清洁和干燥。

3.6.3.3 应视试验次数多少定期对试验筛筛孔尺寸用显微镜检测，若发现筛孔尺寸超过GB/T 6003.1的要求及筛孔变形、筛网破损，需及时更换试验筛。

3.6.4 结果计算

细度以通过筛网的部分试料的质量分数 w_4 计，数值以%表示，按式(4)计算：

$$w_4 = \frac{m_2 - m_1}{m} \times 100 \quad \cdots\cdots(4)$$

式中：

m_2——筛下物及表面皿的质量，单位为克(g)；

m_1——表面皿的质量，单位为克(g)；

m——试料的质量，单位为克(g)。

取两次平行测定结果的算术平均值作为测定结果，若两次结果绝对误差大于0.5%时(若筛下物小于95%时可放至1.0%)，应再做一次试验，取两次相近结果的算术平均值作为最终结果，按GB/T 8170的进舍规则修约至第一位小数。

3.7 纯度的测定

3.7.1 硝酸盐法

3.7.1.1 原理

硝酸盐在钼盐催化下被亚铁盐还原，在磷酸介质中，过量的亚铁盐用高锰酸钾标准滴定溶液滴定。

$$NO_3^- + 3Fe^{2+} + 4H^+ = 3Fe^{3+} + NO\uparrow + 2H_2O$$

$$MnO_4^- + 5Fe^{2+} + 8H^+ = Mn^{2+} + 5Fe^{3+} + 4H_2O$$

3.7.1.2 试剂

除非另有说明，在分析中仅使用确认为分析纯的试剂和GB/T 6682中规定的至少3级的水。

3.7.1.2.1 钼酸钠。

3.7.1.2.2 硫酸。

3.7.1.2.3 磷酸。

3.7.1.2.4 硫酸亚铁溶液：称取约25 g硫酸亚铁($FeSO_4 \cdot 7H_2O$)，溶于300 mL水中，再加入200 mL硫酸。

3.7.1.2.5 高锰酸钾标准滴定溶液[$c(1/5\ KMnO_4) = 0.1$ mol/L]：配制与标定按GB/T 601的规定执行。

3.7.1.3 仪器

常规实验室设备和仪器及以下装置：

3.7.1.3.1 恒温水浴锅：精度为±2 ℃。

3.7.1.3.2 分析天平：精度为0.1 mg。

3.7.1.4 分析步骤

3.7.1.4.1 称取约1.5 g试样，精确至0.1 mg，加入100 mL水并加热，充分溶解后过滤，洗液和滤液一并转移至500 mL容量瓶中，摇匀后定容。

3.7.1.4.2 量取25 mL±0.05 mL的试液置于300 mL三角烧瓶中，加入25 mL硫酸亚铁溶液，再加入约0.3 g钼酸钠，再缓慢加入20 mL硫酸，边加入边摇动。把三角烧瓶在沸水浴上加热，直到溶液颜色由棕褐色变成亮黄色。

3.7.1.4.3 向3.7.1.4.2的三角烧瓶中加入25 mL水，再加入5 mL磷酸，用高锰酸钾标准滴定溶液滴定至溶液呈微红色保持30 s不变即为终点。记录所消耗的高锰酸钾标准滴定溶液的体积(V_1)。同时做空白试验，并记录所消耗的高锰酸钾标准滴定溶液的体积(V_0)。

3.7.1.5 结果计算

纯度以硝酸钾(KNO_3)的质量分数 w_5 计，数值以%表示，按式(5)计算：

$$w_5 = \frac{[(V_0 - V_1)/1\,000]cM}{(25/500)m} \times 100 \qquad (5)$$

式中：

V_0——空白试验所消耗高锰酸钾标准滴定溶液的体积，单位为毫升(mL)；

V_1——试液所消耗高锰酸钾标准滴定溶液的体积，单位为毫升(mL)；

c——高锰酸钾标准滴定溶液(以 1/5 $KMnO_4$ 计)的浓度，单位为摩尔每升(mol/L)；

M——硝酸钾(以 1/3 KNO_3 计)的摩尔质量，单位为克每摩尔(g/mol)，(M=33.701)；

m——试料的质量，单位为克(g)。

所得结果按 GB/T 8170 的进舍规则修约至第二位小数。取平行测定结果的算术平均值作为测定结果。

3.7.1.6 允许差

在重复性条件下所得两个单次分析值的允许差为 0.5%。

3.7.2 钾盐法

按 GB/T 1918—1998 中 4.1 规定的方法。

3.8 氯化物含量的测定

3.8.1 原理

在微酸性介质中，试验溶液中加入过量的硝酸银溶液生成难溶的氯化银，以硫酸铁铵为指示液，用硫氰酸铵标准滴定溶液滴定过量的硝酸银溶液。

3.8.2 试剂

除非另有说明，在分析中仅使用确认为分析纯的试剂和 GB/T 6682 中规定的至少 3 级的水。

3.8.2.1 硝酸(1+2)。

3.8.2.2 硝酸银溶液：称取 17.5 g 硝酸银，精确至 0.1 g，溶于 1 000 mL 水中，溶解后贮于棕色瓶中。

3.8.2.3 硫氰酸铵标准滴定溶液[$c(NH_4SCN)$=0.1 mol/L]：配制与标定按 GB/T 601 的规定执行。

3.8.2.4 硫酸铁铵指示液：80 g/L。

3.8.3 仪器

常规实验室设备和仪器及以下装置：

3.8.3.1 分析天平：精度为 0.1 mg。

3.8.3.2 微量滴定管：分度值 0.02 mL。

3.8.4 分析步骤

3.8.4.1 称取约 20 g 试样，精确到 0.1 mg，置于 250 mL 三角烧瓶中，加入 80 mL 水溶解，再加入 5 mL 硝酸，摇匀。

3.8.4.2 用移液管向试液中移入 20 mL±0.05 mL 硝酸银溶液，加入 3 mL 硫酸铁铵指示液，用硫氰酸铵标准滴定溶液滴定至溶液呈浅红棕色 30 s 不褪，记录所消耗硫氰酸铵标准滴定溶液的体积(V_1)。同时作空白试验，记录所消耗硫氰酸铵标准滴定溶液的体积(V_0)。

3.8.5 结果计算

氯化物含量以氯离子(Cl^-)的质量分数 w_6 计，数值以%表示，按式(6)计算：

$$w_6 = \frac{[(V_1 - V_0)/1\,000]cM}{m} \times 100 \qquad (6)$$

式中：

V_1——试液所消耗硫氰酸铵标准滴定溶液的体积，单位为毫升(mL)；

V_0——空白试验所消耗硫氰酸铵标准滴定溶液的体积，单位为毫升(mL)；

c——硫氰酸铵标准滴定溶液的浓度，单位为摩尔每升(mol/L)；

M——氯的摩尔质量，单位为克每摩尔(g/mol)，(M=35.453)；

m——试料的质量，单位为克(g)。

所得结果按 GB/T 8170 的进舍规则修约至第二位小数。取平行测定结果的算术平均值作为测定结果。

3.8.6 允许差

在重复性条件下所得两个单次分析值的允许差为 0.05%。

3.9 钠含量的测定

3.9.1 原理

试料溶解后以钠空心阴极灯作为发射光源，用原子吸收光谱仪在波长 330.2 nm 处测定钠的含量。

3.9.2 试剂

除非另有说明，在分析中仅使用确认为分析纯的试剂和 GB/T 6682 中规定的至少 3 级的水。

3.9.2.1 盐酸溶液(1%)。

3.9.2.2 钠标准溶液(10 mg/mL)：称取 25.4 g 于 500 ℃～600 ℃灼烧至恒重的氯化钠，溶于水，移入 1 000 mL 容量瓶中，稀释至刻度。贮于聚乙烯瓶中。

3.9.2.3 钠标准溶液(100 μg/mL)：吸取钠标准溶液(3.9.2.2)10.00 mL±0.02 mL 于 1 000 mL 容量瓶中，用水稀释至刻度，摇匀。

3.9.3 仪器

常规实验室设备和仪器及以下装置：

3.9.3.1 原子吸收光谱仪：带有背景扣除装置，钠空心阴极灯。

3.9.3.2 分析天平：精度为 0.1 mg。

3.9.3.3 4 号砂芯坩埚：30 mL。

3.9.4 分析步骤

3.9.4.1 试液的制备

称取约 2 g 试样，精确至 0.1 mg，置于 200 mL 烧杯中，加入 50 mL 水，加热溶解，用砂芯坩埚抽滤，用盐酸溶液洗涤，洗液和滤液一并转移至 100 mL 容量瓶中，用盐酸溶液定容，摇匀。

3.9.4.2 空白溶液的制备

按 3.9.4.1 步骤制备空白溶液。

3.9.4.3 标准曲线的绘制

3.9.4.3.1 系列标准溶液的制备：按表 1 所列的体积数，将钠标准溶液(3.9.2.3)分别加到五个 100 mL的容量瓶中，用水稀释到刻度，摇匀。系列标准溶液应现用现配。

表 1 标准溶液的配制

钠标准溶液的体积/mL	溶液中钠含量/(μg/mL)
80	8.00
40	4.00
20	2.00
10	1.00
0	0
注：根据仪器的灵敏度来选择钠系列标准溶液的浓度范围。	

3.9.4.3.2 系列标准溶液吸光度的测定：启动原子吸收光谱仪，使仪器运行充分稳定，在波长

330.2 nm处选择仪器最佳测试条件，参见附录 A。

按顺序吸入钠标准溶液，测定其吸光度。测定标准溶液、空白溶液时，吸液速度应保持恒定。每测一次，须吸水清洗燃烧器。

3.9.4.3.3 绘制标准曲线：以钠标准溶液的浓度（μg/mL）为横坐标，以相应的经过空白校正过的钠标准溶液的吸光度为纵坐标作图，即得标准曲线。

3.9.4.4 试液吸光度的测定

按 3.9.4.3.2 确定的测试条件，每种试验溶液测两次，在相同条件下做空白试验。

3.9.5 结果计算

钠含量以钠（Na）的质量分数 w_7 计，数值以%表示，按式（7）计算：

$$w_7 = \frac{[(\rho_t - \rho_b)/1\ 000\ 000] \times 100}{m} \times 100 \times f \quad \cdots\cdots(7)$$

式中：

ρ_t——从标准曲线中读出试验溶液中钠的浓度，单位为微克每毫升（μg/mL）；

ρ_b——从标准曲线中读出空白溶液中钠的浓度，单位为微克每毫升（μg/mL）；

100——试验溶液定容的体积，单位为毫升（mL）；

m——试料的质量，单位为克（g）；

f——稀释系数。

取两次平行测定的算术平均值作为测定结果，按 GB/T 8170 的进舍规则修约至第二位小数。

3.9.6 允许差

在重复性条件下所得两个单次分析值的允许差为 0.05%。

3.10 铁含量的测定

3.10.1 络合滴定法

3.10.1.1 原理

试料溶解后，试液在 pH2.0 下用 EDTA 标准滴定溶液直接滴定。

$$Fe^{3+} + H_2Y^{2-} = FeY^- + 2H^+$$

3.10.1.2 试剂

除非另有说明，在分析中仅使用确认为分析纯的试剂和 GB/T 6682 中规定的至少 3 级水。

3.10.1.2.1 盐酸（1+4）。

3.10.1.2.2 氨水（1+4）。

3.10.1.2.3 盐酸缓冲溶液（pH 2.0）：量取 0.8 mL 浓盐酸，缓慢加入烧杯中，加水稀释至 1 000 mL，混匀。

3.10.1.2.4 乙二胺四乙酸二钠（EDTA）标准滴定溶液[c(EDTA)＝0.02 mol/L]：配制与标定按 GB/T 601的规定执行。

3.10.1.2.5 磺基水杨酸指示液（1%）。

3.10.1.3 仪器

常规实验室设备和仪器及以下装置：

3.10.1.3.1 分析天平：精度为 0.1 mg。

3.10.1.3.2 微量滴定管：分度值 0.02 mL。

3.10.1.3.3 恒温水浴锅：精度为±2 ℃。

3.10.1.3.4 pH 计：精度为 0.1。

3.10.1.4 分析步骤

3.10.1.4.1 称取约 5 g 试样，精确到 0.1 mg，置于 300 mL 烧杯中，加水溶解。

3.10.1.4.2 过滤至500 mL 三角烧瓶中，加水 20 mL，充分振荡后用氨水和盐酸调节溶液至 pH 2.0～

pH 2.5，加 30 mL 盐酸缓冲溶液，在恒温水浴锅中加热至 60 ℃～70 ℃后滴加 8 滴～10 滴磺基水杨酸指示液，趁热用 EDTA 标准滴定溶液滴定至溶液呈米黄色并保持 30 s，记录所消耗 EDTA 标准滴定溶液的体积数(V)。

3.10.1.5 结果计算

铁含量以铁(Fe)的质量分数 w_8 计，数值以%表示，按式(8)计算：

$$w_8 = \frac{(V/1\,000)cM}{m} \times 100 \qquad \cdots\cdots(8)$$

式中：

V——试液所消耗的 EDTA 标准滴定溶液的体积，单位为毫升(mL)；

c——EDTA 标准滴定溶液的浓度，单位为摩尔每升(mol/L)；

M——铁的摩尔质量，单位为克每摩尔(g/mol)，(M=55.845)；

m——试料的质量，单位为克(g)。

所得结果按 GB/T 8170 的进舍规则修约至第二位小数。取平行测定结果的算术平均值作为测定结果。

3.10.1.6 允许差

在重复性条件下所得两个单次分析值的允许差为 0.05%。

3.10.2 分光光度法

按 GB/T 3049 的有关规定执行。

3.11 铵盐含量的测定

3.11.1 原理

在中性介质中，铵盐与甲醛反应，生成六次甲基四胺和同铵盐等摩尔的酸，以酚酞为指示液，用氢氧化钠标准滴定溶液滴定。

$$4NH_4^+ + 6HCHO = (CH_2)_6N_4H^+ + 6H_2O + 3H^+$$

3.11.2 试剂

除非另有说明，在分析中仅使用确认为分析纯的试剂和 GB/T 6682 中规定的至少 3 级的水。

3.11.2.1 甲醛溶液(1+4)：使用前应以酚酞为指示液，用氢氧化钠标准滴定溶液(3.11.2.2)滴定至浅粉色。

3.11.2.2 氢氧化钠标准滴定溶液[c(NaOH)=0.1 mol/L]：配制与标定按 GB/T 601 的规定执行。

3.11.2.3 酚酞指示液：10 g/L。

3.11.3 仪器

常规实验室设备和仪器及以下装置：

3.11.3.1 天平：精度 0.1 mg。

3.11.3.2 微量滴定管：0.02 mL。

3.11.4 分析步骤

称取约 10 g 试样，精确至 0.1 mg，置于 250 mL 具塞的三角烧瓶中，用 50 mL 水溶解，加入 50 mL 甲醛溶液，摇匀，放置 5 min。加入三滴酚酞指示液，用氢氧化钠标准滴定溶液滴定至溶液呈浅粉色，保持 30 s 不褪色即为终点。同时做空白试验。

3.11.5 结果计算

铵盐含量以铵离子(NH_4^+)的质量分数 w_9 计，数值以%表示，按式(9)计算：

$$w_9 = \frac{[(V_1 - V_0)/1\,000]cM}{m} \times 100 \qquad \cdots\cdots(9)$$

式中：

V_1——试液所消耗氢氧化钠标准滴定溶液的体积，单位为毫升(mL)；

V_0——空白试验所消耗氢氧化钠标准滴定溶液的体积,单位为毫升(mL);

c——氢氧化钠标准滴定溶液的浓度,单位为摩尔每升(mol/L);

M——铵离子(以 $NH_4{}^+$ 计)的摩尔质量,单位为克每摩尔(g/mol),(M=18.039);

m——试料的质量,单位为克(g)。

所得结果按 GB/T 8170 的进舍规则修约至第二位小数。取平行测定结果的算术平均值作为测定结果。

3.11.6　允许差

在重复性条件下所得两个单次分析值的允许差为 0.05%。

附 录 A
（资料性附录）
日立 Z-5000 型原子吸收光谱仪工作条件

日立 Z-5000 型原子吸收光谱仪工作参数见表 A.1。

表 A.1 仪器工作参数

工作参数	波长/nm	灯电流/mA	燃烧头高度/mm	空气流量/(L/min)	乙炔流量/(L/min)
Na	330.2	7.0	7.5	15.0	2.2

ICS 71.100.30
Y 88

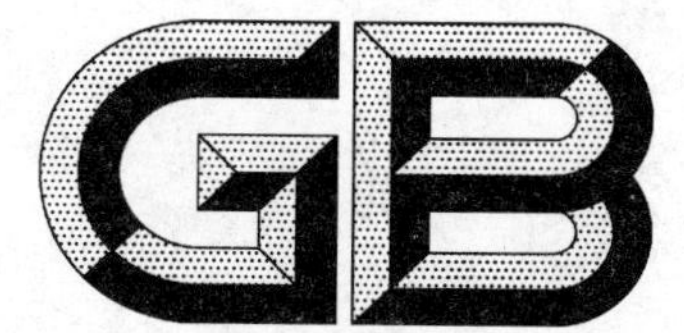

中华人民共和国国家标准

GB/T 22786—2008

烟花爆竹用高氯酸钾关键指标的测定

Determination of essential parameters of potassium perchlorate for use in fireworks and firecrackers

2008-12-30 发布　　　　2009-09-01 实施

中华人民共和国国家质量监督检验检疫总局
中国国家标准化管理委员会　发布

前　言

本标准的附录A为资料性附录。

本标准由中国轻工业联合会提出。

本标准由全国烟花爆竹标准化技术委员会归口。

本标准起草单位:广西出入境检验检疫局烟花爆竹检测中心。

本标准主要起草人:商杰、吴俊逸、颜家坤、肖焕新。

烟花爆竹用高氯酸钾关键指标的测定

1　范围

本标准规定了烟花爆竹用高氯酸钾中水不溶物含量、pH 值、吸湿率、水分含量、细度、纯度、氯化物含量、氯酸盐含量和钠含量的测定方法及次氯酸盐的定性鉴定方法。

本标准适用于烟花爆竹用高氯酸钾中水不溶物含量、pH 值、吸湿率、水分含量、细度、纯度、氯化物含量、氯酸盐含量和钠含量的测定及次氯酸盐的定性鉴定。

2　规范性引用文件

下列文件中的条款通过本标准的引用而成为本标准的条款。凡是注日期的引用文件，其随后所有的修改单(不包括勘误的内容)或修订版均不适用于本标准，然而，鼓励根据本标准达成协议的各方研究是否可使用这些文件的最新版本。凡是不注日期的引用文件，其最新版本适用于本标准。

GB/T 601　化学试剂　标准滴定溶液的制备

GB/T 6003.1　金属丝编织网试验筛(GB/T 6003.1—1997,neq ISO 3310-1:1990)

GB/T 6682　分析实验室用水规格和试验方法(GB/T 6682—2008,ISO 3696:1987,MOD)

GB/T 8170　数值修约规则与极限数值的表示和判定

3　测定

3.1　试样的干燥

试样在 105 ℃下干燥 3 h，转入干燥器中冷却备用。干燥后的试样供除了水分、细度以外的项目检测使用。

3.2　水不溶物含量的测定

3.2.1　原理

试料溶于水后过滤，干燥不溶物后称量。

3.2.2　仪器

常规实验室设备和仪器及以下装置：

3.2.2.1　电热鼓风干燥箱：可控温度 105 ℃±2 ℃。

3.2.2.2　分析天平：精度为 0.1 mg。

3.2.2.3　4 号砂芯坩埚：容积 30 mL。用水充分抽吸洗净后，在 105 ℃下干燥 3 h，冷却后备用。

3.2.2.4　抽滤装置一套。

3.2.2.5　干燥器。

3.2.3　分析步骤

3.2.3.1　称取约 10 g 试样，精确到 0.1 mg，溶于 300 mL 水中，加热至溶解。

3.2.3.2　将已称量的砂芯坩埚装在抽滤装置上，将 3.2.3.1 所得试液倒入砂芯坩埚中进行抽滤。烧杯壁附着物质用水洗下，再用温水洗净。

3.2.3.3　将砂芯坩埚在 105 ℃下干燥 3 h，取出，并置于干燥器中，冷却至室温后称量。平行测定两份试料，取其平均值。

3.2.4　结果计算

水不溶物的质量分数以 w_1 计，数值以%表示，按式(1)计算：

$$w_1 = \frac{m_2 - m_1}{m} \times 100 \qquad \cdots\cdots (1)$$

式中：

m_2——砂芯坩埚和不溶物的质量，单位为克(g)；

m_1——砂芯坩埚的质量，单位为克(g)；

m——试料的质量，单位为克(g)。

所得结果按 GB/T 8170 的进舍规则修约至第二位小数。取平行测定结果的算术平均值作为测定结果。

3.2.5 允许差

在重复性条件下所得两个单次分析值的允许差为 0.1%。

3.3 pH 值的测定

3.3.1 原理

一定温度下用 pH 计测定试验溶液的 pH 值。

3.3.2 仪器

3.3.2.1 pH 计：精度为 0.1。

3.3.2.2 天平：精度为 0.1 g。

3.3.3 分析步骤

3.3.3.1 称取约 5 g 试样，精确至 0.1 g，溶于约 80 mL 沸水中，并稀释至 100 mL。冷却至 20 ℃，按照 pH 计使用说明书测定试液的 pH 值。

3.3.3.2 取两次平行测定的算术平均值作为测定结果，按 GB/T 8170 的进舍规则修约至第一位小数。

3.3.4 允许差

重复性条件所得两个单次分析值不大于 0.2 pH 单位。

3.4 吸湿率的测定

3.4.1 原理

在一定温度和湿度下测定试料的吸湿量。

3.4.2 试剂

硝酸钾饱和溶液：称取 440 g 硝酸钾，溶于 500 mL 水中，放置 24 h 后将此溶液转移至干燥器内。

3.4.3 仪器

3.4.3.1 分析天平：精度为 0.1 mg。

3.4.3.2 称量瓶：ϕ 60 mm×35 mm。

3.4.3.3 恒温装置，可控温度 20 ℃±2 ℃。

3.4.3.4 干燥器。

3.4.4 分析步骤

称取约 5 g 试样，精确至 0.1 mg，置于称量瓶中，将称量瓶放在盛有硝酸钾饱和溶液的干燥器内，取下称量瓶盖，一并放在恒温装置中 20 ℃下放置 24 h，用绸布擦去称量瓶和瓶盖上的水分后称量。

3.4.5 结果计算

吸湿率以吸湿量的质量分数 w_2 计，数值以%表示，按式(2)计算：

$$w_2 = \frac{m_2 - m_1}{m} \times 100 \qquad \cdots\cdots (2)$$

式中：

m_2——吸湿后试料和称量瓶的质量，单位为克(g)；

m_1——吸湿前试料和称量瓶的质量，单位为克(g)；

m——试料的质量，单位为克(g)。

取两次平行测定结果的算术平均值作为测定结果，按 GB/T 8170 的进舍规则修约至第二位小数。

3.4.6 **允许差**

在重复性条件下所得两个单次分析值的允许差为 0.1%。

3.5 **水分含量的测定**

3.5.1 **原理**

试料干燥后，由其减量测定水分含量。

3.5.2 **仪器**

3.5.2.1 天平：精度为 0.1 mg。

3.5.2.2 电热鼓风干燥箱：可控温度 105 ℃±2 ℃。

3.5.2.3 干燥器。

3.5.3 **分析步骤**

称取约 10 g 试样，精确至 0.1 mg，置于 ϕ 60 mm 扁形称量瓶中，尽可能地将试样均匀布满称量瓶底部，取下塞子，将称量瓶及塞子于 105 ℃干燥 3 h，转入干燥器，冷却至室温，称量。

3.5.4 **结果计算**

水分的质量分数以 w_3 计，数值以%表示，按式(3)计算：

$$w_3 = \frac{m_1 - m_2}{m} \times 100 \quad \cdots\cdots(3)$$

式中：

m_1——干燥前试料和称量瓶的质量，单位为克(g)；

m_2——干燥后试料和称量瓶的质量，单位为克(g)；

m——试料的质量，单位为克(g)。

取两次平行测定结果的算术平均值作为测定结果，按 GB/T 8170 的进舍规则修约至第二位小数。

3.5.5 **允许差**

在重复性条件下所得两个单次分析值的允许差为 0.1%。

3.6 **细度的测定(粉状高氯酸钾)**

3.6.1 **原理**

在相对湿度不大于 85%下，将试料置于规定孔径的试验筛中，借助于振动，以通过筛网的部分试料的质量分数表示细度。

3.6.2 **仪器**

3.6.2.1 天平：精度为 0.01 g。

3.6.2.2 振筛机：振动次数(150±10)次/min，最大振幅 3 mm。

3.6.2.3 试验筛：符合 GB/T 6003.1 的要求。

3.6.3 **分析步骤**

3.6.3.1 称取约 50 g 试样，精确至 0.01 g，置于清洁的规定试验筛上，把试验筛放在振筛机上(若筛网上有粉球，可用中楷毛笔轻按，使其松散)，开启振筛机至无试料通过试验筛为止，将筛下物移至已知质量的干燥的表面皿中，称量。

3.6.3.2 试验结束时应使用清水对试验筛进行冲洗，同时保持试验筛的清洁、干燥。

3.6.3.3 应视试验次数多少定期对试验筛筛孔尺寸用显微镜检测，若发现筛孔尺寸超过GB/T 6003.1 的要求及筛孔变形、筛网破损，需及时更换试验筛。

3.6.4 **结果计算**

细度以通过筛网的部分试料的质量分数 w_4 计，数值以%表示，按式(4)计算：

$$w_4 = \frac{m_2 - m_1}{m} \times 100 \quad \cdots\cdots(4)$$

式中：

m_2——筛下物及表面皿的质量，单位为克(g)；

m_1——表面皿的质量，单位为克(g)；

m——试料的质量，单位为克(g)。

取两次平行测定结果的算术平均值作为测定结果，若两次结果绝对误差大于 0.5%时(若筛下物小于 95%时，可放至 1.0%)，应再做一次试验，取两次相近结果的算术平均值作为最终结果，按 GB/T 8170的进舍规则修约至第一位小数。

3.7 纯度的测定

3.7.1 原理

试料在高温下灼烧，其剩余物用水溶解，以硫酸铁铵为指示剂，用硫氰酸铵标准滴定溶液滴定。

$$KClO_4 \overset{\triangle}{=} KCl + 2O_2\uparrow$$

$$Cl^- + Ag^+ = AgCl\downarrow$$

$$Ag^+ + SCN^- = AgSCN\downarrow$$

$$Fe^{3+} + 6SCN^- = [Fe(SCN)_6]^-$$

3.7.2 试剂

除非另有说明，在分析中仅使用确认为分析纯的试剂和 GB/T 6682 中规定的至少 3 级的水。

3.7.2.1 硝酸(1+2)。

3.7.2.2 硝酸银溶液：称取 17.5 g 硝酸银，精确至 0.1 g，溶于 1 000 mL 水中，溶解后贮于棕色瓶中。

3.7.2.3 硫氰酸铵标准滴定溶液[$c(NH_4SCN)=0.1$ mol/L]：配制与标定按 GB/T 601 的规定执行。

3.7.2.4 硫酸铁铵指示液：80 g/L。

3.7.3 仪器

常规实验室设备和仪器及以下装置：

3.7.3.1 高温炉：可控温度为 700 ℃±20 ℃。

3.7.3.2 分析天平：精度为 0.1 mg。

3.7.3.3 瓷坩埚：30 mL。

3.7.4 分析步骤

3.7.4.1 称取约 2 g 试样，精确到 0.1 mg，置于 30 mL 瓷坩埚中，将瓷坩埚放在 700 ℃下灼烧 2 h，冷却后用水溶解蒸发皿中剩余物，转移至 500 mL 容量瓶中，摇匀并定容。

3.7.4.2 量取 50 mL±0.05 mL 试液于 300 mL 烧杯中，加入 10 mL 硝酸，再加入 15 mL±0.05 mL 的硝酸银溶液，然后在电炉上保持微沸 3 min，冷却后过滤，用硝酸多次洗涤，滤液和洗液一并转移至 500 mL 三角烧瓶中。

3.7.4.3 向 3.7.4.2 的三角烧瓶中加入 5 mL 硫酸铁铵指示液，用硫氰酸铵标准滴定溶液滴定至溶液成淡红棕色，记录所消耗的硫氰酸铵标准滴定溶液的体积数(V_1)，同时做空白试验，并记录所消耗的硫氰酸铵标准滴定溶液的体积数(V_0)。

3.7.5 结果计算

纯度以高氯酸钾($KClO_4$)的质量分数 w_5 计，数值以%表示，按式(5)计算：

$$w_5 = \frac{[(V_0 - V_1)/1\,000]cM_1}{(50/500)m} \times 100 - (M_1/M_2)w_7 - (M_1/M_3)w_6 \qquad \cdots\cdots\cdots\cdots(5)$$

式中：

V_0——空白试验所消耗硫氰酸铵标准滴定溶液的体积，单位为毫升(mL)；

V_1——试液所消耗硫氰酸铵标准滴定溶液的体积，单位为毫升(mL)；

c——硫氰酸铵标准滴定溶液的浓度，单位为摩尔每升(mol/L)；

M_1——高氯酸钾的摩尔质量，单位为克每摩尔(g/mol)，($M_1=138.547$)；

M_2——氯酸盐(以 ClO_3^- 计)的摩尔质量,单位为克每摩尔(g/mol),(M_2=83.450);

M_3——氯化物(以 Cl^- 计)的摩尔质量,单位为克每摩尔(g/mol),(M_3=35.453);

w_7——试料中氯酸盐的质量分数,%;

w_6——试料中氯化物的质量分数,%;

m——试料的质量,单位为克(g)。

所得结果按 GB/T 8170 的进舍规则修约至第二位小数。取平行测定结果的算术平均值作为测定结果。

3.7.6 允许差

在重复性条件下所得两个单次分析值的允许差为 0.5%。

3.8 氯化物含量的测定

3.8.1 原理

在微酸性介质中,试验溶液中加入过量的硝酸银溶液生成难溶的氯化银,以硫酸铁铵为指示液,用硫氰酸铵标准滴定溶液滴定过量的硝酸银溶液。

3.8.2 试剂

除非另有说明,在分析中仅使用确认为分析纯的试剂和 GB/T 6682 中规定的至少 3 级的水。

3.8.2.1 硝酸(1+2)。

3.8.2.2 硝酸银溶液:称取 17.5 g 硝酸银,精确至 0.1 g,溶于 1 000 mL 水中,溶解后贮于棕色瓶中。

3.8.2.3 硫氰酸铵标准滴定溶液[$c(NH_4SCN)$=0.1 mol/L]:配制与标定按 GB/T 601 的规定执行。

3.8.2.4 硫酸铁铵指示液:80 g/L。

3.8.3 仪器

常规实验室设备和仪器及以下装置:

3.8.3.1 分析天平:精度为 0.1 mg。

3.8.3.2 微量滴定管:分度值 0.02 mL。

3.8.4 分析步骤

3.8.4.1 称取约 20 g 试样,精确到 0.1 mg,置于 250 mL 三角烧瓶中,加入 80 mL 水溶解,加入 5 mL 硝酸,摇匀。

3.8.4.2 向试液中用移液管移入 20 mL±0.05 mL 硝酸银溶液,加 3 mL 硫酸铁铵指示液,用硫氰酸铵标准滴定溶液滴定至溶液呈浅红棕色保持 30 s 不褪,记录所消耗的硫氰酸铵标准滴定溶液的体积(V_1),同时做空白试验,记录所消耗的硫氰酸铵标准滴定溶液的体积(V_0)。

3.8.5 结果计算

氯化物含量以氯离子(Cl^-)的质量分数 w_6 计,数值以%表示,按式(6)计算:

$$w_6=\frac{[(V_1-V_0)/1\ 000]cM}{m}\times 100 \qquad (6)$$

式中:

V_1——试液所消耗硫氰酸铵标准滴定溶液的体积,单位为毫升(mL);

V_0——空白试验所消耗硫氰酸铵标准滴定溶液的体积,单位为毫升(mL);

c——硫氰酸铵标准滴定溶液的浓度,单位为摩尔每升(mol/L);

M——氯的摩尔质量,单位为克每摩尔(g/mol),(M=35.453);

m——试料的质量,单位为克(g)。

所得结果按 GB/T 8170 的进舍规则修约至第三位小数。取平行测定结果的算术平均值作为测定结果。

3.8.6 允许差

在重复性条件下所得两个单次分析值的允许差为 0.05%。

3.9 氯酸盐含量的测定

3.9.1 原理

试料中的氯酸盐用过量的亚铁盐还原，过量的亚铁盐用高锰酸钾标准滴定溶液滴定。

$$ClO_3^- + 6Fe^{2+} + 6H^+ = 6Fe^{3+} + Cl^- + 3H_2O$$

$$MnO_4^- + 5Fe^{2+} + 8H^+ = Mn^{2+} + 5Fe^{3+} + 4H_2O$$

3.9.2 试剂

除非另有说明，在分析中仅使用确认为分析纯的试剂和 GB/T 6682 中规定的至少 3 级的水。

3.9.2.1 硫酸。

3.9.2.2 磷酸。

3.9.2.3 硫酸亚铁溶液(5%)。

3.9.2.4 高锰酸钾标准滴定溶液[$c(1/5\ KMnO_4)=0.02$ mol/L]：配制与标定按 GB/T 601 的规定执行。

3.9.3 仪器

常规实验室设备和仪器及以下装置：

3.9.3.1 微量滴定管：分度值 0.02 mL。

3.9.3.2 分析天平：精度为 0.1 mg。

3.9.4 分析步骤

3.9.4.1 称取约 10 g 试样，精确到 0.1 mg，置于 500 mL 三角烧瓶中，向三角烧瓶中加入 200 mL 水，加热溶解后用移液管加入 5 mL 硫酸亚铁溶液，盖上具有本生阀的橡皮塞，保持微沸 5 min。

3.9.4.2 冷却后先加入 5 mL 磷酸，再用高锰酸钾标准滴定溶液滴定至粉红色出现，并保持 30 s 不褪色即为终点，记录所消耗的高锰酸钾标准滴定溶液的体积数(V_1)，同时做空白试验，记录所消耗的高锰酸钾标准滴定溶液的体积数(V_0)。

3.9.5 结果计算

氯酸盐含量以氯酸根离子(ClO_3^-)的质量分数 w_7 计，数值以%表示，按式(7)计算：

$$w_7 = \frac{[(V_0 - V_1)/1\,000]cM}{m} \times 100 \qquad \cdots\cdots(7)$$

式中：

V_0——空白试验所消耗高锰酸钾标准滴定溶液的体积，单位为毫升(mL)；

V_1——滴定试液所消耗高锰酸钾标准滴定溶液的体积，单位为毫升(mL)；

c——高锰酸钾标准滴定溶液(以 $1/5\ KMnO_4$ 计)的浓度，单位为摩尔每升(mol/L)；

M——氯酸盐(以 $1/6\ ClO_3^-$ 计)的摩尔质量，单位为克每摩尔(g/mol)，(M=13.908)；

m——试料的质量，单位为克(g)。

所得结果按 GB/T 8170 的进舍规则修约至第二位小数。取平行测定结果的算术平均值作为测定结果。

3.9.6 允许差

在重复性条件下所得两个单次分析值的允许差为 0.05%。

3.10 钠含量的测定

3.10.1 原理

试料溶解后以钠空心阴极灯作为发射光源，用原子吸收光谱仪在波长 330.2 nm 处测定钠的含量。

3.10.2 试剂

除非另有说明，在分析中仅使用确认为分析纯的试剂和 GB/T 6682 中规定的至少 3 级的水。

3.10.2.1 盐酸溶液(1%)。

3.10.2.2 钠标准溶液(10 mg/mL)：称取 25.4 g 于 500 ℃～600 ℃灼烧至恒重的氯化钠，溶于水，移入 1 000 mL 容量瓶中，稀释至刻度，贮于聚乙烯瓶中。

3.10.2.3　钠标准溶液(100 μg/mL)：吸取钠标准溶液(3.10.2.2)10.00 mL±0.02 mL 于 1 000 mL 容量瓶中，用水稀释至刻度，摇匀。

3.10.3　仪器

3.10.3.1　原子吸收光谱仪：带有背景扣除装置，钠空心阴极灯。

3.10.3.2　分析天平：精度为 0.1 mg。

3.10.3.3　4 号砂芯坩埚：30 mL。

3.10.4　分析步骤

3.10.4.1　试液的制备

称取约 1 g 试样，精确至 0.1 mg，置于 200 mL 烧杯中，加入 50 mL 水，加热溶解，用砂芯坩埚抽滤，用盐酸溶液洗涤，洗液和滤液一并转移至 100 mL 容量瓶中，用盐酸溶液定容，摇匀。

3.10.4.2　空白溶液的制备

按 3.10.4.1 步骤制备空白溶液。

3.10.4.3　标准曲线的绘制

3.10.4.3.1　系列标准溶液的制备：按表 1 所列的体积数，将钠标准溶液(3.10.2.3)分别加到五个 100 mL 的容量瓶中，用水稀释到刻度，摇匀。系列标准溶液应现用现配。

表 1　标准溶液的配制

标准溶液的体积/mL	溶液中钠含量/(μg/mL)
8	8.00
4	4.00
2	2.00
1	1.00
0	0
注：根据仪器的灵敏度来选择钠系列标准溶液的浓度范围。	

3.10.4.3.2　系列标准溶液吸光度的测定：启动原子吸收光谱仪，使仪器运行充分稳定，在波长 330.2 nm处选择仪器最佳测试条件，参见附录 A。按顺序吸入钠标准溶液，测定其吸光度。测定标准溶液、空白溶液时，吸液速度应保持恒定。每测一次，须吸水清洗燃烧器。

3.10.4.3.3　绘制标准曲线：以钠标准溶液的浓度(μg/mL)为横坐标，以相应的经过空白校正过的钠标准溶液的吸光度为纵坐标作图，即得标准曲线。

3.10.4.4　试液吸光度的测定

按 3.10.4.3.2 确定的测试条件，每种试验溶液测两次，在相同条件下做空白试验。

3.10.5　结果计算

钠含量以钠(Na)的质量分数 w_8 计，数值以%表示，按式(8)计算：

$$w_8 = \frac{[(\rho_t - \rho_b)/1\,000\,000] \times 100}{m} \times 100 \times f \qquad \cdots\cdots(8)$$

式中：

ρ_t——从标准曲线中读出试验溶液中钠的浓度，单位为微克每毫升(μg/mL)；

ρ_b——从标准曲线中读出空白溶液中钠的浓度，单位为微克每毫升(μg/mL)；

m——试料的质量，单位为克(g)；

f——稀释系数。

取两次平行测定的算术平均值作为测定结果，按 GB/T 8170 的进舍规则修约至第三位小数。

3.10.6　允许差

在重复性条件下所得两个单次分析值的允许差为 0.05%。

3.11 次氯酸盐的定性鉴定

3.11.1 原理

试验溶液中次氯酸根离子将碘离子氧化成碘单质，用淀粉-碘化钾试纸可判断是否有次氯酸盐。

3.11.2 材料

淀粉-碘化钾试纸。

3.11.3 分析步骤

称取约 10 g 试样，精确至 0.1 g，置于 400 mL 烧杯中，加 200 mL 热水溶解，取 1 滴试液于淀粉-碘化钾试纸上，如试纸显蓝色即有次氯酸盐；如试纸不显蓝色即不含有次氯酸盐。

附 录 A
（资料性附录）
日立 Z-5000 型原子吸收光谱仪工作条件

日立 Z-5000 型原子吸收光谱仪工作参数见表 A.1。

表 A.1 仪器工作参数

工作参数	波长/ nm	灯电流/ mA	燃烧头高度/ mm	空气流量/ (L/min)	乙炔流量/ (L/min)
Na	330.2	7.0	7.5	15.0	2.2

ICS 71.100.30
Y 88

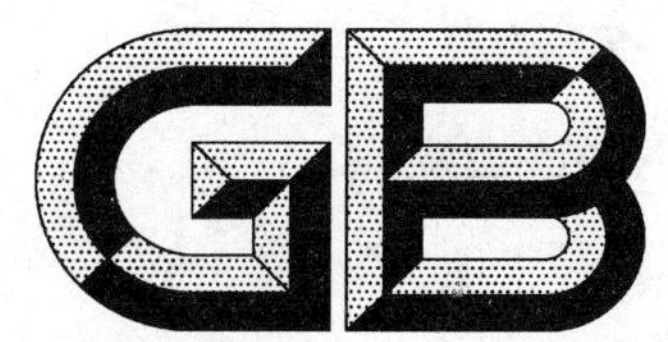

中华人民共和国国家标准

GB/T 22787—2008

烟花爆竹用冰晶石关键指标的测定

Determination of essential parameters of cryolite for use in fireworks and firecrackers

2008-12-30 发布　　2009-09-01 实施

中华人民共和国国家质量监督检验检疫总局
中国国家标准化管理委员会　发布

前　言

本标准的附录 A 为资料性附录。

本标准由中国轻工业联合会提出。

本标准由全国烟花爆竹标准化技术委员会归口。

本标准起草单位：广西出入境检验检疫局烟花爆竹检测中心。

本标准主要起草人：商杰、吴俊逸、李一明、肖焕新。

烟花爆竹用冰晶石关键指标的测定

1 范围

本标准规定了烟花爆竹用冰晶石中硫酸不溶物含量、水分含量、吸湿率、细度、铝含量、铁含量和有效成分(钠含量)的测定方法。

本标准适用于烟花爆竹用冰晶石硫酸不溶物含量、水分含量、吸湿率、细度、铝含量、铁含量和有效成分(钠含量)的测定。

2 规范性引用文件

下列文件中的条款通过本标准的引用成为本标准的条款。凡是注日期的引用文件,其随后所有的修改单(不包括勘误的内容)或修订版均不适用于本标准,然而,鼓励根据本标准达成协议的各方研究是否可使用这些文件的最新版本。凡是不注日期的引用文件,其最新版本适用于本标准。

GB/T 601 化学试剂 标准滴定溶液的制备

GB/T 3049 工业用化工产品 铁含量测定的通用方法 1,10 菲啰啉分光光度法(GB/T 3049—2006,ISO 6685:1982,IDT)

GB/T 6003.1 金属丝编织网试验筛(GB/T 6003.1—1997,neq ISO 3310-1:1990)

GB/T 6682 分析实验室用水规格和试验方法(GB/T 6682—2008,ISO 3696:1987,MOD)

GB/T 8170 数值修约规则与极限数值的表示和判定

3 测定

3.1 试样的干燥

试样在 105 ℃下干燥 3 h,转入干燥器中冷却备用。干燥后的试样供除了水分、细度以外的项目检测使用。

3.2 硫酸不溶物含量的测定

3.2.1 原理

试料用硫酸溶解后过滤,干燥不溶物后称量。

3.2.2 试剂

除非另有说明,在分析中仅使用确认为分析纯的试剂和 GB/T 6682 中规定的至少 3 级的水。

3.2.2.1 硫酸。

3.2.2.2 硫酸(1+4)。

3.2.2.3 氯化钡溶液(10%)。

3.2.3 仪器

常规实验室设备和仪器及以下装置:

3.2.3.1 电热鼓风干燥箱:可控温度 105 ℃±2 ℃。

3.2.3.2 分析天平:精度为 0.1 mg。

3.2.3.3 聚四氟乙烯烧杯,500 mL。

3.2.3.4 聚四氟乙烯棒,10 cm。

3.2.3.5 4 号砂芯坩埚:容积为 30 mL。用稀硫酸充分抽吸洗净后,再用水清洗,在 105 ℃下干燥 3 h,冷却后备用。

3.2.3.6 干燥器。

3.2.4 分析步骤

3.2.4.1 称取约 10 g 试样，精确到 0.1 mg，置于聚四氟乙烯烧杯中，向烧杯中加入 150 mL 硫酸(3.2.2.1)，加热至冒白烟，继续加热 10 min。

3.2.4.2 将已称量的砂芯坩埚装在抽滤装置上，将 3.2.4.1 冷却后得到的试液倒入砂芯坩埚抽滤，烧杯壁附着物质用硫酸(3.2.2.2)洗净。用水反复洗涤直到无硫酸根离子滤出(用氯化钡溶液检验无沉淀或混浊出现)。

3.2.4.3 将砂芯坩埚在 105 ℃下干燥 3 h。取出，并置于干燥器中，冷却至室温后称量，精确到0.1 mg。平行测定两份试料，取其平均值。

3.2.5 结果计算

硫酸不溶物的质量分数以 w_1 计，数值以%表示，按式(1)计算：

$$w_1 = \frac{m_2 - m_1}{m} \times 100 \qquad (1)$$

式中：

m_1——砂芯坩埚的质量，单位为克(g)；

m_2——砂芯坩埚和不溶物的质量，单位为克(g)；

m——试料的质量，单位为克(g)。

所得结果按 GB/T 8170 的进舍规则修约至第二位小数。取平行测定结果的算术平均值作为测定结果。

3.2.6 允许差

在重复性条件下所得两个单次分析值的允许差为 0.1%。

3.3 水分含量的测定

3.3.1 原理

试料干燥后，由其减量测定水分含量。

3.3.2 仪器

3.3.2.1 天平：精度为 0.1 mg。

3.3.2.2 电热鼓风干燥箱：可控温度 105 ℃±2 ℃。

3.3.2.3 干燥器。

3.3.3 分析步骤

称取约 10 g 试样，精确至 0.1 mg，置于 ϕ60 mm 扁形称量瓶中，尽可能将试料均匀布满称量瓶底部，取下塞子，将称量瓶及塞子于 105 ℃下干燥 3 h，转入干燥器，冷却至室温，称量，精确至 0.1 mg。

3.3.4 结果计算

水分的质量分数以 w_2 计，数值以%表示，按式(2)计算：

$$w_2 = \frac{m_1 - m_2}{m} \times 100 \qquad (2)$$

式中：

m_1——干燥前试料和称量瓶的质量，单位为克(g)；

m_2——干燥后试料和称量瓶的质量，单位为克(g)；

m——试料的质量，单位为克(g)。

取两次平行测定结果的算术平均值作为测定结果，按 GB/T 8170 的进舍规则修约至第三位小数。

3.3.5 允许差

在重复性条件下所得两个单次分析值的允许差为 0.1%。

3.4 吸湿率的测定

3.4.1 原理

在一定温度和湿度下测定试样的吸湿量。

3.4.2 试剂

硝酸钾饱和溶液:称取 440 g 硝酸钾,溶于 500 mL 水中,放置 24 h 后将此溶液转移至干燥器内。

3.4.3 仪器

3.4.3.1 分析天平:精度为 0.1 mg。

3.4.3.2 称量瓶:ϕ60 mm×35 mm。

3.4.3.3 恒温装置,可控温度 20 ℃±2 ℃。

3.4.3.4 干燥器。

3.4.4 分析步骤

称取约 5 g 试样,精确至 0.1 mg,置于称量瓶中,将称量瓶放在盛有硝酸钾饱和溶液的干燥器内,取下称量瓶盖,一并放在恒温装置中,在 20 ℃下放置 48 h,用绸布擦去称量瓶和瓶盖上的水分后称量。

3.4.5 结果计算

吸湿率以吸湿量的质量分数 w_3 计,数值以%表示,按式(3)计算:

$$w_3 = \frac{m_2 - m_1}{m} \times 100 \qquad \cdots\cdots(3)$$

式中:

m_1——吸湿前试料和称量瓶的质量,单位为克(g);

m_2——吸湿后试料和称量瓶的质量,单位为克(g);

m——试料的质量,单位为克(g)。

取两次平行测定结果的算术平均值作为测定结果,按 GB/T 8170 的进舍规则修约至第二位小数。

3.4.6 允许差

在重复性条件下所得两个单次分析值的允许差为 0.1%。

3.5 细度的测定

3.5.1 原理

在相对湿度不大于 85%下,将试料置于规定孔径的试验筛中,借助于震动,以通过筛网的部分试料的质量分数表示细度。

3.5.2 仪器

3.5.2.1 天平:精度为 0.01 g。

3.5.2.2 振筛机:振动次数(150±10)次/min,最大振幅 3 mm。

3.5.2.3 试验筛:符合 GB/T 6003.1 的要求。

3.5.3 分析步骤

3.5.3.1 称取约 50 g 试样,精确至 0.01 g,置于清洁的规定试验筛上,把试验筛放在振筛机上(若筛网上有粉球,可用中楷毛笔轻按,使其松散),开启振筛机至无试料通过试验筛为止,将筛下物移至已知质量的干燥表面皿中,称量。

3.5.3.2 试验结束时应用清水对试验筛进行冲洗,并保持试验筛清洁、干燥。

3.5.3.3 应视试验次数多少定期对试验筛筛孔尺寸用显微镜检测,若发现筛孔尺寸超过 GB/T 6003.1 的要求及筛孔变形、筛网破损,需及时更换试验筛。

3.5.4 结果计算

细度以通过筛网的部分试料的质量分数 w_4 计,数值以%表示,按式(4)计算:

$$w_4 = \frac{m_2 - m_1}{m} \times 100 \qquad \cdots\cdots(4)$$

式中:

m_2——筛下物及表面皿的质量,单位为克(g);

m_1——表面皿的质量,单位为克(g);

m——试料的质量，单位为克(g)。

取两次平行测定结果的算术平均值作为测定结果，若两次结果绝对误差大于0.5%时(若筛下物小于95%时，可放至1.0%)，应再做一次试验。取两次相近结果的算术平均值作为最终结果，按GB/T 8170的进舍规则修约至第一位小数。

3.6 铝含量的测定

3.6.1 原理

试料经硫酸溶解后，过滤，定容。取一份试液用一定量EDTA溶液络合后，在pH6.0下以二甲酚橙为指示液，用氯化锌标准滴定溶液返滴过量的EDTA，溶液变为橙红色即为终点。然后向已达到终点的溶液中加入适量的氟化铵溶液，稍加热，在pH6.0下以二甲酚橙为指示液，用氯化锌标准滴定溶液滴定释放出来的EDTA，溶液变为橙红色即为终点。根据前后两次所消耗的氯化锌标准滴定溶液体积可计算出铝含量。

$$Na_3AlF_6 + 6H^+ = 3Na^+ + Al^{3+} + 6HF\uparrow$$

$$Al^{3+} + H_2Y^{2-} = AlY^- + 2H^+$$

$$Al^{3+} + 6F^- = [AlF_6]^{3-}$$

$$Zn^{2+} + H_2Y^{2-} = ZnY^{2-} + 2H^+$$

3.6.2 试剂

除非另有说明，在分析中仅使用确认为分析纯的试剂和GB/T 6682中规定的至少3级的水。

3.6.2.1 硫酸。

3.6.2.2 盐酸。

3.6.2.3 氨水(1+2)。

3.6.2.4 氟化铵溶液：20%水溶液。

3.6.2.5 氢氧化钠溶液[c(NaOH)=0.1 mol/L]：称量4 g氢氧化钠，精确至0.1 g，溶于1 000 mL水中，备用。

3.6.2.6 邻苯二甲酸氢钾-氢氧化钠缓冲溶液(pH6.0)：取400 mL氢氧化钠溶液(3.6.2.5)，加入约11 g的邻苯二甲酸氢钾，边加入边搅拌，同时测缓冲液的pH值，用水稀释至1 000 mL，混匀。

3.6.2.7 邻苯二甲酸氢钾-盐酸缓冲溶液(pH3.5)：称取约11 g邻苯二甲酸氢钾，溶于适量水中，加入约1 mL盐酸溶液(3.6.2.2)，边加入边搅拌，同时测缓冲液的pH值，用水稀释至1 000 mL，混匀。

3.6.2.8 乙二胺四乙酸二钠(EDTA)溶液：称取40.0 gEDTA，精确到0.1 g，加1 000 mL水，加热溶解，冷却，摇匀。

3.6.2.9 氯化锌标准滴定溶液[$c(ZnCl_2)$=0.1 mol/L]：配制与标定按GB/T 601的规定执行。

3.6.2.10 二甲酚橙指示液：0.5%水溶液。

3.6.3 仪器

常规实验室设备和仪器及以下装置：

3.6.3.1 pH计：精度为0.1。

3.6.3.2 聚四氟乙烯烧杯，500 mL。

3.6.3.3 聚四氟乙烯棒，10 cm。

3.6.3.4 分析天平：精度为0.1 mg。

3.6.4 分析步骤

3.6.4.1 称取约5 g试样，精确到0.1 mg，置于聚四氟乙烯烧杯中，向烧杯中加入100 mL硫酸，煮沸赶尽氟，再加入少许盐酸溶解。趁热用漏斗经滤纸过滤到500 mL容量瓶中，冷却后摇匀，定容。

3.6.4.2 量取25 mL±0.05 mL试液置于500 mL三角烧瓶中，先加入25 mL±0.05 mL EDTA溶液，用氨水调溶液至pH3.5左右，再加入30 mL邻苯二甲酸氢钾-盐酸缓冲溶液，煮沸5 min。待其冷却至室温后用氨水调溶液至pH6.0，加入30 mL邻苯二甲酸氢钾-氢氧化钠缓冲溶液和4滴二甲酚橙指示液，用氯化锌标准滴定溶液滴至橙红色 30 s 内不变即为终点，记录所消耗的氯化锌标准滴定溶液的体积数(V_1)。

3.6.4.3 向 3.6.4.2 的三角烧瓶中加入 10 mL 氟化铵溶液，加热至沸，冷却至室温。用氨水调溶液至 pH6.0，加入 30 mL 邻苯二甲酸氢钾-氢氧化钠缓冲溶液和 4 滴二甲酚橙指示液，用氯化锌标准滴定溶液滴至橙红色 30 s 内不变即为终点。记录所消耗的氯化锌标准滴定溶液的体积数(V_2)。

3.6.5 结果计算

铝含量以铝(Al)的质量分数 w_5 计，数值以%表示，按式(5)计算：

$$w_5=\frac{[(V_2-V_1)/1\,000]cM}{(25/500)m}\times 100 \qquad \cdots\cdots(5)$$

式中：

V_2——加氟化铵后的试液所消耗氯化锌标准滴定溶液的体积，单位为毫升(mL)；

V_1——加氟化铵前的试液所消耗氯化锌标准滴定溶液的体积，单位为毫升(mL)；

c——氯化锌标准滴定溶液的浓度，单位为摩尔每升(mol/L)；

M——铝的摩尔质量，单位为克每摩尔(g/mol)，(M=26.982)；

m——试料的质量，单位为克(g)。

所得结果按 GB/T 8170 的进舍规则修约至第二位小数。取平行测定结果的算术平均值作为测定结果。

3.6.6 允许差

在重复性条件下所得两个单次分析值的允许差为 0.5%。

3.7 铁含量的测定

3.7.1 EDTA 容量法

3.7.1.1 原理

试料用硫酸溶解后过滤，试液在 pH2.0 下以 1%磺基水杨酸指示液用 EDTA 标准滴定溶液直接滴定。

$$Fe^{3+}+H_2Y^{2-}=FeY^{-}+2H^{+}$$

3.7.1.2 试剂

除非另有说明，在分析中仅使用确认为分析纯的试剂和 GB/T 6682 中规定的至少 3 级的水。

3.7.1.2.1 硫酸。

3.7.1.2.2 盐酸(1+4)。

3.7.1.2.3 氨水(1+4)。

3.7.1.2.4 盐酸缓冲溶液(pH2.0)：量取 0.8 mL 浓盐酸，缓慢加入烧杯中，加水稀释至 1 000 mL，混匀。

3.7.1.2.5 乙二胺四乙酸二钠(EDTA)标准滴定溶液[c(EDTA)=0.02 mol/L]：配制与标定按 GB/T 601 的规定执行。

3.7.1.2.6 磺基水杨酸指示液(1%)。

3.7.1.3 仪器

常规实验室设备和仪器及以下装置：

3.7.1.3.1 分析天平：精度为 0.1 mg。

3.7.1.3.2 微量滴定管：分度值 0.02 mL。

3.7.1.3.3 聚四氟乙烯烧杯，500 mL。

3.7.1.3.4 聚四氟乙烯棒，10 cm。

3.7.1.3.5 恒温水浴锅：精度为±2 ℃。

3.7.1.3.6 pH 计：精度为 0.1。

3.7.1.4 分析步骤

3.7.1.4.1 称取约 5 g 试样，精确到 0.1 mg，置于聚四氟乙烯烧杯中，加入 100 mL 硫酸，煮沸至冒白烟除氟，冷却后加少许盐酸溶解。

3.7.1.4.2 过滤至 500 mL 三角烧瓶中，加水 20 mL，充分振荡后用氨水和盐酸调节溶液至 pH2.0～2.5，加 30 mL 盐酸缓冲溶液，在恒温水浴锅中加热至 60 ℃～70 ℃后滴加 8 滴～10 滴磺基水杨酸指示液，趁热用 EDTA 标准滴定溶液滴定至溶液呈米黄色并保持 30 s，记录所消耗 EDTA 标准滴定溶液的体积数(V)。

3.7.1.5 结果计算

铁含量以铁(Fe)的质量分数 w_6 计，数值以%表示，按式(6)计算：

$$w_6 = \frac{(V/1\ 000)cM}{m} \times 100 \qquad \cdots\cdots (6)$$

式中：

V——试液所消耗 EDTA 标准滴定溶液的体积，单位为毫升(mL)；

c——EDTA 标准滴定溶液的浓度，单位为摩尔每升(mol/L)；

M——铁的摩尔质量，单位为克每摩尔(g/mol)，(M=55.845)；

m——试料的质量，单位为克(g)。

所得结果按 GB/T 8170 的进舍规则修约至第三位小数。取平行测定结果的算术平均值作为测定结果。

3.7.1.6 允许差

在重复性条件下所得两个单次分析值的允许差为 0.005%。

3.7.2 分光光度法

按 GB/T 3049—2006 的有关规定执行。

3.8 有效成分(钠含量)的测定

3.8.1 原理

试料用硫酸溶解，加热除氟，用盐酸和水溶解沉淀，试液用原子吸收光谱仪在波长 330.2 nm 处测定钠的含量。

3.8.2 试剂

除非另有说明，在分析中仅使用确认为分析纯的试剂和 GB/T 6682 中规定的至少 3 级的水。

3.8.2.1 硫酸。

3.8.2.2 盐酸。

3.8.2.3 盐酸溶液(1%)。

3.8.2.4 钠标准溶液(10 mg/mL)：称取 25.4 g 于 500 ℃～600 ℃灼烧至恒重的氯化钠，溶于水，移入 1 000 mL 容量瓶中，稀释至刻度，贮于聚乙烯瓶中。

3.8.3 仪器

常规实验室设备和仪器及以下装置。

3.8.3.1 原子吸收光谱仪：带有背景扣除装置，钠空心阴极灯。

3.8.3.2 分析天平：精度为 0.1 mg。

3.8.3.3 4 号砂芯坩埚：30 mL。

3.8.4 分析步骤

3.8.4.1 试液的制备

称取约 0.5 g 试样，精确至 0.1 mg，置于聚四氟乙烯烧杯中，加入 10 mL 硫酸，煮沸至冒白烟，继续加热 10 min，冷却后加少许盐酸(3.8.2.2)溶解。用砂芯坩埚抽滤，用盐酸溶液(3.8.2.3)洗涤，洗液和滤液一并转移至 100 mL 容量瓶中，用盐酸溶液(3.8.2.3)定容，摇匀。

3.8.4.2 空白溶液的制备

按3.8.4.1步骤制备空白溶液。

3.8.4.3 标准曲线的绘制

3.8.4.3.1 系列标准溶液的制备：按表1所列的体积数，将钠标准溶液(3.8.2.4)分别加到五个100 mL的容量瓶中，用水稀释到刻度，摇匀。系列标准溶液应现用现配。

表1 标准溶液的配制

钠标准溶液的体积/mL	溶液中钠含量/(mg/mL)
20	2.00
15	1.50
10	1.00
5	0.50
0	0
注：根据仪器的灵敏度来选择钠系列标准溶液的浓度范围。	

3.8.4.3.2 系列标准溶液吸光度的测定：启动原子吸收光谱仪，使仪器运行充分稳定，在波长330.2 nm处选择仪器最佳测试条件，参见附录A。

按顺序吸入钠标准溶液，测定其吸光度。测定标准溶液、空白溶液时，吸液速度应保持恒定。每测一次，须吸水清洗燃烧器。

3.8.4.3.3 绘制标准曲线：以钠标准溶液的浓度(mg/mL)为横坐标，以相应的经过空白校正过的钠标准溶液的吸光度为纵坐标作图，即得标准曲线。

3.8.4.4 试液吸光度的测定

按3.8.4.3.2确定的测试条件，每种试验溶液测两次，在相同条件下做空白试验。

3.8.5 结果计算

冰晶石的有效成分以钠(Na)的质量分数(w_7)计，数值以%表示，按式(7)计算：

$$w_7 = \frac{[(\rho_t - \rho_b)/1\,000\,000] \times 100}{m} \times 100 \times f \quad\cdots\cdots(7)$$

式中：

ρ_t——从标准曲线中读出的试验溶液中钠的浓度，单位为微克每毫升(μg/mL)；

ρ_b——从标准曲线中读出的空白溶液中钠的浓度，单位为微克每毫升(μg/mL)；

100——试验溶液定容的体积，单位为毫升(mL)；

m——试料的质量，单位为克(g)；

f——稀释系数。

取两次平行测定的算术平均值作为测定结果，按GB/T 8170的进舍规则修约至第二位小数。

3.8.6 允许差

在重复性条件下所得两个单次分析值的允许差为0.2%。

附 录 A
（资料性附录）
日立 Z-5000 型原子吸收光谱仪工作条件

日立 Z-5000 型原子吸收光谱仪工作条件见表 A.1。

表 A.1 仪器工作条件

工作参数	波长/nm	灯电流/mA	燃烧头高度/mm	空气流量/(L/min)	乙炔流量/(L/min)
Na	330.2	7.0	7.5	15.0	2.2

ICS 97.200.50
Y 57

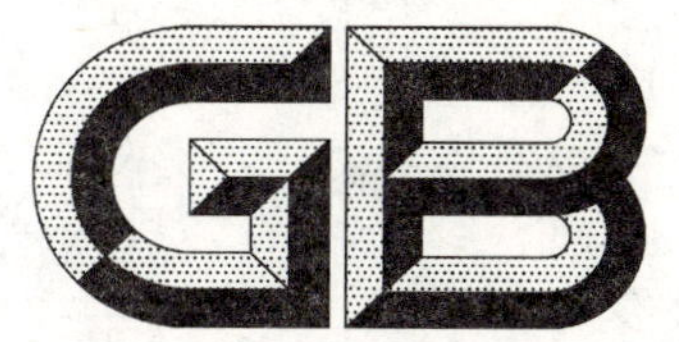

中华人民共和国国家标准

GB/T 22788—2008

玩具表面涂层中总铅含量的测定

Determination of total lead content in surface coating on toys

2008-12-30 发布　　2009-09-01 实施

中华人民共和国国家质量监督检验检疫总局
中国国家标准化管理委员会　发布

前　言

本标准的附录A为资料性附录。

本标准由中国轻工业联合会提出。

本标准由全国玩具标准化技术委员会(SAC/TC 253)归口。

本标准起草单位：广东出入境检验检疫局检验检疫技术中心玩具实验室、深圳松辉化工有限公司/万辉涂料有限公司、北京中轻联认证中心、江苏天瑞信息技术有限公司、深圳出入境检验检疫局玩具检测技术中心、深圳市计量质量检测研究院、广东奥飞动漫文化股份有限公司、好孩子儿童用品有限公司、广州威凯检测技术研究所。

本标准主要起草人：刘崇华、杨丹华、梁淑雯、谢月亮、张定德、应刚、王龙、雷再明、夏庆云。

玩具表面涂层中总铅含量的测定

1 范围

本标准规定了玩具表面涂层中总铅含量的测定方法。

本标准适用于玩具和玩具配件上的表面涂层中总铅含量的测定。

本标准不适用于印刷后不能刮取的油墨和实质上已变成基体材料，如塑料制品的色料，以及与基体材料结合的材料，如电镀和陶瓷上的釉。

2 规范性引用文件

下列文件中的条款通过本标准的引用而成为本标准的条款。凡是注日期的引用文件，其随后所有的修改单（不包括勘误的内容）或修订版均不适用于本标准，然而，鼓励根据本标准达成协议的各方研究是否可使用这些文件的最新版本。凡是不注日期的引用文件，其最新版本适用于本标准。

GB/T 602 化学试剂 杂质测定用标准溶液的制备（GB/T 602—2002，ISO 6353-1：1982，NEQ）

GB 6675 国家玩具安全技术规范

GB/T 6682 分析实验室用水规格和试验方法（GB/T 6682—2008，ISO 3696：1987，MOD）

GB/T 13452.1 色漆和清漆 总铅含量的测定 火焰原子吸收光谱法

3 术语和定义

下列术语和定义适用于本标准。

3.1

基体材料 base material

可以在其上形成或附着涂层和类似的表面涂层的材料。

3.2

表面涂层 surface coating

液体、半液体或其他悬浮液采用喷涂或其他工艺方式施于玩具中的金属、木材、石材、纸材、皮革、布料、塑料或其他基体材料的表面时形成的表面固体薄层。

4 原理

试样加入浓硝酸和过氧化氢，采用电热板加热湿法消解或微波消解，消解后的溶液采用火焰原子吸收分光光度计在283.3 nm分析波长下或采用其他适合的仪器在合适的条件下测定铅的浓度，与标准曲线比较定量试样中总铅含量。

5 试剂和材料

5.1 硝酸（ρ=1.42 g/mL），分析纯。

5.2 去离子水或蒸馏水，应达到GB/T 6682规定的三级水要求。

5.3 过氧化氢（ρ=1.11 g/mL），分析纯。

5.4 硝酸（1+99）。

5.5 硝酸（5+95）。

5.6 硝酸（10+90）。

5.7 铅标准溶液（1 000 mg/L）：按GB/T 602配制或直接购买有证标准物质。

5.8 玻璃珠，直径不超过 5 mm，也可用沸石代替。

6 仪器和设备

6.1 火焰原子吸收分光光度计或其他适合的仪器。

6.2 可控温电加热板，最高工作温度不小于 200 ℃。

6.3 微波消解仪，带程序温度控制功能，最高工作温度不小于 200 ℃。

6.4 分析天平，精度为 0.1 mg。

7 分析步骤

7.1 试样的制备

试样取样方法见 GB 6675 特定元素的迁移测试的取样方法，应从玩具样品的可触及部分制取。室温下用刀片或其他合适的刮削工具将样品上的涂层材料刮下，应注意不要刮到样品的基体材料。并从样品各个部位刮取试样，使其具有代表性。试样可取自同一批次的多个相同玩具，以提供足够的试样。作为参考，试样可以取自原材料或成品配件。

在室温下将刮下的涂层材料研碎，备用。

7.2 试样的消解

本标准提供了以下两种试样的消解方法，实验室可根据条件选用其中一种。

7.2.1 电热板加热湿法消解

称取试样约 0.2 g，精确至 0.1 mg，置于 50 mL 烧杯中。加入 7 mL 硝酸(5.1)，必要时可放入 3 颗～5 颗玻璃珠，盖上表面皿，在电热板上加热使溶液保持微沸，消化 15 min 左右。将烧杯从电热板上取下，冷却大约 5 min。缓慢滴加 1 mL～2 mL 过氧化氢(5.3)，再次放至电热板上加热至试样消解完全。如试样溶解不完全，取下稍冷，再加入 0.5 mL～2 mL 硝酸(5.1)和数滴过氧化氢(5.3)，继续加热。重复该步骤 1 次～2 次使试样消化完全，至残余溶液约 1 mL 左右，取下冷却到室温。用约 10 mL 水稀释，溶液过滤到 25 mL 容量瓶中。再用 5 mL 硝酸(5.4)冲洗烧杯和滤纸 3 次，所得到的溶液全部合并转移至 25 mL 的容量瓶中，用水稀释定容到 25 mL，滤液尽快用仪器分析。

随同试样做空白。

7.2.2 微波消解

称取试样约 0.2 g，精确至 0.1 mg，置于微波消解罐中，分别加入 5 mL 硝酸(5.1)、2 mL 过氧化氢(5.3)。然后将消解罐封闭，按以下温度程序进行消解：约 10 min 升至(180±5)℃，维持 30 min 后降温。消解罐冷却至室温后，打开消解罐，将消解溶液转移至 25 mL 的容量瓶中，用少量硝酸(5.4)洗涤微波消解内罐和内盖 3 次，将洗涤液并入容量瓶，用水稀释至刻度。如果消解溶液不澄清或有沉淀产生，应过滤溶液，残留的固态物质用 5 mL 硝酸(5.4)分 3 次冲洗。所得到的溶液全部合并转移至25 mL 的容量瓶中，用水稀释定容到 25 mL，滤液尽快用仪器分析。

随同试样做空白。

7.3 试样溶液总铅含量的测定

参照 GB/T 13452.1 中用火焰原子吸收光谱法测定 7.2 中得到的试样溶液和试剂空白溶液中的铅浓度。如采用电热板加热湿法消解处理试样，标准系列溶液应用硝酸(5.5)作为介质稀释制备；如采用微波消解处理试样，用硝酸(5.6)作为介质稀释制备。

测定试样溶液和试剂空白溶液中的铅浓度时，可以采用其他适合的方法，如电感耦合等离子体原子发射光谱法(ICP-AES)或电感耦合等离子体质谱法(ICP-MS)，采用其他方法应注意校正可能存在的干扰。试验报告中要注明采用的方法。

8 结果的计算

试样中总铅含量以铅元素的质量分数 w 计，数值以毫克每千克(mg/kg)表示，按式(1)计算：

$$w = \frac{(c_1 - c_0) \times V \times F}{m} \quad \cdots\cdots (1)$$

式中：

c_1——试样溶液中铅的浓度，单位为毫克每升(mg/L)；

c_0——试剂空白溶液中铅的浓度，单位为毫克每升(mg/L)；

F——消解溶液稀释倍数；

V——消解溶液定容体积，单位为毫升(mL)；

m——试样的质量，单位为克(g)。

计算结果保留三位有效数字。

9 方法的检出限

本方法的检出限为 10 mg/kg。如采用电感耦合等离子体原子发射光谱法(ICP-AES)或电感耦合等离子体质谱法(ICP-MS)分析，方法的检出限可能有所差异。

10 试验报告

试验报告应包括以下内容：

a) 试样信息；

b) 本国家标准的编号；

c) 试样消解方法及测定试样溶液中铅的方法；

d) 分析结果；

e) 与规定的分析步骤的差异；

f) 测定中观察到的异常现象；

g) 试验日期。

附 录 A
（资料性附录）
从实验室间试验结果得到的精密度数据

由10家实验室对1个水平的试样进行测定，按GB/T 6379.2计算精密度，结果见表A.1

表A.1 方法的精密度

单位为毫克每千克

元素	含量水平	重复性允差 r	再现性允差 R
Pb	284.4	7.11	46.9

参 考 文 献

GB/T 6379.2—2004 测量方法与结果的准确度(正确度与精密度) 第2部分:确定标准测量方法重复性与再现性的基本方法

ICS 83.140.10
G 33

中华人民共和国国家标准

GB/T 22789.1—2008/ISO 11833-1:2007
代替 GB/T 4454—1996,GB/T 13520—1992

硬质聚氯乙烯板材　分类、尺寸和性能　第1部分:厚度1 mm以上板材

Plastics—Unplasticized poly (vinyl chloride) sheets—Types, dimensions and characteristics—Part 1: Sheets of thickness not less than 1 mm

(ISO 11833-1:2007,IDT)

2008-12-30 发布　　2009-09-01 实施

中华人民共和国国家质量监督检验检疫总局
中国国家标准化管理委员会　发布

前　言

GB/T 22789《硬质聚氯乙烯板材　分类、尺寸和性能》分为两个部分：

——第1部分：厚度1 mm以上板材；

——第2部分：厚度1 mm以下板材。

本部分为GB/T 22789的第1部分。

本部分等同采用ISO 11833-1:2007《硬质聚氯乙烯板材　分类、尺寸和性能　第1部分：厚度1 mm以上板材》(英文版)。

本部分章条编号与ISO 11833-1:2007章条编号是一一对应的，为方便使用，本部分做了下列编辑性修改：

——删除了ISO 11833-1:2007的前言；

——增加了国家标准的前言；

——把"规范性引用文件"中15个国际标准的9个用对应的我国国家标准代替，无对应的6个国际标准，在本部分中直接采用。

本部分代替GB/T 4454—1996《硬质聚氯乙烯层压板材》和GB/T 13520—1992《硬质聚氯乙烯挤出板材》。

本部分与GB/T 4454—1996和GB/T 13520—1992的主要差异：

a) 将硬质聚氯乙烯板材分为5类，即：一般用途级、透明级、高模量级、高抗冲级、耐热级；

b) 将性能分成三部分：1)基本性能；2)其他力学和物理性能；3)化学和卫生性能。其他力学和物理性能、化学和卫生性能，没有规定具体指标要求，由当事双方协商确定；

c) 基本性能部分与GB/T 4454—1996的差异：增加了对角线极限偏差、拉伸断裂伸长率、拉伸弹性模量、维卡软化温度、层积性五个性能，将拉伸屈服应力代替拉伸应力；

d) 基本性能部分与GB/T 13520—1992的差异：增加了对角线极限偏差、拉伸断裂伸长率、拉伸弹性模量三个性能，将拉伸屈服应力代替拉伸强度。

本部分的附录A和附录B均为资料性附录。

本部分由中国轻工业联合会提出。

本部分由全国塑料制品标准化技术委员会归口。

本部分由轻工业塑料加工应用研究所、保定力达塑业有限公司、黄石华亿塑胶有限公司负责起草。

本部分主要起草人：王秀娴、黄晓华、王洪星、李贯然、袁利群、刘华。

本部分所代替标准的历次版本发布情况为：

——GB/T 4454—1996；

——GB/T 13520—1992。

硬质聚氯乙烯板材　分类、尺寸和性能
第1部分:厚度1 mm以上板材

1　范围

GB/T 22789 的本部分规定了硬质聚氯乙烯板材的原料、分类、要求及试验方法和标识。

本部分适用于厚度 1 mm 以上(含 1 mm)的硬质聚氯乙烯层压板材和挤出板材。

2　规范性引用文件

下列文件中的条款通过 GB/T 22789 的本部分的引用而成为本部分的条款。凡是注日期的引用文件,其随后所有的修改单(不包括勘误的内容)或修订版均不适用于本部分,然而,鼓励根据本部分达成协议的各方研究是否可使用这些文件的最新版本。凡是不注日期的引用文件,其最新版本适用于本部分。

GB/T 1033.1　塑料　非泡沫塑料密度的测定　第1部分:浸渍法、液体比重瓶法和滴定法(GB/T 1033.1—2008, ISO 1183-1:2004,IDT)

GB/T 1040.2　塑料　拉伸性能的测定　第2部分:模塑和挤塑塑料的试验条件(GB/T 1040.2—2006, ISO 527-2:1993,IDT)

GB/T 1043.1　塑料　简支梁冲击性能的测定　第1部分:非仪器化冲击试验(GB/T 1043.1—2008, ISO 179-1:2000,IDT)

GB/T 1410　固体绝缘材料体积电阻率和表面电阻率试验方法 (GB/T 1410—2006, IEC 60093:1980, IDT)

GB/T 2828.1　计数抽样检验程序　第1部分:按接收质量限(AQL)检索的逐批检验抽样计划(GB/T 2828.1—2003,ISO 2859-1:1999, IDT)

GB/T 2918　塑料试样状态调节和试验的标准环境(GB/T 2918—1998, idt ISO 291:1997)

GB/T 3398.1　塑料　硬度测定　第1部分:球压痕法(GB/T 3398.1—2008, ISO 2039-1:2001,IDT)

GB/T 9341　塑料弯曲性能试验方法(GB/T 9341—2000,idt ISO 178:1993)

GB/T 12001.1—2008　塑料　未增塑聚氯乙烯模塑和挤出材料　第1部分:命名系统和分类基础(ISO 1163-1:1995,IDT)

ISO 75-2:2004　塑料负荷变形温度的测定　第2部分:塑料、硬橡胶和长纤维增强复合材料

ISO 306:2004　塑料　热塑性塑料维卡软化温度(VST)的测定

ISO 899-2　塑料弯曲蠕变测定方法

ISO 1183-2　塑料　非泡沫塑料密度的测定　第2部分:密度梯度柱法

ISO 2818　塑料机械加工试验片的制造

ISO 13468-1　塑料　透明材料总光线透过率的测定　第1部分:单光束仪

3　原料

板材应由符合 GB/T 12001.1—2008 中 1.3 规定的硬质聚氯乙烯化合物制造加工，其可能含有添加剂：稳定剂、润滑剂、加工助剂、抗冲改性剂、填充剂、阻燃剂、着色剂。性能和成分不明确的化合物、添加剂不能用于板材的成型加工。

注：当有法规要求时,可以选择某种特殊的化合物。

4 分类

硬质聚氯乙烯板材按加工工艺分为层压板材和挤出板材。根据板材的特点和其主要性能(拉伸屈服应力、简支梁冲击强度、维卡软化温度),可将层压板材和挤出板材各分为五类:

第一类　　一般用途级
第二类　　透明级
第三类　　高模量级
第四类　　高抗冲级
第五类　　耐热级

5 要求

5.1 包装

板面应有适当材料(如:聚乙烯膜或纸)保护,包装方式由当事双方协商确定。

5.2 外观

板面不能有明显的划伤、斑点、孔眼、气泡、水纹、异物等瑕疵,不能有其他在实际应用中不可接受的缺陷。除压花板外,板面应光滑。压花板面应有统一的花式。

5.3 颜色

着色剂和颜料应均匀分散在原料中,板面及板间的色差应由当事双方协商确定。

5.4 尺寸

5.4.1 长度和宽度

板材的长度和宽度由当事双方协商确定。对于随机抽取的一张板材,长度和宽度的极限偏差应符合表1规定。

表1 长度和宽度的极限偏差　　单位为毫米

公称尺寸(l)	长度、宽度极限偏差	
	层压板材	挤出板材
$l \leqslant 500$	$^{+4}_{0}$	$^{+3}_{0}$
$500 < l \leqslant 1\,000$		$^{+4}_{0}$
$1\,000 < l \leqslant 1\,500$		$^{+5}_{0}$
$1\,500 < l \leqslant 2\,000$		$^{+6}_{0}$
$2\,000 < l \leqslant 4\,000$		$^{+7}_{0}$

5.4.2 直角度

直角度用对角线的差表示,对于随机抽取的一张板材,其极限偏差应符合表2规定。

表2 直角度极限偏差　　单位为毫米

公称尺寸 (长×宽)	极限偏差 (两对角线的差)	
	层压板材	挤出板材
1 800×910	5	7
2 000×1 000	5	7

表 2（续）　　单位为毫米

公称尺寸 （长×宽）	极限偏差 （两对角线的差）	
	层压板材	挤出板材
2 440×1 220	7	9
3 000×1 500	8	11
4 000×2 500	13	17

表 2 规定的极限偏差是以板材的长度和宽度满足表 1 规定的极限偏差的前提下规定的。

表 2 以外板材的直角度极限偏差按式(1)和式(2)计算，以毫米为单位，计算结果取整数，见图 1。

层压板：

$$|\overline{AC}-\overline{BD}|=\sqrt{(\overline{AB}+3\,\overline{BC}/1\,000)^2+\overline{BC}^2}-\sqrt{(\overline{AB}-3\,\overline{BC}/1\,000)^2+\overline{BC}^2} \quad \cdots\cdots(1)$$

挤出板：

$$|\overline{AC}-\overline{BD}|=\sqrt{(\overline{AB}+4\,\overline{BC}/1\,000)^2+\overline{BC}^2}-\sqrt{(\overline{AB}-4\,\overline{BC}/1\,000)^2+\overline{BC}^2} \quad \cdots\cdots(2)$$

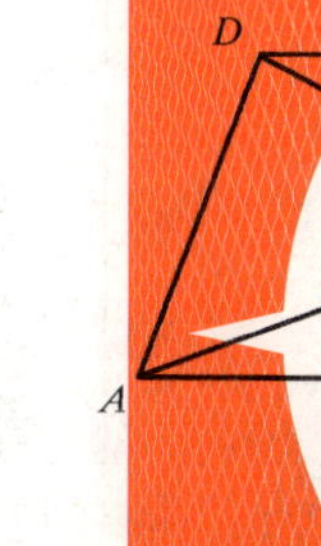

图 1　直角度计算示意图

5.4.3　厚度

厚度的测量按 6.3.2 执行。厚度的极限偏差应符合表 3 中一般用途（T_1）或表 4 中特殊用途（T_2）的规定，由当事双方协商确定。

表 3　厚度的极限偏差：一般用途（T_1）

厚度(d)/mm	极限偏差/%	
	层压板材	挤出板材
$1 \leqslant d \leqslant 5$	±15	±13
$5 < d \leqslant 20$	±10	±10
$20 < d$	±7	±7
注：压花板材厚度偏差由当事双方协商确定。		

表 4　厚度的极限偏差：特殊用途（T_2）

名　　称	极限偏差/mm
层压板材	±(0.1+0.05×厚度)
挤出板材	±(0.1+0.03×厚度)
注：压花板材厚度偏差由当事双方协商确定。	

5.5　基本性能

板材的基本力学性能、热性能及光学性能应符合表 5 规定。

表 5 基本性能

性能	试验方法	单位	层压板材					挤出板材				
			第1类 一般 用途级	第2类 透明级	第3类 高模量级	第4类 高抗冲级	第5类 耐热级	第1类 一般 用途级	第2类 透明级	第3类 高模量级	第4类 高抗冲级	第5类 耐热级
拉伸屈服应力	GB/T 1040.2 I B型	MPa	≥50	≥45	≥60	≥45	≥50	≥50	≥45	≥60	≥45	≥50
拉伸断裂伸长率	GB/T 1040.2 I B型	%	≥5	≥5	≥8	≥10	≥8	≥8	≥5	≥3	≥8	≥10
拉伸弹性模量	GB/T 1040.2 I B型	MPa	≥2 500	≥2 500	≥3 000	≥2 000	≥2 500	≥2 500	≥2 000	≥3 200	≥2 300	≥2 500
缺口冲击强度 （厚度小于4 mm 的板材不做缺口 冲击强度）	GB/T 1043.1 1epA 型	kJ/m²	≥2	≥1	≥2	≥10	≥2	≥2	≥1	≥2	≥5	≥2
维卡软化温度	ISO 306:2004 方法 B50	℃	≥75	≥65	≥78	≥70	≥90	≥70	≥60	≥70	≥70	≥85
加热尺寸变化率	根据 6.5.2	%	−3～+3					厚度：1.0 mm≤d≤2.0 mm：−10～+10 2.0 mm<d≤5.0 mm：−5～+5 5.0 mm<d≤10.0 mm：−4～+4 d>10.0 mm：−4～+4				
层积性 （层间剥离力）	根据 6.5.2		无气泡、破裂或剥落（分层剥离）					—				
总透光率 （只适用于第2类）	ISO 13468-1	%	厚度：d≤2.0 mm：≥82 2.0 mm<d≤6.0 mm：≥78 6.0 mm<d≤10.0 mm：≥75 d>10.0 mm：—									
注：压花板材的基本性能由当事双方协商确定。												

5.6 其他力学和物理性能

表6中的性能由当事双方协商确定。

表6 其他物理力学性能

性 能	单 位	试验方法
无缺口简支梁冲击强度(0 ℃和−20 ℃)	kJ/m²	GB/T 1043.1 1eU型/摆锤冲击能量4 J
负荷变形温度	℃	ISO 75-2:2004 方法A
5 MPa弯曲蠕变	MPa	ISO 899-2 40 ℃
密度	g/cm³	GB/T 1033.1或ISO 1183-2
弯曲强度	MPa	GB/T 9341 b^{a}=35 mm
球压痕硬度	N/mm²	GB/T 3398.1
体积电阻率	Ω·cm	GB/T 1410
[a] b为试样宽度。		

5.7 化学和卫生性能

5.7.1 可燃性

可燃性能的要求参考相关标准,根据需要由当事双方协商确定。

5.7.2 腐蚀度

耐化学品腐蚀性能的要求根据需要由当事双方协商确定。

5.7.3 卫生指标

卫生指标的要求根据需要由当事双方协商确定。用于与食品直接接触的板材,执行相关的法规。

6 试验方法

6.1 一般要求

6.1.1 取样

取样应遵从以下各总检测项目对原料的检测,取样规则按照GB/T 2828.1的规定。

6.1.2 试样制备

试样的制备方法,执行ISO 2818。试样表面不应有损伤及缺陷以防止产生缺口应力,如果试样表面有毛刺,必要时用砂纸打磨边缘但不要破坏试样表面。当用机器切割样品为特定的厚度时,只能切割一面。

6.1.3 试样的状态调节和试验

除非第5章或以后条款有规定,试验状态按GB/T 2918 ,23 ℃±2 ℃,50%±5%执行。样品在相同状态下至少进行16 h的调节。

6.2 外观检查

在自然光状态下目测检查外观,距离板材60 cm。检查是否有明显缺陷、裂缝、斑点、空洞、气泡、杂质及其他缺陷。空隙检查也可用超声波或X光。

6.3 尺寸

6.3.1 板材的长度、宽度和对角线用尺测量,精确到1 mm。

6.3.2 板材的厚度用测厚仪测量,精确到0.01 mm。

6.4 力学性能

6.4.1 拉伸屈服应力和拉伸断裂伸长率

拉伸屈服应力和拉伸断裂伸长率按GB/T 1040.2规定,从板材的纵向和横向上至少各取5条,采用1B型样条,拉伸速度为50 mm/min。

6.4.2　拉伸弹性模量

拉伸弹性模量按 GB/T 1040.2 规定，从板材的纵向和横向上至少各取 3 条，采用 1B 型样条，速度为 1 mm/min。

6.4.3　缺口样条的简支梁冲击强度

对于标称厚度大于等于 4 mm 的板材，缺口样条的简支梁冲击强度按 GB/T 1043.1 测定，从板材纵向和横向上至少各取 10 条，采用 1epA 型样条。

6.5　热性能

6.5.1　维卡软化温度

维卡软化温度测定按 ISO 306:2004 规定的 B50 方法。

6.5.2　加热尺寸变化率和层积性

6.5.2.1　试样

试样截取位置如图 2 所示，至少 3 块，尺寸为 120 mm×120 mm。

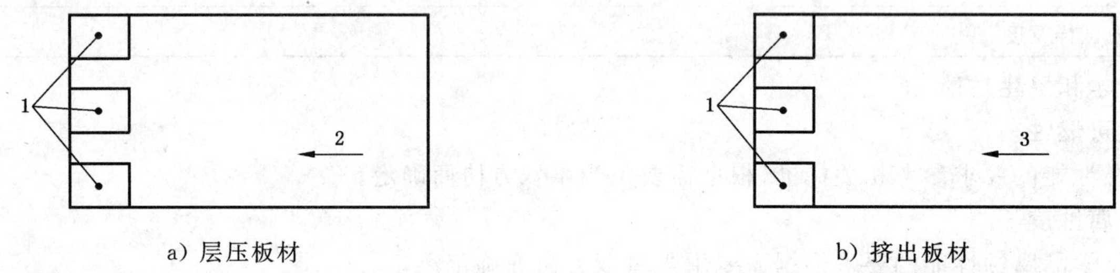

a) 层压板材　　　　b) 挤出板材

1——试样；

2——层压片方向；

3——挤出方向。

图 2　样品的取样位置

截取的试样如图 3 所示，在纵向和横向上分别划直线长度 100 mm，至少各方向上划两根。

单位为毫米

100
100
T_0
L_0
120
120

图 3　试样的标线

6.5.2.2　试验过程

将试样放置于烘箱中加热，温度、时间如表 7 所示。

表 7　加热温度和时间

公称厚度(d)/mm	温度/℃	加热时间[a]/min
$1 \leqslant d \leqslant 2$	140±2	30±1
$2 < d \leqslant 4$		45±1
$4 < d \leqslant 6$		55±1
$6 < d \leqslant 10$		75±1
$10 < d \leqslant 30$		90±2
$d > 30$		120±5

[a] 测试温度下的放置时间。

从烘箱中取出试样，自然冷却到室温，测量标线的长度 L 和 T，并按式(3)和式(4)计算尺寸变化率 ΔL 和 ΔT 的值，数值以%表示。

$$\Delta L = \frac{L - L_0}{L_0} \times 100\% \qquad (3)$$

$$\Delta T = \frac{T - T_0}{T_0} \times 100\% \qquad (4)$$

式中：

L_0——纵向，加热前标线间的距离(100 mm)；

L——纵向，加热后标线间的距离，单位为毫米(mm)；

T_0——横向，加热前标线间的距离(100 mm)；

T——横向，加热后标线间的距离，单位为毫米(mm)。

层压板材加热以后，目测试样表面及切断面，检查层积性。

6.5.2.3　层压板材的层积性

层压板材的层积性试验参见附录 A 楔子试验方法，对于 20 mm 以上厚度的板材也可参见附录 B 中的热弯曲法试验检测。

6.6　总透光率

无色透明板材的总透光率试验按 ISO 13468-1 进行。

6.7　其他力学和物理性能

6.7.1　无缺口样条的简支梁冲击强度试验

无缺口简支梁冲击强度试验按 GB/T 1043.1 进行。试样模具按 GB/T 1043.1 /1eU (刀口向前，无缺口)，摆锤最大冲击能量 4 J，试验温度 0 ℃或 −20 ℃，样条在纵向和横向至少各取 10 条。

6.7.2　负荷变形温度

负荷变形温度的测量按 ISO 75-2:2004 的 A 法进行。

6.7.3　蠕变模量

弯曲蠕变模量试验按 ISO 899-2 进行，弯曲应力 5 MPa，试验温度 40 ℃，试验时间为 10 h、100 h、1 000 h，分别作记录。

6.7.4　密度

密度试验按 GB/T 1033.1 或 ISO 1183-2 进行。

6.7.5　弯曲强度

弯曲强度试验按 GB/T 9341 进行。

6.7.6　球压痕硬度

球压痕硬度试验按 GB/T 3398.1 进行。

6.7.7 体积电阻率

体积电阻率试验按 GB/T 1410 进行。

7 标识

板材的包装应包含以下信息：

a) 本标准编号、原料、产品名称示例如下：

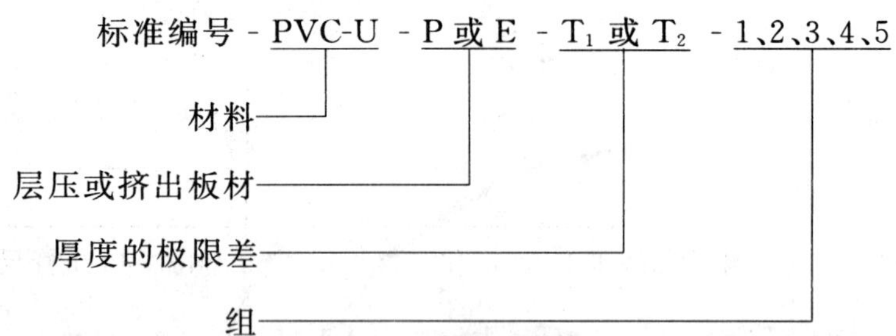

b) 尺寸；

c) 生产厂家的名称、国家、生产年月或批次号。

附 录 A
（资料性附录）
楔子法层压板材的层积性试验方法

A.1 试样

沿层压板材的长度方向取长度为 150 mm，宽度为 25 mm 的试样。

A.2 试样数量

1 块。

A.3 装置

A.3.1 台钳（台钳用于固定试样，台钳应安装在坚固的基础上）。

A.3.2 轻质量的金属锤或木锤。

A.3.3 如图 A.1 所示形状的钢制楔子。

单位为毫米

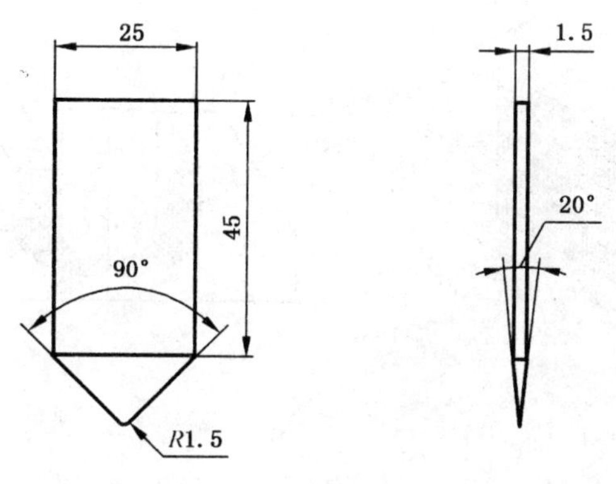

图 A.1 楔子的尺寸

A.4 操作

将试样长度方向水平放置在台钳上，保持 150 mm 的水平，并且上部露出约 15 mm 固定，把楔子的刃与样品的层面平行放置，用金属锤或木锤沿试样厚度方向快速用力锤打楔子，大致等间距 5 个点，这些点应该近似沿试样的长度方向，无论哪个地方产生层间剥落或分离都为不合格。

附 录 B
(资料性附录)
热弯曲法厚层压板材的层积性试验方法

B.1 试样(厚度 20 mm 以上)

从如图 6.5.2.1 中图 2 所示位置上,至少取 3 块长 50 mm 宽 10 mm 的试样。

B.2 试验过程

把试样水平放入有循环送风的烘箱,加热条件如下:

温度:140 ℃±2 ℃;

加热时间:20 min±1 min;

从烘箱中取出试样,放入压模中弯曲,如图 B.1 所示。

单位为毫米

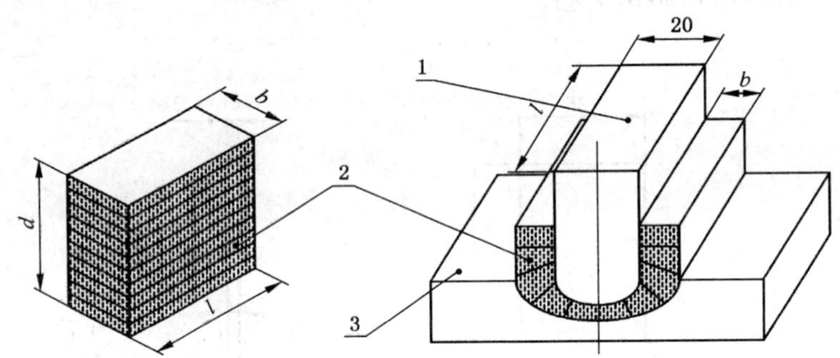

1——压块;

2——样品;

3——模槽;

b——试样的宽度(10 mm);

d——试样的厚度;

l——试样的长度(50 mm)。

图 B.1 厚板的弯曲试验

如果产生剥落或分离,则为不合格。

ICS 43.150
Y 14

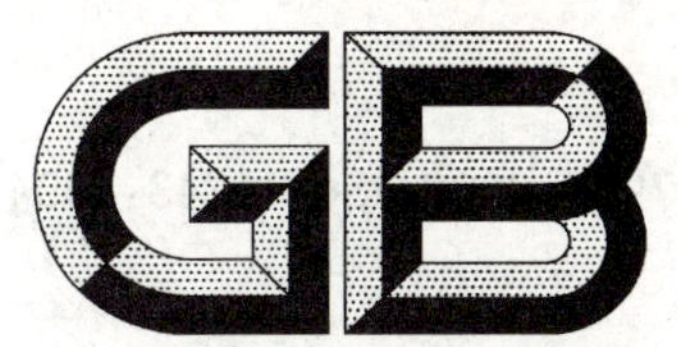

中华人民共和国国家标准

GB 22790—2008/ISO 11243:1994

自行车 衣架

Cycles—Luggage carriers

(ISO 11243:1994, Cycles—Luggage carriers for bicycles—concepts, classification and testing, IDT)

2008-12-30 发布 2010-03-01 实施

中华人民共和国国家质量监督检验检疫总局
中国国家标准化管理委员会 发布

前　言

本标准的6.1、6.2、6.3、第11章、第12章为强制性的，其余为推荐性的。

本标准等同采用ISO 11243:1994《自行车　自行车衣架》。

为了便于使用，本标准作了下列编辑性修改：

——范围中增加了“本标准适用于QB 1714中规定的一般自行车以及电动自行车等用的衣架”；

——根据我国对引用标准的规定，取消了引用国际标准的发布年份号，表示其最新版本适用本标准；

——在规范性引用文件中增加：QB 1714 自行车命名和型号编制方法。

本标准由中国轻工业联合会提出。

本标准由全国自行车标准化技术委员会归口。

本标准起草单位：全国自行车标准化技术委员会。

本标准主要起草人：贺家齐。

自行车　衣架

1　范围

本标准规定了安装在自行车后轮上方的衣架的术语、分类、标记、尺寸和性能要求。

本标准适用于QB 1714中规定的普通自行车、轻便自行车和电动自行车等一般用途自行车用的衣架。

2　规范性引用文件

下列文件中的条款通过本标准的引用而成为本标准的条款。凡是注日期的引用文件，其随后所有的修改单(不包括勘误的内容)或修订版均不适用于本标准，然而，鼓励根据本标准达成协议的各方研究是否可使用这些文件的最新版本。凡是不注日期的引用文件，其最新版本适用于本标准。

QB 1714　自行车命名和型号编制方法

ISO 4628-3　色漆和清漆漆膜降解的评定　一般性缺陷程度、量值和大小及均匀变化程度的规定　第3部分:生锈等级评定

ISO 9227　人造环境中的腐蚀试验　盐雾试验

3　术语和定义

下列术语和定义适用于本标准。

3.1

衣架　carrier

安装在自行车后轮上方，设计用于携带行李或放置幼儿乘椅的装置。

3.2

衣架座　carrier platform

用于放置或固定荷重的衣架基本平坦部分。

注：如果衣架具有一个以上这样的平坦部分，那么仅指最上面的。

3.3

长度(L)　length(L)

衣架最前端和最后端之间的测量最大总长度，包括安装到自行车上的连接件，测量时要量到连接件的外端，但反射器之类的附件除外。

4　分类

衣架划分为四种负荷级：

负荷级10:衣架具有负荷10 kg轻型行李的能力(但不能乘坐儿童)；

负荷级18:衣架具有负荷18 kg中型旅游行李或15 kg级幼儿乘椅的能力；

负荷级25:衣架具有负荷25 kg重型旅游行李或15 kg至22 kg级幼儿乘椅的能力；

负荷级S:特种负重衣架，其负荷能力可由衣架制造商规定。

5　标记

衣架标记由产品名称、标准号和负荷等级组成。

衣架标记示例：

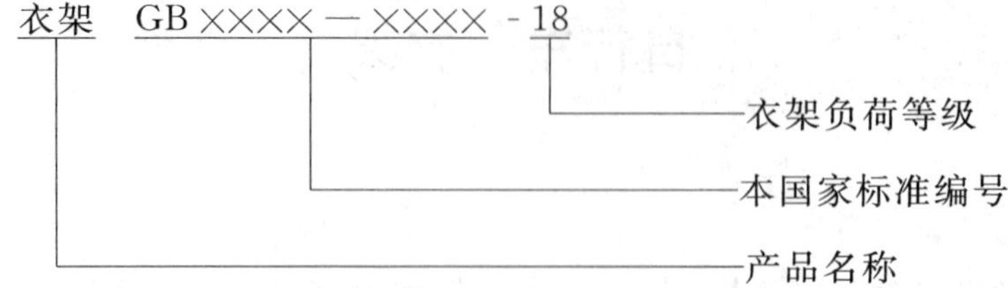

6 要求

6.1 总则

有可能与使用者或所携带的儿童身体部分碰触的危险边缘不可尖锐，其结构在自行车正确使用时应不会引起伤害。弹簧末端应倒圆或安装防护帽。

6.2 尺寸

衣架尺寸不作规定，但负荷等级 18 和 25 用于安装幼儿乘椅的衣架，其宽度应在 120 mm 和 175 mm 之间。

6.3 结构

当安装到一个类似自行车的夹具(或自行车)上时，若有必要，则按制造商的说明书装配，衣架各部应连接牢靠并固定。按第 7 至第 9 章试验后，衣架应没有肉眼能见之裂纹和大于 8.2 和 8.3 中规定的永久变形。

6.4 材料

6.4.1 金属

衣架的所有金属零部件都应具有防腐蚀能力，经第 10 章盐雾试验后，其铁类零件(不论电镀件还是油漆件)不应出现大于 ISO 4628-3 中 Ri2 的腐蚀，非铁类零件或镀锌零件(会出现发“白”腐蚀)不应出现大于 Ri3 的腐蚀。

6.4.2 塑料

衣架塑料件应作防紫外线辐射的稳定性处理，并能抗臭氧、抗热(65 ℃)和抗冷(—20 ℃)。

7 和低温下的强度

7.1 总则

这些试验适用于塑料衣架或金属和塑料组合衣架，以便确定极端温度对衣架的强度和形状是否有不良影响。低温跌落试验模拟装有衣架的自行车翻倒时衣架冲撞地面的试验。这些试验也被作为静态强度和机械寿命试验的准备。

7.2 高温试验

将衣架贮放在温度为 65 ℃的容器内为时最少 3 h，取出后立即检查衣架有否影响其功能和安全的毁坏或变形。

7.3 低温试验

将衣架贮放在温度为—20 ℃的容器内为时最少 3 h，取出后立即检查衣架有否影响其功能和安全的毁坏或变形。

7.4 低温跌落试验

将衣架贮放在温度为—20 ℃的容器内为时最少 3 h，取出后立即将衣架从 1 m 高度处掉落到水泥地板上，方位选择衣架会产生最坏结果的方向，检查衣架有否影响其功能和安全的毁坏或变形。

8 强度和刚度(静负荷试验)

8.1 安装方法

将衣架固定在一个刚性支架上,这个支架应模拟衣架设计时与之相配的自行车上的部件。支架的方位应是可调的,能使衣架座处于水平位置,并且借助这种调整能使衣架附件完全展开。

根据制造商说明书将安装衣架的紧固件旋紧。

8.2 垂直静负荷试验

将一个直径为 110 mm 的圆柱型刚性负荷块放置在衣架座上,负荷块的轴线应位于:

a) 离衣架后端 $L/2$ 处;或者

b) 离衣架后端不小于 50 mm 处,选择能产生最大变形的位置(见图 1)。

施加的负荷等于衣架额定荷重的 3 倍,为时 1 min,移去负荷后,衣架在施力点的永久变形量应不大于 5 mm。

注:若受试衣架的支撑在衣架座的中间,就应另选一个负荷施力点,这个施力点应是受力最大的。

单位为毫米

图 1 垂直静负荷试验

8.3 侧向静负荷试验

在衣架座侧面距衣架后端 50 mm 处,施加一个与衣架额定负荷相等的力 F(如:负荷级 18=180 N),为时 1 min(见图 2)。保持着这个力时测量施力点的横向变形应不大于 15 mm,移去这个力后测量的永久变形应不大于 5 mm。

单位为毫米

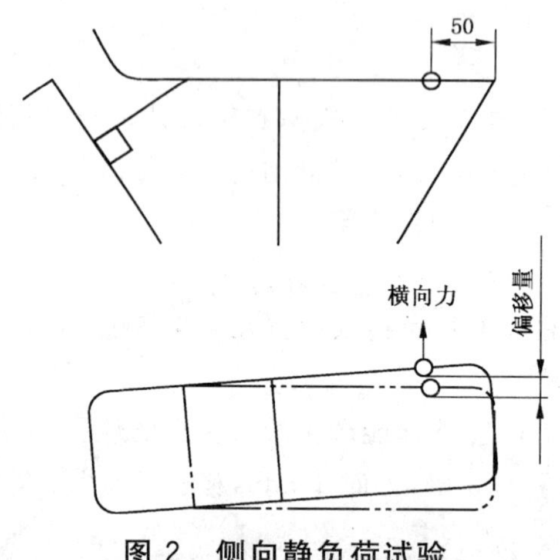

图 2　侧向静负荷试验

9　强度(动负荷试验)

9.1　总则

将衣架固定在一个刚性支架上，使衣架座呈水平，附件完全展开，如 8.1 所述。

在衣架座上安装等于额定负荷的重块，重块应夹紧在衣架座顶面的两侧，离衣架后端的距离 D 按 9.2 或 9.3 的规定，重块的重心应与 D 重合，并且其中心线离衣架座顶面应在 10 mm 以内。重块的总宽度应不超过衣架座宽度 100 mm 以上。

为满足这些要求，需要一根横杆，用一对 U 型螺栓将其夹紧在衣架上，在横杆的两端配装合适的平衡重块，见图 3。

单位为毫米

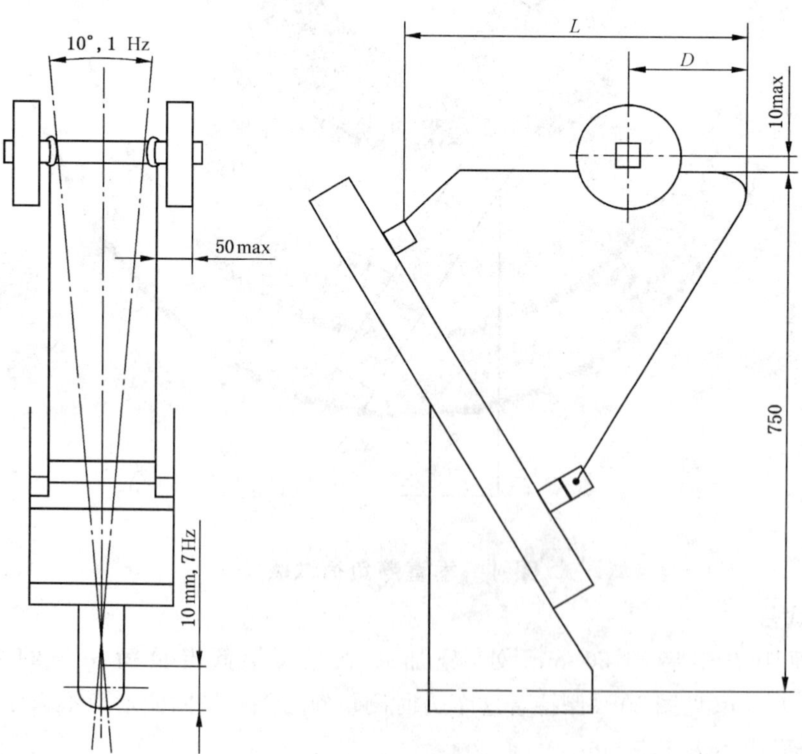

图 3　动负荷试验

根据 9.2 和 9.3 规定的条件，对衣架作正弦波振动到规定的次数，或者直至损坏(如果先出现损坏的话)。

注：如果衣架的自然振动频率相对于试验频率而出现共振的话，那么将频率减小 10%，振幅增加 23%。

9.2 垂直动负荷试验

重块安置位置 $D=L/2$，衣架垂直震动频率为 7 Hz，全振幅为 10 mm，做 50 000 次试验。

9.3 横向动负荷试验

重块安置位置 $D=100$ mm，衣架横向以 1 Hz 振动，从一侧向另一侧摇摆，通过衣架座以下 750 mm 水平纵轴线的总弧度为 10°，做 50 000 次试验。

10 盐雾试验

根据 ISO 9227，对衣架做 48 h 的中性盐雾试验。

11 标记

衣架装配好后，在其明显部位应耐久地标上：

a) 负荷级，kg(10,18,25 或 S+负荷能力)；

b) 制造商名称或商标。

注：是否标上标准号可自定。

12 说明书

还没有安装到自行车上的衣架应提供与自行车装配的说明书，说明书至少应包含下列内容：

a) 衣架怎样安装，装在哪里，并推荐紧固件的旋紧力矩；

b) 衣架的设计负荷级，是否适用于安装幼儿乘椅；

c) 应说明自行车不能超过允许的负重；

d) 应说明紧固件的紧固应牢靠，并时常检查；

e) 警告使用者不得改动衣架；

f) 衣架是否可用来拖曳挂车的建议；

g) 警告使用者，衣架荷重后，自行车在骑行时会有所不同(尤其是转向和制动)；

h) 警告使用者保证行李或幼儿乘椅是根据制造商说明书牢靠地安装在衣架上的，而且应没有松脱的带子会扎进后轮；

i) 告知使用者，衣架上装上行李后应不遮住反射器和灯。

ICS 43.150
Y 14

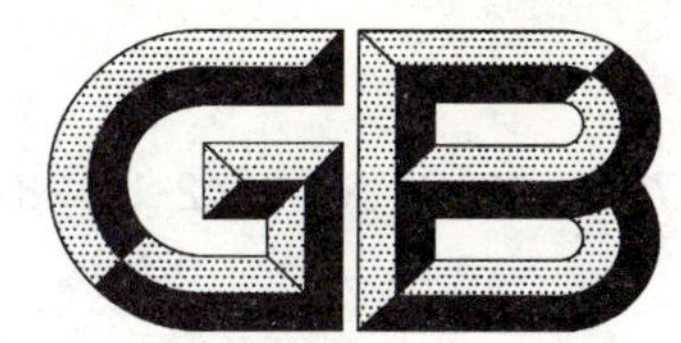

中华人民共和国国家标准

GB 22791—2008/ISO 6742-1:1987

自行车 照明设备

Bicycles—Lighting equipment

(ISO 6742-1:1987,Cycles—Lighting and retro-reflective devices—Photometric and physical requirements—Part 1:Lighting equipment,IDT)

2008-12-30 发布　　　　2010-03-01 实施

中华人民共和国国家质量监督检验检疫总局
中国国家标准化管理委员会　发布

前　言

本标准的4.1.1条、4.2条、5.1.1条、5.2条、第6章、7.1.1条、7.1.2条、7.2.1条、7.2.2条、第8章、9.1条、9.2.1条、9.3.1条、9.4.1条、9.5.1条、9.6.1条、9.7.1条、第10章和第11章为强制性的，其余为推荐性的。

本标准等同采用ISO 6742-1:1987《自行车照明和反射器装置　光学和物理要求　第1部分:照明设备》。

为了便于使用，本标准做了下列编辑性修改：

——“本部分”一词改为“本标准”；

——将ISO 6742-1:1987的第1章和第2章的相关内容合并成本标准第1章，故使第2章及后面章节号作相应调整；

——ISO 3768已改版为ISO 9227；

——IEC 86已被我国采标，国家标准为GB 8897.2—2005；

——IEC 285已被废除，本标准引用GB/T 22084，该标准等同采用IEC 61951；

——由于IEC的标准改变其编号位数，即原IEC 61升位成IEC 60061。

本标准的附录A和附录B为规范性附录。

本标准由中国轻工业联合会提出。

本标准由全国自行车标准化技术委员会归口。

本标准起草单位:全国自行车标准化技术委员会、天津出入境检验检疫局、浙江浦江力霸皇自行车有限公司。

本标准主要起草人:陈蕾强、张旭、王东。

自行车　照明设备

1　范围

本标准规定了自行车照明设备(以下简称照明设备)的术语、性能要求、试验方法、标志和说明书等要求。

本标准适用于QB 1714中规定的普通自行车、轻便自行车、运动自行车和电动自行车等一般用途自行车用照明设备。

2　规范性引用文件

下列文件中的条款通过本标准的引用而成为本标准的条款。凡是注日期的引用文件,其随后所有的修改单(不包括勘误的内容)或修订版均不适用于本标准,然而,鼓励根据本标准达成协议的各方研究是否可使用这些文件的最新版本。凡是不注日期的引用文件,其最新版本适用于本标准。

GB 8897.2　原电池　外形尺寸和技术要求(GB 8897.2—2005,IEC 60086-2:2001,MOD)

GB/T 22084　含碱性或其他非酸性电解质的蓄电池和蓄电池组　便携式密封单体蓄电池(所有部分)(GB/T 22084—2008,IEC 61951:2003(所有部分))

QB 1714　自行车命名和型号编制方法

ISO 9227　人造环境中的腐蚀试验—盐雾试验

IEC 60061　灯头和灯座互换性和安全控制标准

CIE 15　比色法

3　术语和定义

下列术语和定义适用于本标准。

3.1

自行车　cycle

仅借骑行者的人力,主要以脚蹬驱动,至少有两个车轮的车辆。

3.2

两轮自行车　bicycle

有两个车轮的自行车。

3.3

前灯　head lamp

向自行车的前方照射白色或选择性黄色光,用以表示该自行车在公路上面,同时也对前方道路提供额外的照明。

3.4

后灯　rear lamp

向自行车的后方发出红光,借以提示该自行车在道路上行驶。

3.5

细丝灯　filament lamp

是一个元件,由于通电时炽热后,发出光亮的灯。

3.6

基准轴线　axis of refernce

由制造企业确定的一个特定的水平轴线，当灯在使用和测试时，以它作为基准方向(见图1)。

3.7

基准中心　centre of refernce

基准轴线和灯光射出平面的交点(见图1)。

图1　基准轴线和基准中心

3.8

光束中心　beam centre

在测量屏幕上可以看到的，亮度不小于光束最大亮度 I_{max} 80%的光的图像的中心区。

3.9

额定电压　rated voltage

标出在细丝灯上的电压。

3.10

试件　unit for test

整套照明设备，并包括必要的电源。

3.11

标准光通量　reference luminous flux

细丝灯规定的光通量，前、后灯的光学特性以它来衡量。

3.12

系统　system

包括前、后灯，电池组和/或摩电机，以及连接导线。

4　前灯的光学要求

4.1　亮度

4.1.1　亮度值

光束在图2所示的测试点A和B，以及区域C的亮度值应达到如下要求：

400 cd $\leqslant A \geqslant 0.8\ I_{max}$；

$B \geqslant 0.5 I_{max}$；

$C \leqslant 120$ cd。

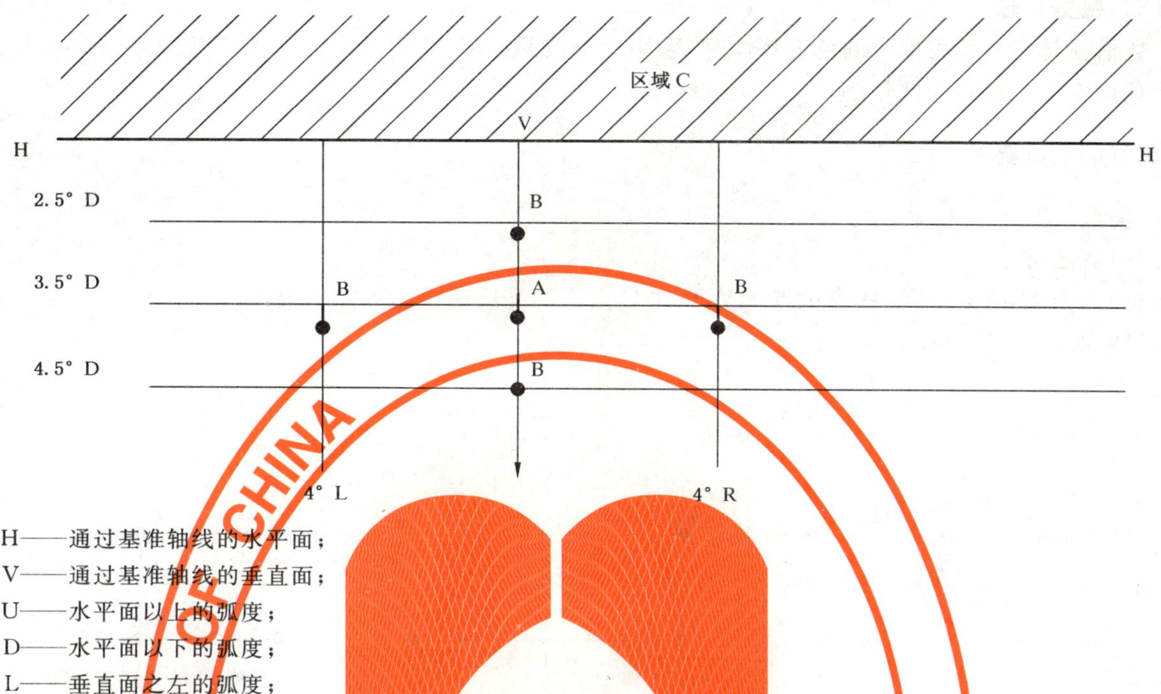

H——通过基准轴线的水平面；
V——通过基准轴线的垂直面；
U——水平面以上的弧度；
D——水平面以下的弧度；
L——垂直面之左的弧度；
R——垂直面之右的弧度。

图 2　前灯的测试点的位置

在 V 平面上的两个 B 点，和 3.5°D 上的两个 B 点所形成的区间范围内任何一点上的亮度均不应低于 $0.5I_{max}$。

在 15°U 和 15°D 以及 80°L 和 80°R 所形成的区间范围内任何一点上的亮度均不应低于 0.05 cd。

在 H 平面以上任何点上，其亮度均不应超过 120 cd。

4.1.2　试件

前灯应装上制造厂规定的细丝灯，并按制造厂规定的额定电压点亮到它的标准光通量。

注：可适用的细丝灯的详细数据见附录 A。但自行车用的细丝灯已作为 IEC 今后的标准课题，待该标准一经发布，附录 A 即予以撤消，应引用 IEC 标准。

4.1.3　试验测量

亮度的测量所采用的测试距离应大到足以使平方反比定律有效。

应将灯的基准中心视作为光源。接收器对于灯的基准中心的视角应不小于 10′且不大于 1°。试验测量时，A 点(V 平面上 3.5°D 处)应处于光束中心内。除了光束中心外，其他各点允许有 15′的几何误差。

4.2　光色

4.2.1　白色光

白色光的色度应符合表 1 的规定。

表 1　CIE 规定的白色光的色度坐标

X	0.285	0.453	0.500	0.500	0.440	0.285
Y	0.332	0.440	0.440	0.382	0.382	0.264

4.2.2　选择性黄色光

选择性黄色光的色度应符合表 2 的规定。

表 2　CIE 规定的选择性黄色光的色度坐标

X	0.466	0.477	0.541	0.524
Y	0.500	0.515	0.451	0.442

4.2.3 视觉比较

凭借视觉来检验发射光的色度特性时，采用一个按照 CIE 15 中的光源 A 的近似光源，并配用适当的滤色镜作为色度计的比较场。

5 后灯的光学要求

5.1 亮度

5.1.1 亮度值

5.1.1.1 光束在图 3 中的各测试点 HV，B 和 C 点上的亮度值应达到如下要求：

HV 点：≥0.75 cd；

B 点：≥0.10 cd；

C 点：≥0.02 cd。

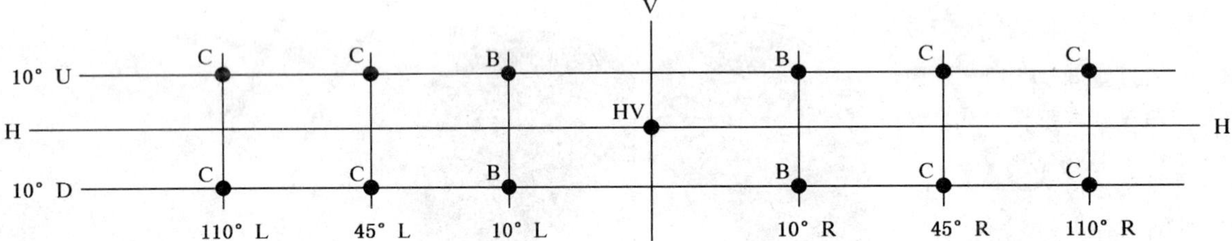

H——通过基准轴线的水平面；

V——通过基准轴线的垂直面；

HV——H 平面和 V 平面在屏幕上的交点；

U——水平面以上的弧度；

D——水平面以下的弧度；

L——垂直面之左的弧度；

R——垂直面之右的弧度。

图 3 后灯的测试点的位置

5.1.1.2 后灯还应向上发出红色光，其亮度在与垂直轴线成 45°半角的圆锥范围内应不小于 0.02 cd（见图 4）。

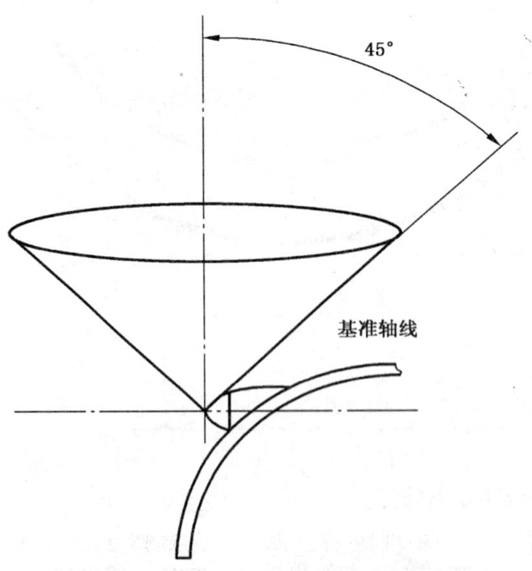

图 4 后灯发出的垂直锥形光

5.1.2 试件

后灯应装上制造厂规定的细丝灯，并按制造厂规定的额定电压点亮到它的标准光通量。

注：可适用的细丝灯的详细数据见附录A。但自行车用的细丝灯已作为IEC今后的标准课题，待该标准一经发布，附录A即予以撤消，应引用IEC标准。

5.1.3 试验测量

亮度的测量所采用的测试距离应大到足以使平方反比定律有效。

应将灯的基准中心视作为光源。接收器对于灯的基准中心的视角应不小于10′且不大于1°。试验测量时，HV点应处于光束中心内。除了光束中心外，其他各点允许有15′的几何误差。

5.2 光色

5.2.1 红色光

红色光的色度应符合表3的规定。

表3 CIE规定的红色光的色度坐标

X	0.645	0.665	0.735	0.721
Y	0.335	0.335	0.265	0.259

5.2.2 视觉比较

凭借视觉来检验发射光的色度特性时，采用一个按照CIE 15中的光源A的近似光源，并配用适当的滤色镜作为色度计的比较场。

6 摩电机

6.1 输出特性

当摩电机连接一个固定的非感抗性负载进行试验时，它的输出电压应该符合表4的规定数值，感抗性负载是根据制造商推荐的标定细丝灯的额定功率计算出来的。

应使用一只能够显示真均方根值的低耗电压表，该电压表的阻抗应被包括在固定的阻抗值之内。

表4 输出特性

车速/(km/h)	输出电压为额定电压的百分比/%	
	min	max
5	50	117
15	85	117
30	90	117

6.2 摩电机输出的持久性

当摩电机以15 km/h的当量速度连续工作1 h，并承受由计算得来的固定阻抗时，其电压降落应不降低到额定电压的85%以下。

7 电池

7.1 一次电池

7.1.1 规格

一次池应符合GB 8897.2的规定。

7.1.2 亮度持久性

7.1.2.1 前灯

按7.1.3进行试验后，以实测的试验期末电压点亮前灯，其测试点A的亮度应不小于100 cd。

7.1.2.2 后灯

按7.1.3进行试验后，以实测的试验期末电压点亮后灯，其测试点HV的亮度应不小于0.25 cd。

7.1.3 试验方法

用制造厂规定的细丝灯和新电池(即生产出来28天之内)组装起来,作为测试的试件。

试验应在温度为(20±2)℃,相对湿度为(60±15)%的环境中进行。将灯全部点亮(包括附加灯),每7天连续点亮5天,每天一次,每次连续30 min,共进行28天(即总计点亮时间为10 h)。再测量试验期末的全负载电压,并以此实测电压验证灯的亮度。

7.2 可充电电池

7.2.1 规格

可充电电池应符合GB/T 22084的规定。

注:目前尚无可适用于其他类型的可充电电池的国际标准。

7.2.2 亮度的持久性

7.2.2.1 前灯

按7.2.3进行试验后,以实测的试验期末电压点亮前灯,或者前灯为系统的一个元件,则将期末电压加在系统上,此时前灯的亮度应不低于4.1.1的规定。

7.2.2.2 后灯

按7.2.3进行试验后,以实测的试验期末电压点亮后灯,或者后灯为系统的一个元件,则将期末电压加在系统上,此时后灯的亮度应不低于5.1.1的规定。

7.2.3 试验方法

按照随附的说明书将电池充电。测量满负荷时的电压,接通电路直至该电压降低到初始电压的75%。再次按照说明书充电,将系统安放在温度为(20±2)℃处,为时24 h~30 h。然后,在(20±2)℃的环境温度下,将装置接通,直至达到制造厂标注在装置上的最长持续使用时间(见10.3)。最后,测量满负荷状态下的期末电压,并以此电压来验证灯的亮度。

注:如果照明装置为系统的一部分,则将“照明装置”作为“系统”看待。

8 开关的性能(如果有开关)

8.1 “开”和“关”动作应有效,“开”和“关”位置应明确。拨动开关时电池应无移动。无论是“开”还是“关”,灯都不应有闪烁现象出现;如果是旋钮开关,则旋开、旋闭时,也不应有闪烁现象。

8.2 开关应在额定电压条件下,经过5 000次的接通、断开试验。如果电池损坏(例如接触片断裂),则须更换,然后继续试验。试验后,开关应符合第8.1条的规定。

9 环境要求

9.1 总则

照明设备应与制造厂推荐的、将它们稳妥而牢固地安装在自行车上的全套紧固件一起做试验。

电池照明应将电池放入后做试验。

除非另有规定,试验都应在环境温度为(23±5)℃的条件下进行。

9.2 前灯和后灯的抗振试验

9.2.1 要求

按9.2.2进行试验时,灯不应有松动或从安装处脱落现象。试验后,照明设备应工作正常,材料不变形,零件不错位。试验后,应检验照明设备的性能,细丝灯的灯丝如断裂,可予以调换;如有需要也可调换电池。但细丝灯如有松动或其他异常现象,则应判定照明设备不合格。

9.2.2 试验方法

9.2.2.1 原理

照明设备的安装模拟在自行车上的实际安装情况;并模拟自行车在公路上骑行,进行反复时段的加速,用以作反复的振动试验。

9.2.2.2 设备

如附录B所示的一台振动试验机,其性能如下:

振动试验机工作台的一端应由弹簧支承,而另一端下面装有钢质撞块。工作台每一次周期性下落时,撞块会与钢砧冲撞一次。冲击点上的负荷应大于265 N而小于310 N,并可由位于凸轮和工作台的弹簧支承端之间的可调拉簧来调节负荷。

9.2.2.3 方法

照明设备的安装方法应与安装在自行车上的一致。按其正常的工作位置将它紧固在振动试验机上。进行振动试验,时间为1 h,频率为(12.5±1)Hz,振幅为3 mm。

9.3 前灯和后灯的温度试验

9.3.1 要求

按9.3.2进行试验时,前、后灯应工作正常,并符合第4章和第5章的有关要求。

9.3.2 试验方法

将前灯和后灯放在50℃~55℃的预热炉中预热2 h。然后将前灯和后灯移置于常温环境中。拆下细丝灯,揩拭干净(擦去搁置在高温中产生的积垢)。再将细丝灯搁置在前灯和后灯的外面,以额定电压点亮5 min,使它干燥。不要碰触细丝灯的玻璃泡,将它装到前灯和后灯中去。最后把前灯和后灯放置在它们正常的工作位置上,以额定电压的117%点亮1 h。

9.4 摩电机的温度试验

9.4.1 要求

按9.4.2进行试验时,摩电机应工作正常;且以15 km/h的当量速度工作时,摩电机应符合第6.1条和表4的要求。

9.4.2 试验方法

将摩电机放在50℃~55℃的预热炉中预热2 h。然后取出摩电机,移置到常温环境下,恢复常态。

9.5 灯和摩电机的抗湿试验

9.5.1 要求

按9.5.2进行试验后,照明设备应工作正常,并无有害的湿气滞留。

9.5.2 试验方法

9.5.2.1 设备

一只喷水箱,内有一支架可安放照明设备,其要求如下:

承放受试照明设备的旋转支架,它以4 r/min的转速绕一垂直轴旋转。然后将(20±10)℃的水,以45°角朝下喷洒照明设备,其降水量为2.5 mm/min。

9.5.2.2 方法

将照明设备以正常的工作位置承放在旋转支架上,并确保所有的泄水孔(如有的话)都已打开。连续旋转和喷洒6 h。试验结束后,允许将照明设备沥干1 h。

9.6 灯和摩电机的抗蚀试验

9.6.1 要求

按ISO 9227进行试验后,照明设备应能正常工作,并在使用中不受腐蚀损害的影响。

9.6.2 试验方法

试验持续的时间应为50 h,包括两个时段的试验,每一时段为24 h,中间有2 h的间隔,允许让照明设备干燥一下。

9.7 前灯和后灯的抗燃油试验

9.7.1 要求

按9.7.2进行试验后,照明设备的镜面上除了有细小、局部的丝纹外,不应有明显的蚀痕。

9.7.2 试验方法

配制一种混合剂,其体积分数为70%的n-庚烷和30%的甲苯。将浸上混合剂的棉花轻轻地揩拭镜面的外表面,然后让它自然干燥5 min。用肉眼检验。

10 标记

照明设备应有以下的永久性标记:

10.1 前灯和后灯

a) 与设计相配的细丝灯和电池或摩电机的规格或型号;

b) 制造厂名或其他识别标记;

c) 本国家标准的编号,即GB 22791—2008。

标记必须在照明设备装上自行车以后仍能被看清楚。

10.2 摩电机

a) 额定输出电压(V)和功率(W);

b) 制造厂名或其他识别标记;

c) 本国家标准的编号,即GB 22791—2008。

标记必须在照明设备装上自行车以后仍能被看清楚。

10.3 充电电池系统

电池盒或附有电池盒的照明设备应明显和永久地标出:

最长持续使用时间:________小时后,应充电。字体的高度应至少为3 mm。

小时数由制造厂标出,它表示新电池或充足电后,电池可以连续使用的时间,在此期间,该电压产生的发光强度应不小于4.1.1和5.1.1所规定的要求。

11 说明书

a) 安装方法;

b) 操作方法;

c) 所用的电池充电器的型号;

d) 建议的充电周期;

e) 警告不要充电过度,或者警告有可能会发生的滥用充电器的情况,它会损坏电池;

f) 备用件,包括细丝灯泡和电池型号,以及配换的说明;

g) 电池的预计寿命,并建议每年须检查电池是否完好;

h) 长时间不用会漏电。

其余的注意事项由制造厂自定。

注1:本章节仅适用于由充电电池供电的自行车照明灯。

注2:细丝灯泡和电池型号应特别标记在照明设备上。

附 录 A
(规范性附录)
各种典型的细丝灯

A.1 C1类细丝灯的特性

C1类的细丝灯的颜色应选择白色或选择性黄色电珠,其尺寸应符合图A.1和表A.1的规定,表A.1中光学性能系指白色的细丝灯。

表 A.1 C1类细丝灯的尺寸、电性能和光学性能

C1类细丝灯尺寸/mm	常用生产细丝灯			标准细丝灯
	min	公称尺寸	max	
e	8.25	8.75	9.25	8.75±0.15
侧向偏移[a]			1.0	0.2 max
灯头	EP10[b]			
电性能和光学性能				
额定电压/V	6			6
额定功率/W	2.4			2.4
试验电压/V	6.0			
实际功率/W	2.4			6 V时,为2.4 W
功率相对误差/%	±6			±6
实际光通量/lm	22.5			
光通量相对误差/%	±20			
标准光通量:在6 V左右时为21 lm				

[a] 灯丝发光中心的侧向偏移是指相对于互相垂直的平面而言的,它们都包含着基准轴线,其中一个还包含着灯丝轴线。

[b] 灯头遵照IEC 60061。

单位为毫米

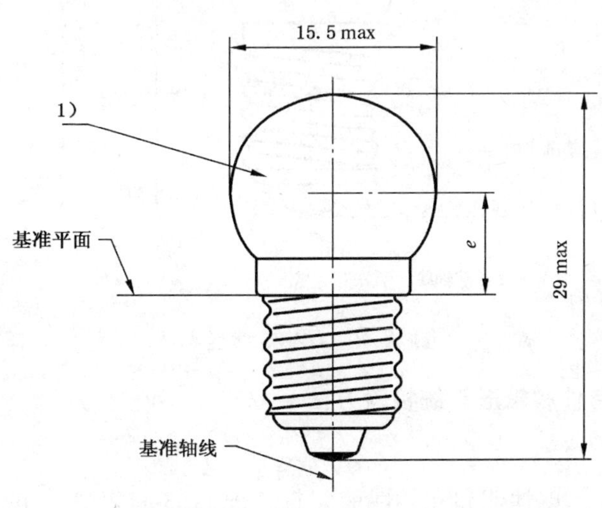

图 A.1 C1类细丝灯

A.2 C2类细丝灯的特性

C2类的细丝灯的尺寸、电性能和光学性能应符合图A.2和表A.2的规定。

表A.2 C2类的细丝灯的尺寸、电性能和光学性能

<table>
<tr><td rowspan="2">C2类细丝灯尺寸/mm</td><td colspan="3">常用生产细丝灯</td><td rowspan="2">标准细丝灯</td></tr>
<tr><td>min</td><td>公称尺寸</td><td>max</td></tr>
<tr><td>e</td><td>17</td><td>18</td><td>19</td><td>18±0.15</td></tr>
<tr><td>侧向偏移[a]</td><td></td><td></td><td>1.0</td><td>0.2 max</td></tr>
<tr><td>灯头</td><td colspan="4">EP10[b]</td></tr>
<tr><td colspan="5">电性能和光学性能</td></tr>
<tr><td>额定电压/V</td><td colspan="3">6</td><td>6</td></tr>
<tr><td>额定功率/W</td><td colspan="3">0.6</td><td>0.6</td></tr>
<tr><td>试验电压/V</td><td colspan="3">6.0</td><td></td></tr>
<tr><td>实际功率/W</td><td colspan="3">0.6</td><td>6 V时,为0.6 W</td></tr>
<tr><td>功率相对误差/%</td><td colspan="3">±10</td><td>±10</td></tr>
<tr><td>实际光通量/lm</td><td colspan="3">2</td><td></td></tr>
<tr><td>光通量相对误差/%</td><td colspan="3">±20</td><td></td></tr>
<tr><td colspan="5">标准光通量:在6 V左右时为2 lm</td></tr>
<tr><td colspan="5">a 灯丝发光中心的侧向偏移是指相对于互相垂直的平面而言的,它们都包含着基准轴线,其中一个还包含着灯丝轴线。
b 灯头遵照IEC 60061。</td></tr>
</table>

单位为毫米

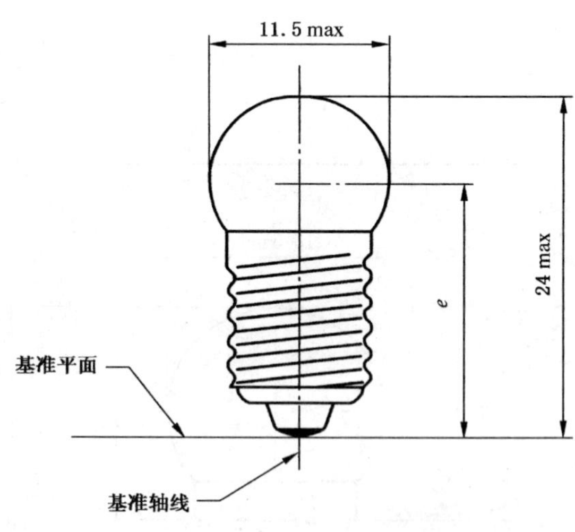

图A.2 C2类细丝灯

A.3 C3类卤素细丝灯的特性和箱形系统检验方法

A.3.1 C3类卤素细丝灯

C3类卤素细丝灯的尺寸、电性能和光学性能应符合图A.3和表A.3的规定。槽口相对于灯丝引线柱的位置待定。

表 A.3　C3 卤素细丝灯的尺寸、电性能和光学性能

C3 类细丝灯尺寸/mm	常用生产细丝灯			标准细丝灯
	min	公称尺寸	max	
e		6.55		6.55±0.15
f	1.00	1.25	1.5	
h_1		—[1)]		0±0.15
h_2		—[1)]		0±0.15
α			60°	
β	−15°	0°	+15°	0°±5°
γ		90°		
灯头	PX13.5s[a]			
电性能和光学性能				
额定电压/V		6		6
额定功率/W		2.4		2.4
试验电压/V		6.0		
实际功率/W		2.4		6 V 时，为 2.4 W
功率相对误差/%		±8		±8
实际光通量/lm		36		
光通量相对误差/%		±15		
标准光通量：在 6 V 左右时为 36 lm				
[a] 灯头遵照 IEC 60061。				

单位为毫米

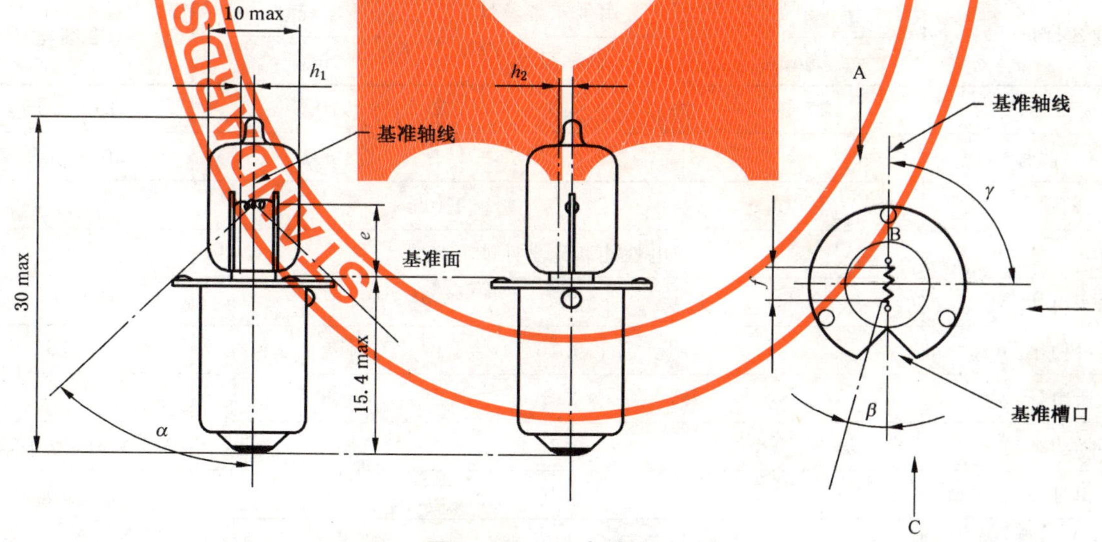

图 A.3　C3 卤素细丝灯

A.3.2　**箱形系统试验方法**

C3 类卤素细丝灯的灯丝是通过本试验方法检验灯丝对于基准轴线和基准面的位置的正确与否，来确定细丝灯是否符合要求。其试验的位置应符合图 A.4 和表 A.4 的规定。

灯丝应完全处于图示之方框内。

注：由于卤素灯灯丝的工作温度要高于一般细丝灯的灯丝，因此应保证与本规格细丝灯配套用的摩电机，其电压不得超过 8.0 V(暂定)，以免灯的寿命过短。

表 A.4 试验位置

单位为毫米

参　　数	*a*	*b*	*c*
尺　　寸	$D^a+0.5$	$D^a+0.5$	2.0
[a] *D* 为灯丝的直径。			

单位为毫米

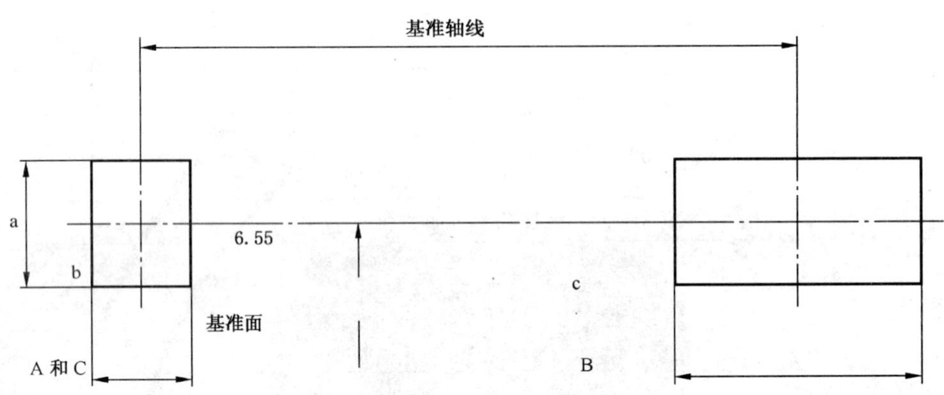

图 A.4 试验位置

A.4 C4 类细丝灯的特性

C4 类细丝灯的尺寸、电性能和光学性能应符合图 A.5 和表 A.5 的规定。

其玻璃泡的形状可任选。

表 A.5 C4 类细丝灯的尺寸、电性能和光学性能

C4 类细丝灯尺寸/mm	常用生产细丝灯			标准细丝灯
	min	公称尺寸	max	
e	17.5	19	20.5	19±0.15
侧向偏移[a]			1.5	0.2 max
灯头	E10[b]			
电性能和光学性能				
额定电压/V	2.5			2.5
额定功率/W	0.75			0.75
试验电压/V	2.5			
实际功率/W	0.75			2.5 V 时,为 0.75 W
功率相对误差/%	±10			±10
实际光通量/lm	7.0			
光通量相对误差/%	±20			
标准光通量:在 2.5 V 左右时为 7 lm				

[a] 灯丝发光中心的侧向偏移是指相对于互相垂直的平面而言的,它们都包含着基准轴线,其中一个还包含着灯丝轴线。

[b] 灯头遵照 IEC 60061。

单位为毫米

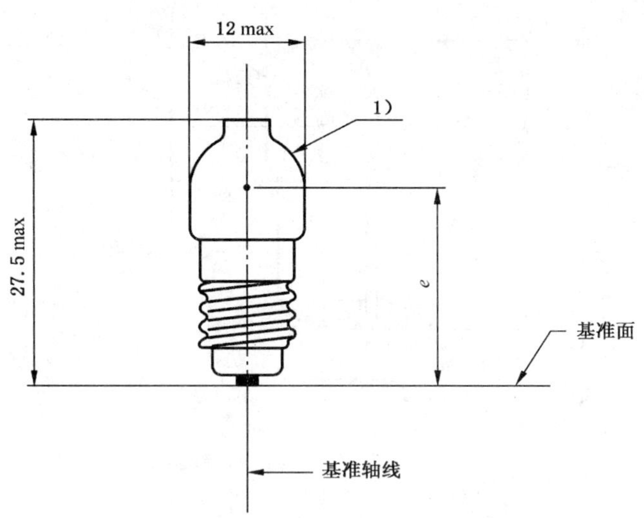

图 A.5　C4 类细丝灯的尺寸

A.5　C5 类细丝灯的特性

C5 类细丝灯的尺寸、电性能和光学性能应符合图 A.6 和表 A.6 的规定。

玻璃泡可以是磨砂的或霜白的。

表 A.6　C5 类细丝灯的尺寸、电性能和光学性能

C5 类细丝灯尺寸/mm	常用生产细丝灯			标准细丝灯
	min	公称尺寸	max	
e	6.05	6.35	6.65	6.35±0.15
侧向偏移[a]			0.4	0.2 max
灯头	P13.5S[b]			
电性能和光学性能				
额定电压/V	2.5			2.5
额定功率/W	0.75			0.75
试验电压/V	2.5			
实际功率/W	0.75			2.5 V 时,为 0.75 W
功率相对误差/%	±10			±10
实际光通量/lm	7.0			
光通量相对误差/%	±20			
标准光通量:在 2.5 V 左右时为 7 lm				

[a] 灯丝发光中心的侧向偏移是指相对于互相垂直的平面而言的,它们都包含着基准轴线,其中一个还包含着灯丝轴线。

[b] 灯头遵照 IEC 60061。

单位为毫米

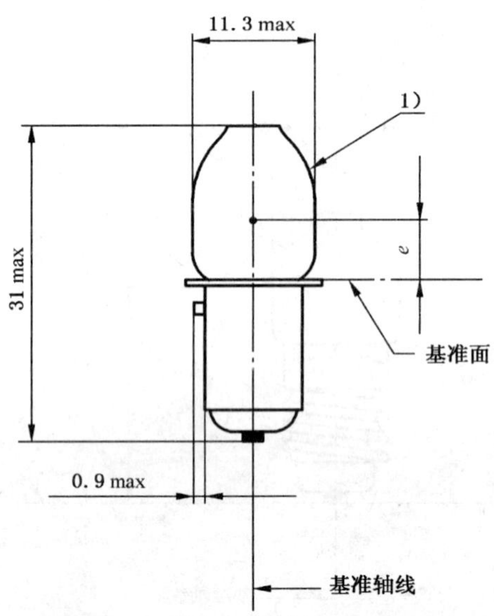

图 A.6 C5 类细丝灯的尺寸

A.6 C6 类细丝灯的特性

C6 类细丝灯的尺寸、电性能和光学性能应符合图 A.7 和表 A.7 的规定。

玻璃泡可以是磨砂的或霜白的。

表 A.7 C6 类细丝灯的尺寸、电性能和光学性能

C6 类细丝灯尺寸/mm	常用生产细丝灯			标准细丝灯
	min	公称尺寸	max	
e	11.2	12.7	14.2	12.7±0.15
侧向偏移[a]			1	0.2 max
灯头	W2.1×9.5d[b]			
电性能和光学性能				
额定电压/V	6			6
额定功率/W	0.6			0.6
试验电压/V	6			
实际功率/W	0.6			6 V 时,为 0.6 W
功率相对误差/%	±10			±10
实际光通量/lm	3.3			
光通量相对误差/%	±20			
标准光通量:在 6 V 左右时为 3.3 lm				

a 灯丝发光中心的侧向偏移是指相对于互相垂直的平面而言的,它们都包含着基准轴线,其中一个还包含着灯丝轴线。

b 灯头遵照 IEC 60061。

单位为毫米

图 A.7 C6 类细丝灯的尺寸

附　录　B
（规范性附录）
振动试验机

振动试验机按图 B.1和表 B.1 的规定。

单位为毫米

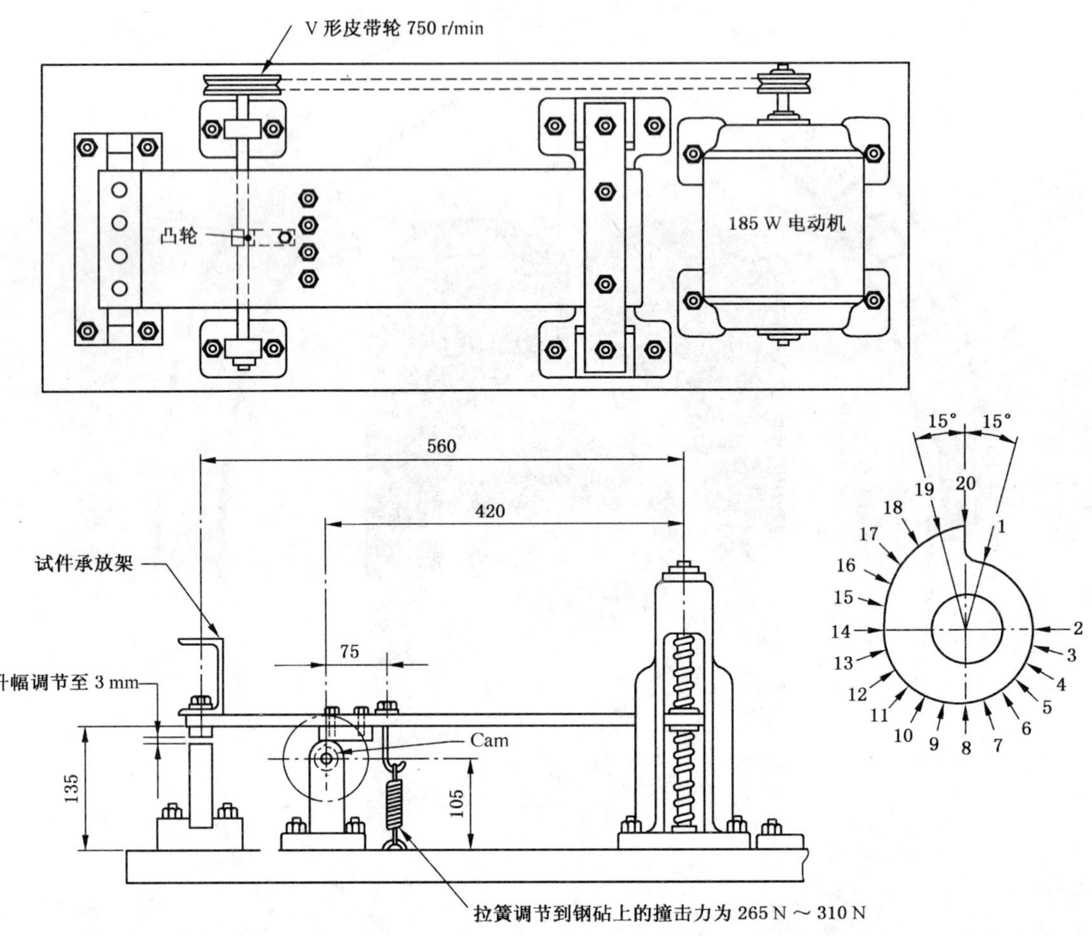

注：凸轮的宽度应为 12 mm～25 mm。

图 B.1　振动试验机图示

表 B.1　凸轮轮廓尺寸

点　码	半径[a]/mm	点　码	半径[a]/mm	点　码	半径[a]/mm
1	14.000	8	15.461	15	17.594
2	14.000	9	15.766	16	17.899
3	14.064	10	16.070	17	18.204
4	14.241	11	16.375	18	18.509
5	14.546	12	16.680	19	18.686 9
6	14.851	13	16.985	20	18.763
7	15.156	14	17.289	—	—

[a] 凸轮轮廓半径。